AF461979

COURS
DE NAVIGATION
ET
D'HYDROGRAPHIE.

Cours d'algèbre et de trigonométrie à l'usage des écoles d'hydrographie pour les aspirants au long cours, rédigé d'après le dernier programme, par M. *Meunier-Joannet*, professeur à l'école navale impériale. 1 vol. in-8, fig. dans le texte. 5 fr. 50 c.

Cours d'Astronomie et de Géométrie céleste, notions de mécanique céleste et sur les marées, par M. *Dubois*. 1 vol. in-8 grand raisin, avec 200 figures intercalées dans le texte et 4 pl. gravées. 10 fr.

Instruction sur les bois de marine et leur application aux constructions navales, suivie du **Tarif officiel pour la recette et le classement des bois de construction**, par M. *de Lapparent*, ingénieur de la marine. 1 vol. in-4 avec figures sur bois, accompagné :

1° D'un tarif donnant l'équarrissage au milieu et le cube, *au cinquième déduit*, des arbres dont la hauteur et le tour, au pied et sur écorce, sont connus;

2° De 42 planches gravées représentant le *dendromètre* (instrument pour mesurer la hauteur des arbres sur pied); des *coupes* de navire, où l'on voit la fonction, dans la charpente d'un vaisseau, de chacune des pièces qui figurent au tarif officiel; enfin de *découpes* d'arbres indiquant le meilleur parti à tirer des arbres, d'après leurs formes et leurs dimensions;

3° De 16 planches lithographiées *en couleur*, montrant les qualités et les vices principaux des bois de chêne. 20 fr.

Ouvrage publié par les ordres de S. Exc. M. le Ministre de la marine.

Instructions sur la manœuvre des canots naviguant avec grosse mer et dans les brisants, accompagnées de renseignements pratiques à l'usage des marins des navires marchands ou des patrons de canots et suivies des moyens de faire revenir les noyés, traduites par M. *Pâris*, contre-amiral. 40 c.

Instructions publiées par l'institution royale et nationale des bateaux de sauvetage d'Angleterre.

Cours élémentaire d'Analyse, à l'usage de la marine, contenant un très-grand nombre d'applications; par M. *J. Meunier-Joannet*, professeur à l'école navale impériale. 1 vol. in-8 grand raisin accompagné de nombreuses figures dans le texte. Tableau des formules de trigonométrie. Complément de géométrie et d'algèbre. Notions de géométrie analytique. Dérivés et différentielles. Notions de calcul intégral. Équations diverses et applications. Géométrie à trois dimensions. 10 fr.

Ouvrage approuvé par S. Exc. le Ministre de la marine.

Utilisation économique des navires à vapeur, moyens d'apprécier les services rendus par le combustible suivant la vitesse et la dimension des navires, par M. *E. Pâris*, contre-amiral. 1 vol. grand in-8, accompagné de 25 tableaux et 12 grandes planches gravées, exposant les résultats des expériences et du service à la mer des navires. 8 fr.

Mémoire sur la résistance de l'eau au mouvement des corps et particulièrement des **bâtiments de mer**, notions théoriques et fondamentales sur la résistance et formules générales. Expériences de Beaufoy sur les corps plongés et les corps flottant à fleur d'eau. Expériences de Bossut, d'Alembert et Condorcet sur les corps flottants et sur l'influence des limites du milieu. Mesure de la résistance des carènes des navires par les expériences dynamométriques de remorque, — par les expériences de traction au point fixe, — par la comparaison des coefficients d'utilisation. Vérification des valeurs de la résistance par le calcul et l'observation des coefficients d'avance des bâtiments à hélice, par M. *Bourgois*, capitaine de vaisseau. 1 vol. in-4 vélin accompagné de plusieurs tableaux donnant le résultat de toutes les expériences, et de 3 grandes planches gravées. 12 fr.

Dictionnaire de marine à voiles et à vapeur, par MM. le baron *de Bonnefoux*, capitaine de vaisseau, et *Pâris*, contre-amiral. 2 vol. grand in-8, papier jésus, accompagnés de 24 planches gravées. 40 fr.

On vend séparément.

Le *Dictionnaire de marine à voiles*. 20 fr.

Le *Dictionnaire de marine à vapeur*; 2e édition considérablement augmentée. Un très-fort volume gr. in-8 jésus, accompagné de 17 planches gravées, avec de nombreuses figures sur bois dans le texte. 22 fr.

Ouvrage publié sous les auspices de S. Exc. M. le Ministre de la marine.

Catéchisme du marin et du mécanicien à vapeur, ou traité des machines à vapeur, de leur montage, de leur conduite, de la réparation de leurs avaries, par M. *E. Pâris*, contre-amiral; 2e édition augmentée de la manœuvre des navires à roues, à aubes ou à hélice, et d'une grande table. In-8 grand raisin avec de nombreuses figures dans le texte. 16 fr.

Ouvrage publié sous les auspices de S. Exc. M. le Ministre de la marine.

Appendice au Catéchisme du marin et du mécanicien à vapeur, ou guide théorique du candidat au long cours, rédigé conformément au dernier programme et description de divers appareils à vapeur avec toutes leurs pièces, par M. *E. Pâris*, contre-amiral. In-8 accompagné de 10 pl. gravées, avec plusieurs figures sur bois. 3 fr. 50 c.

Traité de l'hélice propulsive, par M. *E. Pâris*, contre-amiral, auteur du *Dictionnaire de marine à vapeur*. 1 vol. in-8 jésus de 580 pages avec 9 grands tableaux, une table alphabétique et figures dans le texte, accompagné de 16 grandes planches gravées. 22 fr.

Ouvrage publié sous les auspices de S. Exc. M. le Ministre de la marine.

Rapport à Son Excellence le Ministre de la marine sur la navigation commerciale à vapeur de l'Angleterre, suivi de considérations théoriques et pratiques sur les appareils moteurs et les hélices, installation, arrimage et mâture. Historique et statistique de la navigation à vapeur et considérations techniques. Tableaux synoptiques des contrats passés avec le gouvernement pour le transport des malles et des recettes postales qui en dérivent, états du matériel des compagnies anglaises de navigation à vapeur de long cours, et documents divers sur les compagnies transatlantiques anglaises ainsi que sur le cabotage, par M. *Bourgois*, capitaine de vaisseau. 1 vol. in-4 accompagné de 4 grandes planches gravées. 16 fr.

Manœuvrier complet ou traité des manœuvres de mer, soit à bord des bâtiments à voiles, soit à bord des bâtiments à vapeur, par MM. le baron *de Bonnefoux* et *E. Pâris*, capitaines de vaisseau. 1 vol. in-8 de 580 pages avec fig. dans le texte. 7 fr.

COURS

DE NAVIGATION

ET

D'HYDROGRAPHIE

PAR

E. P. DUBOIS,

ANCIEN OFFICIER DE MARINE, PROFESSEUR D'HYDROGRAPHIE,
CHARGÉ D'UN COURS D'ASTRONOMIE ET DE NAVIGATION A L'ÉCOLE NAVALE IMPÉRIALE.

PARIS
ARTHUS BERTRAND, ÉDITEUR,
LIBRAIRIE MARITIME ET SCIENTIFIQUE.
rue Hautefeuille, 21.
1859

Paris. — Imprimé par E. THUNOT et Cᵉ, rue Racine, 26

PRÉFACE.

Ce *Cours de navigation* et d'*hydrographie*, ainsi que celui d'*Astronomie*, publié l'année dernière, sont, sauf quelques additions, le résumé du cours que j'ai l'honneur de professer à l'École navale impériale.

Par les nombreux exemples numériques intercalés dans le texte, ainsi que par les exercices qui se trouvent, dans le *Cours de navigation*, à la suite de chaque théorie, je me suis efforcé de rendre ces deux traités à la fois théoriques et pratiques.

Afin que les officiers de marine, sortis depuis plusieurs années du vaisseau *l'Orion* ou du vaisseau *le Borda*, puissent lire, avec peu de travail, ces deux ouvrages, j'ai cru devoir conserver à plusieurs questions dont le fond se trouve dans les traités de Delambre, Laplace, Biot, Francœur ou Puissant, mais en leur donnant une rédaction qui m'est propre, la forme sous laquelle ces questions sont enseignées à l'École navale depuis vingt ans, c'est-à-dire depuis l'heureuse et utile extension donnée au programme de l'enseignement nautique au vaisseau-école, et si savamment interprétée par M. le professeur V. Caillet, actuellement examinateur de la marine.

En ce qui concerne l'Astronomie, personne ne contestera que les officiers de vaisseau doivent avoir, dans cette science, des notions plus étendues et surtout plus mathématiques que celles qu'on exige habituellement des gens du monde, puisque c'est par l'étude approfondie des mouvements célestes que sont obtenus les moyens qui permettent à l'homme de mer de constater, pour ainsi dire, aussi souvent qu'il le juge convenable, la position de son navire sur le globe.

Il est par suite une question qui intéresse directement le marin, c'est la position des astres et principalement du Soleil dans la voûte céleste, à un instant quelconque. Cette position est donnée dans des éphémérides publiées particulièrement à l'usage des navigateurs qui peuvent facilement l'en extraire. Toutefois, j'ai cru utile de développer dans le *Cours d'astronomie* le moyen de se passer en partie de ces éphémérides si besoin était, et d'obtenir promptement et d'une manière suffisamment approchée, pour les besoins de la navigation, les éléments relatifs au Soleil; en négligeant, bien entendu, l'approximation laborieuse qu'exigerait une exacte détermination de ces éléments, mais dont on peut se passer quand ces quantités ne doivent servir qu'à déterminer la position du bâtiment.

De plus, le marin, placé sur son navire, voguant au milieu de l'Océan, entre le ciel et l'eau, se trouve comme dans un observatoire mobile, en présence des phénomènes célestes qu'il ne peut manquer d'observer, sinon par intérêt scientifique, du moins par désœuvrement. Aussi tout le monde comprendra combien le navigateur, qui possède une instruction solide en mathématiques et en astronomie, est à même de rendre des services à la science et de jeter du jour sur certaines parties qui ne sont pas encore complétement éclaircies.

Pensant que les officiers de marine sont les seules personnes réellement à même de faire avancer, en navigation, la question relative *aux variations des marches chronométriques à bord*, ainsi que celle si importante des *déviations de compas*, je me suis attaché à traiter ces deux parties aussi complétement qu'il m'a été possible, dans les limites que comporte l'ouvrage.

J'ai donc donné un résumé des travaux de feu M. l'ingénieur hydrographe Lieussou sur les variations des marches chronométriques *à terre*, ainsi que de ceux de M. le lieutenant de vaisseau Mouchez sur les variations des marches chronométriques *à bord;* ces derniers travaux devant servir de type à ceux que, dans l'intérêt des progrès de la navigation, nous conseillons aux jeunes officiers chargés des montres à bord des navires de la flotte.

Toutefois, pour ne pas laisser l'imagination s'égarer à la recherche d'une exactitude superflue à laquelle ne se prêtent ni nos moyens d'observations ni nos évaluations graphiques sur les cartes marines, j'ai cru devoir appuyer vivement sur ce point, qu'il ne faut pas s'exagérer les variations de marche des chronomètres, et que grâce à l'habileté des artistes qui construisent ces admirables instruments de précision, on peut, dans une longue campagne et avec *trois chronomètres* conduits d'une manière intelligente, naviguer en toute sécurité.

La question des compas, qui certes est loin d'être aussi avancée que celle des chronomètres, et qui même a plutôt rétrogradé depuis l'introduction à bord des navires d'immenses quantités de fer, m'a engagé à donner les méthodes pour dresser les *Tables de déviations* dont on a un si pressant besoin sur les navires à vapeur et surtout sur les bâtiments en fer. Et il m'a semblé utile d'insister fortement sur les moyens, *si souvent négligés*, que le marin possède pour obtenir, de jour ou de nuit, soit graphiquement, soit par le calcul, *la variation de l'aiguille aimantée* dès que le *navire change de cap.*

J'ai fait mon possible pour développer, d'une manière théorique et pratique, la méthode de la détermination de la latitude au moyen de deux hauteurs d'astre, de l'intervalle de temps écoulé entre les observations, et en se servant de la *latitude estimée.*

Cette méthode, *quoique déjà ancienne* et publiée *sans démonstration* dans le *Traité de navigation* de feu M. Ducom, professeur d'hydrographie à Bordeaux, ne tend à se répandre dans la marine que depuis que M. le lieutenant de vaisseau Louis Pagel y a consacré un traité pratique spécial.

A l'occasion des questions auxquelles conduit la considération des courants de la mer, j'ai cru devoir indiquer, d'une manière succincte, les travaux du lieutenant Maury (1), relativement aux cartes qu'il a dressées sur les vents et les courants du globe; et en insérant le type du *Journal nautique complet*, adopté par la conférence de Bruxelles, j'ai eu surtout en vue de faire mieux saisir l'utilité du travail du savant américain, et comment chaque officier de marine peut apporter son concours à une œuvre universelle et d'un intérêt si immense pour les progrès de la navigation.

Le *Cours d'hydrographie*, précédé de quelques notions de géodésie et qui me semble un complément indispensable du *Cours de navigation*, a surtout pour but de mettre un plus grand nombre d'officiers à même de *rectifier*, au moyen du théodolite ou mieux de la *lunette méridienne portative*, certaines positions géographiques du globe pouvant servir de *points-jalons* pour régler les chronomètres dans les voyages de circumnavigation; et ensuite de permettre à ces officiers, soit en coopérant comme marins aux levés hydrographiques à accomplir le long des côtes, soit en exécutant eux-mêmes avec exactitude quelques plans de baies ou ports éloignés de la métropole, de venir en aide aux travaux si justement appréciés de nos savants ingénieurs hydrographes.

(1) Aujourd'hui commodore et surintendant de l'Observatoire de Washington.

COURS DE NAVIGATION.

PRÉLIMINAIRES.

1. *But du cours de navigation.* — On appelle *naviguer* conduire un navire d'un point du globe à un autre point du globe *en traversant les mers.*

Pour *naviguer sûrement*, il faut pouvoir résoudre *facilement* les deux questions suivantes :

1° Constater à un instant quelconque la position du navire sur le globe;

2° Connaître la route qu'il faut suivre pour se rendre à un point déterminé, par le plus court chemin et en évitant les terres, roches, dangers....., etc.

La position d'un lieu de la Terre étant déterminée par sa *latitude* et sa *longitude*, on comprend que pour résoudre la première question, il faut, avant tout, posséder, soit un *catalogue de tous les points principaux du globe avec leur latitude et leur longitude*, soit *une représentation graphique de tous ces points d'après leur position relative.*

Comme un catalogue des points importants du globe serait insuffisant et incommode, il faut au moins avoir un globe sphérique représentant la *Terre*, et sur lequel soient placés tous les lieux d'après *leur latitude et leur longitude.*

Nous verrons plus loin que ce globe sphérique est encore insuffisant et comment on y supplée.

Les deux questions dont nous venons de parler se réduisent alors à celles-ci :

1° *Déterminer à un instant quelconque la latitude et la longitude du lieu où l'on se trouve;*

2° *Connaître la route à faire pour se rendre en un lieu dont la latitude et la longitude sont déterminées.*

TEL EST LE BUT DE LA NAVIGATION.

Le premier problème de navigation peut se résoudre de deux manières :

1° Soit en agissant sans le secours des astres et avec les moyens propres à notre globe ;

2° Soit en se servant de la position des astres dans la voûte céleste.

La première manière prend le nom de *navigation par estime.*

La seconde est habituellement désignée sous le nom de *navigation hauturière*, parce que l'on se sert de la hauteur des astres ; je crois plus rationnel de la nommer *navigation astronomique.*

Occupons-nous de la première manière.

NAVIGATION PAR ESTIME.

2. Dans la navigation astronomique, on peut déterminer la position du navire sans faire nullement dépendre cette position d'une autre antérieurement connue.

Dans la *navigation par estime*, on admet que l'on connaissait à un certain moment *la latitude et la longitude du navire*, et c'est en déterminant *le chemin parcouru par le bâtiment depuis ce moment jusqu'à celui considéré*, que l'on obtient *la latitude et la longitude du second lieu.*

Pour connaître le chemin parcouru par le navire, il y a deux choses à obtenir :

1° LA DIRECTION QUE SUIT LE BATIMENT ;

2° LA LONGUEUR DU CHEMIN.

La direction de la route s'obtient au moyen d'un instrument

appelé *boussole;* la longueur du chemin parcouru se détermine généralement à l'aide d'un second instrument appelé *loch*.

DE LA BOUSSOLE.

3. *De l'aiguille aimantée.* — Toute direction du navire *en mer* est déterminée à l'aide de l'*aiguille aimantée*, dont la découverte est attribuée au Napolitain *Flavio de Gioia*, natif d'*Amalfi*, qui vivait dans le XIIIe siècle, bien qu'il paraisse cependant certain, d'après les poésies de *Guyot de Provins*, que l'aimant était en usage en Europe *pour la navigation* avant le XIIe siècle. Du reste, d'après les traductions d'ouvrages chinois faites par des missionnaires de la Chine, il est prouvé que les Chinois connaissaient cet instrument plus de mille ans avant l'ère chrétienne. A ce sujet, nous extrayons les passages suivants de l'ouvrage anglais de M. Walker sur l'aiguille aimantée.

« Dans un dictionnaire chinois, découvert vers la fin du IVe siècle, » on trouve le passage suivant :

» Ils avaient alors des navires qui dirigeaient leur course au *Sud* » par l'*aiguille magnétique*. Les diseurs de bonne aventure frottaient » le bout d'une aiguille aimantée avec la pierre d'aimant pour la » rendre propre à indiquer le *Sud*.

» Le missionnaire *Duhalde*, qui a écrit une histoire de la Chine, » basée sur les ouvrages chinois qu'il s'était procurés, raconte que » vers l'an 2634 avant J.-C. l'empereur Hoang-ti étant à la guerre, » on inventa un instrument qui, étant placé sur un chariot, *désignait* » *le Sud*, et qui permit à l'armée impériale de diriger sa marche et de » surprendre l'ennemi pendant un brouillard épais. Si ce fait est » exact, il en ressort clairement que les Chinois firent usage de la » propriété directrice de l'aiguille aimantée il y a 4487 ans.

» Le même auteur nous apprend qu'il y a environ 2883 ans, une » *ambassade cochinchinoise* vint en Chine ; que les ambassadeurs » avaient éprouvé de grandes difficultés à trouver leur route pour » aller à la cour impériale ; mais qu'en prenant leur audience de » congé, l'*empereur Tcheoug-Kong* leur fit présent d'un instrument » dont une des extrémités, leur dit-il, *indiquait le Sud*, et avec » lequel ils devaient trouver leur route pour retourner chez eux avec » moins d'embarras qu'ils n'en avaient éprouvé pour venir dans ses

» États. Cet instrument était alors appelé *Tchi-nan*, et c'est aussi le » nom que les Chinois donnent actuellement aux compas maritimes.

» L'introduction des compas de mer, en Europe, est probablement » due aux *Arabes*, pendant les guerres des Croisades sur les côtes » Est de la Méditerranée. »

Les *Italiens*, les *Français*, les *Norwégiens*, et même les *Anglais*, revendiquent l'invention de cet utile instrument, mais *M. Walker* trouve que de pareilles prétentions ne sont soutenues par rien.

4. *Définition.* — L'aiguille aimantée, librement suspendue par son centre de gravité, a, comme on le sait, la propriété de se diriger constamment vers un même point de l'horizon, dans un même lieu et *pendant plusieurs années.*

Ce point est généralement peu écarté du *Nord*, mais l'est cependant dans certains lieux.

Cette *déviation* de l'aiguille aimantée, qui n'a été constatée que trois siècles après sa prétendue découverte, est ce que l'on nomme la *déclinaison* ou la *variation* de l'aiguille.

Nous verrons plus loin comment on a égard à cette variation, et, dans la suite de ce cours, comment on la détermine.

L'aiguille aimantée est aussi sujette à une déviation du plan horizontal ; cette déviation prend le nom d'*inclinaison.*

On admet généralement que son effet n'a pas d'influence surla conduite du bâtiment, et on annule habituellement son action au moyen d'un contre-poids qui permet à l'aiguille de rester horizontale. Toutefois, en discutant les variations auxquelles est sujette l'*aiguille aimantée*, nous verrons l'influence de l'inclinaison dans la conduite du bâtiment, et par quels moyens on a cherché à la combattre.

5. *Du méridien magnétique.* — Le cercle vertical qui passe par l'axe de l'aiguille aimantée prend le nom de *méridien magnétique.*

6. *De l'angle de route.* — On nomme angle de route d'un navire en marche l'angle que forme la direction de sa quille avec la vraie ligne *Nord* et *Sud.*

L'angle de route se compte de 0° à 90° à partir du Nord ou du Sud.

7. *De la rose des vents.* — En mer, le navire étant toujours au centre d'un cercle dont la circonférence indique les limites de l'*horizon visible*, on a supposé ce cercle divisé en 360°; la direction du navire est alors indiquée en donnant la valeur de son angle de route, à partir du Nord ou du Sud vers l'Est ou vers l'Ouest.

Si, par exemple, la direction de la quille fait avec la ligne *Nord* e

Sud, et à partir du Nord, un angle de 37°, le navire se dirigeant du côté de l'Est, on dit que l'angle de route est

Nord 37° *Est.*

8. ***Du rhumb de vent.*** — Pour éviter l'emploi de ce nombre de degrés, les marins ont imaginé de diviser l'horizon en 32 parties égales, appelées *rhumbs de vent*, *aires de vent* ou *quarts;* l'ensemble de ces trente-deux directions prend le nom de *rose des vents.*

Chaque rhumb de vent est égal à $\frac{360^\circ}{32} = 11^\circ\,15'$. Ces trente-deux directions de l'*horizon* ont reçu des noms qui dépendent de la position de ces lignes par rapport aux quatre points cardinaux.

Supposons que le cercle *n*, *e*, *s*, *o* (fig. 1), représente

(Fig. 1)

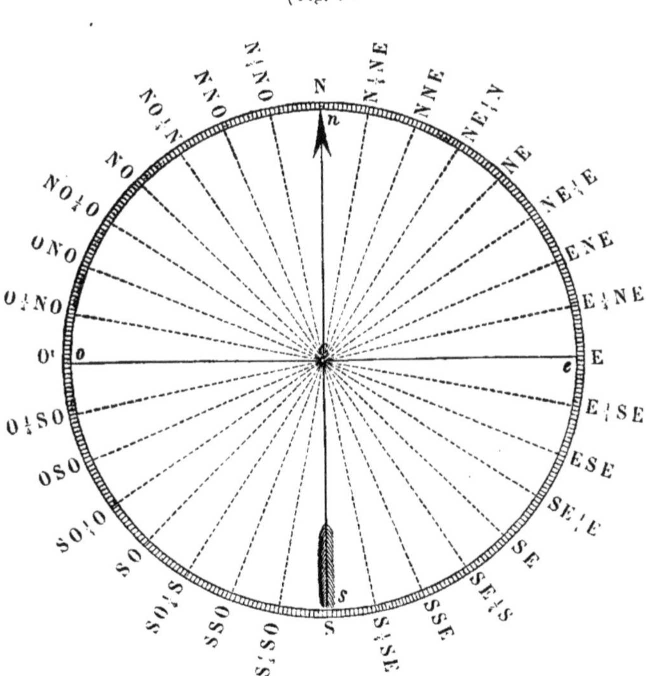

l'horizon, la ligne *ns* est la ligne *Nord* et *Sud* et la ligne perpendiculaire *eo* est la ligne *Est* et *Ouest.*

La direction comprise entre le Nord et l'Est prend le nom de ***Nord-Est***, et se désigne par les deux lettres NE : celle comprise entre l'Est et le Sud, de ***Sud-Est*** (SE) ; celle comprise entre le Sud et l'Ouest, de ***Sud-Ouest*** (SO), et enfin celle comprise entre l'Ouest et le Nord, de ***Nord-Ouest*** = NO.

Ces quatre nouvelles directions et les quatre premières divisent l'horizon en *huit parties*.

Chacun de ces huitièmes étant divisé en deux parties, on obtient huit nouvelles directions qui prennent un nom composé des deux directions entre lesquelles elles sont comprises. Ainsi la direction comprise entre le Nord et le Nord-Est prend le nom de ***Nord-Nord-Est*** = NNE : celle comprise entre l'Est et le Nord-Est, d'***Est-Nord-Est*** = ENE, et ainsi de suite.

Enfin, chaque seizième de l'horizon étant divisé en deux parties égales, on a seize nouvelles directions qui prennent un nom dépendant des huit premières directions ***Nord***, ***Nord-Est***, ***Est***, ***Sud-Est***, ***Sud***, ***Sud-Ouest***, ***Ouest***, ***Nord-Ouest***, en ajoutant à la suite de ces noms l'indication du rhumb de vent vers lequel tendent les nouvelles directions.

Ainsi, pour la direction comprise entre le Nord et le Nord-Nord-Est, on dit Nord 1/4 Nord-Est ; pour la direction comprise entre le Nord-Nord-Est et le Nord-Est, on dit Nord-Est 1/4 Nord, et ainsi de suite ; pour toute direction comprise entre deux rhumbs de vent de la rose, on dit le nombre de degrés en plus du rhumb de vent en désignant vers quel point cardinal ; ainsi, lorsque l'on veut désigner le Nord 14° 15′ Est, on dit le Nord 1/4 Nord-Est 3° Est.

9. ***Disposition et placement de la boussole ou compas de route à bord des navires.*** — La boussole ou compas de route à bord d'un navire est une aiguille aimantée munie d'une rose des vents et disposée de telle sorte que les mouvements et les matières du navire aient le moins d'action possible sur la direction que doit prendre l'aiguille.

Tout compas de route se compose :

1° De l'aiguille aimantée et de sa rose ;

2° De la cuvette avec le pivot ;

3° Des balanciers ;

4° De l'habitacle.

1° ***De l'aiguille aimantée et de la rose.*** — Les aiguilles des boussoles affectent généralement deux formes particulières ; dans tous les cas,

il faut que dans la disposition donnée à l'aiguille, elle ne soit nullement gênée par son point d'appui dans son mouvement de rotation.

La première forme est celle d'un lozange très-allongé (fig. 2), évidé vers le point de rencontre de ses diagonales et garni à ce point d'une chappe en agate, sur laquelle vient s'appuyer la pointe déliée qui supporte l'aiguille.

(Fig. 2)

Sur cette aiguille est fixée une feuille de talc circulaire ayant son centre au point de rencontre des diagonales du lozange.

Sur cette feuille de talc est collée une rose des vents ayant sa ligne Nord et Sud exactement sur la ligne des pôles de l'aiguille.

La seconde forme donnée à l'aiguille aimantée est celle d'une barre rectangulaire recourbée en son milieu en arc de cercle (fig. 3) ; au milieu de cet arc de cercle, dans le plan de cet arc et perpendiculairement à l'axe de l'aiguille, est fixé un petit cône en acier terminé par une pointe très-fine; c'est sur cette pointe que peut pivoter l'aiguille aimantée.

Sur la partie rectangulaire *aa'* et *bb'* de l'aiguille est fixée une feuille de talc évidée vers son centre pour laisser passer l'arc de l'aiguille; sur cette feuille de talc est collée une rose des vents ayant encore sa ligne Nord et Sud exactement sur la ligne des pôles de l'aiguille.

(Fig. 3)

La feuille de talc a pour but de rendre la rose transparente, ce qui permet de l'éclairer la nuit au moyen d'un fanal disposé au-dessous de l'appareil.

2° *De la cuvette avec le pivot.* — La cuvette est un cylindre en cuivre, dont le fond est une glace sans tain qui laisse arriver à la rose la lumière du fanal placé au-dessous du pont, près de l'ouverture qui est faite au-dessous du compas.

Le rayon de ce cylindre est un peu plus grand que celui de la rose. — Le cercle de base du cylindre contient à la place du fond en cuivre de la boîte (fig. 4), une traverse qui passe par le centre C de ce cercle.

(Fig. 4)

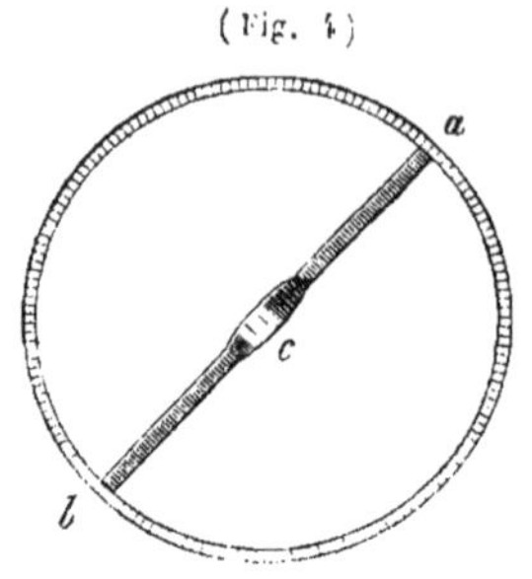

Cette traverse sert à soutenir au point C le pivot.

(Fig. 5)

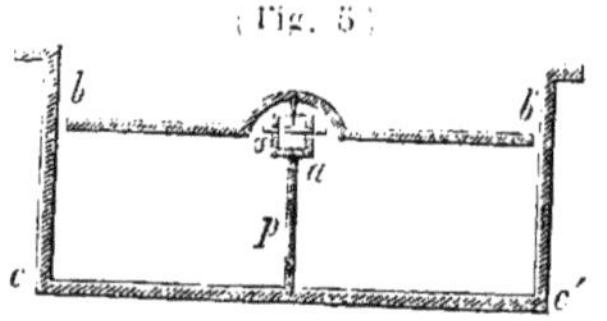

Le pivot *p* (fig. 5) se compose d'une tige qui supporte un petit cylindre *a*, lequel est creusé à sa partie supérieure en forme de cône renversé, et est percé latéralement d'une fenêtre dans laquelle on engage, soit un petit parallélipipède *v* d'agate, soit, plus généralement, un petit parallélipipède de verre.

C'est sur *ce verre* que porte la pointe d'acier très-fine de l'aiguille *E*. Lorsque le verre est piqué par cette pointe, il suffit de pousser un peu le parallélipipède *v* pour présenter un autre point de sa surface à la pointe d'acier.

(Fig. 6)

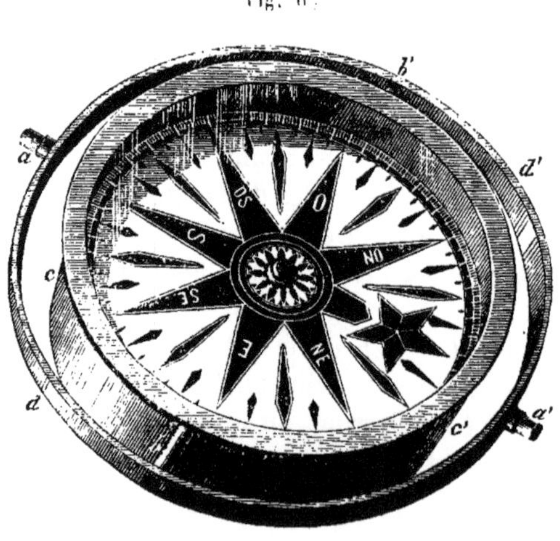

Balanciers. — Pour que la cuvette *cc'* (fig. 6) ne soit pas brusquement dérangée par les mouvements du roulis et du tangage, elle est liée à un cercle de cuivre *dd'* au moyen de deux boulons *b*, *b'* autour desquels elle peut tourner.

Le cercle *dd'* peut lui-même tourner autour de deux boulons *a*, *a'* d'une direction perpendiculaire aux premiers, et qui sont fixés à une boîte rectangulaire en bois.

De l'habitacle. — Cette boîte rectangulaire $aa'b'$ (fig. 7) prend le

(Fig. 7)

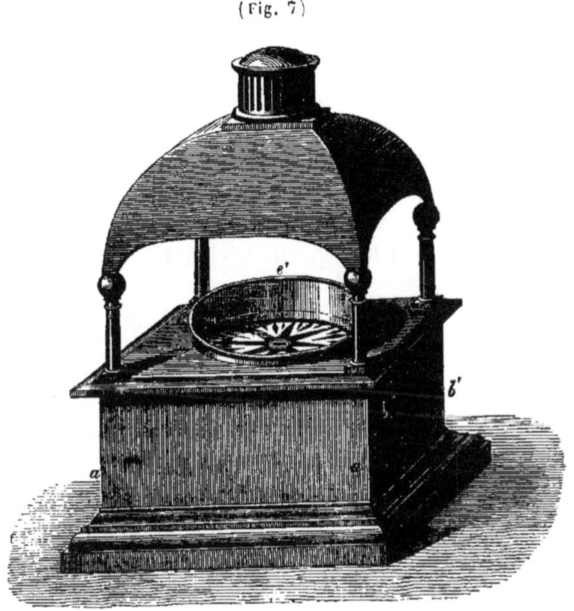

nom d'*habitacle ;* elle est fermée à sa partie supérieure par une glace transparente ee' inclinée qui permet au timonier de voir la *rose des vents;* toute la boîte supporte un dôme de cuivre qui met la glace inclinée à l'abri de la pluie.

L'habitacle et, par suite, le compas de route, est placé sur le pont, en avant de la roue du gouvernail, de manière que l'homme de barre puisse avoir continuellement les yeux sur le compas.

A bord des bâtiments de guerre, il y a deux habitacles à tribord et à bâbord de la roue et un peu en avant.

10. *Du cap du navire.* — La direction du plan longitudinal du navire supposé droit prend le nom de *cap.*

Si l'on fait passer par l'axe du pivot de l'aiguille deux plans, l'un parallèle au plan longitudinal et l'autre parallèle au plan latitudinal, ces deux plans détermineront sur l'intérieur de la cuvette deux lignes que l'on a tracées en deux traits noirs.

La ligne qui joint le centre du compas au trait déterminé par le plan longitudinal est parallèle à la *quille*, et indique par conséquent la direction du plan longitudinal du navire ou de la *quille* par rapport à l'horizon.

On dit qu'on a le *cap* à telle aire de vent ou rhumb de vent, quand cette ligne passe par cette aire de vent.

11. *Angle de route au compas.* — L'angle formé au centre de la rose par la ligne Nord et Sud du compas et la ligne qui indique le cap se nomme *angle de route au compas.*

Cet angle se compte, à partir du Nord ou du Sud, de 0° à 90° vers l'Est ou vers l'Ouest.

Ainsi, si le navire a le cap au N N E 5° Est, l'angle de route est N 27° 30′ Est.

Réciproquement, si l'angle de route est S 63° Ouest, le navire a le cap au O S O 4° 30′ Sud.

CORRIGER UNE ROUTE DE LA VARIATION.

12. Nous avons dit (4) que l'aiguille aimantée n'était pas dans tous les lieux exactement dirigée suivant la ligne Nord et Sud du monde; l'angle de route au compas diffère donc de l'angle de route réel de la VARIATION du compas.

La variation est dite N E et prend le signe + quand le Nord du compas tombe à droite du Nord du monde; elle est dite N O et prend le signe — quand le Nord du compas tombe à gauche du Nord du monde.

Supposons-nous toujours au centre du compas; si nous donnons le signe + aux angles de route comptés à droite de la ligne servant d'origine, c'est-à-dire aux angles allant du Nord vers l'Est ou du Sud vers l'Ouest, et le signe — aux angles comptés à gauche, c'est-à-dire allant du Nord vers l'Ouest ou du Sud vers l'Est, il est clair que pour passer d'un angle de route au compas à l'angle de route réel, il faudra combiner la variation avec l'angle de route au compas d'après la règle des signes; c'est-à-dire qu'en désignant par R_v la route vraie, par R_c la route au compas et par V la variation, on a

$$R_v = R_c + V$$

qui donnera la route vraie en ayant égard aux signes de R_c et de V.

Au lieu de dire *angle de route*, nous dirons simplement *route.*

Exemple 1.

Route au compas . .	N N E. 3° Est	ou	N	25° 30′	Est	+
Variation.	17° 30° N E	ou		17° 30′		+
Angle de route réel =	N E 2° Nord		N	43° 00′	Est	+

Exemple 2.

Route au compas. . .	N ¼ N O 4° Ouest	ou	N	15° 15′	Ouest	—
Variation.	24° 30′ N E	ou		24° 30′		+
Angle de route réel =	N ¼ N E 2° Nord. . .		N	9° 15′	Est	+

Exemple 3.

Route au compas . .	O N O 4° O'	ou	N	71° 30′	Ouest	—
Variation	25° 30′ N O	ou		25° 30′		—
Angle de route réel =	S ¼ S O 4° 15 O'	ou	N	97° 00′	Ouest	—
		ou plutôt	S	83° 00′	Ouest	+

Exemple 4.

Routé au compas. .	S O ¼ Sud 3° Sud	ou	S	30° 45	O'	+
Variation.	19° 45 N E	ou		19° 45		+
Route réelle	S O° 5° 30′ Ouest		S	50° 30′	O'	+

Exemple 5.

Route au compas. .	S S E° 4° Sud	ou	S	18° 30′	Est	—
Variation.	25° N E	ou		25°		+
Route réelle	S ¼ S O 4° 45′ Sud	ou	S	6° 30′	O'	+

Exemple 6.

Route au compas. .	O ¼ S O 2° O	ou	S	80° 45′	O'	+
Variation.	23° 45′ N E	ou		23° 45		+
Route réelle	O ¼ N O 3° 15′ N.	ou	S	104° 30′	O'	+
		ou plutôt	N	75° 30′	O'	—

Dans ce dernier exemple, comme dans le troisième, il faut faire attention que l'angle de route ne dépassant jamais 90°, il faut retrancher **104° 30′** de **180°**, et qu'alors l'angle de route réel est Nord 75° 30′ O'.

RÉCIPROQUE OU PASSER D'UNE ROUTE RÉELLE A LA ROUTE AU COMPAS.

13. Nous verrons dans le second problème de la navigation que pour se rendre d'un point à un autre il faut, connaissant la route réelle, déterminer la route au compas ; dans ce cas, c'est le problème inverse. La relation $R_r = R_c + V$ nous donne $R_c = R_r - V$; nous voyons donc qu'il suffit évidemment de changer le signe de la variation et de la combiner ensuite avec la route réelle de la même manière que, dans le problème précédent, nous l'avons combinée avec la route au compas.

Exemple 1.

Route réelle . . .	S 41° 30′ O^t	ou	+	
Variation.	19° 30′ N O	ou	+	en changeant le signe.
Route au compas.	S 61° 00 O^t	+		ou S O $\frac{1}{4}$ O^t 4° 45′ O^t.

Exemple 2.

Route réelle . . .	S 53° 30′ O^t	ou	+	
Variation.	24° 30′ N E	ou	—	en changeant le signe.
Route au compas.	S 29 00 O^t	+		ou S O $\frac{1}{4}$ S 4° 45′ Sud.

Exemple 3.

Route réelle . . .	N 20° 45′ O^t	ou	—	
Variation.	17° 30′ N E	ou	—	en changeant le signe.
Route au compas.	N 38° 15′ O^t	—		ou N O $\frac{1}{4}$ N 4° 30′ O^t.

Exemple 4.

Route réelle . . .	N 16° 45′ Est	ou	+	
Variation.	24° 30′ N E	ou	—	en changeant le signe.
Route au compas.	N 7° 45′ O^t	—		ou N $\frac{1}{4}$ N O 3° 30′ Nord.

DE LA DÉRIVE.

14. Nous avons dit que l'angle de route du navire en marche était l'angle que faisait la direction de la quille avec la ligne Nord et Sud. Cet angle indique bien en effet la route que suit le bâtiment quand le navire marche sous l'action de la vapeur.

Mais lorsque le navire marche sous l'action du vent, l'angle que fait la direction de la quille avec la ligne Nord et Sud n'indique pas toujours la route que suit le bâtiment.

On sait que l'on peut faire marcher un navire à voiles de manière que la direction de sa quille fasse un angle de six quarts avec la direction du vent; cet effet ne provient que de la résistance latérale qu'éprouve le navire.

Supposons que *abcd* (fig. 8) représente une section du navire par la surface des eaux ; soit AA' la projection de tout le système de voilure que nous supposons orienté au plus près, et, pour simplifier, réduit à une seule grande voile passant par le centre de voilure, cette voile ayant, du reste, même surface que toutes les voiles réunies.

Si la flèche indique la direction du vent, toutes les forces parallèles provenant de l'air en mouvement qui agissent sur la surface AA' peuvent être remplacées par la résultante unique CF agissant au centre de voilure.

(Fig. 8)

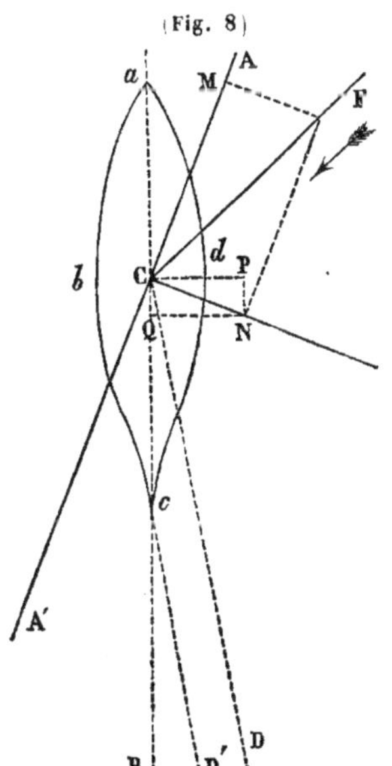

La force CF peut se décomposer en deux, une CM dans le plan de la voile, l'autre CN normale a cette voile; cette dernière a seule de l'effet.

La force CN peut se décomposer en deux autres, une CQ parallèle à la quille, force qui fait marcher le navire, l'autre CP qui tend à pousser le navire latéralement et qui doit être détruite par la résistance de l'eau, résistance qui est très-grande latéralement, eu égard aux formes du bâtiment.

Or cette force n'est pas complétement détruite, et, par suite, le navire est entraîné latéralement; de sorte qu'au lieu de suivre la direction C*a* déterminée par la force CQ, il suit une direction CD. Cette marche oblique du navire est ce que l'on nomme *la dérive.*

L'angle BCD' prend le nom d'angle de dérive et se détermine en relevant l'angle que fait la trace ou la houache du navire avec la quille; ce relèvement se fait très-simplement au moyen d'un petit cercle en cuivre placé sur le plat-bord du couronnement et gradué de 0 à 90°, le point 0 étant placé à l'extrémité du rayon parallèle à la quille. On voit que l'angle de dérive est d'autant plus grand que le navire marche peu, ou que la normale CN est voisine de la perpendiculaire à l'axe longitudinal du navire.

La dérive est dite *tribord* ou *bâbord*, selon que le navire dévie à droite ou à gauche de la direction de la quille. Elle est, du reste, du bord opposé à celui qui reçoit le vent, c'est-à-dire du bord opposé *aux amures.*

CORRECTION DE LA DÉRIVE DANS LA DÉTERMINATION DE L'ANGLE DE ROUTE RÉEL.

15. La direction du cap du navire sur la rose des vents n'indique donc pas la direction de la route au compas que suit le navire ; cet angle a besoin d'être augmenté ou diminué de l'angle de dérive.

Or nous voyons qu'une dérive *tribord* porte le navire à droite de la direction qu'indique le cap, ainsi que le fait une variation NE ; qu'une dérive *bâbord* le porte à gauche, ainsi que le fait une variation NO.

Par conséquent, lorsque nous voudrons corriger une route au compas de la *dérive* et de la *variation*, il suffira de combiner d'abord entre elles ces deux causes de déviation, de considérer le résultat comme une simple *variation* et de l'appliquer à l'angle de route au compas.

Exemple 1.

Angle de route au compas.	N N E 3°	Nord	
Variation	22° 30	N O	—
Dérive.	7°	Bâbord	—

La variation et la dérive combinées donnent	29° 30′	variat. N O	—
Angle de route au compas	N 19° 30′ E		+
Angle de route réel.	N 10° 00′ O	ou	—

Exemple 2.

Angle de route au compas.	O N O 4°	O	
Variation	24° 30′	N O	—
Dérive	9°	Tribord	+

La variation et la dérive combinées donnent	15° 30′	variat. N O	—
Angle de route au compas.	N 71° 30′	O'	—
Angle de route réel.	N 87° 00	O'	

Exemple 3.

Angle de route au compas.	S S O 5° O'		
Variation	12° 30′	N E	+
Dérive.	23° 30′	Bâbord	—

La variation et la dérive combinées donnent	11° 00	Variat. N O	—
Angle de route au compas	S 27° 30′	O'	+
Angle de route réel.	S 16° 30′	O'	+

Quant au problème inverse, tout marin sait qu'on ne peut le résoudre *à priori*, parce que la grandeur de l'angle de dérive dépend de l'incidence du vent sur la voile; or quand on veut que le navire suive un angle de route réel, on commence par ramener cette route en route au compas au moyen *de la variation*. Si maintenant, en dirigeant le navire de manière qu'il ait le cap à l'aire de vent indiquée par cette route au compas, ce navire a de la dérive, il faut, si c'est possible, serrer le vent d'une quantité égale à la dérive que l'on aura avec cette nouvelle allure; de cette manière, la direction réelle du navire sera bien selon l'angle de route réel.

DE LA MESURE DU CHEMIN A LA MER.

16. ***De l'unité de longueur.*** — On prend pour unité de longueur à la mer le ***mille marin***, qui est la longueur de la ***minute du degré de l'arc de grand cercle du globe.***

Evaluation du mille marin en mètres. — Puisque 90° d'un méridien valent 10000000 de mètres et que dans 90° il y a 5400 minutes ou milles, un mille vaut $\frac{10000000}{5400} = 1851^{\text{mètres}},8$.

De la lieue marine, — Trois milles marins font une lieue marine; la lieue vaut donc $1851^{\text{mètres}},8 \times 3 = 5555^{\text{mètres}},4$.

La longueur du degré d'un méridien est de 60 milles ou 20 lieues.

On peut alors convertir en lieues et milles un nombre de degrés, minutes et secondes donnés, ou réciproquement.

Exemple 1.

Combien de lieues et milles marins représentent 12° 45′ 37″ d'un méridien ?

En réduisant d'abord 37″ en fractions décimales de minutes, on a

$$12° 45' 37'' = 12° 45',61.$$

Maintenant

	12°. . . . . = 12 × 20 = 240 lieues.	
	45′,61 . . . . . . = 45^{milles},61 = 15^{lieues} 0^{mille},61 ;	
donc	12° 45′ 37″ valent.	255 lieues, 0^{mille}, 61.

Exemple 2.

Combien 255 lieues 0^{mille},61 d'un grand cercle du globe représentent-ils de degrés, minutes et secondes ?

En divisant 255 par 20 lieues, on a 12 pour quotient et 15 pour reste.

Donc	255^{lieues} valent	12° + 15^{lieues}	= 12° + 45′
	0^{mille},61	=	0′,61
donc	255^{lieues}, 0^{mille},61 valent.	12° 45′,61	= 12° 45′37″.

Parmi tous les instruments inventés pour connaître à un instant donné la vitesse du bâtiment, instruments que l'on nomme *sillomètres*, nous ne considérerons que celui qui, malgré ses défauts et l'ancienneté de son usage, subsiste seul réellement dans les marines Européennes.

Le principe qui sert de base à la mesure du chemin du navire est celui-ci :

On suppose que pendant une demi-heure le navire marche d'un mouvement uniforme.

Pour connaître alors le chemin parcouru dans une demi-heure, on détermine la vitesse du bâtiment, c'est-à-dire le chemin parcouru dans une unité de temps; cette unité de temps est généralement 30 secondes, ou 15 secondes quand la vitesse du bâtiment est assez grande.

Pour mesurer cette vitesse du navire, on se sert de deux instruments :

1° Du *loch*, *instrument* inventé en 1550, et servant à mesurer le chemin parcouru dans l'unité de temps;

2° Du *sablier* ou instrument servant à mesurer la durée de l'unité de temps.

DU LOCH.

17. Le *loch* se compose de trois parties :

1° Du *bateau de loch*, qui détermine un point fixe sur la mer;

2° De la *ligne de loch*, qui mesure le chemin;

3° Du *tour de loch*, qui sert à enrouler la ligne.

Du bateau de loch. — Le bateau de loch est une planchette en bois (fig. 9) ayant la forme d'un *secteur de cercle* d'un angle de 60 degrés environ; l'arc de ce secteur est garni de *plomb*, afin que le bateau de loch se maintienne dans une *position verticale* quand il est à l'eau.

(Fig. 9)

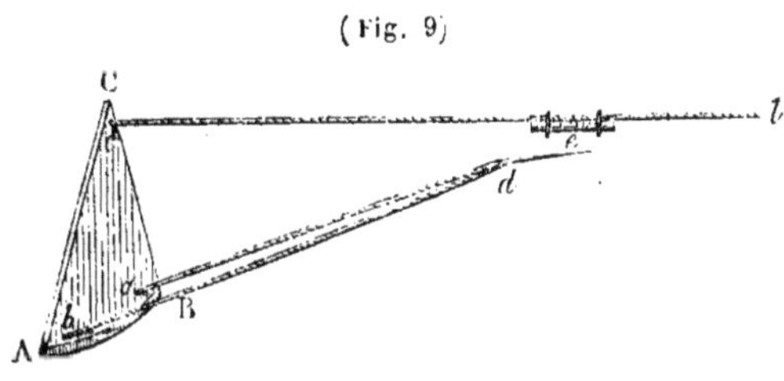

Près du sommet de l'angle C est fixée, en *c*, une ligne *cl* qui est la *ligne de loch;* à une distance C*e* = 1 mètre environ la ligne porte un petit cylindre creux *e;* aux angles A et B sont fixés en *a* et *b* deux bouts de ligne d'une longueur égale et d'un peu plus d'un mètre qui viennent se réunir et se lier à une cheville *d*, qu'on introduit dans le petit cylindre creux *e* quand on veut *mâter le loch;* de telle sorte, que le bateau étant à la mer et la ligne de loch *el* ayant une de ses extrémités à bord du navire, le bateau de loch offre, par sa position verticale, une résistance à la force qui, à l'aide de la ligne, pourrait entraîner le bateau et le déplacer de la position fixe qu'il doit avoir sur l'eau.

De la ligne de loch. — La ligne de loch est un filin commis à cet effet et qui a reçu tout l'allongement qu'il peut acquérir; sa longueur est d'environ 300 mètres.

Cette ligne est divisée en nœuds et demi-nœuds.

Du nœud. — Nous avons dit que l'unité de temps, dans l'éva-

2

luation de la vitesse du navire, est 30 secondes, c'est-à-dire la 120ème partie de l'heure.

Pour conclure immédiatement du chemin parcouru dans l'unité de temps le chemin fait dans une heure, on a divisé la ligne de loch en *nœuds*, qui sont la 120ème partie du *mille marin*.

Le nœud, d'après cela, devrait être de 15m,43 ou, en ancienne mesure, 48p,5.

Mais, comme d'après les expériences faites en 1773 par Borda sur la frégate *la Flore*, et toutes les expériences renouvelées depuis, on a trouvé que de cette manière on estimait toujours trop peu de chemin, on a fait les nœuds de 45 pieds justes, c'est-à-dire de 14m,61.

Cette mesure est appelée *nœud*, parce qu'à chaque longueur de 14m,61 on place un petit bout de ligne engagé dans les torons de la ligne de loch et qui porte *un nœud* pour la première longueur de 14m,65, *deux nœuds* pour la deuxième longueur et ainsi de suite; de cette manière, le timonier qui jette le loch reconnaît, même la nuit, au simple toucher, le *nombre de nœuds filés;* chaque demi-nœud est indiqué par *un petit morceau de cuir.*

Pour que la bateau de loch soit dégagé de l'influence du sillage du bâtiment, et du mouvement d'entraînement que subit l'eau qui entoure le navire, on ne commence à marquer les nœuds sur la ligne de loch qu'après une longueur égale à celle du navire; à l'extrémité de cette distance est un morceau d'étamine que l'on nomme aussi *houache* et qui sert à indiquer l'origine du chemin mesuré.

Du tour de loch. — Le tour de loch est un cylindre A (fig. 10) mobile autour d'un axe; la ligne de loch s'enroule sur ce cylindre.

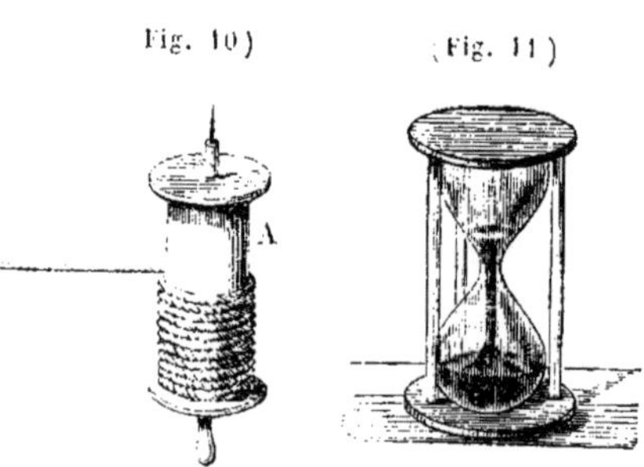

(Fig. 10) (Fig. 11)

Du sablier. — Le sablier est un instrument composé de deux sortes de troncs de cône en verre creux réunis et communiquant par leur petite base (fig. 11); dans l'un de ces troncs de cône creux se trouve du sable fin et très-sec, qui passe dans l'autre tronc de cône quand on tient verticalement la partie pleine au-dessus de la partie vide.

Le temps que le sable met à passer d'une partie dans l'autre est de 30 secondes ou de 15 secondes.

DE LA MANIÈRE DE SE SERVIR DU LOCH ET DU SABLIER, AUTREMENT DIT MANIÈRE DE JETER LE LOCH.

18. Pour mesurer à l'aide du loch le chemin parcouru par le navire dans 30 ou 15 secondes, il faut être trois hommes :

1° Un qui mesure la ligne filée;

2° Un qui tient le tour de loch pour que la ligne se déroule facilement;

3° Et enfin le troisième qui tient le sablier.

On jette le loch à l'arrière du bâtiment sous le vent. Celui qui dirige l'opération, après avoir mâté le bateau de loch, fait une glaine qu'il tient à la main; cette glaine permet de lancer le bateau à la mer un peu au delà du premier remous du navire.

L'homme qui tient le tour de loch l'*élève à bras* au-dessus de sa tête pour que rien n'engage la ligne.

Celui qui tient le sablier le tient *verticalement* et s'assure que tout le sable est écoulé dans la partie inférieure.

Quand chacun est à son poste, le timonier, qui tient le bateau de loch, le lance à la mer et crie : *Attention !*

L'homme du sablier répond : *Attention !*

Aussitôt que la bateau est lancé à la mer, celui qui l'a jeté laisse filer la ligne dans sa main à demi-fermée, et de l'autre main aide la ligne à se dévider; dès que le morceau d'*étamine* ou *houache* lui passe sous les doigts, il crie : *Tourne !*

L'homme du sablier répond : *Tourne !* et vire instantanément le sablier *bout* pour *bout ;* il suit de l'œil le sable qui s'écoule alors de la partie supérieure dans la partie inférieure; au moment précis où le dernier grain de sable passe, il crie fortement : *Stop !*

A ce moment, l'homme qui suit le mouvement de la ligne ferme *instantanément* la main et empêche la ligne de filer davantage; il regarde alors le nombre de nœuds, demi-nœuds et dixièmes qui se trouvent au point où il a fermé la main; le navire marchant toujours, la ligne s'est roidie; il donne alors à la ligne une forte secousse qui démâte le *bateau de loch* et permet de le ramener facilement à bord.

DES ERREURS QUI PEUVENT ALTÉRER LA LONGUEUR DU CHEMIN PARCOURU PENDANT L'EXPÉRIENCE.

19. Nous avons dit que la longueur du nœud devait, d'après de longues expériences, être de $45^{\text{pieds}} = 14^{\text{mètres}},61$ et que le sablier devait être de 30 secondes ou de 15 secondes.

Il faut donc s'assurer si la ligne garde bien cette longueur et si le sablier conserve bien cette durée. On s'assurera de cette dernière condition au moyen d'une *montre à secondes;* et de la première, au moyen de la longueur du nœud qui est indiquée sur un bordage du pont au moyen de deux têtes de clous en cuivre.

Si, après avoir jeté le loch, en vérifiant les instruments, on trouve de l'altération, il n'est pas nécessaire de jeter le loch de nouveau, et l'on peut, du nombre de nœuds trouvés, déduire ceux que l'on aurait obtenus, s'il n'y avait pas d'erreur dans les instruments.

Altération de la ligne. — Si, par exemple, avec un sablier de 30 secondes, on a filé $8^{\text{nœuds}},5$ avec une ligne dont on a trouvé le nœud de 15 mètres au lieu de $14^{\text{m}},61$, il est clair que le nombre de nœuds trouvés est en raison inverse de la longueur du nœud; en appelant donc y le nombre de nœuds réellement filés, on aura

$$\frac{x}{8,5} = \frac{15}{14,61} \quad \text{d'où} \quad x = \frac{15 \times 8,5}{14,61} = 8,7.$$

Altération du sablier. — Si avec une ligne de $14^{\text{m}}.61$ on a filé $9^{\text{nœuds}},3$, en se servant d'un sablier de 32 secondes, il est évident que le nombre de nœuds trouvés est en raison directe de la durée du sablier; en appelant donc y le nombre de nœuds réellement filés, on aura

$$\frac{y}{9,3} = \frac{30}{32} \quad \text{d'où} \quad y = \frac{30 \times 9,3}{32} = 8,7.$$

Altération de la ligne et du sablier. — Si avec une ligne de 14 mètres et un sablier de 32 secondes on a filé $9^{\text{nœuds}},7$, il est clair que, avec une ligne de $14^{\text{m}},6$ et un sablier de 30 secondes, on aura filé un nombre de nœuds x donné par la relation

$$x = \frac{9,7 \times 14}{14,61} \times \frac{30}{32} \quad \text{d'où} \quad x = 8^{\text{nœuds}},7.$$

relation que l'on déduit de la *règle de trois composée ordinaire* ou de la réduction à l'unité.

20. *Du quart à la mer.* — Le service que nécessite la marche et la conduite du bâtiment à la mer est déterminé de telle sorte que, généralement, pendant *quatre heures* (période que l'on nomme *quart*) une partie des personnes de l'équipage reste sur le pont, occupée des différents travaux qu'il peut y avoir à exécuter.

L'homme qui est chargé de jeter le loch pendant le quart, a soin de porter sur un petit cahier ou sur un instrument en cuivre nommé *Renard* le nombre de nœuds trouvés à chaque fois qu'il a jeté le loch, la direction du vent, le cap du bâtiment et la dérive, avec les heures correspondantes; il note aussi quelle était à ces différents instants la voilure du bâtiment, ainsi que les différents événements de bord ou de mer qui ont pu survenir.

A la fin du quart, ces indications sont reportées sur un cahier nommé Journal du bord, et dont chaque page est divisée en deux parties qui sont les douze heures du matin et les douze heures du soir ; entre ces deux parties, dans de petites colonnes disposées à cet effet, on porte la *latitude* et la *longitude* du bâtiment trouvées à midi ; ainsi que la route *directe* et la *variation*.

Chaque partie qui se rapporte aux douze heures du matin ou aux douze heures du soir est divisée en colonnes dont les titres correspondent aux différentes notes prises pendant le quart.

Le tableau suivant indique la feuille d'un journal du bord, qui a rapport à la marche du bâtiment ; dans les bâtiments à vapeur d'autres colonnes contiennent toutes les indications fournies par la machine en mouvement.

Le 6 Avril 18 . . . . . .

HEURES.	TABLE DE LOCH.				VOILURE du vaisseau.	VUES et relèvements de terres, de voile[illegible]
	Vents.	Routes.	Nœuds.	Dérive.		
1	Sud	S 85° O'	2,7	8° trib.	Grand hunier 3 ris. Petit hunier 4 ris. Misaine 1 ris. Petit foc.	
2	»	»	2,7	»	»	
3	»	»	3.2	»	»	
4	»	»	3,1	»	»	
5	»	»	4,0	5° trib.	Largué 2 ris aux huniers.	
6	SSO	»	3,9	»	»	
7	»	»	4,9	»	»	
8	»	»	5,1	»	»	
9	Sud	»	5.9	»	»	
10	»	»	8,0	O°	Le ris de chasse pris.	
11	»	»	8,0	»	»	
12	»	»	6,2	»	»	

ROUTE corrigée.	DISTANCE corrigée.	LATITUDE		LONGITUDE		Variation.		Distances et relèv[illegible] ments des terres dangers les plus r[illegible] prochés. Distance relevements du po[illegible] d'arrivée.
		observée.	estimée.	observée.	estimée.			
N 66° O'	158	35°35'	36° 05	119°36'	119°42'	4° NO		
		SUD.		EST.				

1	Sud	S 85° O'	5.1	5° trib.	Toutes voiles.— 2 ris aux huniers.	
2	»	S 79° O'	7,7	»	»	
3	»	»	4,6	»	»	
4	»	»	5,5	»	»	
5	SSE	»	5.0	O°	»	
6	»	»	6,5	»	»	
7	»	»	5,7	»	»	
8	»	»	7.3	»	»	
9	Sud	»	3,5	5° trib.	»	
10	»	»	3,5	»	»	
11	SSO	»	3.5	»	»	
12	»	Ouest	1.8	»	»	

DE LA LOXODROMIE.

21. *Définition.* — Lorsque le navire gouverne toujours au même rhumb de vent, *au Nord-Est*, *par exemple*, l'angle que fait la direction de sa route avec la tangente au *méridien* au point considéré, reste constamment le même ; la route du navire sur le globe est alors une courbe à double courbure qui prend le nom de *loxodromie*.

Déterminons l'équation de cette courbe sur le globe que nous supposerons un ellipsoïde de révolution ; les méridiens seront des ellipses.

22. *Coordonnées qui déterminent la position d'un point sur le globe.* — Soient $Pq'P'q$ (*fig.* 12) l'ellipsoïde représentant le globe, et a un point de ce globe.

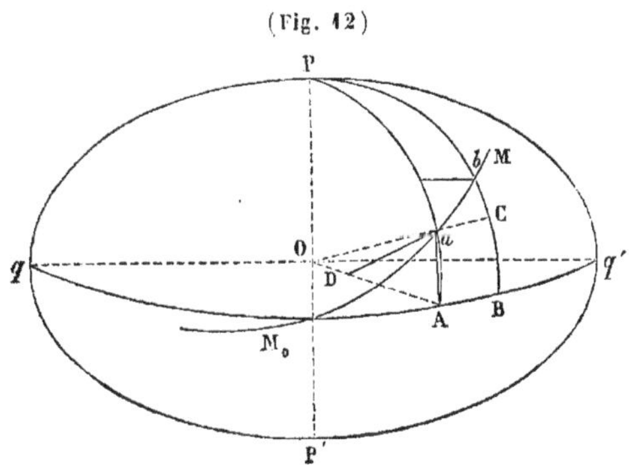

Pour que ce point soit déterminé, il faut que nous connaissions :

1° L'angle qoA que fait le méridien PaA avec un méridien déterminé PqP' ; (nous désignerons par G l'angle qoA ou l'arc qui le représente, décrit à l'unité de distance) ;

2° La distance OD du pied de la normale aD au centre ;

3° L'angle aDA qui est la latitude géographique du point a et que nous désignerons par L, comme nous l'avons déjà fait en Astronomie.

Considérons maintenant la loxodromie M_0ab qui passe par le point a, et soit un arc très-petit ab de cette courbe ; menons le méridien PbB et l'arc de parallèle aC.

Le triangle baC peut être considéré comme rectiligne ; on a alors, en appelant V l'angle baP que fait la loxodromie avec le méridien

$$(\alpha) \qquad aC = bC \operatorname{tg} V.$$

Cherchons aC et bC.

aC et AB sont des arcs semblables, ils sont entre eux comme leurs rayons ; on a donc, en appelant x' le rayon du parallèle passant en a et a le rayon de l'équateur

$$\frac{aC}{AB} = \frac{x'}{a}\,;$$

Mais $AB = adG$.

Donc

$$aC = x'dG.$$

Pour avoir bC, considérons le quart de méridien $PbcB$ (fig. **13**), dans lequel nous menons la normale cD le rayon cO, bK perpendiculaire à oB et ce parallèle à oB : on a dans le triangle bec

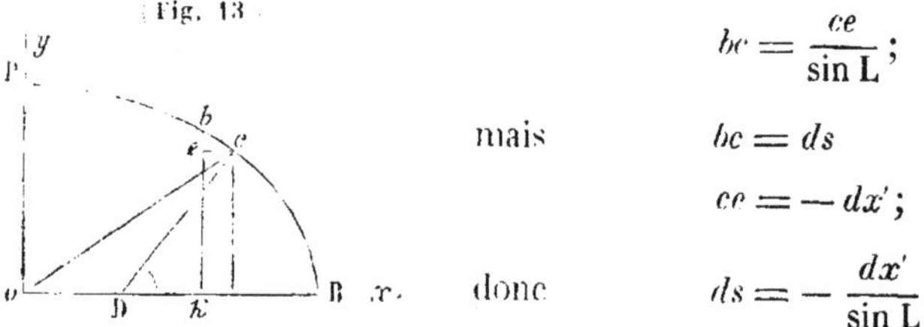

Fig. 13

$$bc = \frac{ce}{\sin L}\,;$$

mais

$$bc = ds$$

$$ce = -dx'\,;$$

donc

$$ds = -\frac{dx'}{\sin L}.$$

Or, en appelant ρ l'aplatissement de la terre, nous avons trouvé dans le *Cours d'astronomie*, page 220, en cherchant une relation entre la parallèle horizontale d'un lieu et la parallaxe équatoriale,

$$x' = \frac{a}{[1+(1-\rho)^2\mathrm{tg}^2 L]^{\frac{1}{2}}}.$$

Si au lieu de considérer l'aplatissement ρ que l'on sait être égal à $\frac{a-b}{a}$, on considère ***l'excentricité astronomique e*** qui est donnée par la relation

$$a^2 - b^2 = a^2e^2,$$

on déduit de cette relation et de la relation

$$\frac{a-b}{a} = \rho$$

la suivante

$$(1-\rho)^2 = 1 - e^2\,;$$

donc, on peut écrire

$$x' = \frac{a}{[1 + (1 - e^2)\,\mathrm{tg}^2 L]^{\frac{1}{2}}};$$

remplaçant $\mathrm{tg}^2 L$ par $\dfrac{\sin^2 L}{\cos^2 L}$ on a

$$(\beta) \qquad x' = \frac{a \cos L}{(1 - e^2 \sin^2 L)^{\frac{1}{2}}}.$$

Pour avoir ds, différentions cette expression par rapport à x' et à L, il vient

$$dx' = \frac{-(1 - e^2 \sin^2 L)^{\frac{1}{2}} a \sin L dL + a e^2 \cos^2 L (1 - e^2 \sin^2 L)^{-\frac{1}{2}} \sin L dL}{1 - e^2 \sin^2 L}.$$

D'où

$$dx' = -\frac{a \sin L dL}{1 - e^2 \sin^2 L}\left((1 - e^2 \sin^2 L)^{\frac{1}{2}} - \frac{e^2 \cos^2 L}{(1 - e^2 \sin^2 L)^{\frac{1}{2}}}\right),$$

ou, réduisant dans la parenthèse

$$dx' = -\frac{a \sin L dL (1 - e^2)}{(1 - e^2 \sin^2 L)^{\frac{3}{2}}}.$$

Si l'on substitue cette valeur dans ds, on obtient

$$ds = \frac{a(1 - e^2) dL}{(1 - e^2 \sin^2 L)^{\frac{3}{2}}}.$$

L'équation (α) devient donc, en remplaçant aC et bC ou ds par les valeurs que nous venons de trouver

$$x' dG = \frac{a(1 - e^2) dL}{(1 - e^2 \sin^2 L)^{\frac{3}{2}}}\,\mathrm{tg}\,V.$$

ou, mettant à la place de x' sa valeur (β)

$$dG = \mathrm{tg}\,V \frac{(1 - e^2) dL}{\cos L (1 - e^2 \sin^2 L)}.$$

Pour avoir une relation entre L et G, il faut intégrer cette expression depuis le point où la loxodromie coupe l'équateur en M_0, dont la longitude est G_0 et la latitude 0, jusqu'à un autre point M dont la longitude est G et la latitude L.

On aura donc

$$\int_{G_0}^{G} dG = \operatorname{tg} V \int_0^L \frac{(1-e^2)dL}{\cos L(1-e^2\sin^2 L)}.$$

Pour déterminer l'intégrale indéfinie $\int \frac{(1-e^2)\,dL}{\cos L\,(1-e^2\sin^2 L)}$, mettons-la sous la forme

$$\int \frac{dL}{\cos L}\left(1-\frac{e^2\cos^2 L}{1-e^2\sin^2 L}\right) = \int \frac{dL}{\cos L} - e\int \frac{e\cos L dL}{1-e^2\sin^2 L};$$

mais
$$\int \frac{dL}{\cos L} = \int \frac{d\sin L}{1-\sin^2 L}$$

et
$$e\int \frac{e\cos L dL}{1-e^2\sin^2 L} = e\int \frac{d.e.\sin L}{1-e^2\sin^2 L}.$$

Ces deux intégrales partielles sont celles de $\int \frac{dx}{1-x^2}$ qui peut se décomposer en

$$\int \frac{dx}{2(1+x)} + \int \frac{dx}{2(1-x)} = \int \frac{d(1+x)}{2(1+x)} - \int \frac{d(1-x)}{2(1-x)} =$$
$$= \frac{1}{2} L(1+x) - L(1-x) = \frac{1}{2} L\frac{(1+x)}{(1-x)} + C,$$

L indiquant les logarithmes népériens.

Donc
$$\int \frac{(1-e^2)dL}{\cos L(1-e^2\sin^2 L)} = \frac{1}{2} L\frac{1+\sin L}{1-\sin L} - \frac{e}{2} L\frac{1+\sin L}{1-\sin L} + C,$$

remarquant que
$$\frac{1+\sin L}{1-\sin L} = \operatorname{tg}^2\left(45^\circ + \frac{L}{2}\right);$$

on a enfin, en prenant l'intégrale entre les limites 0 et L,

$$G = \operatorname{tg} V\left[L \operatorname{tg}\left(45^\circ + \frac{L}{2}\right) - \frac{e}{2} L\frac{1+e\sin L}{1-e\sin L}\right] + G_0.$$

Si l'on fait $L = \pm\frac{\pi}{2}$, on a $G = \pm\infty$.

Donc la courbe ne rencontre les pôles qu'après une infinité de spires.

Si $V = 0$, on a $G = G_0$ égale une constante, la courbe est un méridien.

Si $V = 90°$, on trouve $L \operatorname{tg}\left(45° + \frac{L}{2}\right) - \frac{e}{2} L \frac{(1 + e \sin L)}{(1 - e \sin L)} = 0$; d'où L égale constante.

(δ) Posons : $L_c = L \operatorname{tg}\left(45° + \frac{L}{2}\right) - \frac{e}{2} L \frac{(1 + e \sin L)}{(1 - e \sin L)}$,

et remarquons que L_c étant un nombre représentant un arc, il faudra, si l'on évalue les coordonnées angulaires en minutes, écrire la relation

$$L_c = \frac{1}{\sin 1'}\left[L \operatorname{tg}\left(45° + \frac{L}{2}\right) - \frac{e}{2} L \frac{(1 + e \sin L)}{(1 - e \sin L)}\right].$$

On aura donc, pour équation de la loxodromie :

(γ) $$G = L_c \operatorname{tg} V + G_0.$$

Les quantités G, L_c et G_0 sont exprimées en minutes.

La quantité OD, qui sert à fixer la position du point a, est donnée par la relation

$$OD = \frac{a^2 - b^2}{a^2} x',$$

que l'on obtient en faisant $y = 0$ dans l'équation de la normale ; remarquant que $\frac{a^2 - b^2}{a^2} = e^2$ et remplaçant x' par sa valeur, on obtient

$$OD = \frac{ae^2 \cos L}{(1 - e^2 \sin^2 L)^{\frac{1}{2}}}. \qquad (\varepsilon)$$

23. *Équation de la loxodromie sur la sphère.* — Si dans les équations (δ), (γ) et (ε), on suppose $e = 0$, on aura les formules qui donnent l'équation de la loxodromie sur la sphère ; on a ainsi

(δ') $$L_c = \frac{1}{\sin 1'} L \operatorname{tg}\left(45° + \frac{L}{2}\right),$$

(γ) $$G = L_c \operatorname{tg} V + G_0.$$

Comme les grandes navigations transatlantiques sont actuellement basées sur la presque sphéricité du globe, nous ne considérerons que l'équation de *loxodromie* sur la sphère.

Les différentes valeurs de V et de G_0 distinguent entre elles les différentes loxodromies.

Si nous faisons $V = 0$, l'équation devient : $G = G_0$; c'est-à-dire que tous les points de la loxodromie ont même longitude et par suite que la courbe est un méridien.

Si nous faisons $V = 90°$, l'équation se présente sous la forme $G = \infty + G_0$; nous pouvons voir d'une manière explicite ce qu'exprime réellement l'équation dans ce cas; prenons l'intégrale définie entre les deux points M et M', dont nous supposons que les coordonnées soient L et G pour le point M, L' et G' pour le point M', on aura alors pour l'intégrale définie

$$G - G' = \text{tang V.} \left[\mathcal{L} \text{ tg}\left(45° + \frac{L}{2}\right) - \mathcal{L} \text{ tg}\left(45° + \frac{L'}{2}\right) \right]$$

ou

$$G - G' = \text{tg V.}\ \mathcal{L} \frac{\text{tang}\left(45° + \frac{L}{2}\right)}{\text{tang}\left(45° + \frac{L'}{2}\right)}.$$

Divisons par tg V et remarquons que $\frac{1}{\text{tang V}} = \text{cotg V}$, on a

$$(G - G') \text{ cotg V} = \mathcal{L} \frac{\text{tang}\left(45° + \frac{L}{2}\right)}{\text{tang}\left(45° + \frac{L'}{2}\right)}.$$

Faisons $V = 0$, il vient

$$0 = \mathcal{L} \frac{\text{tg}\left(45° + \frac{L}{2}\right)}{\text{tg}\left(45° + \frac{L'}{2}\right)}; \quad \text{c'est-à-dire} \quad L = L'.$$

Et par suite, on voit que la courbe est, dans ce cas, un parallèle à l'équateur.

La quantité $\mathcal{L}$ tang $\left(45 + \frac{L}{2}\right)$ n'étant fonction que de L varie avec L, mais ne varie pas proportionnellement à cette quantité; les variations de cette expression sont de plus en plus grandes à mesure que L augmente : ainsi, si l'on fait $L = \pm 90°$, $\mathcal{L}$ tg $\left(45° + \frac{L}{2}\right)$

devient $\pm$ infini ; ce qui indique, ainsi que nous l'avons déjà dit, qu'en gouvernant toujours à un même rhumb de vent V, ce ne serait qu'après une infinité de spires que l'on arriverait au pôle.

L'expression (1) $\frac{1}{\sin 1'} L \text{ tang} \left(45^\circ + \frac{L}{2}\right)$ qui croît si rapidement quand L augmente, prend le nom de *latitude* croissante de L.

Ainsi, les deux relations qui servent à déterminer l'équation d'une loxodromie sont

$$(\delta) \quad \begin{cases} L_c = \frac{1}{\sin 1'} L \text{ tang} \left(45^\circ + \frac{L}{2}\right). \\ G = L_c \text{ tg } V + G_0 \end{cases}$$

Nous avons dit plus haut que, pour faire exprimer des minutes aux arcs développés, il fallait multiplier ces arcs par sinus 1'. Nous voyons, en effet, d'après la manière dont nous les avons obtenues, que G et G_0 sont des longueurs ; or, si nous voulons que les formules précédentes donnent le nombre de *minutes*, par exemple, qui correspond à la longueur de ces arcs, nous pouvons nous servir de la relation

$$\frac{\text{G longueur}}{\text{G en minutes}} = \frac{2\pi}{21600'} = \frac{\pi}{10800'} = \sin 1' ;$$

d'où

$$\text{G en longueur} = \frac{\pi}{10800} \text{ G en minutes} = \text{G en minutes} \times \sin 1',$$

et par suite on a, en désignant G en minutes par G',

$$G' \frac{\pi}{10800} = \text{tg V } L \text{ tg} \left(45^\circ + \frac{L}{2}\right) + G_0' \frac{\pi}{10800} ;$$

d'où $$G' = \text{tg V} \frac{10800}{\pi} L \text{ tg} \left(45^\circ + \frac{L}{2}\right) + G_0.$$

Les deux relations (δ) deviennent alors

$$(\varepsilon) \quad \begin{cases} L_c = \frac{10800}{\pi} L \text{ tang} \left(45^\circ + \frac{L}{2}\right) = \frac{1}{\sin 1'} \text{ L tang } \left(45^\circ + \frac{L}{2}\right) \\ G = L_c \text{ tang V} + G_0. \end{cases}$$

Les trois quantités L_c, G et G_0 expriment alors des nombres de *minutes*.

24. *Table de latitudes croissantes.* — En faisant dans la relation

$$L_c = \frac{10800}{\pi} \, L \operatorname{tg}\left(45^\circ + \frac{L}{2}\right)$$

varier L depuis 1′ jusqu'à 89° 59′, on peut dresser un tableau contenant toutes les *latitudes* croissantes qui conviennent aux différentes valeurs de L.

Nous ferons remarquer que le logarithme indiqué dans l'expression L_c est un logarithme népérien.

Si l'on veut calculer L_c au moyen des logarithmes vulgaires, nous observerons que, comme dans deux systèmes de logarithmes, le rapport qui existe entre les deux logarithmes d'un même nombre est constant, on aura, en représentant par log le logarithme vulgaire d'un nombre, et par e la base du système népérien,

$$\frac{L \operatorname{tg}\left(45^\circ + \frac{L}{2}\right)}{\log \operatorname{tg}\left(45^\circ + \frac{L}{2}\right)} = \frac{1}{\log e};$$

d'où $$L \operatorname{tang}\left(45^\circ + \frac{L}{2}\right) = \log \operatorname{tg}\left(45^\circ + \frac{L}{2}\right) \times \frac{1}{\log e}.$$

On a donc, pour calculer L_c la relation

$$L_c = \frac{10800}{\log e . \pi} \log \operatorname{tg}\left(45^\circ + \frac{L}{2}\right).$$

On sait que $e = 2{,}7182818$, et par suite $\log e = 0{,}43429$.

On trouve pour $\log \frac{10800}{\log e . \pi} = 3{,}8984896$,

et par suite, $\log L_c = 3{,}8984896 + \log \operatorname{tg}\left(45^\circ + \frac{L}{2}\right)$.

Exemple.

Déterminer la latitude croissante de $L = 39^\circ 24'$.

On aura : log constant $= \ldots\ldots\ldots\ldots\ldots\ldots\ldots$ 3,8984896

$$\log \operatorname{tg}\left(45^\circ + \frac{39^\circ\,24'}{2}\right) = \log \operatorname{tg}\,(64^\circ\,42') = 0{,}3254164 \text{ et}$$

$$\log 0{,}3254164 \ldots\ldots\ldots\ldots\ldots\ldots = \bar{1}{,}5124394$$

$$\operatorname{Log} L_c \ldots\ldots = 3{,}4109290$$

$$L_c \ldots\ldots = 2575{,}9.$$

La table III de Callet, la table XXXVII de M. Caillet (1re édition) et la table LXVII de Guépratte (3e édition) ont été calculées ainsi que nous venons de le dire.

25. Si nous avions égard à l'ellipticité de la Terre, il faudrait retrancher du nombre que nous venons de trouver la quantité

$$\frac{e}{2\sin 1'} \cdot L\frac{(1 + e\sin \mathrm{L})}{(1 - e\sin \mathrm{L})},$$

ou en employant les logarithmes ordinaires

$$\mathrm{E} = \frac{e}{2\log e'\sin 1'}\log\frac{(1 + e\sin \mathrm{L})}{(1 - e\sin \mathrm{L})}$$

en représentant ici la base du système népérien par e' pour la distinguer de e *excentricité.*

En prenant pour valeur de l'aplatissement ρ la quantité $\frac{1}{299}$, ainsi que nous l'avons indiqué dans le *Cours d'astronomie*, page 31, nous trouvons d'après la relation

$$(1 - \rho)^2 = 1 - e^2$$

$$e = \frac{\sqrt{597}}{299} = \frac{2443}{29900} \text{ environ},$$

Par suite la quantité E devient

$$\mathrm{E} = \frac{2443}{59800\sin 1'\log e'}\log\frac{(29900 + 2443\sin \mathrm{L})}{(29900 - 2443\sin \mathrm{L})}.$$

Cette quantité qui varie avec L ne peut pas dépasser 23'; pour la latitude 39° 24' que nous venons de considérer dans l'exemple précédent, elle atteint 14',4 environ. Cette valeur paraît assez forte ; mais comme dans la pratique de la navigation on ne considère que les différences en latitudes croissantes de deux lieux ayant généralement des latitudes peu différentes, cette *différence en latitudes croissantes* est peu modifiée selon que l'on considère la Terre comme *sphérique* ou comme *ellipsoïdale*. La Ve des tables de M. Caillet (nouvelle édition) a été calculée dans l'hypothèse de la Terre ellipsoïdale et d'un aplatissement égal à $\frac{1}{303}$; elle est extraite d'un ouvrage allemand.

Du reste, à le bien considérer, le Globe n'a pas rigoureusement la forme d'un *ellipsoïde de révolution* aplati. Toutes les opérations géodésiques effectuées avec rigueur, dans ces dernières années, semblent indiquer que l'*aplatissement de la Terre, vers les latitudes moyennes*, est beaucoup plus fort que celui que nous avons donné; d'après le docteur *Young*, il serait environ $\frac{1}{150}$, ce qui annonce un renflement du globe vers ces latitudes. D'après cela, l'introduction de l'hypothèse ellipsoïdale dans les *calculs* de navigation, dans la *confection* et dans l'*usage* des cartes marines, ainsi que nous l'apprécierons dans la suite de ce cours, peut, à l'exception des *parallaxes lunaires*, paraître tout aussi erronée que celle de la forme sphérique, et comme cette dernière forme est en résumé celle qu'affecte l'ensemble général du globe, c'est elle que nous adopterons définitivement dans la pratique de la navigation, où il devient *superflu de chercher une exactitude exagérée, à laquelle ne se prêtent ni nos moyens d'observations ni nos évaluations graphiques.*

PRINCIPES QUI SERVENT A LA DÉTERMINATION DE LA LATITUDE ET DE LA LONGITUDE.

26. Puisqu'à l'aide de la *boussole* et du *loch*, nous pouvons connaître la constante V d'abord et l'arc M de *loxodromie* parcouru, il faut que de ces deux quantités nous puissions conclure le *changement en latitude* l et le *changement en longitude* g, opérés depuis la dernière latitude L et la dernière longitude G connues, position que l'on nomme *point de départ.*

Tout se réduit donc, comme on le voit, à obtenir le changement en latitude l et le changement en longitude g, déterminées par M et V qui caractérisent la route faite.

Pour arriver à ce résultat, déterminons les relations qui doivent exister entre les quantités

$$M, V, l \text{ et } g.$$

Ces relations sont connues sous le nom de principes de la résolution des routes.

Supposons la Terre sphérique.

(Fig. 14)

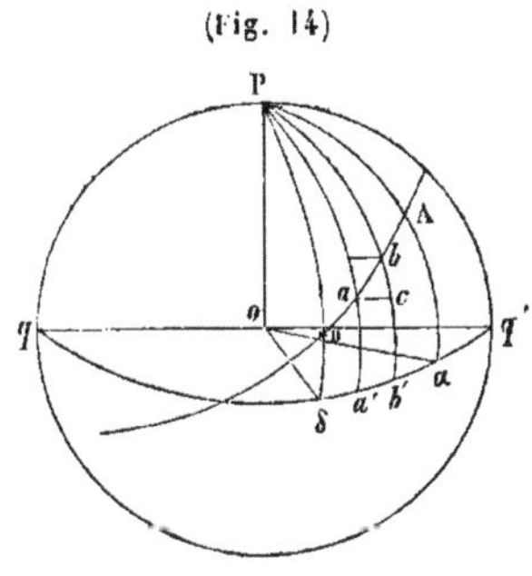

Soit AD $=$ M (fig. 14) un arc de loxodromie compris entre un point D et un point A.

Soit V l'angle de la loxodromie et du méridien, L et G la latitude et la longitude du point D, $L' = L + l$ et $G' = G + g$ la latitude et la longitude du point A.

27. 1er *Principe.* — Considérons l'arc infiniment petit ab de la courbe DA.

Construisons le triangle rectangle infinitésimal abc.

Nous aurons la relation

$$bc = ab \cos V,$$

ou, remarquant que $bc = adL$ et $ab = adM$, a étant le rayon de l'équateur,

$$dL = dM \cos V.$$

Intégrant de D en A, il vient

$$l = M \cos V. \tag{1}$$

On pourrait arriver à la même relation en déduisant la longueur de l'arc de loxodromie de l'équation de la courbe.

La relation analytique $ds^2 = dx'^2 + dy'^2$, qui peut s'appliquer aux coordonnées sphériques que nous considérons, nous donne immédiatement

$$ds = \sqrt{dG^2 \cos^2 L + dL^2},$$

car dx' est ici ac qui est égal à $dG \cos L$.

On déduit

$$ds = dL \sqrt{1 + \left(\frac{dG \cos L}{dL}\right)^2}.$$

Mais de l'équation de la loxodromie

$$G = \operatorname{tg} V . \, L \operatorname{tg}\left(45^\circ + \frac{L}{2}\right) + G_0$$

on obtient, en différentiant

$$dG = \operatorname{tg} V \frac{d \operatorname{tg}\left(45 + \frac{L}{2}\right)}{\operatorname{tg}\left(45 + \frac{L}{2}\right)} = \operatorname{tg} V \frac{\frac{dL}{2}}{\sin\left(45^\circ + \frac{L}{2}\right)\cos\left(45^\circ + \frac{L}{2}\right)}$$

ou $$dG = \frac{\operatorname{tg} V . \, dL}{\sin 2\left(45 + \frac{L}{2}\right)} = \operatorname{tg} V \frac{dL}{\cos L};$$

donc $$\frac{dG \cos L}{dL} = \operatorname{tg} V.$$

Et par suite, on a

$$ds = dL \sqrt{1 + \operatorname{tg}^2 V}$$

ou $$ds = \frac{dL}{\cos V},$$

c'est-à-dire $$dL = ds \cos V;$$

ce que donne immédiatement le triangle abc. En intégrant entre deux limites, on trouve la relation

$$l = M \cos V.$$

28. 2e *Principe.* — Le même triangle donne

$$ac = ob \sin V.$$

Or, si l'on appelle E le chemin fait à l'Est ou à l'Ouest par le navire, en allant de D en A, sur une sphère dont le rayon serait l'unité, on aura sur le globe dont le rayon est a $ac = a . dE$, la relation précédemment écrite, devient donc

$$dE = dM \sin V;$$

d'où, intégrant depuis D jusqu'à A,

(2) $$E = M \sin V.$$

29. 3e *Principe.* — En divisant (1) par (2), on obtient

$$E = l \text{ tang } V,$$

relation qui pourrait se déduire du triangle infinitésimal *abc*.

30. 4e *Principe.* — En considérant le point D, l'équation de la loxodromie donne

$$G = L_c \text{ tg } V + G_o.$$

En considérant le point A, cette relation devient

$$G + g = L'_c \text{ tg } V + G_o;$$

d'où l'on déduit

$$g = (L'_c - L_c) \text{ tg } V.$$

$L'_c - L_c$ est ce que l'on nomme le changement en *latitude* croissante; en le représentant par l_c, cette relation devient

(4) $$g = l_c \text{ tang } V.$$

31. 5e *Principe.* — Nous avons posé

(α) $$L_c = L \text{ tg}\left(45° + \frac{L}{2}\right) = f(L).$$

On aura donc, d'après le théorème de Taylor,

$$f(L + l) = f(L) + f'(L)l + f''(L)\frac{l^2}{1.2} + \ldots..$$

ou bien, en remarquant que $f(L + l) - f(L) = l_c$,

$$l_c = \left(\frac{dL_c}{dL}\right)l + \left(\frac{d^2L_c}{dL^2}\right)\left(\frac{l^2}{1.2}\right)\ldots..$$

En différentiant l'équation (α), par rapport à L_c et à L, on a

$$\frac{dL_c}{dL} = \frac{1}{\cos L},$$

$$\frac{d^2L_c}{dL^2} = \frac{\sin L}{\cos L},$$

$$\frac{d^3L_c}{dL^3} = \frac{1 + \sin^2 L}{\cos^3 L},$$

On a donc, en évaluant les arcs en minutes,

$$l_c = \frac{1}{\cos L} + \frac{l^2 \sin 1'}{2} \cdot \frac{\sin L}{\cos^2 L} + \frac{l^3 \sin^2 1'}{2.3} \cdot \frac{(1 + \sin^2 L)}{\cos^3 L}.$$

La relation (h) devient alors, en remplaçant l_c par cette valeur et mettant l en facteur commun,

$$y = l \operatorname{tg} V \left(\frac{1}{\cos L} + \frac{l \sin 1'}{2} \cdot \frac{\sin L}{\cos^2 L} + \frac{l^2 \sin^2 1'}{2.3} \cdot \frac{(1 + \sin^2 L)}{\cos^3 L}\right).$$

Mais l tang $V = E$; on a donc

$$y = E \left(\frac{1}{\cos L} + \frac{l \sin 1'}{2} \cdot \frac{\sin L}{\cos^2 L} + \frac{l^2 \sin^2 1'}{2.3} \cdot \frac{(1 + \sin^2 L)}{\cos^3 L}\right).$$

Développons maintenant $\dfrac{1}{\cos\left(L + \frac{l}{2}\right)}$ suivant les puissances croissantes de l.

En posant

$$(\beta) \qquad \frac{1}{\cos L} = F(L),$$

on aura

$$\frac{1}{\cos\left(L + \frac{l}{2}\right)} = F\left(L + \frac{l}{2}\right) = F(L) + \frac{l}{2} F'(L) + \frac{l^2}{1.2} F''(L) + \ldots..$$

Différentiant (β), on obtient

$$F'(L) = \frac{\sin L}{\cos^2 L},$$

$$F''(L) = \frac{1 + \sin^2 L}{\cos^3 L}.$$

On a donc, en substituant ces valeurs dans le développement de $\dfrac{1}{\cos\left(L + \frac{l}{2}\right)}$ et en évaluant les arcs en minutes,

$$(\gamma) \quad \frac{1}{\cos\left(L + \frac{l}{2}\right)} = \frac{1}{\cos L} + \frac{l}{2} \sin 1' \frac{\sin L}{\cos^2 L} + \frac{l^2}{8} \sin^2 1' \frac{(1 + \sin^2 L)}{\cos^3 L}.$$

Comparant ce développement à la quantité entre parenthèse dans g, nous voyons que les deux premiers termes sont identiques et que les derniers diffèrent de

$$\frac{1}{24}\,\frac{l^2 \sin^2 1' (1 + \sin^2 L)}{\cos^3 L}.$$

Si donc, dans la valeur de g, on met $\dfrac{1}{\cos\left(L + \frac{l}{2}\right)}$ à la place de la quantité entre parenthèses, on aura

$$g = \frac{E}{\cos\left(L + \frac{l}{2}\right)},$$

et l'on commettra sur g une erreur η donnée par la relation

$$\eta = \frac{E l^2 \sin^2 1' (1 + \sin^2 L)}{24 \cos^3 L}.$$

ou, en remplaçant E par M sin V et l par M cos V, une erreur

$$\eta = \frac{M^3 \sin^2 1' (1 + \sin^2 L) \sin V \cos^2 V}{24 \cos^3 L}.$$

La valeur de sin V qui rend maximum $\sin V \cos^2 V$ est $\frac{1}{\sqrt{3}}$, et cette expression est alors $\frac{2}{3\sqrt{3}}$.

Donc $$\eta < \frac{M^3 \sin^2 1' (1 + \sin^2 L)}{36\sqrt{3} \cos^3 L}.$$

Si maintenant on suppose dans cette inégalité $M = 300$ milles et $L = 60°$, on trouvera

$$\eta < 0{,}52, \text{ quantité négligeable.}$$

Ainsi, dans le cours ordinaire de la navigation, on peut admettre la relation

$$g = \frac{E}{\cos\left(L + \frac{l}{2}\right)}$$

relation qui s'écrit

$$(5) \qquad E = g \cos L_m,$$

en remarquant que la latitude moyenne L_m est égale à $L + \frac{l}{2}$; c'est à-dire égale à la latitude du parallèle situé au milieu de l'espace compris entre les deux parallèles extrêmes.

31. *Observation sur les cinq principes.* — Nous pouvons remarquer que des cinq relations que nous venons de déterminer, les trois premières :

$$l = M \cos V,$$
$$E = M \sin V$$
$$E = l \operatorname{tg} V,$$

peuvent se déduire d'un triangle rectiligne rectangle ABC (fig. 15), dans lequel :

(Fig. 15)

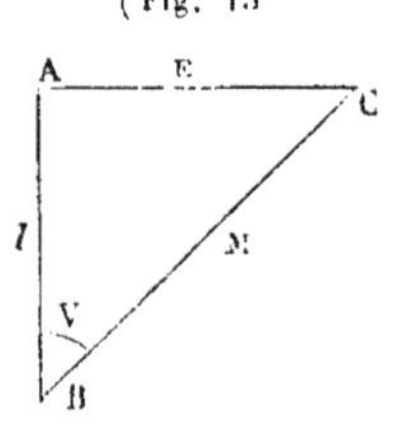

1° L'hypoténuse serait égale à M ;

2° L'angle ABC = V angle de route;

3° Le côté adjacent à cet angle = l changement en latitude ;

4° Le côté opposé = E le chemin Est ou Ouest parcouru par le navire.

Le quatrième principe $g = l_c \operatorname{tg} V$ peut se déduire d'un triangle rectiligne rectangle A'B'C' (fig. 16), dans lequel :

(Fig. 16)

1° L'angle A'B'C' = V angle de route ;

2° Le côté adjacent à cet angle = l_c changement en latitude croissante ;

3° Le côté opposé = g changement en longitude.

Enfin, le dernier principe $E = g \cos L_m$ peut se déduire d'un triangle rectiligne rectangle BAC (fig. 17), dans lequel :

(Fig. 17)

1° L'angle ABC = L_m latitude moyenne ;

2° Le côté adjacent = E chemin Est ou Ouest ;

3° L'hypoténuse = g changement en longitude.

32. On nomme *point de départ* la position du navire antérieurement connue.

Connaissant la latitude de départ L, la longitude de départ G, l'angle de route V et le nombre de milles M faits depuis cette position du navire, on aura la latitude d'arrivée par la relation

$$L' = L + M \cos V,$$

et la longitude G' d'arrivée par une des relations

$$G' = G \pm g = G \pm l_o \operatorname{tg} V$$

$$G' = G \pm g = G \pm \frac{E}{\cos L_m} = G \pm \frac{M \sin V}{\cos L_m},$$

puisque la quantité E est donnée par la formule

$$E = M \sin V.$$

Les quantités l et g peuvent se déterminer de plusieurs manières :

1° ***Par le calcul***, c'est-à-dire au moyen des logarithmes, en employant les relations déterminées ;

2° ***Par une construction graphique***, à l'aide du rapporteur, de la règle et du compas, en construisant les triangles rectangles dont nous venons de parler ;

3° ***Par le quartier de réduction***, qui n'est autre chose que la construction graphique dégagée du rapporteur, de la règle et du compas ;

4° ***Par les tables.*** La table IV de Callet, la XXXVIe des tables de M. Caillet (1re édition), la IVe de la 2e édition, et enfin la table LXV de Guépratte (3e édition), donnent les éléments calculés d'un triangle rectiligne rectangle, dans lequel on a fait varier un angle depuis 0° jusqu'à 90° et l'hypoténuse depuis 1 jusqu'à 200 ; ces tables, qui servent le plus spécialement à la détermination du problème de navigation qui nous occupe, peuvent servir à résoudre toutes les questions dont la solution peut s'obtenir à l'aide de triangles rectilignes rectangles.

Exemple 1.

On est parti d'un lieu situé par 41°15' lat. Nord et 11° 45' long. Ouest ; on a fait 128 milles à l'O S O du compas. — Dérive 5° tribord. Variation 24° 30' N O ; on demande le point d'arrivée ?

1° Détermination de l'angle de route réel.

Route au compas.	S 67° 30′	Ouest	+
Dérive.	5°	trib.	+
Variation.	24° 30′	NO	—
Variation combinée.	19° 30′	NO	—
Angle de route réel ou V =	S 48° 00′	O	+

2° Détermination du changement en latitude l.

$$l = \mathrm{M} \cos \mathrm{V}$$

M = 128′. . . . . . log = 2,1072100
V = 48° 00′. . . log cos = 9,8255109
log l = 1,9327209

l = 85′,6 = 1° 25′ 36″ Sud
L = ... 41° 15′ Nord
d'où latitude d'arrivée ou L′ = ... 39° 49′ 24″ Nord.

3° Détermination du changement en longitude g.

$$g = l_c \operatorname{tang} \mathrm{V}$$

au moyen des latitudes croissantes, table III de Callet.

Détermination de l_c { L = 41° 15′ 00″ L_c = 2721,51
L′ = 39° 49′ 24″ L'_c = 2608,85

Changement en latitude croissante = 112,66 = l_c

l_c = 112,66 log = 2,0517697
V = 48° 00′ logtang = 0,0455626
log g = 2,0973323

g = 125,13 = 2° 5′ 8″ Ouest
G = ... 11° 45′ Ouest
d'où longitude d'arrivée = G′ = ... 13° 50′ 8″ Ouest

3° Détermination du changement en longitude g au moyen de la latitude moyenne et de la relation

$$g = \frac{E}{\cos L_m} \quad \text{ou} \quad g = \frac{M \sin V}{\cos L_m}.$$

Détermination de la latitude moyenne.

$$\left\{\begin{array}{lll} L & = 41° \ 15' & N \\ L' & = 39° \ 49' \ 24'' & N \\ \hline L+L' & = 81° \ 04' \ 24'' & \end{array}\right.$$

$$\frac{L+L'}{2} = L_m = 40° \ 32' 12'' \qquad \text{et log cos} = 0{,}1191888$$

$$M = 128' \qquad \log = 2{,}1072100$$

$$V = 48° \ 00' 00'' \qquad \log \sin = 9{,}8710735$$

$$\log g = 2{,}0974723$$

$$g = 125{,}16$$

$$g = 2° \ 5' 10'' \ O^t$$

$$\text{Longitude de départ ou } G = 11° \ 45' \ O^t$$

$$\text{Longitude d'arrivée} \ldots = 13° \ 50' \ 10'' \ O^t$$

On voit qu'il n'y a que 2″ de différence avec la longitude déterminée par les latitudes croissantes; cette différence est insignifiante pour les besoins réels de la navigation; par conséquent, on peut prendre indifféremment l'une ou l'autre méthode.

Dans l'exemple qui précède, la latitude de départ et celle d'arrivée étant de même dénomination, nous avons pris pour changement en latitude croissante la différence des deux latitudes croissantes, et pour latitude moyenne la demi-somme des deux latitudes; c'est le contraire qu'il faut faire quand les latitudes de départ et d'arrivée sont de dénominations contraires; c'est-à-dire quand le navire a coupé *l'équateur* ou *la ligne* dans l'intervalle.

Cela ressort de la règle des signes, mais on peut le faire voir géométriquement.

Nous savons, en effet, que par ***différence en latitude simple*** ou en ***latitude croissante*** on entend l'arc de méridien compris entre les ***parallèles des deux lieux.*** Si les deux lieux sont situés de part et d'autre de l'équateur, il est évident que la *somme* des deux latitudes donne l'arc de méridien dont sont distants les deux parallèles.

Par *latitude moyenne* on entend la *latitude du parallèle situé à égale distance des parallèles des deux lieux.* Or si qq' (fig. 18) représente un élément de l'équateur, aa' et bb' un élément de chaque parallèle dont les latitudes sont $o\text{L}$ et $o\text{L}'$, cc' étant le parallèle situé par la *latitude moyenne*, on doit avoir $\text{KL} = \text{KL}'$. Prenons sur LL' le point O' tel que l'on ait $\text{O'K} = \text{KO}$, il est clair que $o'\text{L} = o\text{L}'$; donc $o\text{K} = \frac{oo'}{2} = \frac{o\text{L} - o'\text{L}}{2} = \frac{o\text{L} - o\text{L}'}{2}$, c'est-à-dire que la *latitude moyenne* est bien égale à *la 1/2 différence* des deux latitudes.

(Fig. 18

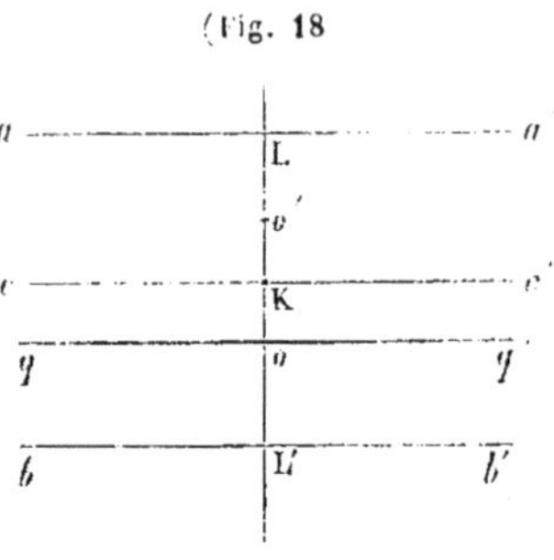

Exemple 2.

On est parti d'un lieu situé par 0° 44' latitude Sud et 22° 30' longitude Ouest ; on a fait 135 milles au N 1/4 N O 3° Nord — Dérive 8° bâbord — variation 17° 30' N O. On demande le point d'arrivée ?

1° *Détermination de l'angle de route réel ou* V.

Route au compas.	N	8° 15' Ouest	—
Dérive.		8° . . bâbord	—
Variation.		17° 30' NO	—
Angle de route réel ou V =. . .	N	33° 45' Ouest.	

Détermination du point d'arrivée au moyen de la latitude croissante.

2° *Détermination de* l *au moyen de* l = M cos V.

M = 135,00 log = 2,1303338
V = 33°45' log cos = 9,9198464

log l = 2,0501802
l = 112' 12" Nord
Latitude de départ = 0° 44' Sud L_c = 44
Latitude d'arrivée = 1° 08' 12" N L'_c = 68,2

l_c = 112,2

3° *Détermination de* g *au moyen de* g = l_c tang V.

log tang = 9,8248926

log = 2,0499929

log g = 1,8748855
g = 74' 58" O
Longitude de départ = 22° 30' 00" O

Longitude d'arrivée = 23° 44' 58" O

Détermination du point d'arrivée au moyen de la latitude moyenne.

2° *Détermination de l au moyen de $l = \mathrm{M}\cos \mathrm{V}$.*

= 135,00 log = 2,1303338
= 33°45′ log cos = 9,9198464

log l = 2,0501802
l = 112′12″ Nord
titude de départ = 0°44′. . Sud
titude d'arrivée = 1°08′12″ Nord

L — L = 0°24′12″
L_m = 0°12′6″

3° *Détermination de g au moyen de $g = \frac{\mathrm{M}\sin \mathrm{V}}{\cos \mathrm{L}_m}$.*

log = 2,1303338
log sin = 9,7447390
c' log cos = 0,0000027

log g = 1,8750755
g = 75′00″ O'
Longitude de départ = 22°30′00″ O'

Longitude d'arrivée = 23°45′00″ Ouest

33. *Cas particuliers.* — Considérons les deux cas particuliers qui peuvent se présenter

$$\mathrm{V} = o \quad \text{et} \quad \mathrm{V} = 90°\,;$$

c'est-à-dire que dans le premier cas on a couru sur un méridien, et sur un parallèle dans le second.

Les formules

$$l = \mathrm{M}\cos \mathrm{V}, \qquad g = l_c \operatorname{tang} \mathrm{V} \qquad \text{et} \qquad g = \frac{\mathrm{M}\sin \mathrm{V}}{\cos \mathrm{L}_m},$$

deviennent, dans le premier cas,

$$l = \mathrm{M}, \quad g = 0, \quad g = 0.$$

Ainsi, le chemin parcouru donne le changement en latitude; et le changement en longitude est nul.

Dans le second cas, ces formules deviennent

$$l = 0, \quad g = \infty, \quad g = \frac{\mathrm{M}}{\cos \mathrm{L}}.$$

Le changement en latitude est évidemment nul et le changement en longitude ne peut s'obtenir qu'à l'aide de la formule $g = \frac{\mathrm{M}}{\cos \mathrm{L}}$

dans laquelle la latitude L représente la latitude de départ, c'est-à-dire la latitude moyenne.

Exemple III.

On est parti d'un lieu situé par 34° 29' latitude Sud, et 43° 56 long. Est; on a fait 117 milles au S S O 3° Sud du compas — dérive 6° bâbord — variation 13° 30' N O. On demande le point d'arrivée?

1° *Détermination de l'angle de route réel ou* V.

Route au compas.	S 19° 30' O +
Dérive.	6° . . B —
Variation.	13° 30' N O —
Variation combinée. . . . . . . =	19° 30' N O —
Angle de route réelle = V =	S 00° 00' = 0°.

l = M = 117' = 1° 57' Sud

Latitude de départ. = 34° 29' Sud $\qquad g = 0.$

Latitude d'arrivée. = 36° 26' Sud. Longitude d'arrivée = 43° 56' E.

Exemple IV.

On est parti d'un lieu situé par 29° 56' latitude Nord et 32° 29' longitude Ouest, on a fait 142 milles à l'E N E 4° Nord — dérive 9° trib. — variation 17° 30' N E.

1° *Détermination de l'angle de route réel* = V.

Route au compas. . =	N 63° 30' Est +
Dérive . . . . =	9° . . tri +
Variation. . . . . . =	17° 30' N E +

Angle de route réel = V = N 90° 00' Est; d'où V = 90°.

$$l = 0, \qquad g = \frac{M}{\cos L}$$

Latit. d'arrivée = 29° 56' N. L = 29° 56' et log cos = 0,0621880

M = 142' . . . log cos = 2,1522883

log g = 2,2144763

g = 163' 48" E' = 2° 43' 48"

Longitude de départ. . . = 32° 29' Ouest

Longitude d'arrivée. . . = 29° 45' 12" O'

34. *Résolution d'un des problèmes précédents par la construction graphique.*

Exemple.

On est parti d'un lieu situé par 41° 15′ latitude Nord et 11° 45′ de longitude Ouest, on a fait 128 milles à l'OSO du compas. Dérive 5° trib. — variation 24° 39′ N O. On demande le point d'arrivée?

1° En déterminant l'angle de route réel, on trouve V = 48°.

On construit une échelle de parties égales (fig. 19), de 60 divisions, par exemple.

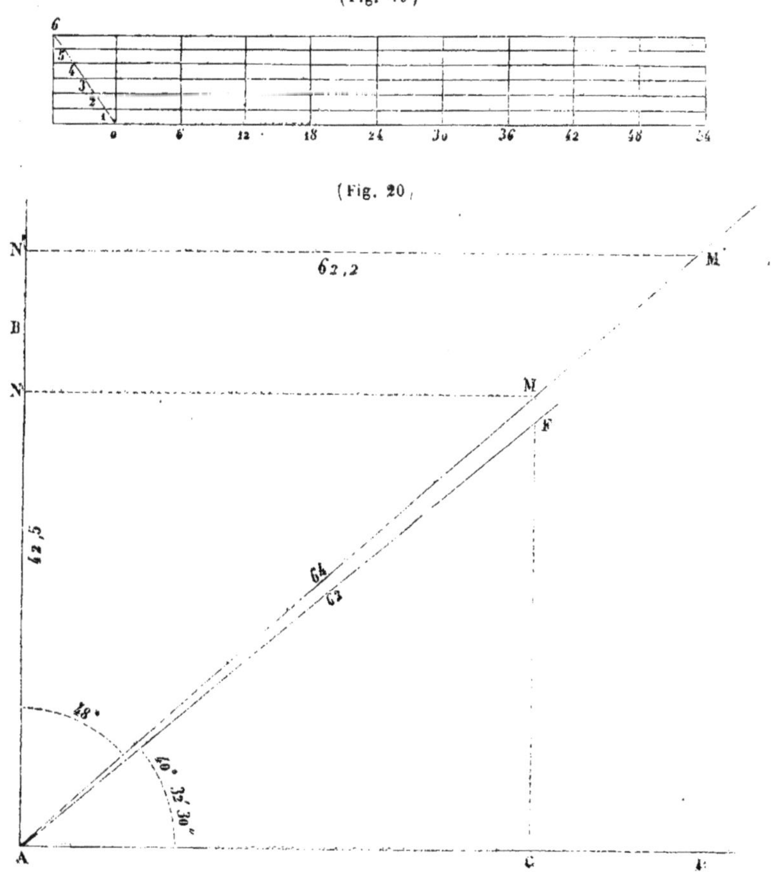

(Fig. 19)

(Fig. 20)

On trace une droite AB (fig. 20), représentant la ligne Nord et Sud : au point A et avec cette ligne, on fait, au moyen du rapporteur, un angle BAC = 48°. Sur AC on porte une longueur AM égale à autant de divisions de l'échelle qu'il y a de milles faits; comme le nombre de milles est ici assez grand, nous ne prendrons pour longueur AM que 64 milles, moitié de 128; mais alors, nous doublerons les résultats linéaires que nous trouverons; si nous avions pris le tiers de 128, nous eussions triplé les résultats et ainsi de suite.

Du point M nous abaissons MN perpendiculaire sur AB et nous obtenons AN qui, évalué sur l'échelle, nous donne 42,5 divisions, c'est-à-dire que AN est le changement en latitude et est égal à $2 \times 42{,}5 = 85{,}0 = 1^\circ 25'$ S; combinant 1°25' avec la latitude de départ, on trouve pour latitude d'arrivée 39°50'.

Pour déterminer le changement en longitude, on peut construire le triangle exprimé par $g = l_c \operatorname{tg} V$, ou celui exprimé par $g = \dfrac{E}{\cos L_m}$; remarquons immédiatement que MN = E = le chemin Est ou Ouest. Si donc, nous menons AD parallèle à MN ; si avec cette ligne et au point A, nous faisons l'angle FAD = la latitude moyenne = 40° 32′ 30″ et enfin, si par le point M nous menons MG parallèle à NA nous formerons un triangle FAG dans lequel FA sera évidemment égal au changement en longitude g.

En évaluant AF sur l'échelle, nous le trouverons égal à 62 divisions : donc $g = 124' = 2^\circ 4' O$.

En combinant 2° 4′ avec la longitude de départ, on trouve 13°49 pour longitude d'arrivée O.

Pour obtenir cette même longitude au moyen des latitudes croissantes ; prenons, dans les tables, la latitude croissante de départ et celle d'arrivée ; nous trouvons 112 pour changement en latitude croissante ; prenons $56 = \dfrac{112}{2}$ divisions sur l'échelle et portons-les de A en N′ sur AB ; par le point N′ menons N′M′ parallèle à MN ; M′N sera le changement en longitude g ; nous trouverons 62,2 ou 124,4 de changement en longitude, parce que, évidemment, la construction graphique ne donne pas autant d'exactitude que le calcul ; mais pour les besoins de la navigation, cette détermination est encore suffisante.

Nous avons traité cet exemple pour faire comprendre le mode d'opérer ; on voit que ce n'est qu'une simple question de géométrie. Les autres exemples que nous avons donnés se résolvent de la même manière.

35. *Du quartier de réduction.* — Le quartier de réduction est un instrument destiné à opérer graphiquement sans se servir *d'équerre, de rapporteur et de compas.*

Il se compose d'un rectangle dont la base est généralement divisée en 50 parties égales, la hauteur contient 60 de ces parties; ses côtés sont numérotés de 5 en 5 divisions.

Par chacun des points de divisions de la base, on a mené des *parallèles à la hauteur* et par chaque point de division de la *hauteur* on a mené des *parallèles à la base;* de cette manière on a divisé la surface du rectangle en 3000 petits carrés égaux.

D'un des sommets de la base du rectangle comme centre et successivement avec *une, deux, trois,.....* etc., divisions, on a décrit des *arcs concentriques.*

L'arc décrit avec le rayon égal à 45 divisions est divisé en 90 degrés qui sont numérotés à partir de *la hauteur du rectangle de* 5 *en* 5 *degrés.*

L'arc décrit avec le rayon égal à 50 divisions est divisé en 90 degrés qui sont numérotés à partir de la base *du rectangle de* 5 *en* 5 *degrés.*

Des petites lignes transversales joignent les extrémités d'un nombre *n* de degrés *du premier arc à un nombre* $n-1$ de degrés du second, en comptant toutefois *ces arcs à partir de la hauteur du rectangle.*

Ces lignes transversales sont divisées en 5 parties par les quatre arcs intermédiaires décrits avec les rayons 46, 47, 48 et 49; ces divisions servent à exprimer des cinquièmes de degrés c'est-à-dire des douzaines de minutes.

L'angle droit du quartier est divisé en 8 parties représentant les huit rhumbs de vent.

Au centre des arcs concentriques, nommé *le centre du quartier*, est fixé un fil.

A l'aide de ce fil et des arcs numérotés, on peut placer le fil de manière qu'il fasse avec la hauteur du quartier, côté que l'on nomme la ligne *Nord et Sud*, un angle égal à l'angle de route réel; c'est ce que l'on nomme *tendre le fil sur le rhumb de vent*; si on compte maintenant sur ce fil, autant de divisions qu'il y a de milles faits et qu'on fixe une aiguille à ce point, on n'aura qu'à évaluer, au moyen *des divisions marquées* sur le quartier, la distance qui sépare l'aiguille de la base du quartier, côté que l'on nomme *ligne Est ou Ouest*, on aura le *changement en latitude.*

Pour avoir le changement en longitude, on détermine le *changement en latitude croissante* que l'on compte sur la ligne Nord et Sud on voit, au moyen d'une autre aiguille où la parallèle menée pa l'extrémité de cette longueur rencontre la direction du fil, *toujour tendu sur le rhumb de vent*; la distance du point de rencontre à *l ligne Nord et Sud du quartier* donne le *changement en longitude.*

Si l'on veut se servir de *la latitude moyenne*, on fait faire au fil e avec la ligne Est ou Ouest du quartier, un angle égal à la latitud moyenne; c'est ce que l'on nomme *tendre le fil sur la latitud moyenne*; on abaisse l'aiguille piquée à l'extrémité du nombre d milles parcourus, *parallèlement au côté Nord et Sud du quartier* jusqu'à la rencontre du fil; et le nombre de divisions comprises entre le point de rencontre et le centre du quartier, donne le *changement en longitude*.

Il suffit du reste d'avoir l'instrument sous les yeux pour en comprendre immédiatement l'usage.

36. ***Résolution des mêmes problèmes par les tables de point.***

Considérons encore le problème que nous avons déjà résolu par le calcul et par la construction graphique.

Nous commençons par déterminer l'angle de route réel ainsi que nous l'avons fait :

Nous le trouvons de 48°.

Nous cherchons 48° dans *l'argument horizontal de la table IV de Callet;* comme cet angle est plus grand que 45°, nous le trouvons au bas de la page 603.

Dans la colonne *intitulée milles parcourus*, nous cherchons 128; nous faisons cadrer avec 48° et nous trouvons 85,6 dans la colonne qui a pour titre, au bas de la page, N S et 95,1 dans celle qui a pour titre E O; cela veut dire que nous avons 85′30″ = 1° 25′ 30″ de *changement en latitude* et 95′ de chemin Est et Ouest; combinant ce changement, avec la latitude de départ, on trouve pour *latitude d'arrivée*

39° 49′ 30″.

Pour déterminer *le changement en longitude*, on peut se servir soit de *la latitude moyenne, soit des latitudes croissantes.*

Si l'on se sert de la latitude moyenne, on détermine cette latitude que l'on trouve égale à 40° 32′ 15″.

On cherche table IV dans l'argument vertical intitulé *angle de route*, 40° 32′ 15″, on ne trouve que 40°; on cherche dans la colonne intitulée N S le nombre de milles 95,1 que l'on a obtenu pour chemin Est ou Ouest; le nombre 124 que l'on trouve en regard dans la colonne (milles parcourus) étant l'hypoténuse du triangle rectangle qui a 40° pour angle et 95,1 pour côté adjacent, exprime le changement en longitude.

Si l'on était entré avec 41°, on eût trouvé 126; donc on peut admettre que pour 41° 32′ on trouverait 125, moyenne entre 124 et 126; ainsi *le changement en longitude* est 125′ = 2° 5′.

Combinant ce changement avec la longitude d'arrivée 11° 45′ Ouest, on trouve 130° 50′ *pour longitude d'arrivée.*

En se servant des latitudes croissantes, on commence par déterminer, au moyen de la table III, le changement en latitude croissante; on le trouve de 112, 5; on entre dans la table IV avec 48 comme angle de route et on cherche 112,5 dans la colonne N S (titre pris au bas de la page), on trouve dans la colonne E O, 124,8 en regard de 124,4; donc on peut prendre encore 125 pour nombre correspondant à 124,5 et par conséquent, nous trouvons le même *changement en longitude que par la latitude moyenne.*

37. On peut proposer sur les quantités

L, G, M, V, L′ et G′,

plusieurs problèmes connus sous le nom de *problèmes de routes*, que l'on donne habituellement, dans les traités de navigation; ces problèmes, sauf un, ne se présentent pour ainsi dire *jamais* dans la pratique; aussi, nous nous bornerons à développer ceux qui peuvent avoir une utilité réelle. Disons toutefois que ces problèmes se résolvent tous à l'aide des cinq relations que nous avons données; et par suite se réduisent à la détermination de certains éléments de triangles rectilignes rectangles dont on connaît certaines parties.

Cette détermination peut se faire, soit par le calcul, soit par les tables, soit par la construction graphique, soit par le quartier de réduction.

Considérons donc simplement parmi ces problèmes celui qui peut se présenter dans la pratique de la navigation.

38. *Problème inverse.* — On connaît la latitude et la longitude de départ L et G, la latitude et la longitude d'arrivée L′ et G′; on veut déterminer le nombre de milles parcourus M ainsi que l'angle de route réel V.

Par le calcul. — De L et de L', nous déduirons l changement en latitude ; de L_c et de L'_c pris dans les tables, nous déduirons l_c changement en latitude croissante.

De G et de G' nous conclurons g, changement *en longitude.*

Par conséquent de la relation $g = l_c \operatorname{tg} V$, nous pourrons avoir

$$\tang V = \frac{g}{l_c}$$

ce qui nous donnera l'angle de route V.

De la relation

$$l = M \cos V$$

nous aurons

$$M = \frac{l}{\cos V}$$

ou le chemin parcouru.

Si l'on n'a pas de tables de latitudes croissantes, on peut faire la même détermination au moyen de la *latitude moyenne* L_m que l'on déduit des deux latitudes L et L'.

On connaît g, on aura donc d'abord le chemin Est ou Ouest par la relation

$$E = g \cos L_m$$

puis, l'angle de route V par la relation :

$$\operatorname{tg} V = \frac{E}{l}.$$

Le nombre de milles parcourus s'obtiendra ensuite à l'aide de la formule

$$M = \frac{l}{\cos V}.$$

39. *Cas particuliers.* — On peut avoir

$$L = L' \quad \text{ou} \quad G = G'.$$

Si l'on a $L = L'$, cela indique que le navire a couru sur un parallèle ; il n'y a pas de changement en latitude et par suite l'angle de route est de 90°.

Le chemin M est alors le chemin Est ou Ouest et s'obtient par la relation $E = g \cos L_m$ qui devient

$$E = M = g \cos L.$$

Si l'on a $G = G'$, le navire a couru sur un méridien, *l'angle de route est nul* et la différence $L' - L = l$ donne immédiatement le nombre de milles faits.

40. *Remarque.* — Ce problème sert aussi à déterminer quelle est la distance *loxodromique* qui sépare deux points donnés; cette distance évaluée sur l'arc de loxodromie est différente de celle évaluée sur l'arc de grand cercle qui passe *par les deux points et qui est la plus courte distance.*

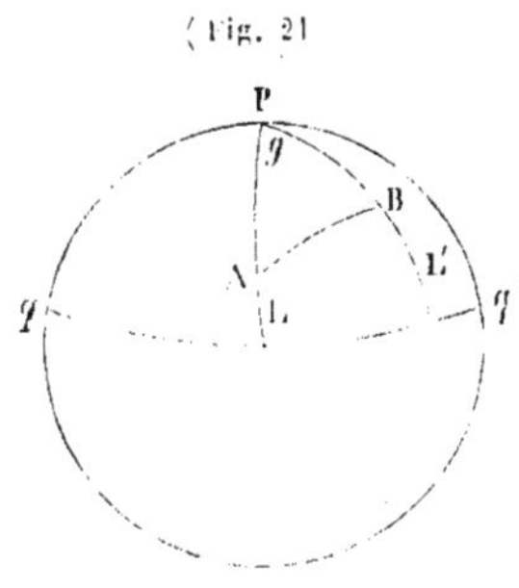

(Fig. 21)

Cette dernière distance s'obtiendrait en déterminant dans le triangle sphérique APB (*fig.* 21), le côté AB; on connaîtrait dans ce triangle : $PA = 90 - L$, $PB = 90 - L'$ et l'angle compris $APB = g$, différence en longitude des deux points; on aurait donc

$$\cos AB = \sin L \sin L' + \cos L \cos L' \cos g.$$

C'est un simple problème de trigonométrie.

Exemple.

On est parti d'un lieu situé par 39° 24′ lat. Nord et 17° 15′ long. Est; on est arrivé par 37° 42′ lat. Nord et 18° 53′ long. Est; on demande l'angle de route réel et le nombre de milles parcourus.

Détermination de V.

1° Par les latitudes croissantes $\quad \operatorname{tg} V = \frac{g}{l_c}$.

$L = 39° 24'$	$L_c = 2575{,}90$			
$L' = 37° 42'$	$L'_c = 2445{,}47$			
$l = 1° 42' = 102'$	$l_c = 130{,}43.$	c' log	=	7,8846225
$G = 17° 15'$				
$G' = 18° 53'$				
$g = 1° 38' = 98'$.		log	=	1,9912261
		log tg V	=	9,8758486
		V	=	S 36° 55′ 11″ Est.

2° Par la latitude moyenne $\qquad \text{tg } V = \frac{g \cos L_m}{l}$.

$$
\begin{array}{lll}
L & = & 39^\circ 24' \\
L' & = & 37^\circ 42' \\
\hline
L + L' & = & 77^\circ 06' \\
L_m & = & 38^\circ 33'. \quad \log \cos = 9{,}8932426 \\
g & = & 98 \ldots\ldots \log g = 1{,}9912261 \\
l & = & 102 \ldots c^t \log l = 7{,}9913998 \\
\end{array}
$$

$$\log \text{tg } V = 9{,}8758685. \quad V = S\ 36^\circ 55' 15'' \text{ Est.}$$

Détermination de M. $\qquad M = \frac{l}{\cos V}$.

$$
\begin{array}{llll}
l = 102. \ldots\ldots & \log & = & 2{,}0086002 \\
V = 36^\circ 55' 11''. & c^t \log \cos & = & 0{,}0970986 \\
\hline
& \log M & = & 2{,}1056988 \\
& M & = & 127{,}5. \\
\end{array}
$$

41. *Par les tables.* — Pour résoudre le même problème par les tables de point, on peut encore se servir, soit des ***latitudes croissantes***, soit de la ***latitude moyenne***.

Dans le premier cas, on détermine le changement en latitude croissante l_c et le changement en longitude g ainsi que nous venons de le faire : puis, on cherche dans la table à l'aide de quelques tâtonnements, et dans les colonnes N. S. et E. O., les nombres qui approchent le plus des deux nombres l_c et g ; l'angle de route de l'argument horizontal correspondant est l'angle de route réel, auquel on donne la dénomination qui convient d'après le sens dans lequel ont été faits les changements en latitude et en longitude.

Pour avoir le nombre de milles M, on cherche dans la colonne N. S. qui correspond à l'angle de route que l'on vient de trouver, le nombre qui approche le plus du changement en latitude simple l; le nombre qui correspond dans la colonne intitulée ***milles parcourus***, donne le nombre de milles M cherché.

Pour arriver aux mêmes déterminations en se servant de la latitude moyenne, on entre dans la table avec cette latitude moyenne comme angle de route, et l'on cherche dans la colonne intitulée ***milles parcourus***, le nombre qui approche le plus du changement en longitude g. Le nombre qui correspond dans la colonne intitulée N. S., donne le chemin Est ou Ouest.

On cherche dans la table et dans les colonnes E.O. et N.S. les nombres qui approchent le plus de ce chemin Est et Ouest et du changement en latitude simple l; l'angle correspondant est l'angle de route réel, auquel on donne sa dénomination ainsi que nous l'avons dit, et le nombre qui correspond dans la colonne *milles parcourus* donne le nombre de milles M cherché.

Pour résoudre le même problème à l'aide d'une construction graphique ou du quartier de réduction, il suffit de construire successivement deux triangles dans lesquels on a, pour le premier, les deux côtés de l'angle droit g et l, si l'on se sert de la latitude croissante, et pour le second un angle V et le côté l; et pour le premier un angle L_m et l'hypoténuse g si l'on se sert de la latitude moyenne, et pour le second les deux côtés l et E de l'angle droit.

Du Problème composé.

42. Nous avons supposé que (lorsque connaissant la latitude L et la longitude G du navire, à un certain moment, on voulait avoir à un autre moment la latitude L' et la longitude G') le navire avait fait M milles à l'angle de route V.

Il n'en est presque jamais ainsi. Le journal du bord indique généralement que le navire gouvernant à un certain rhumb de vent du compas, a pendant quelque temps filé un nombre de nœuds variable ; que gouvernant à un autre rhumb de vent, il a encore, pendant quelque temps, filé un autre nombre de nœuds encore variable généralement, et ainsi de suite ; comme d'après notre hypothèse, chaque nombre de nœuds filés indique le même nombre de milles parcourus par le navire dans une heure ; il suffit de faire la somme de tous les nombres de nœuds filés au même rhumb de vent ; et alors, en appelant m, m', m''....., etc., ces sommes partielles, V, V', V'' les rhumbs de vents correspondants, cela indiquera que le navire a fait :

m milles à l'angle de route V
m'. . . . . . id. . . . . V'
m''. . . . . . id. . . . . V''
⋮ ⋮ ⋮

et ainsi de suite.

C'est ce que l'on nomme *relever les routes.*

Au lieu de déterminer la latitude et la longitude du navire pour chaque route, m, m'..... on préfère déterminer les changements en latitudes l, l', l''..... et les chemins Est ou Ouest E, E', E''..... correspondants à chaque route, à l'aide des relations :

$$\begin{array}{lll} l = m \cos V & \ldots\ldots\ldots & E = m \sin V \\ l' = m' \cos V' & \ldots\ldots\ldots & E' = m \sin V' \\ l'' = m'' \cos V'' & \ldots\ldots\ldots & E'' = m \sin V'' \\ \vdots & & \vdots \end{array}$$

En ayant soin de distinguer parmi les changements l, l', l''..... ceux qui sont faits *au Nord ou au Sud*, et parmi les chemins E, E', E''..... ceux qui sont faits *à l'Est ou à l'Ouest*.

Faisant la somme de tous les changements en latitude faits au Nord et de tous ceux faits au Sud, la différence de ces deux sommes donnera le changement en *latitude final* l_1 qui sera *Nord ou Sud*.

Faisant la somme de tous les chemins faits à l'Est et de tous ceux faits à l'Ouest, la différence de ces deux sommes donnera le chemin définitif *fait à l'Est ou à l'Ouest* ; représentons-le par E_1.

A l'aide du changement en latitude l_1 et de la latitude de départ L, on aura la latitude d'arrivée L'.

Au moyen de E_1 et de la latitude moyenne $\frac{L + L'}{2}$, on aura le changement en longitude g qui, combiné avec la longitude de départ G donnera la longitude d'arrivée G'.

Route et chemin direct. — En raison des angles de route V, V', V'', que le navire a suivis pour aller du point (L, G) au point (L', G'), la route faite est une ligne brisée : on peut se proposer de trouver la route directe V_1 et la longueur du chemin M_1 qu'il aurait fallu faire pour aller, directement, du point (L, G) au point (L', G'). Puisque l'on connaît l_1 et E_1, on aura la route directe V_1 à l'aide de la relation

$$\tan V_1 = \frac{E_1}{l_1},$$

et le nombre de milles M_1 à l'aide de la formule

$$M_1 = \frac{l_1}{\cos V_1}.$$

Ces quantités V_1 et M_1 peuvent comme on le voit se déterminer *par le calcul, par une construction graphique ou par les tables.*

Exemple.

Étant parti d'un lieu situé par 41° 25′ lat. Nord et 36° 27′, long. Ouest ; on a relevé sur le journal du bord les routes suivantes :

ROUTE AU COMPAS.	NOEUDS.	DÉRIVE.	VARIATION.
NO ¼ O	35,7	8° B.	21°30′ NO
N ¼ NO	44,6	6° B.	*id.*
SSO 3° Sud	52,8	7° T.	*id.*
SE ¼ E.	39,5	10° T.	*id.*
ENE 3° Nord.	48,6	8° T.	*id.*
S ¼ SE.	62,0	6° B.	*id.*

Nous commencerons par déterminer à l'aide de la *dérive et de la variation*, et pour chaque route au compas, *l'angle de route réel* ; puis, nous dresserons le tableau ci-dessous, *contenant une colonne* pour les angles de route réels, une pour les nombres de milles et quatre autres ayant pour titres les lettres N, S, E et O ; nous mettrons pour *chaque route* et en regard du nombre de milles le changement en latitude l déterminé à l'aide de la formule $l = m \cos V$, *des tables*, *de la construction graphique ou du quartier de réduction*, dans la colonne N si ce chemin est fait au Nord, et dans la colonne S s'il est fait au Sud ; puis le chemin ***Est ou Ouest*** E déterminé à l'aide de la formule $E = m \sin V$, *des tables, de la construction graphique ou du quartier*, dans la colonne E s'il est fait à l'Est, dans la colonne O s'il est fait à l'Ouest.

Nous obtiendrons ainsi :

ANGLES DE ROUTE RÉELS.	MILLES.	N	S	E	O
N 85° 45′ Ot.	35,7	2,6			35,6
N 38° 45′ Ot.	44,6	34,7			27,9
S 5° 00′ Ot.	52,8		52,6		4,6
S 67° 45′ Est	39.5		14,9	36,5	
N 51° 00′ Est	48,6	30,6		37,7	
S 38° 45′ Est	62,0		48,4	38,8	
		67,9	115,9	113,0	68,1
			67,9	68,1	
			48,0	44,9	

1re route V = 85°45′ log cos = 8,869 868 log sin = 9,998 804
m = 35,7 log = 1,552 668 log = 1,552 668

log l = 0,422 536 l = 2,6 log E = 1,551 472 E = 35,6

2e route V = 38°45′ log cos = 9,892 030 log sin = 9,796 521
m = 44,6 log = 1,649 335 log = 1,649 335

log l = 1,541 365 l = 34,7 log E = 1,445 856 E = 27,9

3e route V = 5°00′ log cos = 9,998 344 log sin = 8,940 296
m = 52,8 log = 1,722 634 log = 1,722 634

log l = 1,720 978 l = 52,6 log E = 0,662 930 E = 4,6

4e route V = 67°45′ log cos = 9,578 236 log sin = 9,966 395
m = 39,5 log = 1,596 597 log = 1,596 597

log l = 1,174 833 l = 14,9 log E = 1,562 992 E = 36,5

5e route V = 51°00′ log cos = 9,798 871 log sin = 9,890 502
m = 48,6 log = 1,686 636 log = 1,686 636

log l = 1,485 507 l = 30,6 log E = 1,577 138 E = 37,7

6e route V = 38°45′ log cos = 9,892 030 log sin = 9,796 521
m = 62″ log = 1,792 392 log = 1,792 392

log l = 1 684 422 l = 48,4 log E = 1,588 913 E = 38,8

Ayant fait la différence des chemins faits au Nord et au Sud et des chemins faits à l'Ouest et à l'Est ; nous trouvons que le navire a fait en réalité :

48^{milles},0 au Sud.
44 ,9 à l'Est.

On a donc :

	L = Latitude de départ. . . . =	41° 25′	Nord
	Changement en latitude. =	48′	Sud
d'où	L′ = Latitude d'arrivée. . . . =	40° 37′	Sud

Pour obtenir la longitude d'arrivée, nous nous servirons de la *latitude moyenne*.

On a $$\mathrm{L} + \mathrm{L}' = 82^\circ\, 02'$$

d'où $$\mathrm{L}_m = 41^\circ\, 01'.$$

Entrons dans la table de point avec L_m et $\mathrm{E} = 44{,}9$ ou servons-nous de la formule

$$g = \frac{\mathrm{E}}{\cos \mathrm{L}_m}$$

E = 44,9	log =	1,652246
L_m = 41° 01′	c^t log cos =	0,122330
	log g =	1,774576

Nous trouvons changement en longitude g. =	0° 59′,5	Est
Nous avions longitude de départ. . . . . =	36° 27′,0	O'
Nous trouvons donc, longitude d'arrivée . . . . =	35° 27′,5	Ouest.

Route et chemin direct.

	Nous avons l = 48,0 c^t log = 8,318759		log = 1,681241
	E = 44,9 log = 1,652246		
d'où	log tg V = 9,971005		
d'où	Route directe = V = S 43° 5′ Est	c^t log cos =	0,136463
		log chemin direct. . . =	1,817704
		d'où chemin direct. . . =	65,7

Nous trouverions à peu près le même résultat, soit par *les tables*, la *construction graphique* ou le *quartier*.

Tous les jours à midi à la mer, l'on résout le problème composé, cela s'appelle *faire le point*.

Dans les *atterrages* on le fait toutes les fois qu'il est nécessaire de constater *la position* du bâtiment.

EXEMPLES DE CALCULS A EFFECTUER.

1° Étant parti d'une *latitude* N 43°11' et d'une *longitude* 109°23' Est on a fait 114 milles au N O 1/4 O du compas: dérive 11° B; *variation* 19° N E. On demande le point d'*arrivée?*

Résultat. { Latitude d'arrivée. = 44° 26',9 N
Longitude. . . . . = 107° 25',5 Est

2° Partant d'une *latitude* N° 49° 51' et d'une *longitude* Est 0° 58'; on veut arriver par une *latitude* N 47°49' et une longitude O' 0° 47' la *variation* est de 31° N E; la *dérive* supposée = 15° B. On demande la route à suivre au compas et la distance à parcourir?

Résultat. { Route au compas. S 13° 36' O'
Milles. 140,3

3° Étant parti d'une *latitude* S 51° 17' et d'une *longitude* Est égale à 0° 41; on veut arriver à une *latitude* Sud 50° 01' et une *longitude* O' 0° 54': la *variation* est de 21° N E, la dérive supposée = 12° Bâbord. On demande *la route à suivre* au compas et *la distance à parcourir?*

Résultat. { Route au compas. N 47° 29'02",O'
Milles. 97,09

4° Étant parti d'une *latitude* Nord 57° 19' et d'une *longitude* Est égale à 167° 54', on est arrivé par une latitude N 59° 04' après avoir couru au N 1/4 N O du compas dérive 11° T, *variation* 27° N O. On demande les *milles et la longitude d'arrivée?*

Résultat. { Milles courus. . . . 118,1
Longitude d'arrivée. 166° 11',5 Est.

5° Étant parti d'un lieu situé par une *latitude* N 40° 17' et une *longitude* Est de 167° 12', on a fait 134 milles du côté de l'*Ouest du monde*, et l'on est arrivé par une *latitude* Nord 42° 05. On demande *la route suivie et la longitude d'arrivée?*

Résultat. { Route suivie . . . . N 36° 17′ 45″ O^t
Longitude d'arrivée. 165° 26′,9 Est.

6° Étant parti d'une *latitude* N 41° 17′ et d'une *longitude* Est 164° 58′ on a fait les routes suivantes :

Routes au compas.	Dérive.	Variation.	Milles.
N 54° Est	11° B	21° N O	104
N 17 Est	17° T		58
N 70° O^t	8 T		69
S 51° O^t	0^t		45

On demande le point d'arrivée.

Résultat. { Latitude d'arrivée. . = 43° 16′,9 N
Longitude id. . . = 163° 19′,6 E
Chemin N ou S Total. = 119,9
Chemin E ou O^t id. . = 72,8

7° Étant parti d'une *latitude* N 49° 24′ et d'une *longitude* O^t 15° 18′, on a fait les routes suivantes :

Routes au compas.	Dérive.	Variation.	Milles.
N 71° Est	14° B	17° N O	57
N 17 Est	11° T		72
N 49° O^t	13° B		104

On demande le *point d'arrivée*?

Résultat. { Chemin N et S Total. = 134,2 N
Chemin E et O^t. . . = 51,8 O^t
Latitude d'arrivée. . = 51° 38′,2 N
Longitude id. . . = 16° 39′,5 O^t.

8° Du 9 au 10 août 1858. — Étant parti d'un lieu situé par 62° 42′ 80″ *latitude* Nord et 29° 14′ O^t, le journal du bord donne les routes suivantes :

La *variation* est de 30° N O.

HEURES.	TABLE DE LOCH.				VOILURE du vaisseau.	
	Vents.	Routes au compas.	Dérives.	Nœuds.		
1	S E	S 29° O^{t}	5° T	8,2		
2	»	»	»	9,4		
3	»	»	»	10,0		
3^{h},30^{m}	»	»	»	5,1		
4	E ¼ S E	S 6° Est	6° B	5,0		
5	».	»	»	9,2		
6	»	»	7° B	9,5		
7	»	»	»	9,0		
7^{h},30^{m}	»	»	»	5,0		
8	S E ¼ S	S 42° O^{t}	7° T	4,7		
9	»	»	»	8,2		
10	»	»	»	7,4		
11	»	»	»	5,6		
Minuit.	»	»	»	5,8		

Le 10 *Août* 1858.

HEURES.	TABLE DE LOCH.				VOILURE du vaisseau.	
	Vents.	Routes au compas.	Dérives.	Nœuds.		
1	S E	S 72° O^{t}	0°	4,8		
2	»	*id.*	0	4,3		
2^{h},30^{m}	»	*id.*	0	2,0		
3	Est	S 20° O^{t}	0	5,2		
4	»	»	»	8,4		
5	»	»	»	9,0		
6	»	»	»	8,7		
7	»	»	»	9,1		
8	»	»	»	8,2		
8^{h},15^{m}	»	»	»	2,3		
9	E ¼ S E	S 10° Est	5° T	4,1		
10	»	»	»	6,8		
11	»	»	»	7,9		
Midi.	»	»	»	8,2		

On demande le point d'arrivée ?

Résultat. { Latitude d'arrivée. 58° 4',6 Nord
Longitude id. . 27° 41' Ouest

NAVIGATION ASTRONOMIQUE.

43. En raison du mouvement de rotation de la Terre, il est clair que, à un même instant, les coordonnées d'un même astre par rapport à l'horizon ne sont pas les mêmes pour deux lieux différents du globe; la grandeur et le signe de ces coordonnées dépendent de deux choses :

1° De la position de l'astre dans la voûte céleste;

2° De la position du lieu considéré sur le globe terrestre ou de son zénith dans la voûte céleste.

Par suite, on comprend qu'à un moment donné il doit exister une relation entre la position d'un astre par rapport à l'horizon et la latitude et la longitude du lieu.

On peut donc entrevoir déjà que l'observation de la position apparente des astres dans la voûte céleste peut amener à conclure la latitude et la longitude du lieu.

Toutes les opérations que nécessite la détermination de la latitude et de la longitude d'un lieu par l'observation des astres se réduisent aux suivantes :

1° Déterminer certains éléments qui résultent de la position de l'astre dans la voûte céleste à l'instant considéré;

2° Mesurer des angles;

3° Mesurer des temps ou préciser des instants.

DE LA CONNAISSANCE DES TEMPS.

44. La détermination des éléments qui résultent de la position d'un astre dans la voûte céleste, s'obtient généralement dans la marine française, à l'aide de l'ouvrage intitulé :

CONNAISSANCE DES TEMPS OU DES MOUVEMENTS CÉLESTES à l'usage *des Astronomes et des Navigateurs.*

Cet ouvrage publié chaque année, à l'avance, par le ***Bureau des longitudes***, ou ses extraits tels que les ***Éphémérides maritimes*** de M. F. J. DUBUS, professeur d'hydrographie en retraite, est indispensable pour résoudre, *d'une manière prompte*, le problème qui nous occupe.

Il est donc important que l'on connaisse le moyen de déduire, pour une *époque donnée*, les *éléments* astronomiques donnés dans cette utile publication, éléments qui permettent de connaître la position d'un astre dans la voûte céleste ou qui résultent de cette position.

45. Nous croyons d'abord utile de donner une courte explication des quantités et éléments que contiennent les différentes pages de la *Connaissance des temps*. Nous considérons celle de 1858 dont nous nous sommes un peu occupé dans le *Cours d'astronomie*. Examinons d'abord la page (1); cette page est intitulée :

Articles principaux de l'Annuaire pour l'an 1858.

L'année 1858 du *Calendrier Grégorien*, établi en 1582 et qui commence le 1er janvier, répond :

1° *A l'année* 6571 *de la Période Julienne.*

Pour expliquer ce qu'on entend par *Période Julienne*, il faut d'abord dire ce qu'on appelle *Cycle solaire* et *Indiction romaine*, que nous voyons écrits à la ligne 23 et 24 de la page (1).

Le Cycle solaire est une période de 28 ans $= 4 \times 7$ au bout de laquelle les *lettres dominicales* se reproduisent périodiquement dans le même ordre.

En effet, puisque dans 365 jours il y a 52 semaines plus un jour; si toutes les années étaient communes le cycle solaire serait de *sept ans*.

Mais l'année étant bissextile tous les quatre ans, une lettre dominicale rétrograde de deux rangs au lieu de ne rétrograder que d'un rang ; au bout de sept années bissextiles, c'est-à-dire de 28 ans, il se sera écoulé un nombre entier de semaines, par conséquent la lettre dominicale se trouvera la même qu'au commencement de la période; et comme la première année du second cycle se trouvera placée, par rapport à l'année bissextile qui suit, de la même manière que l'année qui a commencé le cycle, les lettres dominicales se reproduiront dans le même ordre.

C'est ce que fait comprendre le tableau suivant :

ANNÉE.	LE 1er JANVIER est un	LETTRES dominicales.	ANNÉE.	LE 1er JANVIER est un	LETTRES dominicales.
1858	Vendredi.	C	1873	Mercredi.	E
59	Samedi.	B	74	Jeudi.	D
biss. 60	Dimanche.	A G	75	Vendredi.	C
61	Mardi.	F	biss. 76	Samedi.	B A
62	Mercredi.	E	77	Lundi.	G
63	Jeudi.	D	78	Mardi.	F
biss. 64	Vendredi.	C B	79	Mercredi.	E
65	Dimanche.	A	biss. 80	Jeudi.	D C
66	Lundi.	G	81	Samedi.	B
67	Mardi.	F	82	Dimanche.	A
biss. 68	Mercredi.	E D	83	Lundi.	G
69	Vendredi.	C	biss. 84	Mardi.	F E
70	Samedi.	B	85	Jeudi.	D
71	Dimanche.	A			
biss. 72	Lundi.	G F	86	Vendredi.	C

On voit bien que l'année 1886 est placée par rapport à l'année bissextile 1888 de la même manière que 1858 par rapport à 1860 : ainsi l'ordre de succession des lettres dominicales sera le même à partir de 1886 qu'il l'est à partir de 1858.

En faisant commencer les cycles solaires à l'année — 4714, ainsi que nous allons le dire, on voit, en divisant 4714 + 1857 par 28, que nous sommes actuellement dans la 19e année du 235e cycle : c'est pour cela que dans la connaissance des temps de 1858 on voit écrit

Cycle solaire. . . . . 19.

L'Indiction romaine est une période de 15 ans, relative à un mode de perception d'impôts, sous les empereurs romains.

Ceci posé, nous avons vu en astronomie, page 329, ce qu'on entendait par nombre d'or et par cycle d'or, et nous savons que ce cycle est de 19 ans.

Le Nombre d'or, le Cycle solaire et l'Indiction romaine ne se trouvent évidemment les mêmes qu'après une période de 7980 ans (produit des nombres 19 × 28 × 15, nombres premiers entre eux).

C'est cette période qui a été appelée *Période Julienne.* Elle a été proposée en 1583 par Scaliger, le fils, philosophe et chronologiste célèbre, né en 1540 à *Agen*, et considéré comme le fondateur de la science chronologique.

L'an — 4714 avant l'ère chrétienne, les trois cycles étaient égaux à 1 ; on voit alors que depuis ce moment jusqu'en 1858, il s'est écoulé 4713 + 1858 = 6571.

2° *A l'année 2611 de la fondation de Rome, selon Varron, dit le plus savant des Romains*, né à Rome, l'an 116 avant J.-C., et qui après avoir été successivement membre du barreau de Rome, tribun du peuple et chef d'une des divisions de la flotte de Pompée contre les pirates, devint lieutenant de Pompée, en Espagne.

On sait, en effet, que d'après cet historien, Rome a été fondée le 21 avril 753 ans avant l'ère chrétienne, et 753 + 1858 = 2611.

3° *A l'année 2605 depuis l'ère de Nabonassar*, prince que l'on considère comme le fondateur du royaume de Babylone.

L'ère de Nabonassar est fixée à midi d'un mercredi qui était le 26 février de l'an 747 avant J.-C; 747 plus 1858 font bien 2605.

Son élément astronomique est l'année vague de 365 jours, sans intercalation, telle qu'elle existait en Égypte.

Par suite de sa durée de 365 jours, l'ère de Nabonassar rétrogradait d'un jour tous les quatre ans sur l'année Julienne.

4° *A l'année 2634 des Olympiades*, ou à la deuxième année de la 359e olympiade, en fixant l'origine de l'ère des olympiades 775 ans 1/2 avant Jésus-Christ.

L'ère des olympiades est une ère historique dont l'élément astronomique est une période de quatre années.

On voit en effet que 659 × 4 = 1658 + 776 + 2.

Cette ère prend probablement son origine dans les jeux olympiques de la Grèce, au moment où l'on introduisit l'usage d'ériger des statues aux vainqueurs des jeux.

Cœrebus est le premier qui ait reçu cet honneur, et l'ère des olympiades a pour point de départ cet événement.

On cessa de se servir des olympiades vers la fin du quatrième siècle de notre ère, où elles furent remplacées, au moins dans toute la chrétienté, par les *Indictions.*

5° *A l'année* 1274 *des Turcs.* On sait que l'époque initiale de cette ère et la cause de son institution en Arabie, est la fuite de Mahomet de la Mecque à Yatreb, depuis Médine.

Cet événement arriva le vendredi 16 juillet de l'an 622 de Jésus-Christ. L'ère des mahométans est appelée *hégyre*, qui veut dire *fuite.*

Les années de l'hégyre durent douze mois lunaires et commencent avec le coucher du soleil; l'année 1274 a commencé à la *noémie* (nouvelle lune) le 22 août 1857 et finira le 10 août 1858, époque de la fin de la douzième lunaison.

Explication du comput ecclésiastique. — D'après les décisions du concile de Nicée en 325, la Pâque chrétienne, qui se célèbre en mémoire de la résurrection de Jésus-Christ, doit avoir lieu *le premier dimanche d'après la pleine lune qui suit le* 20 *mars.* Cette règle a été établie parce que la résurrection eut lieu après l'équinoxe du printemps à la suite d'une pleine lune; et on suppose que l'équinoxe arrive toujours le 21 mars.

Comme à l'époque du concile de Nicée, les tables astronomiques de la lune, qui vont maintenant de jour en jour en se perfectionnant n'existaient pas, on ne déterminait les lunaisons qu'à l'aide des *épactes civiles* dont nous avons parlé en astronomie; il s'ensuit qu'entre les phases de la *lune pascale* et les phases de la *lune réelle*, il existe des différences qui font que quelquefois la fête de Pâques n'est nullement célébrée le dimanche d'après la pleine lune réelle qui suit le 20 mars; c'est ce qui est arrivé, par exemple, en 1818; astronomiquement, la fête de Pâques devait avoir lieu le 29 mars, elle fut célébrée le 22, parce que la pleine *lune fictive* arriva le 21 mars; la pleine lune astronomique ou réelle n'eut lieu que le 22.

La détermination de l'époque de la fête de Pâques au moyen de la lune fictive, telle que l'a entendue le concile de Nicée, et telle que la célèbre encore aujourd'hui l'Église, donne lieu à un calcul assez compliqué que nous ne donnerons pas ici, comme sortant des questions astronomiques et nautiques que nous devons traiter; Gauss a donné, sans la démontrer, une formule qui permet de déterminer l'époque de la fête de Pâques pour une année quelconque; M. Le Dieu, ancien officier de marine, professeur d'hydrographie, en a donné une démonstration insérée dans les *Comptes rendus de l'Académie de sciences*, année 1855, séance du 29 octobre.

Remarque. — D'après la règle établie, la fête de Pâques ne peu jamais arriver plus tôt que le 22 mars. Quand la pleine lune d'aprè le 20 mars a lieu le 21 mars et que ce jour est un samedi, Pâque est le 22.

Cette fête ne peut pas non plus arriver plus tard que le 25 avril car si la pleine lune fictive a lieu le 20 mars, celle du 18 avril ser celle d'après le 20 mars, si ce 18 avril est un dimanche, le dimanch suivant, c'est-à-dire le 25 avril aura lieu la fête de Pâques; laquell est donc toujours célébrée entre le 21 mars et le 26 avril.

Aux éphémérides de la lune, *Connaissance des temps* de 1858 nous trouvons que dans le mois de mars il y aura pleine lune réell le 29, qui est un lundi; le dimanche suivant, qui est le 4 avril, a lieu la fête de Pâques : les deux lunes réelle et pascale s'accorden donc pour leurs phases en mars 1858.

Dès que la fête de Pâques est déterminée, les autres fêtes mobiles en découlent facilement.

La *septuagésime* a lieu le neuvième dimanche ou le 63e jour avan Pâques ; pour 1858, cela donne le 31 janvier.

Les *cendres* ont lieu 46 jours avant Pâques, qui est un mercredi pour 1858 c'est le 17 février.

Le *jeudi*, 40e jour après Pâques est célébrée l'*Ascension;* pou 1858, c'est le 13 mai. Cette fête est précédée de trois jours de rogations ou prières, qui ont lieu par conséquent les 10, 11 et 12 mai.

La *Pentecôte* est célébrée le 10e jour après l'Ascension et a lieu par conséquent le dimanche 23 mai, pour 1858 ; la Trinité a lieu le dimanche suivant, et par suite le 30 mai pour 1858.

La *Fête-Dieu* est le jeudi suivant ou le 3 juin 1858.

Le *premier dimanche de l'avant* est le 4e dimanche avant Noël ou le 25 décembre, il a donc lieu en 1858, le 28 novembre.

Les *quatre-temps* sont les mercredi, vendredi et samedi qui suivent :

1° Les Cendres,	par conséquent ont lieu	le 24, 26 et 27	février	en 1858
2° La Pentecôte,	*id.*	le 26, 28 et 29	mai	*id.*
3° Le 14 septembre,	*id.*	le 15, 17 et 18	sept.	*id.*
4° Le 13 décembre,	*id.*	le 15, 17 et 18	décemb.	*id.*

A LA PAGE 3 de la *Connaissance des temps* de 1858, on donne de 10 jours en 10 jours :

1° L'obliquité apparente de l'écliptique, qui sert à convertir les latitudes et longitudes géocentriques des astres en ascensions droites et déclinaisons;
2° La précession des équinoxes;
3° Et la nutation de l'axe.

Nous avons vu en Astronomie l'origine de ces quantités.

A cette page se trouve aussi *l'obliquité moyenne au 1er janvier; la précession des équinoxes totale pour l'année*, et enfin le commencement des *quatre saisons* déterminées ainsi que nous l'avons indiqué en Astronomie.

De la page 4 a la page 10 se trouve un *calendrier* avec l'heure du lever et du coucher apparents du Soleil, T. M. de Paris.

De la page 10 a la page 34, on a les *éphémérides du Soleil*, qui contiennent :

Coordonnées par rapport à l'écliptique.	1° La latitude apparente du Soleil vrai ; 2° La longitude *id.* *id.* comptée de l'équinoxe apparent ;	pour le midi T. M. de Paris, de chaque jour.
Coordonnées par rapport à l'équateur.	3° L'ascension droite du Soleil vrai ; 4° La déclinaison *id.* ; 5° L'ascension droite du Soleil moyen ou le temps sidéral ;	

6° Le logarithme de la distance du Soleil, distance nécessaire pour le calcul des orbites planétaires et pour convertir les lieux héliocentriques en lieux géocentriques ;
7° L'équation du temps donnée sous le titre *temps moyen au midi vrai*.

Ces éléments sont calculés ainsi que nous l'avons indiqué en Astronomie, en ayant seulement égard aux *perturbations planétaires* et aux phénomènes de *précession*, *nutation* et *aberration*.

De la page 34 a la page 37, on donne de 5 jours en 5 jours :

1° La parallaxe horizontale du Soleil ;
2° Le demi-diamètre horizontal du Soleil ;
3° La durée du passage du demi-diamètre du Soleil par le méridien en T. M. et en T. S. ;
4° Le mouvement horaire du Soleil en longitude ;
5° L'aberration du Soleil.

A LA PAGE 37 on donne :

1° De 10 jours en 10 jours et pour 0h T. M. de Paris, la longitude moyen du nœud ascendant de la Lune qui sert à calculer la nutation d étoiles et des planètes;
2° Le mouvement diurne de la longitude du nœud;
3° Et enfin les jours de l'année où la Lune est apogée et périgée.

DE LA PAGE 38 A LA PAGE 44, on donne en T. M. de Paris :

1° L'heure du lever apparent de la Lune; 2° L'heure du coucher apparent de la Lune; 3° L'heure du passage de la Lune au méridien; 4° L'âge de la Lune; 5° Et enfin les époques des principales phases;	à Paris.

DE LA PAGE 44 A LA PAGE 92, on trouve les *éphémérides de Lune*, qui contiennent pour midi et minuit, T. M. de Paris :

Coordonnées par rapport à l'écliptique.	1° La longitude de la Lune comptée de l'équino apparent; 2° La latitude;
Coordonnées par rapport à l'équateur.	3° L'ascension droite; 4° La déclinaison ;

5° La parallaxe horizontale équatoriale
6° Le demi-diamètre horizontal.

DE LA PAGE 92 A LA PAGE 112, on trouve successivement pou les planètes *Mercure*, *Vénus*, *Mars*, *Jupiter*, *Saturne* et *Uranus*

1° Les heures du lever et du coucher apparents et du passage au méridien, à des intervalles qui sont différents pour chaque planète; 2° L'époque des conjonctions inférieures et supérieures des planètes inférieures et de leur plus grande élongation; l'époque des oppositions, conjonctions et quadratures des planètes supérieures ;	pour Paris.

3° Les coordonnées héliocentriques.		latitude et longitude.
4° Coordonnées géocentriques.	1° par rapport à l'écliptique ;	latitude, longitude,
	2° par rapport à l'équateur ;	ascension droit déclinaison.

5° Enfin la grandeur du rayon vecteur.

De la page 112 a la page 117, on trouve les époques T. M. de Paris, des éclipses des satellites de Jupiter.

De la page 117 a la page 129, on donne la configuration des satellites de Jupiter pour chaque jour du mois à une certaine heure marquée au haut de la page; ces configurations sont renversées, c'est-à-dire telles qu'on les voit dans les lunettes astronomiques.

Jupiter est représenté dans chaque ligne par le signe O; le chiffre et un point indiquent le satellite.

Un satellite s'approche de Jupiter quand le chiffre qui l'indique est entre le point et Jupiter; il s'en éloigne quand le point est entre le chiffre et Jupiter.

Les satellites placés à gauche sont à l'Occident de Jupiter, et ceux placés à droite sont à l'Orient.

Ainsi, l'indication

Mars.

15.	. 4 3. O 1. 2.

marquée pour le 15 mars 1858 à 7^h 30^m du soir montre :

1° Que le quatrième satellite se rapproche de *Jupiter* à l'Occident, et par conséquent s'éloigne de la Terre;
2° Que le troisième satellite s'éloigne de Jupiter à l'Occident;
3° Que le premier satellite se rapproche de Jupiter à l'Orient;
4° Que le deuxième satellite se rapproche aussi de Jupiter à l'Orient.

Le signe O qui accompagne un chiffre indique que le satellite est sur le disque de Jupiter.

D'après la disposition suivante:

14	3 O. 4 ·1 O . 2

On voit que le 14 mars 1858 à 7^h 40^m du soir le troisième satellite est sur le disque de Jupiter.

Le signe ● qui accompagne un chiffre indique que le satellite es dans l'ombre et par conséquent éclipsé.

Ainsi, la disposition suivante

25	♃ 1	O	. 3	. 2	4.

montre que le 25 mars 1858 à $7^h\ 30^m$ du soir le premier satellite de Jupiter sera éclipsé.

De la page 129 a la page 171, on donne, de 10 jours en 10 jours, les ascensions droites et les déclinaisons apparentes de 115 étoiles principales *classées par ordre de grandeur d'ascension droite;* ces coordonnées sont données de jour en jour pour la *Polaire.*

De la page 171 a la page 332, on donne de 3 heures en 3 heures et pour le T. M. de Paris, les distances géocentriques des centres de la Lune au centre du Soleil, au centre des planètes, et à 10 étoiles, dont nous avons donné en Astronomie le moyen de reconnaître la position.

La position de ces astres relativement à la Lune est indiquée par les lettres E et O (Est ou Ouest).

La page 332 contient, de 10 jours en 10 jours, la parallaxe horizontale et le demi-diamètre de Vénus, Mars, Jupiter et Saturne.

Aux pages 333 et 334, on trouve les circonstances les plus remarquables des *éclipses de Soleil;* il est seulement regrettable qu'il ne s'y trouve pas, ainsi qu'on le voit dans le *Nautical almanach*, un catalogue des points principaux du globe par lesquels passent les courbes des lieux voyant certaines phases du phénomène d'une éclipse de Soleil, ou mieux des cartes représentant ces courbes.

De la page 335 a la page 347, on indique sous le nom de *Phénomènes* pour tous les jours de chaque mois, l'instant de la conjonction des étoiles de première à sixième grandeur, et des planètes qui peuvent être éclipsées par la Lune en quelques points du globe.

Lorsqu'une occultation est visible à Paris, on donne en même temps l'époque T. M. de l'immersion, celle de l'émersion, et la différence de latitude apparente entre le centre de la Lune et l'astre occulté.

USAGE DE LA CONNAISSANCE DES TEMPS.

46. Les éléments des différents astres qui sont donnés dans la *Connaissance des temps* ne le sont que pour des époques se succédant

à des intervalles de temps égaux. L'usage de la connaissance des temps compose alors deux questions :

1° *Déterminer la valeur d'un élément pour une époque intermédiaire à celles pour lesquelles cet élément est donné ;*

2° *Déterminer l'époque à laquelle un des éléments a une valeur déterminée.*

Considérons d'abord la première question.

Deux choses peuvent se présenter :

1° Ou l'époque considérée est donnée en T. V. ou T. M. de Paris ;

2° Ou cette époque est donnée en T. V. ou T. M. d'un lieu dont la longitude est donnée.

Dans le second cas, il faut d'abord exprimer l'époque en T. V. ou T. M. de Paris.

Or, on sait que la différence des longitudes constitue, entre deux lieux, une différence d'heures, à raison de 1 heure pour 15°; que les lieux qui sont plus à l'Est de Paris comptent plus qu'à Paris, que ceux qui sont plus à l'Ouest comptent moins ; donc, en réduisant en temps la longitude du lieu et l'ajoutant ou la retranchant de l'heure du lieu, suivant que cette longitude est Ouest ou Est, on aura l'heure ou plutôt l'époque T. V. ou T. M. de Paris pour l'instant considéré.

Cette époque devra être considérée astronomiquement, c'est-à-dire à partir de midi, de 0 à 24 heures.

On sait que le *temps civil* se compte à partir de minuit et se divise en deux périodes de 12 heures, l'une du matin, l'autre du soir.

47. Ainsi, nous pouvons admettre que l'on connaît l'époque et l'heure T. M. ou T. V. de Paris pour l'instant considéré.

Si l'élément est donné pour le temps vrai dans la connaissance des temps, il faudra que nous ayons l'heure T. V. : si l'élément est donné pour le temps moyen, il faudra que nous connaissions l'heure T. M.

Nous verrons plus loin comment on peut passer de l'une à l'autre de ces quantités.

Soient maintenant des éléments

T	e_0	se succédant à des intervalles de temps égaux
	e_1	représentés par t;
	e_2	Et supposons que T soit l'époque qui cor-
	e_3	respond au premier élément e_0; l'époque cor-
	⋮	respondante à e_1 sera $T + t$; celle correspon-
	⋮	dante à e_2 sera $T + 2t$, et ainsi de suite. . . .

Nous pouvons alors considérer les éléments e_0, e_1, e_2, e_3......., etc., comme étant les *ordonnées* de points dont les *abscisses* correspondantes seraient T, T + t, T + $2t$, ..., etc.

Pour savoir ce que doit être l'élément e_θ à l'époque (T + θ), intermédiaire aux époques T et T + t, il suffit de se rappeler la méthode d'interpolation donnée dans les traités d'analyse.

On voit alors que dans le cas qui nous occupe et d'après ce que nous venons de dire, $x - x_0 = \theta$ et $h = t$.

La formule d'interpolation qui donne l'élément e_θ devient donc

$$(\delta)\qquad e_\theta = e_0 + \Delta e_0 \frac{\theta}{t} + \Delta^2 e_0 \frac{\theta(\theta - t)}{2t^2} + \Delta^3 e_0 \frac{\theta(\theta - t)(\theta - 2t)}{2.3.t^3} \,.....$$

N'oublions pas que chaque différence s'obtient en retranchant une différence de l'ordre inférieur de celle qui la suit.

D'après les quantités qui entrent dans la formule (δ); la valeur de e_θ ne semble dépendre que des différentes valeurs que prend e_0 dans la suite e_1, e_2, e_3, ..., etc.

On peut cependant démontrer facilement que la valeur de e_θ ainsi déterminée est identiquement la même que celle que l'on obtiendrait en déduisant cette valeur, à l'aide de la même méthode d'interpolation, mais au moyen des termes qui précèdent e_0.

$$e_\theta \cdots \left\{ \begin{array}{lllll}
e_{-4} & & & & \\
 & \Delta e_{-4} & & & \\
e_{-3} & & \Delta^2 e_{-4} & & \\
 & \Delta e_{-3} & & \Delta^3 e_{-4} & \\
e_{-2} & & \Delta^2 e_{-3} & & \Delta^4 e_{-4} \\
 & \Delta e_{-2} & & \Delta^3 e_{-3} & \\
e_{-1} & & \Delta^2 e_{-2} & & \Delta^4 e_{-3} \\
 & \Delta e_{-1} & & \Delta^3 e_{-2} & \\
e_0 & & \Delta^2 e_{-1} & & \Delta^4 e_{-2} \\
 & \Delta e_0 & & \Delta^3 e_{-1} & \\
e_1 & & \Delta^2 e_0 & & \Delta^4 e_{-1} \\
 & \Delta e_1 & & \Delta^3 e_0 & \\
e_2 & & \Delta^2 e_1 & & \Delta^4 e_0 \\
 & \Delta e_2 & & \Delta^3 e_1 & \\
e_3 & & \Delta^2 e_2 & & \Delta^4 e_1 \\
 & \Delta e_3 & & \Delta^3 e_2 & \\
e_4 & & \Delta^2 e_3 & & \\
 & \Delta e_4 & & & \\
e_5 & & & &
\end{array} \right.$$

Considérons la suite e_{-4}, e_{-3}, e_{-2}, ... jusqu'à e_5, et supposons que le terme e_θ que nous cherchons soit placé entre e_0 et e_1.

Prenons les différences premières, secondes, ... etc., successives et supposons que les différences 5èmes soient nulles, ce qui a presque toujours lieu dans la pratique; supposons de plus que toutes les différences soient positives.

Pour obtenir le terme e_θ d'après la méthode d'interpolation de Newton, nous pouvons considérer la suite descendante e_0, e_1, e_2, ... e_5 ou la suite remontante e_1, e_0, e_{-1}, e_{-2}, ... etc. En considérant la suite descendante, nous avons obtenu la formule (δ).

Pour obtenir la formule qui convient à la suite remontante, il suffit de remplacer dans la relation (δ), θ, par $(t-\theta)$ et les différences successives Δe_0, $\Delta^2 e_0$, $\Delta^3 e_0$, ... par Δe_0, $\Delta^2 e_{-1}$, $\Delta^3 e_{-2}$ ....

Remarquons d'abord que, puisque nous avons supposé la suite croissante et les différences positives, que d'après la règle d'interpolation il faut retrancher un terme de celui qui le suit pour former les différences successives, quand on considère la suite remontante, les différences Δe_0, Δe_{-1}, Δe_{-2}, ... sont négatives, les différences $\Delta^2 e_{-1}$, $\Delta^2 e_{-2}$, $\Delta^2 e_{-3}$, ... sont positives, les différences $\Delta^3 e_{-2}$, $\Delta^3 e_{-3}$, ... sont négatives, et ainsi de suite: la formule que l'on obtient a donc la forme

$$(\delta')\ldots\ e_\theta = e_1 - \frac{\Delta e_0(t-\theta)}{t} + \frac{\Delta^2 e_{-1}(t-\theta)(t-\theta-t)}{2t^2} - \frac{\Delta^3 e_{-2}(t-\theta)(t-\theta-t)(t-\theta-2t)}{2.3.t^3}$$
$$+ \frac{\Delta^4 e_3(t-\theta)(t-\theta-t)(t-\theta-2t)(t-\theta-3t)}{2.3.4t^4}.$$

Il s'agit donc de faire voir que les deux formules (δ) et (δ') sont identiques, *quand on prend toutes les différences jusqu'à celle qui est nulle.*

Pour le démontrer, nous allons successivement supposer les différences 2e, 3e, 4e, ... nulles.

1° Si les différences secondes sont nulles, les deux formules donnent :

Formule (δ) $\quad e_\theta = e_0 + \dfrac{\Delta e_0 \theta}{t}$

Formule (δ') $\quad e_\theta = e_1 - \dfrac{\Delta e_0(t-\theta)}{t} = e_1 - \Delta e_0 + \dfrac{\Delta e_0 \theta}{t} = e_0 + \dfrac{\Delta e_0 \theta}{t}$,

Puisque $e_1 = e_0 + \Delta e_1$.

Ces deux formules sont identiques.

2° Si les différences troisièmes sont nulles, les deux formules deviennent :

Formule (δ) $\quad e_\theta = e_0 + \Delta e_0 \dfrac{\theta}{t} + \Delta^2 e_0 \dfrac{\theta(\theta-t)}{2t^2}$

Formule (δ') $\quad e_\theta = e_1 - \Delta e_0 \dfrac{(t-\theta)}{t} + \Delta^2 e_{-1} \dfrac{(t-\theta)(t-\theta-t)}{2t^2}$.

Nous venons de trouver que $e_1 - \Delta e_0 \dfrac{(t-\theta)}{t} = e_0 + \Delta e_0 \dfrac{\theta}{t}$; simplifiant et remarquant que puisque les différences troisièmes son nulles, $\Delta^2 e_{-1} = \Delta^2 e_0$, nous voyons que la seconde formule est identique avec la première.

3° Supposons enfin les différences quatrièmes nulles, les deu formules deviennent

$$\text{Form. } (\delta)\ e_\theta = e_0 + \Delta e_0 \frac{\theta}{t} + \Delta^2 e_0 \frac{\theta(\theta-t)}{2t^2} + \Delta^3 e_0 \frac{\theta(\theta-t)(\theta-2t)}{2.3t^3}$$

$$\text{Form. } (\delta')\ e_\theta = e_1 - \Delta e_0 \frac{(t-\theta)}{t} + \Delta^2 e_{-1} \frac{(t-\theta)(t-\theta-t)}{2t^2} - \Delta^3 e_{-2} \frac{(t-\theta)(t-\theta-t)(t-}{2.3.t^3}$$

Nous pouvons d'abord mettre la seconde formule sous la forme

$$(\delta'')\qquad e_\theta = e_0 + \Delta e_0 \frac{\theta}{t} + \frac{\Delta^2 e_{-1}\theta(\theta-t)}{2t^2} + \frac{\Delta^3 e_{-2}\theta(\theta-t)(\theta+t)}{2.3t^3}.$$

Mais nous remarquons que $\Delta^2 e_{-1} = \Delta^2 e_0 - \Delta^3 e_{-1}$, ou, comme les différences $4^{\text{èmes}}$ sont nulles,

$$\Delta^2 e_{-1} = \Delta^2 e_0 - \Delta^3 e_{-2},$$

la relation (δ'') devient alors, en substituant cette valeur à la place de $\Delta^2 e_{-1}$ et effectuant dans le troisième terme

$$e_\theta = e_0 + \Delta e_0 \frac{\theta}{t} + \Delta^2 e_0 \frac{\theta(\theta-t)}{2t^2} - \Delta^3 e_{-2} \frac{\theta(\theta-t)}{2t^2} + \Delta^3 e_{-2} \frac{\theta(\theta-t)(\theta+t)}{2.3.t^3},$$

ou réduisant au même dénominateur les deux termes qui contiennent $\Delta^3 e_{-2}$ et mettant ce terme en facteur commun

$$e_\theta = e_0 + \Delta e_0 \frac{\theta}{t} + \Delta^2 e_0 \frac{\theta(\theta-t)}{2t^2} + \Delta^3 e_{-2} \frac{\theta(\theta-t)(\theta-2t)}{2.3t^3},$$

comme $\Delta^3 e_{-2} = \Delta^3 e_0$ cette relation est identique avec la formule (δ).

En continuant ainsi, on démontrerait que les deux formules sont identiques *lorsque l'on prend toutes les différences jusqu'à celle qui est nulle.*

Usage de la formule.

43. Dans la recherche des éléments que l'on a à déterminer dans la connaissance des temps, il est rare que l'on ait besoin de considérer des différences au delà des différences troisièmes; c'est-à-dire que les différences quatrièmes sont généralement presque nulles.

La formule qui donne alors d'une manière suffisamment rigoureuse la valeur de l'élément e_θ est, en considérant les termes qui suivent e_0,

$$(\gamma)\qquad e_\theta = e_0 + \Delta e_0 \frac{\theta}{t} + \Delta^2 e_0 \frac{\theta(\theta-t)}{2t^2} + \Delta^3 e_0 \frac{\theta(\theta-t)(\theta-2t)}{2.3t^3}.$$

Si l'on ne prend que les trois premiers termes du second membre, c'est-à-dire si l'on s'arrête aux différences secondes, on commet alors une erreur égale à

$$E = \frac{\Delta^3 e_0 \theta(\theta-t)(\theta-2t)}{2.3.t^3}.$$

Si l'on avait considéré les termes qui précèdent e_0, la même valeur de l'élément e_θ eût été donnée par la formule

$$e_\theta = e_{-1} - \Delta e_0 \frac{(t-\theta)}{t} + \Delta^2 e_{-1} \frac{(t-\theta)(t-\theta-t)}{2.t^2} - \Delta^3 e_{-2} \frac{(t-\theta)(t-\theta-t)(t-\theta-2t)}{2.3.t^3},$$

c'est-à-dire en réduisant

$$(\gamma')\qquad e_\theta = e_0 + \Delta e_0 \frac{\theta}{e} + \Delta^2 e_{-1} \frac{\theta(\theta-t)}{2t^2} + \Delta^3 e_{-2} \frac{\theta(\theta-t)(\theta+t)}{2.3t^3}.$$

En faisant la somme des deux valeurs identiques de e_θ données par les formules (γ) et (γ') divisant par 2, et remarquant que $^3e_0 = \Delta^3 e_{-2}$ puisque les différences quatrièmes sont supposées nulles, nous aurons

$$(\eta)\quad e_\theta = e_0 + \Delta e_0 \frac{\theta}{t} + \frac{(\Delta^2 e_0 + \Delta^2 e_{-1})}{2} \cdot \frac{\theta(\theta-t)}{2.t^2} + \frac{\Delta^3 e_0 \theta(\theta-t)}{2.3.t^3} \cdot \frac{2\theta-t}{2}.$$

Cette relation donne identiquement la même valeur pour e_θ que les deux autres (γ) et (γ').

Si dans la formule (η) nous ne prenons que les trois premiers termes du second membre, c'est-à-dire si nous nous arrêtons aux différences secondes, nous commettrons une erreur

$$E' = \frac{\Delta^3 e_0 \theta(\theta-t)}{2.3.t^3} \cdot \frac{(2\theta-t)}{2} = K \cdot \frac{(2\theta-t)}{2};$$

mais quand nous ne prenions que les trois premiers termes de la formule (γ), nous commettions l'erreur

$$E = \Delta^3 e_0 \frac{\theta(\theta - t)}{2 \cdot 3t^3}(\theta - 2t) = K(\theta - 2t).$$

Or nous voyons que, en valeur absolue, E est plus grand que E'; donc *en prenant les trois premiers termes de la relation* (η) *nous aurons plus d'approximation qu'en prenant les trois premiers termes de la formule* (γ).

C'est pour cela que dans la pratique, lorsqu'on s'arrête aux différences secondes, pour calculer un élément pour une époque $T + \theta$, on considère les deux éléments qui précèdent l'époque $T + \theta$ et les deux qui suivent; on forme ainsi le tableau suivant :

			Diff. 1re	Diff. 2e
		e_{-1}		
			Δe_{-1}	
T.		e_0		$\Delta^2 e_{-1}$
$(T + \theta)$	e_θ		Δe_0	
		e_1		$\Delta^2 e_0$
			Δe_1	
		e_2		

La différence première qui doit entrer dans la formule est Δe_0.

La différence seconde devrait être $\Delta^2 e_0$; mais d'après ce que nous venons de faire voir, on prend la moyenne $\frac{\Delta^2 e_{-1} + \Delta^2 e_0}{2} = \Delta^2 e_m$ des deux différences secondes, et c'est cette quantité que l'on introduit dans la formule à la place de $\Delta^2 e_0$.

49. On peut se demander si l'on doit agir ainsi quand on considère des différences d'un ordre *supérieur* aux différences *secondes*, et si l'on n'obtient pas un élément cherché avec plus d'approximation quand, s'arrêtant aux différences *troisièmes*, on prend trois éléments avant et trois éléments après et pour différence troisième la *moyenne des trois différences troisièmes* auxquelles on parvient; de même si, lorsqu'on s'arrête aux différences quatrièmes, on doit prendre quatre éléments avant l'époque considérée et quatre éléments après, et pour différence quatrième la *moyenne* des quatre différences quatrièmes auxquelles on parvient, et ainsi de suite.

La démonstration suivante fait voir que l'on *peut agir ainsi pour les différences troisièmes, dans certains cas pour les différences quatrièmes; mais qu'on ne doit jamais le faire pour les différences d'un ordre supérieur au quatrième.*

Considérons le tableau (α) suivant, qui contient les différentes valeurs de l'élément e à des intervalles t, ainsi que les différences premières, secondes, troisièmes..... etc.

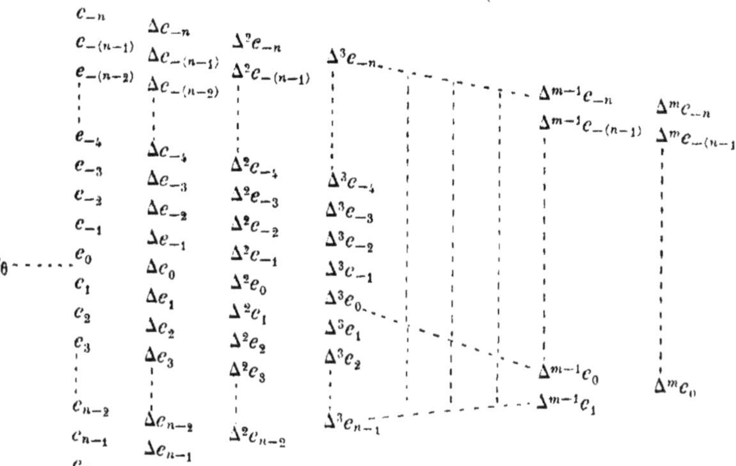

Supposons que les différences de l'ordre $(m+1)$ soient nulles, autrement dit que les différences de l'ordre m soient toutes égales entre elles.

La formule d'interpolation ordinaire qui donne l'élément e_θ est

$$(1) \quad e_\theta = e_0 + \Delta e_0 \frac{\theta}{t} + \Delta^2 e_0 \frac{\theta(\theta-t)}{2.t^2} + \Delta^3 e_0 \frac{\theta(\theta-t)(\theta-2t)}{2.3t^3} \ldots\ldots + \Delta^m e_0 \frac{\theta(\theta-t)(\theta-2t)\ldots\ldots[\theta-(m-1)t]}{2.3.4\ldots mt^m}.$$

Écrivons cette formule sous la forme

$$(2) \quad e_\theta = e_0 + \Delta e_0 A + \Delta^2 e_0 B + \Delta^3 e_0 C \ldots\ldots + \Delta^{m-2} e_0 F + \Delta^{m-1} e_0 G + \Delta^m e_0 H,$$

A, B, C, ... F, G et H représentant les coefficiens positifs et négatifs des différences successives.

En supposant, ainsi que nous venons de le dire, *que les différences de l'ordre* (m + 1) *sont nulles*, autrement dit, que les différences *de l'ordre* m *sont égales entre elles*, nous voyons que si dans la formule (2) nous nous arrêtons aux différences de l'ordre $(m-1)$, nous commettons une erreur.

$$(\beta) \quad E = \Delta^m e_0 H.$$

D'après le tableau (α), nous avons évidemment les relations :

$$(3)\quad \begin{cases} \Delta^{m-1}e_0 &= \Delta^{m-1}e_0 \\ \Delta^{m-1}e_1 &= \Delta^{m-1}e_0 - \Delta^m e_0 \\ \Delta^{m-1}e_2 &= \Delta^{m-1}e_0 - 2\Delta^m e_0 \\ \vdots & \quad\vdots \qquad\qquad \vdots \\ \Delta^{m-1}e_{-(m-2)} &= \Delta^{m-1}e_0 - (m-2)\Delta^m e_0. \end{cases}$$

$\Delta^{m-1}e_0$, $\Delta^{m-1}e_{-1}$,..... $\Delta^{m-1}e_{-(m-2)}$ sont les $(m-1)$ différences auxquelles on parvient quand, voulant s'arrêter aux différences de l'ordre $(m-1)$, on considère $(m-2)$ éléments avant l'instant considéré et $(m-2)$ éléments après.

Des relations (3) nous déduisons

$$\frac{[\Delta^{m-1}e_0+\Delta^{m-1}e_{-1}+\Delta^{m-1}e_{-2}+\ldots\,\Delta^{m-1}e_{-(m-2)}]}{m-1}=\Delta^{m-1}e_0-\Delta^m e_0\frac{[1+2+3+\ldots(\ldots}{m-1}$$

ou

$$(4)\quad \frac{[\Delta^{m-1}e_0+\Delta^{m-1}e_{-1}+\Delta^{m-1}e_{-2}+\ldots\,\Delta^{m-1}e_{-(m-2)}]}{m-1}=\Delta^{m-1}e_0-\Delta^m e_0\,\frac{(m-2)}{2}.$$

Nous pouvons de cette dernière relation tirer la valeur de $\Delta^{m-1}e_0$ et la transporter dans l'équation (2) ; il vient alors

$$(5)\quad e_\theta=e_0+\Delta e_0 A+\Delta^2 e_0 B\ldots+\Delta^{m-2}e_0 F+\frac{[\Delta^{m-1}e_0+\Delta^{m-1}e_{-1}+\Delta^{m-1}e_{-2}\ldots+\Delta^{m-1}e_{-(m\ldots}}{m-1}$$
$$+\,\Delta^m e_0\,\frac{(m-2)\,G}{2}+\Delta^m e_0\,H.$$

En calculant l'élément e_θ à l'aide de cette formule dans laquelle $\Delta^{m-1}e_0$ est remplacé par la moyenne des $(m-1)$ différences de l'ordre $(m-1)$, et en négligeant dans cette même formule les termes qui contiennent $\Delta^m e_0$, nous commettons l'erreur

$$E'=\Delta^m e_0\,\frac{(m-2)}{2}\,G+\Delta^m e_0 H.$$

Mais la formule (1) indique que $H=\dfrac{G\,[\,\theta-(m-1)\,t\,]}{mt}$; on en déduit

$$G=\frac{H.\,mt}{\theta-(m-1)t}\,;$$

on a donc, par substitution,

$$E'=H\Delta^m e_0\left(\frac{mt(m-2)}{2[\theta-(m-1)t]}+1\right),$$

ou d'après (B)

$$(\gamma) \qquad E' = E\left(\frac{mt(m-2)}{2[\theta-(m-1)t]}+1\right).$$

Cherchons les valeurs de m qui rendent $E' < E$.

Mettons cette relation (γ) sous la forme

$$E' = E\left(1 - \frac{mt(m-2)}{2[(m-1)t-\theta]}\right),$$

l'expression $\dfrac{mt(m-2)}{2[(m-2)t-\theta]}$ est toujours positive.

Pour que E' soit, *en valeur absolue*, plus petit que E, il faut évidemment que l'on ait

$$\frac{mt(m-2)}{2[(m-1)t-\theta]} < 2$$

ou

$$mt(m-2) < 4[(m-1)t-\theta].$$

d'où l'on déduit

$$(\mu) \qquad m^2-6m+4\left(1+\frac{\theta}{t}\right) < 0.$$

Décomposons le premier membre de cette expression en deux facteurs du 1er degré, et posons $1+\dfrac{\theta}{t} = \alpha$, l'inégalité devient

$$[m-(3+\sqrt{9-4\alpha})][m-(3-\sqrt{9-4\alpha})] < 0,$$

comme le terme $9-4\alpha$ est compris entre 5 et 1, $\sqrt{9-4\alpha}$ est compris entre 2,23 et 1.

Donc pour $m=3$, le terme $[m-(3-\sqrt{9-4\alpha})]$ est positif, et le terme $[m-(3+\sqrt{9-4\alpha})]$ négatif; l'inégalité est donc satisfaite.

Pour $m=4$, c'est-à-dire quand on s'arrête aux différences troisièmes $m-(3-\sqrt{9-4\alpha})$ est encore positif, et le terme $m-(3+\sqrt{9-4\alpha})$ négatif; l'inégalité est donc encore satisfaite. Mais pour $m=5$, c'est-à-dire quand on s'arrête aux *différences quatrièmes*, $m-(3+\sqrt{9-4\alpha})$ n'est positif que dans le cas où l'on a

$$\sqrt{9-4\alpha} > 2,$$

c'est-à-dire

$$9-4\alpha > 4,$$

ou $$\alpha < \frac{5}{4};$$

c'est-à-dire $$1 + \frac{\theta}{t} < \frac{5}{4},$$

d'où l'on déduit $$\theta < \frac{t}{4}.$$

Ainsi, pour les différences quatrièmes, on ne peut agir ainsi qu'on l'a fait pour les différences secondes que lorsque θ est plus petit que $\frac{t}{4}$.

Pour $m = 6$ et au-dessus, il est clair que les deux termes de l'*inégalité* (μ) *sont positifs*, et par suite qu'on ne doit pas agir ainsi qu'on l'a fait pour $m = 3$.

Remarquons bien que la démonstration que nous venons de donner exige que lorsqu'on prend la moyenne des différences 3es, les différences 4es soient égales entre elles ; que *dans le cas* où l'on prend la moyenne des différences 4es les différences 5es soient égales entre elles.

Pour les besoins de la navigation, il est *généralement* suffisant de s'arrêter aux différences secondes, même lorsque l'astre observé est la Lune ; nous allons donc simplement considérer les trois premiers termes de la formule d'interpolation modifiée ainsi que nous l'avons dit ; toutefois nous ferons voir que, dans certains cas, il peut être utile de pousser jusqu'aux différences troisièmes.

En remarquant que t est $>$ que θ, la formule relative aux différences secondes peut se mettre sous la forme

$$(\gamma') \qquad e_\theta = e_0 + \Delta e_0 \frac{\theta}{t} - \frac{(\Delta^2 e_0 + \Delta^2 e_{-1})}{2} \cdot \frac{\theta(t - \theta)}{2 . t^2}.$$

La formule (γ') se compose de trois termes :

1° De l'élément qui précède l'époque considérée ;

2° Du terme $\frac{\theta}{t}\Delta e_0$;

3° Du terme $\frac{(\Delta^2 e_0 + \Delta^2 e_{-1})}{2}\,\frac{\theta(t - \theta)}{2t^2}$.

Le terme $\frac{\theta}{t}\Delta e_0$ est la correction que l'on obtiendrait si l'on supposait les différences secondes nulles ; c'est-à-dire, c'est la correction qui convient à e_0 en admettant que l'élément varie proportionnellement au temps.

Ce premier terme peut se calculer par logarithmes ou par parties aliquotes.

Le troisième terme, qui est la correction propre aux différences secondes, peut se déterminer de trois manières :

1° Par les logarithmes ;

2° Par une double partie proportionnelle ;

3° Ou à l'aide d'une table.

50. *Tables tenant compte des différences secondes, troisièmes, etc.* — Les tables V, VI et VII de la *Connaissance des temps*, les tables XV, XVI et XVII de Callet donnent les corrections qui correspondent aux différences *secondes*, *troisièmes* et *quatrièmes*. La XLVe des tables de M. Caillet (1re édition) et la table XCV de Guépratte (3e édition), donnent la correction relative aux différences secondes seulement. Enfin, les XXXe et XXXIe de la 2e édition des tables de M. Caillet donnent les corrections relatives aux différences secondes et aux différences troisièmes.

Les arguments de ces différentes tables sont θ et $\Delta^2 e_m$, $\Delta^3 e_0$..... etc.

L'intervalle des tables est de 12 heures, par conséquent la correction relative aux différences secondes, par exemple, a été calculée dans le cas où l'on a

$$\frac{\theta(\theta - 12)\Delta^2 e_0}{2.12^2}.$$

Si l'intervalle est égal à $m \times 12$, la correction doit être

$$\frac{\theta(\theta - m \times 12)\Delta^2 e_0}{2.m^2 12^2} = \frac{\frac{\theta}{m}\left(\frac{\theta}{m} - 12\right)\Delta^2 e_0}{2.12^2}.$$

Pour se servir des mêmes tables, dans ce cas, il suffit d'y entrer avec $\frac{\theta}{m}$.

Ainsi, si l'intervalle est de 24 heures, on entrera avec $\frac{\theta}{2}$; si l'intervalle est de 3 heures on y entre avec 4θ.

Tous les éléments de la connaissance des temps qui concernent le soleil sont donnés pour le midi moyen de Paris, excepté l'équation du temps, qui est donnée pour le midi vrai de Paris sous le titre *Temps moyen au midi vrai de Paris.*

Exemple 1.

On demande le *temps moyen* au midi vrai, pour le 6 avril 1858 à $7^h 45^m$ du matin T. V., dans un lieu situé par 39° 24′ long. Est.

1° *Détermination de l'heure de Paris*, T. V.

Heure astronomique du lieu T. V., le 5 avril. .	=	19^h45^m
Longitude en temps.	=	$2^h37^m36^s$ —
Heure de Paris, T. V., le 5 avril.	=	$17^h07^m24^s$

Comme il n'y a pas lieu de considérer les différences secondes, nous ne prenons que le temps moyen au midi vrai qui précède l'époque considérée, quantité que nous trouvons à la page 16.

Temps moyen au midi vrai, le 5 avril à 0^h à Paris. . . .	=	$0^h2^m45^s,66$
Changement en 24^h ou différence première.	=	— $17^s,56$
en 12^h		$8^s,78$
6^h		$4^s,39$
1^h		$0^s,73$
6^m		$0^s,07$
1^m		$0^s,01$
Terme $\frac{\Delta e_0 \theta}{t}$ calculé.	=	$13^s,98$ —
d'où *temps moyen au midi vrai*, le 5 *avril à* $17^h7^m24^s$. .	=	$0^h2^m31^s,68$

Exemple 2.

On demande le *temps moyen* au midi vrai pour le 5 octobre 1858 à $4^h 25^m$ du soir, T. M., dans un lieu situé par 20° 45′ longitude Ouest.

1° *Détermination approchée de l'heure de Paris*, T. V.

Heure du lieu T. V. le 5 octobre.	=	4^h25^m
Longitude en temps.	=	1^h23^m
Heure de Paris T. M. le 5 octobre..	=	5^h48^m
Temps moyen au midi vrai pour le 5 à 0^h . .	=	$11^h48^m28^s$
Heure approchée de Paris, T. V. le 5.	=	$5^h36^m28^s$

2° *Pour cette heure, calcul du temps moyen au midi vrai.*

Temps moyen au midi vrai pour le 5 à 0^h. . =	$11^h48^m28^s$
Changement en 24^h	$-17^s,5$
en 4^h	$2^s,9$
en 1^h	$0^s,7$
en 36^m	$0^s,4$
Changement en 5^h36^m	$-4^s,0$

d'où temps moyen au midi vrai pour le 5 à 5^h36^m de Paris. . . . . = $11^h48^m24^s$

Exemple 3.

On demande la déclinaison du Soleil le 20 janvier 1858 à 4^h20^m du soir, T. M., dans un lieu dont la longitude est 72° 25^m Ouest.

1° *Détermination de l'heure de Paris*, T. M.

Heure du lieu T. M. le 20 janvier à	4^h20^m
Longitude en temps.	$4^h49^m40^s$
Heure T. M. de Paris, le 20 janvier. . . . . =	$9^h09^m40^s$

2° *Calcul, pour cette heure, de la déclinaison; prenons les différences secondes.*

			Différ. 1res.	Différ. 2es.
Déclin. du ⊙ le 19 janvier	=	20° 20′ 17″,1		
			—12′ 50″,1	
id. le 20	=	20° 7′ 27″,0		—22″,5
			—13′ 12″,6	
id. le 21	=	19° 54′ 14″,4		—22″,3
			—13′ 34″,9	
id. le 22	=	19° 40′ 39″,5		44″,8
				$\Delta e_m = -22''{,}4$

La formule est

$$e_0 = e_o + \frac{\Delta e_o \theta}{t} - \frac{\Delta^2 e_m \theta (t - \theta)}{2t^2}.$$

Dans ce cas $e_0 =$ 20° 7′ 27″,0. $\Delta e_0 = -13'\,12''{,}6$.

Calcul du terme $\frac{\Delta e_0 \theta}{t}$

En 24^h, la déclinaison varie de. . .	=	13′ 12″,6
En 8^h.	=	4′ 24″,2
En 1^h.	=	0′ 33″,0
Au lieu de 9^{m}40^s prenons pour 10^m	= —	0′ 5″,5
d'où $\frac{\Delta e_0 \theta}{t}$.	= —	5′ 02″,7

Calcul du terme $\frac{\Delta^2 e_m \theta (t - \theta)}{2t^2}$ table V de la connaissance des temps.

On entre avec $\frac{\theta}{2}$.

(Pour 20″) entrons avec 4^{h}35 et 20″,	nous trouvons . .	2″,36
(Pour les 2″) entrons avec 4^{h}35 et 20″,	*id.* . .	0″,24
(Pour les 0,4) entrons avec 4^{h}35 et 40″,	*id.* . .	0″,05
d'où $\frac{\Delta^2 e_m \theta (t - \theta)}{2t^2}$		2″,65

Et par suite, on a

$$e_0 = 20^\circ\ 7'\ 27''$$

$$\Delta e_0 \frac{\theta}{t} = -\quad 5'\ 2'',7$$

$$-\frac{\Delta^2 e_m \theta (t - \theta)}{2t^2} = +\quad 2'',65$$

d'où déclinaison cherchée. . . = — 20° 2′ 27″,05

Nous voyons que, dans ce cas, si nous n'avions pas eu égard aux différences secondes nous n'eussions commis qu'une erreur d'à peu près 3″.

51. Nous pouvons immédiatement faire voir que pour calculer les éléments de la connaissance des temps relatifs au *Soleil*, on peut, *dans tous les cas*, négliger les différences secondes.

En effet, le terme relatif aux différences secondes est

$$\Delta^2 e_m \frac{\theta (t - \theta)}{2t^2}.$$

Or, ce terme aura évidemment sa *valeur maximum*, quand $\Delta^2 e_m$ atteindra sa plus grande valeur, et quand $\theta = \frac{t}{2}$; c'est-à-dire que la quantité

$$\Delta^2 e_{,,,} \frac{\theta(t-\theta)}{2t^2}.$$

est toujours inférieure à $\frac{\Delta^2 e_{,,,}}{8}$.

Or, en ouvrant une *Connaissance des temps*, celle de 1858, par exemple, on trouve :

1° *Pour la déclinaison* — qu'au *solstice d'hiver*, époque à laquelle la *déclinaison du Soleil* doit varier le plus irrégulièrement, les différences secondes *ne dépassent pas* 28″,3 ; donc, en négligeant toujours, dans le calcul de la déclinaison du Soleil, le terme relatif aux différences secondes on ne commettra pas une erreur égale à $\frac{28'',3}{8}$; c'est-à-dire égale à 3″,5 environ, quantité toujours inférieure aux erreurs d'observations.

2° *Pour l'ascension droite.* L'ascension droite du Soleil qui varie le plus irrégulièrement vers le 10 février, le 14 mai, le 26 juillet et le 2 novembre, époques auxquelles le jour vrai diffère le moins, *actuellement*, du jour moyen, ne donne pas $0^s,9$ pour différence seconde maximum; donc, en négligeant toujours les différences secondes dans le calcul de l'ascension droite du Soleil, on ne commettra pas une erreur égale à $\frac{0^s,9}{8} = 0^s,11 = 1'',65$.

Il en est évidemment de même pour la *longitude du Soleil*, et, *à fortiori*, pour *sa parallaxe* et *son demi-diamètre.*

Ainsi, pour les éléments relatifs au Soleil on voit qu'il est complétement superflu de s'occuper des différences secondes.

Exemple 4.

On demande l'*ascension droite du Soleil* le 10 mars 1858 à $8^h\,20^m$ du matin T. V. dans un lieu dont la longitude est 59°24′ Est.

1° *Détermination de l'heure correspondante de Paris,* T. V.

Heure astronomique du lieu T. V., le 9 mars, à.		20^h20^m
Longitude en temps.	—	$3^h57^m36^s$
Heure T. V. de Paris, le 9 mars.		$16^h22^m24^s$

2° Détermination de l'heure correspondante de Paris, T. M.

Temps moyen au midi vrai, le 9 mars à 0^h de Paris. . . =	$0^h10^m44^s,71$
Changement en 24^h . . . . =	$-15^s,54$
en $16^h22^m24^s$ . . . . . =	$-10^s,58$
Temps moyen au midi vrai, le 9 mars à $16^h22^m24^s$ de Paris. . . . . =	$0^h10^m34^s,13$
Heure vraie de Paris, le 9. . . . . =	$16^h22^m24^s$
Heure T. M. correspondante de Paris, le 9. . . . . =	$16^h32^m58^s,13$

2° Calcul, pour cette heure, de l'ascension droite.

Ascension droite du Soleil le 9 mars à 0^h T. M. de Paris. . =	$23^h18^m15^s,42$
Changement en 24^h . . . . =	$+\ 3^m41^s,02$
en 12^h . . . . =	$1^m50^s,51$
en 3^h . . . . =	$27^s,63$
en 1^h . . . . =	$9^s,21$
en 30^m . . . . =	$4^s,60$
en 3^m . . . . =	$0^m,46$
Changement en 16^h22^m . . . . =	$2^m32^s,41$
Ascension droite du Soleil le 9 mars à $16^h22^m24^s$ de Paris. =	$23^h20^m47^s,83$

Dans la pratique, on prend le *Temps moyen au midi vrai* pour le midi de Paris qui précède l'instant considéré, et en ajoutant cet élément à l'heure de Paris T. V. on a l'heure de Paris T. M. suffisamment exacte pour calculer l'élément cherché.

Exemple 5.

On demande l'ascension droite du Soleil le 10 mars 1858 à 8^h20^m du matin T. V. dans un lieu dont la longitude est 59°24′ Est.

1° Détermination de l'heure correspondante de Paris, T. M.

Heure astronomique du lieu T. V., le 9 mars. . . . . =	20^h20^m
Longitude en temps. =	$3^h57^m36^s$
Heure T. V. de Paris, le 9 mars. . . . . =	$16^h22^m24^s$
Temps moyen au midi vrai, le 9 mars à 0^h de Paris. . . . . =	10^m44^s
Heure T. M. de Paris, le 9 mars. . . . . =	$16^h33^m08^s$

2° *Calcul de l'ascension droite pour cette heure.*

Ascension droite du Soleil le 9 mars à 0^h T. M. de Paris. .	=	$23^h18^m15^s,42$
Changement en 24^h	= +	$3^m41^s,02$
en 12^h	=	$1^m50^s,51$
en 3^h	=	$0^m27^s,63$
en 1^h	=	$0\ 09^s,21$
en 30^m	=	$0\ 04^s,60$
en 3^m	=	$0\ 00^s,46$
Changement en 16^h33^m	=	$2^m32^s,41$
d'où ascension droite du Soleil le 9 mars à 16^h33 de Paris, T. M.	=	$23^h20^m47^s,83$

52. Pour la détermination de la *parallaxe horizontale du Soleil* et de son *demi-diamètre* pour une heure moyenne de Paris, on prend *à vue* et *sans calcul* ces deux éléments, (qui varient infiniment peu), pour l'époque de Paris donnée dans la *Connaissance des temps* qui approche le plus de celle considérée.

Exemple 6.

On demande la *parallaxe horizontale* et le *demi-diamètre du Soleil* le 21 mars 1858 à $7^h 55^m$ du matin T. M. à Rio-Janeiro.

1° *Détermination de l'heure de Paris* T. M.

Heure astro T. M. du lieu le 20 mars à		19^h55^m
Longitude de Rio-Janeiro en temps	=	3^h02^m +
Heure T. M. de Paris le 20 mars	=	22^h57^m

L'époque de Paris pour laquelle on donne, dans la *Connaissance des temps*, les deux éléments cherchés, époque qui approche le plus de celle considérée, est évidemment le 21 mars à 0^h. On a pour cette époque et par suite pour l'instant considéré :

Parallaxe horizontale demandée.	$8'',6$
Demi-diamètre.	$16',04''$.

Exemple 7.

On demande la *déclinaison de Vénus*, le 18 avril 1858 à $9^h 20^m$ du soir T. M. dans un lieu situé par 34° 20′ long. O^t.

1° *Détermination de l'heure de Paris* T. M.

Heure astro du lieu T. M. le 18 avril.	=	$9^h 20^m$
Longitude en temps.	=	$2^h 17^m 20$ +
Heure de Paris T. M. le 18 avril.	=	$11^h 37^m 20^s$

Dans la *Connaissance des temps*, page 99, on trouve :

	Déclinaison de ♀ le 18.	=	14° 33′	B
	id. le 24.	=	16° 59′	B
	Variation en 6 jours.	=	2° 26′	
	Changement en $11^h 37^m 20^s$.	= +	0° 11′ 46″	
	Déclinaison de ♀ le 18.	=	14° 33′	
d'où	Déclinaison de ♀ le 18 avril à $11^h 37^m 20^s$ de Paris	=	14° 44′ 46″	B

Exemple 8.

53. Si les éléments de la connaissance des temps relatifs aux planètes étaient donnés d'une manière exacte, il pourrait être nécessaire d'employer les différences secondes pour calculer avec exactitude la déclinaison d'une planète telle que *Vénus*, par exemple. Cherchons, en effet, la *déclinaison de* Vénus *pour le* 15 *janvier* 1858 *à* $4^h 20^m$ *du soir T. M. de Paris.*

Nous trouvons dans la *Connaissance des temps*, page 99, et en supposant les éléments exacts :

Déclin. de ♀ le 6 janv. à 0^h	= 23° 26′		
		— 9′	
Déclin. de ♀ le 12 janv. à 0^h	= 23° 17′		— 26′
		— 35′	
le 18	= 22° 42′		— 25′
		— 60′	
le 24	= 21° 42′		$\Delta^2 c_m$ = 25′ 30″

Nous savons que le terme relatif aux différences secondes peut atteindre le $\frac{1}{8}$ de ces différences ; ainsi, dans ce cas, suivant la valeur de θ, l'erreur commise en négligeant les différences secondes peut aller jusqu'à 3′11″,25.

La formule d'interpolation est

$$e_\theta = e_0 + \frac{\Delta e_0 \theta}{t} - \frac{\Delta^2 e_m \theta(t-\theta)}{2.t^2}$$

On a, dans le cas qui nous occupe,

$e_0 = 23°17'$ $\Delta e_0 = -35'00''$ $\Delta^2 e_m = 25'30''$ $t = 6^j \times 24$ $\theta = 3^j + 4^h 20^m$

1° *Calcul du terme* $\dfrac{\Delta e_0 \theta}{t}$.

Variation en 6^j ou Δe_0.	=	— 35′ 00″
Variation en 1^j ou 24^h.	=	5′ 50″
en 3^j	=	17′ 30″
en 4^h		0′ 58″,3
en 20^m . . .		0′ 4″,8
d'où $\Delta e_0 \dfrac{\theta}{t}$	=	— 18′ 33″,1

2° *Calcul du terme* $\Delta^2 e_m \dfrac{\theta(t-\theta)}{2t^2}$ (au moyen de la table V de la *Connaissance des temps*).

Entrons dans cette table

avec $\dfrac{\theta}{12} = \dfrac{76^h 20^m}{12} = 6^h 21^m 40^s$,

pour $6^h 22^m$ et 25′ on trouve.	=	3′ 6″,8
id. et 30″ id.	=	3″,7
d'où $-\dfrac{\Delta^2 e_m \theta(t-\theta)}{2t^2}$.	= +	3′ 10″,5
$\dfrac{\Delta e_0 \theta}{t}$.	= —	18′ 33″,1
e_0	=	23° 17′
d'où e_θ	=	23° 1′ 37″,4

On voit que si, dans ce cas, nous n'avions pas eu égard aux différences 2èmes nous eussions commis une erreur égale à 3′10″,5 (quantité très-appréciable).

54. Pour le calcul des *éléments lunaires*, il est généralement né-

cessaire d'employer les différences secondes, et cela d'autant plus que θ approche de 6 heures.

Exemple 9.

On demande la déclinaison de la Lune, le 18 avril 1858, à 6h 30m du matin. T. M., dans un lieu dont la longitude est 76° 24' Ouest.

1° *Détermination de l'heure correspondante de Paris.*

Heure du lieu, T. M., le 17 avril, à.	18h 30m
Longitude en temps.	5h 05m 36s
Heure de Paris, T. M., le 17 avril, à.	23h 35m 36s

2° *Calcul de la déclinaison pour cette heure.*

La *Connaissance du temps*, page 59, donne :

	Différ. 1re.		Différ. 2e.
Déclin. de ☾ le 17 à 12h = 28°23'56",2	+ 0°35' 3",3	—	29'58"8
	+ 0° 5' 4",5	—	29'28"8
	— 0°24'24",3		
			$\Delta^2 e_m$ = — 29'43",8

Nous voyons que dans ce cas, selon la valeur de θ, la correction relative aux différences secondes peut aller jusqu'à 3' 34",6.

On a

$$e_0 = 28°\ 23'\ 56'',2\ , \quad \Delta e_0 = +0°5'4'',5\ , \quad \Delta^2 e_m = -\ 29'43'',8.$$

Calcul du terme $\dfrac{\Delta e_0 \theta}{t}$.

θ = 11h 35m 36s.	en 12h, la déclinaison varie de . . .	5' 4",5
	en 6h	2' 32",2
	en 3h	1' 16",1
	en 2h	0' 50",7
	en 30m	0' 12",6
	en 5m	0' 2",1
d'où	$\dfrac{\Delta e_0 \theta}{t}$ . . . . = +	4' 53",7

Calcul du terme $\frac{\Delta^2 e_m \theta(t-\theta)}{2t^2}$ (Table V de la *Connaissance des temps*).

On entre avec $\theta = 11^h 35^m$

Pour 29′ et 11ʰ35.	29″,10
Pour 40″ et 11ʰ35.	0″,67
Pour 3″ et 11ʰ35.	0″,05
$-\frac{\Delta^2 e^m \theta(t-\theta)}{2t^2}$ . . . . = +	29″,82
$\frac{\Delta e_0 \theta}{t}$ . . . . = +	4′ 53″,7
e_0 . . . . =	28° 23′ 56″,2
D'où déclinaison cherchée. . . . . =	28° 29′ 19″,72

On peut quelquefois être obligé d'employer les *différences troisièmes*, si l'on veut calculer avec exactitude un *élément lunaire*.

Exemple 10.

On demande l'ascension droite de la Lune, le 14 mai 1858, à 5ʰ 37ᵐ du soir, temps moyen de Paris.

A la seule inspection de la *Connaissance des temps*, page 61, on voit qu'à cette époque les différences secondes sont très-inégales; il est donc utile d'employer les *différences troisièmes*.

	Diff. 1ʳᵉ.	Diff. 2ᵉ.	Diff. 3ᵉ.
	+ 8° 1′52″,8		
		+ 14′25″,1	
	+ 8°16′17″,9		
		+ 10′ 9″,4	— 4′15″,7
Æ de ☾ le 14 mai à 0ʰ = 67°27′50″	+ 8°26′27″,3		— 5′29″,2
		+ 4′40″,2	— 6′08″,0
	+ 8°31′ 7″,5		
		— 1′27″,8	
	+ 8°29′39″,7		
			— 15′52″,9
		$\Delta^3 e_m$ =	— 5′17″,6

La formule d'interpolation est

$$e_\theta = e_0 + \frac{\Delta e_0 \theta}{t} - \Delta^2 e_0 \frac{\theta(t-\theta)}{2t^2} + \Delta^3 e_m \frac{\theta(t-\theta)(2t-\theta)}{2 \cdot 3 \cdot t^3}.$$

Dans ce cas, on a

$$\theta = 5^h\,37^m, \quad e_0 = 67°\,27'\,50'', \quad \Delta e_0 = +8°26'27'',3,$$
$$\Delta^2 e_0 = +4'\,40'',2, \quad \Delta^3 e_m = -5'\,17'',6.$$

Le calcul du terme $\frac{\Delta e_0 \theta}{t}$ par parties aliquotes donne + $3^\circ 57' 02'',$

Le calcul du terme $\frac{\Delta^2 e_0 \theta (t - \theta)}{2t^2}$, au moyen de la table V de la *Connaissance des temps*, donne. . . . . $35'',$

Le calcul du terme $\frac{\Delta^3 e_{m_1} \theta (t - \theta)(2t - \theta)}{2 \,.\, 3 \,.\, t^3}$, au moyen de la table VI de la *Connaissance des temps*, donne. . . . . $20'',1$

On a donc enfin,

$$e_0 = 67^\circ 27' 50''$$

$$\frac{\Delta e_0 \theta}{t} = + \quad 3^\circ 57' \ 3''$$

$$-\frac{\Delta^2 e_0 \theta (t - \theta)}{2t^2} = - \quad 35''$$

$$\frac{\Delta^3 e_{m_1} \theta (t - \theta)(2t - \theta)}{2 \,.\, 3 \,.\, t^3} = - \quad 20'',1$$

d'où Ascension droite cherchée $= 71^\circ 23' 57'',9.$

On voit qu'en n'employant pas les différences troisièmes on ferait une erreur de 20″,1.

55. Pour la détermination de la ***parallaxe horizontale équatoriale de la Lune***, ainsi que pour son ***demi-diamètre horizontal***, il n'est besoin que d'employer les différences premières.

Exemple 11.

On demande la ***parallaxe horizontale équatoriale de la Lune***, le 12 février 1858 à $10^h\,45^m$ du soir, temps moyen de Paris.

On trouve dans la *Connaissance des temps*, page 48,

Parallaxe ☾ le 12 février à 0^h de Paris	=	55′ 45″,0
le 12 février à 12^h.	=	56′ 1″,4
Changement en 12^h ou Δe_0.	= +	16″,4
Changement en $10^h 45$ ou valeur de $\frac{\Delta e_0 \theta}{t}$	= +	14″,5
Parallaxe de ☾ le 12 à 0^h.	=	55′ 45″
d'où parallaxe cherchée.	=	55′ 59″,5

Exemple 12.

On demande le ***demi-diamètre horizontal de la Lune***, le 14 mars 1858, à $9^h 30^m$ du matin, T. M., dans un lieu dont la longitude est 18° 29′ Ouest.

1° *Calcul de l'heure correspondante* T. M. *de Paris*.

Heure du lieu T. M. le 13 mars.	=	$21^h 30^m$
Longitude en temps.	=	$1^h 13^m 56^s$
Heure de Paris T. M. le 13 mars.	=	$22^h 43^m 56^s$

On trouve dans la *Connaissance des temps*, page 53 :

Demi-diamètre de ☾ le 13 mars à 12^h.	=	15′ 36″
le 14 mars à 0^h.	=	15′ 41″,6
Changement en 12^h ou Δe_0.	= +	5″,6
Changement en $10^h 44^m$ ou $\frac{\Delta e_0 \theta}{t}$	= +	5″,0
Demi-diamètre de ☾ le 13 mars à 12^h.	=	15′36″,0
d'où *Demi-diamètre cherché*.	=	15′41″,0

EXEMPLES DE CALCULS A EFFECTUER.

Exemple 1. On demande la ***déclinaison du Soleil***, le 11 mai 1858, à $7^h 1^m 24^s,7$, T. M., d'un lieu situé par 41° 17′ 20″ latitude Sud, et 121° 22′ 30″ longitude Est.

Éléments de la Connaissance des temps.	Déclinaison du ☉ le 10	= 17° 37′ 5″,5	Nord.
	id. le 11	= 17° 52′ 40″	Nord.
Résultat. —	Déclinaison demandée	= 17° 44′ 10″,1	Nord.

Exemple 2. On demande la ***déclinaison de la Lune***, le 13 novembre 1858, dans un lieu situé par 111° 20′ de longitude Est, quand il est $5^h 46^m 24^s$, T. M., dans ce lieu.

Éléments de la Connaissance des temps.	Déclin. ☾ de le 12 à 0^h	= 21° 33′ 19″,3	Sud.
	id. le 12 à 12^h	= 19° 33′ 27″,7	
	id. le 13 à 0^h	= 17° 21′ 10″,4	
	id. le 13 à 12^h	= 14° 57′ 35″,5	
Résultat. —	Déclinaison demandée	= 17° 39′ 21″,5	Sud.

Exemple 3. On demande l'*ascension droite de la Lune*, le 15 juin 1858, quand il est 9ʰ 10ᵐ 49ˢ dans un lieu situé par 35° 29′ longitude Est.

Éléments de la Connaissance des temps.	Æ ☾ le 14 juin à 12ʰ	= 134° 14′ 8″,4
	id. le 15 juin à 0ʰ	= 141° 16′ 12″,5
	id. le 15 juin à 12ʰ	= 147° 59′ 24″,9
	id. le 16 juin à 0ʰ	= 154° 25′ 46″,9

Résultat. — Ascension droite demandée = 145° 7′ 22″,43

Exemple 4. On demande la *déclinaison du Soleil*, le 11 novembre 1858, à 9ʰ 20ᵐ du matin, T. M. d'un lieu situé par 61° 19′ longitude Ouest.

Éléments de la Connaissance des temps.	Déclin. du ☉ le 11 nov. 0ʰ	= 17° 26′ 26″,7 A.
	id. le 12 nov. 0ʰ	= 17° 42′ 53″

Résultat. — Déclinaison demandée = 17° 27′ 25″,1 A.

Exemple 5. On demande l'*ascension droite de la Lune*, le 25 avril 1858, à 5ʰ 48ᵐ 32ˢ, T. M. de Paris.

Éléments de la Connaissance des temps.	Æ de ☾ le 24 à 12ʰ	= 178° 11′ 39″,8
	id. le 25 à 0ʰ	= 183° 48′ 7″,7
	id. le 25 à 12ʰ	= 189° 24′ 4″,0
	id. le 26 à 0ʰ	= 195° 1′ 18″,6

Résultat. — Ascension droite demandée. . = 186° 30ᵐ 42ˢ,078

Exemple 6. Le 16 septembre 1858, on demande la *parallaxe horizontale de la Lune*, dans un lieu situé par 18° 27′ latitude Sud et 52° 12′ 25″,2 de longitude Ouest, quand il est 4ʰ 48ᵐ 52ˢ,9 dans le lieu.

Éléments de la Connaissance des temps.	Parallaxe horiz. équat. le 16 à 0ʰ	= 54′ 14″,7
	id. *id.* le 16 à 12ʰ	= 54′ 18″,3

Résultat. — Parallaxe horizontale demandée. . = 54′ 16″

Exemple 7. Le 16 août 1858, étant par 58° 37′ 42″ de longitude Est, on demande la *déclinaison de la Lune*, quand il est 9ʰ 46ᵐ 44ˢ. T. M., dans ce lieu.

Éléments de la Connaissance des temps.	Déclin de ☾	le 15 à 12^h	$= 21°\ 41'\ 19'',6$	Sud.
	id.	le 16 à 0^h	$= 23°\ 31'\ 40'',7$	
	id.	le 16 à 12^h	$= 25°\ 5'\ 53'',3$	
	id.	le 17 à 0^h	$= 26°\ 22'\ 54'',2$	

Résultat. — Déclinaison demandée. . . $= 24°\ 18'\ 12''$ Sud.

Problème inverse.

56. Si l'élément e_θ est donné, et si l'on cherche θ, il faut dans la formule (η'), considérer θ comme l'inconnue; mais en s'arrêtant aux différences secondes, on a déjà une équation du deuxième degré : alors on déduit de (η') la relation

$$\theta = \frac{(e_\theta - e_0)t}{\Delta e_0} + \frac{\theta(t-\theta)}{2t^2}\,\Delta^2 e_m \times \frac{t}{\Delta e_0}.$$

Nous représentons

$$\left(\frac{\Delta^2 e_0 + \Delta^2 e_{-1}}{2}\right) \text{ par } \Delta^2 e_m.$$

Le premier terme du deuxième membre est l'heure θ calculée par la méthode des parties proportionnelles; en l'appelant θ', on aura d'une manière approchée

$$\theta = \theta' + \frac{\theta'(t-\theta')}{2t^2}\,\Delta^2 e_m \times \frac{t}{\Delta e_0}.$$

Lorsque $t = 12$, on déterminera, par les tables citées plus haut, la partie

$$\frac{\theta'(t-\theta')}{2t^2}\,\Delta^2 e_m = \mathrm{K}.$$

Puis on calculera $\dfrac{\mathrm{K}\times t}{\Delta e_0}$.

Lorsque $t = m \times 12$, la correction devient

$$\frac{\dfrac{\theta'}{m}\left(12 - \dfrac{\theta'}{m}\right)}{2.12^2} \times \frac{t}{\Delta e_0}.$$

On entrera dans la table des différences secondes avec $\dfrac{\theta}{m}$.

Les formules que nous venons de donner sont générales et s'appliquent à presque tous les éléments à déterminer. Dans ce problème inverse nous ne donnerons comme exemple que le cas qui se présente en Navigation.

Exemple.

Le 10 avril 1858, la distance vraie du Soleil à la Lune a été trouvée de 39°43′56″; on demande l'heure de Paris T. M. correspondante.

Prenons, dans la *Connaissance des temps*, les deux distances qui précèdent, ainsi que les deux distances qui suivent la distance considérée; écrivons les heures correspondantes, on a

Le 10 à 6ʰ ... 41° 45′ 1″			
9 ... 40° 12′ 32″	— 1° 32′ 29″		
12 ... 38° 39′ 41″	— 1° 32′ 51″	—	22″
15 ... 37° 6′ 28″	— 1° 33′ 13″	—	22″
		$\Delta' e_m$ = moyenne	22″

Calcul du terme $\dfrac{(e_\theta - e_0)t}{\Delta e_0}$.

$e_\theta - e_0 = -$ 28′ 36″ log = 3,234517

$t =$ $3^h = 180^m$ log = 2,255272

$\Delta e_0 = -$ 1° 32′ 51″ cᵗ log = 6.254067

1,743856.

$$\frac{(e_\theta - e_0)t}{\Delta e_0} = 55^m,44 = 55^m\,26^s,4,$$

$$\theta' = 55^m\,26^s,4.$$

Calcul du terme $K = \dfrac{\theta'(t-\theta')\,\Delta^2 m}{2t^2}$ au moyen de la table V de la *Connaissance des temps;* comme l'intervalle est de 3 heures, nous entrons avec $4 \times (55^m 26^s,4) = 3^h 41^m 45^s,6$.

Pour $3^h\,42^m$ et 20″ = 2″,13
id. et 2″ = 0″,21

K = 2″,34 log = 0,369216
$3^h = 180^m$ log = 2,255272
cᵗ log Δe_0 = 6,254067

$$\log \frac{K \times t}{\Delta e_0} = \bar{2},878555.$$

d'où
$$\frac{K \times t}{\Delta e_0} = 0{,}075 = 0^s{,}45.$$

Donc l'époque demandée est le 10 avril, à 9h55m25s95.

Énoncés de calculs à effectuer.

EXEMPLE 1. *Trouver l'heure de Paris T. M. à laquelle, le* 28 juillet 1858, *la distance vraie de la Lune à Jupiter est de* 95°14'36" (tenir compte des différences secondes).

Éléments de la Connaissance des temps.	le 28 à 6h, T. M. de Paris, dist. *Lune à Jup.*	= 97° 33' 30"
	id. à 9h, *id.* *id.*	= 96° 1' 7"
	id. à 12h, *id.* *id.*	= 94° 28' 34"
	id. à 15h, *id.* *id.*	= 92° 55' 49"

Résultat. — Heure demandée = 10h 30m 30s,95.

EXEMPLE 2. Le 4 mars 1858, *au moment où la distance vraie de la Lune à Saturne est de* 111°20'48", *on veut calculer l'heure correspondante de Paris en tenant compte des différences secondes.*

Éléments de la Connaissance des temps.	le 4 à 6h, T.M. de Paris. dist. *Lune à Satne.*	= 109° 4' 27"
	id. à 9h, *id.* *id.*	= 110° 35' 27"
	id. à 12h, *id.* *id.*	= 112° 6' 14"
	id. à 15h, *id.* *id.*	= 113° 36' 49"

Résultat. — Heure demandée = 10h 29m 51s,87.

EXEMPLE 3. Le 18 juin 1858, *au moment où la distance vraie de la Lune au Soleil est de* 94°56'37",6, *on veut calculer l'heure correspondante de Paris T.M.* (avoir égard aux différences secondes).

Éléments de la Connaissance des temps	le 18 à 3h, T. M. de Paris, dist. ☉ ☾	= 93° 16' 58"
	id. à 6h, *id.* *id.*	= 94° 45' 52"
	id. à 9h, *id.* *id.*	= 96° 14' 26"
	id. à 12h, *id.* *id.*	= 97° 42' 40"

Résultat. — Heure demandée = 6h 21m 52s,1.

QUESTIONS RÉSOLUES A L'AIDE DE LA CONNAISSANCE DES TEMPS.

57. Nous verrons plus loin l'utilité de certaines questions que l'on

résout à l'aide de la *Connaissance des temps;* considérons ces différents problèmes.

1° *Connaissant l'heure vraie d'un lieu, trouver l'heure moyenne correspondante.*

En appelant H_m et H_v deux heures moyennes et vraies simultanées, E l'équation du temps à l'instant considéré, nous avons trouvé, en Astronomie, page 180, la relation

$$E = H_m - H_v,$$

d'où

$$H_m = H_v + E.$$

Or, nous avons dit que l'équation du temps est donnée dans la *Connaissance des temps* sous le titre

Temps moyen à midi vrai.

Donc, elle donne l'équation du temps quand cette quantité est positive, et son supplément à 12 heures quant cette quantité est négative.

Par suite, pour passer de l'heure vraie à l'heure moyenne, *on ajoutera à l'heure vraie le temps moyen au midi vrai*, calculé par les formules citées plus haut, en s'arrêtant toutefois aux différences premières, et l'on retranchera 12 heures de la somme, lorsque le temps moyen au midi vrai sera plus grand que 11 heures.

Exemple.

Il est le 9 mai 1858, à 9^h30^m T. V. du matin, dans un lieu dont la longitude est 24°54′ Est; on demande *l'heure moyenne correspondante.*

Calcul du T. M. au midi vrai pour l'instant considéré.

1° — *Détermination de l'heure de Paris, T. V., correspondante.*

Heure du lieu, T. V., le 8 mai à.		$21^h 30^m$.
Longitude en temps.	=	$1^h 39^m 36^s$.
Heure de Paris, T. V.	=	$19^h 50^m 24^s$.

Calcul du T. M. au midi vrai pour cette heure;

T. M. au midi vrai à 0^h de Paris, le 8. . . .	=	$11^h\ 56^m\ 16^s,88$.
Variation en 24^h.		$-\ 3\ ,38$.
en 12^h..		$1\ ,69$.
en 6^h.		$0\ ,84$.
en 1^h.		$0\ ,14$.
en 30^m.		$0\ ,07$.
en 20^m.		$0\ ,05$.
Variation en $19^h\ 50^m\ 24^s$.	=	$-\ 2^s,79$.
T. M. au midi vrai le 8 mai à $19^h\ 50^m\ 24^s$ de Paris	=	$11^h\ 56^m\ 14^s,09$.
Heure du lieu, T. V., ...	=	$21^h\ 30^m$.
Somme.		$33^h\ 26^m\ 14^s,09$.
—		12
Heure du lieu, T. M., le 8 mai à.		$21^h\ 26^m\ 14^s,09$.

58. *Réciproque.* — Pour passer de l'heure moyenne à l'heure vraie, on sera forcé d'entrer dans la *Connaissance des temps* avec *l'heure moyenne considérée comme heure vraie;* on retranchera de *l'heure moyenne l'élément* ainsi calculé, en ayant soin d'ajouter 12 heures lorsque cet élément dépasse 11 heures; on aura ainsi l'heure vraie approchée.

Pour plus d'exactitude, on peut recommencer le calcul de l'élément avec cette heure vraie approchée.

La *Connaissance des temps* donne table X, la correction que l'on doit faire subir à l'équation du temps pour la rapporter au midi moyen de Paris.

Une fois *cette correction faite*, on peut calculer l'élément du temps pour l'heure H_m *immédiatement.*

Exemple.

Il est le 8 mai à $21^h\ 26^m\ 14^s,09$ T M dans un lieu dont la longitude est $24°54'$ Est; on demande l'heure vraie correspondante.

Calcul du T M au midi moyen pour l'instant considéré.

1° *Détermination de l'heure de Paris*, T. M. *correspondante.*

Heure du lieu T. M., le 8 mai à.		21ʰ26ᵐ14ˢ,09
Longitude en temps.	=	1 39 36
Heure de Paris, T. M.	=	19 46 38,09
T. M. au midi vrai à 0ʰ de Paris, le 8.	=	11 56 16,88
Quantité déterminée, table X.	=	—,01
T. M. au midi moyen à 0ʰ de Paris, le 8.	=	11 56 16,87
Variation en 24ʰ.	—	3,38
en 12ʰ.		1,69
en 6ʰ.		0,845
en 1ʰ.		0,140
en 30ᵐ.		0,070
en 15ᵐ.		0,035
en 1ᵐ.		0,002
en 30ˢ.		0,001
Variation en 19ʰ 46ᵐ 38ˢ.		2,783
T. M. au midi moyen le 8 mai à 19ʰ46ᵐ38ˢ.	=	11ʰ56ᵐ14ˢ,09
Heure du lieu, T. M., le 8 mai..		21 26 14,09
Différence.		9 30
	+	12ʰ
Heure du lieu T. V., le 8 mai à..		21ʰ 30ᵐ

Remarque. — C'est cet élément du temps rapporté au midi moyen de Paris, qui ajouté à l'ascension droite moyenne du Soleil, c'est-à-dire au *temps sidéral*, donne l'ascension droite vraie.

59. 2° Connaissant l'heure solaire vraie ou moyenne, trouver l'heure sidérale :

Nous avons vu en Astronomie, page 187, comment connaissant l'heure moyenne on pouvait avoir l'heure sidérale. Si connaissant l'heure vraie on veut avoir l'heure sidérale, on commencera par passer de *l'heure vraie à l'heure moyenne*, ainsi que nous venons de le faire; puis, on n'aura plus qu'à résoudre la *question traitée en Astronomie.*

60. *Réciproque.* — Connaissant l'heure sidérale, trouver l'heure vraie ou moyenne.

De l'heure sidérale on passera à l'heure moyenne (Astro, page 186) et de cette heure moyenne à l'heure vraie, si c'est cette dernière *que l'on cherche.*

61. 5° CONNAISSANT L'HEURE SOLAIRE VRAIE OU MOYENNE D'UN LIEU, DÉTERMINER L'ANGLE HORAIRE ASTRONOMIQUE CORRESPONDANT D'UN ASTRE.

Si l'heure *vraie* est donnée, nous pouvons la ramener en *heure moyenne* et par suite, ne considérer que ce dernier cas.

Nous avons trouvé en Astronomie (page 87) la relation

$$(a) \qquad h_s = h_a \ast + Æ \ast.$$

En représentant par h_s l'heure sidérale.

De cette relation on déduit

$$h_a \ast = h_s - Æ \ast.$$

De l'heure moyenne, on déduira, ainsi que nous l'avons expliqué dans le cours d'Astronomie page 187, l'heure sidérale de laquelle on *retranchera l'ascension droite de l'astre*, calculée pour l'heure h_m et l'on aura h_a, que l'on réduira en degrés.

Exemple 1.

On demande *l'angle horaire astronomique de Sirius* le 15 avril 1858 à $8^h 50^m$ du soir TM dans un lieu dont la longitude est 19° 24′ ouest.

Calcul de l'heure sidérale h_s.

T. S. au midi moyen de Paris, le 15 avril.		$1^h 33^m 23^s,08$
Correction pour la longitude table IX.	Pour 1^h	9,856
	Pour 17^m	2,793
	Pour 36^s	0,099
T. S. au midi moyen du lieu, le 15 avril.		$1^h 33^m 35,828$

Conversion de l'heure moyenne en T. S.

Heure moyenne du lieu.		$8^h 50^m$
Correction table IX.	Pour 8^h	$1^m 18^s,852$
	Pour 50^m	8,214
Heure moyenne convertie en intervalle sidéral. =		$8^h 51^m 27^s,066$
T. S. au midi moyen du lieu. . . . . =		1 33 35,828
Somme = h_s = heure sidérale cherchée. . . . =		$10^h 25^m 02^s,894$

Calcul de l'ascension droite de Sirius.

Heure moyenne du lieu, le 15.	8h 50m
Longitude en temps.	1h 17m 36s
Heure moyenne de Paris, le 15.	10h 07m 36s

Calcul pour cette heure.

Ascension droite de Sirius le 10 avril.	6h 38m 54s,09
Variation en 10 jours.	0,16
en 5 jours.	0,08
en 8 heures.	0,005
en 2 heures.	0,001
Variation en 5 jours et 10 heures. . =	0,086
Ascension droite de Sirius le 15 avril à 10h. . . =	6h 38m 54s,004
Heure sidérale h_s. . . . . =	10 25 02s,894
d'où Angle horaire demandé. . . . . =	3h 46m 08s,890
en degrés. . . . . . =	56° 32′ 13″,3

L'astre est dans l'Ouest.

Exemple 2.

On demande *l'angle horaire astronomique du Soleil vrai* le 8 mai 1858 à 9h 26m 14s,09 T M du matin dans un lieu dont la longitude est 24° 54′ Est.

Il faut d'abord chercher l'heure vraie correspondante ainsi que nous l'avons fait plus haut (58).

Nous trouvons

Heure T. V. du lieu, le 7 mai. . . . = 21h30m

Convertissant ce nombre d'heures et minutes de temps en degrés, nous obtenons

322°30′.

pour angle horaire demandé.

Exemple 3.

On demande l'angle horaire astronomique de Jupiter *le* 15 *août* 1858 *à* 8h 25m *du soir T M dans un lieu dont la longitude est* 34° 29′ *Est.*

1° *Calcul de l'heure sidérale* h_s.

T. S. au midi moyen de Paris le 15 août. . . = 9h 34m 23s,07

Correction pour la longitude, table IX.	pour 2h . . . 19s,713	
	— 17m. . . 2s,793	. . . . . . — 22s,659
	— 56s . . . 0s,143	

T. S. au midi moyen du lieu le 15 août . . . . = 9h 34m 00s,411

Conversion de l'heure moyenne en T. S.

Heure moyenne du lieu.	8h 25m
Correction, table IX. { pour 8h	1m 18s,852
— 25m	0m 4s,107
Heure moyenne convertie en intervalle sidéral. =	8h 26m 22s,959
T. S. au midi moyen du lieu. . . . . =	9h 34m 00s,411
. Somme = h_s = heure sidérale cherchée. . =	18h 00m 23s,370

2° *Calcul de l'ascension droite de Jupiter.*

Heure moyenne du lieu le 15 août.	=	8h 25m
Longitude en temps.	=	— 2h 17m 56s
Heure moyenne de Paris le 15 août. . . .	=	6h 07m 04s
Æ de Jup., le 12 à 0h, de Paris.	=	5h 01m
id le 20 à 0 *id*.	=	5h 07m
Variation en 8 jours.	= +	06m
Changement en 3 jours 6h 7m.	= +	02m 26s,04
Æ de Jup., le 12 à 0h.	=	5h 01m
Æ de Jup., le 15 à 6h 7m de Paris.	=	5h 03m 26s,04
Heure sidérale h_s	=	18h 00m 23s,37
Angle horaire astro de Jup. cherché. . .	=	12h 56m 56s,97
En degrés.	=	194° 14′ 14″ 55

L'astre est dans l'Est.

Exemple 4.

On demande l'angle horaire astronomique de la Lune le 14 mai 1858 à 4h 20m du soir dans un lieu dont la longitude est 19° 15 Ouest.

1° Calcul de l'heure sidérale h_s.

T. S. au midi moyen de Paris le 14 mai.	= 3h 27m 43s,19
Correction pour la longitude, table IX. { pour 1h.	= 09s,856
— 17m.	= 02s,793
T. S. au midi moyen du lieu le 14 mai.	= 3h 27m 55s,839

2° Conversion de l'heure moyenne en temps sidéral.

Heure moyenne du lieu.	= 4h 20m
Correction, table IX. { pour 4h.	= 39s,426
— 20m.	= 3s,285
Heure moyenne convertie en intervalle sidéral. .	= 4h 20m 42s,711
T. S. au midi moyen du lieu.	= 3h 27m 55s,839
Somme = h_s = heure sidérale cherchée. . . .	= 7h 48m 38s,550

Calcul de l'ascension droite de la Lune.

1° Calcul de l'heure moyenne de Paris correspondante.

Heure moyenne du lieu.	= 4h 20m
Longitude en temps.	= 1h 17m
Heure moyenne de Paris le 14.	= 5h 37m

	diff. 1re.	diff. 2e.	diff. 3e.
	+ 8° 1′ 52″,8		
		+ 14′ 25″,1	
Æ ☾ le 14 mai à 0h = 67° 27′ 50″	+ 8° 16′ 17″,9		— 4′ 15″,7
		+ 10′ 9″,4	
	+ 8° 26′ 27″,3		— 5′ 29″,2
		+ 4′ 40″,2	
	+ 8° 31′ 7″,5		— 6′ 08″
		— 1′ 27″,8	
	+ 8° 29′ 39″,7		
			— 15′ 52″,9
		$\Delta^3 e_m$ =	— 5′ 17″,6

$$e_0 = 67°27'50''$$

$$\frac{\Delta e_0 \theta}{t} = + \ 3°57'\ 3''$$

$$-\frac{\Delta^2 e_0 \theta(t-\theta)}{2t^2} = - \ 35''$$

$$\frac{\Delta^3 e_0 \theta(t-\theta)(2t-\theta)}{2 . 3t^3} = - \ 20'',1$$

D'où ascension droite cherc. =	71° 24′ 57″,9
Heure sidérale en degrés . . =	117° 9′ 38″,2
Angle horaire astronomique de la ☾ demandé.. . . . =	45° 44′ 40″,3, l'astre est dans l'Ouest.

ÉNONCÉS DE CALCULS A EFFECTUER.

EXEMPLE 1. *Le 16 septembre 1858 il est 4h 52m 42s T V dans un lieu dont la longitude est 52° 12′ 25″ O*t. *On demande l'heure moyenne correspondante?*

Éléments de la Connaissance des temps.	T. M. au midi vrai de Paris le 15 = 11h 55m 11s,23
	id. *id.* le 16 = 11h 54m 50s,08

Résultat. — Heure demandée, T. M. = 4h 47m 24s,72.

EXEMPLE 2. *Le 18 juin 1858 il est 4h 45m 38s. 541 T M dans un lieu dont la longitude est 24° 3′ 23″ O*t. *On demande l'heure vraie correspondante?*

Éléments de la Connaissance des temps.	T. M. au midi vrai de Paris le 18 = 00h 00m 42s,20
	id. *id.* = 00h 00m 55s,27

Résultat. — Heure demandée, T. V. = 4h 44m 52s,8.

EXEMPLE 3. *Le 14 septembre 1858 à 7h 49m 30s, 3 T M d'un lieu situé par 42° 0′ 14″ de longitude* OUEST. *On demande l'angle horaire de la* LUNE

Éléments de la Connaissance des temps.	Ʀ de la ☾	le 13	septembre	à 12h	= 244° 35′ 59″,9
	id.	le 14	*id.*	à 0h	= 251° 15′ 5″,9
	id.	le 14	*id.*	à 12h	= 257° 57′ 22″,5
	id.	le 15	*id.*	à 0h	= 264° 41′ 10″,8
	T. S.	le 14	*id.*	à 0h	= 11h 32m 39s,7

Résultat. — Angle horaire demandé = 33° 49′ 0″5.

EXEMPLE 4. *On demande l'angle horaire de* L'ÉTOILE POLAIRE *le 3 juin 1858 à 15h 38m 42s T M d'un lieu situé par 45° 36′ longitude Ouest.*

Éléments de la Connaissance des temps.	Ʀ de la Polaire le 3 juin à 0h,		T. M. de Paris	= 1h 6m 44s,74
	id.	le 4	*id.*	*id.*	= 1h 6m 45s,44
	Temps sidéral	le 3	*id.*	*id.*	= 4h 46m 34s,34

Résultat. — Angle horaire de l'Étoile = 4h 38m 23s,73.

Réciproque. — CONNAISSANT L'ANGLE HORAIRE D'UN ASTRE, TROUVER L'HEURE SOLAIRE VRAIE OU MOYENNE CORRESPONDANTE.

Dans cette question on déterminera dans tous les cas l'heure moyenne correspondante : et si c'est l'heure vraie qui est demandée on passera de l'heure moyenne à l'heure vraie simultanée ainsi que l'avons dit n° 58.

Pour résoudre cette question nous ne suivrons pas la même marche selon que l'astre considéré est une Etoile, le Soleil, une Planète ou la Lune

1° *L'astre considéré est une Étoile.*

De la relation

$$h_s = h_a \ast + \text{Æ} \ast$$

Nous déduirons h_s (heure sidérale) dès que nous connaîtrons $\text{Æ} \ast$, puisque $h_a \ast$ nous est donné ; de l'heure sidérale h_s nous passerons à l'heure moyenne h_m ainsi qu'il a été dit (cours d'Astronomie, p. 186).

Pour calculer $\text{Æ}\ast$ pour l'heure de Paris correspondante à l'heure h_m qui est inconnue, nous déterminerons $\text{Æ}'\ast$, ascension droite de l'Etoile pour le midi qui précède ; comme on sait que les coordonnées astronomiques des Etoiles varient très-lentement $\text{Æ}'\ast$ sera sensiblement égal à $\text{Æ}\ast$. Nous ajouterons donc $\text{Æ}'\ast$ à $h_a\ast$ ce qui nous donnera l'heure sidérale du lieu. La question se réduira, ensuite, à déterminer l'heure moyenne connaissant l'heure sidérale.

Exemple.

Le 15 *avril* 1858, *au soir, l'angle horaire astronomique de Sirius est* 56° 32′ 13″, 3 *ou en temps* 3h 46m 08s,89 *dans un lieu dont la longitude est* 19° 24′ *Ouest; on demande l'heure moyenne correspondante.*

Calcul de l'heure sidérale du lieu.

Ascension droite de Sirius pour le 15 avril de Paris	6h 38m 54s,01
Angle horaire de Sirius.	3h 46m 08s,89
h_s = heure sidérale du lieu.	10h 25m 02s,90
T. S. au midi moyen de Paris le 15 avril. . . . . . =	1h 33m 23s,08
Correction pour la longitude, table IX. — pour 1h.	9s,856
— 17m.	2s,793
— 36s.	0s,099
T. S. au midi moyen du lieu le 15 avril. . . . . . . =	1h 33m 35s,828
En retranchant cette quantité de h_s, on a.	8h 51m 27s,072

Conversion de cet intervalle sidéral en heure moyenne.

Correction, table VIII.	pour 8^h. . . .	$1^m 18^s,636$	
	— 51^m. . . .	$8^s,355$	— $1^m 27^s,065$
	— 27^s . . .	$0^s,074$	
Heure moyenne du lieu le 15 avril..		=	$8^h 50^m 00^s,00$

Cas particulier. — Si l'on donnait $h_a \ast = 0$, c'est-à-dire si l'on demandait l'heure TM d'*un lieu à laquelle une Etoile passe au méridien*, le calcul précédent serait évidemment simplifié.

La relation

$$h_s = h_a \ast + Æ \ast$$

indique que, dans ce cas, l'ascension droite de l'Etoile donne immédiatement l'heure sidérale. La question se réduit alors à déterminer *l'heure moyenne* connaissant *l'heure sidérale.*

Exemple.

Le 25 *août* 1858, *on demande l'heure moyenne du passage d'Aldébaran au méridieu d'un lieu dont la longitude est* 63° 29′ *Est.*

Ascension droite d'Aldébaran le 25 août.		=	$4^h 27^m 49^s,00$
Donc, heure sidérale, ou h_s.		=	$4^h 27^m 49^s,00$
T. S. au midi moyen de Paris le 25 août.		=	$10^h 13^m 48^s,62$
Correction pour la longitude,	pour 4^h. . . $39^s,426$		
table IX,	— 13^m. . . $2^s,136$	—	$41^s,71$
de la *Connaissance des temps.*	— 56^s . . . $0^s,153$		
Temps sidéral au midi moyen du lieu le 25 août. .		=	$10^h 13^m 06^s,91$
Retranchant cette quantité de h_s, augmentée de 24^h, on a.		=	$18^h 14^m 42^s,09$

Conversion de cet intervalle sidéral en heure moyenne.

Correction, table VIII,	pour 18^h. . $2^m 56^s,932$		
de la	— 14^m. . $2^s,294$	—	$2^m 59^s,34$
Connaissance des temps.	— 42^s. . $0^s,115$		
Heure moyenne cherchée le 25 août.		=	$18^h 11^m 42^s,75$

62 2° *L'astre considéré est le Soleil.*

Lorsqu'étant donné l'angle horaire astronomique du *Soleil vrai* on demande l'heure moyenne, la question se réduit à convertir en temps l'angle horaire donné et à passer d'*une heure vraie à une heure moyenne.*

63. 3° *L'astre considéré est la Lune ou une Planète.*

Lorsque l'astre considéré est la Lune ou une planète on ne peut agir comme nous l'avons fait pour une Etoile; parce que, pour la *Lune surtout* l'ascension droite déterminée pour le midi qui précède l'heure moyenne ne suffit pas; on doit, dans ce cas, agir comme nous allons le dire.

Commençons d'abord par considérer le cas particulier du problème qui nous occupe relativement à ces deux astres; c'est-à-dire, déterminons l'*heure moyenne du passage* d'un de ces astres au *méridien d'un lieu.*

64. *Détermination de l'heure moyenne ou vraie du passage de la Lune au méridien.*

Si dans les relations que nous avons données

$$h_m\odot + \mathcal{R}_m\odot = h_n☾ + \mathcal{R}☾$$

nous supposons $h_n☾ = 0$, l'heure moyenne obtenue donne l'heure solaire moyenne du passage de l'astre au méridien.

Or, on peut connaître plus promptement cette heure à une minute près.

En effet, de la page 38 à la page 43, la connaissance des temps donne l'heure moyenne des passages successifs de la Lune au méridien de Paris, autrement dit, d'après la relation

$$h_m\odot = \mathcal{R}☾ - \mathcal{R}_m\odot.$$

la différence entre le temps sidéral et l'ascension droite de la Lune quand cet astre passe au méridien de Paris.

On peut se servir de ces heures de Paris ainsi déterminées pour obtenir *à la minute près*, l'heure moyenne du passage de la Lune au méridien d'un lieu dont la longitude G est donnée.

Il est d'abord évident que si le mouvement en ascension droite de la *Lune* était le même que le mouvement en ascension droite du *Soleil moyen*, l'heure moyenne du passage de la Lune à chaque méridien serait toujours la même, puisque la différence

$$\mathcal{R}☾ - \mathcal{R}_m\odot$$

resterait constante.

Ce qui fait que les heures du passage de la Lune au méridien de chaque lieu ne sont pas les mêmes, c'est que, eu égard au mouvement rapide de la Lune en ascension droite, la différence

$$Ʀ☾ - Ʀ_m ⊙$$

varie pendant que la Lune passe d'un méridien à l'autre.

La différence qui existe entre les *heures de deux passages successifs* de la Lune au méridien de Paris, heures données dans la connaissance des temps, représente donc la variation de $Ʀ☾ - Ʀ_m⊙$, pendant le temps que la Lune a mis à passer du méridien de Paris à un méridien distant de 360°, en longitude, ou 24 heures.

En admettant donc, ce qui n'est pas rigoureux mais ce qui est du reste suffisant dans la pratique, que la variation de $(Ʀ☾ - Ʀ_m ⊙)$ est proportionnelle aux arcs de longitude parcourus par le plan horaire de la Lune, on peut admettre que si h_p représente l'heure moyenne du passage de la Lune au méridien de Paris un certain jour, et h'_p l'heure moyenne du passage suivant, l'heure moyenne H du passage de la Lune le même jour au méridien d'un lieu dont la longitude est G_o à l'Ouest de Paris sera donnée par la relation

$$\frac{H - h_p}{G_o} = \frac{h'_p - h_p}{24},$$

d'où

$$H = h_p + \frac{(h'_p - h_p)}{24} \times G_o.$$

Et que si h_p représente l'heure moyenne du passage de la Lune au méridien de Paris un certain jour et h''_p l'heure moyenne du passage précédent, on obtiendra pour ce jour l'heure moyenne H du passage de la Lune au méridien d'un lieu dont la longitude est G_e à l'Est de Paris, à l'aide de la formule

$$H = h_p - \frac{(h_p - h''_p)}{24} G_e.$$

En raison du mouvement en ascension droite de la Lune, on sait que cet astre met environ $24^h 50^m$, pour passer d'un méridien au même méridien ; il peut donc se faire à l'époque des nouvelles Lunes, époques auxquelles la Lune passe au méridien vers midi, que cet astre ne passe pas du tout au méridien d'un lieu pendant 24 heures solaires.

Ainsi à la page 39 de la connaissance des temps, nous voyons qu le 12 avril, époque à peu près de la Noémie, la Lune passe au méri dien de Paris à $23^h 32^m$; cet astre ne repassant au méridien que 24 50^m plus tard, et $23^h 32^m + (24^h 50)$ donnant $2^{Jours} 22^m$, elle ne do pas passer au méridien le 13 (ce qui est indiqué dans la connaissanc des temps par un trait horizontal), mais elle passe le 14 à $0^h 23^m$.

Lorsque cherchant l'heure T M du passage de la Lune au méri dien d'un lieu, pour un certain jour, on trouve dans la connais sance des temps, que ce jour-là il n'y a pas de passage à Paris, o considère les deux passages h_p et h_s qui comprennent entre eu l'époque cherchée : on peut alors considérer $h_s - h_p$ comme la diffé rence qui existe entre les heures du passage de la Lune au méridie de deux lieux ayant une différence en longitude de 360°; si donc g est la longitude du lieu considéré, et h l'heure moyenne du passag de la Lune à ce lieu, on aura encore la relation

$$(1)\qquad \frac{h - h_p}{h_s - h_p} = \frac{g_o}{360}$$

si la longitude est Ouest, et

$$(2)\qquad \frac{h_s - h}{h_s - h_p} = \frac{g_e}{360}$$

si la longitude est Est.

De la formule (1), on déduit

$$(3)\qquad h = h_p + (h_s - h_p)\frac{g_o}{360},$$

Et de la formule (2)

$$(4)\qquad h = h_s - (h_s - h_p)\frac{g_e}{360}.$$

Si, lorsque la longitude est Ouest, on trouve $h > 24^h$, il y aura passage dans le lieu le jour considéré, à l'heure $h - 24$.

Si, quand la longitude est Est, on trouve h négatif il y aura passage dans le lieu, le jour considéré à l'heure $24 - h$; dans les autres cas il n'y aura pas de passage ce jour-là.

Exemple 1.

On demande l'heure T M du passage de la Lune au méridien le 12 *novembre* 1858 *dans un lieu dont la longitude est* 56° 15′ *Ouest ou* $3^h\,45^m\,00$ *en temps.*

Passage de la lune au méridien de Paris le 12 à.	$5^h\,16^m$
id. le 13 à.	6^h
Différence pour 360° ou 24^h	44^m
en 3^h.	$5^m,30$
en 30^m.	$0^m,55$
en 15.	$0^m\,27^s,5$
Passage de la Lune au méridien du lieu le 12 à.	$= 5^h\,22^m\,52^s,5$

Exemple 2.

On demande l'heure T M du passage de la Lune au méridien, le 16 *septembre* 1858, *dans un lieu dont la longitude est* 143° 30′ *Est ou* $9^h\,34^m\,00$.

Passage de la Lune au méridien de Paris le 15 à.	$6^h\,15^m$
id. le 16 à.	$= 7^h\ \ 6$
Différence pour 360° ou 12^h de longitude.	$= 51^m$
Variation pour 8^h.	$= 17^m$
pour 1^h.	$= 2^m\ 7^s,5$
pour 30^m.	$1^m\ 3^s,7$
pour 2^m.	$0^m\ 4^s,2$
pour 2^m.	$0^m\ 4^s,2$
Variation pour $9^h\,34$	$= 20^m\,19^s,6$
Retranchant ce nombre du passage le 16, on a pour heure cherchée, le 16	$= 6^h\,45^m\,40^s,4$

Exemple 3.

On demande l'heure du passage de la Lune au méridien, le 6 *octobre* 1858, *dans un lieu dont la longitude est* 36° 40′ *Ouest ou* 2^h $26^m\,40^s$

Dans la connaissance des temps, page 42, on ne trouve pas de passage le 6.

Passage de ☾ au méridien de Paris le 5	= 23^h15^m
id. le 7	0^h0^m
Différence en 24^h de longitude.	= 45^m
Variation pour 2^h.	$3^m\ 45$
pour 20^m.	$0^m37^s,5$
pour 4^m.	$0^m\ 7^s,5$
pour 2^m.	$0^m\ 3^s,7$
pour 40^s.	$1^s,2$
Différence pour $1^h26^m40^s$.	= $4^m34^s,9$

Ajoutons cette quantité au passage ☾ le 5 à Paris.

On trouve : passage de la ☾ au méridien du lieu le 5 à $23^h\ 19^m\ 34^s9$.

Il n'y a donc pas de passage le 6.

Si l'on avait cherché le passage du 7, on eût trouvé environ le 7 à $0^h\ 4^m\ 47^s2$; on voit que dans ce cas, le passage du 7 est plus voisin du 6 que le passage du 5 ; d'après la question pour laquelle on cherche l'heure du passage de la Lune au méridien on doit savoir lequel des deux passages convient le mieux.

Exemple 4.

On demande l'heure du passage de la Lune au méridien, le 5 décembre 1858, dans un lieu dont la longitude est 96° 47′ Ouest ou $6^h\ 27^m\ 08^s$ en temps.

Il n'y a pas de passage le 5 à Paris.

Passage ☾ au méridien de Paris le 4.	= 23^h51^m
id. le 6.	= 24^h43^m
Différence en 24^h de longitude.	= 52^m
Variation en 6^h.	= 13^m
en 20^m.	= 0^m43
en 5^m.	= 11^s
en 2^m.	= 4^s3
Variation en 6^h27^m.	= 13^m58^s3
d'où heure du passage demandé le 5.	= $0^h04^m58^s3$

Il y a donc passage dans le lieu le 5.

Exemple 5.

On demande l'heure du passage de la Lune au méridien, le 8 août 1858, dans un lieu situé par 85° 20' longitude Est ou 5h 41m 20.

Il n'y pas passage le 8 à Paris.

Passage ☾ au méridien de Paris le 7.	=	23h27m
id. le 9.	=	0h24m
Variation en 24h de longitude. . . .	=	57m
en 4h	=	9m30
en 1h	=	2m22
en 30m	=	1m11
en 10m	=	0m24
en 1m	=	2s
Variation en 5h 41m	=	11m29
Retranchant cette quantité du passage le 9, on trouve pour passage cherché le 9.	=	0h12m31

Il n'y a donc pas passage le 8.

Nous ferons ici la même observation qu'à l'exemple 3, c'est-à-dire qu'il faudra voir si le passage du 7 ne conviendrait pas mieux à la question que le passage du 9.

Exemple 6.

On demande l'heure du passage de la Lune au méridien le 12 mai 1858, dans un lieu dont la longitude est 104° 20' Est ou 6h 57m 20s.

Il n'y a pas de passage le 12 à Paris.

Passage ☾ au méridien le 11 à	=	23h 2m
le 13 à		0h 1m
Variation en 24h de longitude.	=	59m
en 6h	=	14m45
en 30m.	=	1m13
en 20m.	=	0m49
en 6m.	=	0m14
en 1m.	=	2
Variation en 6h57m	=	17m03
Ce nombre retranché du passage le 13 donne pour passage demandé le 12 à	=	23h43m57s

Il y a donc passage le 12.

A l'occasion des exemples que nous venons de donner, disons immédiatement que dans la pratique de *la navigation*, le cas de la détermination du passage de la Lune au méridien *un jour où il n'y a pas passage à Paris* ne se présente que pour les calculs de marée et jamais pour un calcul d'observation de hauteur de l'astre, puisque, dans ce cas, la Lune est à peu près nouvelle et par conséquent ne peut être observée.

65. *Calcul de l'heure T. M. du passage d'une planète au méridien d'un lieu.* — La connaissance des temps donne de 3 jours en 3 jours pour *Mercure*, de 6 jours en 6 jours pour *Vénus*, et ainsi de suite, l'heure T. M. de Paris du passage de ces planètes au méridien de Paris. Cherchons l'heure T. M. du passage d'une planète au méridien d'un lieu dont la longitude est g; appelons encore h_s et h_p les deux heures données dans la connaissance des temps pour un intervalle de jours représenté par K; et soit n le nombre de jours qui s'écoulent entre la date de h_s et la date considérée.

On a, si la longitude est Ouest, et en appelant h l'heure cherchée,

$$\frac{h - h_p}{h_s - h_p} = \frac{n \cdot 360^\circ + g_o}{K \cdot 360^\circ} = \frac{n + \frac{g_o}{360^\circ}}{K},$$

d'où

$$h = h_p + (h_s - h_p)\frac{n}{K} + \frac{(h_s - h_p)g_o}{K \cdot 360^\circ}.$$

Lorsque la longitude est Est, on a

$$\frac{h - h_p}{h_s - h_p} = \frac{n \cdot 360^\circ - g_o}{K \cdot 360^\circ} = \frac{n - \frac{g_o}{360^\circ}}{K},$$

d'où

$$h = h_p + (h_s - h_p)\frac{n}{K} - \frac{(h_s - h_p)g_o}{K \cdot 360^\circ}.$$

Remarque. Il faut faire attention au signe de $h_s - h_p$ car, eu égard à la rétrogradation des planètes, cette quantité peut être négative.

Exemple.

On demande l'heure du passage de JUPITER *au méridien d'un lieu dont la longitude est 84° 40′ Est, le 24 août 1858.*

D'après la connaissance des temps, page 104 :

h_p = passage de *Jup*r au méridien de Paris le 20 . . = $19^h 9$

h_s = *id* le 28 . . = $18^h 42^m$

$$h_s - h_p \ldots\ldots = - 27^m$$

$$K = 8$$

$$n = 4$$

d'où $$\frac{n}{K} = \frac{1}{2},$$

et par suite $$(h_s - h_p)\frac{n}{K} \ldots\ldots = - 13^m 30^s$$

$$\frac{h_s - h_p}{K} \ldots\ldots = - 3^m 22^s 5$$

d'où $$-\frac{h_s - h_p}{K} \times \frac{g_c}{360} \ldots\ldots = + 47^s 7$$

$$(h_s - h_p)\frac{n}{K} - \left(\frac{h_s - h_p}{K}\right)\frac{g_c}{360} \ldots = - 12^m 42^s 3$$

$$h_p \ldots\ldots = 19^h\ 9^m$$

d'où heure cherchée le 24. . . . = $18^h 56^m 17^s 7$

Exemple.

On demande l'heure du passage de VÉNUS *au méridien d'un lieu dont la longitude est 75° 29' Ouest, le 15 mars 1858.*

D'après la connaissance des temps, page 98 :

h_p = passage de ♀ le 13 à Paris = $0^h 24^m$

h_s = passage de ♀ le 19 à Paris = $0^h 28^m$

$$h_s - h_p = + 4^m$$

$$K = 6$$

$$n = 2$$

donc $$\frac{n}{K} = \frac{1}{3}$$

et par suite $$(h_s - h_p)\frac{n}{K} = 1^m 20^s$$

$$\frac{h_s - h_p}{K} = 0^m 40^s$$

$$\frac{h_s - h_p}{K} \times \frac{g_o}{360} = 8^s 2$$

donc h = heure cherchée = $0^h 25^m 28^s 2$

66. Considérons maintenant le problème dans toute sa généralité.

Occupons-nous d'abord de la Lune.

Première détermination grossière de l'heure cherchée. — Ainsi que nous venons de le voir, nous pouvons connaître l'heure T. M. du passage de la Lune au méridien du lieu. On sait, en outre, qu'à cause de son mouvement rapide en ascension droite cet astre décrit, par l'effet du mouvement de rotation de la Terre, 360° en $24^h\,50^m$ environ, ce qui fait $14°\,29'\,30''$ à peu près en 1^{heure}. Connaissant donc l'angle horaire, on peut déterminer à vue le temps que la Lune met à parcourir cet angle horaire, et ajoutant ou retranchant ce temps, selon que la Lune est à l'Ouest ou à l'Est du méridien, de l'heure moyenne du passage ou méridien, on connaîtra, à quelques minutes près, *l'heure moyenne cherchée.*

Deuxième détermination plus exacte de cette heure.

Prenons maintenant la relation

$$h_m☉ = h_a☾ + \mathcal{AR}☾ - \mathcal{AR}_m☉$$

dans laquelle $h_m☉$ représente l'heure moyenne de Paris qui correspond à l'heure cherchée, et $h_a☾$, *l'angle horaire de la Lune pour Paris*, angle horaire égal à celui considéré plus ou moins *la longitude du lieu.*

Déterminons pour le *midi ou minuit de Paris* qui précède l'instant considéré, instant que nous avons à peu près déterminé, l'ascension droite de la Lune $\mathcal{AR}'☾$ et le Temps sidéral ou $\mathcal{AR}'_m☉$.

Appelons V la variation en ascension droite de la Lune dans l'intervalle $h_m☉$ ou $h_m☉ - 12^h$ selon que l'heure $h_m☉$ est plus petite ou plus grande que 12^h et v la variation du temps sidéral dans le même intervalle; on a

$$h_m☉ = h_a☾ + \mathcal{AR}'_m☾ - \mathcal{AR}'_m☉ + V - v.$$

Posons

$$h'_m☉ = h_a☾ + \mathcal{AR}'☾ - \mathcal{AR}'_m☉,$$

il vient

$$h_m☉ = h'_m☉ + V - v. \qquad (\alpha)$$

Si $h_m☉$ est $> 12^h$, représentons par m son excès sur 12^h, on aura

$$m = h'_m☉ - 12 + V - v \qquad (\beta)$$

en supposant que $h_m\odot$ est < que 12^h, on a

$$V = \frac{\Delta e_0 h_m\odot}{12} - \Delta^2 e_m \frac{h_m\odot\,(12 - h_m\odot)}{2.\ 12^2}.$$

Δe_0 et $\Delta^2 e_m$ étant les différences premières et secondes, relatives à la variation de *l'ascension droite de la Lune à cette époque.*

On a de même

$$v = \frac{1^m\,58^s{,}278 h_m\odot}{12},$$

puisque en 24 heures le temps sidéral varie de $3^m 56^s{,}556$; en représentant par d la quantité $1^m\,58^s\,278$, il vient donc,

$$h_m\odot = h'_m\odot + \frac{h_m\odot}{12}\,(\Delta e_0 - d) - \frac{\Delta^2 e_m h_m\odot\,(12 - h_m\odot)}{2.\ 12^2}.$$

En négligeant d'abord les différences secondes relatives à la Lune, nous avons

$$h_m\odot = h'_m\odot + \frac{h_m\odot}{12}\,(\Delta e_0 - d),$$

d'où $h_m\odot = h'_m\odot\left(\frac{12}{12 - (\Delta e_0 - d)}\right) = h'_m\odot\left(1 + \frac{\Delta e_0 - d}{12 - (\Delta e_0 - d)}\right)$.

Et enfin

$$h_m\odot = h'_m\odot + h'_m\odot\,\frac{\Delta e_0 - d}{12 - (\Delta e - d)},$$

le terme $\frac{h'_m\odot\,(\Delta e_0 - d)}{12 - (\Delta e_0 - d)}$ se calcule par logarithmes.

Une fois cette valeur plus approchée de $h_m\odot$ déterminée, on calculera avec cette quantité et au moyen de la table V de la connaissance des temps, le terme $\Delta^2 e_m \cdot \frac{h_m\odot(12 - h_m\odot)}{2{,}12^2}$ que l'on retranchera du terme $\frac{h_m\odot}{12}\,(\Delta e_0 - d)$, ce qui donnera la correction à ajouter à $h'_m\odot$ précédemment obtenu.

Si $h_m\odot$ était plus grand que 12^h, on se servirait de la formule (β) qui peut se déduire de la formule (α) en substituant, dans celle-ci, m à $h_m\odot$ et $h'_m\odot - 12$ à h'_m ; on calculerait ainsi l'excès m auquel on ajouterait 12^h pour avoir $h_m\odot$.

67. Pour une *planète*, on peut agir identiquement de la même manière; seulement, comme l'ascension droite de ces astres varie assez

lentement, on peut se borner à déterminer l'heure approchée au moyen du passage de l'astre au méridien ainsi que nous l'avons dit n° 66, à calculer pour cette heure approchée l'ascension droite de la planète et le temps sidéral, à retrancher cette quantité de la première et à ajouter la différence à l'*angle horaire donné;* on aura ainsi l'heure cherchée suffisamment exacte.

Exemple 1.

On demande à quelle heure temps moyen d'un lieu dont la longitude est 41° 15′ Ouest l'angle horaire astronomique de la Lune est égal à 82° 25′, le 8 mai 1858?

1° *Première détermination grossière de l'heure cherchée.*

On trouve que l'heure T. M. du passage de la Lune au méridien du lieu est le 7 mai 1858 à.	$19^h 53^m$
La Lune dont le cercle de déclinaison décrit environ 14°30′ en une heure T. M., met pour parcourir l'arc 82°25 environ.	$5^h 39^m$
Donc l'heure moyenne cherchée approchée est =	$25^h 32^m$
Ou le 8 mai à.	$1^h 52^m$ du soir.

2° *Détermination plus exacte de cette heure.*

Angle horaire de la Lune dans le lieu . . . . =	82°25′
Longitude du lieu (Ouest) . . . . =	41°15′
h_a☾ = angle horaire correspondant de la Lune à Paris. =	132°40′

C'est évidemment le midi du 8 à Paris qui précède l'instant considéré.

Les relations dont nous allons nous servir sont les suivantes :

$$1° \quad h'_m\odot = h_a☾ + Æ'☾ - Æ'_m\odot$$

$$2° \quad h_m\odot = h'_m\odot + h'_m\odot \frac{\Delta e_o - d}{12 - (\Delta e^o - d)} = h'_m\odot + \alpha$$

$$\beta = \frac{\Delta^2 e_m h_m\odot (12 - h_m\odot)}{2.\ 12^2}.$$

$$\gamma = \frac{h_m\odot}{12}(\Delta e_o - d)$$

$h'_m\odot + (\beta - \gamma)$ donne l'heure moyenne suffisamment exacte.

Calcul de $h'_m\odot$

$Æ'☾$ le 8 à 0^h de Paris.	=	$22^h 59^m 42^s,44$
$Æ'_m\odot$ *Id.*	=	$3^h 4^m 3^s,86$
$Æ'☾ - Æ'_m\odot$	=	$19^h 55^m 38^s,58$
$h_a☾$ à Paris. . . .	=	$8^h 14^m 40$
d'où $h'_m\odot$. . . .	=	$4^h 10^m 18^s,58$

Dans la Connaissance des temps on trouve

	Diff. 1re		Diff. 2e
$Æ☾$ le 8 à 0^h T.M. de Paris $= 344°55'36'',6 +$	$5°52',7''$		
	$5°53'36'',9$	+	$1'29'',9$
	$5°53'16'',9$	+	$3'40'',0$
		+	$5'09'',9$
	$\Delta^2 e_m =$	+	$2'34'',9$
	en temps =		$10^s,3$

Calcul de α

Δe_0 en temps =	$0^h 23^m 34^s,46$			
d =	$1\ 58,28$			
$\Delta e_0 - d$ =	$21^m 36^s,18$	log	=	$3,1126661$
$12 - (\Delta e_0 - d)$ =	$11^h 38\ 23,82$	c^{t}log	=	$5,3773903$
$h'_m\odot$ =	$4\ 10\ 18,58$	log	=	$4,1766291$
				$2,6666855$

$$\text{d'où}\qquad \frac{h'_m\odot\,(\Delta e_0 - d)}{12 - (\Delta e_0 - d)} = 7^m 44^s 16$$

$h'_m\odot$	$= 4^h 10^m 18^s 58$		
$h_m\odot$	$= 4^h 18^m 02^s 74$ log	=	$4,1898471$
	log $(\Delta e_0 - d)$	=	$3,1126661$
	c^t log 12	=	$5,3645163$
	log γ	=	$2,6670295$
	γ	=	$0^h\ 7^m 44^s 6$

β déterminé au moyen de la table V de la Connaissance des temps.	=	$0^m\ 1^s 18$
d'où $\gamma - \beta$.	=	$7^m 43^s 42$
$h'_m\odot$.	=	$4^h 10^m 18^s 58$
Heure moyenne de Paris suffisamment exacte.	=	$4^h 18^m 02^s 00$
Longitude en temps.	=	$2^h 45^m$
Heure moyenne du lieu demandée.	=	$1^h 33^m 02^s 00$

Exemple 2.

On demande à quelle heure temps moyen d'un lieu de l'hémisphère Nord, lieu dont la longitude est 37° 29′ Est, l'angle horaire astronomique de la Lune est égal à 203° 45′, le 20 mars 1858.

1° *Première détermination grossière de l'heure cherchée.*

On trouve dans la Connaissance des temps que l'heure T. M. du passage de la Lune au méridien de Paris, le 20 mars. . . . . . =	$4^h 30^m$
L'angle horaire de la Lune à Paris au moment considéré est (203°45′) — (37°29′) = 166°16′.	
Le méridien pour parcourir cet arc lunaire met environ. .	$11^h 28$
Donc l'heure moyenne de Paris approchée =	$15^h 58^m$
Longitude en temps =	2 29 56
D'où heure T. M. approchée du lieu =	$18^h 27^m 56$

2° *Détermination plus exacte de cette heure.*

C'est évidemment le minuit du 20 mars à Paris qui précède l'instant considéré.

Nous allons nous servir des relations (α), (β), (γ).

Calcul de h'_m⊙

Le 20 mars à 12^h T. M. de Paris Æ′☾ =	$4^h 41^m 5^s,64$
Æ′$_m$⊙ le 20 à 12^h =	23 52 $50^s,96$
Æ′☾ — Æ′$_m$⊙ . =	$4^h 48^m 14^s,68$
h_a☾ à Paris . . . =	11 5 04^s
H_m⊙ . . . . =	$15^h 53^m 18^s,68$
et par suite m'. . =	3 53 18,68

Dans la Connaissance des temps, on trouve :

		Diff. 1re		Diff. 2e
Æ☾ le 20 à 12^h T. M. de Paris =	70° 16′24″6	7°52′41″,4		
		8° 0′03″,1	+	7′21″,7
		8° 3′20″,3	+	3′17″,2
				10′38″,9
			$\Delta^2 e_m$ =	5′19″,4
			ou en temps =	$21^s,28$

Calcul de α

Δe_0 en temps $= 0^h32^m\ 2^s1$
$d = 1\ 58\ 28$

$\Delta e_0 - d = 30^m03^s,82$ log $= 3,2561935$
$12 - (\Delta e_0 - d) = 11^h29^m56^s,18$ ct log $= 5,3830398$
$m' = 3\ 53\ 18,68$ log $= 4,1460888$

log $\alpha = 2,7853221$
$\alpha = 10^m10^s$
$m' = 3^h53^m18^s,68$

$m = 4^h03^m28^s,68$ log $= 4,1669281$
$(\Delta e_0 - d)$ log $= 3,2561935$
ct log $12 = 5,3645163$

log $\gamma = 2,7876379$
$\gamma = 10^m13^s2$
Au moyen de la table V on trouve $\beta = 2^s3$
$\gamma - \beta = 10^m10^s9$

$m' = 3^h53^m18^s,68$
d'où $m = 4\ 03\ 29,58$

d'où h^{re} de Paris T. M. $= 16\ 03\ 29,58$
longitude en temps $= 2\ 29\ 56 +$

d'où heure cherchée $= 18^h33^m25^s58$

Exemple 3.

***On demande à quelle heure temps moyen d'un lieu dont la longitude est 34° 29′ Est, l'angle horaire astronomique de* Jupiter *est de* 194° 16′ 16″ *ou en temps* 12ʰ 57ᵐ 05ˢ,07, *le* 15 *août* 1858.**

1° *Première détermination grossière de l'heure cherchée.*

On trouve dans la Connaissance des temps, page 104, que le passage de Jupiter au méridien de Paris a lieu le 14 à. . . . . . . $19^h\ 29^m15^s$

L'angle horaire de Jupiter à Paris au moment considéré est (194°16′16″ Jupiter) — (34°29′) = 159°47′16″0.

Jupiter pour parcourir cet arc met *environ*. . . . . . $10^h\ 39\ 9^s$

Donc l'heure moyenne de Paris approchée le 15 = $6^h08^m24^s$
Longitude en temps. . . . . . . = $2\ 17\ 56$

Pour le lieu cette heure est. . . = $8^h26^m20^s$

Nous allons nous servir de cette heure de Paris pour calculer l'ascension droite de Jupiter et le temps sidéral.

Æ de Jupiter calculée.	=	5h 3m18s,3
Temps sidéral calculé.	=	9 35 23,5
Æ Jupiter — Æ'$_m$⊙.	=	19 27 54,8
h_a de Jupiter.	=	19 57 05
Heure T. M. du lieu le 15	=	8h24m59,8

Énoncés de calculs à effectuer.

Exemple 1. *On demande l'heure T. M. du passage de la Lune au méridien d'un lieu situé par 111° 20' de longitude Est le 13 novembre* 1858.

Éléments de la Connaissance des temps.			
Hre du passage de ☾ au méridien de Paris	le 12 à 5h 16m
Id.	*Id.*	le 13 à 6 00

Résultat. — Heure du passage demandée = le 13 à 5h 46m 24s.

Exemple 2. *Le 7 janvier* 1858, *on demande l'heure du passage de la planète* Saturne *au méridien d'un lieu situé par* 72° 36' *longitude Ouest.*

Éléments de la Connaissance des temps.			
Pass. de Saturne au Mn de Paris	le 31 déc. 1857	à 13h 11m
Id.	*Id.*	le 10 janv.	à 12 28

Résultat. — Heure du passage demandée le 7 à 12h 40m 0,35.

Exemple 3. *On demande à quelle heure T. M. d'un lieu dont la longitude est* 49° 0' 45", 6 *Ouest l'angle horaire ast. de la Lune est égal à* 36° 44' 1", 1 *le* 13 *décembre* 1858.

Éléments de la Connaissance des temps.

Passage de ☾ au Mn de Paris le 13 à 6h 2m	Æ ☾ le 12 à 12h	=	344°14'46".4
Id. le 14 à 6 44	*Id.* 13 à 0h	=	349°45'49",2
T. S. le 13. . . . . = 17 27m29s72	*Id.* 13 à 12	=	355°19'38",7
	Id. 14 à 0h	=	0°58'28",4

Résultat. — heure demandée = 8h 38m 38s3 le 13 décembre.

EXEMPLE. 4. *On demande l'heure T. M. du passage de l'Étoile* ALDÉBARAN *à un méridien situé par 81° 33′ 45″ de longitude Est le 12 décembre 1858?*

Éléments de la Connaissance des temps.	Æ d'Aldébaran le 6 décembre	= 4h 27m 51s,63
	Id. 16 *Id.*	= 4 27 51,67
	Temps sidéral le 12	= 17h 23m 33s,16

Résultat. — Heure T. M. du passage demandée = 11h 3m 23s 24.

EXEMPLE 5. *On demande l'heure du passage de la planète* JUPITER *au méridien d'un lieu situé par 54° 36′ de longitude Est le 5 octobre 1858.*

Éléments de la Connaissance des temps.	Passage de Jup. au Mn de Paris, le 29 septemb.	à 16h 48m
	Id. 7 octobre	à 16 18

Résultat. — Heure du passage demandée = 16h 25m,8.

EXEMPLE 6. *Le 12 septembre 1858, on demande l'heure T. M. auquel l'Étoile* FOMALHAUT *passe au méridien d'un lieu situé par 172° 57′ 15″ de longitude Est.*

Éléments de la Connaissance des temps.	T. S. le 12 septembre	= 11h 24m 46s 59
	Æ de *Fomalhaut* le 7 septembre	= 22h 49m 52s 1
	Id. le 17 *Id.*	= 22 49 52 15

Résultat. — Heure du lieu T. M. = 11h 25m 6s,6.

INSTRUMENTS SERVANT A MESURER LES ANGLES.

68. Les instruments qui servent, en navigation, à la mesure des angles sont :

Le Cercle à réflexion.

Le Sextant.

L'Octant.

Ces deux derniers ne sont que des diminutifs du premier.

Avant de donner la description et l'usage de ces instruments que tout marin doit connaître à fond, nous croyons utile de rappeler les principes de physique sur lesquels ils reposent.

69. *Principe fondamental.* — Lorsqu'un rayon lumineux rencontre une *surface polie*, il change de direction, c'est-à-dire se réfléchit de telle sorte que la première et la seconde direction du rayon lumineux sont dans un même plan avec la normale à la surface au point où le rayon lumineux rencontre cette surface, et font avec cette normale des angles égaux.

La première direction du rayon lumineux prend le nom de *rayon incident;*

La seconde, de *rayon réfléchi.*

L'angle que fait le rayon incident avec la normale, s'appelle *angle* d'*incidence;* celui que fait le rayon réfléchi avec cette même normale, se nomme *angle de réflexion*. L'angle d'*incidence* est donc égal à l'angle de *réflexion.*

De ce principe, on déduit facilement en physique, que l'image d'un objet sur une surface plane *est le symétrique de l'objet par rapport à la* surface réfléchissante.

MESURE DES ANGLES AVEC UN SYSTÈME DE DEUX MIROIRS PLANS.

70. Considérons deux miroirs plans que nous supposerons sans épaisseur; supposons-les perpendiculaires à une même surface plane.

L'un de ces miroirs est entièrement *étamé*, nous l'appellerons le grand miroir;

L'autre est divisé en deux parties par une ligne parallèle à la surface plane; la partie la plus voisine de cette surface plane est étamée, l'autre est transparente. Nous appellerons ce miroir le petit miroir.

Concevons actuellement, un plan parallèle à la surface plane et passant par la ligne de séparation des deux parties du miroir et donnons à ce plan le nom *de plan d'observation.*

Soient MN, (fig. 22) l'intersection de ce plan avec le grand miroir et *mn* son intersection avec le petit miroir.

Ces deux lignes peuvent nous représenter les deux miroirs que nous supposerons placés de manière que l'image de l'un se voit dans l'autre.

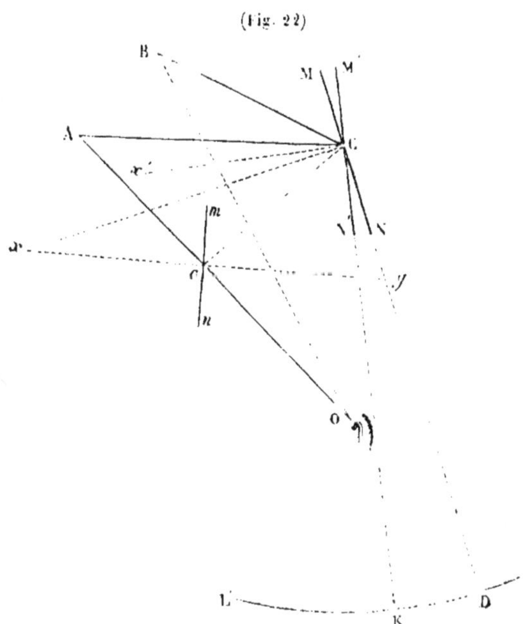

Supposons en outre, que le grand miroir puisse pivoter autour d'un axe perpendiculaire à la surface plane, axe qui se projette en C ; et admettons qu'à la base de ce grand miroir soit fixée une ligne ND dont l'extrémité parcourt un arc LL' situé, par conséquent, dans la surface plane, le point C étant le centre de cet arc.

Considérons deux points A et B dont nous voulons avoir la distance angulaire, c'est-à-dire l'angle formé par les deux lignes qui joignent chacun de ces points à notre œil.

Plaçons tout le système de manière que notre œil soit dans le plan d'observation, et faisons en sorte que ce plan passe par les deux points A et B.

L'angle que nous désirons obtenir est l'angle B*o*A ; mais, cet angle ne diffère de l'angle B*c*A que de la différence des angles parallactiques CBo et CAo, angles qui sont très-petits si l'on suppose les points A et B éloignés de l'œil de l'observateur ; nous pouvons donc supposer BCA = B*o*A.

Voyons donc comment, à l'aide de la propriété de la réflexion de la lumière, nous allons obtenir l'angle BCA.

Faisons tourner tout le système dans le plan d'observation de manière que nous apercevions l'un des objets, l'objet A par exemple, dans la partie transparente du petit miroir et disposons *mn* de manière que sa normale *cy* soit la bissectrice de l'angle *Cco*.

Ne *bougeons plus le système*, et faisons seulement pivoter le grand miroir autour de son axe, de manière que la normale Cx de ce miroir soit la bissectrice de l'angle ACc.

Il est alors évident qu'un rayon AC rencontrant le grand miroir, se réfléchira suivant Cc une première fois et rencontrant la partie étamée du petit miroir se réfléchira une seconde fois suivant Co.

Donc, notre œil apercevra l'objet A *directement* dans la partie du petit miroir *et par réflexion* dans sa partie étamée. On dit alors que l'objet A et son image sont en contact.

Notons la position D de la trace du grand miroir à ce moment, sur l'arc LL'.

Faisons actuellement pivoter le grand miroir autour de son axe, de manière que sa normale vienne en cx', *bissectrice de l'angle* BCc; il est clair, que nous ne verrons plus le point A par réflexion, mais que nous verrons le point B.

Le point A vu directement se trouvera donc en contact avec le point B vu par réflexion; à ce moment on aura les relations évidentes :

$$ACB = BCc - ACc = 2cCx' - 2cCx = 2xCx'.$$

Donc, *l'angle xCx' des normales du grand miroir, au moment des deux contacts, est égal à la moitié de la distance cherchée.*

Et comme l'angle $x'Cx = MCM'$, angle que forment les deux positions du miroir, l'arc DK est égal à la moitié de la distance angulaire cherchée. Alors, si l'arc KD est gradué double, c'est-à-dire donne les demi-degrés pour des degrés, l'arc parcouru donnera immédiatement la distance cherchée.

Ainsi, nous voyons que nous pouvons déterminer la distance angulaire de deux objets, à l'aide de deux miroirs remplissant la condition *d'être perpendiculaires au plan décrit par la trace de celui que nous avons appelé le grand miroir.*

Du Limbe. — L'arc que parcourt le point D de la trace du grand miroir s'appelle *Limbe.*

Remarque. — Remarquons immédiatement, que par rapport au grand miroir les angles d'incidence varient; mais que par rapport au petit miroir qui opère la seconde réflexion, l'angle d'incidence reste toujours le même; c'est sur la (fig. 22) l'angle Ccy.

Point de Collimation. — Le point D où s'arrête la trace du grand miroir lorsque l'on met en contact le premier objet vu directement avec son image prend le nom *de point de Collimation.*

C'est à partir de ce point que doit se compter l'arc parcouru par l'extrémité de la ligne MD.

On voit qu'il n'est pas nécessaire que la ligne MD soit la trace du grand miroir.

Elle peut être une ligne faisant un angle quelconque avec cette trace, mais, invariablement fixée au grand miroir.

71. *Position de Parallélisme des deux miroirs.* — On verra plus loin qu'il est nécessaire de déterminer la position de parallélisme des deux miroirs.

Or, nous allons voir que cette position est facilement obtenue en choisissant un objet suffisamment éloigné et en mettant en contact cet objet et son image.

Considérons en effet, la position MN et mn des deux miroirs (fig. 22), lorsque le point A et son image sont en contact.

Les deux miroirs font à cet instant un angle égal à cxy, angle de leurs normales.

Or, on a évidemment les relations

$$\begin{aligned} Cxy &= Ccy - cCx\,, \\ &= \frac{1}{2}\,Cco - \frac{1}{2}\,cCA\,, \\ &= \frac{1}{2}\,(Cco - cCA) = \frac{1}{2}\,CAc. \end{aligned}$$

Donc $$CAc = 2Cxy.$$

Mais dans le triangle CAc, on a

$$\frac{\sin CAc}{\sin CcA} = \frac{Cc}{CA},$$

d'où $$CA = \frac{Cc\,.\,\sin Cco}{\sin CAc}.$$

Or, dans les instruments ordinaires

$$Cc = 0^{m},10 \qquad \text{et} \qquad Cco = 20^{\circ}.$$

Donc, si l'on admet que les deux miroirs ne font un angle que de 5″, c'est-à-dire sont sensiblement parallèles, on aura

$$CA = \frac{0,10.\sin 20^\circ}{\sin 10''}.$$

En effectuant les calculs, on trouve

$$CA = 705^m,4.$$

Par conséquent, en choisissant un objet éloigné du grand miroir de 700 mètres environ, on pourra admettre que les deux miroirs sont sensiblement parallèles, *quand cet objet et son image sont en contact.*

Si l'objet A est un astre on pourra, dans ce cas, regarder les miroirs comme rigoureusement parallèles.

Le point de collimation s'appelle alors *point de parallélisme.*

72. Dans l'explication que nous venons de donner de la mesure des angles avec un système de deux miroirs plans, nous avons supposé ces miroirs sans épaisseur, tels que seraient, par exemple, *des Miroirs métalliques;* mais ces derniers miroirs eu égard à leur oxydation ne pouvant être employés dans la marine, on se sert de miroirs en verre d'une certaine épaisseur.

Or dans ces miroirs, la réflexion s'opère sur la *face postérieure*, et par suite, chaque rayon lumineux qui se réfléchit traverse deux fois le miroir. Voyons si la *réflexion* et la *réfraction* en se combinant, n'apportent pas de modifications au raisonnement que nous avons suivi.

Déterminons, avant tout, la marche des rayons lumineux dans ces miroirs.

Ne considérons d'abord que le *grand Miroir.*

73. *Cas où les faces du grand Miroir sont parallèles.*

Fig. 23

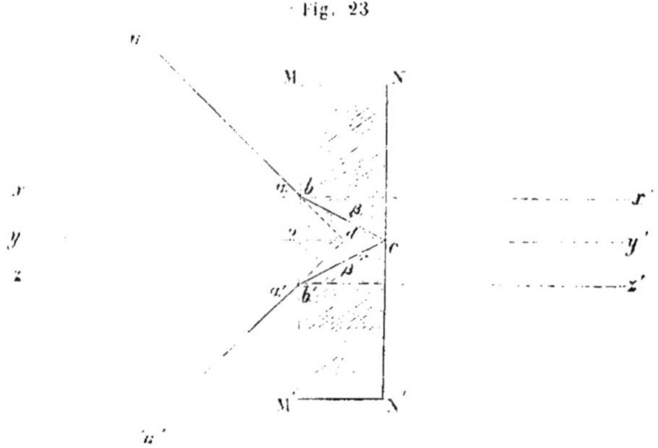

Soient MM′ (fig. 23) la face *antérieure* d'un miroir, NN′ sa face *postérieure* que nous supposons parallèle à la première.

Considérons un rayon lumineux ab; ce rayon vient frapper en b la surface *antérieure* du miroir, traverse le verre suivant bc en se réfractant, vient frapper en c la surface *postérieure* du miroir, est réfléchi suivant cb' et sort du miroir en se réfractant, suivant $b'a'$.

Si nous menons en b, c, b' les normales xx', yy', zz' aux faces du miroir, on aura :

abx = 1er angle d'incidence. . . . . $= \alpha$,
$x'bc$ = 1er angle de réfraction. . . . . $= bcy = \beta$,
$cb'z'$ = 2e angle d'incidence. . . . . $= ycb' = \beta'$
$a'b'z$ = 2e angle de réfraction, ou angle de réflexion apparent $= \alpha'$.

D'après ce que l'on a vu en physique, on peut écrire

$$\frac{\sin\alpha}{\sin\beta} = \frac{\sin\alpha'}{\sin\beta'} = m; \quad \text{pour le verre, } m = 1{,}55.$$

Or, eu égard à l'égalité des deux angles bcy et ycb', on a

$$\beta = \beta' \quad \text{et par suite,} \quad \alpha = \alpha'.$$

Donc, le deuxième angle de réfraction est égal au premier angle d'incidence.

Si nous prolongeons ab et $a'b'$, ces deux lignes se rencontreront évidemment en un même point d de yy'.

Les triangles rectangles bod et boc donnent :

$$bo = od \ \mathrm{tg}\,\alpha,$$
$$bo = oc \ \mathrm{tg}\,\beta',$$

d'où
$$od = \frac{e\,\mathrm{tg}\beta}{\mathrm{tg}\,\alpha};$$

en appelant e l'épaisseur du verre.

Mais de $\frac{\sin\alpha}{\sin\beta} = m$, nous déduisons

$$\sin\beta = \frac{\sin\alpha}{m} \quad \text{et} \quad \mathrm{tg}\,\beta = \frac{\sin\alpha}{\sqrt{m^2 - \sin^2\alpha}}.$$

Donc
$$od = e\,\frac{\sin\alpha}{\sqrt{m^2 - \sin^2\alpha}} \times \frac{1}{\mathrm{tg}\,\alpha} = \frac{e\cos\alpha}{\sqrt{m^2 - 1 + \cos^2\alpha}},$$

ou enfin
$$od = \frac{e}{\sqrt{1 + \frac{m^2 - 1}{\cos^2\alpha}}};$$

Mais $m^2 - 1 = (1,55)^2 - 1 = 1,4025$.

On a définitivement.

$$od = \frac{e}{\sqrt{1 + \frac{1,4025}{\cos^2\alpha}}}.$$

Donc, le cas d'un miroir en verre revient au cas d'un miroir métallique qui se trouverait en dedans du verre à une distance *od* de la face antérieure. Cette distance *od* est comme on le voit, variable avec α. En prenant pour α ses limites extrêmes dans la pratique, 0° et 60°, on trouve : pour $\alpha = 0°$

$$oD = e \times \frac{1}{\sqrt{2,4025}} = e \times 0,645.$$

et pour $\alpha = 60°$

$$oD = e \times \frac{1}{\sqrt{6,61}} = e \times 0,389;$$

la moyenne de ces deux quantités est $oD = e \times 0,517$, c'est-à-dire environ la moitié de *e*.

On devra donc disposer l'axe de rotation du grand miroir, de manière qu'il se trouve placé, en arrière de la face antérieure du grand miroir, à peu près de la moitié de l'épaisseur de ce miroir; d'après Borda, on le place généralement aux $\frac{2}{3}$ de l'épaisseur, quantité approximativement égale à $e \times 0,645$.

On voit qu'il est impossible, dans la pratique, de déterminer exactement les contacts, de manière que le premier rayon incident du petit miroir soit dirigé suivant *Ce*; mais l'erreur qui peut en résulter est insensible et on peut ne pas y avoir égard.

74. ***Miroir prismatique.*** — Ne considérons que le cas où l'arête du prisme, intersection des deux faces antérieure et postérieure du grand miroir, est perpendiculaire au plan que parcourt la trace de ce miroir.

Fig. 24.

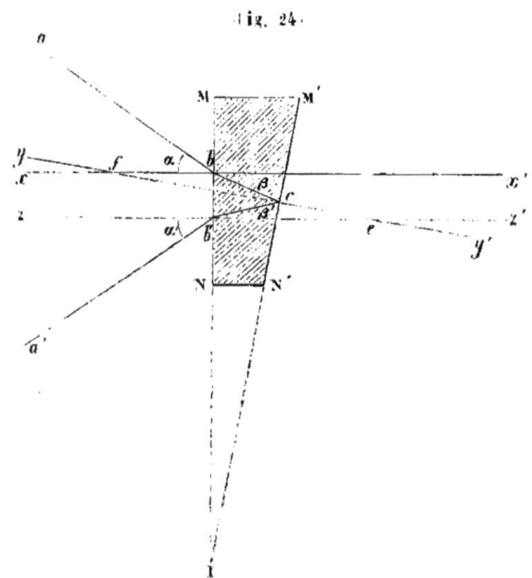

Soient MN (fig. 24) la face *antérieure* du miroir, M'N' la face *postérieure* et MIM' = I l'angle de ces deux faces.

Un rayon lumineux ab vient frapper la face antérieure MN, se réfracte suivant bc, se réfléchit suivant $b'c$ sur la face postérieure M'N', et enfin émerge en $a'b'$.

Menons les normales xx', zz' à la face MN et yy' à la face M'N', on aura :

$$abx = \alpha = 1^{er} \text{ angle d'incidence},$$
$$cbx' = \beta = 1^{er} \text{ angle de réfraction},$$
$$cb'z' = \beta' = 2^{e} \text{ angle d'incidence},$$
$$a'b'z = \alpha' = 2^{e} \text{ angle de réfraction}.$$

On a, évidemment, la relation

$$\frac{\sin \alpha}{\sin \beta} = \frac{\sin \alpha'}{\sin \beta'}.$$

Du triangle $cb'e$ on déduit

$$\beta' = fcb' - I,$$

et du triangle fcb

$$fcb = \beta - I; \qquad \text{et comme} \qquad fcb = fcb',$$

on a

$$\beta' = \beta - 2I.$$

Donc $\beta' < \beta$ et par suite $\alpha' < \alpha$.

Posons $\alpha' = \alpha - x$, il vient

$$\frac{\sin \alpha}{\sin \beta} = \frac{\sin(\alpha - x)}{\sin(\beta - 2I)}.$$

ou bien $$\sin\alpha \sin(\beta - 2I) = \sin\beta \sin(\alpha - x).$$

D'où, développant et observant que 2I et x sont des angles très-petits, on a

$$\sin\alpha(\sin\beta - \cos\beta \,.\, 2I\sin 1'') = \sin\beta(\sin\alpha - \cos\alpha \,.\, x\sin 1''),$$

d'où $$x = 2I\,\frac{\operatorname{tg}\alpha}{\operatorname{tg}\beta}.$$

Nous avons trouvé plus haut (73)

$$\frac{\operatorname{tg}\beta}{\operatorname{tg}\alpha} = \frac{1}{\sqrt{1 + \frac{m^2 - 1}{\cos^2\alpha}}};$$

On a donc

$$x = 2I\sqrt{1 + \frac{m^2 - 1}{\cos^2\alpha}};$$

ou, remplaçant m par la valeur numérique 1,55

$$x = 2I\sqrt{1 + \frac{1,4025}{\cos^2\alpha}},$$

donc, $$\alpha' = \alpha - 2I\sqrt{1 + \frac{1,4025}{\cos^2\alpha}}.$$

Dans ce que nous venons de dire, nous avons supposé que la rencontre des faces MN et M'N' du miroir avait lieu du côté du rayon émergent $a'b'$.

Si $a'b'$ était le premier rayon incident et ab le rayon émergent, la correction x serait évidemment additive.

Pour $\alpha = 0$, on trouve $x = 3,1.I$; c'est la valeur minimum de x. La valeur de x augmente ensuite avec α.

Tous les rayons qui arrivent sous l'angle α émergent sous l'angle α', et par suite, *parallèlement*.

75. *Influence d'un grand miroir prismatique dans la mesure des angles.* — Voyons maintenant, l'influence de la convergence des faces opposées du grand miroir dans la mesure des angles avec un système de deux miroirs plans.

Fig. 25.

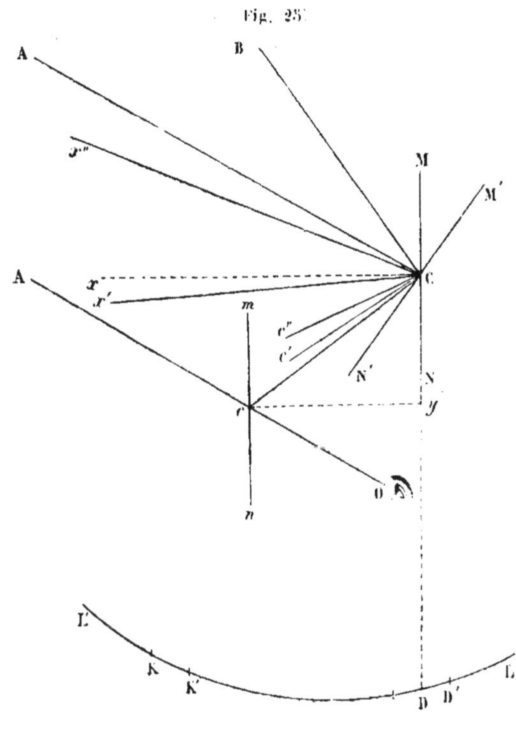

Considérons d'abord, un objet A (fig. 25), très-éloigné.

Si nous supposons les faces du miroir parallèles, au moment du premier contact lorsque la trace du grand miroir est en D, la normale cx est bien la bissectrice de l'angle ACc.

Mais, la face postérieure du grand miroir venant à converger vers la face antérieure du côté N, le rayon réfléchi au lieu d'être Cc sera Cc' de telle sorte que

$$cCc' = 2I\sqrt{1 + \frac{1,4025}{\cos^2 ACx}}.$$

Pour amener Cc' sur Cc, il faudra faire pivoter le grand miroir autour de son axe jusqu'à ce que sa trace arrive en D', et l'on aura $DD' = \frac{1}{2}\, cCc'$; car, si cx' est la normale du grand miroir dans cette nouvelle position, il vient

$$ACx' - cCx' = 2I\sqrt{1 + \frac{1,4025}{\cos^2 ACx'}};$$

mais

$$ACx' = ACx + xCx',$$

$$cCx' = cCx - xCx',$$

donc

$$ACx' - cCx' = 2xCx',$$

Et par suite, on a

$$2xCx' = 21\sqrt{1+\frac{1,4025}{\cos^2 ACx'}},$$

ou, sensiblement

$$2xCx' = 21\sqrt{1+\frac{1,4025}{\cos^2 ACx}}.$$

Mais l'arc DD' est exprimé en divisions qui comptent double, on a donc

$$DD' = 21\sqrt{1+\frac{1,4025}{\cos^2 ACx}}.$$

Or, $ACx = \frac{1}{2}\,ACe = \frac{1}{2}\,Cco$ angle constant dans les instruments.

Si nous désignons $\frac{1}{2}\,Cco$ par C, il vient enfin

$$DD' = 21\sqrt{1+\frac{1,4025}{\cos^2 C}}.$$

Soient maintenant, A et B les deux objets dont nous voulons avoir la distance angulaire.

Le point B peut avoir deux positions par rapport au point A : ou le rayon incident émanant du point B arrive au grand miroir sans rencontrer la ligne oC, ou il la rencontre.

Premier cas. — Considérons le premier cas qui est celui de la figure 25.

Si les faces du grand miroir étaient parallèles au moment du second contact, quand la trace du miroir est en K, le réfléchi de B C serait C c. Mais si la convergence se fait du côté N, le rayon réfléchi prendra une position C c'' telle que l'on ait

$$cCc'' = 21\sqrt{1+\frac{1,4025}{\cos^2 BCx''}};$$

Mais on a sensiblement $BCx'' = \frac{1}{2}\,BCc = \frac{1}{2}\,(ACc + BCA) = (d + C)$

En appelant d la moitié de la distance cherchée, on a donc

$$cCc'' = 21\sqrt{1+\frac{1,4025}{\cos^2 (d+C)}}.$$

Pour obtenir le second contact il faudra donc faire pivoter le grand miroir jusqu'à ce que sa trace vienne de K et K', de telle sorte que l'on ait

$$KK' = 2I\sqrt{1 + \frac{1,4025}{\cos^2(d + C)}}.$$

Le point de départ sur l'arc LL' est D' au lieu de D et le point d'arrivée K' au lieu de K.

La distance Δ exprimée sur l'arc est alors K'D' au lieu de KD = D.

Or, on a

$$KD = K'D' + KK' - DD'.$$

Il vient donc

$$D = \Delta + 2I\left(\sqrt{1 + \frac{1,4025}{\cos^2(d + C)}} - \sqrt{1 + \frac{1,4025}{\cos^2 C}}\right).$$

Nous voyons que dans la parenthèse, il entre $d = \frac{D}{2}$ que nous ne connaissons pas; mais comme D diffère peu de Δ, on peut remplacer $\cos^2(d + C)$ par $\cos^2\left(\frac{\Delta}{2} + C\right)$.

On a enfin,

$$D = \Delta + 2I\left(\sqrt{1 + \frac{1,4025}{\cos^2\left(\frac{\Delta}{2} + C\right)}} - \sqrt{1 + \frac{1,4025}{\cos^2 C}}\right).$$

Si la convergence des faces du miroir avait lieu du côté de M, la correction de Δ prendrait un signe contraire sans changer de valeur.

Deuxième cas. — Considérons maintenant, le cas où le rayon BC rencontre le rayon CO avant d'arriver au grand miroir.

Si les faces du grand miroir étaient parallèles au moment du se-

(Fig. 26)

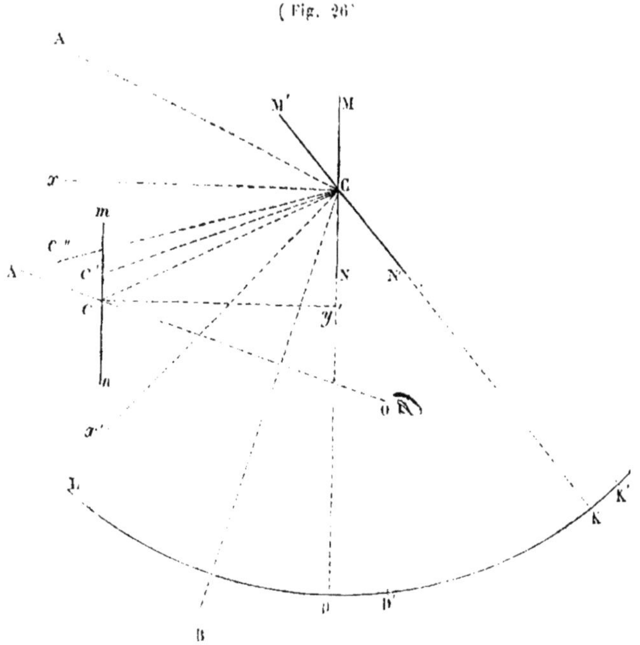

cond contact : lorsque la miroir est dans la position M'N' (*fig.* 26), perpendiculaire à Cx' bissectrice de l'angle BCc, le réfléchi de BC serait Cc : et la trace du grand miroir serait en K.

Mais, si la convergence des faces du grand miroir se fait vers N, le rayon réfléchi de BC deviendra Cc'', et pour obtenir le contact on sera obligé de faire tourner le grand miroir autour de son axe, de manière à amener sa trace en KK'.

L'arc parcouru par la trace du grand miroir sera D'K'; or, on a

$$DK = D'K' + DD' - KK',$$

mais $$DD' = 2I\sqrt{1 + \frac{1,4025}{\cos^2 C}},$$

et $$KK' = \sqrt{1 + \frac{1,4025}{\cos^2 BCx}}.$$

De plus, $BCx' = \frac{1}{2}(BCA - ACc) = \frac{1}{2} BCA - \frac{1}{2} Cco = \frac{D}{2} - c.$

Donc, il vient en représentant la distance cherchée par D et la distance lue sur l'arc LL' par Δ,

$$D = \Delta - 2I\left(\sqrt{1 + \frac{1,4025}{\cos^2\left(\frac{D}{2} - C\right)}} - \sqrt{1 + \frac{1,4025}{\cos^2 C}}\right).$$

Il est évident que dans la quantité entre parenthèse, on peut, sans erreur sensible, remplacer $\frac{D}{2}$ qui est inconnu par $\frac{\Delta}{2}$ que l'on a déterminé, et par suite on a

$$D = \Delta - 2I\left(\sqrt{1 + \frac{1,4025}{\cos^2\left(\frac{\Delta}{2} - C\right)}} - \sqrt{1 + \frac{1,4025}{\cos^2 C}}\right).$$

Pour un même miroir, l'erreur commise *en plus* dans le second cas est plus grande que l'erreur commise *en moins* dans le premier cas, car on a $\cos^2\left(\frac{D}{2} + C\right) < \cos^2\left(\frac{D}{2} - C\right)$.

76. ***Tables de Borda donnant les corrections précédentes.*** — Dans les deux cas que nous venons de considérer, nous voyons que la correction à apporter à une distance Δ lue sur l'instrument est fonction de quantités constantes I et C pour un même instrument, et d'une quantité variable $\frac{\Delta}{2}$.

Borda a calculé la valeur de

$$2I\left(\sqrt{1 + \frac{1,4025}{\cos^2\left(\frac{\Delta}{2} \pm C\right)}} - \sqrt{1 + \frac{1,4025}{\cos^2 C}}\right)$$

En supposant à I la valeur 1' et à C la valeur moyenne de 10° ;

L'argument de la table est Δ ; cet argument est donné de 5° en 5° depuis 0° jusqu'à 145°. Appelons e cette correction de Borda donnée par sa table.

Si nous représentons donc par e, e' les quantités, telles que

$$2\left(\sqrt{1+\frac{1,4025}{\cos^2\left(\frac{\Delta}{2}\pm C\right)}}-\sqrt{1+\frac{1,4025}{\cos^2 C}}\right).$$

qui correspondent à deux distances Δ et Δ', E et E' les erreurs correspondantes d'un miroir dont l'inclinaison est I, on aura

$$E = Ie \;\ldots\ldots\; E' = Ie';$$

d'où l'on déduit

$$\frac{E}{E'} = \frac{e}{e'},$$

et par suite,

$$E = E'\frac{e}{e'} = \frac{E'}{e'}\,.\,e.$$

Si nous connaissons la correction E' qui convient à la distance pour le miroir dont l'inclinaison des faces du grand miroir est I à l'aide de la table de Borda nous trouverons $\frac{E'}{e'} = I$, inclinaison des faces : nous n'aurons donc plus qu'à multiplier par I toute correction de la table relative à une distance, pour avoir la correction cherchée.

Nous verrons plus loin comment on détermine la correction E' relative à une certaine distance Δ'.

Cette table de Borda est reproduite dans la table VI de Callet, dans la table X de M. Caillet, 1re édition, et table VI, 2e édition ; et enfin dans la table XIII de Guépratte.

Pour éviter l'influence d'un miroir prismatique, M. le lieutenant de vaisseau Pagel a proposé d'employer un grand miroir circulaire et de placer ce miroir mobile dans sa cage de manière que le diamètre parallèle à la ligne d'intersection des faces opposées du miroir soit parallèle au plan d'observation.

77. *Petit miroir prismatique.* — L'influence d'un petit miroir prismatique est nulle dans la mesure des angles avec un système de deux miroirs plans, parce que les rayons qui viennent du grand miroir, venant frapper le petit miroir toujours sous la même incidence, le point de parallélisme et le point de coïncidence sont dérangés de leurs positions de la même quantité et dans le même sens il n'en résulte donc aucune erreur sur l'arc lu sur le Limbe.

LECTURE DES ARCS PARCOURUS SUR LE LIMBE.

78. Les arcs parcourus par la trace du grand miroir ont besoin être connus avec assez d'exactitude.

Or, on comprend que la division du Limbe en parties égales doit voir une limite ; il est impossible, par exemple, de diviser un limbe minute en minute.

Les machines si remarquables à l'aide desquelles s'effectue la vision des limbes des instruments à réflexion ne permettent de ire cette division que de 10 en 10 minutes, de $7^m\frac{1}{2}$ en $7^m\frac{1}{2}$ ou de en 5 ; comme on écrit le double de l'arc réel, les limbes paraisnt généralement divisés de 20 en 20 minutes, de 15 en 15 ou de 10 10.

De la ligne de foi. — Nous appelerons *ligne de foi* la partie de la ace du grand miroir ou de la ligne intimement liée à cette trace, ui parcourt le Limbe.

Cette ligne de foi est indiquée par un zéro.

DU VERNIER.

79. *Du Vernier.* — Lorsque dans l'évaluation d'un arc parcouru, ligne de foi coïncide exactement avec une division du Limbe, la cture est facile ; mais, si la ligne de foi tombe entre deux divisions u limbe, il y a à évaluer un petit arc en plus des vingtaines ou des uinzaines de minutes. C'est pour évaluer ce petit arc que *Pierre ernier* a imaginé de lier à la trace du grand miroir, un arc conentrique au limbe, arc qui a pris le nom de *vernier*.

Pour former le vernier, on prend un arc embrassant m divisions u limbe ; si chacune de ses divisions vaut d minutes l'arc considéré vaudra md.

On divise cet arc en $(m+1)$ parties égales : alors la division d u vernier vaut

$$\frac{md}{m+1}.$$

Donc, entre la division du limbe et celle du vernier il y a une différence δ, dont la valeur est donnée par la relation

$$\delta = d - \frac{md}{m+1} = \frac{d}{m+1}.$$

Soient maintenant LL', fig. 27, le limbe, vv' le vernier, bo la ligne d

(Fig. 27)

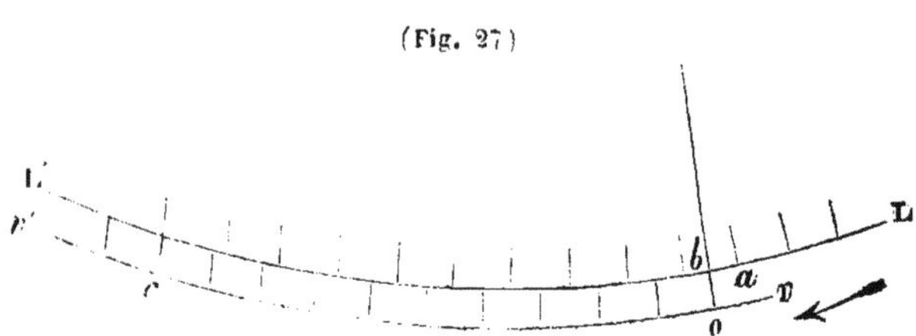

foi. Supposons que la graduation du limbe marche dans le sens de la flèche. On veut évaluer le petit arc ba. — Cherchons la division du vernier qui coïncide avec une division du limbe ; soit c cette division.

Les divisions du limbe et du vernier immédiatement à droite de c, ne coïncident pas et leurs distances en allant vers la droite sont successivement δ, 2δ, 3δ...., $n\delta$, si n est le numéro de la division

Donc, si l'on connaît δ et qu'on lise le numéro de c, on aura la valeur de ba, à moins d'un δ près.

Quand δ est d'une minute, les traits de toutes les divisions du vernier ont la même longueur.

Quand δ est de 30 secondes, les traits des divisions du vernier sont plus grands de deux en deux et sont seuls numérotés.

Quand δ est de 20 secondes, les traits des divisions du vernier sont plus grands de trois en trois et sont seuls numérotés, et ainsi de suite.

On peut se proposer de déterminer la valeur qui convient à n pour que δ soit égal à 1' ou à 30" ou à 20"..... etc.

De la relation $\delta = \dfrac{d}{m+1}$ on déduit

$$m\delta + \delta = d;$$

d'où

$$m = \frac{d}{\delta} - 1.$$

Et alors suivant que $d = 20'$, $15'$, ou $10'$, on forme le tableau suivant qui donne les différentes valeurs de m :

	$d = 20'$	$d = 15'$	$d = 10'$
Pour $\delta = 1'$	$m = 20 - 1 = 19$	$m = 15 - 1 = 14$	$m = 10 - 1 = 9$
$\delta = 30''$	$m = 40 - 1 = 39$	$m = 30 - 1 = 29$	$m = 20 - 1 = 19$
$\delta = 20''$	$m = 60 - 1 = 59$	$m = 45 - 1 = 44$	$m = 30 - 1 = 29$
⋮	⋮	⋮	⋮

DU CERCLE A RÉFLEXION.

80. ***Description.*** — Dans un *cercle à réflexion*, il y a quatre parties principales :

1° Le cercle proprement dit ou le corps de l'instrument ;
2° L'alidade de la lunette ou du petit miroir ;
3° L'alidade du grand miroir ;
4° La poignée de l'instrument.

1°. — *Du corps de l'instrument.*

(Fig. 28)

Le corps de l'instrument est taillé dans une seule pièce de cuivre et se compose :

1° Du noyau *a* et de la vis *b* (*fig.* 28 et 29), destinée à recevoir le pied de l'instrument;

2° De six rayons taillés en biseau *c*, *c* qui ont pour but de lier le noyau au limbe;

3° De la règle de champ circulaire *d* dont l'objet est de supporter le limbe et de l'empêcher de se courber;

4° Du limbe *e* qui est soudé contre cette règle de champ.

Les surfaces supérieures des six rayons, du noyau et du limbe sont dans un même plan, appelé le plan de l'instrument.

Le limbe proprement dit est une lame d'argent circulaire sur laquelle est tracée la graduation.

Ce limbe est divisé en 720 parties égales qui représentent des degrés; chaque degré est divisé en 3 ou 4 parties qui représentent vingt ou quinze minutes.

2°. — *De l'alidade de la Lunette.*

(Fig. 29)

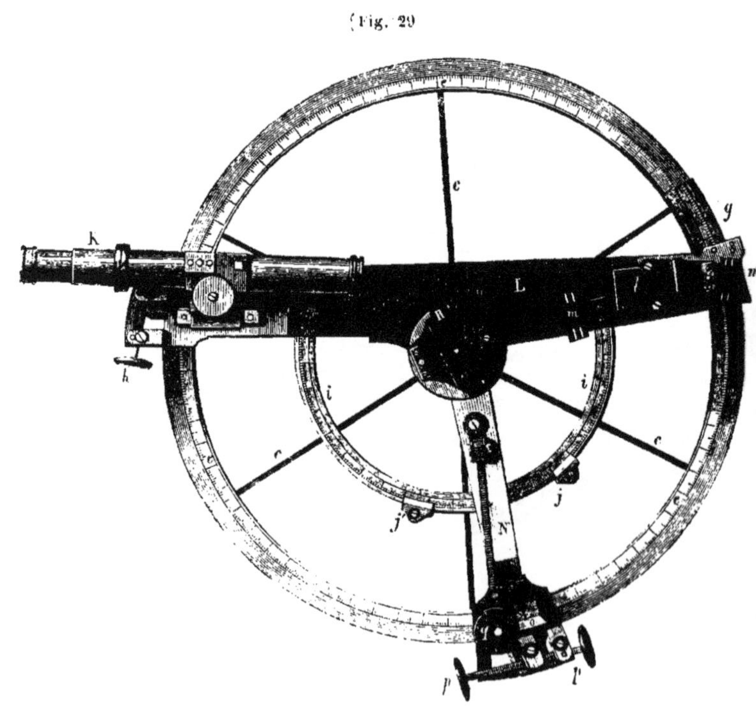

L'alidade de la lunette se compose :

1° De la règle plate ou alidade proprement dite L ;
2° Du vernier *g* ;
3° Des vis de pression et de rappel *h* ;
4° De l'arc concentrique *i* et de ses curseurs *j* et *j'* ;
5° De la lunette K ;
6° Du petit miroir *l* ;
7° De deux pièces *m* et *m'* destinées à recevoir les queues des [v]erres colorés et de la ventelle.

1° La règle plate ou alidade proprement dite est aussi simplifiée [q]ue possible, afin de diminuer le poids de l'instrument, elle contient [v]ers le milieu une partie cylindrique creuse qui entre dans le noyau [d]u corps de l'instrument.

2° Le vernier, petit arc concentrique au limbe, dont nous avons [p]arlé, est fixé à l'extrémité de l'alidade et fait corps avec elle.

3° *Des vis de pression et de rappel.* — Pour que l'on puisse ob[t]enir les contacts avec précision, il faut pouvoir fixer l'alidade sur [l]e limbe en un point quelconque, et lui donner ensuite un mouve[m]ent très-lent.

C'est la vis de pression qui fixe l'alidade sur le limbe.

Pour cela, l'extrémité de l'alidade est généralement terminée par [u]ne fenêtre dans laquelle glisse un écrou, lequel porte un ressort à [d]eux branches que l'on peut presser sur le limbe à l'aide de la vis [d]e pression.

La vis de rappel *h* contient vers l'une de ces extrémités une partie [s]phérique qui est saisie dans deux cavités hémisphériques fixées sur [l]'alidade ; de cette manière la vis de rappel est fixée à l'alidade.

Elle est ensuite engagée vers son milieu, entre deux demi-sphères [t]araudées contenues dans deux autres cavités hémisphériques fixées [à] l'écrou qui glisse dans la fenêtre de l'alidade ; de cette manière, [l]orsque la vis de pression a fixé l'écrou et par suite l'alidade en un [p]oint du limbe, la vis de rappel permet de faire glisser cette alidade [s]ur l'écrou aussi lentement qu'on veut.

Le but des sphères taraudées, de la partie sphérique de la vis [d]e rappel et des cavités hémisphériques, est de changer le mouve[m]ent rectiligne de la vis en mouvement circulaire de l'alidade sans [f]orcer le filet de cette vis.

4° L'arc concentrique est une lame de cuivre circulaire graduée fixée à l'alidade de la lunette et qui, par conséquent, suit tous les mouvements de cette alidade.

Cet arc concentrique supporte deux curseurs ou pièces mobiles, qu'un ressort maintient à frottement sur l'arc ; on peut allonger ou raccourcir ces curseurs à l'aide d'une languette adaptée à chacun d'eux, et fixée au curseur par une vis.

5° La lunette, qui n'est autre chose qu'une petite lunette astronomique dont le réticule porte deux fils parallèles, est fixée sur l'alidade de la lunette à l'aide *d'une* ou *deux* oreilles, qui entrent dans la rainure de deux montants.

Chaque montant est traversé dans le sens de sa longueur, par une vis qui traverse aussi l'oreille de la lunette et qui permet de rapprocher ou d'éloigner l'axe de cette lunette du plan de l'instrument.

6° Le petit miroir est placé sur l'alidade le plus près possible du limbe.

La moitié inférieure de cette glace est étamée, l'autre est transparente. La monture du petit miroir doit être telle que l'on puisse lui donner deux mouvements : l'un autour d'une ligne parallèle au plan de l'instrument, l'autre autour d'un axe perpendiculaire au même plan.

Pour cela, la monture du petit miroir se compose de deux pièces :

L'une qui touche l'alidade, permet à l'aide de vis le mouvement autour de l'axe perpendiculaire au plan du limbe ; l'autre encastrée au-dessus de celle-ci peut tourner autour d'une ligne parallèle au plan de l'instrument à l'aide de deux vis placées, l'une en avant, l'autre en arrière du petit miroir.

A cette pièce supérieure est fixée une plaque perpendiculaire au plan du limbe et contre laquelle vient s'appuyer la face postérieure du petit miroir saisi dans une cage qui n'a que la hauteur de la partie étamée, et qui porte sur l'arrière deux petites vis qui permettent de fixer la cage et par suite le petit miroir contre la plaque.

La monture du petit miroir peut satisfaire aux conditions sus-énoncées en ayant toutefois des dispositions différentes dans le placement des vis. Aussi, croyons-nous inutile de donner une représentation graphique d'une monture qui ne se trouverait pas la même pour tous les instruments placés entre les mains du lecteur.

Les bords verticaux du petit miroir sont taillés parallèlement à la droite qui joint un point de l'axe du petit miroir à un autre point de l'axe du limbe, tout en restant parallèle à ce limbe ; cette disposition a pour but de faire qu'il y ait le moins possible de rayons de l'objet qu'on ne vise pas directement, qui arrivent au grand miroir après avoir traversé le petit ; ce qui peut avoir lieu dans certaines observations.

7° En avant du petit miroir sont fixées deux pièces appelées *loges*, qui servent à recevoir les queues des verres colorés (fig. 32) ; ces pièces garnies de vis pour fixer les queues des verres sont placées de manière que ces verres, tout en ayant leurs faces perpendiculaires au plan des axes du limbe et du petit miroir, soient inclinés d'environ 5° vers le petit miroir, afin d'empêcher que les rayons réfléchis par la surface antérieure des verres colorés n'entrent dans la lunette en même temps que les images colorées.

En arrière du petit miroir sont placées deux loges destinées à recevoir deux verres colorés pour affaiblir les rayons de l'objet vu directement ; on y place aussi une petite plaque métallique appelée *ventelle* (fig. 33) et percée d'une fenêtre ; la queue de cette pièce est à ressort pour qu'elle soit maintenue à frottement et qu'on puisse élever ou abaisser la ventelle de manière à augmenter ou à diminuer la quantité de lumière de l'objet vu directement.

3° — *De l'alidade du grand miroir.*

L'alidade du grand miroir contient :

1° L'alidade proprement dite N ;
2° Le vernier *o* ;
3° Les vis de pression et de rappel *p* ;
4° La loupe *q* ;
5° Le grand miroir R ;
6° Les loges pour verres colorés *s*.

1° L'alidade, proprement dite, est une règle plate terminée à l'une de ses extrémités par une pièce circulaire du centre de laquelle part un cylindre plein qui entre dans la partie cylindrique creuse du noyau de l'instrument et traverse ce noyau ; ce cylindre est fixé à l'instrument par un écrou qui se visse sur son extrémité, de telle sorte, que cet écrou fixe à la fois à l'instrument, l'alidade du grand miroir et l'alidade de la lunette, tout en permettant à l'alidade du grand miroir, placée sur l'alidade de la lunette, d'avoir un mouvement de rotation indépendant de celui de la lunette.

2° Le vernier est situé à l'autre extrémité de l'alidade, sa lecture est facilitée à l'aide d'un morceau de verre dépoli placé sur l'alidade au-dessus du vernier avec une inclinaison de 45° environ; ce morceau de verre dépoli empêche les rayons trop lumineux de se refléter sur la lame d'argent sur laquelle est tracée la graduation, et par suite d'empêcher la lecture.

3° Les vis de pression et de rappel sont disposées comme dans l'alidade de la lunette.

4° Une loupe dont le support peut avoir un mouvement parallèle au plan de l'instrument, est placée de manière à correspondre au-dessus du vernier et la disposition de sa monture est telle que le vernier peut être placé au foyer.

5° Le grand miroir est une glace entièrement étamée qui est saisie dans une cage qui porte une ou deux vis sur l'arrière afin de fixer le grand miroir; pour cela, entre la glace et la face arrière de la cage s'introduit une plaque fixée sur l'alidade au centre de l'instrument et perpendiculairement au plan du limbe; deux petites vis viennent presser cette plaque contre la face postérieure du grand miroir. Cette plaque, dont l'axe doit être celui du limbe, fait partie d'une pièce qui s'appuie sur l'alidade, et qui porte une ou plusieurs vis en arrière du grand miroir.

Ces vis servent à rectifier la perpendicularité du grand miroir sur le plan de l'instrument.

6° En avant du grand miroir et très-près de cette glace se trouvent deux pièces destinées à recevoir les queues des verres colorés appelés les grands verres.

La poignée de l'instrument est une pièce en bois qui se visse sur le noyau de l'instrument et qui sert à tenir l'instrument à la main.

81. *Objets accessoires du cercle à réflexion.*

Fig. 30.

Pour se servir d'un cercle à réflexion, il faut, en outre, les objets suivants :

1° Une clef pour les vis à tête carrée (fig. 30);
2° Un tourne-vis;

(Fig. 31)

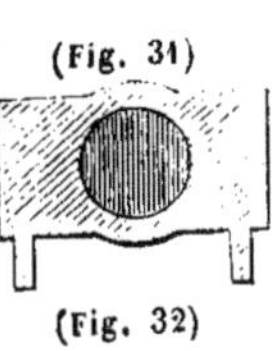

(Fig. 32)

(Fig. 33)

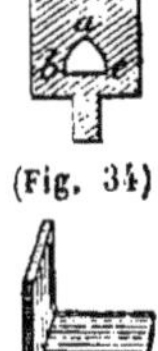

(Fig. 34)

3° Trois ou quatre grands verres colorés, ayant des teintes différentes, et des couleurs telles que, vert, rouge foncé, jaune (fig. 31);

4° Sept ou huit petits verres colorés ayant des teintes différentes, mais quelques-unes plus foncées que dans les grands verres (fig. 32);

5° Une ventelle (fig. 33);

6° Un chapeau pour la lunette, lorsque l'on veut diminuer la quantité de rayons lumineux qui entrent dans la lunette;

7° Un porte-oculaire de rechange;

8° Une pinnule;

9° Deux viseurs ou pièces de cuivre composées de deux petits parallélipipèdes de petite épaisseur, coudés à angle droit (fig. 34).

Usage du Cercle à réflexion.

82. Nous supposons que nous possédons un bon cercle à réflexion remplissant bien les hypothèses faites dans la mesure des angles à l'aide d'un système de miroirs plans ; c'est-à-dire :

1° Que les miroirs sont bien perpendiculaires au plan du limbe;

2° Que l'axe optique de la lunette est parallèle au plan de l'instrument et situé dans le plan d'observation.

Du point de parallélisme. — Pour déterminer la position des deux alidades lorsque les deux miroirs sont parallèles, il suffit, d'après la théorie donnée plus haut, de mettre en contact un objet éloigné avec son image.

Pour cela, les deux alidades étant mobiles on commence par en fixer une, et on obtient le contact en faisant mouvoir l'autre, si c'est l'alidade de la lunette que l'on a fixée; ou, en faisant mouvoir le plan de l'instrument si c'est l'alidade du grand miroir qui est fixée.

Dans la pratique, c'est l'alidade du grand miroir qu'on l'on fixe en la mettant généralement sur le zéro du limbe.

De l'arc de parallélisme. — On appelle arc de parallélisme, l'arc compris entre les deux lignes de foi des verniers des deux alidades, lorsque les miroirs sont parallèles.

Une fois que l'on a déterminé *l'arc de parallélisme* d'une manière exacte, il est facile, quand on fixe l'une des alidades sur une division quelconque, de placer l'autre à la position de parallélisme.

Mesure des distances angulaires avec le cercle à réflexion.

83. *Droite et gauche de l'instrument.* — Supposons le plan du limbe horizontal et l'oculaire de la lunette tourné vers l'observateur; imaginons un plan perpendiculaire au plan de l'instrument et passant par l'axe optique de l'instrument; ce plan divise le plan de l'instrument en deux parties.

Celle qui contient l'alidade du grand miroir s'appelle *la droite*, l'autre *la gauche*.

Différentes espèces d'observations. — Lorsque l'on veut obtenir la distance angulaire de deux objets, il faut, d'après ce que nous avons dit, viser à l'un des objets et déterminer le premier contact; puis, faire passer le plan d'observation par l'autre objet et déterminer le *second contact*.

Or, en faisant passer le plan d'observation par le second objet, deux cas peuvent se présenter :

1° Les rayons qui émanent de ce second objet peuvent arriver au grand miroir par la droite, c'est-à-dire sans traverser l'axe optique de la lunette;

2° Ces rayons peuvent arriver au grand miroir par la gauche, c'est-à-dire après avoir coupé l'axe optique de la lunette.

Dans le premier cas, on dit que l'on fait une *observation de droite;*

Dans le second, *une observation de gauche.*

On peut enfin, déterminer la distance angulaire de deux objets en faisant successivement une observation de droite et une observation de gauche; cette double observation prend le nom *d'observation croisée.*

Dans ces différentes hypothèses, on peut faire marcher, soit l'alidade du grand miroir, soit l'alidade de la lunette *pour obtenir la distance angulaire.*

Nous ne considérerons que le cas où l'alidade qui parcourt la distance angulaire demandée, marche dans le sens des graduations.

84. *Observation de droite.* — Soient a et b (fig. 35), la position des lignes de foi des verniers lorsque les miroirs sont parallèles.

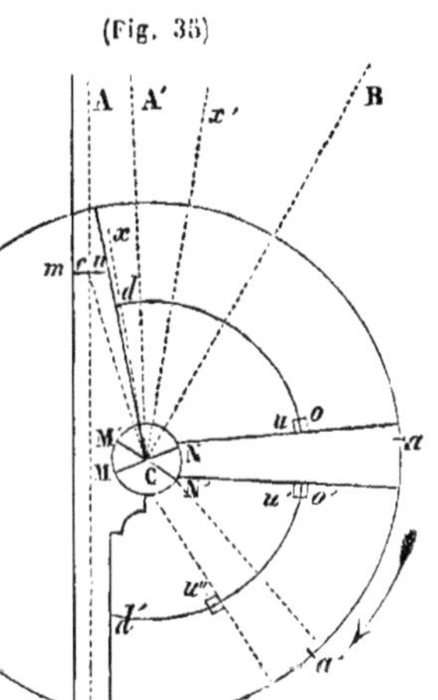

(Fig. 35)

Supposons que le point a ligne de foi de l'alidade du grand miroir corresponde au zéro du limbe; par conséquent c'est l'alidade du grand miroir que l'on a fixée lorsque l'on a déterminé le point de parallélisme.

ab est l'arc de parallélisme, représentons b par P.

Pour obtenir le contact par la droite, il faudra faire marcher l'alidade du grand miroir dans le sens de la flèche qui est celui des graduations, jusqu'à ce que la ›rmale Cx' soit bissectrice de l'angle B$\mathrm{C}c$.

L'arc $aa' =$ D sera la distance cherchée.

Remarque. — On voit qu'au moment du second contact, dans l'ob-rvation de droite, la distance ba' des deux lignes de foi est égale P — D.

Si, au moyen de l'alidade de la lunette, on rétablit le point de pa-.llélisme, on peut déterminer ensuite un nouveau contact par la ›oite en faisant encore mouvoir l'alidade du grand miroir, dans le ›ns de la flèche, d'une quantité sensiblement égale à aa'; on a ce ıe l'on appelle une seconde fois le contact, et l'arc total parcouru ır la ligne de foi de l'alidade du grand miroir est égal au double › la distance cherchée.

En continuant ainsi, on peut encore obtenir le contact, trois, ıatre, cinq fois, etc.

Donc, en divisant l'arc total parcouru par l'alidade du grand miroir, ır le nombre de fois que l'on a déterminé le contact du point B vu par ›flexion et du point A vu directement, on aura la distance demandée.

On voit ainsi, que si dans la lecture de l'arc total, on fait une er-›ur de e minutes, comme l'on a déterminé n fois le contact et qu'on ›btient par conséquent n fois la distance, l'erreur sur la distance ›herchée ne sera que $\frac{n}{6}$.

Telle est l'idée qui a guidé *Borda*, dans la disposition du cercle réflexion, que l'on appelle pour cette raison répétiteur.

A l'époque où ce savant marin conçut l'idée de rendre le cercle, *ré-pétiteur*, les instruments étaient divisés de la manière la plus gros sière; la répétition des angles était alors un sûr moyen d'affaiblir le erreurs de lecture.

Utilité de l'arc concentrique de Mendoza. Les déterminations suc cessives :

1° Du point de parallélisme à l'aide de l'alidade de la lunette;

2° Du contact de l'objet A et de l'image de l'objet B avec l'alidad du grand miroir peuvent être facilitées à l'aide de l'arc concen trique *doo'd'* et de ses deux curseurs.

Supposons en effet, que, au moment où la ligne de foi de l'alidad du grand miroir est sur zéro, et que les alidades sont au point de pa rallélisme, les deux curseurs u et u' (fig. 35) touchent l'alidade d grand miroir.

Lorsque l'on prendra le contact par la droite, l'alidade du gran miroir *entraînera* le curseur u' en u''.

Donc, si en desserrant l'alidade de la lunette, on fait *tourner plan de l'instrument* de manière que le curseur u vienne touche l'alidade du grand miroir, les deux alidades se trouveront, à très-pe près, au point de parallélisme que l'on rectifiera à l'aide de la vis d rappel de l'alidade de *la lunette;* faisant ensuite mouvoir *l'alida du grand miroir* de manière à l'amener en contact avec le curseur qui est en u'' sur l'arc concentrique, on fera, à très-peu près, par courir à l'alidade du grand miroir une seconde fois la distance an gulaire cherchée et ainsi de suite ; on n'a plus après cela qu'à rec tifier chaque contact à l'aide de la vis de rappel.

Erreur provenant d'un miroir prismatique dans une observation droite.—D'après ce que nous avons dit, 75, sur la mesure des distance angulaires à l'aide d'un grand miroir prismatique, nous voyons qu lorsque l'on se sert d'un cercle à réflexion après chaque contact ob tenu par une observation de droite toute distance parcourue sur limbe, par la ligne de foi du grand miroir a besoin d'être corrigée d la quantité

$$+\,2l\left(\sqrt{1+\frac{1,4025}{\cos^2\left(\frac{\Delta}{2}+C\right)}}-\sqrt{1+\frac{1,4025}{\cos^2 C}}\right),$$

étant l'angle des deux faces du grand miroir.

Donc l'arc total devra être corrigé de n fois cette quantité si l'on pris n contacts; ou autrement dit, *l'angle donné par l'instrument evra être corrigé de cette quantité.*

85. *Observation de gauche.* — Soient encore a et b (fig. 36) la position des lignes de foi des deux alidades, au moment du parallélisme des deux miroirs.

(Fig. 36)

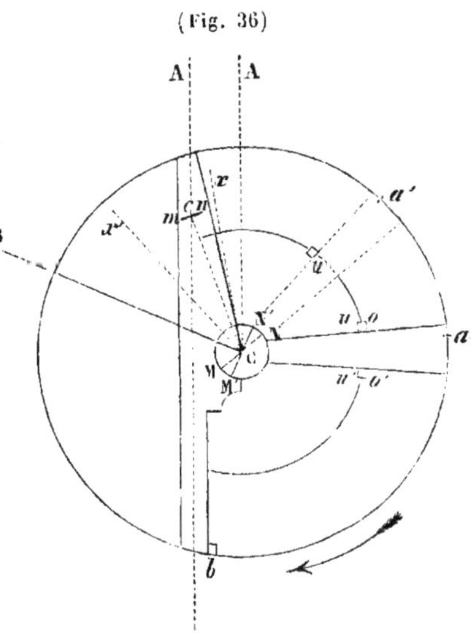

Supposons que le point b ligne de foi de l'alidade de la lunette corresponde au zéro du limbe.

C'est par conséquent l'alidade de la lunette que l'on a fixée quand on a déterminé le point de parallélisme.

L'arc de parallélisme est encore $ab = P$.

Pour obtenir le contact par la gauche, comme il faut toujours conserver l'oculaire de la lunette à l'œil, on devra desserrer l'alidade de la lunette de manière à faire marcher le corps de l'instrument et, par suite, l'alidade du grand miroir, dans le sens opposé à la flèche, jusqu'à ce que la normale du grand miroir soit la bissectrice de l'angle BCc en Cx'.

Alors, l'alidade de la lunette se sera éloignée de sa première position, et cela dans le sens des graduations, d'une quantité égale à la distance angulaire cherchée.

La distance ba des deux lignes de foi sera évidemment égale à $(P + D)$. Si au moyen de l'alidade du grand miroir, on rétablit la position de parallélisme, on pourra, en desserrant de nouveau l'alidade de la lunette et en faisant marcher le corps de l'instrument dans le sens opposé à la flèche, déterminer une seconde fois la distance; et ainsi de suite.

Utilité de l'arc concentrique. — Supposons qu'au moment du parallélisme, les deux curseurs touchent l'alidade du grand miroir:

lorsqu'après avoir desserré l'alidade de la lunette, on déterminera une première fois la distance, l'alidade du grand miroir entraînera le curseur u_1 en u et abandonnera le curseur u'.

Pour rétablir ensuite le parallélisme, il suffira d'amener l'alidade du grand miroir à toucher le curseur u' et de rectifier le parallélisme avec les vis de cette alidade.

Puis, on desserrera la vis de pression de l'alidade de la lunette et l'on fera tourner le corps de l'instrument, dans le sens opposé à la flèche, jusqu'à ce que l'alidade du grand miroir touche le curseur situé en u' : on aura à peu près le contact, que l'on rectifiera à l'aide des vis de l'alidade de la lunette ; et ainsi de suite.

Erreur provenant d'un grand miroir prismatique dans une observation de gauche. Dans une observation de gauche, l'erreur provenant d'un grand miroir prismatique sera, d'après ce que nous avons vu, 75, et dans le cas de convergence des faces que nous avons considéré

$$-2I\left(\sqrt{1+\frac{1{,}4025}{\cos^2\left(\frac{\Delta}{2}-C\right)}}-\sqrt{1+\frac{1{,}4025}{\cos^2 C}}\right).$$

L'angle donné par l'instrument au moyen d'une ou plusieurs observations de gauche devra donc être corrigé de cette quantité.

86. *Observations croisées.* — Le but de l'observation croisée est de faire parcourir à l'une des alidades le double de la distance cherchée, à l'aide de deux contacts, l'un pris par la droite ou la gauche et l'autre pris par la gauche ou la droite. Comme le vernier de l'alidade du grand miroir est mieux disposé pour la lecture, nous admettrons que c'est avec l'alidade du grand miroir que l'on veut obtenir le double de la distance par une observation croisée ; cette alidade devant en outre marcher dans le sens des graduations.

(Fig. 37)

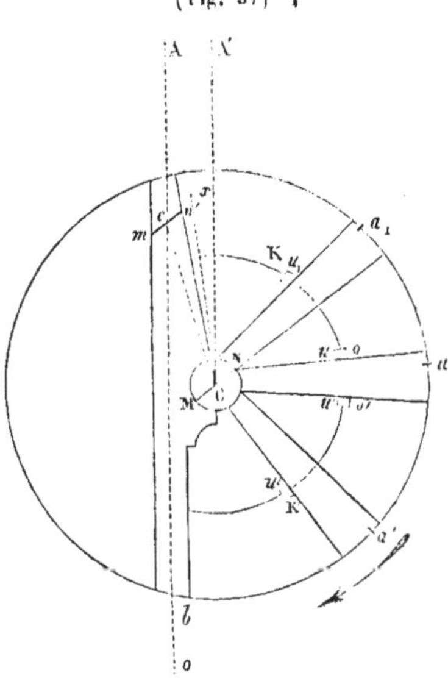

Pour cela, fixons l'alidade du grand miroir sur zéro et déterminons le point de parallélisme à l'aide de l'alidade de la lunette.

L'écart des deux lignes de foi est $ab = P$ (fig. 37).

Desserrons l'alidade de la lunette et en faisant mouvoir le corps de l'instrument dans le sens opposé à la flèche, déterminons le contact par la gauche : l'observateur d'une hauteur d'astres à l'horizon de la mer, tient l'instrument dans la position indiquée (fig. 38) au moment du contact par la gauche lorsqu'il vise à l'horizon de la mer.

(Fig. 38)

L'écart des deux lignes de foi sera $ba = P + D$.

Fixons l'alidade de la lunette, desserrons l'alidade du grand miroir et établissons le contact par la droite, l'alidade du grand miroir passera d'abord au point de parallélisme a et viendra en a'. L'observateur d'une hauteur d'astre à l'horizon de la mer tiendra l'instrument dans la position indiquée (fig. 39).

Fig. 39.

L'écart des deux lignes de foi sera $ba' = \mathrm{P} - \mathrm{D}$.

Donc, l'arc parcouru par l'alidade du grand miroir, dans le sens des graduations, sera

$$a_1a' = ba_1 - ba' = (\mathrm{P} + \mathrm{D}) - (\mathrm{P} - \mathrm{D}) = 2\mathrm{D}.$$

Si l'on veut avoir quatre fois la distance, on détermine de nouveau le contact par la gauche en desserrant l'alidade de la lunette et en se servant de cette alidade ; puis, on desserre l'alidade du grand miroir et on obtient le contact par la droite, et ainsi de suite ; on voit que dans une observation croisée, il est inutile de déterminer le point de parallélisme.

Utilité de l'arc concentrique. — D'après ce que nous avons dit dans les observations de droite et de gauche, il est clair que l'axe parcouru par le curseur u dans l'observation de gauche est égal à l'arc parcouru par le curseur u' dans l'observation de droite.

Si donc, les deux alidades étant au point de parallélisme, l'arc concentrique est divisé de telle sorte que lorsque les curseurs sont à toucher l'alidade du grand miroir ils correspondent à la division zéro, et que la graduation de cet arc concentrique soit faite dans le sens dans lequel marchent ces curseurs, il est évident que lorsque l'on aura obtenu le contact de gauche, le curseur u étant en u' (fig. 37) sur la division K de l'arc concentrique, il suffira de placer le curseur u' en u'' sur la division K' correspondante pour que, en appliquant l'alidade du grand miroir contre ce curseur en u'', on obtienne le contact par la droite.

Une fois les deux curseurs ainsi placés, on déterminera successivement les contacts de gauche et de droite, en faisant tourner le corps de l'instrument de manière que l'alidade du grand miroir vienne toucher le curseur u, et faisant ensuite mouvoir cette alidade de manière qu'elle vienne toucher le curseur u''; et ainsi de suite.

On rectifiera exactement chaque contact, à l'aide des vis de l'alidade en mouvement sur le limbe pour déterminer ce contact.

Erreur provenant d'un grand miroir prismatique dans une observation croisée. — Dans le contact par la gauche, l'erreur provenant du grand miroir prismatique est

$$E_g = -2I\left(\sqrt{1+\frac{1,4025}{\cos^2\left(\frac{\Delta}{2}-C\right)}} - \sqrt{1+\frac{1,4025}{\cos^2 C}}\right).$$

Dans le contact de droite, cette erreur est

$$E_d = +2I\left(\sqrt{1+\frac{1,4025}{\cos^2\left(\frac{\Delta}{2}+C\right)}} - \sqrt{1+\frac{1,4025}{\cos^2 C}}\right).$$

Donc, dans l'observation croisée, l'erreur sur l'arc total parcouru séra la somme algébrique des deux erreurs E_g et E_d, c'est-à-dire

$$E_c = 2I\left(\sqrt{1+\frac{1,4025}{\cos^2\left(\frac{\Delta}{2}+C\right)}} - \sqrt{1+\frac{1,4025}{\cos^2\left(\frac{\Delta}{2}-C\right)}}\right).$$

Et par suite, l'erreur sur l'angle déterminé sera la moitié de cette quantité, c'est-à-dire

$$E_c = I\left(\sqrt{1+\frac{1,4025}{\cos^2\left(\frac{\Delta}{2}+C\right)}} - \sqrt{1+\frac{1,4025}{\cos^2\left(\frac{\Delta}{2}-C\right)}}\right).$$

La correction pour une distance déterminée par une observation croisée est donc la moitié de *la différence des corrections* qui conviennent aux observations simples.

87. La Table de Borda, dont nous avons parlé, 76, contient trois colonnes qui donnent la correction relative à une inclinaison de 1′ pour les trois genres d'observations ; c'est-à-dire pour une distance angulaire déterminée soit par une *observation de droite*, soit par une *observation de gauche*, soit par une *observation croisée.*

Quand on aura déterminé, comme nous le verrons plus loin, la correction E_c' qui convient à une distance angulaire Δ prise *avec une observation croisée* au moyen d'un instrument dans lequel l'inclinaison des faces du grand miroir est I (quantité inconnue), en divisant E_c' par e_c' nombre correspondant à Δ donné par la table de Borda, on connaîtra l'inclinaison I des faces, c'est-à-dire le nombre par lequel on devra multiplier les corrections relatives à chaque distance prise, corrections données par la *table*, pour avoir celles qui conviennent au grand miroir dont on se sert.

Rectifications du cercle à réflexion.

88. *Définition.* — On entend par *rectifications*, les opérations qui consistent à mettre un bon cercle à réflexion en état de mesurer les distances angulaires.

Ces rectifications sont au nombre de cinq :

1° Faire que les alidades tournent librement et d'une manière indépendante ;

2° Rendre le grand miroir perpendiculaire au plan du limbe ;

3° Rendre le petit miroir parallèle au grand et par conséquent perpendiculaire au plan du limbe ;

4° Rendre l'axe optique de la lunette parallèle au plan du limbe ;

5° Disposer les curseurs de manière qu'ils indiquent la même division de part et d'autre de l'alidade du grand miroir au moment du parallélisme.

1° *Faire que les alidades tournent librement.* Cette condition est généralement remplie; si elle ne l'est pas, on démonte le noyau de l'instrument on en nettoie les centres.

2° *Rendre le grand miroir perpendiculaire au plan du limbe.* Cette rectification est basée sur le principe de physique que nous avons implicitement rappelé et qui est que tout miroir partage en deux parties égales l'angle que fait un plan et son image.

Alors, pour établir la perpendicularité du grand miroir, on met l'alidade de ce miroir à toucher l'alidade de la lunette.

(Fig. 40)

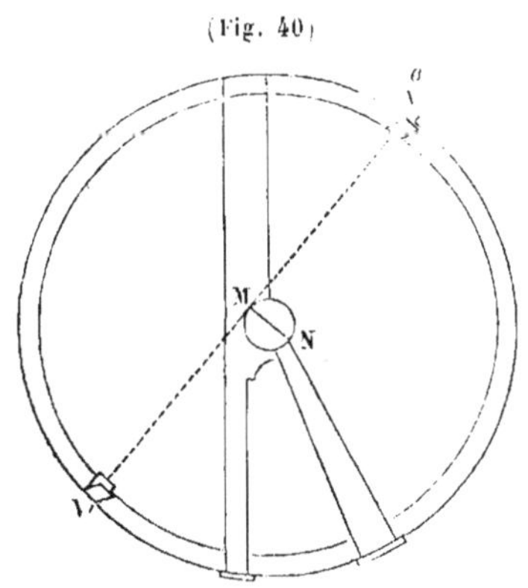

On place les viseurs en V et V', (fig. 40) sur une corde perpendiculaire au grand miroir et rasant ce grand miroir.

Si l'observateur met son œil en o à la hauteur de la face supérieure du viseur V, de manière que cette surface paraisse partager en deux la pupille, il devra voir :

1° Le viseur V par réflexion, dans le grand miroir;

2° Le viseur V' directement.

Si le grand miroir est perpendiculaire au plan du limbe, il le sera au plan qui passe par la surface supérieure des deux viseurs qui ont même hauteur; et par, suite, les arêtes supérieures de V et de V' paraîtront sur le même prolongement.

Si le grand miroir n'est pas perpendiculaire au plan du limbe, l'arête supérieure de V paraîtra plus élevée ou plus basse que l'arête supérieure de V', selon que le grand miroir sera incliné vers V ou vers V', c'est-à-dire sur l'avant ou sur l'arrière. Faisant mouvoir les vis de sa monture d'une manière convenable, en ayant soin de ne jamais serrer une vis sans avoir primitivement desserré les vis qui agissent en sens contraire, on obtiendra la perpendicularité demandée.

3° *Rendre le petit miroir parallèle au grand, et par conséquent perpendiculaire au plan du limbe.* Soient *mn* et MN, (fig. 41), le petit et le grand miroirs que nous supposons perpendiculaires au plan des deux droites mm' et MM', c'est-à-dire du limbe.

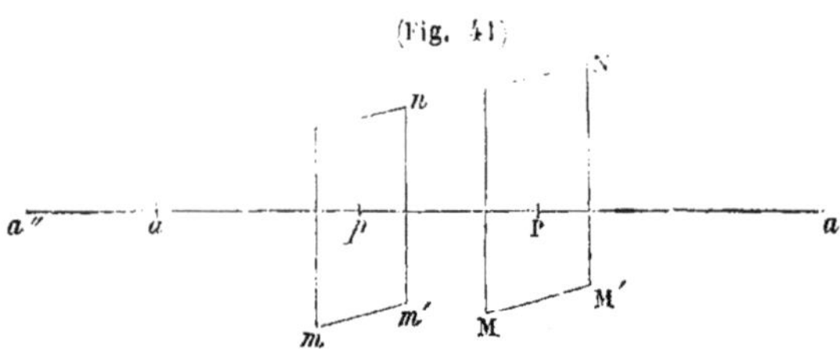

Un objet très-éloigné a, aura son image en a' dans le grand miroir, et cette image aura la sienne en a'' dans le petit miroir, de telle sorte que l'on a

$$aP = a'P,$$
$$a''p = a'p,$$

Ou bien

$$aP = a'P$$

et

$$a''a + aP - Pp = a'P + Pp,$$

Faisant la différence de ces deux équations, on a

$$a''a = 2Pp.$$

Ainsi, le point a'' et le point a se trouveront toujours très-près l'un de l'autre dans le plan d'*observation*, et l'œil étant dans ce plan, ces deux points paraîtront coïncider.

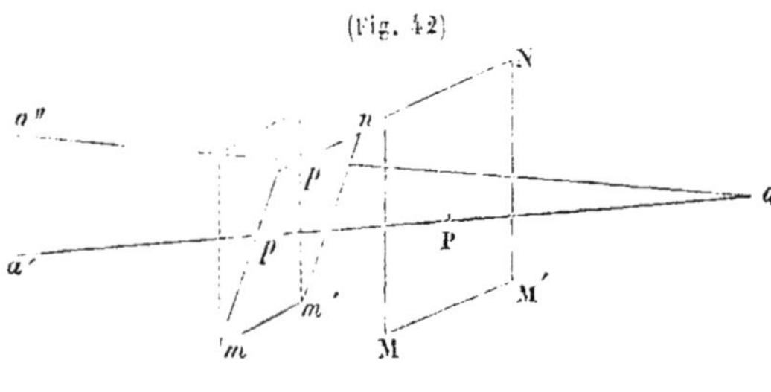

Si le petit miroir penche vers le grand, en supposant que les bases des deux miroirs restent parallèles, la ligne aa'' (fig. 42), ne se confondra plus avec la ligne aa'.

L'image a'' paraîtra au-dessus du plan d'*observation*, si le petit miroir penche vers le grand, et au-dessous si son inclinaison est dans l'autre sens.

Ce que nous venons de dire pour un point a', aura lieu pour une suite de points, et par conséquent pour une ligne droite.

Toutefois, si une ligne est perpendiculaire aux traces des miroirs et que les points de cette ligne n'aient rien qui les distingue entre eux, *la ligne et son image paraîtront sur le même prolongement lorsque les traces des miroirs seront parallèles.*

De là, on déduit le moyen de rectifier la *perpendicularité* du petit miroir.

1° *Au moyen du disque d'un astre;*

On met d'abord la lunette au point, et à une distance convenable du plan de l'instrument pour rendre égales les *intensités des deux images.*

Si l'astre dont on sert est *le Soleil,* on place derrière le petit miroir un ou deux verres colorés d'une teinte convenable; on en place aussi un entre les deux miroirs.

Puis, à l'aide des curseurs, on dispose les alidades à peu près au point de *parallélisme.*

On vise ensuite à l'astre et au moyen de l'une des alidades, l'autre étant fixe, on amène les centres de l'astre et de son image sur une même perpendiculaire au plan du limbe (à cet instant les traces des miroirs sont parallèles); si le petit miroir est parallèle au grand, les deux images se confondront. Si le petit miroir penche sur l'avant, l'image de l'astre paraîtra au-dessus de cet astre par rapport au limbe; ce sera le contraire si le petit miroir penche sur l'arrière.

Dans les deux cas, à l'aide des vis de sa monture, on déterminera la coïncidence exacte.

2° *Au moyen de l'horizon de la mer :*

On met la lunette au point, et son axe optique à distance convenable du plan de l'instrument.

On supprime les verres colorés.

On dispose les miroirs à peu près au point de parallélisme.

On vise à l'horizon de la mer en tenant l'instrument dans une position verticale.

A l'aide de l'une des alidades, on fait en sorte que l'horizon réfléchi soit le prolongement de l'horizon direct.

On incline ensuite le cercle; si les horizons ne se séparent pas, la perpendicularité du petit miroir existe; s'ils se séparent on fait mouvoir les vis jusqu'à ce que la coïncidence ait lieu dans n'importe quelle position de l'instrument.

On peut déterminer la perpendicularité du petit miroir en se servant d'un objet à terre pourvu qu'il soit suffisamment éloigné.

3° *Rendre l'axe optique de la lunette parallèle au plan de l'instrument.*

Comme le plan d'observation dont nous avons parlé est parallèle au plan de l'instrument, l'axe optique devant être dans ce plan, il faut que cet axe soit parallèle au plan du limbe.

Pour cela, on met la lunette à son point et les fils du réticule parallèles au plan de l'instrument.

On cale l'instrument dans sa boîte ou sur une table.

On met les index des montants de la lunette sur zéro.

Plaçant ensuite, deux viseurs sur le plan du limbe aux extrémités d'une corde à peu près parallèle à l'axe optique, on met son œil à la hauteur de l'un des viseurs de manière que la ligne qui joint les arêtes de ces viseurs détermine un point assez remarquable situé à une distance d'au moins 10 ou 15 mètres.

On vise sur ce point au moyen de la lunette, et faisant mouvoir l'alidade de la lunette, on voit si ce point paraît décrire une ligne parallèle aux fils et à égale distance de ces fils.

S'il en est ainsi, l'axe optique de la lunette remplit bien la condition voulue; autrement, on agit sur les vis de la monture de la lunette, de manière à l'amener dans la position voulue.

Remarque. — Chaque fois que l'on fera ensuite, varier la distance de l'axe optique au plan du limbe, on devra conserver entre les index la même différence que celle qui existe après la rectification de l'axe optique.

4° *Rectification des curseurs.*

On détermine le point de parallélisme; on fixe les deux alidades; puis, amenant les deux curseurs à toucher l'alidade du grand miroir, on voit si ces deux curseurs correspondent aux deux zéros de l'arc concentrique, ou à deux divisions égales; si cela arrive, les curseurs sont convenablement disposés; dans le cas contraire, on fait varier la longueur de l'un de ces curseurs ou de tous les deux, de manière à leur faire remplir cette condition.

Si cette longueur n'était pas variable, on pourrait déranger un peu la position de l'alidade du grand miroir, de manière à placer les curseurs à la même division; puis, rétablir le parallélisme des miroirs à l'aide du petit miroir en le faisant pivoter sur son axe.

89. *Observation sur l'emploi des verres colorés.* Nous avons dit que les grands verres colorés se mettent en oo' (fig. 42 *bis*) très-près du grand miroir, et que les petits verres se mettent en II' entre le grand et le petit miroir.

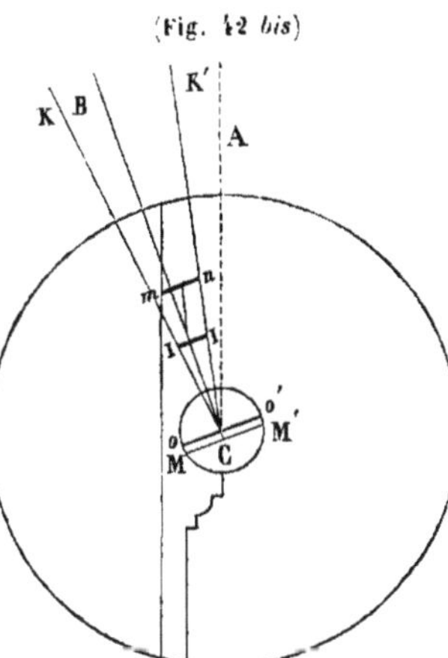

(Fig. 42 *bis*)

Si nous menons les lignes CIK et CIK' du centre C du grand miroir aux bords I et I' du verre coloré II' et CA parallèle à l'axe optique, nous voyons que toutes les fois que la distance angulaire sera plus grande que l'angle ACK' et plus petite que l'angle ACK, le rayon qui viendra du second point B frapper le grand miroir pourra rencontrer la monture du verre coloré ou ce verre lui-même, et avant d'arriver à l'œil de l'observateur traversera deux fois ce verre coloré ; mais dans les instruments ordinaires l'angle ACK' est d'environ 5° 20' et l'angle ACK de 34°; donc, quand la distance angulaire est comprise entre 5° 20' et 34°, on ne doit pas employer les petits verres.

Dans tous les autres cas, on doit les employer de préférence aux grands :

1° *Parce que les grands sont toujours traversés deux fois par le rayon réfléchi, et que les petits ne le sont qu'une fois ;*

2° *Parce que l'angle d'incidence sous lequel le rayon qui vient du second point* B *frapper les grands verres peut être très-grande,* tandis qu'il *est presque nul* pour les petits verres colorés.

90. *Vérification de la bonté d'un cercle à réflexion.* On appelle *vérifier* un cercle ou un sextant, s'assurer que cet instrument remplit bien les conditions auxquelles, d'après les théories précédentes, tout système de deux miroirs servant à mesurer les angles, doit satisfaire.

Ces vérifications sont au nombre de sept :

1° S'assurer que le limbe est plan ;

2° Que les divisions du limbe sont égales ainsi que celles des verniers ;

3° Que ces verniers s'appliquent bien sur le limbe ;

4° Que les vis de rappel sont sans jeu ;

5° Que les faces du grand miroir sont parallèles ; ou la détermination de la correction qui convient à une distance quand le grand miroir est prismatique;

6° Que les verres colorés ont leurs faces parallèles;

7° Que l'instrument ne donne pas d'images blanches.

1° Pour s'assurer que le limbe est plan, on voit si une fois que la perpendicularité du grand miroir est établie pour une position des alidades, elle l'est encore pour toutes les autres positions.

En général, il y a peu de limbes parfaitement plans; toutefois, ces variations, étant très-peu de chose, n'influent pas d'une manière appréciable sur les angles observés.

Il faut seulement, éviter qu'un instrument à réflexion ne reçoive un choc violent, ou soit mal placé dans sa boîte.

2° Pour s'assurer que les divisions du limbe sont égales entre elles ainsi que celles du vernier, on fait faire à l'une des alidades, le tour du limbe en mettant successivement le zéro du vernier sur différentes divisions du limbe, et l'on voit si la dernière division du vernier coïncide toujours avec la division voulue du limbe.

Les divisions du vernier sont vérifiées à l'aide d'un compas très-fin; du reste, la perfection apportée actuellement dans la graduation des instruments d'un certain prix fait que cette vérification est pour ainsi dire superflue.

3° Pour que les verniers s'appliquent bien, il ne faut pas qu'il y ait de jour entre leurs faces inférieures et le plan du limbe.

4° Les vis de rappel doivent être sans jeu dans leurs écrous, pour que l'image de l'objet ait un mouvement continu dans la détermination des contacts; il n'y a guère que les instruments ayant beaucoup servi qui peuvent avoir du jeu dans leur vis de rappel.

(Fig. 43)

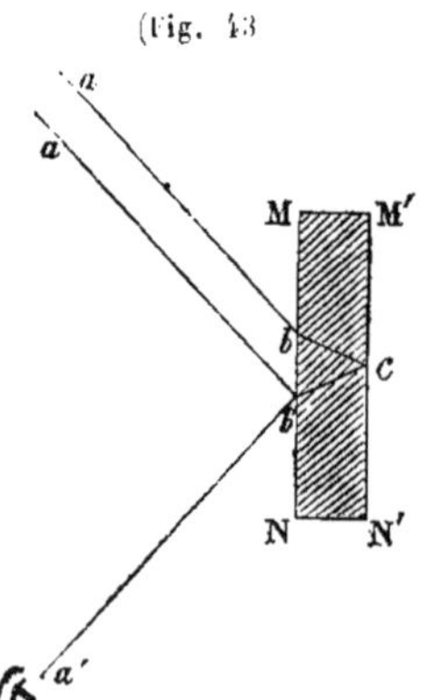

5° Pour s'assurer que les faces du grand miroir sont parallèles, on remarque que d'après la marche du rayon lumineux dans un miroir dont les faces sont parallèles, un objet a très-éloigné (fig. 43), envoie d'abord un rayon ab qui se réfléchit sur la face postérieure du verre en $b'a'$ et un autre rayon parallèle ab qui se réfléchit suivant $b'a'$.

L'œil situé en a' voit donc les deux images

éfléchies sur chacune des faces en parfaite coïncidence; par conséquent, si en regardant obliquement dans le grand miroir, *avec une unette d'une assez grande amplification*, l'image d'un objet terminé el que le disque du Soleil, on n'aperçoit *qu'une seule image* on sera ssuré du parallélisme des faces du grand miroir.

On peut encore agir de la manière suivante : on rectifie le cercle, on met l'alidade du grand miroir sur zéro, la lunette au point et les ils du réticule parallèles au plan de l'instrument.

On choisit deux objets terrestres bien visibles et tels que leur distance angulaire soit de 100 à 120°.

On mesure la distance angulaire de ces deux objets au moyen l'une dizaine d'observations d'une espèce.

On retourne le grand miroir dans sa boîte de manière que le bord nférieur devienne le bord supérieur.

On rectifie de nouveau le cercle, et l'on prend la distance anguaire des deux mêmes objets, le même nombre de fois : si les deux listances obtenues sont égales, les faces du grand miroir sont parallèles, ou au moins, leur intersection est parallèle au plan de l'instrument.

Si le dernier angle est différent du premier, le miroir est prismaique.

La moitié de la différence de ces deux angles représente l'erreur. qui est soustractive si le dernier angle est plus grand que le premier t additive dans le cas contraire.

En effet, dans l'observation de droite, par exemple, on a trouvé (75)

$$D = \Delta + E.$$

n supposant que la convergence des faces du grand miroir ait lieu lu côté du rayon réfléchi.

Quand on retourne le miroir dans sa boîte, la convergence des aces a lieu de l'autre côté, d'après ce que nous avons dit, on aura lonc

$$D = \Delta' - E.$$

l'où l'on déduit

$$\Delta - \Delta' = 2E.$$

Connaissant l'erreur E pour la distance Δ, en la comparant dans la able de Borda à l'erreur e pour la même distance, on aura $I = \frac{E}{e}$ convergence des faces du miroir.

Il faudra faire cette vérification un grand nombre de fois pour obtenir une valeur moyenne de I, attendu que les distances angulaires de deux objets terrestres, sont rarement prises avec exactitude eu égard aux réfractions horizontales.

6° Les verres colorés ne sont généralement pas fixes dans leur monture, on peut les faire tourner dans leur encadrement.

Pour s'assurer du parallélisme des faces opposées des petits verres colorés, on en place un en arrière du petit miroir et un autre entre les deux miroirs.

On met en contact, le bord supérieur du Soleil et le bord inférieur du Soleil réfléchi. On retourne l'un des verres dans sa loge; si le contact existe encore, les faces du verre retourné sont parallèles.

Si le contact n'a plus lieu, on fait mouvoir le verre dans son encadrement jusqu'à ce que le retournement de ce verre dans sa loge n'altère plus le contact.

Dans les observations croisées, il est inutile d'avoir égard au parallélisme des petits verres.

Pour vérifier le parallélisme des faces opposées d'un grand verre coloré, après l'avoir placé dans sa loge en avant du grand miroir, on détermine le contact des bords du Soleil tel que nous venons de le faire, au moyen de petits verres reconnus bons placés derrière le petit miroir.

Puis on retourne le grand verre dans sa loge et si le contact subsiste toujours c'est que ses faces sont bien parallèles. Dans le cas contraire, il faudra le retourner à chaque contact que l'on fera, en ayant soin d'en faire un nombre pair.

7° *Des images blanches.*

Lorsque l'on a mis un verre coloré entre le grand et le petit miroir, toutes les images doivent être colorées; celles que l'on aperçoit et qui ne le sont pas s'appellent images blanches. Ces images blanches peuvent provenir de plusieurs causes; entre autres d'un grand verre coloré mal placé dans sa loge; ou bien, de ce que le petit miroir n'est pas placé de manière que sa normale soit bissectrice de l'angle formé par l'axe de la lunette et la ligne qui joint les centres des miroirs.

En faisant pivoter le petit miroir sur son axe, on peut l'amener à ne plus renvoyer d'images blanches.

DU SEXTANT ET DE L'OCTANT.

91. Ces instruments diffèrent du cercle en ce que, comme leur nom l'indique, ils ne sont que des secteurs de cercle, de 60° dans le sextant et de 45° dans l'octant; les figures 44 et 45 représentent un sextant d'Émile Lorieux, de Paris.

C'est du reste la seule différence qui existe entre un sextant et un octant; ceux-ci cependant n'ont généralement pas de lunette, mais simplement une plaque de cuivre percée de deux trous.

Cette plaque prend le nom de *pinnule*.

Dans un sextant, il n'y a de mobile que l'alidade N du grand miroir R.

Le petit miroir *l* est fixe et se trouve situé sur un des rayons du secteur.

Les verres colorés *m* et *m'* peuvent être fixes dans cet instrument.

Avec un sextant on ne fait *que des observations de droite;* ainsi tout ce que nous avons dit pour les observations de droite s'applique

(Fig. 44)

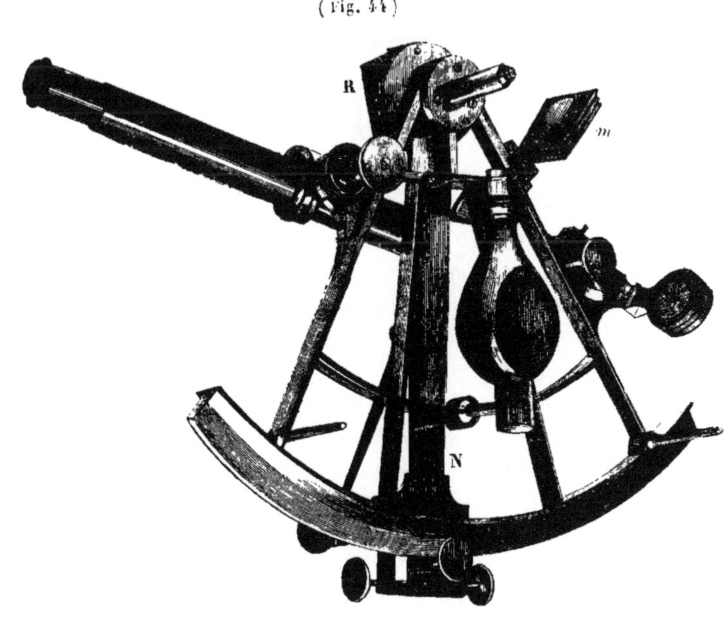

au sextant; mais avec un sextant on n'obtient la distance qu'une fois, puisque l'on ne peut répéter les contacts.

Les rectifications sont les mêmes que celles du cercle; seulement pour rectifier la perpendicularité du grand miroir, on n'emploie pas toujours des viseurs, on se sert simplement du limbe.

(Fig. 45)

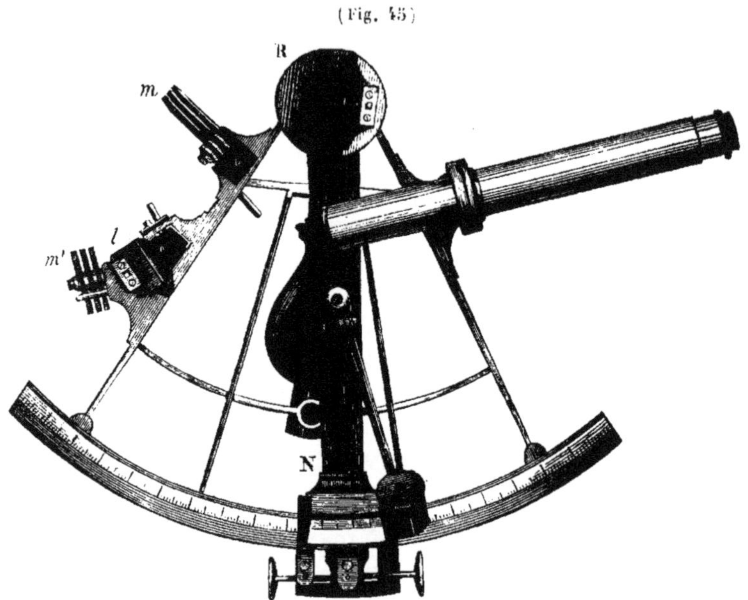

92. ***Erreur du parallélisme.*** — Lorsque les miroirs étant parallèles, le zéro du limbe et le zéro du vernier ne se confondent pas, il est évident que le point de départ n'est plus le zéro du limbe; alors, tout angle lu sur l'instrument doit être corrigé de la distance qui existe entre le zéro du limbe et celui du vernier, au moment du parallélisme des deux miroirs.

C'est cette distance que l'on appelle *erreur de parallélisme* ou plus généralement *erreur instrumentale.*

Pour déterminer cette erreur, il suffit de mettre en contact un point éloigné et son image: le moyen le plus exact consiste à mettre successivement en contact les deux bords de l'image directe du Soleil avec les deux bords de son image réfléchie.

La moyenne des deux arcs lus donne l'erreur instrumentale.

L'erreur est additive, quand le zéro du vernier tombe à droite du zéro du limbe, et négative dans le cas contraire.

Lorsque l'erreur est additive, il faut avoir soin de remarquer que le nombre n de minutes ou de fractions de minutes donné par le vernier est le complément à 20′ ou à 15′, du nombre de minutes ou de fractions de minutes que l'on doit ajouter aux vingtaines ou aux quintaines de minutes.

Si l'on voulait détruire cette erreur instrumentale, on mettrait les deux zéros parfaitement en contact, et l'on déterminerait le parallélisme des deux miroirs en faisant pivoter le petit miroir autour de son axe.

93. Nous ne croyons pas nécessaire de donner plus de développement à la description et à l'usage d'un sextant ou d'un octant. Après ce que nous avons donné concernant le cercle à réflexion, des développements analogues sur le sextant seraient évidemment superflus, et les figures 44 et 45 suffisent pleinement pour faire comprendre la théorie de cet instrument.

Nous croyons du reste, à ce sujet, utile de faire remarquer qu'il se produit depuis quelque temps dans la marine une tendance manifeste à abandonner le *Cercle à réflexion* de Borda pour lui substituer les sextants tels que ceux qui sont si artistement fabriqués par *M. Émile Lorieux*, de Paris, et dont le prix, quoique inférieur à celui d'un cercle, atteint cependant les $\frac{3}{5}$ environ de celui d'un bon cercle à réflexion.

L'engouement produit par ces sextants de prix que ne possédaient autrefois qu'un bien petit nombre d'officiers, est tel, que l'on en est venu à considérer le cercle comme un instrument dispendieux, sans supériorité sur le sextant, et ne devant plus faire partie que du domaine de l'histoire des instruments.

Avant d'énumérer les avantages du cercle à réflexion sur le sextant, avantages que tout esprit judicieux déduira des théories que nous venons de donner, nous devons dire que pour la navigation ordinaire, c'est-à-dire quand on veut simplement connaître sa position à quelques milles près, et, en se fiant à ses montres, atterrir d'une manière approchée, on *n'a même pas besoin d'un sextant en cuivre avec graduation sur lame d'argent, un simple sextant en ébène avec graduation sur ivoire suffit pleinement.* Mais quand on veut employer les distances lunaires pour déterminer sa position ou vérifier les chronomètres, et surtout quand on veut faire de l'*Hydrographie*, le cercle à reflexion a sur le sextant un avantage incontestable.

1° *Relativement au parallélisme des faces du grand miroir.*

Tous les marins savent qu'il est excessivement difficile d'obtenir des grands miroirs ou des verres colorés à faces exactement parallèles. « Cette partie optique de nos instruments dit M. E. Mouchez (1) » est encore tellement *défectueuse*, que l'on trouve très-fréquemment » *des erreurs d'une minute ou une minute et demie* produites par le » prismatisme d'un de ces verres ; et on peut affirmer qu'en *moyenne* » *cette erreur est rarement* au-dessous d'une *demi-minute.* »

A ce sujet, *M. le lieutenant de vaisseau Pagel*, dans son ouvrage sur la *Latitude par des hauteurs hors du méridien*, dit que frappé du rôle important que jouent les miroirs dans les instruments à réflexion et surtout celui du grand miroir, qui seul est cause qu'un instrument qui serait parfait dans toutes ses autres parties devient mauvais si son grand miroir est mauvais, il a fait indirectement la guerre aux artistes pour les obliger à fabriquer de bons miroirs ; et de cela il lui est revenu qu'il est très-difficile d'obtenir de bons miroirs étamés.

Il paraît donc évident qu'il n'existe pas de grands miroirs qui ne soient prismatiques. Or, en consultant la table de Borda qui donne les erreurs qui résultent dans les distances angulaires prises au cercle à réflexion pour une inclinaison d'une minute dans les faces du grand miroir, on trouve que pour les angles compris entre 25 et 90° l'erreur commise dans une observation de droite est au minimum égale à quatre fois celle commise dans l'observation de gauche, et que pour les distances angulaires qui ne dépassent pas 65° on peut se dispenser de faire subir aux angles la correction relative à l'inclinaison des faces du grand miroir quand *on fait une observation de gauche*, mais qu'il est indispensable d'effectuer cette correction quand on fait une *observation de droite.*

Or, avec un sextant on ne fait que des *observations de droite ;* donc, eu égard à l'inclinaison des faces du grand miroir le cercle a un avantage marqué sur le sextant.

2° *Relativement au centrage de l'instrument.* D'après M. Pagel, si un cercle est mal centré on peut encore mesurer un angle avec précision en répétant assez souvent la mesure de cet angle pour faire une

(1) Observations chronométriques faites pendant la campagne de circumnavigation de la corvette *la Capricieuse.*

u plusieurs fois le tour du cercle. *Un sextant mal centré ne peut servir à faire de bonnes observations et doit être rejeté.*

Il est, du reste, très-difficile de s'assurer du mauvais centrage d'un sextant, chose assez facile pour un cercle.

3° *Relativement à l'erreur instrumentale.* Avec un cercle on n'a nullement à se préoccuper de l'erreur instrumentale et on n'a pas à faire subir cette correction à la distance observée.

4° *Relativement à la mesure des distances angulaires terrestres dans les levés Hydrographiques.* On sait que pour prendre des distances angulaires de points terrestres, le plan de l'instrument est généralement horizontal; dans cette position, le *cercle de Borda* est bien mieux balancé que le *sextant*, et l'observateur le tient à la main avec beaucoup plus de facilités. C'est ce qui fait que malgré le sextant particulier et d'un très-grand rayon que M. E. Mouchez avait fait construire pour la campagne de la *Capricieuse*, cet officier s'est toujours servi des cercles que possédait le bord pour les levés Hydrographiques, et cela, parce que, comme il le dit lui-même, le cercle devient alors *beaucoup plus commode que le sextant.*

Rappelons, enfin, pour terminer, l'opinion du savant *M. Biot* sur le cercle à réflexion; opinion insérée dans une notice sur les tables de *Mendoza.* « Malgré la précision séduisante que l'on pourrait aujourd'hui donner au sextant, les marins français devront bien se garder de le préférer à leurs cercles, où il n'y a pas d'erreur absolue à détruire ni à évaluer, et avec lesquels ils sont bien plus indépendants de l'artiste, l'excellence de l'exécution mécanique et celle du tracé même n'y étant que des conditions favorables mais non pas des nécessités rigoureuses pour la bonté finale des observations. Plus d'un exemple montre que dans les arts de précision la perfection est presque personnelle; l'art de diviser pourrait déchoir chez nous de l'état où il est aujourd'hui. La répétition deviendrait alors indispensable pour compenser les erreurs, mais il serait trop difficile de reprendre le cercle si on l'avait quitté. Toutefois, pour mettre à profit la précision présente de cet instrument, sans compromettre l'avenir, je penserais qu'un officier possédant un cercle de Gambey ou d'un artiste de cet ordre *pourrait avec avantage l'employer à la mer comme sextant*, c'est-à-dire se borner à une seule couple d'observations fixés par une lecture, etc.

DES ERREURS D'OBSERVATIONS.

94. Les erreurs d'observations peuvent provenir de trois causes :

1° *De l'instrument ;*

2° *De l'observateur ;*

3° *De l'atmosphère.*

Nous venons de voir comment par une judicieuse vérification de la bonté d'un instrument et une rigoureuse rectification, on peut se mettre à l'abri des erreurs qui proviennent de l'instrument.

Toutefois, comme on ne peut lire un arc parcouru sur un cercle ou un sextant avec une approximation plus grande que 5″ (encore faut-il être bien exercé), de plus, comme les moyens de rectifications, surtout celles relatives au parallélisme des faces du grand miroir, ne sont pas indépendants des réfractions atmosphériques, on comprend que le meilleur instrument ne peut donner qu'une approximation relative, mais qui suffit largement dans la pratique de la navigation.

Considérons les erreurs qui peuvent provenir de l'observateur. Ces erreurs se réduisent à *deux principales :*

1° L'erreur de vision ;

2° L'erreur de déviation.

1° *De l'erreur de vision.* — On nomme ainsi la non-coïncidence des deux points que l'observateur croit mettre en contact ; cette non-coïncidence peut provenir de deux causes :

La première, que les images n'ont pas une intensité égale et que la lunette n'est pas au point ; la seconde que l'observateur mord généralement plus ou moins dans les contacts.

La première cause peut être anéantie en choisissant convenablement les verres colorés, en mettant rigoureusement la lunette au point, *et en plaçant son axe optique à une distance convenable du plan de l'instrument.*

La seconde dépend totalement de l'observateur et une longue habitude d'observer peut seule le mettre à l'abri de cette erreur.

Toutefois, il est assez rare qu'un observateur prenne toujours des distances angulaires de la même manière ; c'est-à-dire qu'il morde toujours de la même quantité ; la disposition de l'œil doit évidemment agir sur la manière dont on aperçoit le contact.

Voici la manière indiquée par M. le lieutenant de vaisseau ***Pagel*** pour déterminer l'erreur de vision, et pour s'assurer que l'on mord en effet toujours un peu dans les contacts.

Le matin ou le soir, dans un lieu dont la position est exactement déterminée, on prend deux ou trois séries de hauteurs du bord inférieur du Soleil, deux ou trois séries de hauteur du centre, ce qu'on obtient en mesurant pour chaque hauteur, d'abord la hauteur du bord inférieur, puis celle du bord supérieur et prenant la moyenne, et enfin, deux ou trois séries de hauteurs du bord supérieur.

On détermine alors, ainsi que nous le dirons, trois états absolus :

L'un avec la hauteur du $\underline{\odot}$;

L'autre avec la hauteur du $\ominus$;

Et *le troisième avec la hauteur* du $\overline{\odot}$.

Au moyen de l'intervalle écoulé entre chaque série, on ramène les états absolus à la même heure.

On trouve, en général, que le deuxième état absolu est la moyenne arithmétique entre les deux autres.

On peut alors remarquer, habituellement, que en diminuant un peu les premières hauteurs, c'est-à-dire celles du bord inférieur, et en augmentant un peu les troisièmes, c'est-à-dire celles du bord supérieur, on approche de la moyenne, *ce qui indique bien que l'on a un peu mordu dans chaque hauteur.*

Pour obtenir l'erreur de vision on compare l'angle horaire obtenu à l'angle horaire que l'on devait réellement avoir d'après la longitude du lieu et l'heure de Paris indiquée par le chronomètre, connaissant alors l'erreur sur l'angle horaire, on peut obtenir l'erreur sur la hauteur par des moyens que nous indiquerons plus loin.

Fig. (46)

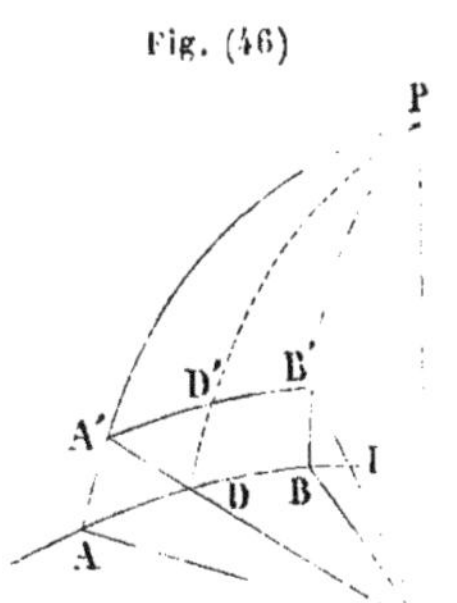

Un grand nombre d'expériences de ce genre pourra faire savoir entre quelles limites oscille l'erreur de vision.

2° *L'erreur de déviation* est celle qui résulte du contact obtenu à une certaine distance du milieu des deux fils du réticule. On comprend, en effet, que cette déviation du plan d'observation fait qu'on prend un angle, dont celui qu'on lit n'est que la projection sur le plan du limbe, et par suite plus grand.

Soient O l'œil de l'observateur (fig. 46), A' et B' les deux objets dont on veut avoir la distance angulaire A'O'B et enfin AOB l'angle lu sur le plan de l'instrument.

Supposons que O soit le centre d'une sphère et OP l'axe du grand cercle dont le plan est AOB.

Menons les arcs de grand cercle P'A'A, PB'B et l'arc PD'D perpendiculaire sur le milieu de AB.

Le triangle rectangle PA'D' donne

$$\sin A'D' = \sin PA' \sin A'PD' = \cos AA' \sin AD.$$

Ou, en appelant D' la distance cherchée, D la distance lue et a la déviation AA',

$$\sin \frac{D'}{2} = \cos a \sin \frac{D}{2}.$$

Si l'on pose $D' = (D + x)$, x étant assez petit et $\cos a = 1 - \frac{a^2}{2} \sin^2 1''$; il vient

$$\sin \frac{D}{2} - \cos \frac{D}{2} \frac{x}{2} \sin 1'' = \left(1 - \frac{a^2}{2} \sin^2 1''\right) \sin \frac{D}{2},$$

ou bien

$$x = a^2 \sin 1'' \operatorname{tang} \frac{D}{2}.$$

Pour déterminer la déviation AA' égale à l'angle AOA', on commence par mesurer d'abord, l'écart angulaire A des fils; ce qui se fait en déterminant le point parallélisme au moyen d'un objet éloigné et, en fixant l'alidade du grand miroir sur zéro; on fait ensuite, à l'aide de l'alidade du grand miroir, marcher l'image de l'objet de manière que cet objet étant sur un des fils son image se trouve sur l'autre.

L'arc décrit par l'alidade du grand miroir est évidemment l'écart angulaire A des fils.

Une fois que l'on connaît cet écart, on estime dans un contact, la distance a du point du champ de la lunette où se fait le contact au fil le plus voisin: on estime en général que c'est le $\frac{1}{3}$, le $\frac{1}{4}$, le $\frac{1}{5}$ ou le $\frac{1}{n}$ de la distance des fils, on en déduit alors la relation

$$a = \frac{A}{2} - \frac{A}{n} = \frac{n-2}{2n} A.$$

Cette correction est évidemment peu employée dans la pratique.

Les erreurs qui proviennent de l'atmosphère sont celles dues à la réfraction dont nous avons donné les effets généraux dans le *Cours d'Astronomie*, page 57, paragraphe 43, et le moyen de déterminer ces erreurs.

Nous donnerons, dans la suite de ce cours, au fur et à mesure que ces opérations se présenteront, les moyens d'obtenir, le plus exactement possible, les *distances angulaires* que l'on prend *à la mer* pour résoudre le premier problème de la navigation.

95. Tous les calculs de navigation reposent, en général, sur *des triangles sphériques* formés sur la sphère céleste et dont le *Pôle supérieur de l'observateur*, *le zénith* et *le centre de l'astre* sont les trois sommets.

Mais la sphère céleste, ainsi que nous l'avons *vu en Astronomie*, page 11, paragraphe 21, a son centre au centre de la Terre; donc les distances zénithales des astres doivent être considérées comme étant prises du centre de la Terre.

Or, à la mer, on ne peut pas prendre de distances zénithales, et cela, en raison de l'agitation du navire : on prend alors la *distance angulaire de l'astre à l'horizon* visible; de plus quand ces astres ont un diamètre sensible comme le *Soleil*, la *Lune* et *certaines planètes*, on ne peut prendre que la distance angulaire de l'horizon visible au bord voisin de l'astre; il faut donc considérer *les quantités* qui font différer cette distance angulaire de celle que l'on doit introduire dans le calcul du triangle sphérique, et qui n'est autre chose que le complément de la distance du centre de l'astre à l'horizon rationnel, c'est-à-dire la *hauteur vraie du centre*.

Ces quantités sont :

1° *La dépression;*
2° *La parallaxe;*
3° *Le demi-diamètre.*

Nous avons considéré les deux dernières quantités en Astronomie, considérons actuellement la première, c'est-à-dire la *dépression*.

DE LA DÉPRESSION.

96. Soit o l'œil de l'observateur (fig. 47), ZoC la verticale du lieu, A l'astre, ob, ah' et oh les intersections du vertical avec l'horizon visible, l'horizon apparent, et un plan parallèle à cet horizon.

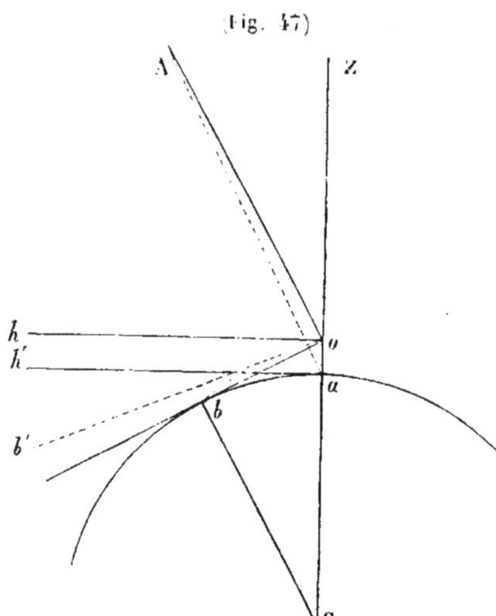

(Fig. 47)

Quand on prend une hauteur à la mer avec un instrument à réflexion, on met en contact, ainsi que nous venons de le dire, un point A de l'astre avec l'horizon visible b.

Or, le point b de l'horizon visible, eu égard à la réfraction terrestre, n'arrive à l'œil de l'observateur que suivant une courbe ; il s'ensuit alors, que l'observateur recevant l'impression suivant le dernier élément de la courbe mesure l'angle Aob' croyant mesurer l'angle Aob.

La quantité bob' a été trouvée comme nous l'avons dit, en Astronomie, page 71, paragraphe 51, égale à un certain coefficient de l'angle $ocb = C$, de sorte que l'on peut écrire :

$$bob' = \alpha C.$$

α étant le coefficient de réfraction terrestre.

L'angle Aah' est ce que l'on appelle *hauteur apparente*. Or, l'angle Aob' qui est celui mesuré et que l'on appelle *hauteur observée*, est égal à $Aoh + hob'$ ou sensiblement, $Aah' + hob'$; et comme $hob' = hob - bob'$, on a donc

$$Aob' = Aah' + hob - bob',$$

ou

$$H_o = H_a + hob - bob',$$

mais

$$hob = C \quad \text{et} \quad bob' = \alpha C,$$

onc, on a

$$H_o = H_a + C(1 - \alpha).$$

La quantité C $(1 - \alpha)$ est ce que l'on appelle la *dépression apparente;* representons-la par D. $hob = oCb$ est la *dépression vraie.*

On a

$$D = C(1 - \alpha).$$

Déterminons D en fonction de l'élévation de l'œil au-dessus du niveau des eaux; appelons e cette élévation, qui est oa sur la figure, t r le rayon du globe, on aura

$$\cos C = \frac{r}{r + e},$$

u bien

$$1 - 2\sin^2\frac{C}{2} = 1 - \frac{e}{r} + \frac{e^2}{r^2};$$

'est-à-dire, en remarquant que C est très-petit

$$2\frac{C^2}{4}\sin^2 1'' = \frac{e}{r}\left(1 - \frac{e}{r}\right).$$

l'où

$$C = \frac{1}{\sin 1''}\sqrt{\frac{2e}{r}\left(1 - \frac{e}{r}\right)},$$

l vient, par suite, pour valeur de la dépression apparente

$$D = \frac{(1 - \alpha)}{\sin 1''}\sqrt{\frac{2e}{r}\left(1 - \frac{e}{r}\right)}.$$

Le terme $\left(1 - \frac{e}{r}\right)$ est sensiblement égal à 1.

La table VII de *Callet*, la XIIIme des tables de *M. Caillet*, 1re édition, la XVme de tables de la nouvelle édition, et enfin la table II de *Guépratte* ont été calculées sur cette formule dans laquelle on a supposé $r = 6366698$ mètres, rayon de la Terre au parallèle dont la latitude égale 45°.

Faisons une application :

Cherchons la dépression apparente pour une élévation de 6 mètres.

Mettons l'expression D sous la forme

$$D = \frac{(1 - \alpha)}{\sin 1''}\sqrt{\frac{2}{r}}\sqrt{e}. \tag{1}$$

En opérant par logarithmes, on a

$$\log D = \log(1-\alpha) + c^t \log \sin 1'' + \frac{\log 2 + c^t \log r}{2} + \frac{1}{2}\log e.$$

$$\begin{array}{lrl}
 & \log 2 \ldots\ldots = & 0,3010300 \\
r = 6366698 & c^t \log r \ldots\ldots = & 3,1960857 \\
 & & \overline{3,4971157} \\
 & \log\sqrt{\frac{2}{r}} \ldots = & \bar{4},7485578 \\
1-\alpha = 0,92 & \log \ldots\ldots = & \bar{1},9637878 \\
 & c^t \log \sin 1'' \ldots\ldots = & 5,3144250 \\
\text{Logarithme du terme constant} & = & 2,0267706 \\
 & \frac{1}{2}\log 6 \ldots = & 0,3890756 \\
 & \log D \ldots = & 2,4158462 \\
 & D \ldots = & 261'' = 4'\,21''.
\end{array}$$

La hauteur e se détermine à l'aide d'une ligne de sonde, ou d'après les dimensions connues du bâtiment.

97. *Distance de l'horizon visible.* — La distance δ de l'horizon visible à l'œil, est la ligne $ob = \sqrt{(r+e) - r^2} = \sqrt{2\,er}$; en négligeant le terme du second ordre.

La distance δ' de l'horizon visible au point a où la verticale de l'observateur rencontre le niveau des mers, est l'arc $ab = rC \sin 1''$; C étant exprimé en secondes.

Mais, nous avons trouvé

$$C = \frac{1}{\sin 1''}\sqrt{\frac{2e}{r}}$$

en négligeant le terme du second ordre.

Donc, on a

$$\delta' = \sqrt{2er}.$$

Les distances δ et δ' sont donc sensiblement égales, eu égard à la grandeur du rayon terrestre par rapport à e.

Si la *distance* δ' est exprimée en milles, on voit qu'elle est donnée par le *nombre de minutes de la dépression vraie*.

Connaissant la dépression D d'un lieu, il est facile de déterminer l'élévation de l'œil au-dessus de l'eau en ce lieu par la relation

(2) $$e = \frac{r}{2} \times \frac{D^2 \sin^2 1''}{(1-\alpha)^2},$$

déduite de la relation (1).

Dépression près d'une côte.

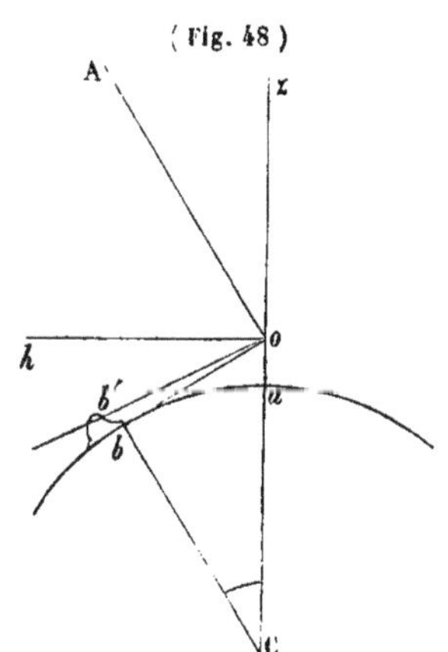

(Fig. 48)

98. Il arrive quelquefois de vouloir déterminer, *dans les rades*, la hauteur d'un astre en prenant sa distance au point où le vertical de cet astre rencontre la base apparente d'une côte.

La dépression apparente D est, dans ce cas (*fig.* 48),

$$D = hob' = hob - bob' = hob - \alpha C.$$

Or, on verra plus loin, comment on peut déterminer la *distance ab du navire au pied* de la côte.

En appelant d cette distance, on a

$$d = rC \sin 1',$$

d'où

$$C = \frac{d}{r \sin 1'}.$$

L'angle $hob = C'$ se déduit du triangle boc.

On a, en effet,

$$\frac{\sin obC}{\sin boC} = \frac{r+e}{r};$$

mais

$$boC = 90 - C',$$

l'angle

$$obC = zob - C = 90° + C' - C.$$

Donc, on a

$$\frac{\cos(C - C')}{\cos C'} = \frac{r+e}{r};$$

d'où

$$\frac{\cos(C-C') - \cos C'}{\cos(C-C') + \cos C'} = \frac{e}{2r+e};$$

c'est-à-dire

$$(a) \qquad \operatorname{tang}\left(C' - \frac{C}{2}\right) = \frac{e}{2r+e} \operatorname{cotg} \frac{C'}{2}.$$

Connaissant $C' - \frac{C}{2} = \beta$, on en déduira

$$C' = \beta + \frac{C}{2};$$

il vient donc, enfin, en représentant par D *la dépression cherchée*,

$$(b) \qquad D = \beta + \frac{C}{2} - \alpha C = \frac{1-2\alpha}{2} C + \beta.$$

La formule (a) peut être mise sous la forme

$$\operatorname{tg}\left(C' - \frac{C}{2}\right) = \frac{e}{2r+e} \times \frac{1}{\operatorname{tg} \frac{1}{2} C} = \frac{e}{2r+e} \times \frac{1}{\frac{1}{2} C \sin 1'};$$

mais, nous avons $\dfrac{1}{\frac{1}{2} C \sin 1'} = \dfrac{2r}{d}$.

On a donc

$$\operatorname{tg}\left(C' - \frac{C}{2}\right) = \frac{2er}{(2r+e)d}.$$

Donc

$$\operatorname{tg} \beta = \frac{2er}{(2r+e)d}.$$

La valeur de la dépression D près d'une côte, se compose donc de deux termes :

Le premier terme $\left(\frac{1-2\alpha}{2}\right) C = \frac{(1-2\alpha)}{2} \frac{d}{r \sin 1'}$ ne dépend que de d; l'autre dépend de e et de d.

Il faut faire attention que d doit être exprimé en mètres. Puisqu'un mille vaut $1851^{\text{mètres}},8$, il faut multiplier d milles par $1851^{\text{mètres}},8$.

Exemple.

Cherchons la dépression près d'une côte pour une élévation de 7 *mètres et une distance de la côte de* 5 *milles.*

Calcul du premier terme.

$$\frac{(1-2\alpha)d\times 1851,8}{2r\sin 1''}.$$

$(1-2\alpha)=0,8\log$	$=$	$\bar{1},9242793$
$d=5'\log$	$=$	$0,6989700$
$\log 1851,8$	$=$	$3,2675941$
$c^t\log 2$	$=$	$9,6989700$
$c^t\log r$	$=$	$3,1960857$
$c^t\log\sin 1'$	$=$	$3,5362739$
log 1er terme. .	$=$	$0,3221730$
1er terme. .	$=$	$2',10$

d'où dépression $= 4',7 = 4'42''$.

Calcul du deuxième terme.

$$\operatorname{tg}\beta=\frac{2er}{(2r+e)d\times 1851,8}.$$

$\log 2e=\log 14$	$=$	$1,1461280$
$c^t\log d$	$=$	$9,3010300$
$c^t\log 1851,8$	$=$	$6,7324059$
$c^t\log(2r+e)$	$=$	$2,8960555$
$\log r$	$=$	$6,8039143$
$\log\operatorname{tang}\beta$	$=$	$6,8795337$

$\beta=2^e$ terme $= 2',6$;

La XIVme des tables de *M. Caillet* (1re édition) et (2e édition) donne les deux termes de cette dépression.

DES HORIZONS ARTIFICIELS.

99. Au lieu d'observer la hauteur des astres au-dessus de la ligne qui termine la base d'une côte, on préfère généralement, pour éviter les causes d'erreurs dues à la réfraction terrestre par ce mode d'opérer, se rendre à terre pour déterminer la hauteur dont on a besoin.

Cette hauteur se détermine alors, à l'aide d'un instrument appelé *horizon artificiel.*

Définition. — On appelle horizon artificiel, une surface plane horizontale et réfléchissante.

Dans la marine on emploie habituellement deux sortes d'horizons artificiels :

1° Les horizons à fluide;

2° Les horizons à glace circulaire.

Les horizons à fluide sont basés sur ce principe que la surface d'un liquide de peu d'étendue, en repos, est sensiblement une surface plane parallèle à l'horizon apparent.

(Fig. 49)

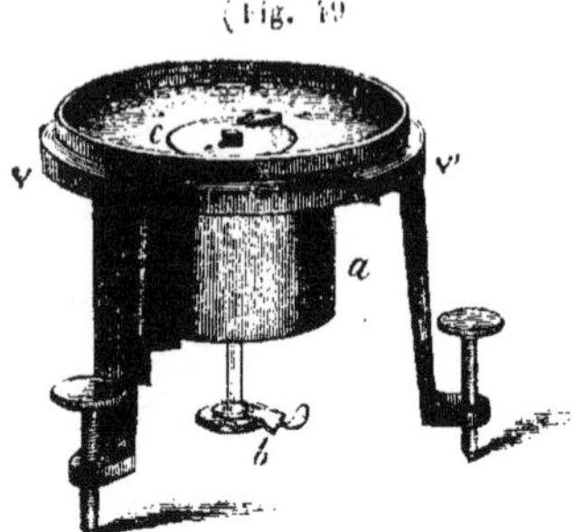

Les horizons à fluide sont alors une sorte de vase *vv'* (fig. 49) contenant un liquide visqueux doué d'un pouvoir de réflexion.

Le liquide généralement employé est le mercure. Ce mercure, contenu dans le cylindre *a*, peut être amené dans la partie *c* du vase *vv'* en pressant de bas en haut la vis *b*.

L'huile est cependant employée dans les pays chauds, surtout dans les observations de Soleil.

L'huile a l'avantage sur le mercure de ne pas répéter comme celui-ci, les vibrations du sol produites par une cause animée quelconque.

Cependant, dans les observations de Lune, il est plus commode de se servir de *mercure* eu égard à son grand pouvoir de réflexion.

Tous les horizons à fluide ont besoin d'un objet transparent qui préserve la surface du liquide des mouvements de l'air environnant.

Les horizons à fluide se distinguent en horizons à glace transparente et horizons à toit.

Dans les horizons à fluide et à glace transparente, il faut, dans le cas où cette glace serait prismatique, déterminer le diamètre parallèle à la ligne de rencontre des faces de cette glace et mettre toujours ce diamètre dans le vertical de l'astre.

Fig. 50

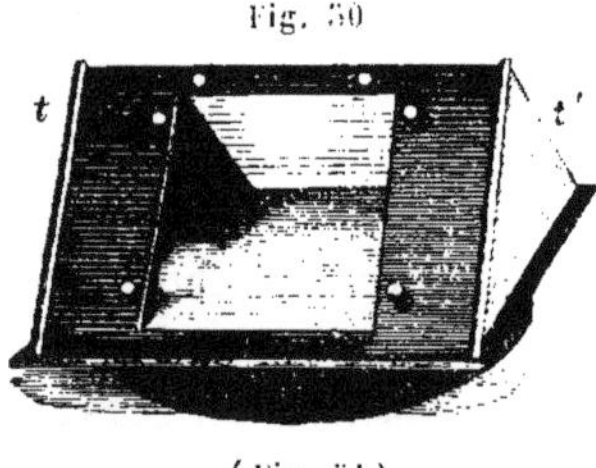

(Fig. 51)

Dans les horizons à toit, le niveau est recouvert d'une espèce de toit *tt'* (fig. 50 et fig. 51) formé de deux glaces transparentes à faces parallèles.

Les deux faces du toit sont reliées par une charnière qui permet de disposer ces faces de manière qu'elles soient perpendiculaires aux rayons lumineux qui viennent de l'astre à la surface du mercure.

On peut remplacer ces toits en verre par des toits en talc dont le pouvoir de réfraction est presque nul.

2° *Les horizons à glace* se composent d'une glace circulaire aa' (fig. 52) dont la face supérieure est plane et parfaitement polie ; l'autre face est dépolie et peinte en noir, afin que la réflexion des objets se fasse sur la face antérieure.

(Fig. 52)

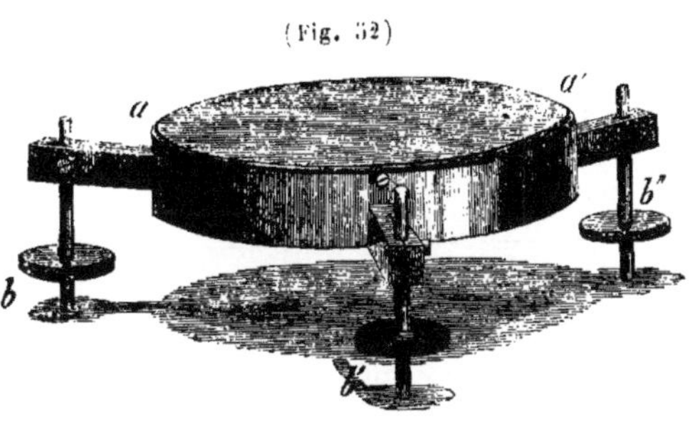

Ce miroir est saisi dans une boîte en cuivre qui porte trois vis b, b' et b'' servant de pieds.

A l'aide de ces vis on peut rendre la surface de la glace horizontale.

100. *Du niveau à bulle d'air.* — On se sert, pour cela, d'un niveau à bulle d'air, qui se compose d'un tube en verre aa' (fig. 53) fermé par ses deux extrémités et rempli, à très-peu près, d'un liquide sans viscosité, tel que de l'eau, de l'alcool ou de l'éther.

(Fig. 53)

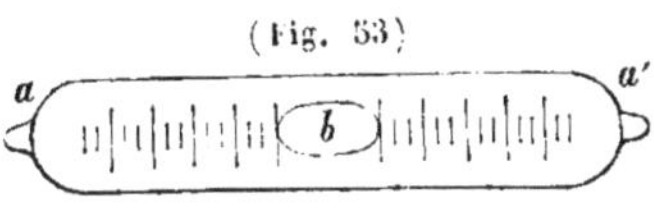

La petite partie de ce tube qui n'est pas remplie de liquide, se remplit d'air et forme la bulle d'air b.

L'air étant moins dense que le liquide contenu dans le tube, la bulle tend toujours à prendre la position la plus élevée ; c'est-à-dire la plus éloignée du centre de la Terre.

Une partie des parois du niveau est usée à la meule et détermine une petite surface plane qui est la base du niveau.

L'autre partie des parois a la forme d'une portion de cylindre à base circulaire courbée légèrement dans le sens de sa longueur, de manière que tout plan passant par l'axe du tube coupe les parois suivant un arc de cercle d'un très-grand rayon.

Ce rayon doit être assez grand pour que la bulle n'ait, dans ses mouvements, ni trop, ni trop peu de sensibilité.

101. *S'assurer si un plan est horizontal. Méthode de retournement.* — Pour s'assurer qu'une surface est horizontale ou pour déterminer l'inclinaison de cette surface sur l'horizon, on agit de la manière suivante :

Soit HA (fig. 54), une ligne inclinée sur l'horizon HH' d'une quantité angulaire $AHH' = \alpha$.

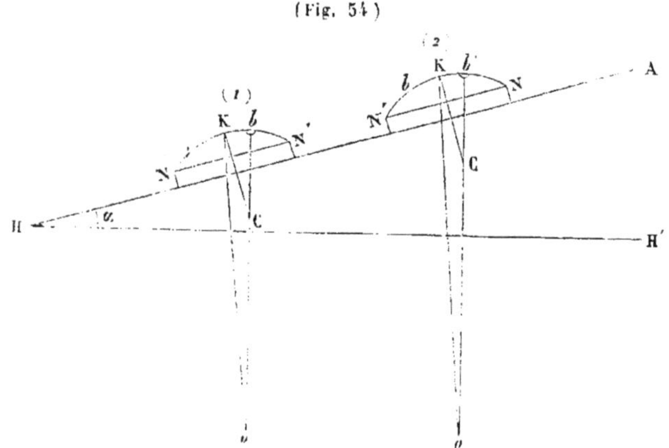
(Fig. 54)

Plaçons le niveau en NN′ (1) sur la ligne HA : soient C le centre de l'arc NKN′ et o le centre de la Terre ; abaissons bCo perpendiculaire à HH′ et CK perpendiculaire à HA, on aura évidemment,

$$bo = KC + Co > Ko.$$

Donc, la bulle se transportera en b ; l'angle KCb est évidemment égal à l'angle AHH′.

Si maintenant, on retourne le niveau et qu'on le place dans la position (2) en N′N, il est clair que b' sera le point du tube le plus éloigné du point o : donc, la bulle se transportera en b', et l'angle $KCb' = KCb = AHH' = \alpha$; donc l'arc bb' parcouru par la bulle, sera égal au double de l'inclinaison α de la ligne AH sur l'horizontale. Par suite, si cette ligne AH est horizontale, la bulle ne changera pas de place dans le retournement.

Pour évaluer l'amplitude des oscillations, on a tracé des divisions égales le long de la paroi supérieure du tube, et ces divisions ont été numérotées symétriquement de part et d'autre du milieu de cette paroi.

102. *Caler un horizon.* — On appelle caler un horizon artificiel, faire jouer les vis des pieds de sa monture de manière à rendre la glace horizontale.

Pour cela, on place le niveau sur la glace dans la direction de deux des vis de la monture : à l'aide de la méthode de retournement et en faisant mouvoir l'une de ces vis, on détermine l'horizontalité de cette ligne.

On place ensuite le niveau sur la perpendiculaire abaissée de la troisième vis sur la ligne qui joindrait les deux autres ; et, à l'aide de la méthode de retournement, mais *en ne faisant mouvoir que la troisième vis*, on détermine l'horizontalité de cette perpendiculaire qui est la ligne de plus grande pente de la glace.

On vérifie de nouveau l'horizontalité de la première ligne. Il est alors évident que si la glace de l'horizon est une surface plane, cette surface est horizontale.

Il est clair, d'après ce que nous venons de dire, que la glace d'un horizon, pour pouvoir être calée d'une manière suffisamment exacte, doit satisfaire aux conditions suivantes :

1° Elle doit être tenue dans sa monture sans ballottement, et cependant ne doit pas être trop serrée ;

2° Elle doit être parfaitement plane.

Observations des hauteurs à l'aide d'un horizon.

103. Soit HH′ (fig. 55), l'intersection du vertical de l'astre avec le plan de l'horizon artificiel qui est peu éloigné du plan de l'horizon apparent de l'observateur eu égard au grand éloignement des astres ; soient aussi S l'astre, et o l'œil de l'observateur. S′ symétrique de S par rapport à HH′ sera l'image de S dans la glace de l'horizon.

Joignons oS, oS′ et o'S.

A l'aide d'un cercle à réflexion ou d'un sextant, nous pouvons mesurer l'angle SoS′, qui est sensiblement égal à $So'S' = 2\,So'H$, c'est-à-dire, égal à deux fois la hauteur apparente de l'astre.

(Fig. 55)

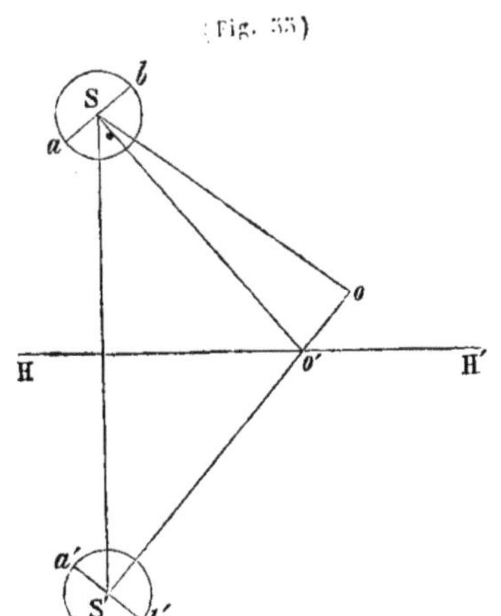

Lorsque l'astre a un diamètre sensible, au lieu d'observer la distance des centres, ce qui obligerait à mettre les deux images en coïncidence exacte, on préfère prendre la distance angulaire de leurs bords.

Seulement, si l'on prend la distance angulaire du bord inférieur, par exemple, et de l'image de ce bord, on n'obtient que la hauteur apparente du *bord inférieur*.

Pour éviter la correction du demi-diamètre, on peut faire plusieurs observations de suite en croisant les contacts du bord inférieur et de son image et du bord supérieur et de son image.

Il faut se rappeler que dans les instruments à réflexion, on se sert généralement d'une lunette qui renverse, que les deux images sont alors renversées; par suite, que dans la glace le bord qui, sans lunette, représente le bord inférieur de l'astre, représente avec la lunette le bord supérieur, et réciproquement.

Les horizons à glace ont l'inconvénient que lorsque ces horizons restent, dans une observation, exposés pendant quelque temps aux rayons du Soleil, il s'opère des dilatations, le plus généralement irrégulières; de telle sorte que l'horizon artificiel calé au commencement d'une série d'observations ne l'est plus à la fin; *il faut donc mettre le plus de promptitude possible* dans *l'observation des hauteurs à l'aide de l'horizon artificiel*, et *préserver l'horizon des rayons du Soleil dans le moment où l'on n'observe pas.*

CORRECTIONS DES HAUTEURS PRISES A L'HORIZON DE LA MER.

104. Nous pouvons maintenant, considérer la question de passer de la *hauteur observée* d'un des bords d'un astre à la *hauteur vraie du centre;* nous allons examiner le problème successivement quant à la *Lune*, au *Soleil*, aux *planètes* et enfin aux *étoiles;* nous déterminerons aussi quelles sont les corrections à faire subir à une hauteur observée d'un des bords de l'un ou l'autre de ces astres pour obtenir la hauteur apparente du centre, hauteur dont nous aurons besoin dans certains problèmes de navigation.

(Fig. 56)

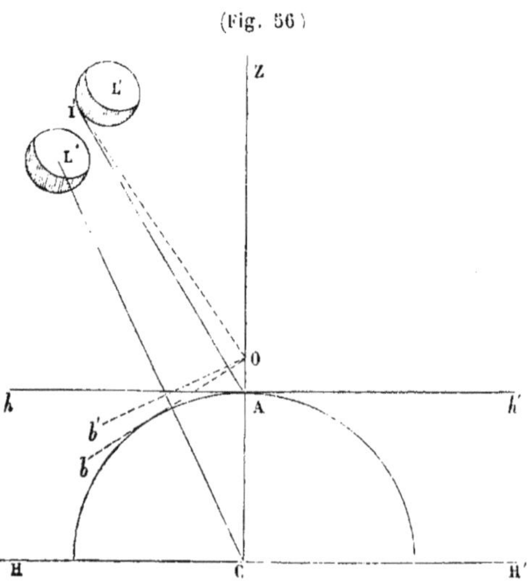

Hauteurs de Lune. — Supposons que L (fig. 56) représente le centre du *isque réel* de la *Lune* et L' le centre du *disque apparent*, c'est-à-dire el que *la réfraction* nous le fait voir.

Soient *hAh'* l'intersection de l'horizon apparent avec le *vertical* le l'astre et HCH' l'intersection de l'horizon rationnel avec ce même ertical.

On a observé la hauteur *I'ob' du bord inférieur de la Lune* et l'on eut avoir LCH *hauteur vraie du centre.*

La hauteur observée I'*ob'* diminuée de la dépression apparente, ous donnera la hauteur apparente I'A*h* du bord. On a donc,

$$I'Ah = H_a\text{☾} = H_o\text{☾} - \text{Dépression}.$$

Voyons, comment l'on peut passer de I'A*h* à LCH.

On peut, pour cela, se servir :

du demi-diamètre horizontal de l'astre. . . δ;
de son demi-diamètre en hauteur. . . . . . d;
u, de son demi-diamètre en hauteur réfracté. . d'.

(Fig. 57)

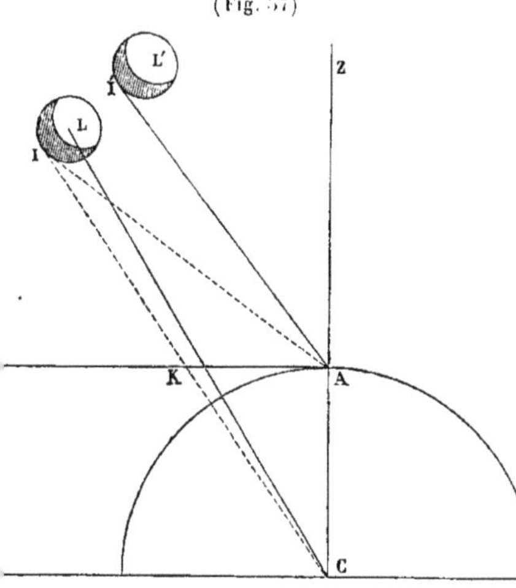

Si l'on se sert du demi-diamètre horizontal; menons AI (fig. 57) tangente au disque L et joignons CI, qui sera aussi, à très-peu près, tangente au même disque.

Nous aurons, évidemment

$$LCH = ICH + ICL = ICH + \delta$$

$$ICH = IKh = IAh + CIA = IAh + \text{parallaxe du ☾} = IAh + p\text{☾}$$

$$IAh = I'Ah - IAI' = I'Ah - \text{réfraction du ☾} = I'Ah - R\text{☾}$$

$$I'Ah = H_o\text{☾} - \text{dépression}.$$

On a donc

$$(a) \qquad H_v\text{☾} = H_o\text{☾} - \text{dépress.} - R\text{☾} + p\text{☾} + \delta.$$

(Fig. 58)

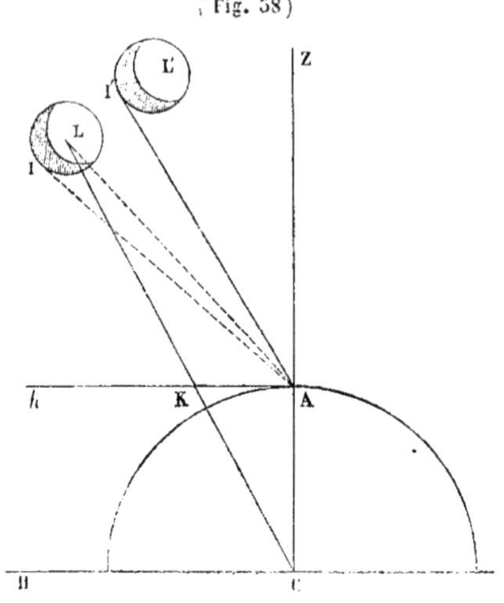

Si l'on se sert du demi-diamètre en hauteur, menons LA, et IA tangente au disque L (fig. 58).

Nous aurons ;

LCH = LKh = LAh + ALC = LAh + p☾.

LAh = IAh + LAI = IAh + d.

IAh = I'Ah — IAI' = I'Ah — R☾.

I'Ah = H_o☾ — dépression.

On a donc,

b) H_v☾ = H_o☾ — dépress. — R☾ + d + p☾.

(Fig. 59)

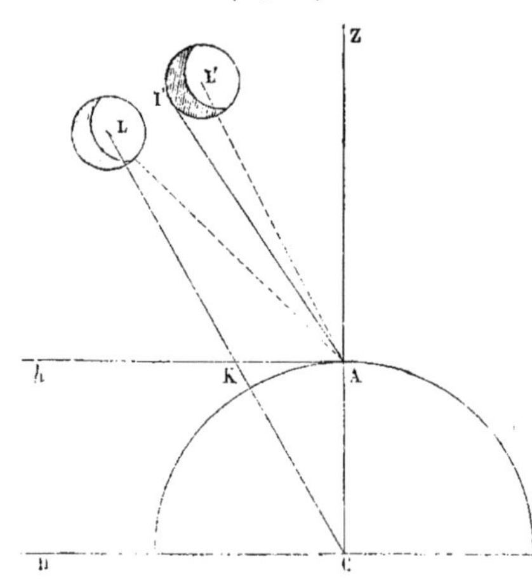

Enfin, si l'on se sert du demi-diamètre en hauteur réfracté, menons L'A et LA (fig. 59).

Nous aurons :

LCH = LKh = LAh + ALC = LAh + p☾.

LAh = L'Ah — LAL' = L'Ah — R☾.

L'Ah = I'Ah + I'AL' = I'Ah + d'.

I'Ah = H_o☾ — dépress.

On a donc

$$(c) \qquad H_v☾ = H_o☾ - \text{dépress.} + d' - R☾ + p☾.$$

La quantité

$$H_o☾ - \text{dépress.} + d' = L'Ah,$$

est ce que l'on nomme *la hauteur apparente du centre.* Lors donc que l'on aura besoin des hauteurs vraie et apparente du centre de la Lune, on devra se servir de la formule (*c*) que l'on peut écrire

$$H_v☾ = H_o☾ - \text{dépress.} + d' + (p☾ - R☾).$$

Dans les autres cas on se servira de la formule (*a*) que l'on peut mettre sous la forme

$$H_v☾ = H_o☾ - \text{dépress.} + (p☾ - R☾) + \delta.$$

Le demi-diamètre horizontal δ est donné dans la connaissance des temps; et la quantité ($p☾ - R☾$) ou ($p☾ - R☾$) est donnée, comme nous l'avons dit, en astronomie page 224, dans la table XII de Callet, et la XXIXe des tables de M. *Caillet* (1re édition) dans la XXVIIIe de la 2me édition, et enfin dans la table XXVI de Guépratte.

On entre dans cette table avec la parallaxe horizontale et la hauteur apparente du bord ou du centre de l'astre.

Si l'on veut avoir égard à l'état de l'atmosphère, on prendra la réfraction moyenne dans la table VIII, de Callet par exemple, et l'on en déduira, à l'aide de la table VIII *bis*, les corrections à faire subir à la quantité ($p☾ - R☾$) déterminée par la table XII. Ces corrections devront prendre un *signe contraire* à celui donné par la table VIII *bis*.

Si au lieu de supposer que l'on a observé le bord *inférieur* de la Lune, nous supposions que c'est son bord *supérieur*, il faudrait dans les formules (*a*), (*b*), (*c*), changer le signe des demi-diamètres.

Règle pratique.

105. Ainsi, pour corriger une hauteur de Lune, lorsque l'on n'a pas besoin de la hauteur apparente du centre, on détermine d'abord, à l'aide de la *Connaissance des temps*, et pour l'*heure de Paris* qui correspond à l'instant considéré, le *demi-diamètre horizontal*, et la *parallaxe horizontale équatoriale* que l'on diminue de la quantité relative à la latitude, au moyen de la table XI de Callet.

De H_o☾ on retranche la dépression, table VII, ce qui donne l hauteur apparente du bord inférieur H_a☾.

Avec cette hauteur on entre dans la table VIII et l'on prend, à vue la réfraction moyenne, avec laquelle on détermine table VIII *bis*, le corrections barométriques et thermométriques.

On change le signe de ces corrections.

Avec H_a☾ et la parallaxe horizontale du lieu, on entre dans la ta ble XII ; on détermine (p☾ — R☾) que l'on combine avec les cor rections barométriques et thermométriques. On peut, si l'on veut déterminer séparément R☾ et p☾ ; ce dernier terme s'obtient a moyen de la formule p☾ = P cos h_c☾, dans laquelle P est la paral laxe horizontale du lieu et h_c☾ la hauteur du bord inférieur *corrigé de la réfraction.*

On ajoute (p☾ — R☾) à H_a☾ et l'on obtient H_v☾.

A cette hauteur vraie du bord inférieur de la Lune, on ajoute l demi-diamètre horizontal, ce qui donne H_v☾.

Si l'on a besoin de la hauteur apparente du centre de la Lune o agit de la manière suivante : Après avoir primitivement déterminé l demi-diamètre horizontal et la parallaxe horizontale du lieu on re tranche de H_o☾ la dépression, et l'on a H_a☾.

Avec cette hauteur augmentée du demi-diamètre horizontal, e avec ce demi-diamètre horizontal, on entre dans la table XIII d Callet et l'on détermine l'augmentation du demi-diamètre en hau teur; puis, on entre dans la table XIV et l'on obtient l'accourcisse ment du demi-diamètre vertical; ces deux corrections affectées a demi-diamètre horizontal donnent *le demi-diamètre en hauteur ré fracté* que l'on ajoute à H_a☾ pour obtenir H_a☾, c'est-à-dire la hau teur apparente du centre.

Avec cette hauteur, on détermine, comme tout à l'heure (p☾ — R☾), en faisant subir à cette quantité les corrections barométrique et thermométriques; ajoutant (p☾ — R☾) à H_a☾, on a la hauteu vraie du centre, H_v☾.

Exemple.

Le 16 septembre 1858, vers $4^h\,47^m\,25^s$ T. M d'un lieu situé pa 18° 27′ de latitude Sud et 52° 12′ de longitude Ouest, on a observé au sextant une hauteur du bord *inférieur de la Lune* de 55° 50′ 30″.

Thermomètre + 24°; baromètre 0,785.

Erreur instrumentale + 2′ 30″. Élévation de l'œil 5m,2.

On demande la hauteur vraie du centre de la Lune?

1° *Détermination de l'heure de Paris T. M., correspondant à l'instant de l'observation de la hauteur.*

Heure T. M. du lieu le 16 sept.	=	4h47m25s
Longitude en temps.	=	3h28m48s
Heure T. M. de Paris le 16.	=	8h16m13s

2° *Pour cette heure de Paris la connaissance des temps donne :*

½ diamètre horizontal de la Lune. . . .	=	14′47″
Parallaxe horizontale équatoriale. . .	=	54′17″
Diminution pour la latitude, table XI de Callet	=	1″
Parallaxe horizontale du lieu.	=	54′16″

3° *Correction de la hauteur donnée par l'instrument.*

H_{inst} ☾	=	55°50′30″
Erreur inst.	=	+ 2′30″
H_{obs} ☾.	=	55°53′00″
Dépression.	=	4′ 3″
H_{ap} ☾.	=	55°48′57″

La réfraction moyenne pour cette hauteur (table VIII de Callet) = 39″3

Table VIII *bis*.

Correction thermométrique = —2″,0

Correction barométrique. . = +1″,3 Paral.-réfraction, Table XII = 29′49″

Correction totale . . . . . = —0″,7 = correct. atmosph. + 0″7

H_{vraie} ☾.	=	56°18′46″7
½ diamètre horizontal . .	=	14′47″
Haut^r vraie du centre ☾.	=	56°33′33″7

Remarque. — A *la mer* on peut simplifier ce calcul.

1° D'abord la *diminution de la parallaxe horizontale équatoriale* peut généralement être supprimée, attendu que le maximum de l'erreur qui en résulte sur la hauteur ne peut pas dépasser 11″, 7 et encore faut-il : que l'astre soit observé près de *l'horizon* et que la latitude du lieu soit de 75°. *En moyenne* cette correction est de 3″, quantité *inférieure aux erreurs de lecture et d'observations.*

2° Il est généralement inutile d'avoir égard aux corrections barométriques et thermométriques attendu qu'on n'observe la hauteur des astres que lorsque cette hauteur atteint au moins 15° ou 20°; et comme, dans ce cas, *la réfraction moyenne ne dépasse pas* 3′, on peut voir, par la table VIII *bis* de *Callet*, que la somme des corrections barométriques et thermométriques ne dépasse pas 36″, et encore faut-il que le thermomètre soit à + 40° et le baromètre très-bas à 683^{mm}. En prenant une température et une élévation barométrique moyennes on peut s'assurer que l'ensemble des deux corrections ne doit pas dépasser 12″ lorsque les deux corrections *sont de même signe; dans le cas contraire, l'ensemble des deux corrections* n'est que fort peu de chose.

En faisant les simplifications que nous venons d'indiquer, le calcul précédent se réduit ainsi qu'il suit :

Exemple.

Le 16 septembre 1858 vers $4^h 47^m 25^s$ T. M. d'un lieu situé par 18° 27′ de latitude Sud et 52° 12′ de longitude Ouest, on a observé la *hauteur du bord inférieur de la Lune* de 55° 50′ 30″.

Erreur instrumentale + 2′ 30″. Élévation de l'œil $5^{\text{mètres}}$,2.

On demande la hauteur vraie du centre de l'astre.

1° *Détermination de l'heure de Paris T. M. correspondant à l'instant de l'observation de la hauteur.*

Hre T. M. du lieu le 16 septembre. . . .	$= 4^h 47^m 25^s$
Longitude en temps	$= 3^h 28^m 48^s$
Hre T. M. de Paris le 16 septembre . . .	$= 8^h 16^m 13^s$

Pour cette heure de Paris la connaissance des temps donne :

½ diamètre horizontal de la Lune.	= 14′47″
Parallaxe horizontale équatoriale.	= 54′17″

2° *Correction de la hauteur donnée par l'instrument.*

H^r_i ☾.	= 55°50′30″
Erreur instle	= + 2′30″
H^r_{ob} ☾	= 55°53′00″
Dépression.	= − 4′ 3″
H^r_{app} ☾.	= 55°48′57″
Parallaxe-réfraction.	= + 29′49″
H^r_v ☾.	= 56°18′46″
½ diamètre horizontal.	= + 14′47″
Hr vraie ☾	= 56°33′33″

Faisons le même calcul *en déterminant la hauteur apparente du centre.*

Exemple.

Le 16 septembre 1858 vers $4^h 47^m 25^s$ T. M. d'un lieu situé par 18° 27′ de latitude Sud et 52° 12′ de longitude Ouest, on a observé la hauteur du bord inférieur de la Lune de 55° 50′ 30″.

Thermomètre + 24°. Baromètre 0,785.

Erreur instrumentale + 2′ 30″. Élévation de l'œil 5mètres,2.

On demande *les hauteurs apparente et vraie* du centre de la *Lune.*

1° *Détermination de l'heure T. M. de Paris correspondant à l'instant de l'observation de la hauteur.*

Heure T. M. du lieu le 16 = $4^h47^m25^s$
Longitude en temps. . . = $3^h28^m48^s$
H^{re} T. M. de Paris le 16. = $8^h16^m13^s$

La connaissance des temps donne pour cette heure :
½ diamètre horizontal. . = 14′47
Parallaxe horiz^{le} du lieu = 54′16

2° *Correction de la hauteur donnée par l'instrument.*

Haut^r inst. ☾ . . . . . = 55°50′30″
Erreur inst. . . . . . . = + 2′30″
H_{obs} ☾ . . . . = 55°53′00″
Dépression. . . . . . . = — 4′03″
H_{app} ☾ . . . . = 55°48′47″
½ diamètre horizontal. = 14′47″
H^r_{app} ☾̄ approchée . . = 56°03′44″

Augmentation du ½ diamètre horizontal table XIII . . . . = + 11″9
Accourcissement table XIV. . . . . . . = — 0″4
Somme des corrections. . . . . = + 11″5
½ diamètre horizontal. . . . . = 14′47″
½ diamètre en hauteur réfracté. . . . . = 14′58″5

H^r_{app} ☾ = 55°48′57″
½ diamètre réfracté = 14′58″5
H^r_{app} ☾̄ . . . . . . = 56°03′55″5

Réfraction moyenne pour cette hauteur, table VIII. . = 39″3
Table VIII *bis* :
Correction thermo. = — 2″0
id. barom. = + 1″3
Correction totale. . = — 0″7

Parall.-réfraction Table XII. = 29′39″
correction atmosph. = + 0″7
H^r_{vraie} du ☾̄ . . . . = 56°33′35″2

106. *Hauteurs de Soleil.* En remplaçant dans les formules (*a*) (*b*) et (*c*) le signe ☾ par le signe ☉ qui convient au Soleil, nous aurons

les trois formules analogues de corrections d'une hauteur de Soleil

$$(a') \qquad H_v\ominus = H_o\underline{\odot} - \text{dép} - R\underline{\odot} + p\,\underline{\odot} + \delta$$

$$(b') \qquad H_v\ominus = H_o\underline{\odot} - \text{dép} - R\underline{\odot} + d + p\ominus$$

$$(c') \qquad H_v\ominus = H_o\underline{\odot} - \text{dép} + d' - R\ominus + p\,.\,\ominus.$$

En se servant des tables VIII et VIII *bis* de Callet par exemple, on déterminera *la réfraction* R $\underline{\odot}$ de (a') et (b') ou R $\ominus$ de (c'); et on obtiendra la parallaxe $p\,\underline{\odot}$ ou $p\ominus$ au moyen de la table IX.

Certaines tables et entre autres la table XXVI de *M. Caillet* première édition et la Ve de *Guépratte* donnent immédiatement (R $\underline{\odot}$ — $p\,\underline{\odot}$) pour (a') ou (R$\ominus$ — $p\ominus$) pour (c'). Il est inutile, *à la mer*, de faire subir à cette quantité les corrections relatives à l'état *de l'atmosphère.*

En raison de la grande distance du Soleil à la Terre, son demi-diamètre horizontal δ est sensiblement égal à son demi-diamètre en hauteur d.

Le demi-diamètre réfracté d' se détermine comme pour la Lune (*Asronomie*, page 241), seulement on se sert du demi-diamètre *horizontal.*

Donnons un exemple dans lequel nous aurons soin de négliger tous les dixièmes de secondes; parce qu'à la mer on ne prend pas la hauteur à la seconde, et même à la dizaine de seconde près.

Exemple.

Le 25 juillet 1858, on a observé, au sextant, la hauteur du $\underline{\odot}$ de 34°25′50″; l'erreur instrumentale est de — (1′20″); l'élévation de l'œil 5 mètres; le thermomètre marquait + 15° et le baromètre 0,731. On demande la hauteur vraie du $\ominus$.

Hauteur instrumentale $\underline{\odot}$	=	34°25′50″	
Erreur instrumentale .	= —	1′20″	
Hauteur observée. . . $\underline{\odot}$	=	34°24′30″	
Dépression pour 5m. .	= —	3′58″	Table VII (Callet).
Hauteur apparente . . $\underline{\odot}$	=	34°20′32″	

13

Réfraction pour 34°20′32″
Table VIII . . 1′25″2

Table VIII *bis*.	Correction thermométrique. .— 1″6 Correction barométrique . . .— 3″3	—	1′20″	P=8″,44 log=0,9263424.
	Haut : corrigée . . ☉̲ =		34°19′12″	log cos=9,9169282
Table IX. Parallaxe en hauteur.	=		+ 7″	log p=0,8432706
	Haut : vraie . . . . ☉̲ =		34°19′19″	p= 6″,9.
	Demi-diamètre. . . ☉ =		15′46″	
	Hauteur vraie du . ☉ =		34°35′05″	

Nous voyons qu'il est inutile de considérer les corrections thermométrique et barométrique.

107. ***Hauteur des planètes.*** — Les corrections des hauteurs des *planètes* se font comme celles du *Soleil;* seulement, en raison de la petite dimension de leur disque apparent, le *demi-diamètre réfracté d′* est égal au demi-diamètre en hauteur *d*.

Pour les planètes on se sert donc des deux formules (en considérant Vénus) :

$$\alpha \quad \begin{cases} H_r \text{♀} = H_o \text{♀} - \text{dép} - R\text{♀} + p\text{♀} + \delta \\ H_r \text{♀} = H_o \text{♀} - \text{dép} + d - R\text{♀} + p\text{♀} \end{cases}$$

♀ indique que l'on considère le centre de l'astre,
♀ indique que l'on considère le bord inférieur.

On sait que la table X de Callet donne la parallaxe en hauteur.

Exemple.

Le 16 octobre 1858, dans un lieu situé par 10°29′ de latitude Sud, et 19°15′ de longitude Ouest, vers 2^h29^m du matin, on a observé la hauteur du bord supérieur de *Jupiter* à l'aide d'un cercle à réflexion. Étant parti du point zéro, on lit au moyen du vernier de l'alidade du grand miroir et après quatre contacts croisés 227°10′00″. On demande *la hauteur vraie du Centre.*

1° *Détermination de l'heure Correspondante de Paris.*

H^re T. M. du lieu le 15 = 14^h 29^m
Longitude en temps = 1 17

H^re T. M. de Paris le 15 = 15^h 46^m

A l'aide de cette heure on trouve dans *la Connaissance des temps*, page (332)

Parallaxe horiz^le de *Jup^r* = 15″3
½ diamètre horiz^l . . . . = 13″7

2° *Détermination de la* Hauteur vraie *du Centre.*

Arc lu sur le limbe. . .	=	227°10′00″
le ¼ = H_i de *Jup^r* . . .	=	56°47′30″
Dépression pour 6^m5	=	4′31″
H_{ap} de *Jup^r*	=	56°42′59″
Réfraction.	=	38″7
H_{ap} corr. de *Jup^r*. . . .	=	56°42′20″3
Parallaxe en hauteur, table X.	= +	8″1
H^r_{vraie} du bord inf^r de *Jup^r*.	=	56°42′28″8
½ diamètre horizontal. .	=	— 13″7
H^r_{cr} du centre *Jup^r*. . .	=	56°42′15″1

108. ***Hauteurs des étoiles.*** — Les étoiles n'ayant ni parallaxe, ni diamètre appréciables, les corrections de leur hauteur se réduisent à deux; en dehors de l'erreur instrumentale.

Exemple.

On a observé la hauteur de l'étoile polaire et l'on a obtenu 35°27′45″. Erreur instrumentale + (3′10″). Élévation de l'œil 6 mètres. Thermomètre + 17°. Baromètre 0,792. On demande la hauteur vraie.

	Haut : instr. de l'Étoile	=	35°27′45″
	Erreur instrumentale. .	= +	3′10″
	Hauteur observée. . . .	=	35°30′55″
	Dépression.	= —	4′21″
	Hauteur apparente. . .	=	35°26′34″
Réfraction p^r 35°26′34″			
	Table VIII. . . . 1′21″9		
Table VIII *bis*.	Correction therm. + 2″1 ⎫ Correction barom. — 3″5 ⎭ ..	—	1′21″
	Hauteur vraie de la Polaire	=	35°25′13″

Il est complétement inutile, comme on le voit, d'avoir égard aux corrections barométrique et thermométrique.

HAUTEURS PRISES A L'HORIZON ARTIFICIEL.

109. Lorsque l'on prend les hauteurs à l'horizon artificiel, il n'y a pas lieu de corriger de *la dépression ;* les autres corrections se font complétement de la même manière que pour les hauteurs prises à l'horizon de la mer.

On doit seulement bien faire attention de prendre pour hauteur instrumentale la moitié de l'arc parcouru sur le limbe par la ligne de foi du vernier, et de bien remarquer les bords que l'on a mis en contact pour faire convenablement la correction du demi-diamètre.

Réciproque. — CONNAISSANT LA HAUTEUR VRAIE DU CENTRE D'UN ASTRE, TROUVER LA HAUTEUR OBSERVÉE DE L'UN DE SES BORDS.

110. Dans certaines questions de navigation, on a besoin de déterminer la hauteur instrumentale du bord d'un astre, connaissant la hauteur vraie du centre de cet astre.

Des formules (*a*), (*b*), (*c*), (103), on déduit pour la Lune, par exemple :

$$H_o\underline{\text{☾}} = H_v\text{☾} - \delta - p\underline{\text{☾}} + R\underline{\text{☾}} + \text{dép}$$
$$H_o\underline{\text{☾}} = H_v\text{☾} - p\text{☾} - d + R\underline{\text{☾}} + \text{dép}$$
$$H_o\underline{\text{☾}} = H_v\text{☾} - p\text{☾} + R\text{☾} - d' + \text{dép}$$

On doit faire attention que la parallaxe de hauteur, ou pour la Lune la parallaxe de hauteur moins la réfraction, s'obtient avec la hauteur apparente, et qu'il faut donc faire un calcul de fausse position, ainsi que nous allons l'indiquer dans l'exemple suivant :

Exemple.

Le 16 septembre 1858, vers $4^h 47^m 25^s$ T. M. d'un lieu situé par 18°27′ de latitude Sud et 52°12′ de longitude Ouest, on a trouvé la hauteur vraie du centre de la Lune égale à 56°33′35″. On demande *la hauteur apparente* du centre et la hauteur instrumentale *du bord inférieur*, sachant que l'erreur instrumentale est + 2′30″, et l'élévation de l'œil $5^{\text{mètres}},2$.

Nous n'avons pas égard à l'état de l'atmosphère.

1° *Détermination de l'heure T. M. de Paris correspondant à l'instant considéré.*

Hre T. M. du lieu le 16 = $4^h47^m25^s$	La connaissance des temps donne
Longitude en temps Ot = $3^h28^m48^s$	pour cette heure :
	½ diamètre horizontal. . . = 14′47″
Hre T. M. de Paris. . . = $8^h16^m13^s$	Parallaxe horizonle du lieu = 54′16″

2° *Détermination des hauteurs demandées.*

Hautr vraie ☾.	=	56°33′35″
Parallaxe-réfract. en hauteur approchée. Table XII de Callet. .	=	29′15″
Hauteur appte approchée ☾.	=	56°04′20″
Avec cette hauteur déterminons de nouveau la parallaxe-réfract. Table XII	=	29′38″
Cette quantité retranchée de hautr vraie ☾. . . . . donne :		
Hr app. ☾.	=	56° 3′57″
½ diamètre horizontal . . . = 14′47″		
Augmentation, table XIII. . = 12″8		
½ diamètre en hauteur. . . = 14′59″0		
Accourcissement, table XIV = 0″4		
½ diamètre réfracté. . . . . = 14′58″6	=	— 14′58″6
Hautr appte ☾.	=	55°48′58″4
Dépression	=	4′ 3″
Hautr obs. ☾.	=	55°53′01″4
Erreur instrumentale	=	2′30″
Hautr instrumentale ☾	=	55°50′31″4

Considérons le Soleil : De la formule (a') (106) et en ayant égard à l'erreur instrumentale, nous déduisons :

$$H_{ins}\overline{\odot} = H_v\ominus - \delta - p\underline{\odot} + R\underline{\odot} + \text{dépress.} - \text{Erreur instr.}$$

Pour déterminer dans cette formule la parallaxe, il faudrait avoir la hauteur apparente du $\underline{\odot}$ corrigée, c'est-à-dire :

$$(H_v\ominus - \delta - p\underline{\odot}).$$

On est obligé de calculer cette parallaxe avec la hauteur vraie H. ☉ = (H, ☉ — δ).

Pour calculer la réfraction, il faudrait avoir la hauteur apparente H_{ap} ☉ = (H, ☉ — δ — p ☉ + R ☉); on est obligé de calculer cette réfraction avec la hauteur corrigée = (H, ☉ — δ — p ☉).

On pourrait, une fois la parallaxe calculée, recommencer à la déterminer au moyen de la hauteur corrigée et agir de même pour la réfraction, mais c'est complétement inutile, attendu que les petites erreurs que l'on commet sur la parallaxe et sur la réfraction en agissant comme nous venons de le dire, sont bien au-dessous de l'approximation sur laquelle on peut compter dans une hauteur observée.

Ce problème n'offrant aucune difficulté pour les hauteurs d'étoiles, nous n'allons donner un exemple que pour une hauteur de Soleil.

Exemple.

Le 25 juillet 1858, la *hauteur vraie* du centre du Soleil est de 34°35′05″; on demande la *hauteur instrumentale* du ☉ correspondante, sachant que l'*élévation de l'œil* est de 5 mètres et l'erreur instrumentale — (1′20″).

Hauteur vraie du ☉	=	34°35′05″
Demi-diamètre ☉	=	— 15′46″
Hauteur vraie ☉	=	34°19′19″
Table IX ; parallaxe en hautr	=	— 7″
Hauteur corrigée ☉.	=	34°19′12″
Réfraction pour 34°19′11″. Table VIII.	=	+ 1′25″
Hauteur apparente ☉. . . .	=	34°20′37″
Dépression pour 5m	=	+ 3′58″
Hauteur observée ☉	=	34°24′35″
Erreur instrumentale. . . .	=	+ 1′20″
Hauteur instrumentale ☉. .	=	34°25′55″

Nous n'avons pas égard, dans ce problème, aux corrections barométrique et thermométrique, attendu que ces corrections sont habituellement faibles ainsi que nous l'avons dit, et que généralement sur un instrument à réflexion on n'apprécie pas au delà de 10 secondes.

Ainsi, pour la hauteur instrumentale 34°25′55″ que nous venons de trouver, il est clair que si l'on veut qu'un *instrument à réflexion* marque cette hauteur, il faut, dans le cas où l'instrument donne les 10″, placer le zéro du vernier de manière que les deux divisions consécutives du vernier qui représentent 5′50″ et 6′50″, se trouvent, chose assez difficile, *entre une division du limbe.*

ÉNONCÉS DE CALCULS A EFFECTUER.

Exemple 1. Le 4 juin 1858, vers 7^h 52^m 53^s,6 du matin T. M., étant par 10° 35′ 40″ de *latitude Nord* et 59° 39′ 20″ de *longitude Ouest*, on a observé la *hauteur du bord inférieur de la Lune* de 51° 41′. Élévation de l'œil 5^m,4.

On demande les hauteurs *vraie* et *apparente* du centre de la Lune?

		Parall. horiz. éq. ☾	½ diamètre horiz.
Éléments de la Connaissance des temps.	le 3 juin à 12^h	55′51″,3	15′13″,2
	le 4 juin à 00^h	56′13″,7	15′19″,2

Résultat. $\begin{cases} H_{ap} ☾ = 51°52′24″ \\ H_{vr} ☾ = 52°26′22″ \end{cases}$

Exemple 2. Le 31 octobre 1858, vers 3^h 32^m 34^s T. M., étant par 7° 48′ latitude Sud et 47° 10′ longitude Ouest, on sait que la hauteur vraie du centre du *Soleil* est de 33° 36′ 21″.

On demande la hauteur instumentale du bord inférieur du Soleil. Élévation de l'œil 5^m,6, erreur instrumentale + 3′ 15″.

Éléments de la Connaissance des temps. $\begin{cases} \tfrac{1}{2} \text{ diamètre } ⊙ \text{ le 27 octobre à. . } 0^h = 16′8″05, \\ \quad id. \quad \text{le } 1^{er} \text{ novembre à } 0^h = 16′9″,29 \end{cases}$

Résultat. | $H_{ins} = 33°22′31″$.

Exemple 3. Le 22 mai 1858, vers 3^h 7^m 33^s T. M. du bord, on a observé la hauteur du ⊙ de 21° 38′ 42″. Élévation de l'œil 6^m,2.

On demande la hauteur vraie du centre de cet astre. La longitude du lieu est 6° 49′ Est.

Éléments de la Connaissance des temps.	½ diamètre du Soleil = 15′49″

Résultat. | H_v ⊖ = 21°47′47″

Exemple 4. Le 29 novembre 1858, vers 11ʰ 15ᵐ du soir T. M. étant par 46° 37′ 15″ de latitude Nord et 62° 38′ 15″ de longitude Ouest, on a observé à l'horizon artificiel la hauteur de l'étoile *Pollux*, et on l'a trouvée égale à 42° 37′ 28″.

On demande la hauteur vraie?

Résultat. | H_v ✳ = 42°36′25″.

Exemple 5. Le 16 septembre 1858, étant par 18° 27′ de latitude Sud et 52° 12′ 25″ de longitude Ouest vers 4ʰ 47ᵐ 24ˢ,7 du bord T. M., on sait que la hauteur vraie du centre de la Lune est de 15° 5′ 25″,5.

On demande la hauteur apparente du centre et la hauteur observée du bord inférieur? Élévation de l'œil 5ᵐ,2.

		Parall. horiz. éq. ☾	½ diamètre horiz.
Éléments de la Connaissance des temps.	le 16 sept. à 0ʰ	54′14″,7	14′46″,9
	id à 12ʰ	54′18″,3	14′47″,9

Résultat. H_{ap} ☾ = 15°8′50″ ; H_{obs} ☾ = 14°57′

Exemple 6. Le 15 février 1858, quand il est 23ʰ 33ᵐ 34ˢ de Paris T. M., on a observé la hauteur du bord *inférieur du Soleil* de 67° 38′ Élévation de l'œil 5ᵐ,8. Erreur instrumentale — (1′ 10″).

On demande la *hauteur vraie du centre*?

Éléments de la Connaissance des temps.	½ diamètre horiz¹ du ⊙ le 14 févr. à 0ʰ = 16′13″,06
	id. 19 *id.* = 16′12″

Résultat. | H_r ⊖ = 67°48′36″

INSTRUMENTS SERVANT A MESURER LE TEMPS ET A PRÉCISER LES INSTANTS.

DES CHRONOMÈTRES OU MONTRES MARINES.

111. Nous avons dit en *Astronomie*, page **34**, comment tout chronomètre doit contenir cinq organes principaux, que nous rappellerons dans l'ordre suivant :

1° *Le moteur*,

2° *Le rouage*,

3° *Le remontage*,

4° *Le régulateur*,

5° *L'échappement.*

Examinons successivement ces organes principaux dans les instruments devant être soumis à une agitation quelconque.

Nous savons que dans les horloges le moteur est un poids et le régulateur un pendule, c'est-à-dire n'agissent que sous l'action de la pesanteur ; par suite, qu'une horloge ne peut marcher que lorsqu'elle est installée d'une *manière fixe* dans un lieu immobile. Pour construire des horloges portatives et dont le mouvement ne soit ni arrêté ni modifié par un déplacement constant, tel que celui d'un navire, on ne peut se servir de la pesanteur pour déterminer l'action du moteur et du régulateur.

112. Du moteur. — Dans les chronomètres, le moteur est un ressort, (fig. 60), formé d'une lame d'acier *longue et mince* travaillée de manière à s'enrouler d'elle-même en *spirale*.

(Fig. 60)

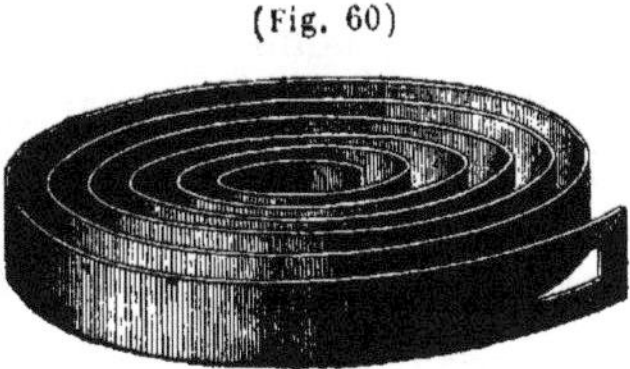

L'on attache l'extrémité A de ce ressort à un point fixe et l'autre extrémité B est liée à un axe BC, (fig. 61), pouvant tourner sur lui-même. Lorsque à l'aide d'une clef on fait tourner l'axe BC dans le sens de la flèche, il entraîne l'extrémité B du ressort et les spires se resserrent de plus en plus comme on le voit (fig. 61). Si l'on abandonne ensuite l'axe, le ressort en se détendant lui imprime un mouvement de rotation dans le sens opposé à celui donné par la clef: c'est ce mouvement de rotation imprimé à l'axe par le ressort qui se détend qui, à l'aide d'une roue dentée fixée soit à l'axe même soit à une autre pièce liée au ressort, donne le mouvement au rouage.

(Fig. 61)

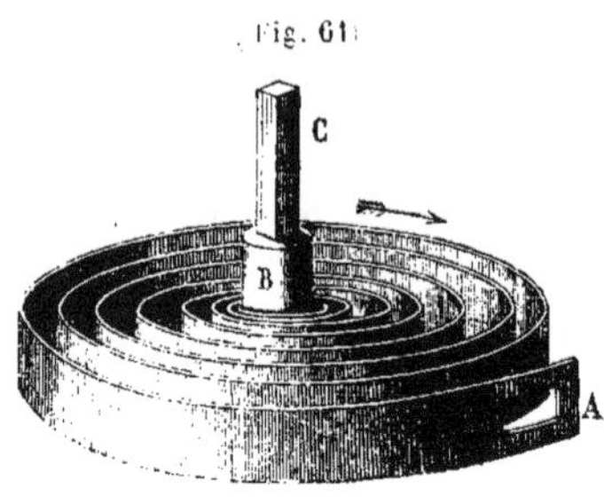

Ce ressort est enfermé dans un tambour ou *barillet* M comme le montre la fig. 62; le couvercle du barillet est soulevé pour laisser voir le ressort.

(Fig. 62)

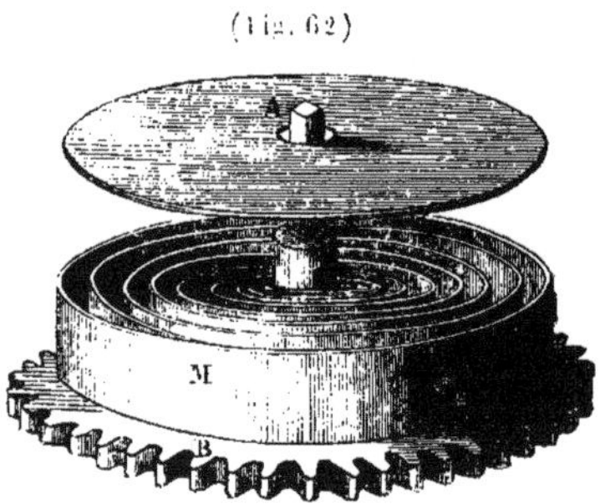

De la fusée. Le ressort moteur perd de sa force à mesure qu'il se détend, par conséquent un moteur disposé comme nous venons de l'indiquer doit, malgré le régulateur dont nous parlerons plus loin, tourner plus vite quand il vient d'être remonté et retarder ensuite graduellement.

Pour obvier à ce défaut, on a imaginé de faire agir le ressort moteur sur les rouages par l'intermédiaire d'une pièce appelée *fusée* et qui porte la première roue dentée, laquelle, sans ce mécanisme, prend directement son mouvement du barillet. Voici en quoi consiste ce perfectionnement.

Sur la surface du barillet M, (fig. 63) est fixée l'extrémité d'une chaîne articulée *a* qui, après avoir fait un certain nombre de tours sur cette surface, vient se fixer par son autre extrémité à la partie inférieure d'une sorte de tambour conique N portant le nom de *fusée;* sur ce tambour conique est quelquefois pratiquée une *rainure hélicoïdale* sur laquelle s'appuie la *chaîne.*

Lorsque l'on veut tendre le ressort, on engage une clef dans la

(Fig. 63)

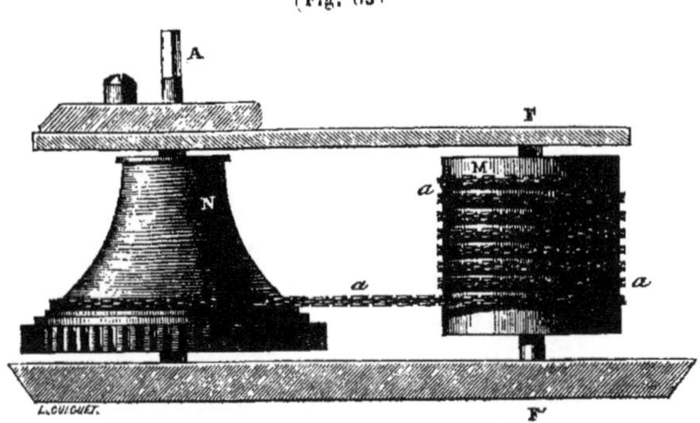

tête carrée A que porte cette fusée ; alors, en faisant tourner l'axe A, la chaîne *a* s'enroule sur la fusée, fait tourner le barillet auquel est fixé, par une de ses extrémités, le ressort et le tend puisque son autre extrémité est retenue à un axe fixe FF'.

Le ressort en se *détendant* fait tourner le *barillet* et par suite la *fusée* par l'intermédiaire de la *chaîne ;* mais comme cette chaîne agit à l'extrémité d'un bras de levier de plus en plus grand à mesure que le ressort se détend, le mouvement du couple qui agit sur l'axe reste à peu près constant ; il s'ensuit donc que l'axe de la fusée et par suite la roue dentée qui y est fixée tournent d'un *mouvement uniforme.*

En parlant du remontage nous indiquerons quel est le mécanisme intérieur de la *fusée.*

L'expérience a prouvé qu'il n'est pas absolument nécessaire d'employer une *fusée* pour qu'une montre marche d'une manière régulière.

En faisant simplement usage d'un barillet denté, on évite le danger de la rupture de la chaîne, et on se dispense d'un mécanisme assez compliqué. Il faut, dans ce cas, que le barillet ait un grand diamètre pour que l'on puisse employer un ressort très-long, ressorts qui en général conservent mieux leur élasticité et sont moins sujets à se casser. Certains chronomètres de Bréguet qui n'ont pas de fusées possèdent deux barillets dont chaque roue dentée agit sur le même pignon.

Toute la régularité de la marche d'une montre gît, ainsi que nous le verrons, dans le mécanisme nommé *régulateur*, et la transmission de la *force motrice* n'a pas besoin d'être d'une régularité absolue.

113. Du rouage. — Le rouage est un système de roues dentées et de pignons à l'aide desquelles l'action du *moteur* est transmise à la roue d'*échappement* et au *régulateur*. Ce système est semblable à celui que nous avons indiqué dans le *Cours d'Astronomie*, page 35, pour la *Pendule astronomique*. Nous en verrons du reste un exemple plus loin quand nous donnerons l'intérieur d'un chronomètre.

La roue à engrenage de la *fusée* ou du *barillet* agissant directement sur le pignon de la première roue dentée, celle-ci agissant sur le pignon de la seconde et ainsi de suite, il est clair que la vitesse des roues augmente à mesure qu'elles s'éloignent davantage du moteur; mais elles perdent en force en raison de leur vitesse.

La force de la roue d'échappement doit être suffisante pour réparer la perte de mouvement qu'éprouve le régulateur en *raison de la résistance* de l'*air et du frottement*.

114. Du remontage. — Dans les chronomètres ou montres marines qui doivent marcher avec exactitude et sans interruption pendant longtemps, il faut que l'action du remontage n'empêche pas les rouages de continuer leur mouvement. On y parvient, en adaptant au mécanisme, un moteur qui agit sur la roue dentée pendant le temps du remontage seulement. Voici de quelle manière :

La roue à rochet D (fig. 64), fixée à l'axe de la fusée, au lieu d'agir directement sur la première roue A du rouage, n'agit sur cette roue que par l'intermédiaire d'une seconde roue à rochet B et d'un ressort *aba'* fixé en *a* à la roue B et en *a'* à la roue A. Il est clair que lorsque sous l'action de la détente du ressort enfermé dans le barillet, la roue D tourne dans le sens de la flèche *c*, en vertu du doigt E elle entraîne la roue B dans son mouvement, laquelle tend le ressort *aba'* qui entraîne aussi dans le même sens la roue dentée A.

(Fig. 64)

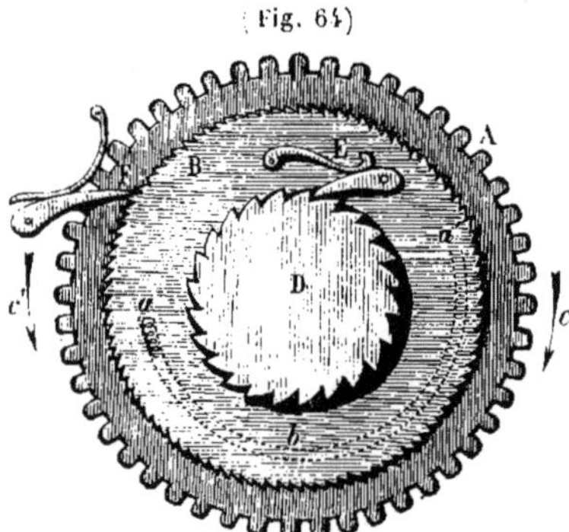

Lorsqu'en remontant la montre on fait tourner la roue D dans le sens de la flèche *c'*, elle ne communique plus aucune action à la roue B; mais le ressort *aba'* qui est tendu doit faire effort pour se détendre, et comme le doigt F fait que la roue B ne peut tourner dans le sens de la flèche c', le ressort *aba'* ne pouvant se détendre du côté *a* se détend du côté *a'* en entraînant la roue A dans le sens de la flèche *c* et par suite la montre ne cesse pas de marcher. Ce ressort est calculé de manière à entretenir seul le mouvement des rouages pendant un temps même plus long que celui nécessaire au remontage. Dès que le ressort moteur recommence son action, il rend au ressort *aba'* la tension qu'il a perdue pendant le remontage.

Dans les chronomètres de *Bréguet* à *double barillet*, la roue B et le ressort *aba'* sont supprimés; mais comme on ne remonte les ressorts *que l'un après l'autre*, le chronomètre ne cesse pas de marcher.

115. Du régulateur. — Dans les montres marines le *régulateur* se compose de deux pièces principales :

1° *Le balancier;*

2° *Le ressort spiral.*

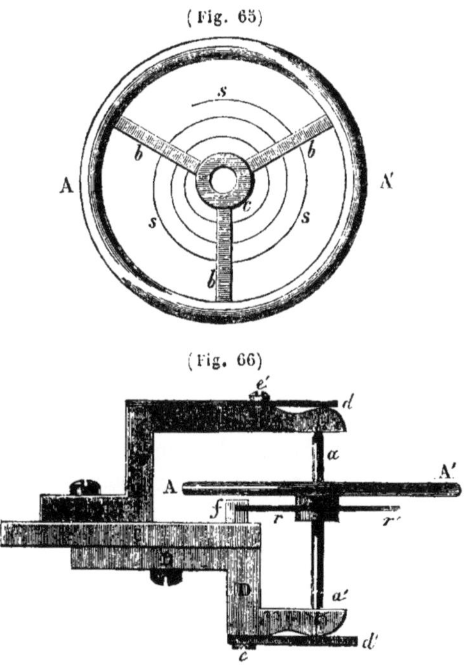

Du balancier. — Le balancier est une roue *métallique* massive A A' (fig. 65) mobile autour d'un axe *a a'* (fig. 66) auquel elle est fixée en son centre au moyen de trois rayons *b*, *b*, *b*, (fig. 65) qui viennent aboutir à une petite pièce circulaire *c* concentrique à la roue et qui fait corps avec l'axe. Cet axe est maintenu entre la pièce B (fig. 66) que l'on nomme le *Coq* et la pièce D appelée la *Potence*.

Les *pivots* de l'axe sont tenus dans des cavités hémisphériques en laiton garnies d'une *noyure* pour l'*huile;* les extrémités des pivots traversent les pièces D et B et viennent rouler contre les pièces *d* et *d'* qui sont des plaques d'acier trempé bien poli et fixées par les vis *e e'*.

L'huile se maintient toujours dans les cavités qui contiennent les *pivots*.

Le spiral.—Ce balancier est muni d'un ressort *ss* (fig. 65) destiné à lui donner un mouvement d'oscillation. Ce ressort nommé le ressort *spiral* ou simplement *le spiral* est beaucoup plus délié que le ressort *moteur* et par suite a moins de force que lui. L'une des extrémités du *spiral* est fixée à l'axe du *balancier*, et l'autre extrémité à l'une des *platines* de la montre, pièces qui supportent tous les parties de la machine.

Par suite de cette disposition, si une cause quelconque venant à agir sur l'axe du *balancier* dérange le spiral de sa forme d'équilibre il tend à reprendre cette forme, et alors, si la cause de dérangement cesse, le balancier est ramené vivement dans un sens opposé. En vertu de la vitesse qu'il acquière il dépasse sa position d'équilibre jusqu'à ce qu'à ce que la tension du ressort dans l'autre sens annule sa vitesse. On comprend donc que le balancier ne doit reprendre sa première position qu'après un certain nombre d'oscillations complétement semblables à celles du *pendule* sous l'action *de la pesanteur* lorsqu'il a été écarté *de la verticale.*

Ces oscillations du balancier sont désignées sous le nom de *vibrations* du ressort spiral ou du *balancier.*

On a reconnu que plus le balancier a de vitesse moins il est influencé par les mouvements extérieurs de la montre; aussi, d'après de longues expériences, on détermine généralement l'action du ressort spiral sur le balancier de manière que celui-ci fasse, par seconde, *cinq vibrations* dans les montres portatives et *quatre* dans les montres marines.

Afin de rendre le *frottement* des pivots du balancier le plus petit possible et toujours le même, on doit satisfaire aux conditions suivantes :

1° Donner au balancier un poids qui ne soit ni trop fort, ni trop faible et dont *l'expérience* a déterminé la grandeur ;

2° Faire les pivots *du plus petit diamètre possible*, sans nuire toutefois à la solidité ;

3° Se servir de pivots *bien unis et polis*, et d'une dureté suffisante pour conserver ce poli ;

4° Faire rouler les pivots dans des trous en pierres dures telles que *saphirs* ou *rubis d'Orient;*

5° Faire rouler la pointe du pivot qui dans les montres marines supporte le balancier sur *un diamant plat bien poli ;*

6° Enfin, *humecter d'huile* les pivots pour diminuer le frottement et empêcher la *rouille.*

Il faut aussi que le ressort spiral ne gêne nullement le mouvement libre du balancier en pressant les pivots contre les parois des trous.

Le placement du ressort spiral est une opération d'une très-grande délicatesse et ne peut être effectué que par un ouvrier habile et ayant une longue pratique de cette opération.

Afin de diminuer la résistance de l'air sur les vibrations du balancier, résistance qui diminuerait ces vibrations, on donne au balancier une forme particulière ; ainsi, les bras du balancier sont tranchants afin *de mieux couper l'air* et le balancier a la forme d'un anneau ainsi que nous l'avons indiqué (fig. 66).

Il est aussi convenable de faire le balancier d'un métal d'une très-grande densité, soit en *platine*, en *or* ou en *laiton.* Le platine est naturellement ce qui convient le mieux.

La régularité de la marche des montres est tout entière dans le *régulateur;* c'est-à-dire, dans *le balancier* et dans *le ressort spiral.* Il faut donc que l'isochronisme des vibrations du *balancier* soit d'abord obtenu autant que faire se peut ; ensuite, que la durée de ces vibrations soit une quantité constante.

L'isochronisme des vibrations du balancier est la conséquence naturelle de l'isochronisme des vibrations du spiral, abstraction faite de la résistance de l'air et du frottement.

On peut rendre un spiral isochrone de deux manières : soit en lui donnant une longueur particulière déterminée par l'expérience, et en lui conservant la même *épaisseur* dans toute cette longueur ; c'est le moyen employé par *Pierre Le Roy ;* soit en faisant la *lame du spiral en fouet*, c'est-à-dire *progressivement plus faible* à mesure que cette lame s'éloigne du centre du spiral ; c'est la méthode de *Ferdinand Berthoud.*

De ces deux moyens *Jurgensen* indique le premier comme étant le plus convenable, attendu qu'il est *peu difficile* de déterminer la longueur qui rend un spiral *d'égale épaisseur, isochrone ;* tandis que l'on ne peut, *qu'avec les plus grandes difficultés*, dimininuer l'épaisseur de la lame d'un ressort spiral suivant la progression convenable.

Dans les montres ordinaires, la longueur du spiral n'a pas la fixité que nous venons d'indiquer comme étant une condition indispensable de son isochronisme. On donne à ce ressort spiral une longueur qui varie suivant les influences auxquelles la montre est soumise. On comprend, en effet, que la vitesse des vibrations du balancier dépend de la force du ressort spiral ; c'est-à-dire que plus le spiral a de force plus les vibrations sont promptes.

Pour un ressort donné, quant à l'*épaisseur* et à la *largeur* de la lame, la force variera suivant la longueur. Si donc l'on veut que le balancier produise un nombre de vibrations déterminé, il faudra que le ressort spiral ait une certaine *force*, c'est-à-dire une *certaine longueur*. Dans les montres ordinaires, qui sont sujettes à des avances et à des retards variables, on obtient cette longueur du *spiral* au moyen d'un mécanisme désigné sous le nom de *raquette*.

(Fig. 67)

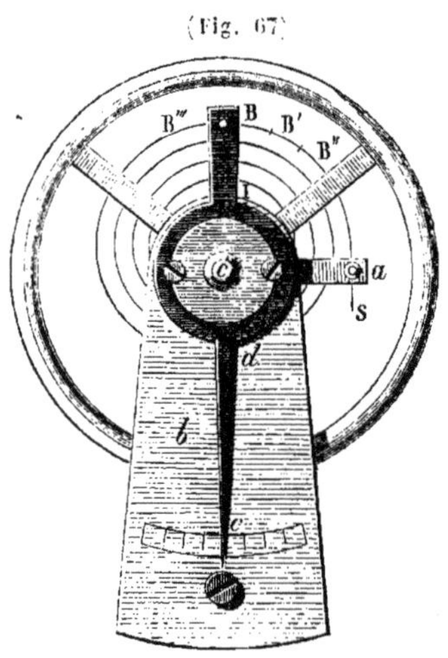

Cette raquette est une pièce Bc (fig. 67) qui peut tourner autour de l'axe des pivots du balancier, axe dont la projection est en *c* au centre de la roue ; l'une des extrémités B de la raquette, contient une échancrure dans laquelle passe à frottement l'extrémité BS du ressort spiral dont la partie extérieure *as* est fixée à la pièce *a* qui fait partie du *coq*, et dont l'extrémité intérieure est fixée à l'axe du *balancier*. On comprend qu'en poussant la queue *cd* de la raquette on fait mouvoir le bras IB dans le même sens, et la partie active du ressort spiral commence alors en B ou en B', B'', etc., de telle sorte que les parties SB ou SB', ou SB'' ne participent pas aux vibrations. De cette manière on peut donc allonger ou raccourcir, par le fait, le *ressort spiral*.

Dans les montres marines le mécanisme de la *raquette* n'existe pas ; parce que l'artiste qui a construit le chronomètre règle seul la longueur du ressort spiral.

DE L'INFLUENCE DE LA TEMPÉRATURE SUR LE RÉGULATEUR.

116. La chaleur, en augmentant les dimensions du *balancier* et en allongeant *le spiral*, rend plus lentes les vibrations du balancier et la montre retarde ; le froid produit l'*effet inverse*. Il a donc fallu trouver le moyen de combattre ces causes d'irrégularité des chronomètres. On y parvient en formant soit le *ressort spiral*, soit le *balancier* de métaux d'une dilatation différente ; de manière que dans l'effet de la chaleur il s'établisse une certaine compensation par suite de cette différence de dilatation.

La compensation peut s'obtenir soit par le *ressort spiral*, soit par le *balancier*. La compensation la plus parfaite s'obtient par le balancier ; c'est celle que l'on emploie pour *les montres marines;* nous allons donc seule la considérer.

Du balancier compensateur.

(Fig. 68)

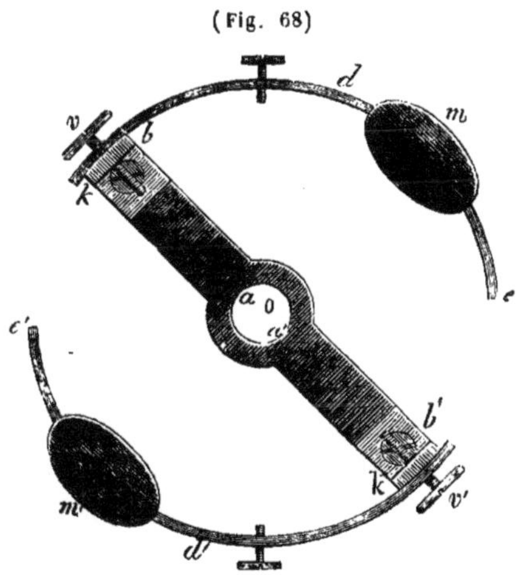

Le *balancier* n'est plus, dans ce cas, une *roue métallique* massive ainsi que nous l'avons indiqué nº 115 ; ce balancier se compose de deux parties *ab* et *ab'* que l'on nomme *bras* du balancier ; aux extrémités de ces deux bras sont fixées, à l'aide des pièces *k* et *k'* et des vis *v* et *v'* deux *lames bde*, *b'd'e'* concentriques à l'axe du balancier. Ces lames sont formées de deux métaux de degrés de dilatabilité différents (l'acier et le laiton), le métal le plus dilatable étant placé *extérieurement*.

Sur ces lames circulaires glissent, à frottement, deux masses *m* et *m'* nommées *masses compensatrices*. La chaleur, en dilatant inégalement les lames circulaires, courbe ces lames davantage et rapproche par conséquent les masses compensatrices du centre *o*, et par suite, rapproche de ce point le centre d'oscillation que la dilatation de la pièce $baa'b'$ en aurait éloigné.

La compensation dépend évidemment de la *longueur* des lames *et du poids* des masses m et m'.

Si l'on trouve la compensation *trop forte*, on rapproche les masses des points b et b' ; on les écarte, au contraire, si la compensation est *trop faible*. Les vis v et v' permettent de régler la vitesse du balancier en écartant ou en rapprochant du centre o les lames circulaires; c'est-à-dire en éloignant ou en rapprochant le centre d'oscillation.

On comprend, d'après cela, que l'on ne peut régler la position des masses compensatrices et des vis réglantes v et v' qu'à l'aide de longs tâtonnements, lorsque l'on veut surtout, comme pour les chronomètres, obtenir une *compensation exacte*.

Le balancier compensateur que nous venons de décrire, offre évidemment plus de résistance à l'air que la simple roue massive, ainsi que l'a expérimenté *Jurgensen*. Pour obvier à cette cause de retard d'un chronomètre, on augmente un peu la force motrice qui agit sur le balancier, on rend les faces le plus tranchantes possible, et l'on emploie pour les masses compensatrices un métal très-dense, du platine ou de l'or, par exemple, afin de diminuer le volume de ces masses. Certains balanciers n'ont pas de masses compensatrices mais simplement des vis que l'artiste place par tâtonnement dans des trous disposés sur les parties be et be'.

Du ressort spiral dans les chronomètres.

117. Nous avons indiqué comment on peut donner au *spiral* une *longueur* telle ou une *forme* telle que les petites vibrations aient la même durée que les grandes, et par conséquent, comment on peut atténuer les causes qui, en ce sens, peuvent altérer la marche d'une montre marine; causes qui sont : l'*épaississement des huiles*, *la saleté* et *les agitations de la mer*.

La forme du spiral des chronomètres n'est pas celle donnée précédemment (115) pour les montres ordinaires, c'est-à-dire un ressort dont toutes les spires se maintiennent dans un même plan. Afin que dans les grandes vibrations les spires soient *moins sujettes à se toucher*, les artistes construisent les ressorts spiraux *cylindriques*, ainsi que le montrent les figures 69 et 70.

(Fig. 69)

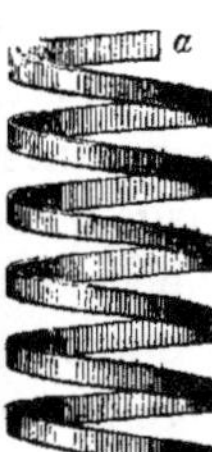

(Fig. 70)

Pour ces ressorts on se sert soit d'*acier*, soit d'*or;* les ressorts d'acier sont durcis par la pression mais non trempés.

Urbain Jurgensen s'est servi d'or à 16 et 18 carats pour les ressorts spiraux qu'il construisait; *cet or* allié à du *cuivre rouge très-pur et écroui* a permis d'obtenir des ressorts d'une très-grande élasticité, et n'étant sujets ni à *la rouille* ni aux influences *magnétiques.* Plusieurs artistes préfèrent cependant les *spiraux* en acier trempé.

Il est vrai de dire qu'un régulateur contenant un ressort spiral en or exige sur le balancier des masses compensatrices d'un plus grand poids, eu égard à sa plus grande sensibilité thermométrique *que l'acier.*

Au sujet des spiraux en or nous lisons, dans le apport fait à l'*Institut de France*, à la séance du 16 septembre 1833, ar *MM. Mathieu*, *de Prony* et *Savary*, sur l'ouvrage de *M. Louis* *rbain Jurgensen* : « Une modification plus importante, en ce qu'elle est moins conforme aux idées reçues, est celle qui concerne les spiraux du balancier dans les chronomètres. Ces ressorts se font soit en acier trempé, soit en acier écroui, soit enfin en or allié d'une petite quantité de cuivre. Les expériences de *Jurgensen* lui ont montré que ces derniers ressorts, lorsqu'ils sont bien écrouis, reprennent plus exactement leur figure et leur élasticité primitives, après avoir subi une tension plus forte, même jusqu'à une circonférence entière, que ne le font les ressorts spiraux en acier. Des expériences variées peuvent seules bien décider ce point. Toutes choses égales, il est à désirer que l'on emploie dans les montres, le moins qu'il se pourra *de substances susceptibles d'aimantation.* »

DE L'ÉCHAPPEMENT.

118. Voyons actuellement comment le régulateur peut être mis en ommunication avec la *roue d'échappement*, de manière que le baancier soit soustrait, autant que possible, à l'action du moteur, acion qui pourrait altérer la durée des oscillations, suivant qu'elle erait plus ou moins forte.

Comme la description de l'intérieur d'un chronomètre que nous donnons a surtout pour but de mettre un officier de marine au courant d'un instrument dont lui seul est à même d'apprécier réellement les effets, nous ne nous occuperons que des **échappements libres** qui sont ceux en usage dans la construction des montres marines. L'échappement libre a, sur les autres échappements, l'avantage qu'après la petite impulsion donnée au régulateur par l'échappement ce dernier n'est pas, comme dans l'échappement à *ancre* que nous avons donné en *Astronomie*, page 38, influencé dans son oscillation par le frottement et la pression de la roue d'*échappement.*

De plus, cet échappement permet au *balancier* de parcourir de très-grands arcs d'oscillation et par suite d'avoir une plus grande quantité de mouvement; et enfin, on peut, pour un échappement libre se passer d'huile.

Échappement libre d'Arnold.

(Fig. 71)

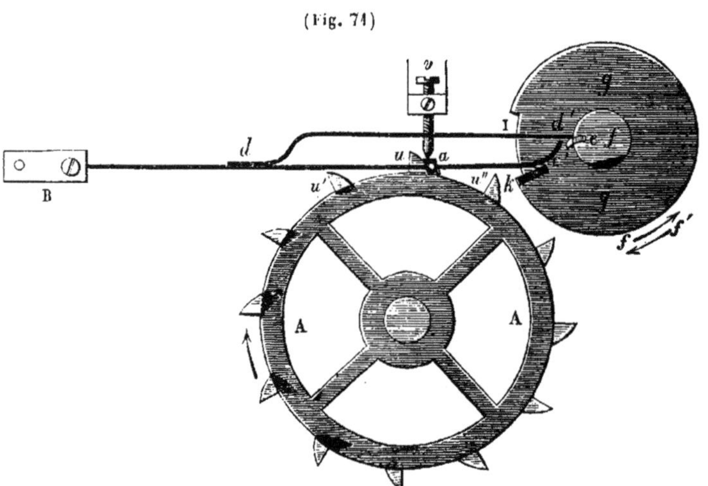

AA (fig. 71) représente la roue d'échappement en mouvement dans le sens de la flèche par suite du ressort moteur; Bc' est un ressort *flexible et très-élastique* qui est fixé par une extrémité en B à la *platine* de la montre ; ce ressort porte, vers son milieu, un petit talon d'arrêt *a* et se termine recourbé en s'appuyant sur un autre petit ressort *dd'* très-élastique soudé en *d* au premier ressort qui prend le nom de *détente ressort.*

gg est le cercle *d'échappement* porté par l'axe du balancier; ce cercle d'échappement a une échancrure lk sur laquelle les parties inclinées et courbées des dents de la roue d'échappement peuvent agir ; ces dents ont une partie saillante *perpendiculaire au plan de la roue.* Voici, maintenant, comment le mouvement de la roue d'échappement qui, par suite de l'action du moteur, devrait être *continu* et non *uniforme* devient un mouvement *uniforme alternatif.*

En raison du mouvement d'oscillation du balancier, oscillation produite par *le spiral*, le cercle d'échappement gg a deux mouvements circulaires ; un dans le sens de la flèche (f), l'autre dans le sens de la flèche (f').

Quand le cercle d'échappement va dans le sens de la flèche (f), le doigt e, vient presser le ressort dd' vers le centre de la roue d'échappement, communique cette pression au ressort Bc' qui fléchit et permet au talon a de ne plus être pressé par la dent u ; *la roue d'échappement sous l'action du moteur se met en mouvement ;* mais le ressort Bc' reprend immédiatement sa position d'équilibre. Dans l'oscillation inverse, c'est-à-dire quand le cercle d'échappement et par suite le doigt e marchent dans le sens de la flèche (f'), ce doigt vient presser le petit ressort dd' qui fléchit simplement sans entraîner le ressort Bc', lequel reste à la position indiquée sur la figure 71.

La roue d'échappement ayant marché de la quantité uu', la dent u' rencontre le talon a ; il y a encore arrêt ; mais l'oscillation du doigt e, suivant le sens (f), vient bientôt la dégager, et ainsi de suite.

Au moment où la dent u échappe, la dent u'' donne sur le bord de l'échancrure du cercle d'échappement une petite impulsion *qui restitue au balancier la perte de mouvement due aux frottements.*

Échappement libre d'Earnshaw. — L'échappement libre d'*Earnshaw* n'est qu'une modification de celui d'*Arnold.* Dans l'échappement que nous venons d'indiquer, pour laisser échapper une dent le talon d'arrêt *se rapproche* du centre de la roue d'échappement ; dans celui que nous allons considérer le talon d'arrêt *s'éloigne* au contraire du centre de la roue d'échappement pour laisser passer une dent. A l'une des platines de la montre en A (fig. 72), est fixée l'extrémité amincie d'un ressort BCF dont l'épaisseur diminue progressivement ; ce ressort porte en C une saillie contre laquelle viennent successivement buter les dents de la roue d'échappement H. Ce même ressort B porte en outre un petit talon E dans lequel est fixée l'extrémité d'un autre ressort très-flexible D.

Ce second ressort D passe sous l'extrémité recourbée d'un cro-

(Fig. 72)

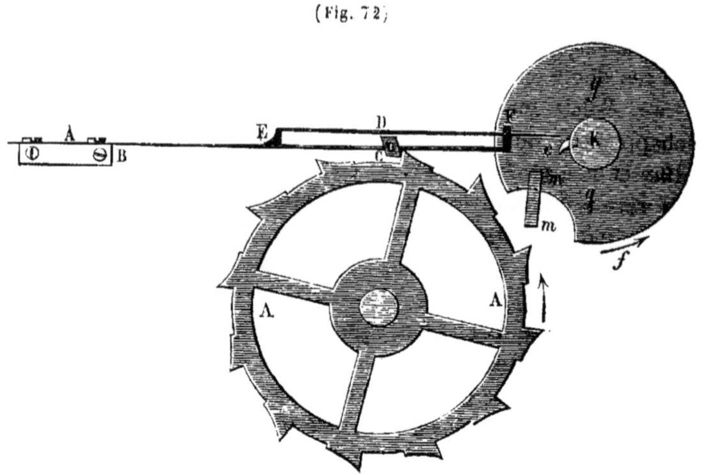

chet F formant l'extrémité du premier ressort, de manière que le ressort D peut fléchir dans le sens opposé à ce crochet sans que rien s'y oppose, tandis que s'il fléchit dans l'autre sens, il entraîne le ressort B. L'axe K du balancier est garni d'un doigt *e* qui oscille évidemment en même temps que le balancier et par suite, vient rencontrer à chaque oscillation l'extrémité du ressort D.

Supposons que la roue d'échappement AA soit, ainsi que le montre la fig. 72, dans la position où l'une de ses dents est en contact avec le doigt C du ressort B.

La roue d'échappement est alors arrêtée.

Si le mouvement du balancier a lieu dans le sens de la flèche *f*, le doigt *g* va venir presser le ressort D dans un sens qui ne dérangera en rien le ressort B; mais, dans l'oscillation contraire, le doigt *g* va faire fléchir dans l'autre sens le ressort D, lequel en raison du crochet F va entraîner le ressort B et par suite l'arrêt C; la dent de la roue AA va immédiatement échapper et cette roue tourner; mais le ressort B va instantanément reprendre sa position et le doigt C va arrêter la dent suivante, et ainsi de suite.

A l'instant où une dent échappe, une autre dent vient donner une impulsion presque instantanée au bord *m* d'une échancrure pratiquée dans la roue d'échappement *gg* fixée à l'axe du balancier. Cette impulsion restitue au balancier la vitesse qu'il a pu perdre pendant qu'il a effectué deux oscillations ; donc, sauf cette petite impulsion le balancier oscille sans l'influence du moteur.

119. *Intérieur d'un chronomètre.* — La figure 73 représente le *mécanisme intérieur d'un chronomètre* construit d'après les dispositions que nous avons successivement indiquées.

AA et BB sont les deux *platines* de la montre reliées entre elles par les trois supports *a a a*.

B' est le *barillet* qui contient le grand ressort ; lequel barillet est entouré par la chaîne *c'* qui vient s'enrouler sur la *fusée* C quand on monte le *chronomètre* à l'aide d'une *clef* que l'on engage dans la vis à tête carrée T.

f et *g* sont les pièces d'un *ressort* soulevé par la partie de la chaîne qui va du barillet à la *fusée*, quand toute la chaîne est enroulée sur la fusée et qui vient alors mettre *arrêt* au mouvement de rotation de l'axe de la fusée de manière que la clef de remontage ne puisse plus agir à ce moment. *d* est une *roue à rochet* dont on voit l'axe de l'arrêtoire en *s* et qui empêchant l'axe de la fusée d'agir dans le sens opposé au remontage quand on remonte le chronomètre, permet au *petit ressort de remontage* d'agir et d'entretenir le mouvement de la montre.

i et *j* représentent le *coq* et la *potence* qui maintiennent l'axe du *ressort spiral* K dont une extrémité est fixée à la pièce *u* du *coq* et dont l'autre extrémité est fixée au balancier *l*.

Ce balancier formé d'une *roue circulaire* construite avec deux métaux inégalement dilatables contient, au lieu des *masses compensatrices* dont nous avons parlé, des vis que l'artiste engage dans des trous qui existent surtout *le pourtour du balancier*, quand il veut régler le chronomètre.

p représente l'extrémité fixe de l'*échappement* d'*Earnshaw* qui agit en dessous de la platine *x*.

Voici comme le mouvement se produit dans ce chronomètre :

Le *grand ressort* agissant sur la *fusée* par l'intermédiaire de *la chaîne* fait tourner la *fusée* et par suite, la roue dentée *e*.

Cette roue dentée agit sur un pignon fixé à l'axe *o*, et met en mouvement une seconde roue dentée que supporte ce pignon.

Cette seconde roue dentée agit sur le pignon *y* et par suite fait mouvoir la roue dentée *s* fixée à l'axe de ce pignon.

Cette troisième roue dentée *s* agit sur le pignon *n* et par suite fait mouvoir la roue dentée *r*. Enfin, cette dernière roue dentée *r* agit sur le *pignon m* dont l'axe *q* supporte à sa partie supérieure et en dessous de la platine *x* la *roue d'échappement qui* est en communication avec l'*échappement p* mis en mouvement *alternatif* par le *balancier.*

Les aiguilles des heures et des minutes tournent au moyen de l'axe *o* muni de deux roues qui s'engrènent à l'aide d'un pignon denté, et l'aiguilles des secondes tourne au moyen de l'axe *q*; *le nombre des dents de chaque roue dentée* de la machine est *déterminé* de manière que l'aiguille des *minutes* tourne soixante moins vite que l'aiguille des *secondes* et douze fois plus vite que l'aiguille des *heures.*

INSTALLATION DES CHRONOMÈTRES A BORD DES NAVIRES.

120. Le dépôt général des cartes et plans de la marine à Paris, est le lieu de réception et de dépôt de tous les chronomètres livrés par l'industrie à la marine.

Les différents chronomètres, reconnus bons, sont envoyés par le dépôt des cartes dans les observatoires des différents ports, selon les besoins de la marine; et c'est dans ces observatoires que MM. les officiers chargés des montres à bord des navires, vont les chercher.

Bien que la nature du moteur et du régulateur permette, d'après ce que nous avons vu, de déplacer un chronomètre, on comprend que de brusques secousses pourraient altérer l'uniformité du mouvement que doit posséder, autant que faire se peut, tout chronomètre.

Pour éviter tous les mouvements brusques, on donne à la montre une disposition particulière, représentée par la (fig. 74). Le mécanisme de la boîte est contenu dans un cylindre métallique que recouvre le cadran. Ce cylindre porte deux tourillons diamétralement opposés et fixés à un anneau métallique de manière à pouvoir tourner autour de leur axe.

(Fig. 74)

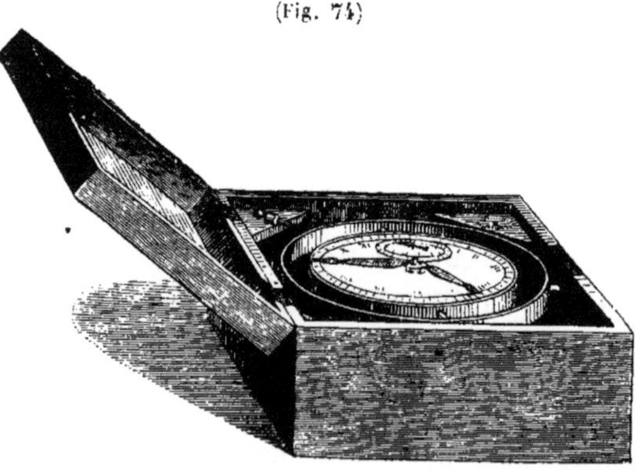

et anneau porte lui-même deux tourillons diamétralement opposés, dans un sens perpendiculaire aux premiers, et fixés à ne boîte rectangulaire de manière à pouvoir tourner autour de ur axe.

Cette boîte du chronomètre est garnie d'un couvercle à charnière ui peut se fermer à clef.

Un petit verrou pénétrant dans une ouverture de l'anneau ainsi ue dans une douille fixée à la boîte de la montre, permet de supprimer le double mouvement auquel la boîte métallique de la montre st soumise.

Lorsque l'on transporte un chronomètre de l'observatoire à bord, t cela autant que possible avant d'être en rade, on fixe la montre ans sa boîte au moyen du verrou, et l'on porte la boîte avec la plus rande précaution, en *évitant surtout les mouvements circulaires.*

Les chronomètres sont placés à bord sur des billots, de manière à s élever du pont et à les placer à la hauteur convenable pour observer le mouvement de l'aiguille des secondes.

Ces billots ne peuvent généralement être placés que sur l'arrière ; n fait en sorte qu'ils soient disposés loin des masses de fer et dans plan longitudinal, autant que possible, à la hauteur de la flottaion ; les faces de ces billots sont placées de manière que les diamères des tourillons de suspension du chronomètre se trouvent, l'un ans le plan longitudinal, l'autre dans le plan latitudinal.

De cette manière, les mouvements de roulis et de tangage n'agisent pas énormément sur la montre.

La partie supérieure des billots est garnie de quatre listeaux, de manière à servir d'encadrement à la partie inférieure de la boîte rectangulaire du chronomètre, et contient de la sciure de bois ou du oton.

La boîte de la montre est calée sur le billot entre les quatre listeaux u moyen de *sachets de sciure de bois* ou avec de la ouate.

Une grande *caisse* ou *armoire* avec couvercle fermant à clef, enveoppe toute l'installation et préserve les chronomètres de l'indiscrétion les hommes de l'équipage.

Une fois les chronomètres installés de cette manière on ne doit es déplacer que lorsque l'on tire le canon à bord. On les met alors ur un lit et on les recouvre d'un oreiller, pour diminuer, *autant que possible*, l'effet *des vibrations du navire.*

Pour connaître *la température* à laquelle les chronomètres sont successivement soumis dans le cours d'une campagne, l'armoire d chronomètres est garnie, à l'intérieur, d'un *thermomètre* dont on pe lire l'indication au moyen d'un petit carreau placé sur un des côt de l'armoire. A chaque comparaison faite *aux montres*, et en outre matin, à midi et le soir on doit *noter la température indiquée par thermomètre*. On peut conserver les chronomètres toujours à la mên température, à 30° par exemple, en plaçant dans l'armoire *une lam* à double courant d'air qui chauffe l'air intérieur et dont on peut m dérer ou augmenter l'action calorifique.

Il est peu de navires à bord desquels on se *soumette à un par assujettissement.*

USAGE DES CHRONOMÈTRES.

121. La détermination de la position d'un observateur sur le glo se réduit, comme nous l'avons déjà dit (1) :

A la détermination de sa latitude et de sa longitude.

Pour obtenir à l'aide d'observations astronomiques, *ces coordonnée* il faut, ainsi que nous le verrons, connaître l'instant précis de Pari temps vrai ou temps moyen, auquel ces observations sont faites.

Cet instant précis s'obtient au moyen des chronomètres placés bord.

Les chronomètres jouent donc un rôle important dans le problèm de la navigation par l'observation des astres.

Montres de comparaison. — En mer, les observations ont lieu su le pont, et les chronomètres sont généralement placés dans le fau pont; on ne peut donc pas déterminer directement l'instant précis qu marque le chronomètre, quand on observe tel contact sur le pont On se sert, alors, d'une montre dont l'uniformité de marche n'a pa besoin d'être aussi rigoureuse que celle des chronomètres.

Cette montre qui sert d'intermédiaire entre le chronomètre et l'ob servateur sur le pont, s'appelle montre de comparaison *ou compteur*

Des comparaisons. — On appelle faire une comparaison, ou com parer deux montres, déterminer l'heure, la minute et la seconde qu marque chaque montre à un instant précis.

Faire une comparaison. — Pour comparer une montre dite d comparaison à un chronomètre, on est généralement deux observa teurs :

Le moins exercé observe le chronomètre, l'autre la montre de comparaison.

On écrit d'avance, l'heure et les dizaines de minutes que doit marquer le chronomètre quand son aiguille des secondes sera sur 60^s.

15^s avant on dit *attention !*

Celui qui tient la montre à secondes et qui a primitivement écrit l'heure et les dizaines de minutes que marquera sa montre, veille et suit les mouvements de l'aiguille des secondes.

Dès que l'observateur du chronomètre voit l'aiguille des secondes de ce chronomètre sur 51^s il dit à haute voix : 1 et il compte ensuite à chaque seconde : 2, 3, 4......... jusqu'à dix ou 60 qu'il remplace par le mot *top*.

L'observateur de la montre à secondes, estime la fraction de seconde où se trouvait l'aiguille des secondes de cette montre au moment du top, et écrit les secondes et les unités de minutes à la suite des heures et des dizaines de minutes déjà écrites.

122. ***Déterminer l'heure que marque le chronomètre à l'instant d'un contact pris sur le pont.***

Quand on veut, maintenant, connaître l'heure C_o que marque le chronomètre, au moment où l'on détermine une hauteur astronomique h; on prend avant une comparaison au chronomètre à l'aide de la montre de comparaison; soient M et C les heures du compteur et du chronomètre.

On note sur le pont, l'heure M_o que marque la montre à secondes au moment de l'observation astronomique.

Puis, on retourne au chronomètre et l'on prend une seconde comparaison; soient M' et C' les heures correspondantes du compteur et du chronomètre.

En admettant *que les intervalles de la montre sont proportionnels aux intervalles correspondants du chronomètre*, on a évidemment,

$$\frac{C_o - C}{M_o - M} = \frac{C' - C}{M' - M},$$

d'où

$$C_o = C + (C' - C)\frac{(M_o - M)}{(M' - M)}.$$

On peut déterminer $(C' - C)\dfrac{M_o - M}{M' - M} = x$, soit par logarithmes, soit par une multiplication et une division.

Remarque. — Il faut avoir soin de s'assurer si dans les montres de comparaison, l'aiguille des minutes se trouve exactement sur une division du cadran des minutes, quand l'aiguille des secondes est sur 60^s.

Exemple.

On a fait les comparaisons suivantes à une montre et à un chronomètre :

1re Comparaison.	*2e Comparaison.*
Hre à la montre M $= 3^h25^m19^s2$.	Hre à la montre M' $= 3^h36^m16^s4$.
Hre au chronom. C $= 5^h45^m00^s$.	Hre au chronom. C' $= 5^h56^m00^s$.

On demande l'heure que marquait le chronomètre au moment où le compteur marquait $3^h30^m44^s,6$.

Par logarithmes.

$M_0 - M = 325^s,4$ log $=$ 2,5124175
$M' - M = 657^s,2$ c^{t}log $=$ 7,1823024
$C' - C = 660^s$ log $=$ 2,8195439

2,5142638
$x = 326^s,7 = 5^m26^s,7$
$C = 5^h45^m$
$C_0 = 5^h50^m26^s,7$

Par division et multiplication.

```
325,40  | 657,2
62 520  | 0,495
 3 2720
    140

        660
      0,495
      29700
     2970
326s,700 = 5m26s,7
       C = 5h45m
C0 = 5h50m26s,7
```

État absolu d'un chronomètre.

123. L'état absolu d'un chronomètre est l'*avance* ou le *retard* de ce chronomètre sur une certaine heure moyenne d'un lieu, un certain jour.

On connaît, évidemment, *cet état absolu*, lorsqu'on sait l'heure que marquait le chronomètre ce certain jour à cette heure du lieu.

En général, lorsque l'on prend un chronomètre à l'observatoire de la marine dans un port, une note accompagnant la montre, donne l'heure que marquait le chronomètre lorsqu'il était *zéro heure de Paris temps moyen*, pour *le jour même* ou pour *celui qui précède le transport de la montre à bord.*

L'on dit, alors, que l'état absolu de la montre est rapporté à 0^h temps moyen de Paris.

De la marche diurne.

124. Si le chronomètre marchait comme le temps moyen, l'état absolu serait invariable.

Malgré tout le talent et le soin qu'apportent les artistes qui construisent ces admirables instruments, il n'en est point ainsi ; l'état absolu d'une montre varie toujours plus ou moins.

On appelle *marche diurne* d'un chronomètre, sur le temps moyen, *la quantité positive ou négative dont varie son état absolu dans 24 heures moyennes ;* la marche diurne sur le temps vrai est la quantité dont varie son état absolu dans 24 heures vraies.

Nous verrons plus loin la relation qui lie ces deux marches.

Régler un chronomètre, c'est déterminer *son état absolu* pour une certaine heure d'un lieu, ainsi que sa *marche diurne* sur le temps moyen.

Régler un chronomètre n'est donc pas du tout ce qu'on entend par régler une montre de poche.

On ne touche jamais aux aiguilles d'un chronomètre.

Nous verrons plus loin comment on règle les chronomètres, et quels sont les soins que l'on doit apporter dans la détermination des marches chronométriques.

DÉTERMINATION DE L'HEURE, TEMPS MOYEN DE PARIS, CORRESPONDANT A UNE OBSERVATION, A L'AIDE D'UN CHRONOMÈTRE RÉGLÉ.

125. Supposons la marche du chronomètre *constante*.

Soient m cette marche ; C_0 l'heure que marquait le chronomètre à 0^h temps moyen de Paris à une certaine époque θ.

On sait toujours, à peu près, à bord, l'heure et la longitude du lieu, on peut donc connaître l'heure approchée de Paris à un instant quelconque, et, par suite, déterminer le nombre de jours entiers écoulés à Paris depuis l'époque θ.

Soient maintenant, C l'heure que marque le chronomètre au moment d'une observation, et t l'heure temps moyen de Paris qui y correspond. *On connaît* C, *on veut déterminer* t.

Or, à l'époque θ quand il était à 0^h temps moyen de Paris la montre marquait. . . . . C_o

Le lendemain à 0^h T. M. de Paris cette montre indiquait $C_o + m$

Le surlendemain. . . . *id*. . . . . $C_o + 2m$

Au midi de Paris qui précède t. . . . . $C_o + nm$

n étant le nombre de jours entiers écoulés à Paris depuis l'époque θ.

Si l'on suppose les *intervalles* du chronomètre ***proportionnels aux intervalles de temps moyen***, on pourra écrire la relation

$$\frac{t}{C-(C_o+nm)} = \frac{24}{24+m},$$

d'où

$$t = (C-(C_o+nm))\left(1-\frac{m}{24}\right).$$

En posant

$$C-(C_o+nm) = t',$$

on a enfin,

$$(x) \qquad t = t' - \frac{m}{24}\,t',$$

en négligeant les termes du second ordre.

La quantité $\frac{m}{24}\,t'$ se calcule par parties aliquotes ou par logarithmes.

Cette quantité peut être mise en tables par l'officier chargé des montres, l'argument est t'.

Exemple.

Le 8 mai à 0^h T. M. de Paris, un chronomètre dont la marche sur le T. M. est $+\ 9^s,5$ marquait $3^h 25^m 57^s$. Le 30 mai suivant, on lit sur le chronomètre $8^h 11^m 56^s,4$;

On demande l'heure moyenne de Paris correspondante.

C_o	$= 3^h 25^m 57^s$	en 24^h.	$= 9^s,5$
Nombre de jours écoulés 22,			
d'où $mn = 22 \times 9^s,5$. . . .	$= 3^m 29^s$	4^h.	$1^s,6$
		30^m.	$0^s,2$
$C_o + nm$	$= 3^h 29^m 26^s$	10	$0^s,06$
C	$= 8^h 11^m 56^s,4$	2	$0^s,01$
Heure approchée t'.	$= 4^h 42^m 30^s,4$		$1^s,87$
Partie proportionnelle $\frac{mt'}{24}$. . .	$= 1^s,87$		
Heure moyenne de Paris le 30	$= 4^h 42^m 28^s,53$		

Il faut bien faire attention au jeu des signes dans la formule (X) ;

Lorsque C est plus petit que $(C_0 + nm)$, on ajoute 24^h à C pour)érer la soustraction.

Quand on n'a pas *de chronomètres* et que l'on a besoin de l'heure mps moyen de Paris qui correspond à une observation, on la dé- rmine, approximativement, *avec l'heure et la longitude approchées ι lieu.*

DÉTERMINATION DE L'HEURE VRAIE OU MOYENNE D'UN LIEU À L'AIDE D'UNE HAUTEUR DE SOLEIL OU D'UN AUTRE ASTRE.

126. On sait que l'heure d'un lieu est donnée par l'angle horair astronomique du Soleil, réduit en temps à raison de 15° par heure

Opérations de l'observation. — Lorsque l'on veut calculer l'heur d'un lieu à un certain instant, cet instant est précisé, ainsi que nou l'avons dit n° 122, à l'aide d'un chronomètre.

Voici comment on détermine les éléments qui constituent l'énonc du calcul :

1° *On prend une comparaison au chronomètre avec la montre d comparaison;*

2° *On détermine la hauteur de l'astre, soit à l'horizon de la mer, s l'on est à la mer, soit à l'horizon artificiel si l'on est à terre.*

Pour préciser l'instant du contact, l'observateur fait mordre u peu l'astre sur l'horizon, si l'astre n'a pas encore passé au méridien ou le tient à une très petite distance de l'horizon si l'astre a passé au méridien ; il avertit celui qui tient la montre et qu'on nomme le *compteur* de compter; celui-ci compte *à haute voix* le nombre de seconde que marque l'aiguille.

Lorsque l'observateur voit le contact parfait, il répète à haute voix le nombre que disait le *compteur* au moment du contact.

Celui-ci écrit ce *nombre* et à sa gauche, les minutes et heures correspondantes.

Quand on se sert d'un cercle à réflexion pour prendre une *hauteur* et qu'on détermine cette hauteur au moyen d'une ou plusieurs *observations croisées*, on note l'heure de la montre à chaque contact soit par la gauche, soit par la droite ; et l'on prend pour *heure correspon-*

dante de la hauteur obtenue par *n observations croisées* la moyenne des 2*n heures notées.*

3° *L'observateur et le compteur retournent au chronomètre prendre une seconde comparaison.*

On connaît donc, d'après ce que nous venons de dire :

La hauteur de l'astre;

L'heure du chronomètre correspondante.

On a terminé les *opérations d'observations* que nécessite le calcul de l'heure du lieu.

Éléments de l'énoncé du calcul. — Si l'on est à la mer, on prend sur le journal du bord, les routes faites depuis le moment où l'on a déterminé la latitude du lieu où était le navire.

On calcule, au moyen de la table du point, le changement en longitude et le changement en latitude.

On connaît donc la *latitude du lieu de la hauteur*; cette latitude n'est *qu'approchée.*

Comme à midi, on a généralement une latitude exacte, on attend pour faire le calcul d'heure relatif à une hauteur prise le matin, la *latitude obtenue à midi* et on en conclut, à l'aide de la table du point, la *latitude* du lieu *de la hauteur*; nous verrons du reste, plus loin, comment on peut avoir exactement la latitude et l'heure du lieu.

On a alors tous les éléments nécessaires pour l'énoncé de son calcul.

Calcul de l'heure. — Une fois l'énoncé ainsi déterminé, le calcul de *l'heure d'un lieu*, comme tout *calcul nautique, se divise en deux parties distinctes:*

1° *La détermination des éléments exacts propres au calcul;*

2° *Le développement du calcul logarithmique.*

Détermination des éléments astronomiques;

Avec l'heure du chronomètre qui correspond à la hauteur, et au moyen des formules :

$$t' = C - (C_0 + nm)$$

$$t = t' - \frac{m}{24} t'.$$

On détermine l'heure t de Paris, temps moyen, au moment de l'observation.

Avec cette heure, on calcule, dans la connaissance des temps, la *déclinaison de l'astre*, d'où l'on conclut sa distance polaire. On détermine en outre *l'ascension droite* si l'astre considéré est autre que le *Soleil*, *la parallaxe horizontale équatoriale* et le *demi-diamètre horizontal* si l'astre observé est la *Lune*.

Si l'on a besoin de l'heure T. M. du lieu, on prend aussi *l'équation du temps* pour la même heure.

On déduit de la hauteur instrumentale la *hauteur vraie* du centre de l'astre, autrement dit, on corrige la Hauteur observée.

Développement du calcul.—Dans le triangle sphérique PZS (fig. 75), dont les trois sommets sont : le *pôle élevé*, le *zénith* et l'*astre* on connaît les trois côtés. On en déduit la relation

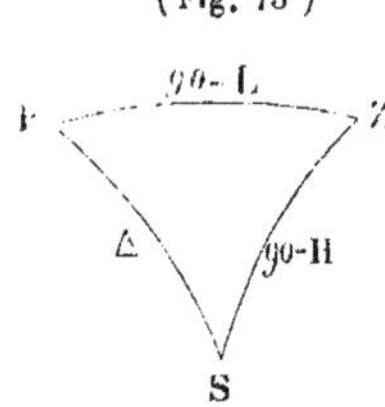

$$\cos P = \frac{\sin H - \sin L \cos \Delta}{\cos L \sin \Delta},$$

qui, rendue logarithmique, devient

$$\sin \frac{1}{2} P = \sqrt{\frac{\cos S \sin (S-H)}{\cos L \sin \Delta}},$$

ou, en appliquant les logarithmes

$$\log.\sin \frac{1}{2} P = \frac{C^t \log \cos L + C^t \log \sin \Delta + \log \cos S + \log \sin (S-H)}{2}.$$

Ce qui donne l'angle horaire P de l'astre.

Si l'astre considéré est le *Soleil*, cet angle horaire donne immédiatement *l'heure astronomique temps vrai si c'est le soir* ou son complément à 24^h *si c'est le matin* ; à l'aide de l'équation du temps on a l'heure temps moyen.

Exemple 1.

Le 27 avril 1858, vers $3^h\,40^m$ du soir, dans un lieu situé par 34° 15′ 00″ lat. Nord et 14° 15′ long. Ouest (estimée) au moment où le chronomètre marquait $8^h\,11^m\,56^s,4$ on a observé la hauteur du bord inférieur ☉ du soleil de 35° 25′ 50″. Élévation de l'œil 5 mètres, erreur instrumentale + (2′ 30″). Thermomètre + 20°, baromètre 0,795.

On demande l'heure T. V. et l'heure T. M. du lieu?

L'on sait que le 5 avril à 0^h T. M. de Paris, ce chronomètre marquait $3^h\,25^m\,57^s$. Sa marche sur le T. M. est $+\ 9^s,5$.

Détermination des éléments.

alcul de l'heure T. M. de Paris orrespondant à la hauteur.

$C_0 = 3^h25^m57^s$

a 22 jours) $nm = 3^m29^s$

$C_0 + nm = 3^h29^m26^s$

$C = 8^h11^m56^s,4$

t' h^re approchée $= 4^h42^m30^s,4$

$\frac{mt'}{24} = - \quad 1^s,87$

.M. de Paris le 27 $= 4^h42^m28^s,53$

Calcul de la distance polaire.

. ⊙ le 27 à 0^h. . $= 13°49'47'',1$

riation en 24^h. . $= 18'59'',5$

en $4^h 42^m30^s$. . $= 3'43'',2$

. calculée. . . . $= 13°53'30'',3$

$90°$

nce polaire. . . $= 76°06'29'',7$

3° Calcul de l'équation du temps.

Équat. du temps le 27 à 0^h. . . $= 11^h57^m32^s$

quantité table X (connaiss). . . $= - \quad 0^s,02$

Équat. du temps le 27 à 0^h T. M. $= 11^h57^m31^s,98$

Variation en 24^h. . . . . $= - \quad 9^s,55$

en 4^h42^m. . . . . $= - \quad 1^s,86$

Équation du temps calculée. . $= 11^h57^m30^s,12$

4° Correction de la hauteur.

H_{ins}. ⊙. . . . . $= 35°25'50''$

Erreur instrument. . . . . $= + \quad 2'30''$

H_{obs}. ⊙. . . . . $= 35°28'20''$

Dépression pour 5^m. . . . . . . $= \quad 3'58''$

H_{app}. ⊙. . . . . $= 35°24'22''$

réfract. moy. Table VIII $= 1'21'',9$
Correct. therm. . . . . $= -2'',9$ } . . $1'22'',8$
Correct. barom. . . . $= +3'',8$

H_{corr}. ⊙. . . . . $= 35°22'59'',2$

Parallaxe en hauteur. . . . . $= + \quad 7'',0$

H_v ⊙. . . . . $= 35°23'06'',2$

$\frac{1}{2}$ diamètre. . . . . $= \quad 15'54'',3$

Haut. V ⊙. . . . . $= 35°39'00'',5$

Développement du Calcul.

H $=$ 35°39'00''

L $=$ 34°15'00'' C^t log cos $=$ 0,0827100

Δ $=$ 76°06'30'' C^t log sin $=$ 0,0128920

2S $=$ 146°00'30''

S $=$ 73°00'15'' log cos $=$ 9,4658321

−H $=$ 37°21'15'' log sin $=$ 9,7830027

19,3444368

log sin $\frac{1}{2}$ P $=$ 9,6722184

$\frac{1}{2}$ P $=$ 28° 2' 34'' en temps. . $= 1^h52^m10^s,26$

heure T. V. du lieu $=$ P $= 3^h44^m20^s,52$

Équation du temps . . . $= 11^h57^m30^s,12$

Heure T. M. du lieu. . . $= 3^h41^m50^s,64$

Si l'astre considéré est une étoile, on déduit de P l'angle horaire astronomique de cet astre et de cet angle horaire on passe à l'heure moyenne, ainsi que nous l'avons indiqué page 106.

Exemple 2.

Le 1er janvier 1858 vers $11^h 15^m$ du soir dans un lieu situé par 40° 29′ de lat. Nord et 62° 5′ de long. Ouest, on a observé dans l'ouest du méridien la hauteur de α du Bélier et on l'a trouvée de 36° 29′ 48″. Élévation de l'œil 6 mètres. On demande l'heure T. M. du lieu.

Détermination des éléments.

1° *heure approchée de Paris.*

Le 1er janv. heure approchée du lieu	$= 11^h15^m00^s$
Longitude en temps. . .	$= 4^h\ 8^m20^s$
Heure approchée de Paris le 1er	$= 15^h23^m20^s$

2° *Calcul de l'*Æ *de* α *du Bélier.*

Æ $= 1^h59^m10^s,9.$

3° *Calcul de la dist. pol. de* α *du Bélier.*

D = 22°47′31″,5 N.
90

Δ = dist. pol. = 67°12′28″,5

4° *T. S. au midi moyen de Paris le 1*

T. S. $= 18^h43^m21^s33.$

5° *Correction de la hauteur.*

H_{ob}. α.	= 36°29′4
Dépression	= — 4′2
H_{ap}. de α du bélier . . .	= 36°25′2
Réfraction table VIII . .	= — 1′1
H_v de α du bélier. . . .	= 36°24′0

Développement du Calcul.

1° *Calcul de l'angle horaire de* α *du Bélier.*

H =	36°24′08″		
L =	40°29′00″	Ct log cos =	0,1188466
Δ =	67°12′28″	Ct log sin =	0,0353087
2S =	144°05′36″		
S =	72°02′48″	log cos =	9,4888922
S—H =	35°38′40″	log sin =	9,7654849
		Somme =	19,4085324
		log sin $\frac{1}{2}$ P =	9,7042662
		$\frac{1}{2}$ P =	30°24′24″
		P =	60°48′48″
		En temps =	$4^h3^m15^s,2$

2° *Calcul de l'heure moyenne du l*

Æ droite de α du Bélier.		$= 1^h59^m10$
Angle horaire ou P. . .		$= 4^h03^m15$
h_s = heure sidérale . .		$= 6^h02^m26$
T. S. au midi moy. de Paris le 1er.		$= 18^h43^m21$
Correct. pour la longitude. Table IX Connaissance des temps. .	pour 4^h.	39
	8^m.	1
	20^s.	0
T. S. au midi moy. du lieu le 1er		$= 18^h44^m02$
Retranchant cette quantité de h_s on trouve. .		$= 11^h18^m23^s$
Correction Table VIII Connaiss. des temps	pr 11^h $1^m48^s,126$; 18^m. . $2^s,949$; $23^s,9$. $0^s,066$	1^m51^s
Heure moyenne du lieu		$= 11^h16^m32^s$

Exemple 3.

Le 5 juin 1858, à midi moyen de Paris, un chronomètre dont la marche diurne sur le temps moyen est — $38^s,6$ marquait $3^h42^m27^s,4$.

Le 18 juin de Paris étant par 54° 38′ de latitude *Nord* et 24° 3′ 24″ de longitude *Ouest* au moment où le *chronomètre* marquait $9^h\ 58^m\ 37^s,6$ on a trouvé pour hauteur du bord *inférieur de la Lune* dans l'Est du méridien 28° 50′. Élévation de l'œil $5^m,4$. On demande l'heure T. M. du lieu ?

Détermination des éléments du calcul.

1° *Calcul de l'heure T. M. de Paris.*

$$C_0 = 3^h42^m27^s4$$
$$nm = -\ 8^m21^s8$$
$$C_0 + nm = 3^h34^m05^s6$$
$$C' = 9^h58^m37^s6$$
$$C' - (C_0 + nm) = t' = 6^h24^m32^s0$$
$$\frac{m}{24}t' = +\ 10^s2$$
$$h^r \text{ T.M. de Paris} = 6^h24^m42^s2$$

3° *Correction de la hauteur de Lune.*

$$H_{obs} ☾ = 28°50'$$
$$\text{dépress. p. } 5^m,4 = -\ 4'\ 7''$$
$$H_{ap} ☾ = 28°45'53''$$
$$\text{Parall.-réfract.} = +\ 47'38''$$
$$H_v ☾ = 29°33'31''$$
$$\tfrac{1}{2} \text{ diam. horiz}^{le} = +\ 15'23''$$
$$H_v ☾ = 29°48'54''$$

2° Pour l'heure de Paris ainsi déterminée on trouve à l'aide de la *connaissance des temps :*

Déclinaison de la Lune. .	=	2°26′34″2 A.
Ascension droite *id.* . . .	=	181°14′17″3
Parallaxe horiz^le du lieu. .	=	56′20″2
½ diamètre horiz^le de la lune	=	15′23″0
Temps sidéral	=	$5^h46^m45^s9$

Calcul logarithmique de l'angle horaire de ☾

$H_v ☾ =$ 29°48′54″			
L = 54°38′	C^t log cos =	0,2374663
Δ = 92°26′34″	C^t log sin =	0,0003949
2S = 176°53′28″		
S = 88 26 44	log cos =	8,4333993
S—H = 58 37′50	log sin =	9,9313707
		18,6026312
	log sin ½ P =	9,3013156
	½ P =	11°32′40″
	P =	23°05′20″

Calcul de l'heure T. M. du lieu.

h_a ☾.	=	336°54′40″
Æ ☾.	=	181°14′17″
ha☾ + Æ☾. . . .	=	518°08′57″
en temps — 24^h. .	=	$10^h32^m35^s8$
Temps sidéral . . .	=	$5^h46^m45^s9$
heure moyenne du lieu.	=	$4^h45^m49^s9$

Tant que les éléments relatifs aux *Planètes* ne seront pas donnés dans la *Connaissance des temps* avec une approximation plus grande que la minute, on ne pourra pas déterminer *exactement* l'heure du lieu au moyen de la hauteur d'un de ces astres.

127. *Cas particuliers.* — Nous ne considérerons que les cas particuliers qui peuvent à la rigueur se présenter.

1° Si $L = o$, c'est-à-dire si *l'observateur se trouve sur l'équateur* au moment où il prend la hauteur, la formule (a) devient

$$\cos P = \frac{\sin H}{\sin \Delta}.$$

2° Si $\Delta = 90°$, c'est-à-dire si l'astre est sur l'équateur au moment de l'observation, la formule (a) devient

$$\cos P = \frac{\sin H}{\cos L}.$$

3° Enfin, si l'on avait en même temps $L = o$ et $\Delta = 90°$, l'angle horaire serait donné par la relation

$$\cos P = \sin H,$$

c'est-à-dire que l'angle horaire est *le complément de la hauteur.* Ces cas exceptionnels ne se présentent pour ainsi dire jamais dans la pratique.

128. Des séries. — Les séries ont pour but de conclure l'heure du lieu de plusieurs observations au lieu de ne la conclure que d'une *seule*, afin que les erreurs que l'on peut commettre en *plus* ou en *moins* en observant se compensent. Au lieu de prendre seulement une hauteur de l'astre et de noter l'heure correspondante, on prend aussi rapidement que possible plusieurs hauteurs et on note l'heure correspondante de chaque hauteur.

On prend la moyenne des hauteurs et la moyenne des heures; on a ce que l'on appelle *une première série;*

On attend quelques minutes, et l'on détermine une seconde série;

On attend encore quelques minutes et l'on détermine une troisième série, et ainsi de suite.

Pour les observations qui demandent de la précision, il faut prendre généralement quatre ou cinq séries, en croisant deux ou trois fois si l'on se sert d'un cercle.

Dans l'observation des distances lunaires, observations qui demandent une très-grande précision, il faut croiser trois fois.

A la mer, il faut prendre au moins trois séries, quand le *temps est beau*, et croiser deux fois si l'on se sert d'un cercle.

Si le temps est mauvais, il faut prendre cinq ou six séries, mais ne croiser qu'une fois, parce que dans ce cas les observations croisées sont difficiles.

129. Nous venons de dire que pour déterminer ce que l'on appelle une série, on prenait plusieurs hauteurs de l'astre et les heures correspondantes, et que l'on faisait correspondre la moyenne des heures à la moyenne des hauteurs.

Il s'agit de savoir si, en agissant ainsi, la moyenne des heures correspondra bien en effet à la moyenne des hauteurs.

Appelons H, H', H''..... les hauteurs;
P, P', P''..... les angles horaires correspondants;
C, C', C''..... les heures du chronomètre.

Désignons par H_m une hauteur que l'on a ou que l'on n'a pas prise, P_m l'angle horaire correspondant, et C_m l'heure que marquait le chronomètre au moment de cette hauteur.

Si nous admettons que les différences des angles horaires sont proportionnelles aux intervalles chronométriques correspondants, ce qui sera d'autant plus admissible que les hauteurs auront été prises rapidement, on aura

$$\frac{C_m - C}{P_m - P} = \frac{C_m - C'}{P_m - P'} = \frac{C_m - C''}{P_m - P''} \ldots\ldots = \text{une quantité constante } \alpha;$$

D'où l'on déduit, en appelant n le nombre d'observations

$$\frac{n \cdot C_m - (C + C' + C'' + C''' \ldots\ldots)}{n \cdot P_m - (P + P' + P'' + P''' \ldots\ldots)} = \alpha;$$

c'est-à-dire,

$$C_m - \left(\frac{C + C' + C'' + C''' \ldots\ldots}{n}\right) = \alpha \left(P_m - \frac{P + P' + P'' + P_m \ldots\ldots}{n}\right).$$

Donc si $C_m = \dfrac{C + C' + C''}{n}$, autrement dit, si C_m est la moyenne des heures, on devra avoir $P_m = \dfrac{P + P' + P'' + P''' \ldots}{n}$, c'est-à-dire que P_m qui correspond à C_m *sera égal à la moyenne des angles horaires.*

Voyons maintenant dans quel cas H_m *moyenne des hauteurs*, correspondra bien à P_m *moyenne des angles horaires*.

Considérons une des hauteurs H. Cette hauteur étant fonction de l'angle horaire P, on a

$$H = f(P);$$

d'où, d'après le théorème de *Taylor*,

$$H + h = f(P + p) = f(P) + f'(P)p + f''(P)\frac{p^2}{1 . 2} + \ldots\ldots,$$

ou

$$h = f'(P)p + f''(P)\frac{p^2}{1 . 2} + \ldots\ldots$$

Pour obtenir $f'(P)$ et $f''(P)$, prenons la relation

$$\sin H = \sin L \cos \Delta + \cos L \sin \Delta \cos P,$$

en la différentiant une première fois, par rapport à H et à P, on a

$$(\alpha) \qquad \frac{dH}{dP} = -\frac{\cos L \sin \Delta \sin P}{\cos H};$$

mais le triangle PZS (fig. 76) nous donne

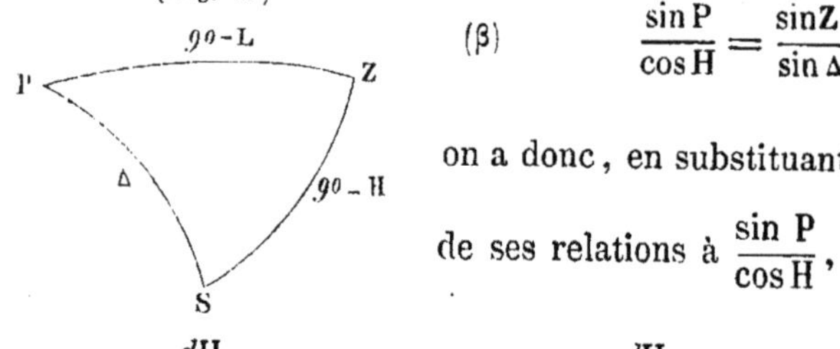

$$(\beta) \qquad \frac{\sin P}{\cos H} = \frac{\sin Z}{\sin \Delta} = \frac{\sin S}{\cos L};$$

on a donc, en substituant dans $\frac{dH}{dP}$ l'une de ses relations à $\frac{\sin P}{\cos H}$,

$$\frac{dH}{dP} = -\cos L \sin Z \quad \text{ou} \quad \frac{dH}{dP} = -\sin \Delta \sin S.$$

Différentions une seconde fois l'expression (α), en remarquant que P est la variable, nous obtenons

$$d^2H \cos H - \sin H dH^2 = -\cos L \sin \Delta \cos P dP^2,$$

ou

$$\frac{d^2H}{dP^2} \cos H - \sin H \left(\frac{dH}{dP}\right)^2 = -\cos L \sin \Delta \cos P;$$

remplaçons $\left(\frac{dH}{dP}\right)^2$ par sa valeur (α), il vient

$$(\alpha')\qquad \frac{d^2H}{dP^2}\cos H - \sin H\,\frac{\cos^2 L\sin^2\Delta\sin^2 P}{\cos^2 H} = -\cos L\sin\Delta\cos P.$$

Mais des relations (β) on déduit

$$\frac{\sin^2 P}{\cos^2 H} = \frac{\sin Z\sin S}{\sin\Delta\cos L};$$

d'où

$$\frac{\sin^2 P\sin^2\Delta\cos^2 L}{\cos^2 H} = \sin Z\sin S\cos L\sin\Delta.$$

Substituant cette expression à la place de $\frac{\sin^2 P\sin^2\Delta\cos^2 L}{\cos^2 H}$ dans (α'), on a

$$\frac{d^2H}{dP^2}\cos H - \sin H\sin Z\sin S\cos L\sin\Delta = -\cos L\sin\Delta\cos P,$$

d'où

$$\frac{d^2H}{dP^2} = \frac{(\sin H\sin Z\sin S - \cos P)\cos L\sin\Delta}{\cos H};$$

mais du triangle ZPS, on déduit

$$\cos P = -\cos S\cos Z + \sin S\sin Z\sin H,$$

et par suite,

$$\sin S\sin Z\sin H - \cos P = \cos S\cos Z;$$

on a donc, enfin,

$$\frac{d^2H}{dP^2} = \frac{\cos L\sin\Delta}{\cos H}\cos S\cos Z.$$

Le développement de h en fonction de p devient donc, en faisant exprimer à h et à p des minutes,

$$(\gamma)\quad \begin{cases} h = -\cos L\sin Z\,.\,p + \dfrac{\cos L\sin\Delta}{\cos H}\cos S\cos Z\,.\,\dfrac{p^2}{2}\sin 1', \\ h = -\sin\Delta\sin S\,.\,p + \dfrac{\cos L\sin\Delta}{\cos H}\cos S\cos Z\,.\,\dfrac{p^2}{2}\sin 1'. \end{cases}$$

On peut se dispenser d'écrire les termes suivants parce qu'ils sont excessivement petits, *comme étant multipliés successivement par* $\sin^2 1'$, $\sin^3 1'$...., etc.

Nous pouvons supposer actuellement que $h = H_m - H$ et par suite $p = P_m - P$; on a donc, en ne considérant d'abord que la première des relations γ,

$$H_m - H = \cos L \sin Z\,(P - P_m) + \frac{\cos L \sin \Delta}{\cos H} \cos S \cos Z \frac{(P_m - P)^2}{2} \sin 1'.$$

Pour les *autres hauteurs* H′, H″.... , etc., on aura semblablement, en *admettant que* L *et* Δ *restent constants* pendant l'intervalle considéré,

$$H_m - H' = \cos L \sin Z'(P' - P_m) + \frac{\cos L \sin \Delta}{\cos H'} \cos S' \cos Z' \left(\frac{P_m - P'}{2}\right)^2 \sin 1',$$

$$H_m - H'' = \cos L \sin Z''(P'' - P_m) + \frac{\cos L \sin \Delta}{\cos H''} \cos S'' \cos Z'' \left(\frac{P_m - P''}{2}\right)^2 \sin 1'.$$

$$\vdots \qquad \vdots \qquad \vdots$$

Nous remarquons alors, que si *nous observons l'astre au moment où il est près du premier vertical*, cos Z, cos Z′, cos Z″..... *seront très-près de zéro ;* on pourra donc *négliger le second terme du second membre*, et considérer les coefficients cos L sin Z, cos L sin Z′ comme *constants* et *égaux* à cos L. Ces relations deviennent donc, dans ce cas,

$$\begin{aligned} H_m - H\ &= \cos L\,(P - P_m), \\ H_m - H' &= \cos L\,(P' - P_m), \\ H_m - H'' &= \cos L\,(P'' - P_m). \\ &\ \vdots \end{aligned}$$

De ces égalités on déduit, en admettant qu'on ait pris n hauteurs,

$$\left(H_m - \frac{H + H' + H'' \ldots\ldots}{n}\right) = \cos L \left(\frac{P + P' + P'' \ldots\ldots}{n} - P_m\right);$$

d'où l'on voit que si H_m représente la moyenne des hauteurs, le premier membre *étant nul*, P_m qui correspond à H_m *devra représenter la moyenne des angles horaires.*

Si nous avions considéré la seconde des relations (γ) nous serions arrivés, dans le cas où l'*angle de position* S *est droit*, à la relation

$$\left(H_m - \frac{H + H' + H'' \ldots\ldots}{n}\right) = \sin \Delta \left(\frac{P + P' + P'' \ldots\ldots}{n} - P_m\right);$$

'est-à-dire que dans ce cas, la *moyenne des hauteurs correspond* *ncore à la moyenne des angles horaires.* Comme nous avons vu que i les hauteurs sont *prises rapidement* la moyenne des *heures au* *hronomètre* correspond à la *moyenne* des angles horaires, nous pou-'ons dire que l'*instant favorable dans la journée* pour prendre une *érie* est le moment où l'*angle de position est droit* ou bien celui où 'astre passe au *premier vertical.*

CIRCONSTANCES FAVORABLES AU CALCUL D'ANGLE HORAIRE.

130. *Définition.* — Lorsque l'on commet une erreur, soit sur la *auteur*, soit sur la *latitude*, soit enfin sur *la distance polaire*, l'er-eur qui en résulte sur l'*angle horaire* n'est pas toujours la même.

Il y a des situations de l'observateur et de l'astre observé, et sur-out, DES MOMENTS DANS LA JOURNÉE, *qui rendent cette erreur mi-imum.*

1° *Erreur sur la hauteur.*

Pour déterminer l'influence, sur l'angle horaire P, d'une erreur h commise dans la hauteur H, en appelant p l'erreur qui en résulte sur 'angle horaire, nous allons développer p suivant les puissances croissantes de h. Ces deux quantités étant exprimées en *minutes* et en remarquant que l'on a

$$P = F(H),$$

il vient

$$p = F'(H)h + \frac{F''(H)h^2}{1 \cdot 2}\sin 1' \ \ldots,$$

pour obtenir F′ (H) et F″ (H) c'est-à-dire, $\frac{dP}{dH}$ et $\frac{d^2P}{dH^2}$, nous allons dif-férentier deux fois la relation

$$\sin H = \sin L \cos \Delta + \cos L \sin \Delta \cos P.$$

Nous trouvons alors,

$$\frac{dP}{dH} = -\frac{\cos H}{\sin P \cos L \sin \Delta}$$

et
$$\frac{d^2P}{dH^2} = \frac{1}{\sin P \cos L \sin \Delta}\left(\sin H - \frac{\cos P \cos^2 H}{\sin^2 P \cos L \sin \Delta}\right).$$

Mais le triangle ZPS que nous avons déjà considéré, nous donne

$$(\alpha) \qquad \frac{\cos H}{\sin P} = \frac{\cos L}{\sin S} = \frac{\sin \Delta}{\sin Z}.$$

Il vient donc par substitution dans le premier coefficient différentiel

$$\frac{dP}{dH} = -\frac{1}{\sin S \sin \Delta} = -\frac{1}{\sin Z \cos L}.$$

Des relations (β) nous déduisons aussi

$$\frac{\cos^2 H}{\sin^2 P} = \frac{\cos L \sin \Delta}{\sin S \sin Z};$$

$\frac{d^2P}{dH^2}$ devient donc, en remplaçant $\frac{\cos^2 H}{\sin^2 P}$ par cette valeur,

$$\frac{d^2P}{dH^2} = \frac{1}{\sin P \cos L \sin \Delta}\left(\sin H - \frac{\cos P}{\sin S \sin Z}\right)$$

ou
$$\frac{d^2P}{dH^2} = \frac{1}{\sin P \cos L \sin \Delta} \; \frac{(\sin H \sin S \sin Z - \cos P)}{\sin S \sin Z}.$$

Mais le triangle sphérique ZPS (fig. 76) nous donne

$$\cos P = -\cos Z \cos S + \sin Z \sin S \sin H,$$

d'où
$$\sin H \sin Z \sin S - \cos P = \cos Z \cos S.$$

On a donc, enfin

$$\frac{d^2P}{dH^2} = \frac{\operatorname{cotg} S \operatorname{cotg} Z}{\sin P \cos L \sin \Delta},$$

ou bien, remplaçant $\sin P \cos L$ par $\sin S \cos H$ ou $\sin P \sin \Delta$ par $\sin Z \cos H$ déduits des relations (β), on a enfin

$$\frac{d^2P}{dH^2} = \frac{\operatorname{cotg} S \operatorname{cotg} Z}{\sin S \sin \Delta \cos H} \quad \text{et} \quad \frac{d^2P}{dH^2} = \frac{\operatorname{cotg} S \operatorname{cotg} Z}{\sin Z \cos L \cos H}.$$

Le développement de p en fonction des puissances croissantes de h devient donc :

$$(\eta) \qquad p = -h\frac{1}{\sin S \sin \Delta} + \frac{h^2}{1.2}\sin 1' \frac{\operatorname{cotg} S \operatorname{cotg} Z}{\sin S \sin \Delta \cos H}, \ldots\ldots$$

$$(\eta') \qquad p = -h\frac{1}{\sin Z \cos L} + \frac{h^2}{1.2}\sin 1' \frac{\operatorname{cotg} S \operatorname{cotg} Z}{\sin Z \cos L \cos H}, \ldots\ldots$$

Ainsi les formules (η) et (η′) expriment les erreurs p qui résultent sur l'angle horaire d'une erreur h commise sur la hauteur.

Nous voyons que le signe du second terme dépend du signe de cotg S et de cotg Z.

Nous verrons plus loin que l'angle S et l'angle Z ne peuvent pas être simultanément plus grands que 90°, par conséquent le signe du second terme des relations (η) et (η') ne dépend que de l'un ou l'autre des angles S et Z.

Dans le cas où l'on observe l'astre au moment où S et Z sont tous deux *plus petits que* 90°, l'erreur p est la différence des deux termes du second membre ; cette différence serait nulle si l'erreur commise h était juste égale à

$$\frac{2\cos H}{\sin 1' \operatorname{cotg} S \operatorname{cotg} Z}.$$

En laissant de côté ce cas particulier, nous voyons que l'erreur p sera minimum quand Z ou S seront de 90°, c'est-à-dire quand on observera l'astre *au moment où il passe au* 1er *vertical* ou au moment où *son angle de position est droit;* dans ces deux cas l'erreur p devient en effet

$$p = -h \times \frac{1}{\sin \Delta} \quad \text{ou} \quad p = -h \times \frac{1}{\cos L}.$$

Ces deux relations nous font voir que l'erreur commise sur l'*angle horaire* à ce moment est toujours *plus grande* que l'erreur commise *sur la hauteur.*

Lorsque l'observateur est près de l'Équateur ou quand il observe un astre dont la distance polaire est voisine de 90°, l'erreur sur l'angle horaire devient égale à celle commise sur la hauteur, c'est donc une *circonstance particulière favorable* qui peut se présenter, mais dont on n'est pas maître. Toutefois, on voit par là que lorsqu'on navigue par des latitudes élevées on doit, pour le calcul qui nous occupe, apporter *le plus grand soin* dans la détermination des hauteurs, et éviter surtout de prendre des *hauteurs voisines du Méridien supérieur*, parce que, dans ce cas, Z et S étant près de 180° ou de zéro leur cotangente est *très-grande* et le second terme des relations (η), (η') peut acquérir de très-grandes valeurs qui sont *négatives*, si l'astre passe au méridien entre le *pôle* et le *zénith.*

Ces mêmes relations nous font voir que quand on observe un astre près du *Méridien inférieur*, le second terme $\frac{h^2 \sin 1'}{2} \frac{\operatorname{cotg} S \operatorname{cotg} Z}{\sin S \sin \Delta \cos H}$

peut acquérir de très-grandes valeurs *positives*, et par conséquent le signe de p pourrait être le même que celui de h.

Nous verrons plus loin, comment ayant supposé une certaine valeur à h on peut obtenir facilement p, dans la pratique.

2° ***Influence d'une erreur commise sur la latitude.***

Appelons p l'erreur commise sur l'*angle horaire* par suite d'une erreur l faite sur la latitude; nous pouvons encore écrire

$$P = f(L)$$

et $$P + p = f(L + l) = f(L) + f'(L)l + f''(L)\frac{l^2}{1 \cdot 2}, \ldots\ldots;$$

d'où en évaluant les arcs en minutes

$$p = f'(L)l + f''(L)\frac{l^2}{1 \cdot 2}\sin 1' + \ldots\ldots$$

Pour obtenir $f'(L)$ et $f''(L)$... différentions successivement, par rapport à P et à L, la relation

$$\sin H = \sin L \cos \Delta + \cos L \sin \Delta \cos P,$$

on a

$$(\varepsilon) \qquad 0 = \cos L \cos \Delta dL - \sin L \sin \Delta \cos P dL - \cos L \sin \Delta \sin P dP,$$

d'où

$$\frac{dP}{dL} = \frac{\cos L \cos \Delta - \sin L \sin \Delta \cos P}{\cos L \sin \Delta \sin P}.$$

divisant les deux termes du second membre par $\sin \Delta$, on a

$$\frac{dP}{dL} = \frac{\operatorname{cotg} \Delta \cos L - \sin L \cos P}{\cos L \sin P};$$

mais le triangle de position ZPS nous donne

$$\operatorname{cotg} \Delta \cos L - \sin L \cos P = \sin P \operatorname{cotg} Z.$$

On a donc, par suite de cette relation

$$\frac{dP}{dL} = \frac{\operatorname{cotg} Z}{\cos L}.$$

Différentions ce premier coefficient différentiel par rapport à P, L et Z, on aura

$$\frac{d^2P}{dL^2} = \frac{-\frac{dZ}{\sin^2 Z}\cos L + \sin L \operatorname{cotg} Z dL}{\cos^2 L},$$

ou, divisant par dL et séparant l'expression en deux termes

$$\frac{d^2P}{dL^2} = \frac{\operatorname{cotg} Z \sin L}{\cos^2 L} - \frac{dZ}{dL} \times \frac{1}{\sin^2 Z \cos L};$$

mais en cherchant le coefficient différentiel $\frac{dZ}{dL}$ au moyen de la relation

$$\sin \Delta = \sin L \sin H + \cos L \cos H \cos Z,$$

on trouve

$$\frac{dZ}{dL} = \frac{\operatorname{cotg} P}{\cos L}.$$

On a donc, enfin

$$\frac{d^2P}{dL^2} = \frac{\operatorname{cotg} Z \sin L}{\cos^2 L} - \frac{\operatorname{cotg} P}{\sin^2 Z \cos^2 L}.$$

Le développement de p en fonction de l devient donc

$$(\mu) \qquad p = \frac{\operatorname{cotg} Z}{\cos L} \cdot l + \left(\frac{\operatorname{cotg} Z \sin L}{\cos^2 L} - \frac{\operatorname{cotg} P}{\sin^2 Z \cos^2 L}\right) \frac{l^2 \sin 1'}{1 \cdot 2}.$$

Nous ne nous occupons pas des termes qui suivent parce que contenant successivement les nombres $\sin^2 1'$, $\sin^3 1'$... etc., ils sont très-petits.

Telle est la relation qui donne l'erreur p commise sur l'*angle horaire* pour une *erreur* l commise sur *la latitude* :

Nous voyons que le signe de p dépend du signe de l et de la grandeur de l'angle Z.

Si Z est plus petit que 90°, le premier terme du second membre a le même signe que l; quant au signe du *second terme* il dépend, dans ce cas, de la grandeur de P, car si P est $> 90°$ toute la quantité entre parenthèse sera positive est si P et $< 90°$, cette quantité sera positive ou négative selon que $\cos Z \sin L$ sera plus grand ou plus petit que $\frac{\operatorname{cotg} P}{\sin Z}$.

On dit habituellement dans les traités de navigation que si l'on observe l'astre au moment de son passage au 1er vertical, l'erreur commise sur l'angle horaire pour une erreur faite sur la latitude es *nulle;* or, la relation (μ) nous fait voir qu'il n'en est pas toujour ainsi, car le premier terme du second membre devient bien zér dans l'hypothèse où $Z = 90°$ mais le second terme se réduit à

$$-\frac{\text{cotg}\,P}{\cos^2 L}\,\frac{l^2 \sin 1'}{1\,.\,2}.$$

Au moment où l'astre passe au 1er *vertical, on a donc pour erreur commise sur l'angle horaire par suite d'une erreur* l *commise sur l latitude,*

$$p = -\frac{\text{cotg}\,P}{\cos^2 L}\,\frac{l^2}{1\,.\,2}\sin 1'.$$

Si donc P est très-petit, c'est-à-dire si la déclinaison de l'astr *est peu différente de la latitude,* et surtout si cette dernière quantit a une assez grande valeur, l'erreur p pourra être très-grande.

Pour le *Soleil,* comme sa déclinaison ne dépasse jamais 23° 27′ 30 environ, on peut voir que, au moment ou l'on observe cet astre à so passage au 1er vertical, l'erreur p correspondant à l est toujours in signifiante, si l'erreur l commise *sur la latitude n'est pas trop consi dérable.*

Un exemple va mieux faire comprendre ce que nous avançons.

Supposons que vers le 21 juin, c'est-à-dire au moment où le Sole atteint 23° 27′ 30″ de déclinaison Nord, un observateur prenne la hau teur de cet astre au moment où il passe au 1er vertical; cet observateu dont la latitude est 25° Nord commet une erreur d'une minute sur cett latitude; on demande l'erreur correspondante sur l'angle horaire.

Le triangle ZPS *fig.* (77) rectangle en Z nous donne

(Fig. 77)

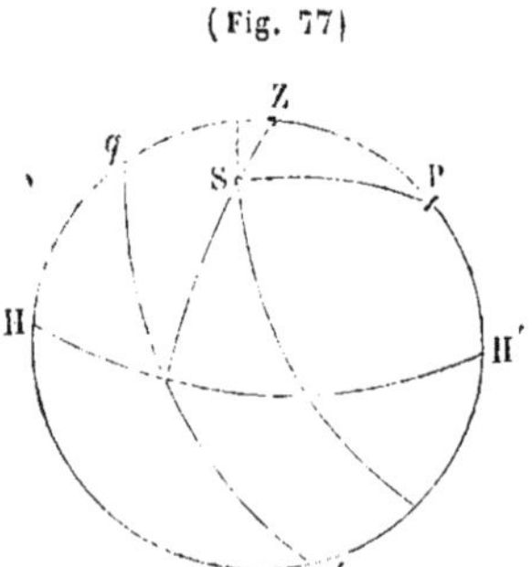

$$\cos P = \frac{\text{tg}\,D}{\text{tg}\,L},$$

D étant la déclinaison du Soleil.

Les relations à l'aide desquelles nou allons déterminer l'erreur p, dans ce cas sont :

$$\cos P = \frac{\text{tg}\,D}{\text{tg}\,L},$$

$$p = -\frac{\text{cotg}\,P}{\cos^2 L}\,\frac{\sin 1'}{1\,.\,2}.$$

La marche du calcul est la suivante :

Calcul de P.

$$
\begin{aligned}
D &= 23^\circ 27' 38'' & \log \mathrm{tg} &= 9{,}6374376 \\
L &= 25^\circ & c^t \log \mathrm{tg} &= 0{,}3313275 \\
 & & \log \cos P &= 9{,}9687651 \\
 & & P &= 21^\circ 28' 15''
\end{aligned}
$$

Calcul de p.

$$
\begin{aligned}
2c^t \log \cos &= 0{,}0854486 \\
\log \mathrm{cotg} &= 10{,}4052509 \\
\log \sin 1' &= 6{,}4637261 \\
c^t \log 2 &= 9{,}6989700 \\
\log p &= 4{,}6233956 \\
p &= 0{,}00045
\end{aligned}
$$

On voit donc que l'erreur sur p est insignifiante. Si au lieu de commettre sur L une erreur $d'1'$, on commettait une erreur de 2, 3, 4, ..., l minutes, l'erreur p deviendrait 4, 9, 16, ..., l^2 fois la quantité que nous avons trouvée. Pour 1° d'erreur sur la latitude on voit facilement que l'erreur sur l'angle horaire serait, dans l'exemple que nous venons de donner, d'environ 1',6.

Ainsi, pour le Soleil, et pour tous les astres qui ont une *déclinaison* peu différente ou inférieure à 23° 27' 30", on peut considérer le terme en l^2 comme *nul*, à la condition que l n'atteigne pas une trop grande valeur; ce qui est réellement le cas à la mer, ainsi que nous le dirons; et par suite, on voit que pour une observation faite aux environs du ***premier vertical***, une petite erreur commise sur la latitude *a* ***très-peu d'influence sur l'angle horaire.***

3° *Erreur commise sur la déclinaison et par suite sur la distance polaire.*

Au moyen de la série de Taylor on a encore

$$p = \delta f'(\Delta) + \frac{\delta^2}{1\,.\,2} \sin 1' f''(\Delta) \; \ldots\ldots ,$$

en désignant par Δ la distance polaire de l'astre, par δ l'erreur commise sur cette distance polaire et par p l'erreur qui en résulte sur l'angle horaire. En différentiant successivement la relation

$$\sin H = \sin L \cos \Delta + \cos L \sin \Delta \cos P ,$$

par rapport à P et à Δ et en suivant une marche complétement analogue à celle que nous avons suivie pour l'erreur commise sur la latitude, nous trouverons finalement

$$(\lambda) \qquad p = -\frac{\text{cotg S}}{\sin \Delta}\,\delta + \left(\frac{\text{cotg S} \cos \Delta}{\sin^2 \Delta} - \frac{\text{cotg P}}{\sin^2 \text{S} \sin^2 \Delta}\right) \frac{\delta^2}{1.2} \sin 1'.$$

Nous démontrerions encore de la même manière que précédemment que, pour le Soleil, quand $S = 90°$, c'est-à-dire quand l'angle de position est droit et quand δ n'est pas trop grand, l'erreur p est insignifiante. L'observation de la hauteur de l'astre au moment où il a son *angle de position droit* est donc, dans ce cas, la circonstance favorable.

Remarque. — Si l'on a un bon *chronomètre* réglé convenablement, l'erreur sur la distance polaire est la moins à craindre.

Conclusion. — Nous voyons donc, d'après la discussion précédente :

1° Que par les hautes latitudes et pour les astres dont la déclinaison est grande au moment de l'observation, *on devra apporter plus de soin dans la détermination des trois côtés du triangle de position;*

2° *Que l'instant de la journée favorable pour déterminer l'heure, est celui où l'azimuth de l'astre, ou bien son angle de position approchent le plus de 90°.*

DÉTERMINATION DE L'INSTANT DES CIRCONSTANCES FAVORABLES.

131. Pour se mettre en observation, au moment des circonstances favorables, il faut connaître, à peu près, l'heure du lieu au moment de ces circonstances, et la hauteur correspondante de l'astre.

Angle Z de 90°. Or, si dans le triangle PZS (*fig. 77 bis*), on suppose $Z = 90°$, c'est-à-dire l'astre *passant au premier vertical*, on aura la hauteur par la relation,

(Fig. 77 *bis*)

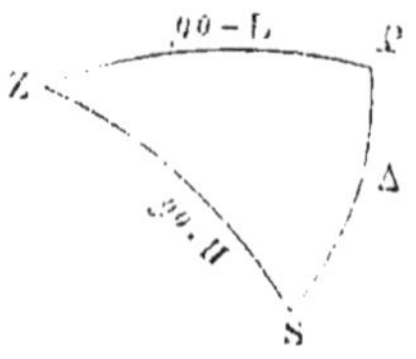

$$\sin H = \frac{\cos \Delta}{\sin L} = \frac{\sin D}{\sin L}. \qquad (a)$$

Mais il faut que sin H soit positif et plus petit que 1 ; on doit donc avoir $\Delta < 90°$ et $\cos \Delta$ ou $\sin D < \sin L$, c'est-à-dire :

$$\Delta < 90° \text{ et } D < L.$$

Par suite, pour que l'astre puisse être observé au moment de son passage au premier *vertical*, il faut :

1° Que la latitude du lieu et la déclinaison de l'astre soient de *même dénomination ;*

2° Que la déclinaison soit *plus petite que la latitude.*

Si cette double condition est remplie, on pourra obtenir la hauteur vraie à l'aide de la formule (*a*), et on en déduira la hauteur instrumentale (110).

L'heure approchée s'obtiendra au moyen de la relation

$$\cos P = \frac{\text{Tg D}}{\text{Tg L}} \qquad (b)$$

P sera plus petit ou plus grand que 90°, selon que D et L seront de même ou de différentes dénominations.

Pour déterminer D et L qui entrent dans les formules (*a*) et (*b*), on *présumera une heure ;* si l'*heure déduite de* P *diffère trop de cette heure présumée*, on recommencera à *calculer* D *et* L *à l'aide de cette heure calculée.*

Exemple.

Le 7 juin 1858, étant en mer, vers 7^h du matin, on se propose d'observer la hauteur du Soleil au moment de son passage au premier vertical, que l'on suppose avoir lieu vers 8^h15^m du matin ; on demande l'heure T. M. du passage ainsi que la hauteur vraie du centre du Soleil à ce moment ?

Détermination de l'énoncé.

En admettant que le navire continue à marcher jusqu'à 8^h15^m avec la même vitesse qu'il a à 7 heures et en relevant les routes faites depuis le dernier point, on trouve qu'à 8^h15 le navire sera situé par 37°24′ de latitude Nord et 18°15′ de longitude Ouest.

Détermination des éléments du calcul.

1° Détermination de l'heure de Paris.

Hre présum. du lieu le 6 juin $= 20^h 15^m$
Longitude en temps. . . . $= 1^h 13^m$
Heure de Paris le 6 juin. . $= 21^h 28^m$

2° Calcul de la déclinaison du ⊙.

Pour l'heure de Paris (en nombres ronds).

Déclin du ⊙ le 6 à 0^h . . $= 22°39'43''$
Variation en 24^h . . . . . $=$ $6'\ 2''$
en $21^h 28^m$ . . . $=$ $5'23''$
Décl. du ⊙ le 6 à $21^h 28^m$. $= 22°45'06''$

3° Calcul de l'équation du temps, [...] l'heure de Paris.

Équation du temps le 6 à $0^h = 11^h 58^m$[...]
Variation en $24^h =$ [...]
en $21^h 28^m =$
Équat. du temps le 6 à $21^h 28^h = 11^h 58^m 2$[...]

Développement du calcul.

1° Calcul de l'heure du passage T. M.

$D = 22°45'06''$ log tang $= 9{,}6225963$
$L = 37°24'00''$ C^t log tang $= 0{,}1165897$
log cos $P = 9{,}7391860$
$P = 56°43'56''$
en temps $= 3^h 46^m 55^s$
C'est le matin. Hre T. V. du pass. $= 8^h 13^m 05^s$
Equat. du temps $= 11^h 58^m 26^s$
Hre T. M. du passage $= 8^h 11^m 31^s$ *du matin.*

2° Calcul de la hauteur vra[ie]

log sin $= 9{,}5874166$
C^t log sin $= 0{,}2165425$
log sin $H = 9{,}8039591$
$H = 39°32'56''$

On peut résoudre le même problème au moyen de la XXXVe des tables de M. Caillet (1re édition) de la XXXIXe de la seconde édition, de la table XXV de Callet ou enfin de la table XXXI de Guépratte. Ces tables ont été calculées, ainsi que nous venons de le faire, en faisant varier la latitude et la déclinaison de degré en degré jusqu'à 24° de déclinaison, quantité plus grande que la déclinaison maximum du Soleil.

Alors, quelques instants avant l'heure ainsi déterminée, et après avoir fait marquer à son instrument la hauteur instrumentale déduite de H, on pourra se mettre en observation.

Angle S *de* 90°. Si, dans le triangle PZS (*fig.* 77), on suppose $S = 90°$, on trouvera les deux relations :

$$\sin H = \frac{\sin L}{\cos \Delta} = \frac{\sin L}{\sin D} \qquad (a')$$

$$\cos P = \frac{\text{Tg. } L}{\text{Tg. } D}. \qquad (b')$$

Pour que $\frac{\sin L}{\sin D}$ soit positif et plus petit que 1, on doit avoir :

$$\Delta < 90° \text{ et } L < D.$$

Ainsi, pour pouvoir observer la hauteur au moment où l'angle de osition est droit, il faut :

1° Que la déclinaison et la latitude *soient de même dénomination ;*

2° Que la déclinaison soit *plus grande que la latitude.*

Si cette double condition est remplie :

On présumera une heure avec laquelle on calculera L et D ; on éterminera alors P, d'où l'on conclura l'heure à laquelle on devra e mettre en observation, et *la hauteur* H de laquelle on déduira la auteur instrumentale que devra marquer l'instrument. On pourra e servir des mêmes tables que nous venons d'indiquer, pour trouver angle horaire et la hauteur à l'instant favorable.

Remarque. — Nous voyons, d'après la comparaison des formules (*a*) et (*a'*) que, si dans la journée l'astre passe au premier ertical, l'angle de position ne sera pas droit et réciproquement; par onséquent, *que ces deux circonstances ne se présentent pas simultaément.*

Mais nous remarquerons aussi que du triangle PZS on déduit

$$\frac{\sin S}{\sin Z} = \frac{\cos L}{\sin \Delta},$$

l'où

$$\sin S = \frac{\cos L}{\sin \Delta} \sin Z.$$

Ce qui indique que S atteint sa valeur *maximum* au moment où Z = 90° ; c'est-à-dire, au moment où l'astre *passe au premier vertical*, et comme lorsque cette circonstance a lieu, $\frac{\cos L}{\sin \Delta}$ est toujours < 1, cette valeur *maximum* de S dans sin S donne aussi la valeur *maximum* de sin S et la valeur *minimum* de cotang S dans (λ); par suite les valeurs *de Z qui conviennent aux circonstances favorables*, sont celles qui correspondent aux valeurs de S qui conviennent aussi *aux mêmes circonstances et réciproquement.*

Des hauteurs horaires. — Les hauteurs prises aux environs *du premier vertical* ou vers le moment où l'angle de *position est droit* étant celles qui donnent l'heure du lieu avec le moins de chance d'erreurs, prennent le nom de ***hauteurs horaires.***

Lorsque l'astre est dans un autre hémisphère que l'observateur, les hauteurs horaires sont celles observées près de l'horizon ; en ayant soin, cependant, *d'écarter les hauteurs qui seraient trop affectées de la réfraction.*

Détermination pratique des erreurs commises sur l'angle horaire, par suite d'une erreur faite sur la hauteur, sur la latitude ou sur la distance polaire.

132. Remarquons d'abord que lorsque l'on n'observe pas le Soleil, la relation $h_a \ast$ Ꭱ $\ast = h_m \odot +$ Ꭱ$_m \odot$ indique que l'erreur p commise sur l'angle $h_a \ast$ ou sur P, donne la même erreur en valeur absolue, dans l'heure du lieu.

Pour déterminer l'erreur p commise sur un angle horaire P, par suite d'une erreur h, l ou δ commise sur l'un des trois éléments H, L, Δ, nous pouvons, *dans les cas ordinaires*, ne considérer que le premier terme des développements de p donnés par les relations (η), (μ) et (λ).

Nous observons alors que, d'après les équations :

$$p = -h \frac{1}{\cos L \sin Z}$$

$$p' = l \frac{\text{cotg. } Z}{\cos L}$$

$$p'' = \delta \frac{\text{cotg. } S}{\sin \Delta}.$$

Les variations p, p', p'' sont sensiblement proportionnelles à h, l ou δ.

Par suite, si l'on admet que les erreurs h, l et δ sont exprimées en minutes ; en appelant p_1, p'_1, p''_1 les erreurs correspondantes sur l'angle horaire, pour une erreur d'1' commise sur la hauteur, sur la latitude ou sur la distance polaire, on aura les relations :

$$p_1 = -\frac{1}{\cos L \sin Z} \quad \text{et} \quad p = l \times p_1$$

$$p_1' = \frac{\operatorname{cotg} Z}{\cos L} \qquad p' = l \times p_1'$$

$$p_1'' = -\frac{\operatorname{cotg} S}{\sin \Delta} \qquad p'' = \delta \times p_1''.$$

Ainsi, dès qu'on connaît p_1, p_1' ou p_1'' on peut trouver p, p' ou p''.

Pour obtenir la valeur de l'erreur sur l'angle horaire et par suite sur l'heure du lieu pour 1 minute d'erreur faite sur la hauteur, sur la latitude ou sur la distance polaire, on peut employer les trois méthodes suivantes :

Erreur de 1′ sur la hauteur.

1re méthode.

On peut refaire le calcul d'angle horaire avec une ***hauteur nouvelle*** différant de la première ***de 1′ seulement***; il n'y a besoin de chercher que le log. cos (S + 30″) et log. sin (S — H — 30″); les autres logarithmes ne changent pas.

Exemple.

= 35°39′00″					
= 34°15′00″	C^t log cos =	0,0327100		C^t log cos =	0,0327100
= 76° 6′30″	C^t log sin =	0,0128920		C^t log sin =	0,0128920
= 146°00′30″					
= 73°00′15″	log cos =	9,4658321	S = 73°00′45″	log cos =	9,4656253
= 37°21′15″	log sin =	9,7830027	S — H = 37°20′45″	log sin =	9,7829200
		19,3444368			19,3441473
	log sin ½ P =	9,6722184		log sin ½ P′ =	9,6720736
	P =	56°5′08″		P′ =	56°3′54″
	P′	56°3′54″			
	p_1 =	— 1′14″			

2e méthode.

Le triangle de position ZPS (fig. 78), donne

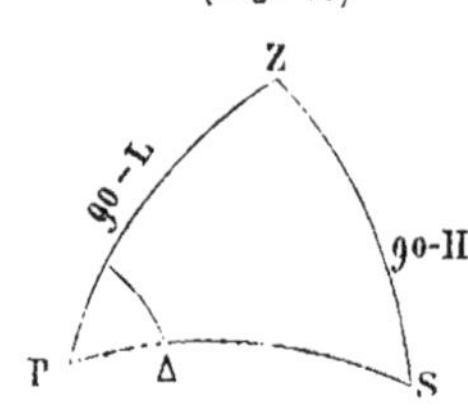

(Fig. 78)

$$\sin Z = \frac{\sin P \sin \Delta}{\cos H},$$

mettant cette valeur de sin Z dans la relation

$$p_1 = -\frac{1}{\cos L \sin Z},$$

nous aurons

$$p_1 = -\frac{\cos H}{\sin P \cos L \sin \Delta},$$

qui donnera, immédiatement, p_1.

Exemple.

Calcul de P.			*Calcul de* p.
H = 35°39'00"			log cos = 9,9098728
L = 34°15'00"	C' log cos =	0,0827100	. . . . . = 0,0827100
Δ = 76° 6'30"	C' log sin =	0,0128920	. . . . . = 9,0128920
2 S = 146°00'30"			
S = 73°00'15"	log cos =	9,4658321	
S — H = 37°21'15"	log sin =	9,7830027	
	Somme =	19,3444368	
	log sin $\frac{1}{2}$ P =	9,6722184	
	P =	56°05'08"	C' log sin = 0,0809890
			0,0864638
			p_1 = — 1',22 = — 1'13"

3e méthode.

Enfin, M. le lieutenant de vaisseau Pagel indique la méthode suivante :

La formule de Borda donne

$$\text{Log} \sin \frac{1}{2} P = \frac{C' \log \cos L + C' \log \sin \Delta + \log \cos S + \log \cos (S - H)}{2}.$$

Or, les logarithmes des lignes trigonométriques sont donnés de 10" en 10", *dans les tables de Callet*; à côté des logarithmes on a mis les différences pour 10″ de degré. Supposons alors une erreur de 20″ dans la hauteur; en appelant y l'erreur qui résulte sur l'angle horaire, l'erreur pour une minute, ou p_1 sera sensiblement égale à $3y$, si la hauteur n'est pas prise trop près du Méridien, ainsi que nous le verrons dans la suite.

Or, si nous supposons $H' = H + 20''$, l'angle horaire que l'on trouvera avec H′ ne sera plus P, mais $(P+y)$; on a alors

$$\sin \frac{1}{2}(P+y) = \frac{C'\log\cos L + C'\log\sin\Delta + \log\cos(S+10'') + \log\sin((S-H)-10'')}{2}.$$

Mais, $\log\cos(S+10'') = \log\cos S +$ différence Tabulaire $(-d)$,

$$\log\sin[(S-H)-10''] = \log\sin(S-H) + \text{différence Tabulaire } (-d').$$

On a donc

$$\log\sin\left(\frac{P+y}{2}\right) = \log\sin\frac{P}{2} - \frac{d+d'}{2};$$

par suite, $-\frac{d+d'}{2}$ est la différence entre le logarithme de $\sin\frac{P}{2}$ que l'on a trouvé précédemment avec H, et le logarithme de $\sin\left(\frac{P+y}{2}\right)$ que l'on trouverait avec $(H+20'')$. On aura donc, en appelant δ la différence logarithmique qui correspond à $\frac{P}{2}$, pour 10″.

$$\frac{\frac{y}{2}}{-\frac{d+d'}{2}} = \frac{10''}{\delta},$$

ou

$$y = -\frac{(d+d')\times 10''}{\delta},$$

d'où

$$3y \text{ ou } p_1 = -\frac{(d+d')\,30''}{\delta},$$

et, si l'on veut que p soit exprimé en temps,

$$p_1 = -\frac{(d+d')\times 2}{\delta}.$$

Exemple.

H = 35°39′00″				
L = 34°15′00″	C' log cos =	0,0827100		
Δ = 76° 6′30″	C' log sin =	0,0128920		
2 S = 146°00′30″				
S = 73°00′15″	log cos =	9,4658321	*d* ou différ. Tabulaire	= 688
S—H = 37°21′14″	log sin =	9,7830027	*d'* *id.*	= 276
	Somme =	19,3444368	— $(d+d)'$	= 964
	½ somme = log sin P =	9,6722184		
	½ P =	28°2′34″	δ ou différ. Tabulaire	= 395
	P =	56°5′08″		

964	395
1740	2,44
1600	

$2,44 \times 30'' = p_1 = -73'',2 = -1'13''.$

Donc, si h est l'erreur commise, on pourra craindre sur l'heure du lieu l'erreur $h \times p$.

Erreur d'1' commise sur la latitude.

On peut aussi employer trois méthodes pour trouver l'erreur commise sur la latitude.

1re méthode.

En faisant en même temps le calcul d'angle horaire avec L+1'.

Exemple.

H = 35°39′00″				
L = 34°15′00″	C' log cos =	0,0827100	(L+1′) C' log cos. . =	0,08279
Δ = 76° 6′30″	C' log sin =	0,0128920	. . . . =	0,012892
2 S = 146°00′30″				
S = 73°00′15″	log cos =	9,4658321	(S+30″) log cos . . =	9,465625
S—H = 37°21′15″	log sin =	9,7830027	(S—H)+30″ log sin =	9,783085
		19,3444368		19,344398
	log sin ½ P =	9,6722184	log sin ½ P′ =	9,672199
	P =	56°5′08″	P′ =	58°4′58″
	P′ =	56°4′58″		
	p_1 =	— 10″		

2ᵉ méthode.

Nous avons les deux relations

$$p_1' = \frac{\text{cotg } Z}{\cos L} \text{ et } \sin Z = \frac{\sin P \sin \Delta}{\cos H}.$$

En calculant l'angle P nous chercherons le cᵗ logarithme cos H, nous écrirons le logarithme sin Δ et nous chercherons le logarithme sin P ; la somme nous donnera log sin Z. Dans la pratique nous saurons si Z est plus petit ou plus grand que 90°. Nous chercherons log cotg Z que nous ajouterons à cᵗ log cos L, et nous aurons log p'_1.

Exemple.

= 35° 39′ 00″		cᵗ log cos = 9,0901272	
= 34° 15′ 00″	cᵗ log cos = 0,0827100		cᵗ log cos = 0,0827100
= 76° 6′ 30″	cᵗ log sin = 0,0128920	log sin = 9,9871080	
= 146° 00′ 30″			
= 73° 00′ 15″	log cos = 9,4658321		
= 37° 21′ 15″	log sin = 9,7830027		
	19,3444368		
	$\log \sin \frac{1}{2} P$ = 9,6722184		
	P = 56° 5′ 08″	log sin = 9,9190110	
		log sin Z = 9,9962462	
		Z = 97° 31′ 20″	log cotg = 9,1207288
			log p'_1 = 1,2034388
			$p'_1 = -0',16 = -9'',6$

3ᵉ méthode.

Enfin, agissons comme nous l'avons fait pour l'erreur d'1′ commise sur la hauteur.

En appelant y' l'erreur commise sur l'angle horaire pour 20″ d'erreur sur la latitude, on aura le plus généralement,

$$p'_1 = 3y'.$$

La formule de Borda devient

$$\log \sin \left(\frac{P+y}{2}\right) = \frac{c^t \log \cos (L + 20'') + c^t \log \sin \Delta + \log \cos (S + 10'') + \log \sin [(S - H) + 10'']}{2}.$$

En posant

$$c^t \log\cos(L+20'') = c^t \log\cos L + 2d, \quad d \text{ étant la différence tabulaire,}$$
$$\log\cos(S+10'') = \log\cos S - d', \quad d' \ldots\ldots \text{ id. } \ldots\ldots\ldots$$
$$\log\sin(S-H+10'') = \log\sin(S-H) + d'', d'' \ldots\ldots \text{ id. } \ldots\ldots\ldots$$

On a alors

$$\log\sin\frac{(P+y')}{2} = \log\sin\frac{P}{2} + \frac{(2d-d'+d'')}{2}.$$

On a donc, comme précédemment,

$$y' = \frac{(2d-d'+d'')\,10''}{\delta};$$

d'où

$$p'_1 = \frac{(2d-d'+d'')\,30''}{\delta}$$

ou

$$p'_1 = \frac{(2d-d'+d'')\times 2}{\delta},$$

si p'_1 était exprimé en temps.

Exemple.

H $= 35°39'00''$
L $= 34°15'00''$ c'logcos $=$ 0,0827100 ... $+ 2d$ diff. tab. . $= + 286$
Δ $= 75°\ 6'30''$ c'logsin $=$ 0,0128920

2S $= 146°00'30''$
S $= 73°00'15''$ log cos $=$ 9,4658321 ... $- d'$. . . . . . . $= - 689$
S—H $= 37°21'15''$ log sin $=$ 9,7830027 ... $+ d''$ . . . . . . $= + 276$
somme $=$ 19,3444368 ... $+ (2d-d'+d'')$... $= - 127$

log sin $\frac{1}{2}$ P $\frac{1}{2}$ somme $=$ 9,6722184

1270	395
850	0,32
60	

$\frac{1}{2}$ P . . . . . $= 20°2'34''$ différ. tabul. $= \delta$. . $=$ 0,395

P . . . . . $= 56°5'08''$ $p'_1 = -0{,}32 \times 30'' = -9'',6$

Par suite, si l est l'erreur en minutes à craindre sur la latitude, on aura pour erreur commise sur l'angle horaire $p' = p'_1 \times l$.

Nous ne considérerons pas la détermination de l'erreur commise sur l'*angle horaire* par suite d'une erreur faite sur la *distance polaire*, attendu que, dans la pratique, cette erreur est, ainsi que nous l'avons déjà dit, la moins à craindre. Du reste on pourrait suivre trois méthodes complétement analogues à celles que nous venons d'employer.

DÉTERMINATION DE L'HEURE DU LEVER OU DU COUCHER VRAI D'UN ASTRE.

133. *Définition.* — On appelle *lever* ou *coucher vrai* d'un astre le moment où l'astre a son centre sur l'horizon rationnel ; à ce moment la hauteur vraie est *nulle.*

La formule générale de l'angle horaire $\cos P = \dfrac{\sin H - \sin L \cos \Delta}{\cos L \sin \Delta}$ devient donc

$$(\alpha) \qquad \cos P = -\operatorname{tang} L \operatorname{cotg} \Delta = -\operatorname{tg} L \operatorname{tg} D.$$

L'angle P sera plus *petit* ou plus *grand* que 90° selon que Δ *sera plus grand* ou plus *petit* que 90° ; c'est-à-dire suivant que l'astre et l'observateur ne seront pas ou seront dans le même hémisphère.

Pour déterminer L et D, on *présume une heure pour laquelle on fait le point; avec cette heure présumée et la longitude, on obtient l'heure de Paris pour laquelle on calcule la déclinaison.*

Une fois l'angle horaire P déterminé au moyen de la formule (α), on en conclut l'*heure du lieu*, ainsi que nous l'avons dit (page 106).

Si l'astre considéré est le Soleil, on voit, d'après le signe du second membre de la relation (α) : que du 21 mars au 21 septembre environ, pour les habitants de l'hémisphère Nord, le *Soleil se lèvera avant* 6 *heures* et se couchera *après* 6 *heures;* que du 21 septembre au 21 mars environ, le Soleil *se lèvera après* 6 *heures* et se couchera avant 6 *heures*.

C'est le contraire pour les habitants de l'hémisphère Sud.

Exemple.

On demande l'heure moyenne du lever vrai du Soleil le 6 mars 1858. Le dernier point plaçait le bâtiment par 39° environ de latitude Nord.

Comment on présume l'heure. — Nous savons que le 21 mars le Soleil se lèvera à 6^h environ ; nous pouvons alors supposer que le 6 mars, dans le lieu où nous sommes, il se lèvera plus tard, c'est-à-dire vers $6^h 20^m$ environ.

Faisant le point pour cette heure, en relevant les routes du journal, nous trouvons qu'à ce moment le navire sera par 39° 23′ latitude Nord et 72° 15′ longitude Est.

Détermination des éléments.

1° *Heure de Paris.*

Heure présum. du lieu le 5 à		$18^h 20^m$
Longitude en temps . .	—	$4^h 49^m$
Heure moy. de Paris le 5	=	$13^h 31^m$

2° *Calcul de la déclinaison.*

Décl. du ☉ le 5 à 0^h	=	6° 02′ 58″,7
Variat. en 24^h . . .	=	23′ 12″,8
en $13^h 31$. .	=	13′ 03″,4
Déclin. calculée . .	=	5° 49′ 55″,3

Développement du calcul.

L = 39°23′00″ log tang	=	9,9143020
D = 5°49′55″ log tang	=	9,0091942
log cos P	=	8,9234962
P	=	85° 11′ 25″,0
P en temps	=	$5^h 40^m 45^s,6$
heure T. V.	=	$18^h 19^m 14^s,4$
longitude	=	$4^h 49^m 00^s,4$
Heure T.V. de Paris .	=	$13^h 30^m 14^s,4$
Équation du temps calculée pour cette heure.	+	$11^m 21^s,3$
Heure T.V. du lieu .	=	$18^h 19^m 14^s,4$
Hre T.M. du lieu le 5.	=	$18^h 30^m 35^s,7$

On a calculé des tables, reproduites dans la XXXIVe des tables de M. Caillet (1re édition), la XXXVe de la 2e édition, et enfin dans la table XXVIII de Guépratte, qui donnent le complément de P en temps, sous le titre de *différence ascensionnelle*. En entrant dans cette table avec L et D pris à vue, on peut obtenir une heure présumée plus exacte.

Exemple 1.

On demande l'heure moyenne du lever vrai de Jupiter, *le* 20 *Août* 1858, *dans un lieu situé par* 9° 15′ *de longitude Ouest et* 47° 29′ *de latitude Nord.*

1° *Détermination de l'heure approchée du lever.*

En cherchant dans la *Connaissance des temps*, page 106, nous trouvons que le 20 août à 0^h T. M. de Paris, la *déclinaison* de *Jupiter* est 22°14′ Nord et *son ascension droite* $5^h 7^m$.

En entrant dans la table XXXV de M. Caillet, 2e édition, avec 22°14′ pour argument horizontal et 47° 29′ pour argument vertical, nous trouvons $4^h 21'$ dans la colonne intitulée *lever*.

Cette heure est l'angle horaire civil de l'astre au moment de son lever ; l'angle horaire astronomique est

12 + 4h21m	=	16h21m00s
ou a aussi, ascension droite de *Jup^er^*.	=	5h 7m
d'où heure sidérale.	=	21h28m
La *Connaissance des temps* donne :		
T. S. au midi moyen de Paris.	=	9h54m6s
Correction pour la longitude table IX, de la *Connaissance des temps*.	=	+ 6s
T. S. au midi moyen du lieu.	=	9h54m12s
d'où (h_s — T. S.) ou heure moyenne convertie en temps sidéral.	=	11h33m48s
Correction, table VIII, de la *Connaissance des temps*.	=	— 1m54s
d'où, heure moyenne du lever.	=	11h31m54s

On pourrait avec cette heure et la longitude déterminer l'heure de Paris, pour calculer plus exactement la *déclinaison* et l'*ascension droite de Jupiter* afin de recommencer le calcul; mais cette première approximation suffit pleinement pour les besoins de la navigation.

Exemple 2.

On demande l'heure moyenne du coucher vrai de la Lune à Brest, le 12 *juin* 1858.

En raison du grand mouvement *en ascension droite* et *en déclinaison de la Lune*, on est obligé de présumer une heure pour calculer ces deux éléments.

Cette heure présumée est toujours suffisamment approchée dans la pratique.

Dans le cas qui nous occupe nous pouvons prendre pour heure présumée l'heure T. M. du coucher vrai de la Lune à Paris, le 12 juin 1858, heure donnée dans la *Connaissance des temps*, page 40.

Nous avons ainsi :

Heure présumée du coucher le 12 juin	=	9h42m00s
Longitude en temps.	=	+ 27m19s
Heure T. M. de Paris correspondante.	=	10h09m19s

Pour cette heure nous calculons la *déclinaison* de la Lune et *son ascension droite ;* nous obtenons :

Déclin. de ☾ le 12 juin à $10^h 9^m$ . . . . = 27°27′
Ascension droite de ☾ le 12 juin à $10^h 9^m$. . . . . . . = 101° 28′ 38″

Détermination de l'heure T. M. du coucher.

En entrant dans la table XXXV de M. Caillet, 2ᵉ édition, avec 27°27′ de déclinaison Nord et 48° 23′ 32 de latitude Nord, nous trouvons ;

Angle horaire civil et astronomique du coucher vrai de la ☾ à Brest.	=	$8^h 24^m 00$
Ascension droite de la ☾ en temps.	=	$6^h 45^m 54^s$
d'où heure sidérale ou h_s	=	$15^h 09^m 55^s$
Temps sidéral au midi moyen du lieu, déterminé comme précédemment.	=	$5^h 22^m 8^s$
d'où, heure moyenne du coucher vrai . .	=	$9^h 47^m 46^s$

Si l'on voulait faire le calcul plus rigoureusement on calculerait de nouveau, avec cette heure, l'ascension droite et la déclinaison de *la Lune*, et l'on achèverait la détermination de l'heure cherchée en employant la formule logarithmique (α) donnée plus haut. Dans la pratique la méthode que nous venons d'employer est suffisante.

Pourquoi dans le mois de janvier, les jours paraissent allonger moins le matin que le soir ?

134. Un fait que tout le monde a observé, c'est que quand à partir du 22 décembre les jours doivent commencer à allonger, pendant tout le mois de janvier ils ne paraissent pas allonger LE MATIN bien qu'ils allongent d'une manière évidente LE SOIR. Ce fait provient de ce que c'est sur le *temps moyen* que nous réglons *nos montres* et par suite, les heures de la journée.

D'après la formule $\cos P = -\,Tg.\ L\ Tg.\ D$, nous voyons que lorsque D et L étant de signes contraires (comme par exemple au mois de décembre pour les habitants de l'hémisphère nord), D diminue, c'est-à-dire quand le Soleil se rapproche de l'équateur, cosP (positif) diminue, et par suite P augmente ; donc les *jours vrais* (c'est-à-dire le temps pendant lequel l'astre reste au-dessus de l'horizon) *allongent*. Ils allongent à peu près également le soir et le matin ; car si d représente la variation de la déclinaison D dans n *jours*, à cette époque, et si P est l'angle horaire qui correspond à la déclinaison D du matin et P′ l'angle horaire correspondant à la déclinaison D′, on aura

Un jour : *heure vraie du lever* $= 12 - p$, *heure vraie du coucher* $= P'$

n *jours après : heure vraie du lever* . . . . $= 12 - P - p$, *heure vraie du coucher* $= P' + p'$.

p et p' étant les variations, à très-peu près égales, de l'angle horaire pour la variation d.

Maintenant si nous considérons les heures moyennes et si nous remarquons que du 25 décembre environ jusqu'au 15 avril, *l'équation du temps est positive*, c'est-à-dire que le temps moyen est en avance sur le temps vrai, nous aurons, en appelant E et E′ l'équation du temps et e et e sa variation *dans les n jours*, relativement au lever et au coucher :

Un jour : h^{re} *moy. du lever* $= 12 - P + E$, h^{re} *moy. du couch.* $= P + E'$

n *jours après :* h^{re} *moy. du lever*
$= 12 - P - p + E + e = 12 - P + E + (e - p)$, h^{re} *moy. du couch.* $= P' + p' + E' + e'$.

e et e' sont sensiblement égaux.

On voit alors, que lorsque e est positif, les heures moyennes de deux levers *successifs peuvent ne pas différer* si $e = p$, *tandis que les heures moyennes des deux couchers successifs seront évidemment différentes.*

Or, en ouvrant la *Connaissance des temps*, on voit que e est positif, c'est-à-dire du même signe que p, du 25 décembre environ au 10 février ; on comprend alors pourquoi, dans le mois de janvier, les jours ne paraissent pas allonger le matin, tandis qu'ils allongent sensiblement le soir.

En discutant les valeurs et les signes que (dans le courant de l'année), peuvent prendre p et e, on verrait à quelles époques les jours augmentent ou diminuent plus le soir que le matin, et réciproquement.

DÉTERMINATION DE L'HEURE DU LEVER OU DU COUCHER APPARENTS D'UN ASTRE.

135. ***Définition.*** — On appelle *lever apparent* d'un astre, l'instant où l'astre touche l'horizon visible. Pour les astres qui ont un diamètre sensible, tels que la Lune et le Soleil, on distingue le lever apparent :

1° Du bord supérieur,

2° Du centre,

3° Du bord inférieur.

Il en est de même pour le coucher.

La formule générale de l'angle horaire sert dans ce cas ; seulement, il faut remarquer que si c'est le bord supérieur que l'on considère, $H_o \overline{\odot} = 0$; si c'est le centre $H_o \ominus = 0$; et enfin, si c'est le bord inférieur $H_o \underline{\odot} = 0$.

La hauteur vraie $H_v \ominus$ est, dans ce cas, en nous servant du demi-diamètre *horizontal*, et en considérant le bord inférieur :

$$H_v \ominus = H_o \underline{\odot} - \text{dép} - R . \underline{\odot} + p \underline{\odot} + \delta = - \text{dép} - R \odot + p \underline{\odot} + \delta.$$

Pour le centre, il faudrait supprimer δ, et mettre $-\delta$ si l'on considérait le bord supérieur.

La hauteur vraie est donc *négative* pour le Soleil, puisque $p \underline{\odot}$ est toujours fort peu de chose et que $R \odot$ a une grande valeur ; représentons-la par $-h$.

La formule

$$\cos P = \frac{\sin H - \sin L \cos \Delta}{\cos L \sin \Delta}$$

devient alors

$$\cos P = \frac{-\sin h - \sin L \cos \Delta}{\cos L \sin \Delta}.$$

On a donc

$$2 \sin^2 \frac{1}{2} P = 1 - \cos P = 1 + \frac{\sin h + \sin L \cos \Delta}{\cos L \sin \Delta};$$

d'où

$$2 \sin^2 \frac{1}{2} P = \frac{\cos L \sin \Delta + \sin L \cos \Delta + \sin h}{\cos L \sin \Delta} = \frac{\sin(\Delta + L) + \sin h}{\cos L \sin \Delta},$$

ou enfin,

$$\sin \frac{1}{2} P = \sqrt{\frac{\sin S . \cos(S - h)}{\cos L \sin \Delta}}.$$

En nous servant de cette formule, nous n'aurons pas besoin de nous préoccuper du signe de h; *nous ferons le calcul d'angle horaire comme à l'ordinaire*, seulement, *au lieu de prendre log cos S, nous prendrons le log sin*; et au lieu de prendre log sin $(S-h)$ nous prendrons le log cos.

Pour déterminer L et Δ, il faudra présumer une heure.

Connaissant l'angle horaire de l'astre, on en déduira l'heure du lieu comme nous l'avons dit (page 106).

Si cette heure ne s'accorde pas, à peu près, avec l'heure présumée, on recommencera le calcul de L et de Δ avec cette heure calculée, et l'on fera de nouveau le calcul de P.

Exemple.

On demande l'heure moyenne du coucher apparent du ⊙ le 8 avril 1858 à Brest, dont la latitude est 48° 23′ 32″ Nord et la longitude 6° 49′ 49″ Ouest. On se suppose élevé de 8 mètres.

En faisant à vue un calcul d'heure du coucher vrai du ⊙ ou en se servant de la table dont nous avons parlé (133), nous trouvons que le coucher vrai aura lieu vers $6^h\,32^m$; prenons cette heure pour heure présumée.

Détermination des éléments du calcul.

1° Heure de Paris.

H^{re} présum. du coucher le 8 à	=	$6^h32^m00^s$
Longitude en temps	=	27^m19^s
Heure de Paris le 8	=	$6^h59^m19^s$

3° Correction de la hauteur.

Dépression pour 8 mètres. .	= —	5′ 1″
Réfraction	= —	33′48″
Somme. . . .	= —	38′49″
Parallaxe	= +	0′ 8″
Demi-diamètre	=	16′
Hauteur vraie du ⊙	= —	22′41″

2° Déclinaison du ⊙.

Déclin. du ⊙ le 8 à 0^h . .	=	7°11′
Variat. en 24^h	=	22′
en $6^h59^m19^s$ . . .	=	6′
Déclin. ⊙ calculée. . . .	=	7°18′
		90°
Distance polaire Δ. . . .	=	82°41′

4° Équation du temps.

Équat. du temps le 8 à 0^h.	=	1^m
Variat. en 24^h.	=	
en 6^h59^m. . . .	=	
Équat. du temps le 8 . .	=	1^m

Développement du calcul (en nombres ronds).

H =	00°22′40″		
L =	48°23′30″	c^t log cos =	0,1778090
Δ =	82°41′30″	c^t log sin =	0,0035426
2S =	131°27′40″		
S =	65°43′50″	log sin =	9,9598151
S—*h* =	65°21′10″	log cos =	9,6201673
			19,7613340

$$\log \sin \frac{1}{2} P = 9{,}8806670$$

$\frac{1}{2}$ P = 49°26′30″ en temps. . = $3^h17^m46^s,0$

d'où P, heure T. V. du coucher. . .	=	$6^h35^m32^s,0$
Équation du temps	=	$1^m48^s,6$
Heure T. M. du coucher app^t du ⊙. . .	=	$6^h37^m20^s,6$

Nous ne donnerons pas d'exemple de ce calcul pour *la Lune*, ni pour *une planète*, parce que le calcul de l'heure du lever ou du coucher *vrai* suffit complétement pour savoir à quel moment se mettre en observation pour observer un astre au moment du lever ou du coucher *apparents* d'un de ses bords.

EXEMPLES DE CALCULS D'HEURES A EFFECTUER.

Exemple **1**. Le 2 septembre à *midi moyen de Paris*, un chronomètre dont la *marche diurne* sur le T. M. est $-53^s,4$ marquait l'heure $C_o = 3^h\,48^m\,17^s,4$.

Le **16** septembre de Paris, la date du bord étant le **16** au soir par une *latitude* de **18**° 27′ Sud, on a trouvé pour *hauteur du bord inférieur du Soleil*, **14**° 54′ 30″; erreur instrumentale + 2′ 30″; élévation de l'œil $5^m,2$. A l'instant de l'observation le chronomètre marquait $11^h\,53^m\,14^s$. On demande l'heure T M du lieu?

Éléments de la Connaissance des temps.		
	T. M. au midi vrai de Paris le 16. . . =	$11^h54^m50^s,08$
	Id. le 17. . . =	$11^h54^m28^s,9$
	Décl. du ☉ le 16 à 0^h de Paris. . . . =	2°39′50″.9
	Id. le 17 à 0^h de Paris. . . . =	2°16′38″,1
	1/2 diamètre du ☉ le 16. . . . . =	15′57″,0
	Parallaxe *id.* . . . . =	8″,15

Résultat. — Heure T. M. du bord = $4^h47^m24^s,7$.

Exemple 2. Le **11** mai **1858**, étant par 29° 7′ 32″ de *latitude Nord* et 36° 7′ de longitude Ouest, on a observé la *hauteur du bord inférieur du Soleil* de 39° 35′ 54″, à l'aide d'un *horizon artificiel*. L'heure approchée du lieu était $3^h\,30^m$ du soir. On demande l'heure T M du lieu?

Éléments de la Connaissance des temps.		
	Décl. du ☉ le 11 à 0^h de Paris. . . . =	17°52′40″,00
	Id. le 12 *id.* . . . . =	18° 7′56″,00
	Parallaxe horiz. de ☉ le 11. . . . . . . =	8″,4
	1/2 diamètre horizontal . . . . =	15′51″,00
	T. M. au midi le vrai le 11 . . . . =	$11^h56^m8^s,48$
	Id. le 12 . . . . . . =	$11^h56^m6^s,85$

Résultat. — Heure T. M. du bord = $3^h31^m21^s,07$.

Exemple 3. Le **5** juillet **1858**, à *midi moyen de Paris*, un *Chronomètre* dont la marche diurne sur le T M est $+ 56^s,8$ indiquait l'heure $23^h\,58^m\,32^s,6$.

Le **15** juillet de Paris, se trouvant par 37° 3′ 15″ latitude Nord, la date du bord étant le **16** au matin, lorsque l'heure du chronomètre était $21^h\,16^m\,21^s,4$, on a observé *la hauteur du bord inférieur du*

Soleil de 39° 27′. Élévation de l'œil 5ᵐ,4. On demande l'heure T. M. du lieu.

Éléments de la Connaissance des temps.			
	Décl. du ⊙ le 15 juillet à 0^h de Paris.	=	21°33′32″,15
	le 16 *id.*	=	21°23′55″, 7
	Parallaxe du ⊙ le 15 à 0^h de Paris. .	=	8″, 4
	1/2 diamètre du ⊙ *id.* . .	=	15′46″,
	T.M. au midi vrai le 15 *id.* . .	=	$0^h5^m35^s$,9
	Id. le 16 *id.* . .	=	$0^h5^m41^s$,9

Résultat. — Heure T. M. du bord = $20^h22^m31^s2$.

Exemple 4. Le 5 juin 1858, à *midi moyen de Paris*, un *Chronomètre* dont la marche diurne sur le T.M. est —38^s,6 indiquait l'heure $C_0 = 3^h 42^m 27^s,4$.

Le 18 juin *de Paris*, la date du bord étant le 18 au soir, par une latitude Nord 54°38′, on a observé la *hauteur du bord inférieur du Soleil* de 29° 31′ au moment où le *Chronomètre* marquait $9^h 58^m 37^s$,6. Élévation de l'œil, 5^m,4.

On demande l'heure T. M. du lieu.

Éléments de la Connaissance des temps.			
	Décl. du ⊙ le 18 juin à 0^h de Paris. .	=	23°25′25″, 2
	Id. le 19 *id.* . .	=	23°26′33″, 8
	1/2 diamètre du ⊙.	=	15′46″,00
	Parallaxe *id.*	=	8″, 4
	T. M. au midi vrai le 18	=	0^m42^s,29
	Id. *id.* le 19	=	0^m55^s,27

Résultat. — Heure T. M. du bord = $4^h45^m38^s5$.

Exemple 5. Le 25 juillet 1858, à *midi moyen de Paris*, un chronomètre, dont la marche diurne sur le T. M. est + 19^s,4 indiquait l'heure $21^h 42^m 17^s$,5.

Le 3 août de Paris la date du bord étant le 3 au matin, par une *latitude* 47° 38′ 15″ Nord, l'œil se trouvant élevé de 6^m,4 au-dessus du niveau de la mer, on a trouvé pour *hauteur observée du bord inférieur de la Lune* 45° 57′ ; l'heure que marquait le *Chronomètre* était $23^h 58^m 36^s$,1. On demande l'heure T. M. du lieu?

Éléments de la Connaissance des temps.		
	Déclin. de la ☾ le 2 août à 12^h . .	= 21° 3′ 8″,3 B
	Id. le 3 — à 0^h . .	= 23°14′ 7″,4
	Id. le 3 — à 12^h . .	= 25° 6′ 5″,8
	Id. le 4 — à 0^h . .	= 26°35′35″,2
	Parallaxe :	1/2 diamètre :
	Le 3 à 0^h = 59′ 5″,4.	= 16′ 6″,2
	Le 3 à 12^h = 59′24″,3.	= 16′11″,3
	Æ de ☾ le 2 août à 12^h	= 41°27′42″,1
	Id. le 3 — à 0^h.	= 48°38′30″,8
	Id. le 3 — à 12^h.	= 56° 7′28″,6
	Id. le 4 — à 0^h.	= 63°53′50″,9
	T. S. le 3 — à 0^h.	= $8^h47^m4^s,4$

Résultat = Heure T. M. du bord = $21^h34^m24^s2$.

Exemple 6. Le 14 décembre 1858 vers $6^h\,30^m$ du soir par une ***latitude*** de 44° 50′ 15′ Nord et une ***longitude*** 2° 54′ 56″ Ouest, on a observé, au moyen d'un ***horizon artificiel***, la hauteur d'***Aldébaran*** dans l'Est du ***méridien*** et l'on a trouvé, pour hauteur de l'***Etoile***, 27° 38′; on demande l'heure T. M. du lieu?

Éléments de la Connaissance des temps.		
	Déclin. de l'étoile le 14.	= 16°13′31″ N
	Ascension droite.	= $4^h27^m51^s,6$
	Temps sidéral le 14 à 0^h T. M. de Paris.	= $17^h31^m26^s27$

Résultat. — Heure T. M. du lieu = $6^h27^m25^s7$.

Exemple 7. Déterminer *l'heure, temps moyen, du lever vrai* du centre du Soleil le 9 octobre 1858 dans un lieu situé par 33° 47′ *latitude Nord* et 39° 7′ 30″ de *longitude Est;* heure présumée $6^h\,05^m$ du matin.

Éléments de la Connaissance des temps.		
	Déclin. du ☉ le 8 à 0^h de Paris. . . .	= 5°52′41″,2
	Id. le 9 *id.*	= 6°15′35″,7
	T. M. au midi vrai le 8.	= $11^h47^m36^s,6$
	Id. le 9.	= $11^h47^m20^s,3$

Résultat. — Heure T. M. du lever = $18^h3^m54^s,1$.

Exemple 8. Déterminer l'heure T. M. *du lever apparent du bord **inférieur du Soleil***, le 9 déc. 1858, dans un lieu situé par une latitude Nord 49° 19′ 15″ et une longitude Est 177° 37′ 30″; heure présumée $7^h\,45^m$ du matin. Élévation de l'œil $6^m,4$.

Éléments de la Connaissance des temps.	Décl. du ☉ le 8 déc. à 0h de Paris. . .	=	22°44′25″,4
	Id. le 9 *id.* . . .	=	22°50′29″,8
	1/2 diamètre du Soleil.	=	16′16″,9
	Parallaxe *id.*	=	8″,7
	T. M. au midi vrai le 8.	=	11h52m5s,6
	Id. le 9.	=	11h52m32s,4

Résultat = Heure T. M. du lever apparent du ☉ = 7h46m23s du matin, le 9.

Exemple 9. Le 16 août 1858, étant par 48° 54′ 30″ de *latitude Nord* et 58° 37′ 42″ de longitude Est, on demande l'heure T. M. du coucher vrai du centre de la Lune ; heure présumée 9h 50m du soir.

Éléments de la Connaissance des temps.	Déclinaison de la Lune	le 15 à 12h	=	21°41′19″,
	Id.	le 16 à 0h	=	23°31′40″,
	Id.	le 16 à 12h	=	25° 5′53″,
	Id.	le 17 à 0h	=	26°22′54″,
	Ascension droite *id.*	le 15 à 12h	=	223°17′ 9″,
	Id.	le 16 à 0h	=	229°32′52″,
	Id.	le 16 à 12h	=	235°55′12″,
	Id.	le 17 à 0h	=	242°23′57″,
		T. S. le 16 à 0h	=	9h38m19s,

Résultat = Heure T. M. du coucher vrai de la Lune = 9h46m44.

CALCUL DE LA HAUTEUR D'UN ASTRE OU RÉCIPROQUE DU CALCUL D'HEURE DU LIEU.

136. Nous verrons dans la suite de ce cours que, dans un certain problème, on peut avoir besoin de calculer la hauteur vraie d'un astre. Il faut pour cela connaître l'heure T. M. du lieu. Voyons donc comment :

1° On peut connaître l'heure moyenne du lieu à un moment donné ;

2° En connaissant l'heure moyenne, trouver la hauteur vraie d'un astre.

1° *Déterminer l'heure moyenne du bord à un instant quelconque en lisant l'heure au chronomètre.*

Supposons que la veille au soir ou le matin on ait fait, dans les circonstances favorables, un calcul d'heure du lieu ; soient t l'heure moyenne du bord calculée et C l'heure correspondante du chronomètre ; on veut savoir quelle est l'heure t' du nouveau lieu où se trouve le navire quand, actuellement, le chronomètre marque C'.

En faisant le point pour l'instant considéré, on connaîtra le changement en longitude g effectué entre les deux instants C et C'. (En supposant toutefois qu'il n'y ait pas de courants inconnus.)

Lorsqu'il était t dans le premier lieu, il était $t+g$ dans le second lieu où est actuellement le navire (g est supposé exprimé en temps et a le signe + ou — selon que le nouveau lieu est plus à l'Est ou plus à l'Ouest que l'ancien) ; alors, dans le second lieu :

à l'heure du chron. C correspondait l'heure moy. $t+g$
à l'heure . . . . . C' correspond l'heure moy. t'.

En appelant m la marche diurne du chronomètre, on aura la relation évidente

$$\frac{t'-(t+g)}{C'-C}=\frac{24}{24+m}=1-\frac{m}{24};$$

d'où l'on déduit

$$t'=t+g+(C'-C)-\frac{m}{24}(C'-C);$$

il faut faire attention au signe de m.

Ainsi, à l'aide du chronomètre on peut connaître, à un instant quelconque, l'heure moyenne du bord.

Avec l'heure du bord et la longitude estimée on obtient l'heure de Paris pour laquelle on calcule la distance polaire et l'équation du temps, si l'astre considéré est le Soleil; dans ce cas, avec l'heure moyenne du bord et l'équation du temps on obtient l'heure vraie, de laquelle on déduit l'angle horaire proprement dit P.

Si l'astre que l'on considère est un astre quelconque, de l'heure moyenne on déduit l'angle horaire astronomique de l'astre (61), et de l'angle horaire astronomique on passe à l'angle horaire proprement dit P. On connaît donc, dans le triangle de position, les quantités

$$P,\ L \text{ et } \Delta$$

On obtient immédiatement H ou la hauteur vraie du centre de l'astre à l'aide de la relation

$$\sin H = \sin L \cos \Delta + \sin \Delta \cos L \cos P$$

qui, rendue logarithmique, donne

$$\operatorname{tg}.\varphi = \cos P \operatorname{cotg} L,$$

$$\sin H = \frac{\sin L \cos (\Delta - \varphi)}{\cos \varphi}.$$

L'espèce de l'arc auxiliaire φ est déterminée par l'espèce de P.

Exemple.

Le 27 avril 1858 au matin, on a fait, dans les circonstances favorables, un calcul d'heure du lieu, et l'on a trouvé que le chronomètre marquait $1^h\,30^m\,06^s,4$ quand il était à bord $8^h\,58^m\,43^s,29$ T. M.

Dans l'après-midi, quand la montre marque $8^h\,11^m\,56^s,4$, *on demande la hauteur vraie du centre du Soleil.* En faisant le point pour ce dernier instant, on trouve que le navire est par 35°15′ de latitude Nord et par 14°15′ de longitude Ouest, et que depuis le calcul d'heure du matin il a fait 20′ de changement en longitude à l'Est; la marche du chronomètre est $+\ 9^s,5$.

Détermination des éléments.

Calcul de l'heure moy. du bord.

$t = 8^h58^m43^s,29$

$g = +\ 1^m20^s$

$t + g = 9^h00^m03^s,29$

$C' = 8^h11^m56^s,4$

$C = 1^h30^m06^s,4$

$C' - C = 6^h41^m50^s,0$

$+ g + C' - C = 3^h41^m53^s,29$

$\dfrac{(C'-C)\,9^s,5}{24} = -\ 2^s,65$

moy. du lieu $= 3^h41^m50^s,64$

4° Calcul de P.

ure moyenne $= 3^h41^m50^s,64$

uat. du temps $= 11^h57^m30^s,1$

T. V. du lieu $= 3^h44^m20^s,54$

n degrés $=$ P $= 56°5'8'',1$

2° Calcul de l'heure T. M. de Paris.

Heure du lieu le 27 à. . . . . $= 3^h41^m50^s,64$

Longitude en temps. . . . . . $= +\ 57^m00$

Heure de Paris le 27. . . . . . $= 4^h38^m50^s,64$

3° Calcul de la déclinaison.

Déclinaison ⊙ le 27 à 0^h . . . $= 13°49'47'',1$

Changement en 24^h. . . . . . $= 18'59'',5$

Variation en $4^h38^m50^s$. . . . . $= 3'44'',5$

Déclinaison du ⊙ le 27 . . . . $= 13°53'31'',6$

90°

Distance polaire. . . . . $= 76°\ 6'28'',4$

5° Calcul de l'équation du temps.

Équation du temps le 27 à 0^h. $= 11^h57^m32^s,00$

Variation en 24^h. . . . . $= 9^s,55$

en $4^h38^m50^s$. . . . . $= 1^s,\ 9$

Équat. du temps calculée le 27 $= 11^h57^m30^s,\ 1$

Développement du calcul.

P $= 56°\ 5'8''$ log cos $= 9,7465986$

L $= 34°15'0''$ log cotg $= 10,1669321$ log sin $= 9,7503579$

log tg $\varphi = 9,9135307$

$\varphi = 39°20'00''$ C' log cos $= 0,1115556$

$\Delta = 76°06'28''$

$\Delta - \varphi = 36°46'28''$ log cos $= 9,9036316$

log sin H $= 9,7655451$

H_e ⊙ $= 35°39'00'',5$

Exemple 2.

Le 1er janvier 1858 quand il est $11^h 16^m 32^s,8$ du soir T. M. dans un lieu situé par 40°29′ de latitude Nord et 62°5′ de longitude Ouest; on demande la hauteur vraie de α du bélier.

Détermination des éléments du calcul.

1° *Heure moyenne de Paris.*

Hre du lieu le 1er à . . $= 11^h 16^m 32^s,8$
Longitude en temps . . $= 4^h 08^m 20^s,0$

Hre de Paris T.M. le 1er $= 15^h 24^m 52^s,8$

2° *Calcul de la déclinaison de α.*

Déclinaison de α. . . = 22°47′31″ B.
90°

Distance polaire . . . = 67°12′29″

3° *Calcul de l'Æ de α.*

Æ de α. . . . $= 1^h 59^m 10^s,95$

5° *Calcul de l'angle horaire* P.

Heure sidérale h_s . . $= 6^h 02^m 26^s,06$
Æ de α . . . . $= 1^h 59^m 10^s,95$

P en temps . . . . $= 4^h 03^m 15^s,11$
en degrés. . . = 60° 48′ 47″

4° *Calcul de l'heure sidérale* h_s.

T. S au midi moyen de Paris le 1er. . $= 18^h 43^m$
Correction pour la longitude Table IX. { pour 4^h. . . . . ; pour 8^m. . . . . ; pour 20^s . . . .

T. S. au midi moy. du lieu le 1er janv. $= 18^h 44^m$

Conversion de l'heure moyenne en T. S.

Heure moyenne du lieu . . . . . . $= 11^h 16^m$
Correction Table IX. { pour 11^h . . . . 1^m ; pour 16^m . . . . ; pour $32^s,8$. . . .

Hre moy. convertie en intervle sidér. $= 11^h 18^m$
T. S. au midi moyen du lieu. . . . $= 18^h 44^m$

Somme $- 24 = h_s =$ heure sidérale. $= 6^h 02^m$

Développement du calcul.

P = 60°48′47″	log cos = 9,6881178		
L = 40°29′00″	log cotg = 0,0687569	log sin =	9,8123965
	log Tg φ = 9,7568747		
	φ = 29° 44′ 23″	C[t] log cos =	0,0613363
	Δ = 67° 12′ 29″		
	Δ − φ = 37° 28′ 06	log cos =	9,8996508
		log sin H =	9,7733836
		H =	36° 24′ 8″

Exemple 3.

Le 16 septembre 1858, vers $4^h 47^m 24^s,7$ T. M. du bord, heure déduite du chronomètre et d'observations antérieures, étant par 18°27 de *latitude Sud* et 52° 34′ 28″ de longitude Ouest, on demande la hauteur vraie et la hauteur apparente du centre de la *Lune*.

…mination des éléments du calcul.

…termination de l'heure de Paris T. M.

…du lieu le 16 . . . . $= 4^h 47^m 24^s,7$
…ude en temps. . . . $= 3^h 30^m 17^s,9$

…de Paris T. M. . . . $= 8^h 17^m 42^s,6$

… cette heure de Paris on trouve à l'aide …e la *Connaissance des temps* :

… de ☾ le 16 à 0^h T. M.
…aris. . . . . = 27°53′ 7″,5

terme $\Delta_o e \dfrac{0}{t} =$ — 31′14″,4

terme $\Delta^2 e_m \dfrac{0(t-0)}{2t^2} =$ + 1′59″,7

…aison de ☾ calculée = 27°23′52″,7

…s. droite de ☾ le 16 de Paris . . . . . . = 278° 6′21″,9

terme $\Delta e_o \dfrac{0}{t} =$ 4°35′16″

terme $\Delta^2 e_m \dfrac{0(t-0)}{2t^2} =$ 27″,6

…s. droite de ☾ cal…e . . . . = 282°42′05″,5

…axe horizontale équa…ale ☾. . . . . = 54′17″,1

…ution pour la latitude = 1″

…axe horizonle du lieu = 54′16″

Calcul du temps sidéral.

…16 à 0^h T. M. de Paris $= 11^h 40^m 32^s,8$
…ct. pour la longitude, …e IX . . . . = 34″,5

…u midi moy. du lieu. $= 11^h 41^m 07^s,3$

Développement du calcul.

1° Calcul de l'angle horaire de la Lune.

Heure moyenne du lieu . . . . =	$4^h 47^m 24^s,7$
Correction, table IX. . . . . =	$37^s,2$
Heure moyenne convertie en intervalle sidéral. . . . . =	$4^h 48^m 01^s,9$
T. S. au midi moyen du lieu . . . . =	$11^h 41^m 7^s,3$
Heure sidérale h_s . . . . =	$16^h 29^m 9^s,2$
en degrés . . . . =	247°17′18″
Ascension droite de ☾ . . . . =	282°42′ 5″,5
H_a = angle horaire ast. ☾. . . . . . . =	324°35′12″,5
Ange horaire P. . . . . =	35°24′48″,

2° Calcul de la hauteur H $\left\{ \begin{array}{l} \text{tg}\varphi = \dfrac{\cos P}{\text{tg } L} \\ \sin H = \dfrac{\sin L \cos(\Delta - \varphi)}{\cos \varphi} \end{array} \right.$

P = 35°24′48″ lg cos = 9,9111540
L = 18°27′ C'lg tg = 0,4767411 lg sin = 9,5003421

lg tg φ = 0,3878951
φ = 67°44′6″ C'lg cos = 0,4214859
Δ = 62°36′7″
Δ — φ = 5° 7′9″ lg cos = 9,9982546

log sin H = 9,9200826
d'où *hauteur vraie* ☾ = H_v ☾ = 56°17′50″
Parallaxe-réfraction approchée = 29′28″

Haut. apparente approchée ☾ = H_a ☾ = 55°48′22″
Parallaxe-réfraction exacte = 29′50″

Haut app. ☾ = 54°48′00″

Nous ne donnons pas d'exemple du calcul de hauteur d'une planète, parce que les éléments concernant ces astres ne sont pas donnés, dans la *Connaissance des temps*, avec assez d'exactitude.

CIRCONSTANCES FAVORABLES AU CALCUL DE HAUTEUR.

137. En cherchant les circonstances favorables au calcul d'heure du lieu, nous sommes arrivés aux relations suivantes, en ***négligeant les seconds termes*** :

$$p = -\frac{h}{\sin Z \cos L}, \tag{1}$$

$$p' = l\frac{\operatorname{cotg} Z}{\cos L}, \tag{2}$$

$$p'' = -\delta\frac{\operatorname{cotg} S}{\sin \Delta}, \tag{3}$$

1° De la première on déduit

$$h = -p \cos L \sin Z.$$

De cette relation on conclut qu'une erreur p commise sur l'angle horaire aura le moins d'influence sur la hauteur quand on aura $L = 90°$, c'est-à-dire quand on sera au pôle, circonstance qu'on n'a pas encore résolu, et quand $\sin Z = 0$, c'est-à-dire quand on aura $Z = 0$ ou $Z = 180°$.

Ainsi, *c'est lorsque l'astre est voisin du Méridien qu'une erreur* p sur l'angle horaire *agit le moins sur la hauteur.*

2° En éliminant p entre (1) et (2) nous trouvons la relation

$$h = -l \cos Z,$$

donnant l'erreur h commise sur la hauteur pour une erreur l commise *sur la latitude.*

Ainsi, *une erreur commise sur la latitude a le moins d'influence sur la hauteur quand* $Z = 90°$, *c'est-à-dire quand l'astre passe au 1er vertical.*

3° Enfin, en éliminant p entre (1) et (3) nous trouvons

$$h = \delta \operatorname{cotg} S \frac{\sin Z \cos L}{\sin \Delta},$$

pour erreur commise sur la hauteur par suite d'une erreur δ commise sur l'angle horaire.

Mais le triangle de position nous donne

$$\frac{\sin Z \cos L}{\sin \Delta} = \sin S,$$

on a donc, $$h = \delta \cos S,$$

c'est-à-dire que pour une erreur δ commise sur la distance polaire, la circontance favorable a lieu que $S = 90°$.

On voit que pour les trois erreurs p, l, δ, supposées commises sur P, L et Δ, *les circonstances favorables ne sont pas les mêmes;* on doit donc se placer dans la circonstance qui se rapporte à l'erreur que l'on a le plus à craindre.

Du reste, les calculs de hauteur d'astre n'exigent pas une très-grande précision, ainsi que nous pourrons le constater plus tard.

EXEMPLES DE CALCULS DE HAUTEURS A EFFECTUER.

Exemple 1. Le 18 juin 1858, à *midi moyen de Paris*, un *chronomètre* dont la marche diurne sur le T.M. est — $45^s,4$ indiquait l'heure $18^h\,54^m\,36^s,4$.

Le 24 juin de Paris la date du bord étant le 24 au soir, par 47° 38′ de *latitude Sud*, on a trouvé, *au moyen d'un calcul d'angle horaire*, que lorsqu'il était à bord $4^h\,50^m\,32^s,6$ T. M., le *chronomètre* marquait $3^h\,18^m\,24^s,4$. Environ 11^h après, le navire ayant changé *en latitude* de 25′ vers le Sud, et *en longitude* de 38′ vers l'Ouest, au moment où l'heure du chronomètre est $14^h\,10^m\,36^s$, *on veut calculer les hauteurs vraies* du centre *de la Lune* et de l'Étoile *Fomalhaut?*

	Déclin de la ☾.	*Ascension droite de la ☾.*
le 24 juin à 0^h	= 27°13′ 9″,7 A. . . .	249°41′39″,8
id. à 12^h	= 25°52′36″,9	256°19′38″,2
le 25 juin à 0^h	= 28°12′47″,3	263° 1′10″,5
id. à 12^h	= 28°13′17″,5	269°44′11″,5

parallaxe h^{le} de ☾ le 24 à 12^h = 53′58″, Déclin. de Fomalhaut = 30°22′7″,5 A
25 à 0^h = 53′57″,5 Ascens. droite id. = $22^h\,49^m\,50^s,39$
T. S. le 24 juin à 0^h = $6^h\,9^m\,22^s,07$

tat. Haut^r vraie ☾ . . . = 34°55′27″ Haut. app. ☾ . . . = 34°12′19″
Haut^r vraie de Fom. = 69°15′21″ Haut. app. de Fom. = 69°15′43″

Exemple 2. Le 3 septembre 1858, *à midi moyen de Paris*, un chronomètre, dont la marche diurne sur le T. M. est —36^s,8, indiquait 19^{h}59^{m}9^s,6.

Le 14 *septembre de Paris*, la date du bord étant le 13, par une *latitude* 38° 42′ Sud, on a trouvé, au moyen d'un calcul d'angle horaire, qu'il était 21^{h}14^{m}54^s T. M. à bord quand le chronomètre marquait 19^{h}58^{m}32^s,4. Environ 11 heures après, le navire ayant changé *en latitude* de 25, vers le Nord, et en longitude de 34′ vers l'Ouest, on veut trouver les hauteurs vraie et apparente du centre de la *Lune* au moment où le chronomètre marque 6^{h}30^{m}45^s,6.

	Déclin. de la ☾	*Ascension droite de* ☾.
Éléments de la connaissance des temps.	le 13 à 12^h = 26°45′13″,5 A.	238° 1′22″,7
	14 à 0^h = 27°38′ 5″,3	244°35′59″,9
	14 à 12^h = 28°11′31″,6	251°15′ 5″,9
	15 à 0^h = 28°25′13″,0	257°57′22″,5
	Parallaxe ☾ le 14 à 0^h = 54′26″,6	
	id 14 à 12^h = 54′19″,6	
	T.S. le 14 à 0^h = 11^{h}32^{m}39^s,7	

Résultat. Haut^r vraie ☾ = 60°8′16″ Haut. app. ☾ = 59°41′26″.

Exemple 3. Le 20 décembre 1858 étant par 34° 56′ 15″ de *latitude Sud* et 58° 16′ 48″ *de longitude Ouest*, on demande *la hauteur vraie du centre du Soleil* quand il est 3^h 44^m 16^s,8 dans le lieu ?

Éléments de la connaissance des temps.	Décl. du ☉	le 20 à 00^h	= 23°27′00″,1
	id.	le 21	= 23°27′31″,1
	Parall. du ☉	le 20	= 8″,7
		½ diamètre	= 16′17″

Résultat. Haut^r vraie ☉ = 39°57′13″,5.

RÉGLER LES CHRONOMÈTRES.

138. Les chronomètres se règlent en rade avant le départ, et dans tous les lieux de relâche.

1° DÉTERMINATION DE L'ÉTAT ABSOLU.

Déterminer l'état absolu d'un chronomètre sur l'heure d'un lieu, c'est connaître deux heures simultanées du lieu et du chronomètre. On peut déterminer l'état absolu de trois manières :

1° Par des hauteurs simples d'un astre ;

2° Par le passage d'un astre au méridien ;

3° Par la comparaison du chronomètre à une pendule ou à un chronomètre réglé.

1° *Par les hauteurs simples.*

139. A l'aide d'une série de hauteurs d'un astre, prises dans les circonstances favorables, on fait un calcul d'heure du lieu, ainsi que nous venons de le dire. On a déterminé à l'aide de la montre de comparaison, l'heure que marquait le chronomètre au moment de la hauteur moyenne ; comparant l'heure du lieu temps moyen, ainsi déterminée, à l'heure correspondante du chronomètre, on a L'ÉTAT ABSOLU.

Exemple.

Le 14 juillet 1858, étant par 18° 40′ de latitude Sud et 63° 3′ 30″ de longitude Ouest, on a observé avec un sextant, et à l'aide d'un horizon artificiel, trois séries de hauteurs du Soleil $\underline{\odot}$, on a obtenu :

	1re Série.	2e Série.	3e Série.
Hauteur du Soleil ⨀ . . . . =	27°49′11″	26°27′47″	25°16′27″
Heure correspondante du chronomètre . =	1h34m31s,4	2h 1m47s,6	2h 8m4s,9
Heure approchée du lieu. . . . . =	3h17m45s	3h25m 2s	3h31m17s

Le thermomètre indiquait + 21°,5 et le baromètre 0,752. On demande l'état absolu du chronomètre sur le temps moyen du lieu.

Détermination des éléments.

1° Heures approchées de Paris.

	1re Série.	2e Série.	3e Série.
H. le 14 . . . . =	3h17m45s	3h25m 2s	3h31m17s
Longitude en temps.. =	4h12m14s	4h12m14s	4h12m14s
Hre moy. de Paris le 14 =	7h29m59s	7h37m16s	7h43m31s

2° Calcul des distances polaires.

	1re Série.	2e Série.	3e Série.
Décl^{on}. du ⨀ à 0h. . =	21°42′47″,3	21°42′47″,3	21°42′47″,3
Pie proportionnelle . . =	— 2′53″,3	— 2′56″,1	— 2′58″,5
Déclinaison . . . . . . =	21°39′54″,0	21°39′51″,2	21°39′48″,8
Distance polaire. . . . =	111°39′54″,0	111°39′51″,2	111°39′48″,5

3° Correction des hauteurs.

	1re Série.	2e Série.	3e Série.
Hauteur observée. . . =	27°49′11″	26°27′47″	25°16′27″
Réfraction corrigée . =	1′44″,4	1′50″,6	1′57″,3
Hauteur corrigée . . . =	27°47′26″,6	26°25′56″,4	25°14′29″,7
Parallaxe. . . . . . . =	7″,5	7″,5	7″,6
Hauteur vraie ⨀. . . =	27°47′34″,1	26°26′03″,9	25°14′37″,3
½ diamètre. . . . . . =	15′45″,8	15′45″,8	15′45″,8
Hauteur vraie ⨁ . . =	28°03′19″,9	26°41′49″,7	25°30′23″,1

Développement du calcul d'heure du lieu.

1re Série.		2e Série.	
H = 28° 3′19″		26°41′49″,7	
L = 18°40′	C^{t} log cos = 0,0234682	18°40′	C^{t} log cos = 0,0234682
Δ = 111°39′54″	C^{t} log sin = 0,0318102	111°39′51″,2	C^{t} log sin = 0,0318126
2 S = 158°23′13″		157° 1′40″,9	
S = 79°11′36″	log cos = 9,2729800	78°30′50″,4	log cos = 9,2991375
S—H = 151° 8′17″	log sin = 9,8913479	51°49′00″,7	log sin = 9,8954429
	19,2196063		19,2498612
	log sin ½ P = 9,6098031		log sin ½ P = 9,6249306
	½ P = 24°1′40″		½ P = 24°56′10″
	en temps = 1h36m5s,6		en temps = 1h39m44s,6

3e Série.

25°30′23″,1		
18°40′00″	C^t log cos =	0,0234682
111°39′48″,8	C^t log sin =	0,0347975
155°50′11″,9		
77°55′ 5″,9	log cos =	9,3207811
52°24′42″,8	log sin =	9,8909538
	=	19,2750006
	log sin $\frac{1}{2}$ P =	9,6375003
	$\frac{1}{2}$ P =	25°43′20″
	en temps =	$1^h42^m53^s,3$

Calcul de l'état du Chronomètre.

		1re série.	2e série.	3e série.
Heure vraie du lieu le 14. .	=	$3^h12^m11^s,2$	$3^h19^m29^s,2$	$3^h25^m46^s,6$
Longitude en temps	=	$4^h12^m14^s$	$4^h12^m14^s$	$4^h12^m14^s$
Heure vraie de Paris le 14	=	$7^h24^m25^s,2$	$7^h31^m43^s,2$	$7^h38^m00^s,6$
Équation du temps calculée	=	$5^m31^s,37$	$5^m31^s,39$	$5^m31^s,42$
Heure moyenne du lieu le 14	=	$3^h17^m42^s,57$	$3^h25^m00^s,59$	$3^h31^m18^s,02$
Heures du Chronomètre . .	=	$1^h54^m31^s,4$	$2^h01^m47^s,9$	$2^h8^m4^s,6$
État absolu	=	$1^h23^m11^s,17$	$1^h23^m12^s,99$	$1^h23^m13^s,12$

État absolu moyen.

État absolu	$1^h23^m11^s,17$	à	$3^h17^m42^s,57$
	$1\,23^m12^s,99$		$3^h25^m00^s,59$
	$1^h23^m13^s,12$		$3^h31^m18^s,02$
Somme	$4^h09^m37^s,28$		$10^h14^m01^s,18$
État absolu moyen = −	$1^h23^m12^s43$	à	$3^h24^m40^s,39$ Temps moyen du lieu.

2° *Par le passage d'un astre au méridien.*

140. Si l'on est dans un observatoire où se trouve une lunette méridienne ; en observant l'heure précise que marque la montre, au moment où un astre passe au méridien, ainsi que nous l'avons dit en astronomie (37), on pourra connaître l'heure moyenne correspondante du lieu ; comparant les deux heures, on aura l'état absolu.

Si l'astre est le Soleil, *il est midi vrai dans le lieu quand cet astre passe au méridien ; l'heure moyenne se déduira de l'équation du temps qui convient à l'instant considéré.*

Lorsque l'on n'a pas de lunette méridienne, on peut déterminer l'heure que marque le chronomètre au moment du passage de l'astre au méridien à l'aide d'une méthode appelée méthode des hauteurs correspondantes.

Des hauteurs correspondantes.

Supposons que lorsque l'astre est dans l'Est en A (fig. 80), on prenne une hauteur H de cet astre; soit C l'heure correspondante du chronomètre.

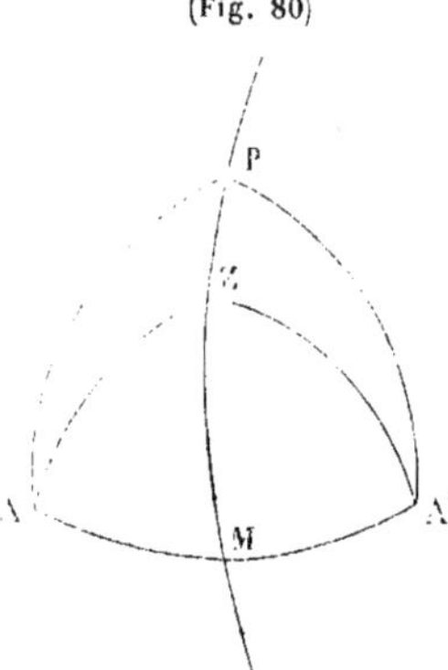

(Fig. 80)

Appelons P l'angle horaire APM de l'astre à ce moment.

Laissons les alidades du cercle, ou l'alidade du sextant fixée sur la division qui a déterminé la hauteur H.

Quand l'astre est dans l'Ouest, mettons nous en observation et déterminons l'heure C′ du chonomètre à laquelle l'astre atteint, en A′, *la même hauteur qu'en* A.

Appelons P′ l'angle horaire MPA′ de l'astre à ce moment.

Représentons par C_m l'heure que devait marquer le chronomètre au moment où l'astre passait au méridien du lieu PZM en M.

En admettant que les variations de l'angle horaire sont proportionnelles aux intervalles chronométriques correspondants; ce qui est sensiblement vrai pour tout autre astre que la Lune, on aura évidemment la relation

$$(\alpha) \qquad \frac{C_m - C}{C' - C_m} = \frac{P}{P'},$$

Mais, si l'astre que l'on considère, n'a pas un grand changement en déclinaison dans l'intervalle C′ — C, ce qui a lieu pour une étoile et pour le *Soleil à l'époque des solstices*, les deux triangles PZA et PZA′ seront égaux, l'on aura donc P = P′, et par suite

$$\frac{C_m - C}{C' - C_m} = 1.$$

d'où l'on déduit

$$C_m = \frac{C + C'}{2}.$$

La moyenne des heures C *et* C′ *donne alors, l'heure* C_m *que devait marquer le chronomètre au moment où l'astre passait au méridien.*

On peut donc en conclure l'état absolu du chronomètre, sur cette heure du lieu.

Lorsque l'on considère le Soleil à un instant quelconque de l'année, le changement en déclinaison dans l'intervalle C′ — C ne peut pas être considéré comme nul; de la formule (α) nous déduisons alors,

$$\frac{2C_m - (C + C')}{C' - C} = \frac{P - P'}{P + P'},$$

ou

$$C_m = \frac{C + C'}{2} + \frac{1}{2}\frac{(C' - C)}{(P + P')}(P - P');$$

mais (P — P′) est la variation de l'angle horaire qui correspond à la variation en distance polaire dans l'intervalle (C′ — C).

En nous contentant du 1er coefficient différentiel dans le développement de p suivant les puissances croissantes de δ, nous trouvons

$$p = \delta\left(\cos P \cos \Delta - \frac{\text{tg } L}{\sin P}\right),$$

ou

$$(P - P') = \delta\left(\cos P \cos \Delta - \frac{\text{tg } L}{\sin P}\right).$$

Mais, si nous représentons par δ' la moyenne des variations journalières qu'éprouve la distance polaire dans les deux jours moyens que le midi sépare, et si l'on remarque que l'intervalle des observations est sensiblement égal à P + P′; on aura :

$$\frac{\delta}{\delta'} = \frac{P + P'}{24},$$

d'où

$$\delta = \frac{(P + P')\,\delta'}{24}.$$

Et par suite, on a pour (P — P′), exprimé en temps,

$$P - P' = \frac{1}{15} \frac{\delta'}{.\,24}(P + P')\left(\cot P \cot \Delta - \frac{\text{tg } L}{\sin P}\right);$$

C_m devient alors

$$C_m = \frac{C + C'}{2} + \frac{\delta'}{24} \times \frac{1}{30}(C' - C)\left(\cot P \cot \Delta - \frac{\text{tg } L}{\sin P}\right).$$

Ainsi, *pour avoir l'heure que devait marquer le chronomètre à midi vrai*, il faut, à la moyenne $\frac{C+C'}{2}$, faire subir la correction

$$\frac{\delta'}{30\times 24}(C'-C)\left(\cot P\cot\Delta-\frac{\operatorname{tg} L}{\sin P}\right),$$

Comme P est inconnu, on peut le remplacer par $\frac{C'-C}{2}$, puisque cet arc P n'entre dans la relation que par une ligne trigonométrique; la correction devient alors

$$\frac{1}{30\times 24}\delta'(C'-C)\left(\cot\frac{C'-C}{2}\cot\Delta-\frac{\operatorname{tg} L}{\sin\left(\frac{C'-C}{2}\right)}\right).$$

Cette correction se compose de deux termes, dont le signe dépend de celui de δ' et de cot. Δ.

L'on voit que ces deux termes contiennent un facteur constant $\frac{1}{30\quad 24}$ dont le log $=\bar{7},586365$.

Dans la détermination de l'état absolu d'un chronomètre au moyen des hauteurs correspondantes, nous ne donnerons d'exemple que *pour le Soleil.*

Exemple.

Le 17 mars 1858, étant par 48° 27′ de latitude Sud et 72° 8′ de longitude Est, on a pris des hauteurs correspondantes du Soleil.

Au moment de la hauteur du matin le chronomètre marquait.	$7^h\,37^m\,43^s,2$.
Au moment de la hauteur du soir le même chronomètre marquait.	$2^h\,55^m\,19^s,9$.

On demande l'heure que marquait le chronomètre quand il était midi T. V. dans le lieu.

Détermination des éléments du calcul.

1° Heure moyenne de Paris.

re vraie du lieu le 17. . .	=	$0^h00^m00^s$,
gitude en temps	=	$4^h48^m32^s$
re vraie de Paris le 16 . .	=	$19^h11^m28^s$
ation du temps calculée. .	=	$8^m35^s,8$
re moyenne de Paris le 16	=	$19^h20^m03^s,8$

2° Calcul de la dist. polaire et de la variation δ.

Déclin. du ⊙ le 16 à 00^h. .	=	$1°44'26,2''$
Variation en 19^h 20^m. . . .	=	$19'06'',0$
Déclin. du ⊙ le 16 à 19^h. .	=	$1°25'20'',2$
Distance polaire	=	$88°34'39'',8$
Variation du 15 au 16. . . .	=	$23'42'',0$
du 16 au 17. . . .	=	$23'42'',6$
δ' = moyenne	=	$23'42'',3$

Développement du calcul.

$C' = 14^h55^m19^s,9$
$C = 7\ 37\ 43,2$
$-C) = 7\ 17\ 36,7$
$\frac{-C}{2} = 3\ 38\ 48,35$
$\delta' = 23'42''',3$
$\Delta = 88°34'39'',8$
$\frac{1}{\times 24} = \ldots\ldots$

1er terme.		2e terme.	
log =	4,4192402	log =	4,4192402
log cotg =	9,8500575	C' log sin =	0,0882366
log =	3,1529907	log =	3,1529907
log cotg =	8,3949340	L' = 48°27' log tg. =	10,0524280
log constant =	$\bar{7}$,5863650	log constant =	$\bar{7}$,5863650
Somme = log 1er terme =	$\bar{1}$,4035874	log 2e terme =	1,2992605
1er terme =	$-0^s,253$	2e terme =	$+19^s,92$

Correction = $+ \quad 19^s,667$
$C' = 14^h55^m19^s,9$
$C = 7^h37^m43^s,2$
$C' + C = 22^h33^m03^s,1$
$\frac{C' + C}{2} = 11^h16^m31^s,55$
Heure cherchée $= 11^h16^m51^s,22$

Si la présence d'un nuage empêche de prendre la hauteur H, le soir, et par suite d'avoir l'heure C' que marquait le chronomètre à ce moment, on prend, *dès que le nuage disparaît et à un petit intervalle*, deux hauteurs H' et H'', et on note les heures C'_1, et C'_2 du chronomètre qui y correspondent. En admettant alors que, *dans le petit intervalle*, $C'_2 - C'_1$, les hauteurs varient proportionnellement aux intervalles chronométriques, on a

$$\frac{C'_1 - C'}{C'_2 - C'_1} = \frac{H - H'}{H' - H''},$$

d'où l'on déduit

$$C' = C'_1 - (C'_2 - C'_1)\left(\frac{H - H'}{H' - H''}\right).$$

3° *Par la comparaison à une pendule ou à un chronomètre réglé.*

141. A l'aide d'une comparaison, ainsi que nous l'avons indiqué (121), on peut déterminer :

L'heure C que marque le chronomètre à régler ;

L'heure P que marque la pendule ou le chronomètre réglé.

De l'heure P on passe, comme nous l'avons vu (125), à l'heure temps moyen de Paris correspondante, et la différence de cette heure avec l'heure C du chronomètre donne l'*état absolu* de ce chronomètre, sur cette heure de Paris, ce certain jour.

Pour faire cette comparaison, on peut transporter, *avec la plus grande précaution*, le chronomètre à régler auprès de la pendule ou du chronomètre réglé.

Au sujet *du transport des montres marines*, nous devons dire que l'on s'exagère probablement les variations de marche que doit éprouver un chronomètre par les mouvements horizontaux, verticaux ou même circulaires que l'on peut lui imprimer. Plusieurs expériences faites à ce sujet sur d'excellents chronomètres semblent indiquer que l'influence même des mouvements circulaires, *pourvu qu'ils ne soient pas trop brusques*, est presque nulle. Ainsi, après avoir donné pendant plusieurs jours consécutifs à un excellent chronomètre anglais dix mouvements circulaires alternatifs et assez vifs, j'ai trouvé que la marche de cette montre n'avait pas varié de $0^s,1$.

Il est probable, cependant, *que les violentes secousses* doivent avoir de l'action ; aussi, pour éviter les chances d'avoir des chocs, lorsque le lieu où se trouve le *chronomètre réglé* est visible du lieu où se trouve le chronomètre à régler, il est préférable, plutôt *que de déplacer la montre*, de faire la comparaison à l'aide d'un signal instantané.

Ces signaux sont généralement *des amorces que l'on brûle*, à la nuit close, au lieu où se trouve le chronomètre réglé, au moment précis où l'aiguille des secondes de ce chronomètre arrive sur 60 secondes. On note, *au lieu où se trouve le chronomètre à régler*, l'heure que marque *la montre de comparaison* au moment précis du signal ; au moyen de cette heure et de deux comparaisons prises avant et après l'instant du signal, on détermine *l'heure du chronomètre* à régler au moment du signal.

On signale ensuite, *à l'aide de signaux de convention*, *l'heure et les minutes du chronomètre réglé au moment du signal, son état absolu un certain jour et sa marche.*

La boule de l'observatoire des élèves *de l'École navale* tombe à MIDI TEMPS MOYEN du lieu de l'observatoire.

2° Détermination de la marche diurne.

142. La marche diurne d'un chronomètre peut se déterminer :

1° Par la comparaison de plusieurs états absolus pris à des instants quelconques ;

2° Par deux passages d'un astre à un même vertical ;

3° Par la comparaison du chronomètre à une pendule réglée ou à un chronomètre réglé.

1° *Par la comparaison de plusieurs états absolus.*

143. Nous avons dit (124) que la marche diurne m d'un chronomètre sur le temps moyen est la variation de son état absolu dans 24^h moyennes.

Appelons A et A′ deux états absolus du chronomètre aux heures moyennes d'un lieu t et t', comptées de la même origine ; on aura, en *admettant que pendant les jours d'observations la température n'a pas varié et en supposant la marche constante*, $\frac{A'-A}{t'-t}=\frac{m}{24}$, d'où $m=\frac{24\,(A'-A)}{t'-t}$. m peut se calculer soit par logarithmes, soit par voie de multiplication et de division. On devra déterminer plusieurs marches m', m', m'',..... au moyen d'états absolus A, A′, A″,..... déterminés pendant plusieurs jours de suite, et prendre la moyenne des marches trouvées en combinant deux à deux ces *états absolus*.

Exemple.

Étant en relâche à Rio-Janeiro, du 5 mars 1858 au 15 mars, on a déterminé successivement les états absolus suivants :

	Heures du lieu T. M.		*États absolus.*
Le 6 mars à	$3^h 01^m 32^s$	du soir	A = $-\ 6^h 41^m 32^s$
7.	3 01 44	*d°*	— 6 41 32
9.	2 33 31	:	— 6 41 34
11.	2 50 40	:	— 6 41 42
13.	3 13 52	:	— 6 41 51
14.	2 47 03	0	— 6 41 50

On demande la marche diurne.

En comparant les états

du 6 au 7 on trouve $m = \dfrac{24 \times 0}{24 + 12} \ldots\ldots = 0^s,00$

du 6 au 9 . . . . . $m = -\dfrac{24 \times 2^s}{71^h 31^m 59^s} \ldots\ldots = -\ 0^s,67$

du 6 au 11 . . . . . $m = -\dfrac{24 \times 10}{119^h 49^m 8^s} \ldots\ldots = -\ 2^s,00$

du 6 au 13 . . . . . $m = -\dfrac{24 \times 19^s}{168^h 12^m 20^s} \ldots\ldots = -\ 2^s,71$

du 6 au 14 . . . . . $m = -\dfrac{24 \times 18^s}{191^h 45^m 31^s} \ldots\ldots = -\ 2^s,25$

du 7 au 9 . . . . . $m = -\dfrac{24 \times 2^s}{47^h 41^m 47^s} \ldots\ldots = -\ 1^s,00$

du 7 au 11 . . . . . $m = -\dfrac{24 \times 10^s}{95^h 48^m 56^s} \ldots\ldots = -\ 2^s,59$

du 7 au 13 . . . . . $m = -\dfrac{24 \times 19^s}{144^h 12^m 08^s} \ldots\ldots = -\ 3^s,16$

du 7 au 14 . . . . . $m = -\dfrac{24 \times 18^s}{167^h 45^m 19^s} \ldots\ldots = -\ 2^s,57$

du 9 au 11 . . . . . $m = -\dfrac{24 \times 8^s}{48^h 17^m 09^s} \ldots\ldots = -\ 3^s,97$

du 9 au 13 . . . . . $m = -\dfrac{24 \times 17^s}{96^h 40^m 21^s} \ldots\ldots = -\ 4^s,22$

du 9 au 14 . . . . . $m = -\dfrac{24 \times 16^s}{120^h 13^m 32^s} \ldots\ldots = -\ 3^s,19$

du 11 au 13 . . . . . $m = -\dfrac{24 \times 9^s}{48^h 23^m 12^s} \ldots\ldots = -\ 4^s,46$

du 11 au 14 . . . . . $m = -\dfrac{24 \times 8^s}{71^h 56^m 23^s} \ldots\ldots = -\ 2^s,66$

du 13 au 14 . . . . . $m = -\dfrac{24 \times (-1^s)}{23^h 33^m 11^s} \ldots\ldots = +\ 1^s,01$

Somme. . . . = $34^s,44$ | 15

4 4 | $-2^s,29$

1 46

12

Ainsi, la marche moyenne est — $2^s,29$.

144. *M. Daussy* a proposé, en **1833**, d'employer à la plus exacte étermination de la *marche diurne d'un chronomètre*, *la méthode des oindres carrés de Legendre.*

Il faut admettre pour cela que *la température du port de relâche ans lequel on règle le chronomètre ne varie pas sensiblement pendant intervalle qui s'écoule entre le jour où l'on détermine le premier état bsolu et celui où l'on obtient le dernier état absolu.*

La marche diurne obtenue, ainsi que nous allons le dire, doit être onsidérée comme la marche diurne du chronomètre qui convient à a moyenne des températures observées et notées pendant l'intervalle des observations.

Rappelons d'abord en quoi consiste la méthode des *moindres arrés de Legendre.*

Supposons que l'équation

$$ax + by + cz + \ldots + F = 0 \qquad (\alpha)$$

eprésente l'équation d'un phénomène quelconque a, b, c....., etc., *ont des coefficients* qu'il faut déterminer;

x, y, z..... sont les quantités variables du phénomène, quantités ui peuvent être fournies par l'observation.

Supposons que le nombre de coefficients a, b, c..... F à trouver oit n.

Déterminons une première fois *par l'observation* les quantités x, y, z..... F; obtenons une seconde valeur de ces mêmes variables par observation, et désignons-les par x_1, y_1, z_1.....; faisons n détermiations du même genre, ou même un plus grand nombre. Pour chaue détermination nous aurons une équation semblable à (α), c'est-à-dire que nous aurons en tout les n équations suivantes :

$$(\beta)\quad \left\{\begin{array}{l} ax + by + cz \;.\;.\;.\;.\;.\; + F = 0 \\ ax_1 + by_1 + cz_1 \;.\;.\;.\;.\;.\; + F = 0 \\ ax_2 + by_2 + cz_2 \;.\;.\;.\;.\;.\; + F = 0 \\ \vdots \qquad \vdots \qquad \vdots \qquad\qquad\quad \vdots \\ ax_n + by_n + cz_n \;.\;.\;.\;.\;.\; + F = 0 \end{array}\right.$$

Ces n équations à n inconnues (a, b, c..... F) suffisent pour déterminer ces inconnues; seulement, comme les valeurs de x, y, z..... x_1, y_1, z_1..... x_2, y_2, z_2..... etc., fournies par l'observation, *sont très-probablement entachées d'erreurs*, les valeurs de a, b, c..... etc., que l'on déduira des valeurs erronées de $x, y\ldots\ldots x_1, y_1\ldots\ldots$ etc., ne seront pas complétement exactes. Il s'agit alors de déduire des équations (β) les valeurs de $a, b, c\ldots\ldots$ etc., de manière que les erreurs commises sur $x, x_1\ldots\ldots y, y_1\ldots\ldots$ etc., altèrent le moins possible les coefficients ainsi obtenus.

Supposons les coefficients $a, b, c\ldots\ldots$ etc., connus *exactement*; puisque les quantités $x, y, z\ldots\ldots x_1, y_1, z_1\ldots\ldots$ etc., ne sont pas obtenues rigoureusement par l'observation, les équations (β) ne sont pas complétement satisfaites par la substitution de *ces valeurs erronées;* et les premiers membres, au lieu d'être égaux à zéro, sont égaux à une quantité ε qui représente l'erreur totale affectant l'équation. Au lieu des équations (β) on a donc les équations suivantes :

$$(\beta') \quad \left\{ \begin{array}{l} ax + by + cz \ldots\ldots + \mathrm{F} = \varepsilon \\ ax_1 + by_1 + cz_1 \ldots\ldots + \mathrm{F} = \varepsilon_1 \\ \vdots \qquad \vdots \\ ax_n + by_n + cz_n \ldots\ldots + \mathrm{F} = \varepsilon_n \end{array} \right.$$

ε est égal à $ae + bf + cg\ldots\ldots$; $e, f, g\ldots\ldots$ etc., étant les erreurs commises sur $x, y, z\ldots\ldots$ etc.

Si maintenant nous supposons que a, b, c soient inconnues et que nous voulions les déterminer au moyen des équations (β'), il est clair que les valeurs que nous obtiendrions seraient entachées des quantités $\varepsilon, \varepsilon_1, \varepsilon_2\ldots\ldots \varepsilon_n$.

Élevons au carré les deux membres de chaque équation, *afin de conserver une valeur positive aux erreurs générales*, nous avons les équations :

$$\begin{array}{l} a^2x^2 + 2abxy + 2acxz \ldots + 2a\mathrm{F}x + b^2y^2 + 2cbyz \ldots = \varepsilon^2 \\ a^2x_1^2 + 2abx_1y_1 + 2acx_1z_1 \ldots + 2a\mathrm{F}x_1 + b^2y_1^2 + 2cby_1z_1 \ldots = \varepsilon_1^2 \\ \vdots \\ a^2x_n^2 + 2abx_ny_n + 2acx_nz_n \ldots + 2a\mathrm{F}_nx_n + b^2y_n^2 + 2cby_nz_n \ldots = \varepsilon^2 \end{array}$$

Faisant la somme de ces équations membre à membre; il vient, en affectant du signe Σ la somme des quantités analogues,

$$(\gamma) \quad a^2\Sigma x^2 + 2ab\Sigma xy + 2ac\Sigma xy + \ldots b^2\Sigma y^2 + 2cb\Sigma yz \ldots = \Sigma\varepsilon^2.$$

Si nous déterminons maintenant $a, b, c\ldots\ldots$ de manière que $\Sigma\varepsilon^2$ soit *minimum* il est clair que chaque quantité $\varepsilon, \varepsilon_1\ldots\ldots$ sera aussi minimum et les valeurs obtenues seront plus exactes.

Prenons successivement les deux premiers coefficients différentiels de l'équation (γ) par rapport à $\Sigma\varepsilon^2$, a, b..... etc. On aura d'abord, en ne considérant que la variable a,

$$\frac{d \, . \, \Sigma\varepsilon^2}{da} = 2a\Sigma x^2 + 2b\Sigma xy + 2c\Sigma yz + \ldots$$

$$\frac{d^2 \, . \, \Sigma\varepsilon^2}{da^2} = 2\Sigma x^2.$$

Nous savons que pour obtenir le *minimum il faut égaler à zéro le premier coefficient différentiel*, ce qui donne, en considérant successivement les différentes variables a, b, c.....

$$(\gamma') \quad \begin{cases} a\Sigma x^2 + b\Sigma xy + \ldots\ldots = 0 \\ b\Sigma y^2 + a\Sigma xy + \ldots\ldots = 0 \\ \vdots \qquad \vdots \end{cases}$$

Les valeurs de a, b, c..... etc., que nous déduirons de ces équations, *donneront bien un minimum* pour $\Sigma\varepsilon^2$, puisque les seconds coefficients différentiels sont tous *essentiellement positifs.*

Les équations (γ) peuvent se mettre sous la forme

$$\begin{array}{l} x(ax + by + cz \ldots) + x_1(ax_1 + by_1 + cz_1 \ldots) \ldots\ldots = 0 \\ y(ax + by + cz \ldots) + y_1(ax_1 + by_1 + cz_1 \ldots) \ldots\ldots = 0 \\ \vdots \qquad\qquad\qquad\qquad \vdots \end{array}$$

Ce qui donnera en tout *n équations.*

D'ou l'on voit que pour former les n équations qui permettent d'obtenir les coefficients a, b, c..... etc., de manière que ces quantités soient le moins possible entachées des erreurs ε, ε_1..... il suffit de *multiplier chaque équation de condition par le coefficient de l'inconnue fournie par l'observation dans cette équation*, en *lui conservant son signe, et de faire la somme;* on a ainsi une nouvelle première équation de condition. On agit de la même manière pour les autres inconnues, ce qui donne en tout n nouvelles équations de conditions à l'aide desquelles on peut obtenir avec *une exactitude suffisante les n coefficients.*

APPLICATION AUX CHRONOMÈTRES POUR DÉTERMINER LA MARCHE DIURNE.

145. Supposons qu'à l'aide d'angles horaires nous ayons déterminé que plusieurs jours successifs, lorsque la montre marquait les heures

$$C_0,\ C_1,\ C_2 \ldots\ldots C_n$$

les heures temps moyen du lieu étaient

$$t_0,\ t_1,\ t_2 \ldots\ldots t_n$$

En désignant par A_0, A_1, A_2.... A_n les différents états absolus déterminés au moyen de ces heures du lieu et du chronomètre, nous aurons :

$$(\alpha) \quad \begin{cases} A_0 = C_0 - t_0 \\ A_1 = C_1 - t_1 \\ A_2 = C_2 - t_2 \\ \vdots \\ A_n = C_n - t_n \end{cases}$$

L'état absolu A_0 correspond à l'heure moyenne t_0;
L'état absolu A_1 correspond à l'heure moyenne t_1;
Et ainsi de suite ; et nous supposons que les heures t_0, t_1, t_2.... sont comptées de la même origine.

Désignons par *m la marche inconnue* du *chronomètre*.

On doit évidemment, avoir les relations suivantes :

$$A_1 = A_0 + \frac{m}{24}(t_1 - t_0)$$

$$A_2 = A_0 + \frac{m}{24}(t_2 - t_0)$$

$$\vdots$$

Et ainsi de suite.

Ces relations peuvent s'écrire :

$$A_1 - A_0 - \frac{m}{24}(t_1 - t_0) = 0$$

$$A_2 - A_0 - \frac{m}{24}(t_2 - t_0) = 0$$

$$A_3 - A_0 - \frac{m}{24}(t_3 - t_0) = 0$$

$$\vdots$$

ou à cause des relations (α)

$$(C_1 - C_0) - (t_1 - t_0) - \frac{m}{24}(t_1 - t_0) = 0$$

$$(C_2 - C_0) - (t_2 - t_0) - \frac{m}{24}(t_2 - t_0) = 0$$

$$\vdots \qquad \vdots \qquad \vdots$$

Équation que l'on peut mettre sous la forme :

$$(C_1 - C_0) - (t_1 - t_0)\left(\frac{m}{24} + 1\right) = 0$$

$$(C_2 - C_0) - (t_2 - t_0)\left(\frac{m}{24} + 1\right) = 0$$

$$(C_3 - C_0) - (t_3 - t_0)\left(\frac{m}{24} + 1\right) = 0$$

$$\vdots \qquad \vdots \qquad \vdots$$

Telles sont les équations de conditions à l'aide desquelles nous allons déterminer m.

Nous voyons que comme il n'y a qu'une seule inconnue, il n'y a qu'une seule équation de condition à former.

Nous pouvons considérer $\frac{m}{24} + 1$ comme étant l'inconnue. D'après la *règle que nous avons donnée*, nous allons multiplier chaque équation par le coefficient de l'inconnue et faire la somme; nous avons ainsi :

$$C_0)(t_1 - t_0) + (C_2 - C_0)(t_2 - t_0)\ldots - \left(\frac{m}{24} + 1\right)[(t_1 - t_0)^2 + (t_2 - t_0)^2 + (t_3 - t_0)^2\ldots] = 0,$$

d'où

$$\frac{m}{24} = \frac{(C_1 - C_0)(t_1 - t_0) + (C_2 - C_0)(t_2 - t_0)\ldots(C_n - C_0)(t_n - t_0)}{(t_1 - t_0)^2 + (t_2 - t_0)^2 + \ldots(t_n - t_0)^2} - 1,$$

ou

$$\frac{m}{24} = \frac{\Sigma[(C_1 - C_0)(t_1 - t_0)]}{\Sigma(t_1 - t_0)^2} - 1.$$

Si nous réduisons le second membre en une seule fraction et si nous remarquons que

$$(C_1 - C_0)(t_1 - t_0) = (A_1 - A_0)(t_1 - t_0) + (t_1 - t_0)^2,$$

nous obtiendrons enfin

$$m = \frac{\Sigma[(A_1 - A_0)(t_1 - t_0)]}{\Sigma(t_1 - t^0)^2} \times 24.$$

Appliquons cette formule, bien simple, à l'exemple que nous avons donné plus haut.

Exemple.

Étant en relâche à *Rio-Janeiro*, du 5 mars 1858 au 15 mars, intervalle de temps pendant lequel la température moyenne à laquelle a été soumise la montre était de + 16°, on a déterminé *les états absolus suivants :*

Heures du lieu T. M.	*États absolus.*
Le 6 mars à $3^h01^m32^s = t_0$ du soir	$A_0 = - 6^h41^m32^s$
7 . . . . 3 01 44 $= t_1$	$A_1 = - 6\ 41\ 32$
9 . . . . 2 33 31 $= t_2$	$A_2 = - 6\ 41\ 34$
11 . . . . 2 50 40 $= t_3$	$A_3 = - 6\ 41\ 42$
13 . . . . 3 13 52 $= t_4$	$A_4 = - 6\ 41\ 51$
14 . . . . 2 47 3 $= t_5$	$A_5 = - 6\ 41\ 50$

$A_1 - A_0 = 0$	$t_1 - t_0 = 24^h + 12^s = 24{,}016$	$(A_1 - A_0)(t_1 - t_0) = 0$
$A_2 - A_0 = -\ 2^s$	$t_2 - t_0 = 71 + 31^m59^s = 71{,}5033$	$(A_2 - A_0)(t_2 - t_0) = -\ 143{,}$[illegible]
$A_3 - A_0 = -\ 10^s$	$t_3 - t_0 = 119\ \ 49^m\ 8^s = 119{,}819$	$(A_3 - A_0)(t_3 - t_0) = -\ 1198{,}$[illegible]
$A_4 - A_0 = -\ 19^s$	$t_4 - t_0 = 168\ \ 12^m20^s = 168{,}205$	$(A_4 - A_0)(t_4 - t_0) = -\ 3295{,}$[illegible]
$A_5 - A_0 = -\ 18^s$	$t_5 - t_0 = 191\ \ 45^m31^s = 191{,}759$	$(A_5 - A_0)(t_5 - t_0) = -\ 3451{,}$[illegible]
		$\Sigma(A_1 - A_0)(t_1 - t_0) = -\ 8088{,}$[illegible]

$$(t_1 - t_0)^2 = 144{,}480256$$
$$(t_2 - t_0)^2 = 5112{,}721911$$
$$(t_3 - t_0)^2 = 14356{,}592761$$
$$(t_4 - t_0)^2 = 28292{,}922025$$
$$(t_5 - t_0)^2 = 36771{,}514081$$
$$\overline{84678{,}231034}$$

d'où
$$m = \frac{-8088{,}7536 \times 24}{84678{,}231034} = -\ 2^s{,}16.$$

$-\ 2^s{,}16$ peut donc être considéré comme la marche du chronomètre à la température + 16°.

2° *Par deux passages d'un astre au même vertical.*

146. Supposons que l'on observe la hauteur d'une étoile un certain

our, d'un côté du méridien; soit C l'heure que marque le chronomètre. n jours après, dans le même lieu, on détermine l'heure C' du chronomètre, quand l'étoile atteint la même hauteur, du même côté du méridien. Il est évident que l'on a observé l'étoile deux fois dans e même vertical.

Or, entre chaque passage de l'étoile à ce vertical, il s'est écoulé 24 heures moyennes moins $3^m\,55^s,909$. — Donc l'intervalle de temps moyen écoulé entre les deux observations est

$$n\,(24^h - 3^m55^s,909) = n\,24^h - n \times (3^m55^s,909).$$

A la montre, il s'est écoulé $n\,24^h + (C' - C)$; on peut donc écrire a relation

$$\frac{24+m}{24} = \frac{n\,24 + (C'-C)}{n\,24 - n\,(3^m55^s,909)},$$

l'où

$$\frac{m}{24} = \frac{(C'-C) + n\,(3^m55^s,909)}{n\,24 - n\,(3^m55^s,909)},$$

ou enfin, d'une manière suffisamment exacte,

$$m = \frac{C'-C}{n} + 3^m55^s,909.$$

Cette marche est celle qui convient à la température moyenne observée pendant l'intervalle des observations.

Exemple.

Le 5 avril, au moment où Sirius atteignait $43°\,25'$ de hauteur, dans l'Est du méridien, le chronomètre marquait $7^h\,30^m\,25^s,8$; le 9 avril suivant, dans le même lieu, au moment où la même étoile était à la même hauteur, du même côté du méridien, le chronomètre marquait $7^h\,14^m\,33^s,6$. On demande la marche diurne de ce chronomètre? La température moyenne observée du 5 au 9 avril est $+13°$.

Le nombre de jours sidéraux écoulés est $n = 4$.

$$\begin{aligned}
C' &= 7^h14^m33^s,6\\
C &= 7^h30^m25^s,8\\
C'-C &= -15^m52^s,2\\
\frac{C'-C}{n} &= -3^m58^s,05\\
&\ +3^m55^s,909\\
m &= -2^s,141.
\end{aligned}$$

La marche du chronomètre est donc $-2^s,14$, à la température 13° 147. Si l'on a une lunette méridienne, les heures C et C′ sont le heures du passage de l'étoile au méridien.

Dans ce cas, on peut observer le Soleil à son passage au méridie (*Astronomie*, 37) un certain jour et n jours après. Soient C et C′ le heures du chronomètre correspondantes des deux observations, e E et E′ les équations du temps pour les deux époques.

Le temps moyen écoulé entre les deux observations est

$$n24 + (E' - E);$$

Le temps chronométrique écoulé est

$$n.24 + (C' - C).$$

On aura donc,

$$\frac{24 + m}{24} = \frac{n\,24 + (C' - C)}{n\,24 + (E' - E)},$$

d'où

$$\frac{m}{24} = \frac{(C' - C) - (E' - E)}{n\,24 + (E' - E)},$$

ou, avec assez d'approximation,

$$m = \frac{(C' - C) - (E' - E)}{n}.$$

Exemple.

Le 1er mai 1858, étant dans un lieu situé par 59° 45′ longitude Est, le chronomètre marquait $4^h\,9^m\,28^s,4$ quand le centre du Solei passait au méridien.

Le 9 mai, dans le même lieu, quand le même phénomène se reproduisait, le chronomètre marquait $4^h\,9^m\,59^s,6$.

On demande la marche diurne de ce chronomètre.

1° *Heures de Paris au moment du passage.*

Heure du lieu le 1er mai et le 9 mai	$0^h00^m00^s$
Longitude	$= -\ 3^h59^m00^s$
Hre de Paris le 30 avril et le 8 mai	$= 20^h01^m00^s$
Équat. du temps le 30 avril à 20^h de Paris	
Équat. du temps le 8 mai à 20 de Paris	

2° *Calcul de la marche.*

C	$= 4^h\ 9^m28^s,4$
C′	$= 4^h\ 9^m59^s,6$
C′ − C	$= .\ .\ .\ .\ 31^s,2$
E	$= 11^h56^m58^s,27$
E′	$= 11^h56^m14^s,06$
E′ − E	$= -\ 44^s,21$
(C′ − C) − (E′ − E)	$= 1^m15^s,41$

$$m = \frac{(C' - C) - (E' - E)}{8} = +\ 9^s,42$$

3° *Par la comparaison à un chronomètre réglé.*

148. On fait deux comparaisons à n jours d'intervalle. Soient P et P' les heures du chronomètre réglé, a sa marche, C et C' les heures du chronomètre à régler, m sa marche.

On aura sensiblement la relation

$$\frac{24+m}{24+a}=\frac{n.24+(C'-C)}{n.24+(P'-P)},$$

d'où l'on déduit

$$\frac{m-a}{24+a}=\frac{(C'-C)-(P'-P)}{n.24+(P'-P)},$$

ou

$$\frac{m-a}{24+a}=\frac{\left(\frac{C'-C}{n}\right)-\left(\frac{P'-P}{n}\right)}{24+\frac{(P'-P)}{n}},$$

d'où, à très-peu près,

$$m=a+\frac{(C'-C)-(P'-P)}{n}\left(\frac{24}{24+\left(\frac{P'-P}{n}\right)}\right),$$

et enfin

$$m=a+\frac{(C'-C)-(P'-P)}{n}-\frac{\frac{P'-P}{n}}{24}\,\frac{(C'-C)-(P'-P)}{n}.$$

Si l'on fait les comparaisons à peu près à la même heure, P' diffère peu de P et la valeur de m s'obtient par la relation plus simple

$$m=a+\frac{(C'-C)-(P'-P)}{n}.$$

Exemple.

Par deux comparaisons d'un chronomètre à une pendule dont la marche est $-3^s,5$ on a obtenu :

	Hre au chronomètre.	Hre à la pendule.
1re comparaison le 10 au matin,	$C = 3^h\ 9^m 45^s,8$	$P = 9^h 15^m 00^s$
2e comparaison le 10 au matin,	$C' = 3^h 10^m 34^s,2$	$P' = 9^h 16^m 00^s$
	$C' - C = + \quad 48^s,4$	$P' - P = +00^m 60^s$

Le nombre de jours écoulés $n = 5$. $(C' - C) - (P' - P) = - \ 11^s,6$

$$\frac{(C' - C) - (P' - P)}{5} = - \ 2^s,32$$

Marche de la pendule, $a = - \ 3^s,5$

Marche du chronomètre, $m = - \ 5^s,82$

Rapporter l'état absolu au premier méridien.

149. D'après ce que nous venons de voir, on peut déterminer l'heure C *que marque un chronomètre dont la marche est à ce moment* m, quand il est t heures dans un lieu dont la longitude est g. Au lieu de prendre cette heure C et ce lieu pour point de départ des états absolus, on préfère *déterminer l'heure* C_0 *que devait marquer le chronomètre quand il était à Paris* 0^h *temps moyen qui précède l'heure de Paris* $t \pm g$ correspondante de t; *c'est ce que l'on nomme rapporter l'état absolu au premier méridien.*

On a alors la relation évidente

$$\frac{C - C_0}{t \pm g} = \frac{24 + m}{24} = 1 + \frac{m}{24},$$

d'où l'on déduit

$$C_0 = C - (t \pm g) - (t \pm g)\,\frac{24}{m}.$$

Il faudra faire attention aux signes de g et de m dans cette formule. Si l'on voulait rapporter l'état absolu au midi T. M. de Paris qui *suit l'instant de l'observation*, la formule serait, ainsi qu'on le voit facilement,

$$C_0 = C + [24 - (t \pm g)] + [24 - (t \pm g)]\,\frac{m}{24}.$$

Exemple.

Étant en relâche à Gorée, on a trouvé que le 15 mai, quand il était $0^h\,2^m\,45^s$ T. M. du matin dans le lieu, le chronomètre marquait $4^h\,25^m\,34^s,8$. Sa marche déterminée comme nous l'avons dit, par plusieurs états absolus, est $-\,8^s,4$. On demande l'heure C_0 que devait marquer le chronomètre quand il était 0^h T. M. à Paris le 14 mai. La longitude de Gorée en temps $= 1^h\,19^m$ Ouest.

$$
\begin{array}{rl}
C = & 4^h 25^m 34^s,8 \\
t = & 21^h 02^m 45^s \\
g = + & 1^h 19^m 00^s \\
\hline
t+g = & 22^h 21^m 45^s \\
C-(t+g) = & 6^h\ 3^m 49^s,8 \\
\dfrac{(t+g)\,m}{24} = + & 7^s,88 \\
\hline
C_0 = & 6^h\ 3^m 57^s,68
\end{array}
$$

Une fois l'état absolu et la marche du chronomètre ainsi déterminés, au moment du départ, l'officier chargé des montres à bord d'un navire dresse un tableau des heures des chronomètres à 0^h T. M. de Paris pour le nombre de jours qu'il présume devoir durer la traversée. Il fait aussi la petite table des parties proportionnelles.

Ainsi, supposons que le navire possède 3 montres pour lesquelles on a fait la détermination que nous venons de dire ; de telle sorte que le 14 mai à 0^h *temps moyen de Paris*,

1° N° 105 Motel marquait . . $3^h\ 7^m 28^s,4$ sa marche étant $+\ 4^s,7$
2° N° 1028 Berthoud marquait $7^h 11^m 56^s,8$ . . . . $+\ 7^s,3$
3° N° 875 Winnerl marquait. $5^h 13^m 44^s,7$ . . . . $-\ 5^s,6$

Si la traversée doit durer 20 jours, et si l'on suppose que les températures que le navire doit subir seront sensiblement égales à la température de marche, on peut dresser le tableau suivant :

DATES de Paris à 0 h. T. M.	N° 105. MOTEL.	N° 1028. BERTHOUD.	N° 875. WINNERL.
15	3h 7m 33s,1	1h 12m 04s,1	5h 13m 39s,1
16	37,8	11,4	33,5
17	42,5	18,7	27,9
18	47,2	26,0	22,3
19	51,9	33,3	16,7
20	56,6	40,6	11,1
21	3h 8m 01s,3	47,9	 5,5
22	 6,0	55,2	5h 12m 59s,9
23	10,7	7h 13m 02s,5	54,3
24	15,1	 9,8	48,7
25	19,8	17,1	43,1
26	24,5	24,4	37,5
27	29,2	31,7	31,9
28	33,9	39,0	26,3
29	38,6	46,3	20,7
30	43,3	53,6	15,1
31	48,0	7h 14m 00s,9	 9,5
1er juin	52,7	 8,2	 3,9
2	57,4	15,6	5h 11m 58s,3
3	3h 9m 02s,1	22,9	52,7

TABLE des parties proportionnelles de la marche.

N° 105. — MOTEL.		N° 1028. — BERTHOUD.		N° 875. — WINNERL.	
En 24h	+ 4s,7	En 24h	+ 7s,3	En 24	— 5,6
12. .	2,35	12. .	3,65	12. .	2,8
6. .	1,675	6. .	1,828	6. .	1,4
3. .	0,837	3. .	0,912	3. .	0,7
2. .	0,558	2. .	0,608	2. .	0,466
1. .	0,279	1. .	0,304	1. .	0,233
30m. .	0,139	30m. .	0,152	30m. .	0,116
20. .	0,093	20. .	0,101	20. .	0,074
10. .	0,046	10. .	0,050	10. .	0,037
5. .	0,023	5. .	0,028	5. .	0,018

Détermination de la marche d'un chronomètre sur le temps vrai.

150. Quand on veut faire certains calculs de navigation avec une grande précision, on est conduit à considérer la marche du chronomètre sur le temps vrai, au lieu de considérer cette marche par rapport au temps moyen.

Il est d'abord évident que cette marche dépend du jour considéré, *puisque les jours vrais ne sont pas égaux.* (*Astronomie*, 134.)

Soient m la marche du chronomètre sur le T. M. et m' sa marche sur le T. V.; on connaît m, on veut avoir m'.

Il est clair que si dans 24 heures moyennes le chronomètre

it $24 + m$, dans 24 heures vraies il fera $24 + m'$; c'est-à-dire que on peut établir la relation

$$\frac{24 + m'}{24 + m} = \frac{24^h \text{ vraies}}{24^h \text{ moyennes}}.$$

Mais nous avons déjà vu que 24 heures vraies $= 24^h$ moyennes + $(E' - E)$; $(E' - E)$ étant la variation de l'équation du temps dans les 24 heures considérées, on a donc,

$$\frac{24 + m'}{24 + m} = \frac{24 + (E' - E)}{24},$$

d'où

$$\frac{m' - m}{24 + m} = \frac{E' - E}{24},$$

de laquelle on déduit

$$m' - m = \left(\frac{24 + m}{24}\right)(E' - E) = \left(1 + \frac{m}{24}\right)(E' - E),$$

et enfin,

$$m' = m + (E' - E) + \frac{m}{24}(E' - E).$$

Comme le terme $\frac{(E' - E)\,m}{24}$ est évidemment très-petit, on peut le négliger et l'on a finalement,

$$m' = m + (E' - E).$$

Il faut faire attention au signe de $(E' - E)$ et de m.

La variation de l'équation du temps est *positive* quand dans 24 heures vraies il s'écoule plus de 24 heures moyennes; elle est négative dans le cas contraire.

Exemple.

Le 26 mai 1858, la marche d'un chronomètre sur le temps moyen est $-21^s,5$. On demande sa marche *sur le temps vrai*?

Nous trouvons dans la *Connaissance des temps* que le 25 mai à 0^h T. M. de Paris, on a

Temps moyen au midi vrai . . . . = $11^h56^m36^s,06$
Le 26 on trouve *id.* . . . . = $11^h56^m41^s,95$

La variation de l'équation du temps est donc = $+\ 5^s,89$

Dans 24 heures vraies il s'écoule 24^h moyennes + $5^s,89$, donc la *variation de l'équation du temps* est positive; on a donc,

Marche du chronomètre sur le T. M. ou $m = -\ 21^s,5$
Variation de l'équation du temps ou (E′ — E) $= +\ 5^s,89$

d'où, Marche du chronomètre sur le temps vrai, le 26 $= -\ 15^s,61$

EXEMPLE DE CALCULS DE CHRONOMÈTRES A EFFECTUER.

Exemple 1. Le 20 novembre 1858, vers $11^h\,15^m$ du soir, étant par 46° 37′ 15″ de latitude Nord et 62° 38′ 15″ *de longitude Ouest*, on a observé, *au moyen d'un horizon artificiel*, la hauteur de l'étoile *Pollux* dans l'Est du méridien, et l'on a trouvé :

	1re Série.	2e Série.
Hauteurs observées de l'étoile . . =	42° 37′ 28″	44° 56′ 33″
Hres correspondantes du chronom. =	$7^h38^m42^s$	$7^h52^m11^s,2$

On demande l'état absolu du chronomètre sur le T. M.?

Éléments de la connaissance des temps.
- Ascension droite de Pollux = $7^h36^m42^s$
- Déclinaison *id.* = 28° 21′ 50″ Nord
- Temps sidéral le 29 nov. 0^h
- T. M. de Paris. . . . . . . = $15^h56^m48^s,88$

Résultat. État moyen = — $4^h\,11^m41^s,3$ le 20 à $11^h57^m8^s,2$ T. M.

Exemple 2. On a observé deux *passages du centre du Soleil au méridien d'un lieu* situé par 113° 45′ de longitude Ouest et l'on a obtenu :

Le 11 nov. hre du chronomètre au moment du 1er passage = $5^h18^m14^s,0$
Le 17 *id.* *id* *id* 2e passage = $5^h13^m58^s,0$

On demande la marche diurne du chronomètre sur le T. M.

Éléments de la connaissance des temps.
- T. M. au midi vrai le 11 = $11^h44^m10^s,56$
- *id.* le 12 = $11\ 44^m17^s,94$
- *id.* le 17 = $11\ 45^m\ 7^s,39$
- *id.* le 18 = $11\ 45^m19^s,75$

Résultat. Marche diurne = + $7^s,6$.

Exemple 3. *Ayant comparé le compteur au chronomètre avant aller à terre avec le compteur*, on a trouvé :

Heure du chronomètre = 4 $17^m 42^s,5$
Heure du compteur. . = 5 $21^m\ 0^s$.

terre on a noté l'heure du compteur au moment d'une *observation* e hauteur d'astre et l'on a trouvé

Heure du compteur = $5^h 41^m 53^s,5$

De retour à bord, une nouvelle comparaison donne :

Heure du chronomètre = 5 $2^m 29^s,5$
Heure du compteur . . = 6 $6^m 00^s,5$

On demande *l'heure que marquait le chronomètre* à l'heure intermédiaire du compteur.

Résultat. Heure du chronomètre demandée = $4^h 38^m 30^s,5$.

Exemple 4. Le 12 juin 1858, à Brest, le chronomètre 105 marquait $5^h\ 30^m\ 18^s,5$ lorsqu'il était $3^h\ 42^m\ 8^s,5$ T. M. du lieu ; le 25 juin à $19^h\ 42^m\ 17^s 5$ T. M. du même lieu, le même chronomètre marquait $9^h\ 28^m\ 42^s,5$. On demande quelle est sa *marche diurne?*

Résultat. Marche diurne = — $7^s,68$.

Exemple 5. Le 7 novembre 1858, le chronomètre marquait $2^h\ 29^m\ 45^s$ lorsqu'il était $15^h\ 17^m\ 42^s,5$ T. M. de Paris. Le 23 novembre à $3^h\ 29^m\ 17^s,7$ T. M. de Paris le même chronomètre marquait $2^h\ 42^m\ 40^s$. On demande quelle est sa *marche diurne?*

Résultat. Marche diurne = + $5^s,14$.

Exemple 6. Le 3 mai 1858, des observations *faites à Brest* ont indiqué qu'un *chronomètre* marquait $11^h\ 42^m\ 26^s,5$ lorsqu'il était $19^h\ 49^m\ 1^s$ T. M. de Paris.

Le 11 mai suivant, vers $19^h\ 4^m$ T. M. de *Brest* on a pris à l'*horizon artificiel* une hauteur du bord *inférieur du Soleil* de 24° 31′ 30″ au moment où le chronomètre marquait $11^h\ 25^m\ 29^s 5$, le thermomètre indiquait + 16° et le baromètre 0,782 ; erreur instrumentale — 5′,15.

On demande la *marche diurne* du chronomètre, et son *état absolu* sur le T. M. de Paris, le 12 mai à midi moyen de Paris ?

Éléments de la connaissance des temps.	Déclinaison du ☉ le 11 = 17° 52′ 40″
	id. le 12 = 18° 7′ 56″,5
	½ diamètre du ☉. . . . = 15′ 51″
	Parallaxe. . . . . = 8″,5
	T. M. au midi vrai le 11 = 11ʰ56ᵐ8ˢ,48
	id. le 12 = 11 56ᵐ6ˢ,85.

Résultat.	Le 12 mai à 0ʰ T. M. de Paris le chronomètre marquait. 3ʰ53ᵐ47ˢ,8
	Sa marche diurne étant . . . . . + 2ˢ,73

Exemple 7. On a trouvé pour deux comparaisons d'un ***chronomètre*** *à une pendule* dont la marche diurne sur le Temps moyen est — 25ˢ,4 :

	Heures au chronomètre.	Heures à la pendule.
Première comparaison le 9 avril	3ʰ47ᵐ18ˢ,6	5ʰ38ᵐ27ˢ,4
Deuxième comparaison le 25 avril	3ʰ41ᵐ32ˢ,4	5ʰ42ᵐ36ˢ,8

On demande la marche diurne du chronomètre sur le Temps moyen?

Résultat. Marche diurne — 1ᵐ2ˢ,6.

Exemple 8. On a observé deux passages de l'étoile ***Aldébaran*** au méridien et l'on a obtenu :

Hʳᵉ du chron. au moment du 1ᵉʳ passage = 8ʰ32ᵐ27ˢ,6 le 17 mars 1858
id. *id.* 2ᵉ passage = 8ʰ15ᵐ 5ˢ,4 le 23 mars *id.*

On demande la *marche diurne* sur le Temps moyen.

Résultat. Marche diurne = + 1ᵐ2ˢ,37.

Exemple 9. On a observé deux passages du centre du ***Soleil*** au méridien d'un lieu situé par 120° 30′ de longitude Est et l'on a obtenu :

Hʳᵉ du chronomètre au moment du 1ᵉʳ passage = 3ʰ22ᵐ54ˢ,6 le 4 mai
id. *id.* 2ᵉ passage = 3ʰ19ᵐ36ˢ,4 le 25 mai

On demande la *marche diurne* sur le *temps moyen?*

Éléments de la connaissance des temps.	T. M. au midi vrai le 3 mai = 11ʰ56ᵐ41ˢ,6
	id le 4 mai = 11ʰ56ᵐ36ˢ,3
	T. M. au midi vrai le 24 mai = 11ʰ56ᵐ30ˢ,6
	id. le 25 mai = 11ʰ56ᵐ36ˢ,6

Résultat. Marche diurne — 9ˢ,24.

Exemple 10. On a trouvé pour deux comparaisons d'un *chronomètre* à une *montre réglée* dont la *marche diurne* sur le temps moyen est — 39ˢ,54 :

	Heures à la montre réglée.	Heures au chronomètre.
1ʳᵉ Comparaison le 10 mars	$21^h 38^m 42^s,4$	$19^h 37^m 25^s,6$
2ᵉ Comparaison le 16 mars	$20\ 42^m 37^s,8$	$18\ 48^m 48^s,1$

On demande la marche diurne du chronomètre sur le Temps moyen ?

Résultat. Marche diurne = + 35ˢ,43.

ÉTUDE DES MARCHES CHRONOMÉTRIQUES.

151. Nous avons supposé, dans la détermination de l'heure Temps moyen de Paris avec un chronomètre, que la marche de ce chronomètre restait constante ; c'est-à-dire que cette marche qui au commencement d'une traversée était m, était encore m à la fin de la traversée.

Il est probable qu'il ne peut en être ainsi, et la *marche* du chronomètre doit subir des variations.

La détermination de la loi qui régit les variations de la marche d'un chronomètre, serait de la plus grande utilité, surtout pour les longues traversées.

Jusqu'à présent, en tant que l'on considère les chronomètres embarqués, cette loi n'a pas été déterminée. Il est du reste probable que chaque chronomètre a sa loi particulière, que l'on ne peut espérer découvrir que par une étude suivie du chronomètre ; aussi, allons-nous donner simplement un résumé des travaux effectués jusqu'à ce jour pour déterminer l'influence de la température et du temps sur les marches chronométriques.

152. *Causes de la variation des marches chronométriques.* — Nous avons vu (115) que les oscillations du balancier d'un chronomètre devaient conserver la même amplitude, afin qu'ayant la même durée,

les aiguilles qui marquent le nombre de ces oscillations sur le cadran donnassent la mesure exacte du temps écoulé.

Or il faut, pour cela, que le chronomètre satisfasse à deux conditions :

1° *Que la petite accélération qu'à chaque vibration la roue d'échappement* (118) *donne au balancier, reste la même ;*

2° *Que le régulateur* (115) *ne change pas de forme.*

Il n'en est point ainsi et deux causes viennent empêcher le chronomètre de remplir *exactement* ces deux conditions.

Première cause. — *Épaississement des huiles. — Altération du mécanisme.* — La force dont est animée la roue d'échappement provient de celle du moteur transmise à la roue d'échappement par l'intermédiaire des rouages.

Ces rouages offrent nécessairement une résistance à vaincre.

Pour diminuer les résistances dues au frottement, on met de *l'huile* sur les parties en contact.

Or, *à la longue, ces huiles s'épaississent et finissent par déterminer une résistance qui n'existait pas au commencement.*

La force motrice que reçoit la roue d'échappement est donc moindre que primitivement, et par suite, cette *roue agit avec moins d'intensité sur le disque du régulateur.*

Il s'ensuit alors que, en raison de la *petitesse de la masse* du balancier et de la *grandeur* de l'amplitude des vibrations, l'effet de cette perte de force est très-grand.

L'expérience fait voir que les amplitudes qui étaient de 415°, lorsque les *huiles étaient fraîches*, ne sont plus que de 330°, lorsque les huiles sont âgées de 3 ans.

Ainsi, *l'épaississement* des huiles altérerait sensiblement la marche d'un chronomètre, si le ressort spiral du régulateur ne jouissait pas de la propriété remarquable : *que la durée de ses vibrations pour les arcs de* 415° *est sensiblement la même que pour les arcs de* 315°, *lorsque la longueur de ce spiral a une grandeur déterminée.*

On remarque, en effet, ainsi que nous l'avons déjà dit (116) :

Que si le spiral *est court*, les *grandes vibrations sont plus rapides que les petites ;*

Que si le spiral *est long*, les *petites vibrations sont plus rapides que les grandes.*

On peut donc déterminer, *par tâtonnements*, dans chaque chronomètre, et en *comparant les marches correspondantes aux deux am-*

plitudes extrêmes que l'on obtient en faisant varier la force motrice, la longueur du spiral qui *donne la même durée aux grandes et aux petites oscillations.*

Or, dans la pratique, cette longueur n'est déterminée qu'*approximativement;* donc, l'épaississement des huiles et par suite leur âge, doit faire varier la marche d'un chronomètre.

DEUXIÈME CAUSE. — *Influence de la température.* — La chaleur, en agissant sur le spiral et sur le balancier, change la constitution physique du premier et les dimensions du second, et par conséquent augmente la durée des vibrations.

Pour remédier à cette altération de la marche, on rend le balancier compensateur, ainsi que nous l'avons indiqué précédemment (116).

Pour le réglage du balancier, l'artiste qui règle le chronomètre fixe sur le balancier, les *masses compensatrices* ou *les vis*, de manière que la marche du chronomètre soit la même à deux températures extrêmes t et t'.

On peut donc considérer le compensateur comme réglé à la température $T = \frac{t+t'}{2}$.

Ainsi, dans les chronomètres, *le réglage de la longueur du spiral combat l'influence des huiles, et le réglage du balancier l'influence de la température.*

Or, ces réglages qui ne se font que pour des *situations extrêmes* ne peuvent annuler, constamment, les deux influences que nous venons de signaler; il est dès lors évident que la marche d'un chronomètre varie avec *le temps* et avec *la température.*

La marche d'un chronomètre subit donc des variations qui doivent être fonction du temps écoulé et de la température éprouvée par le chronomètre. Est-il possible de découvrir dans les variations de sa marche, la loi suivant laquelle cette marche varie?

Par des moyens graphiques que nous allons indiquer, on reconnaît qu'il est impossible d'assigner jusqu'à présent, une loi mathématique aux variations de la marche d'un chronomètre; c'est-à-dire qu'en nommant m la marche d'une montre un certain jour sous l'influence de la température T et m' ce que devient cette marche n jours après la montre ayant subi la température T', on n'a pu encore trouver la forme réelle de la fonction

$$m' - m = F(n, (T' - T)).$$

Rappelons que l'on nomme marche d'un chronomètre, la quantité dont varie son état absolu dans 24 heures moyennes; autrement dit que si dans 24 heures moyennes le chronomètre fait $24^h + m$, m est sa marche sur le Temps moyen.

Or, supposons que par *deux comparaisons* faites à 24 heures d'intervalle à une *pendule soumise à une température constante*, on ait déterminé la marche m d'un chronomètre; si on a eu soin de noter pendant ces 24 heures, les différentes températures t, t', t'',... etc. par *lesquelles le chronomètre a passé*, et si t_m est la moyenne de ces températures, nous devrons considérer la marche m comme étant celle qui convient au chronomètre lorsqu'il est soumis à la température t_m. Si le jour suivant on trouve que la marche est m' et la température moyenne observée t'_m, on doit admettre *que la différence de marche* $m' - m$ *provient de la différence* $t'_m - t_m$ *des températures moyennes auxquelles le chronomètre a été soumis.*

Constructions graphiques.

153. L'insuffisance des formules proposées pour donner à bord les variations de la marche sous l'influence du temps et de la température nécessite *que tout navire qui possède des chronomètres recueille des observations pour tâcher d'éclairer la question.* Les officiers chargés des montres doivent, dans ce but, déterminer avec le plus grand soin, les *courbes* des marches et les *courbes* des températures.

Voici la méthode suivie par M. le lieutenant de vaisseau **Mouchez** dans la direction des chronomètres de la corvette *la Capricieuse* pendant la campagne de circumnavigation effectuée par ce navire pendant les années 1851, 1852, 1853 et 1854. Comme les résultats obtenus par cet officier sont les seuls publiés, nous ne pouvons établir une comparaison entre les méthodes qu'il a suivies et d'autres que l'on pourrait employer.

Quand on a à bord plusieurs chronomètres, 5 ou 6 par exemple, il est préférable que ces instruments soient d'artistes différents; parce que probablement, ils n'ont pas tous le même défaut ou la même qualité inhérent généralement à chaque constructeur.

154. *Courbe des états absolus.* — On détermine dans le port de départ, les marches des chronomètres, d'après les moyens que nous avons indiqués, en ayant soin de *noter chaque jour*, à 9 heures du matin, la température de la boîte des montres; cette heure est à

peu près celle à laquelle la température est *une moyenne* des températures diurnes.

Parmi les chronomètres, on choisit celui qui paraît le moins influençable à la température, et on le prend pour base des constructions. Ce n'est guère toutefois qu'après quelques relâches que ce *chronomètre-étalon* peut être déterminé.

Dans tous les ports de relâche, et le plus souvent possible, on détermine des états absolus à deux ou trois jours d'intervalle.

Pour connaître parmi ces états absolus ceux qui doivent servir à déterminer la *marche*, on construit la *courbe des états absolus* (fig. 81), en prenant pour abscisses *les intervalles de temps* et pour ordonnées les *états absolus successifs*.

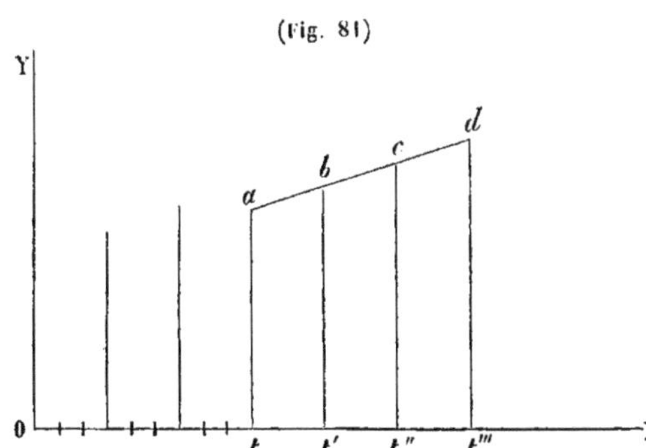

Pour obtenir la marche, on choisit les états absolus at, $t'b$, ... etc., dont les extrémités a, b, c, d sont sensiblement en ligne droite; de cette manière, on a réellement la marche du chronomètre dans l'intervalle $t''' - t$, et non une marche moyenne.

La température moyenne de la boîte des chronomètres pour l'intervalle $t'''-t$ a été soigneusement notée.

155. *Comparaisons journalières.* — En admettant donc que l'on possède un chronomètre sur lequel l'influence de la température n'agit presque pas, on peut comparer les marches de ces différents chronomètres à la marche de ce chronomètre-étalon, et porter ces comparaisons journalières sur un registre *ad hoc*.

Courbe des marches diurnes. — En prenant pour abscisse le temps, et 0,005$^{\text{mill.}}$ par exemple pour représenter un jour ; portant, comme ordonnées, les marches successives du chronomètre-étalon déterminées comme plus haut, *et joignant les extrémités de toutes ces ordonnées par un trait continu*, on obtient la *courbe* des marches diurnes du chronomètre-étalon.

Au moyen du registre des comparaisons journalières on construit, sur la même feuille de papier, les courbes des marches diurnes des autres chronomètres. *Il suffit pour cela de porter sur les ordonnées de chaque jour les différences de marche avec le chronomètre-étalon.*

Il est clair que les marches moyennes ainsi déterminées doivent s'accorder avec les marches déterminées par l'observation. Toutefois, des causes accidentelles et des effets différents de température peuvent ne pas rendre ces marches identiques.

156. *Courbe des températures.* — Enfin, on porte pour chaque jour et comme ordonnées négatives ou positives et avec les mêmes abscisses, les différentes températures de chaque jour du mois accusées par le thermomètre de la boîte des montres à 9^h du matin.

On a ainsi les courbes des marches des chronomètres et la courbe des températures, telles que l'indique la fig. 82, que nous empruntons au mémoire de M. Mouchez.

On observe alors, si dans l'ensemble des courbes de marche, il y a quelque inflexion commune égale et dans le même sens à plusieurs des chronomètres autres que le chronomètre-étalon; inflexion non justifiée *par un changement particulier de température.*

On doit alors supposer que cette inflexion égale et commune à trois ou quatre courbes secondaires, doit être attribuée à *un mauvais tracé*, en sens contraire, de la *Courbe-Étalon.*

On corrige alors cette courbe-étalon, en la redressant ou l'abaissant de cette quantité, et on rétablit sur les ordonnées les différences de marches observées, dans cet intervalle, entre les chronomètres et le chronomètre-étalon; autrement dit, on redresse aussi les courbes secondaires.

A l'aide de quelques tâtonnements, on corrige ainsi les unes par les autres les différentes marches.

Il est nécessaire d'inscrire au bas de chaque feuille, le temps passé à la mer et celui passé sur rade; il faut aussi noter, par des signes particuliers, tous les événements de mer pouvant affecter les chronomètres.

157. *Feuilles annuelles. Courbes des marches isothermes.* — L'accélération progressive, due à l'épaississement des huiles et à l'altération du mécanisme, ne peut se faire sentir d'une *manière sensible* dans l'intervalle d'un mois; les feuilles mensuelles construites ainsi que nous venons de le dire, ont donc simplement pour effet de mettre en évidence *l'influence de la température* sur les marches, ainsi *que les variations accidentelles irrégulières.*

Pour rendre sensible l'influence du temps, on construit les feuilles

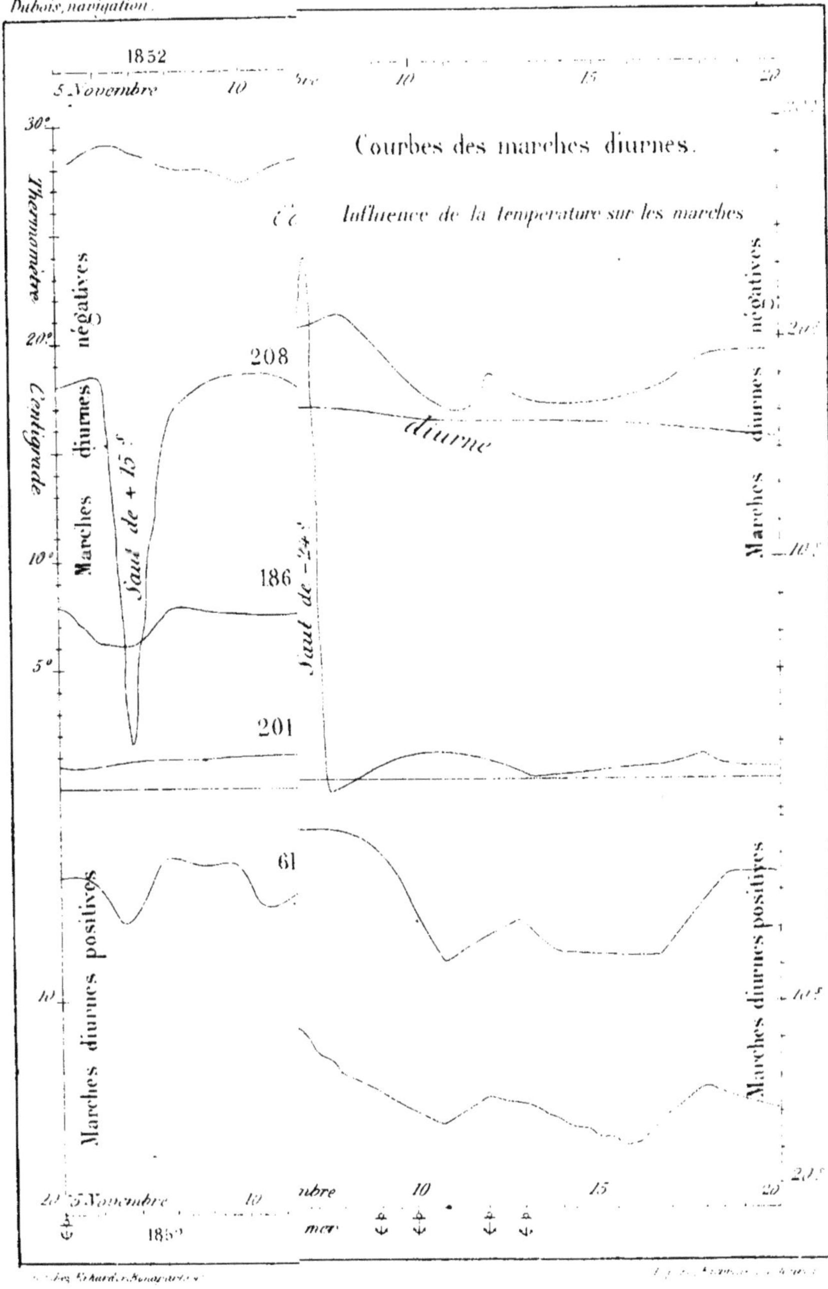
1852
5 Novembre
10
10
15
20
Courbes des marches diurnes.
Influence de la température sur les marches
Thermomètre Centigrade
30°
20°
10°
5°
Marches diurnes négatives
208
186
201
61
Saut de + 15 s
Saut de − 24 s
diurne
Marches diurnes positives
10
20
5 Novembre
10
10
15
20
1852
mer

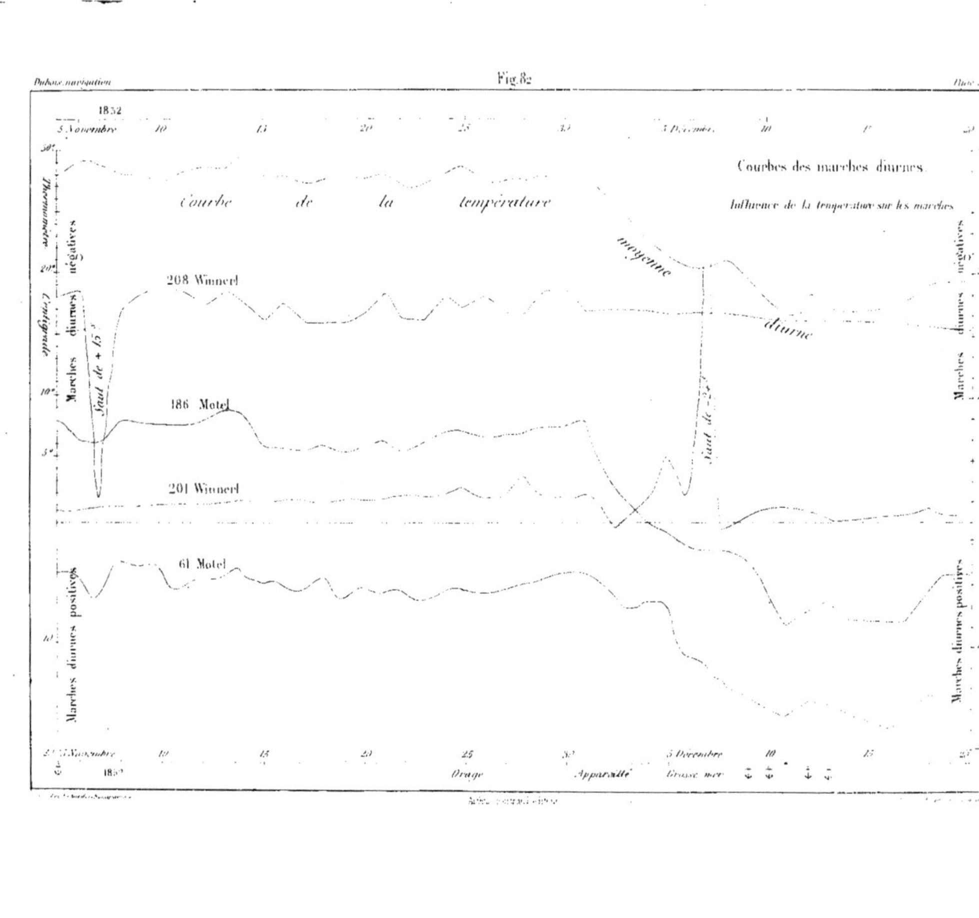

1852
5 Novembre
10
15
20
25
30
5 Décembre
10
15
20
Courbes des marches diurnes.
Influence de la température sur les marches.
Courbe de la température
moyenne
diurne
Thermomètre Centigrade
Marches diurnes négatives
Marches diurnes positives
208 Winnerl
186 Motel
201 Winnerl
61 Motel
Saut de + 15 s
Saut de
Orage
Appareillé
Grosse mer

annuelles; on fait une feuille pour chaque chronomètre. On prend encore pour *abscisses le temps*, et pour *unité le mois;* on porte sur chaque ordonnée la marche qu'a eue chaque montre à ces différentes époques à la température 30°, 20°, 10°, ... etc.; on joint par un trait continu les extrémités des ordonnées relatives à la *même température.*

Ces courbes ne peuvent évidemment pas être très-parfaites, attendu que dans le même mois on n'a pas, *généralement*, pu déterminer les marches de la montre aux températures successives 30°, 20°, 10°....., etc.

Il faudrait pour cela que dans l'espace de quelques jours la température variât beaucoup.

On ne peut donc avoir que peu de points sur la plupart de ces courbes, dont on complète la forme par analogie.

Ces courbes sont généralement sinueuses et ont une inclinaison marquée sur l'axe des x; elles peuvent indiquer si, à *bord des navires*, l'accélération est constante ou si elle est variable de signe et de grandeur. M. Mouchez croit pouvoir déduire des *courbes isothermes qu'il a construites* avec les marches des montres de la Capricieuse, que la *sensibilité thermométrique* augmente avec le temps, autrement dit, que les compensateurs perdent peu à peu de leur influence; c'est ce que fait voir la (fig. 83), qui représente en partie les courbes isothermes de la montre Motel 186.

Il est, je crois, besoin de faire plusieurs observations confirmant ce fait pour qu'il soit admis comme certain; attendu que les chronomètres des observatoires n'éprouvent pas cette augmentation de sensibilité thermométrique.

Il est vrai que ces derniers ne sont soumis qu'à des changements lents de température, tandis que les chronomètres embarqués éprouvent des variations très-brusques.

158. *Utilité des courbes dans la correction des marches.* — En parcourant les feuilles mensuelles, on cherche toutes les époques où la température a varié de 8 à 10 degrés en quelques jours. Comparant alors sur les ordonnées, les différences entre les maxima et minima qui se correspondent sur la courbe des marches et sur la courbe des températures, on peut obtenir l'influence de la température sur les marches. Comme on voit généralement que cette influence augmente avec le temps, il faut la déterminer pour chaque année séparément.

M. Mouchez a trouvé que, d'après ses courbes, on pouvait admettre l'hypothèse que dans un certain intervalle les variations de marche sont proportionnelles aux variations de température.

C'est aussi la conclusion à laquelle est arrivé l'officier chargé des montres à bord de la frégate la *Sibylle*, d'après les courbes des montres des six chronomètres de ce navire, et par suite des excellents résultats que lui a donnés cette simple hypothèse.

Ce principe de la variation de marche proportionnelle à la variation de température a été indiqué premièrement, en 1831, par M. le lieutenant de vaisseau Cornulier, et il a donné les résultats auxquels l'application de ce principe l'a conduit, dans cinq mémoires insérés successivement dans les annales maritimes de 1831, 1832, 1842 et 1844.

159. En admettant cette proportionnalité, on peut déterminer l'influence de la température sur la marche d'une montre dans un intervalle d'un ou deux mois, temps pendant lequel l'influence de l'âge des huiles ne peut guère se faire sentir; voici comment on doit agir:

Dans différents lieux de relâche, on détermine :

Un 1er état absolu A à une heure t d'un lieu;
Un 2e état absolu A′ à une heure t';
Un 3e état absolu A″ à une heure t''.

On note soigneusement la température de chaque jour à 9[h] du matin.

Soient T_1 la température moyenne dans l'intervalle des états absolus A et A′;

T_2 la température moyenne dans l'intervalle des états absolus A′ et A″;

Et ainsi de suite.

En se servant des états absolus A et A′, on obtient une marche m qui correspond à la température T_1. En se servant des états absolus A′ et A″, on obtient une seconde marche m' qui correspond à la température T_2; et ainsi de suite.

On a donc les marches

$$m,\ m',\ m'', \ldots\ldots$$

pour les températures T_1, T_2, T_3, ...

La variation de marche pour une variation de température $T_2 - T_1$ est alors $m' - m$.

On a donc :

Variation de la marche pour 1° d'augmentation de température.....

$$\frac{m'-m}{T_2-T_1}=p_1.$$

En agissant de même pour les autres marches, on a :

Variation de la marche pour 1° d'augmentation de température.....

$$\frac{m''-m'}{T_3-T_2}=p_2.$$

Et ainsi de suite.

On prend la moyenne $\frac{p_1+p_2+p_3\ldots\ldots}{n}$, et on considère cette moyenne comme la variation que subit la marche pour une variation de 1° dans la température. On nomme cette quantité *coefficient de température*. Nous la représenterons par α.

M. Mouchez prend la moyenne des températures les plus basses et des marches correspondantes, puis la moyenne des températures les plus hautes et des marches correspondantes, et c'est à l'aide de ces deux marches correspondant à deux températures moyennes extrêmes qu'il détermine le coefficient de température.

Quand, ensuite, on veut connaître la marche pour obtenir, dans une traversée, l'heure de Paris, on prend pour *marche de départ* la marche m, par exemple, c'est-à-dire celle en laquelle on a le plus de confiance; la température correspondante à cette marche est T_1. On détermine alors la marche m' de chaque jour pour la température moyenne T_m subie par le chronomètre dans les 24^h, au moyen de la relation

$$m'=m+\alpha(T_m-T_1).$$

En employant cette méthode, la frégate la *Sibylle* a pu, *en venant de l'île de la Réunion à Brest*, atterrir à ce port à quelques milles près; tandis que si l'on s'était servi pour cet atterrage, de la marche déterminée à Saint-Denis et sans avoir égard aux changements de température, on eût eu entre la position *donnée par la montre* aux environs de Brest et la *position réelle une différence* de plus de soixante milles.

Cette méthode laisse cependant encore à désirer, parce que selon les différentes marches à des températures inégales que l'on prend, on peut avoir des coefficients de température plus ou moins différents; et par suite, l'on ne peut rigoureusement admettre pour les chronomètres munis de *balanciers compensateurs, la loi de variation de marche proportionnelle à la variation de température.*

160. Les *Comptes rendus de l'Académie des sciences* du 24 janvier 1859 contiennent une note de MM. *Delamarche* et *Ploix*, *Ingénieurs hydrographes*, sur les marches d'un chronomètre de Bréguet construit *sans compensation.*

Ce chronomètre a été comparé à la pendule du dépôt du 26 mai au 26 septembre, et ensuite du 5 novembre au 10 décembre.

Pendant ces deux périodes, la *température moyenne* de chaque jour a varié entre + 8° et + 22°. Exposé à 0° dans la *caisse réfrigérante* qui sert à éprouver les chronomètres, la marche de cette montre a été de **+ 3ᵐ 33ˢ,5** ; soumise dans l'armoire chauffée par le gaz à la température + 35°, la marche a été de **— 2ᵐ 52ˢ**; ce qui donne un coefficient de température de **— 11ˢ**, coefficient à l'aide duquel on retrouve, d'une manière suffisamment exacte, les marches observées pendant les cinq mois d'observation.

Ainsi, il ressort de cette première expérience que, *pour ce chronomètre* au moins, on peut admettre la loi de la variation de marche proportionnelle à la *variation de température.*

Les autres chronomètres délivrés de leur compensateur donneraient-ils les mêmes résultats? c'est ce que l'expérience seule peut décider.

Disons, toutefois, qu'en admettant même d'une manière rigoureuse *pour les chronomètres sans compensation* la loi que nous venons d'indiquer, ces instruments ne pourraient pas remplir le but que l'on se propose dans le cours d'un voyage : *la détermination de la longitude;* car le coefficient de température étant très-élevé (**— 11ˢ**), on comprend que si la *température moyenne* à bord *n'était pas observée et notée avec une exactitude rigoureuse* on pourrait commettre sur la marche de très-grandes erreurs.

LOI APPROCHÉE DES VARIATIONS DE LA MARCHE DES CHRONOMÈTRES DANS UN OBSERVATOIRE EN FONCTION DU TEMPS ET DE LA TEMPÉRATURE.

161. En construisant les deux courbes dont nous venons de parler, feu M. *Lieussou*, *ingénieur hydrographe* de la marine, a constaté deux faits remarquables, concernant les chronomètres séjournant dans les observatoires et soumis à l'action lente des variations de la température.

Voici ces deux faits :

1° *Les points de la courbe des marches, dont les ordonnées représentent des marches diurnes observées à la même température sont sensiblement en ligne droite ;*

2° *Les diverses lignes droites obtenues en joignant, sur la courbe des marches, les points d'égale température sont sensiblement parallèles entre elles.*

Par conséquent : 1° *L'inclinaison de ces parallèles sur l'axe des x* représente la *variation de marche* à une température constante, sous l'action du *temps écoulé ;*

2° *La distance de ces parallèles comptées sur les ordonnées*, représente les variations de marche, à une même date, sous *l'action du changement de température.*

Par suite, en coupant la courbe des marches par la série des parallèles isothermes correspondant aux divers degrés du thermomètre, l'accroissement de l'ordonnée sur la même parallèle donne la variation de la marche due à l'âge des huiles, c'est-à-dire au changement de date ; et l'accroissement de l'ordonnée en passant d'une parallèle à l'autre donne le changement de marche dû à la température.

Le système des parallèles isothermes tracées sur la courbe des marches d'un chronomètre a une inclinaison très-marquée sur l'axe des x ; ce système de parallèles donne une parallèle maxima correspondant à une certaine température T, spéciale à chaque chronomètre.

Les parallèles isothermes qui correspondent à deux températures $(T + K)$ et $(T - K)$, sont sensiblement en coïncidence et la distance de cette parallèle à la parallèle maxima (distance comptée sur l'ordonnée) est proportionnelle à K^2.

Par conséquent si a est la marche qui correspond à cette température T, b la tangente de l'inclinaison des parallèles isothermes sur l'axe des x, c le rapport constant entre les distances des parallèles à la parallèle maxima et le carré des différences des températures à la température T ; la marche m à une date quelconque x et à une température t pourra être donnée, par la formule

$$m = a + bx - c\,(T - t)^2.$$

Le terme bx étant la variation de l'ordonnée a, pour le temps x, eu égard aux huiles, et le terme $c\,(T - t)^2$ étant la variation de a, résultant de la variation de la température.

Telle est la formule donnée par M. Lieussou.

t doit être évidemment, la température moyenne observée depuis la dernière marche a.

Détermination des constantes a, b, c *et* T *qui conviennent à un chronomètre.*

162. D'après ses observations, M. Lieussou a constaté que *quatre marches moyennes et quatre températures moyennes en 10 jours déterminent les constantes assez rigoureusement.*

Soient m_1, m_2, m_3 m_4, les quatre marches diurnes observées aux quatre températures moyennes

$$t_1,\ t_2,\ t_3,\ t_4,$$

supposées séparées par des intervalles égaux h ; h étant au moins de 10 jours,

On aura, les quatre équations

$$\begin{aligned} m_1 &= a + o.b - c\,(T - t_1)^2 \\ m_2 &= a + h.b - c\,(T - t_2)^2 \\ m_3 &= a + 2h.b - c\,(T - t_3)^2 \\ m_4 &= a + 3h.b - c\,(T - t_4)^2 \end{aligned}$$

d'où l'on déduit :

$$\begin{aligned} m_1 - 2m_2 + m_3 &= -c[t^2_1 - 2t^2_2 + t^2_3 - 2T(t_1 - 2t_2 + t_3)] \\ m_2 - 2m_3 + m_4 &= -c[t^2_2 - 2t^2_3 + t^2_4 - 2T(t_2 - 2t_3 + t_4)] \\ m_3 + m_4 - m_1 - m_2 &= 4hb - c[t^2_3 + t^2_4 - t^2_1 - t^2_2 - 2T\,(t_3 + t_4 - t_1 - t_2)] \\ m_1 + m_2 + m_3 + m_4 &= 4a + 6hb - c[(T - t_1)^2 + (T - t_2)^2 + (T - t_3)^2 + (T - t_4)^2]. \end{aligned}$$

Posons :

$$\begin{aligned} m_1 - 2m_2 + m_3 &= \alpha \\ m_2 - 2m_3 + m_4 &= \alpha' \\ m_3 + m_4 - m_1 - m_2 &= \alpha'' \\ m_1 + m_2 + m_3 + m_4 &= \alpha''' \\ t^2_1 - 2t^2_2 + t^2_3 &= \zeta \\ t^2_2 - 2t^2_3 + t^2_4 &= \zeta' \\ t^2_3 + t^2_4 - t^2_1 - t^2_2 &= \zeta'' \\ t_1 - 2t_2 + t_3 &= \gamma \\ t_2 - 2t_3 + t_4 &= \gamma' \\ t_3 + t_4 - t_1 - t_2 &= \gamma'', \end{aligned}$$

On aura :

$$\alpha = - c(\zeta - 2T\gamma)$$
$$\alpha' = - c(\zeta' - 2T\gamma')$$
$$\alpha'' = 4hb - c(\zeta'' - 2T\gamma'')$$
$$\alpha''' = 4a + 6hb - c[(T - t_1)^2 + (T - t_2)^2 + (T - t_3)^2 + (T - t_4)^2].$$

Des deux premières on déduit facilement c et T, et l'on trouve :

$$(1) \qquad T = \frac{1}{2}\frac{\alpha\zeta' - \alpha'\zeta}{\alpha\gamma' - \alpha'\gamma},$$

$$(2) \qquad c = \frac{\alpha\gamma' - \alpha'\gamma}{\zeta'\gamma - \zeta\gamma'},$$

$$(3) \qquad b = \frac{1}{4h}[\alpha'' + c(\zeta'' - 2T\gamma'')],$$

$$(4) \qquad a = \frac{1}{4}\{[\alpha''' - 6hb + c[(T-t_1)^2 + (T-t_2)^2 + (T-t_3)^2 + (T-t_4)^2]\}.$$

Les états au moyen desquels on détermine les quatre marches moyennes, et par suite, les quatre constantes, devront être déterminés, ainsi que nous venons de le dire, de 10 en 10 jours et l'on devra prendre pour t_1, t_2, t_3, t_4 les températures moyennes observées dans les 10, 20, et 30 jours.

Pour obtenir a, b, c, T d'une manière plus exacte, il sera plus convenable de prendre quelques séries de quatre marches m_1, m_2, m_3, m_4..... et de déterminer la moyenne des constantes obtenues.

Prenons l'exemple donné par M. *Lieussou* lui-même dans ses *recherches sur les variations de la marche des pendules et des chronomètres*, page 56.

Chronomètre Winnerl, 200.

DATES.	MARCHE diurne. (Moyenne en 10 jours.)	TEMPÉRATURE diurne. (Moyenne en 10 jours.)	ÉQUATIONS DE CONDITIONS.
25 octobre 1847.	+ 1s,18	+ 15°,0	$+ 1^s,18 = a + 0.b - c(T - 15°)^2$.
25 janvier 1848.	— 1s,19	+ 1°,0	$- 1^s,19 = a + 91.b - c(T - 1°)^2$.
25 avril 1848.	+ 1s,53	+ 13°,0	$+ 1^s,53 = a + 182.b - c(T - 13°)^2$.
25 juillet 1848.	+ 1s,62	+ 21°,0	$+ 1^s,62 = a + 273.b - c(T - 21°)^2$.

Nous voyons bien que :

du 25 octobre au 25 janvier, il y a. . 91 jours.
du 25 octobre au 25 août, il y a. . 182 jours.
et enfin du 25 octobre au 25 juillet, il y a. . 273 jours.

Les équations de conditions sont donc bien, en effet, celles indiquées au tableau ci-dessus.

De ces équations comparées aux formules données plus haut nous déduisons :

$$\alpha = +\ 5^s{,}09;\quad \zeta = +\ 392,\quad \gamma = +\ 26;\quad \alpha'' = +\ 3^s{,}16.$$
$$\alpha' = -\ 2^s{,}63;\quad \zeta' = +\ 104;\quad \gamma' = -\ \ 4;\quad \alpha''' = +\ 3^s{,}14,$$

et par suite :

$$T = \frac{1}{2}\cdot\frac{529 + 1031}{20{,}36 + 68{,}38} = \frac{1}{2}\cdot\frac{1560}{48} = 16^o{,}3;$$

$$c = \frac{48}{2704 + 1568} = \frac{48}{4272} = 0^s{,}011\ ;$$

$$b = \frac{1}{365}\,[3{,}16 + 0{,}011(384 - 32{,}6)(34 - 16)] = 0^s{,}0026;$$

$$a = \frac{1}{4}\,[3{,}14 - 1{,}42 + 0{,}11\,(265)] = \frac{1}{4}\,(4{,}63) = 1^s{,}16.$$

Cette valeur de *a* correspond au 25 octobre 1847; le 25 janvier 1848, cette marche *a* serait

$$1^s{,}16 + \frac{1}{4}\,(0^s{,}95) = 1^s{,}40.$$

L'équation du chronomètre 200 Winnerl, déduite de quatre marches moyennes en 10 jours, séparées par des intervalles de trois mois et *rapportée au 25 janvier* 1848 est donc,

$$m = +\ 1^s{,}40 + 0^s{,}0026x - 0^s{,}011\,(16^o{,}3 - t)^2.$$

M. Lieussou fait remarquer que les marches et les températures moyennes en 10 jours étant affectées des erreurs d'observation, on obtiendrait une précision plus grande en déterminant les constantes de l'équation du chronomètre par quatre groupes de trois marches moyennes en 10 jours, ou mieux, d'après quatre marches moyennes en un mois.

Les feuilles d'observation des mois d'octobre 1857, janvier, avril et juillet 1848 ont donné à M. Lieussou le tableau suivant :

Chronomètre Winnerl 200.

ÉTATS OBSERVÉS.		MARCHE et TEMPÉRATURE MOYENNES observées en un mois.				ÉQUATIONS DE CONDITIONS.
Date.	État.	Date.	Intervalle.	Marche	Température.	
30 sept. 1847. 30 octob. . . .	$+1^m55^s,2$ $+2^m31^s,5$	15 octob.		$+1^s,21$	$15^\circ,0$	$+1^s,21 = a + o.b - c(T-15^\circ)^2$.
			91 jours			
31 déc. . . . 30 janv. 1848.	$+3^m18^s,9$ $+2^m58^s,2$	15 janv.		$-0^s,69$	$2^\circ,3$	$-0^s,69 = a + \frac{365}{4}b - c(T-2^\circ,3)^2$.
			91 jours			
31 mars. . . . 30 avril. . . .	$+3^m27^s,4$ $+4^m\ 9^s,7$	15 avril.		$+1^s,41$	$12^\circ,0$	$+1^s,41 = a + 2.\frac{365}{4}b - c(T-12^\circ)^2$.
			91 jours			
30 juin. . . . 30 juillet. . .	$+5^m55^s,9$ $+6^m47^s,6$	15 juillet		$+1^s,72$	$21^\circ,0$	$+1^s,72 = a + 3\frac{365}{4}.b - c(T-21^\circ)^2$.

De ce tableau et des formules données ci-dessus, nous déduisons :

$$\alpha = +4^s,00;\quad \zeta = 356;\quad \gamma = +22^\circ;\quad \alpha'' = +2^s,61;$$
$$\alpha' = -1^s,79;\quad \zeta' = 160;\quad \gamma' = -0^\circ,5;\quad \alpha''' = +3^s,65;$$

d'où nous concluons :

$$T^\circ = \frac{1}{2}\cdot\frac{640+637}{2+35} = \frac{1}{2}\cdot\frac{1277}{37} = \frac{1277}{74} = 17^\circ;$$

$$c^s = \frac{37}{3402} = 0^s,010;$$

$$b^s = \frac{1}{365}\left[2^s,61 + 0,01(354-34)(33-17,5)\right] = 0^s,0024;$$

$$a^s = \frac{1}{4}\left(3^s,65 - 1^s,32 + 0^s,01\,(260)\right] = \frac{1}{4}(4,93) = +1^s,2.$$

$a = 1^s,23$ correspond au 15 octobre 1847 ; le 25 janvier 1848,

$$a = 1^s,23 + 0,22 + 0,02 = 1^s,47.$$

L'équation du chronomètre 200 *Winnerl* déduite des quatre marches mensuelles moyennes d'octobre 1847, janvier, avril et juillet 1848, et rapportée au 25 janvier 1848 est donc,

$$m = +1^s,47 + 0^s,0024x - 0^s,01\,(17^\circ - t)^2.$$

Nous voyons que cette équation diffère sensiblement de celle obtenue au moyen de quatre marches diurnes moyennes en 10 jours.

Usage de la formule de M. Lieussou.

163. Les quatre constantes ayant été déterminées avant le départ ainsi que nous venons de l'indiquer, *et l'état absolu A du chronomètre* sur le temps moyen du lieu de départ, ou mieux rapporté à 0^h T. M. de Paris étant connu, la formule

$$m = a + bx - c(T - t)^2$$

donnera la marche du chronomètre pendant un intervalle de x jours.

Ainsi, si a est *la marche* pour le 25 janvier 1858 par exemple, et si l'on veut savoir quelle valeur on doit attribuer à cette marche pour un intervalle compris entre le 25 janvier et le 7 mars, on aura eu soin d'observer la température moyenne *diurne* entre ces deux époques; on sait que la température moyenne a lieu à bord vers 9^h du matin. De *ces températures* on déduira la température moyenne du chronomètre dans l'intervalle du 25 janvier au 7 mars; cela donnera t.

Le nombre de jours écoulés entre ces deux époques est 42 jours, ce qui donne x.

En considérant le *chronomètre Winnerl* 200 et en supposant que t température moyenne observée dans les 42 jours est 5°, nous obtenons

$$m = 1^s{,}47 + 0{,}0024 \times 42 - 0{,}01\,(17 - 5^\circ)^2;$$

d'où $$m = 1^s{,}47 + 0^s{,}1008 \qquad - 0{,}01 \times 144,$$

ou enfin $$m = +\,0^s{,}10.$$

Dans la pratique on déterminera la marche de chaque jour par l'observation de la température moyenne de chaque jour.

Dans les ports de relâche on pourra vérifier la formule de M. Lieussou; pour cela on calculera les marches m_1, m_2, m_3,..... tous les jours à l'aide de la formule

$$m = a + bx - c(T - t)^2.$$

Puis on comparera les marches ainsi calculées aux marches correspondantes observées directement à l'aide des méthodes que nous avons indiquées (142.

Pour vérifier l'équation de la marche pendant la traversée, on notera soigneusement les températures moyennes diurnes auxquelles sont soumis les chronomètres à bord.

A l'aide de la date et de *ces températures moyennes*, on déterminera chaque jour la *marche diurne* et, par suite, l'état absolu sur le temps moyen du lieu de départ; la première relâche donnant rigoureusement l'état absolu de la montre sur ce nouveau lieu, indiquera *si l'équation de la marche est satisfaisante.*

On dressera *un tableau comparatif* des marches *observées* et *calculées* dans les différentes relâches, en ayant soin de noter les *dates*, les *températures moyennes*, et *les états atmosphériques* qui ont pu influencer les montres dans l'*intervalle des marches observées.*

Jusqu'à présent, la formule

$$m = a + bx - c(T - t)^2$$

n'a pas donné de bons résultats pour les chronomètres naviguants. Il est vrai qu'on ne l'a encore que très-peu expérimentée.

Du reste, il est probable qu'en ne considérant même que l'influence des *huiles* et de la *température*, on ne pourra déterminer une *équation unique* donnant la *marche* d'un chronomètre sous l'influence de ces deux causes de variation.

Chaque chronomètre doit avoir sa loi particulière, ainsi que nous l'avons déjà dit, et l'*équation parabolique ne doit pas évidemment convenir* à tous *les chronomètres.*

Aussi, dans un petit intervalle, la *supposition de la variation de marche proportionnelle à la variation de température* paraît encore la plus simple et la plus rationnelle; cela revient à supposer la courbe des marches d'un chronomètre, quelque compliquée qu'elle soit, comme *composée d'éléments rectilignes.* Ce qui sera d'autant plus exact que les intervalles, pendant lesquels on se servira du même coefficient de température, seront plus petits.

Il suffit donc, dans cette hypothèse, de déterminer *le plus souvent possible le coefficient de température* et de corriger ces marches successivement avec les coefficients successifs. Le plus simple serait de tenir le chronomètre à la même température, ainsi que nous l'avons déjà dit.

164. En dehors de l'influence de *la température* et de l'*épaississement des huiles*, il existe encore à bord des navires des causes de varia-

tions des marches chronométriques, reconnues par le capitaine *Buchan* en 1818.

Nous voulons parler de l'*influence magnétique* développée sur les parties en acier d'un chronomètre, entre autres sur le *ressort spiral* et sur le *diamètre du balancier* par les masses ferrugineuses du navire; ces parties de la montre acquérant à la longue la *polarité magnétique*.

MM. *Fisher* et *Barlow*, en *Angleterre*, ont fait de nombreuses expériences pour tâcher de découvrir l'action réelle de cette influence magnétique. Des chronomètres reconnus excellents ont été mis en présence de barreaux aimantés ou d'un boulet et ont donné des variations diurnes qui ont été jusqu'à 9ˢ quand on se servait d'un barreau aimanté, et jusqu'à 4ˢ seulement en agissant avec le boulet. Quant au sens de ces variations, MM. *Fisher et Barlow* ne sont nullement d'accord.

En considérant toutes les matières ferrugineuses du bord comme faisant le même effet qu'un aimant fictif placé vers le milieu du bâtiment, mais variant de position et d'intensité suivant *l'action magnétique du globe sur ces masses ferrugineuses*, il est clair qu'il ne peut y avoir rien de régulier dans les variations dues au magnétisme local, observées sur les marches des chronomètres placés à bord. Il ressort donc simplement des expériences faites par MM. *Fisher* et *Barlow* qu'on doit éloigner avec soin les chronomètres du voisinage des masses de fer.

MM. *Delamarche* et *Ploix*, Ingénieurs hydrographes (1), ont fait récemment quelques expériences au sujet de l'*influence magnétique* du bâtiment sur *la marche* des *chronomètres*, influence qui, sur les compas, a un effet tel qu'elle détermine, sur les navires en fer surtout, des déviations qui vont jusqu'à 40°.

Ayant donc déterminé à terre, et au moyen d'un aimant placé près d'un compas, des déviations successives de 13°, 20°, 40° et 45°, MM. *Delamarche* et *Ploix* ont *substitué au compas*, pour chaque déviation, et cela sans bouger l'aimant, un *chronomètre* dont ils avaient préalablement suivi la marche dans un milieu *non magnétique*.

Ils ont ensuite déterminé la marche du *chronomètre* sous l'influence de l'aimant, et après que l'aimant eut été enlevé; ayant renouvelé ces expériences pour *neuf chronomètres* : deux *Winnerl*, deux *Bré-*

(1) *Comptes rendus de l'Académie des sciences*, séance du 14 mars 1859.

guet, trois *Motel* et deux *Berthoud*, ils ont comparé la moyenne des marches libres aux marches observées sous l'influence magnétique ; *les différences ont été très-peu sensibles.*

On pourrait peut-être objecter que tous les *chronomètres* employés dans ces expériences, à l'exception du Motel (223), dont la marche était — $14^s,6$, et du Bréguet, n° 4891, dont la marche était — $4^s,7$, que tous ces *chronomètres*, dis-je, avaient une marche très-faible, et qu'alors les différences observées entre la moyenne des *marches avant* et *après* l'épreuve, et la moyenne des *marches* pendant l'épreuve, ont *relativement* une valeur plus forte que celle qu'on semble leur attribuer ; ainsi, pour le chronomètre *Winnerl* n° 227, l'influence relative est $\frac{1}{5}$, et pour le chronomètre *Winnerl* n° 366, elle est un peu plus d' $\frac{1}{3}$.

Le seul chronomètre ayant une marche un peu forte, le *Motel* n° 223, n'a pour influence relative que $\frac{1}{30}$ environ ; mais la valeur absolue de cette différence est une demi-seconde. Quoi qu'il en soit, dans la pratique, c'est l'erreur absolue qui importe pour l'exactitude des états absolus.

Nous pensons donc que ces expériences prouvent toutefois l'action plus ou moins faible des matières ferrugineuses du bord sur les chronomètres, et si cette action ne donne, d'après les résultats que nous venons de citer, que des différences de marche insignifiantes, nous pensons que ces expériences ne sont pas encore assez concluantes pour renverser l'opinion émise par plusieurs physiciens sur l'*influence prononcée* que le magnétisme du navire peut avoir sur les chronomètres. Nous croyons donc toujours utile d'adopter la conclusion à laquelle nous ont conduit les expériences de MM. Fisher et Barlow, c'est-à-dire d'éloigner les chronomètres du voisinage des trop grandes masses de fer.

Du reste, à ces causes de déviation viennent probablement s'en joindre d'autres, *les courants électriques*, par exemple, qui se développent à bord par l'influence atmosphérique et qui augmentent ou diminuent la polarité magnétique des pièces du chronomètre.

Il est clair qu'on ne peut espérer établir la loi de ces nouvelles variations qui, du reste, n'agissent très-probablement qu'accidentellement sur les montres.

Quoi qu'il en soit, et pour terminer ce qui est relatif *aux chronomètres*, disons qu'il ne faut pas s'exagérer les variations *des marches chronométriques* dues aux influences *thermo-électriques* ou *électro-magnétiques;* car bien des navires *munis de trois chronomètres* ont accompli des voyages les plus lointains sans avoir nullement égard à ces causes d'erreurs. Cependant cette question mérite d'être réellement étudiée et une grande quantité de résultats acquis, résultats fournis par les officiers chargés des montres à bord des navires, peut seule permettre de trouver le moyen de se garantir de ces causes d'erreur.

Pour le moment, nous croyons qu'en ayant soin, dans *chaque port de relâche*, de déterminer, avec beaucoup d'exactitude, *la marche des chronomètres*, marche qui correspondra à la température moyenne du port de relâche (température qui reste généralement constante pendant le temps de la relâche) ; et de se *servir du coefficient de température déterminé, ainsi que nous l'avons dit* (159), à la suite de deux relâches, on aura les moyens suffisants pour obtenir avec certitude la position du navire, ainsi que nous le dirons, et pour approcher des côtes en toute confiance ; et l'on pourra être convaincu qu'avec *trois chronomètres, conduits avec soin*, on peut naviguer en *toute sécurité.*

DÉTERMINATION DE LA LATITUDE.

165. On peut déterminer la latitude du navire de plusieurs manières :

1° *Par la hauteur méridienne d'un astre;*

2° *Par les hauteurs circumméridiennes;*

3° *Par deux hauteurs d'un astre et l'intervalle de temps écoulé entre les observations;*

4° *Par les hauteurs simultanées ou non simultanées de deux étoiles;*

5° *Par la hauteur d'un astre observée à une heure connue.*

1° Par la hauteur méridienne d'un astre.

166. *Opérations de l'observation.* — Considérons d'abord le *Soleil.* Nous avons vu, en Astronomie, p. 91, que l'on peut généralement considérer la hauteur *maximum* du Soleil comme étant sa hauteur *méridienne.* Alors, vingt minutes environ avant midi, moment indiqué par la montre d'habitacle, on se met en observation.

Après avoir *rectifié* son instrument, mis l'*axe optique de la lunette* à une distance convenable du plan de l'instrument, afin que *l'image directe de l'horizon et l'image refléchie du Soleil aient une intensité presque égale*, cette dernière image ayant du reste été déjà affaiblie par l'interposition de *verres colorés convenables;* on prend la distance angulaire du bord *inférieur* ou du bord *supérieur* du Soleil à l'horizon visible. On s'assure bien que cette distance est prise dans le *vertical de l'astre* en donnant à l'instrument un mouvement de balancement autour de l'axe optique de la lunette, et en voyant si, dans ce mouvement, l'image du bord observé du Soleil *décrit bien un arc tangent à l'horizon.*

Le *Soleil* étant dans sa course ascensionnelle, le contact ne tarde pas à ne plus avoir lieu, et le bord réfléchi s'écarte de l'horizon ; l'observateur l'y ramène à l'*aide de la vis de rappel,* jusqu'à ce que le contact subsiste pendant quelques instants. Il attend alors que l'image du Soleil *morde* un peu sur l'horizon pour être sûr que la hauteur que marque son instrument est la hauteur maximum du Soleil et par suite sa *hauteur méridienne.* C'est à cet instant que l'officier chargé des montres à bord d'un navire, indique qu'il est *midi,* en disant au timonier placé à ce moment près de la cloche du bord: *piquez huit*. La montre d'habitacle est mise à l'heure; ainsi cette montre indique l'heure *Temps vrai* du lieu où se trouvait le navire au moment où l'on a déterminé la latitude par la hauteur méridienne du Soleil.

Détermination des éléments du calcul. On passe de cette hauteur observée à la hauteur vraie du centre, et l'on calcule la *déclinaison* D pour l'heure de Paris Temps moyen qui correspond au midi vrai du lieu; cette heure de Paris s'obtient au moyen de la longitude.

(Fig. 84)

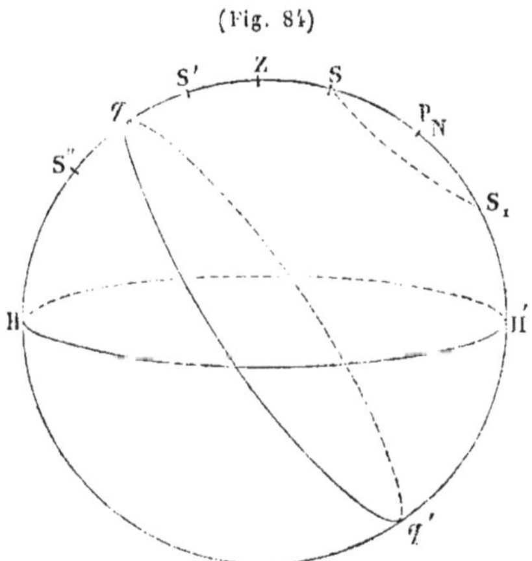

En considérant le passage du Soleil au méridien supérieur, on voit qu'il peut avoir lieu en S, en S' ou en S'' (fig. 84).

Développement du calcul. — Si nous admettons que P soit le pôle Nord et que la *distance zénithale* méridienne DZ *prenne le nom du pôle auquel l'observateur tourne le dos pendant l'observation*, on aura la latitude qZ à l'aide des relations suivantes, dans lesquelles les dénominations *Nord* ou *Sud* des quantités qui y entrent sont indiquées par la lettre N ou S placée au-dessous :

En S. . . . . . $qZ = qS - ZS$ ou $\underset{N}{L} = \underset{N}{D} - \underset{S}{DZ}$,

En S'. . . . . . $qZ = qS' + ZS'$ ou $\underset{N}{L} = \underset{N}{D} + \underset{N}{DZ}$,

En S''. . . . . $qZ = ZS'' - qS''$ ou $\underset{N}{L} = \underset{N}{DZ} - \underset{S}{D}$.

Ces relations se déduisent de la *fig.* 84 ou de la formule

$$\sin H = \sin L \sin D + \cos L \cos D \cos P,$$

dans laquelle $P = 0$.

C'est-à-dire que la latitude est égale à la somme de *la distance zénithale* DZ *et de la déclinaison* D, si ces quantités *sont de même nom*, et à *leur différence, si elles sont de noms contraires.* La latitude a dans le premier cas, le nom de ces deux quantités et celui de la plus grande dans le second.

Si l'on observait le Soleil à son passage *au méridien inférieur* en S_1, on aurait

$$qZ = qS_1 - ZS_1 = 180 - S_1q' - ZS_1,$$
$$L_N = 180 - (D + DZ).$$

Dans ce cas, la latitude est toujours égale à 180° *diminués de la somme de la déclinaison et de la distance zénithale;* on sait de plus que pour que l'on puisse observer le Soleil à son passage inférieur au méridien, il faut que cet astre soit *dans le même hémisphère que l'observateur.*

Exemple.

Le 27 juillet 1858, étant par 163° longitude Est, on a observé la hauteur méridienne du ☉ = 37° 17′. Erreur instrumentale + (3′ 20″), élévation de l'œil 7 mètres : on était tourné vers le Sud, pendant l'observation. On demande la latitude ?

Détermination des éléments du calcul.

1° *Calcul de l'heure T. M. de Paris.*

Heure du lieu T.V. le 27. . .	= 00h00m00s
Longitude en temps.	= 10h52m00s Est
Heure de Paris T. V. le 26. .	= 13h08m00s
Équat. du temps à vue le 26.	= 0h 6m12s
Heure de Paris T. M. le 26. .	= 13h14m12s

2° *Calcul de la déclinaison du* ☉.

Déclin. du ☉ le 26.	= 19°28′27″
Variation en 24h.	= 13′23″
. . . . . en 13h14m12s. . . .	= — 7′23″
Déclinaison calculée. . . .	= 19°21′04″

3° *Correction de la hauteur.*

H_i ☉	= 37°17′00″
Erreur instrum.	= + 3′20″
H. obs. ☉ . . .	= 37°20′20″
Dépression. . .	= — 4′41″
H_{ap} ☉	= 37°15′39″
Réfract. moy. .	= — 1′16″
$H._{corr}$ ☉	= 37°14′23″
Parallaxe. . . .	= + 7″
H. v. ☉	= 37°14′30″
½ diamètre. . .	= + 15′46″
H. v. ☉	= 37°30′16″
	90°
Distance zénith.	= 52°29′44″ Nord.

Développement du calcul.

Distance zénithale	= 52°29′44″	Nord
Déclinaison calculée	= 19°21′04″	Nord
Latitude.	= 71°50′48″	Nord.

Remarque importante. — Si le temps est couvert et si l'on craint de ne pas avoir la hauteur juste au moment de midi, on prend une comparaison au chronomètre avant de monter sur le pont.

A l'aide de la montre de comparaison, on note les heures que marque cette montre au moment de 5 ou 6 hauteurs prises avant midi ; et si l'on a pas eu le Soleil à midi, de 5 ou 6 hauteurs prises après midi ; on se servira alors de ces hauteurs et de ces heures pour déterminer la latitude, ainsi que nous le verrons plus loin.

Latitude déterminée par la hauteur méridienne d'une étoile.

167. Lorsque l'on veut obtenir la latitude par la hauteur méridienne d'une étoile, on suit la marche indiquée dans l'exemple suivant.

Exemple.

Le 16 décembre 1858, on n'a pas pu prendre de hauteur de Soleil dans la journée ; après le coucher du Soleil le ciel se dégage et l'on se propose de déterminer la latitude par une hauteur méridienne d'étoile.

Examinant le ciel après le coucher du Soleil, on aperçoit *Aldébaran*, à une certaine hauteur au-dessus de l'horizon, mais n'ayant pas encore passé au méridien, comme l'indique sa position par rapport au méridien magnétique, dont on connaît la variation.

D'après cette position, on suppose que cet astre devra passer au méridien vers 10 du soir ; pour en être plus sûr on fait le calcul du passage d'Aldébaran au méridien. Au moment du passage on trouve pour longitude, au moyen des routes portées sur le journal du bord, 39° 40′ longitude Ouest.

1° *Calcul, presque à vue, de l'heure T. M. du passage d'Aldébaran à ce méridien.*

Asc. droite d'Ald. le 16.	=	4h27m51
Angle horaire.	=	0
Hs = heure sidérale. . .	=	4h27m51s
T.S. au midi moyen de Paris le 16.	=	17h39m19s

On supprime la correction pour la longitude.

Retranchant T. S. de Hs, on a.	=	10h48m32s

On considère cet intervalle sidéral comme un intervalle moyen, et l'on peut admettre que le passage aura lieu vers 10h48m T. M.

Alors, quand la montre d'habitacle indiquait 10h25m environ on s'est mis en observation, tourné vers le Nord, et en suivant la même marche que pour le Soleil, on a trouvé la hauteur méridienne d'Aldébaran égale à 31°9'15. (Élévation de l'œil, 7 mètres), erreur instrumentale + 2'15".

2° *Calcul de la latitude.*

1° Correction de la hauteur d'Aldé.

Hauteur instrum. . .	=	31° 9'15"
Erreur instrum. . . .	=	+ 2'15"
Haut. observée. . . .	=	31°11'30"
Dépression.	=	— 4'41"
Hauteur apparente. .	=	31° 6'49"
Réfraction.	=	— 1'36"
Hauteur vraie.	=	31° 5'13"
		90
Distance zénithale. .	=	58°54'47" S.
Déclin. d'Aldé le 16. .	=	16°13'31" N.
Latitude	=	42°41'16" S.

168. Les hauteurs méridiennes d'étoiles de première grandeur telles qu'*Aldébaran*, *Procyon*, *Sirius*, *Fomalhaut*, *Régulus*, etc., permettent d'obtenir facilement la *latitude* à 5 ou 6 minutes près; approximation suffisante pour la navigation. Ce qui donne un peu de difficulté aux observations d'étoiles, c'est le peu de netteté de l'horizon la nuit; ce peu de netteté altère il est vrai la dépression, mais pour un bon observateur qui se rend parfaitement compte des limites de l'horizon visible à bord de son navire et en se servant d'une *bonne lunette astronomique* dont les verres sont bien clairs, c'est beaucoup admettre que de supposer que l'on peut faire 5 *ou* 6 *minutes d'erreur* sur la hauteur *observée*.

Du reste, quand on fait ces sortes d'observations lorsqu'il y a un peu clair de Lune, ou bien un peu après le coucher du Soleil ou un peu avant son lever, l'horizon se voit d'une manière très-suffisante.

Pour ne pas se tromper d'étoile en observant, il est préférable *de viser directement à celle que l'on veut observer et d'y amener l'horizon par réflexion.*

169. Les hauteurs méridiennes des planètes *Vénus* et *Jupiter*, cette dernière surtout, peuvent donner la latitude assez exactement ; il est seulement regrettable que dans la *connaissance des Temps* les éléments de ces astres, quoique donnés de 6 en 6 jours pour Vénus et de 8 en 8 jours pour Jupiter, ne le soient pas exactement, mais seulement en *nombres ronds de minutes.*

Malgré cela, ces deux astres peuvent encore donner la *latitude méridienne* à 3 ou 4 minutes près; on peut les observer absolument comme le *Soleil*, seulement on commence, comme pour les étoiles, par déterminer à vue l'*heure du passage de la planète au méridien du lieu.* Pour ces astres, comme pour le Soleil et même la Lune, ainsi que nous le démontrons plus loin, la *hauteur méridienne* peut être considérée, dans la pratique, comme égale à la hauteur *maximum.*

Quinze ou vingt minutes avant l'heure trouvée on se met en observation et on observe la hauteur de la planète en mettant en contact son bord inférieur avec l'horizon, si l'astre a un diamètre sensible et si l'on a une bonne lunette ; on suit avec la vis de rappel le mouvement en hauteur de l'astre jusqu'au moment où l'image ne se sépare plus de l'horizon; on est alors certain d'avoir la hauteur méridienne.

Exemple.

Le 20 décembre 1858 étant par 10° 20′ de longitude Ouest environ, on veut avoir la *latitude* par la *hauteur méridienne de Jupiter* que l'on aperçoit très-brillant dans le ciel et que l'on suppose devoir passer au méridien du lieu vers 11 heures du soir.

(On n'a pas égard au mouvement du navire).

S'étant mis en observation vers $10^h\,30^m$, on détermine la hauteur du bord inférieur de *Jupiter*, et suivant avec un sextant le mouvement ascensionnel de cet astre jusqu'à 11^h environ, on trouve pour *hauteur méridienne observée* 67° 8′ 39″. On était tourné vers le Sud pendant l'observation ; l'élévation de l'œil est de 5 mètres.

On demande la *latitude?*

1° *Détermination des éléments.*

Pass de *Jup*r à Paris, le 18 = 11h 8m
Pass. de *Jup*r dans le lieu
le 20, pris à vue. . . . = 10h59m
Longitude en temps. . . = 41m20s

Hre de Paris au moment
du passage. . . . . . . = 11h40m20s

Calcul de la déclinaison.

Déclin. de *Jup*r le 18. . . . = 22°3′ B
(à vue) id. le 20. . . . = 22°1′

Correction de la hauteur.

Haut. obs. de *Jup*r. . . . . = 67°8′30″
Dépr. pour 5m . . . . = — 3′58

Haut. app. . . . . = 67°4′32″
Réfraction. . . . . = — 25″

Haut. corrigée. . . . . . . = 67°4′07″
page 332 de la Connaissance des temps. { La parallaxe est insignifiante. . ½ diamètre. . . = 24″

Haut. vraie de *Jup*r. . . . . = 67°4′31″

Calcul de la latitude.

Distance zénithale. . . . . = 22°55′29″ N.
Déclinaison. . . . . = 22° 1′ N.

Latitude. . . . . = 44°56′29″ N.

Calcul de la latitude par la hauteur méridienne de la Lune.

170. Nous avons vu en Astronomie, page 112, que l'on obtenait le mouvement en hauteur d'un astre pendant la minute qui précède son passage au méridien à l'aide des relations

$$\alpha = \frac{\cos L \cos D}{\sin(L-D)} \frac{900''^2}{2} \sin 1'', \qquad \alpha = \frac{\cos L \cos D}{\sin(D-L)} \frac{900''^2}{2} \sin 1'';$$

Or nous savons que lorsqu'un astre a un mouvement en distance polaire, la hauteur *méridienne* n'est, en réalité, *jamais la hauteur maximum*; parce que, en nommant δ le mouvement en distance polaire de l'astre dans l'unité de temps, ou plutôt pendant que le cercle de déclinaison de l'astre décrit l'unité d'arc, on peut toujours trouver une valeur de P telle que *le mouvement en distance polaire* δP *dans l'intervalle* P *soit plus grand que le mouvement en hauteur dans ce même intervalle*, c'est-à-dire telle que l'on ait

$$\delta P > \frac{\cos L \cos D}{\sin(L-D)} \frac{P^2}{2} \sin 1'';$$

en considérant seulement le cas du passage au méridien entre le zénith et l'équateur. La valeur supérieure de cet intervalle P est donnée par la relation

$$P = \frac{2\delta \sin(L-D)}{\cos L \cos D \sin 1''}.$$

Si le mouvement en distance polaire est de sens contraire au mouvement en hauteur la hauteur *maximum précédera la hauteur méridienne*; si le mouvement en distance polaire est de même sens que le mouvement en hauteur, *la hauteur méridienne précédera la hauteur maximum*. Ce serait le contraire si l'astre passait au méridien entre le pôle et le zénith.

Cherchons quelle différence peut exister entre la hauteur *maximum* et la hauteur *méridienne*, et voyons si, dans la pratique, on ne peut pas habituellement, même pour la Lune dont le mouvement en distance polaire est considérable relativement à celui des autres astres, prendre la hauteur *maximum* pour la hauteur *méridienne*. Ne considérons que le cas où l'astre passe au méridien entre le zénith et l'*équateur*.

Appelons D la déclinaison de l'astre au moment de son passage au méridien et δ sa variation dans l'unité de temps.

Cette déclinaison sera $D-\delta t$ au moment de la hauteur maximum, en supposant que le mouvement en déclinaison est sensiblement uniforme dans un petit intervalle et que la déclinaison va en augmentant.

t est la valeur de P exprimée en temps; pour la Lune t est un temps lunaire.

Au moment de la hauteur maximum H on aura donc

$$\sin H = \sin L \sin(D-\delta t) + \cos L \cos(D-\delta t) \cos P$$

ou, comme on a $P = 15 . t$,

$$(\alpha)\qquad \sin H = \sin L \sin(D-\delta t) + \cos L \cos(D-\delta t) \cos(15t);$$

Cherchons la valeur de t qui rend le second membre maximum, mais rappelons-nous qu'à moins de supposer l'observateur très-près du pôle t doit être très-petit.

Développons d'abord le second membre de l'équation (α), nous aurons

$$\sin H = \sin L \sin D \cos(\delta t) - \sin L \cos D \sin(\delta t) + \cos L \cos D \cos(\delta t) \cos(15^{\circ}.t)$$
$$+ \cos L \sin D \sin(\delta t) \cos(15^{\circ}.t).$$

Différentions cette relation par rapport à H et à t, et supposons cette dernière quantité exprimée en minutes, nous aurons

$$\cos H \frac{dH}{dt} = -\delta \sin L \sin D \sin(\delta t) - \delta \sin L \cos D \cos(\delta t) - \delta \cos L \cos D \sin(\delta t) \cos(900''.t)$$
$$- 900'' \cos L \cos D \cos(\delta t) \sin(900''.t) + \delta \cos L \sin D \cos(\delta t) \cos(900''.t)$$
$$- 900'' \cos L \sin D \sin(\delta t) \sin(900''.t).$$

Pour trouver la valeur de t qui rend H maximum il faut égaler à zéro le premier coefficient différentiel $\frac{dH}{dt}$.

On aura donc, en négligeant tout de suite les termes du second ordre, c'est-à-dire en faisant

$$\sin \delta t = \delta t \sin 1'' \quad \sin(900''t) = (900''t) \sin 1''$$
$$\cos \delta t = \cos(900''t) = 1,$$

$$(\beta) \qquad \delta \sin L \sin D (\delta t) \sin 1'' + \delta \sin L \cos D + \delta \cos L \cos D (\delta t) \sin 1''$$
$$+ 900'' \cos L \cos D (900''.t) \sin 1'' - \delta \cos L \sin D + 900'' \cos L \sin D \delta t \sin 1'' 900'' t \sin 1'' = 0$$

Si nous remarquons maintenant que le mouvement en distance polaire de l'astre est le plus rapide lorsque $D = 0$, la relation (β) devient, dans cette hypothèse,

$$\delta \sin L + \delta \cos L\, \delta t \sin 1'' + 900''^2 \cos L\, t \sin 1'' = 0$$

d'où $$t = -\frac{\delta \sin L}{\cos L \sin 1'' (\delta^2 + 900''^2)} = -\frac{\delta \operatorname{tg} L}{\sin 1'' (\delta^2 + 900''^2)}.$$

La *hauteur maximum* de l'astre, dans l'hypothèse où $D = 0$, sera donc donnée par la relation

$$(\gamma) \quad \sin H = -\sin L \sin(\delta t) + \cos L \cos(\delta t) - \cos L \cos(\delta t) \frac{900''^2}{2} \sin^2 1'' t^2,$$

dans laquelle nous mettrons à la place de t la valeur que nous venons de trouver.

La hauteur méridienne est, dans ce cas,

$$(\gamma') \qquad \sin H_m = \cos L.$$

Si nous remplaçons, dans la relation (γ), $\sin(\delta t)$ par $\delta t \sin 1''$ et $\cos \delta t$ par 1 et en ayant égard à la relation (γ'), nous aurons

$$\sin H - \sin H_m = -\sin L (\delta t) \sin 1'' - \cos L \frac{900''^2}{2} \sin^2 1'' t^2,$$

ou, en appelant x la différence entre la hauteur maximum et la hauteur méridienne,

$$\sin 1''.x \cos H_m = -\sin L \delta t \sin 1'' - \cos L \frac{900''^2}{2} \sin^2 1'' t^2.$$

Observant que $\cos H_m = \sin L$, lorsque $D = o$, et remplaçant t par la valeur que nous avons trouvée, il vient

$$x = \frac{\delta^2 \operatorname{tg} L}{\sin 1''(\delta^2 + 900''^2)} - \frac{\frac{900''^2}{2}\delta^2 \operatorname{tg} L}{\sin 1''(\delta^2 + 900''^2)^2}.$$

En simplifiant cette expression, on trouve

$$x = \frac{\delta^2 \operatorname{tg} L (900''^2 + 2\delta^2)}{2 \sin 1'' (\delta^2 + 900''^2)^2}$$

qui, sans erreur sensible, peut se réduire à

$$x = \frac{\delta^2 \operatorname{tg} L}{2 \sin 1'' (\delta^2 + 900''^2)},$$

attendu que pour la Lune δ qui réprésente le mouvement en distance polaire dans 1^m ne dépasse pas $17''$.

En supposant L égal à 60°, latitude que l'on dépasse rarement dans la navigation habituelle, on trouve $x = 1'$ environ ; ainsi, on peut généralement considérer la *hauteur maximum, même de la Lune,* comme étant égale à la *hauteur méridienne* ; il en est ainsi, *à fortiori*, pour les autres astres.

Quand donc on a observé la *hauteur maximum* de la Lune, hauteur que l'on considère comme sa *hauteur méridienne*, on détermine, avec la longitude approchée conclue de l'Estime, l'heure T. M. du passage de la Lune au méridien du lieu ; puis on passe de cette heure à l'heure correspondante de Paris T. M., avec laquelle on calcule *la parallaxe*, le *demi-diamètre* et la *déclinaison* de la *Lune*.

L'on peut alors, après avoir déduit de la hauteur de la Lune sa distance zénithale et lui avoir donné une dénomination conforme à celles que nous avons admises pour le *Soleil*, conclure la *latitude du lieu*, ainsi que nous l'avons fait pour cet astre.

Si l'on se trouve par une latitude estimée tellement grande que l'on ne puisse considérer la hauteur méridienne de la Lune comme égale à la hauteur maximum, on déterminera l'heure que devra marquer la montre de comparaison quand *la Lune passera au méridien* du lieu.

Pour cela, nous supposerons que la marche a de cette montre ait été déterminée à l'aide des chronomètres réglés.

On a pu noter l'heure C que marquait cette montre de comparaison quand il était t heures dans le lieu où se trouvait le navire, *le matin ou la veille;* cette heure t ayant été déterminée dans les *circonstances favorables.*

Soit g le changement en longitude effectué depuis cet instant jusqu'au moment où la Lune doit passer au méridien; appelons C_m l'heure que doit marquer la montre quand il sera T heures dans le lieu, T *étant l'heure moyenne du passage de la Lune au méridien*, déterminée ainsi que nous l'avons dit, et en supposant que la longitude estimée du navire à ce moment aura telle valeur.

On a la relation évidente

$$\frac{C_m - C}{T-(t+g)} = \frac{24+a}{24} = 1 + \frac{a}{24}$$

d'où

$$(\alpha) \qquad C_m = C + [T-(t+g)] + [T-(t+g)]\frac{a}{24}.$$

Il faudra, dans cette formule, faire attention au signe de g et de a; et remarquer que comme on ne connaît pas entièrement g et même T, on supposera d'abord dans la formule (α) $g = o$; C_m indique alors l'heure de la montre quand la Lune passe *au méridien du lieu du calcul d'angle horaire*; on obtiendra g avec assez d'exactitude, en prenant *les routes faites* depuis l'heure C jusqu'à cette valeur de C_m.

On calculera g et l'on pourra corriger C_m.

Quelques instants avant l'heure C_m, on se mettra en observation, et on déterminera la hauteur de la *Lune* au moment de l'heure C_m corrigée, dont un second observateur indiquera l'instant précis en comptant les secondes à haute voix.

Avec cette hauteur méridienne, on déterminera la latitude de la même manière que pour le *Soleil.*

Exemple.

Le 24 avril 1858, étant situé par 64° 34′ de longitude estimée Ouest, on a observé *du côté du pôle Sud la hauteur maximum du bord inférieur de la Lune*, considérée comme *hauteur méridienne*, et on l'a trouvée de 41° 19′ 20″; erreur instrumentale + 3′40″; élévation de l'œil 6^{mètres},4.

On demande la *Latitude du lieu de l'observation?*

1° *Détermination de l'heure* T. M. *du passage de la lune au méridien.*

Passage le 24 à Paris, à.		9ʰ38ᵐ
Id. le 25 à Paris.		10ʰ20ᵐ
Différence pour 360°.	=	42ᵐ
Différence pour 64°34′.	=	7ᵐ32ˢ
Hʳᵉ du passage au Mⁿ du lieu. .	=	9ʰ45ᵐ32ˢ
Longitude en temps.	=	4ʰ18ᵐ16ˢ
Hʳᵉ T. M. de Paris correspondᵗᵉ.	=	14ʰ03ᵐ48ˢ

3° *Correction de la hauteur* ☾.

H_i ☾	=	41°19′20″
Erreur instrument.	=	+ 3′40″
H_{ob} ☾	=	41°23′00″
Dépression.	=	— 4′29″
H_{ap} ☾.	=	41°18′31″
Parall.-réfraction. .	=	+ 41′12″
H_{cor} ☾.	=	41°59′43″
½ diamètre ☾. . . .	=	+ 15′18″
H_v ☾	=	42°15′01″

2° *Calcul de la déclinaison de la Lune.*

	Diff. 1ʳᵉ	Diff. 2ᵉ
Dᵒⁿ ☾ le 24 avril à 12ʰ = 0°20′10″,5 A.	3° 3′37″,2	—1′41″,8
	3° 1 55″,4	—3′21″,3
	2°58′34″,1	
		5′03″1
		$-\Delta^2 e_m$ = 2′31″,5

$$e_0 = + \quad 0°20'10'',5$$

$$\frac{\theta}{t}\Delta e_0 = + \quad 31'16'',6$$

$$-\frac{\theta(t-\theta)}{2t^2}\Delta^2 e_m = \quad 10'',4$$

Déclinaison. .	=	0°51′37″,5 A.
Parallaxe ☾ .	=	56′18″,8
½ diamètre ☾.	=	15′18″

Calcul de la latitude.

Distᶜᵉ. zénith.	=	47°44′59″	B.
Déclinaison. .	=	0°51′37″,5	A.
Latitude. . .	=	46°53′21″,5	

2° PAR LES HAUTEURS CIRCUMMÉRIDIENNES.

171. Lorsque le ciel est *nuageux* et que l'on craint de ne pas obtenir la *hauteur méridienne*, on peut obtenir la latitude d'une manière suffisamment exacte au moyen d'une hauteur prise aux environs du Méridien, soit avant soit après le passage de l'astre à ce vertical.

Soient H cette hauteur observée, L la latitude de l'observateur *au*.

moment de cette hauteur, D la déclinaison de l'astre, à cet instant, et P l'angle horaire de l'astre que nous supposerons assez petit puisque la hauteur est prise aux environs du Méridien.

L est évidemment une fonction de P; c'est-à-dire, qu'étant données une hauteur H et une déclinaison D, on peut trouver une valeur de L qui dépende de celle attribuée à P; on peut donc développer L suivant les puissances croissantes de P au moyen de la série de *Mac-Laurin*;

$$L = L_0 + \left(\frac{dL}{dP}\right)_0 P + \left(\frac{d^2L}{dP^2}\right)_0 \frac{P^2}{2} + \left(\frac{d^3L}{dP^3}\right)_0 \frac{P^3}{2.3} + \left(\frac{d^4L}{dP^4}\right)_0 \frac{P^4}{2.3.4} \ldots\ldots\ldots$$

pour obtenir L_0, ainsi que les différents coefficients $\left(\frac{dL}{dP}\right)_0$, $\left(\frac{d^2L}{dP^2}\right)_0$ .. etc., considérons la relation

$$(\alpha) \qquad \sin H = \sin L \sin D + \cos L \cos D \cos P$$

qui existe, au moment de la hauteur H, entre les quantités

$$H, \ L, \ D \text{ et } P;$$

si dans la relation (α), nous faisons $P = 0$, nous obtenons

$$\sin H = \sin L_0 \sin D + \cos L_0 \cos D$$

ou $$\sin H = \cos (L_0 - D),$$

d'où $$H = 90 - (L_0 - D),$$

c'est-à-dire,

$$L_0 = (90 - H) + D,$$

en supposant que l'astre passe au Méridien entre le pôle et le zénith.

L_0 *est donc une latitude obtenue avec la hauteur* H *considérée comme hauteur méridienne.*

En déterminant, à l'aide de la relation (α), les différents coefficients

$$\left(\frac{dL}{dP}\right)_0, \ \left(\frac{d^2L}{dP^2}\right)_0 + \ldots\ldots$$

nous obtenons successivement :

$$\left(\frac{dL}{dP}\right)_0 = 0,$$

$$\left(\frac{d^2L}{dP^2}\right)_0 = -\frac{\cos L_0 \cos D}{\sin (L_0 - D)},$$

$$\left(\frac{d^3L}{dP^3}\right)_0 = 0,$$

$$\left(\frac{d^4L}{DP^4}\right)_0 = \frac{\cos L_0 \cos D}{\sin (L_0 - D)}\left(1 - \frac{6 \sin L_0 \cos D}{\sin (L_0 - D)}\right) - \frac{3 \cos^2 L_0 \cos^2 D}{\sin^2 (L_0 - D)} \operatorname{tg} H.$$

On a donc, pour le développement de L suivant les puissances croissantes de P, en nous arrêtant au terme du 4me ordre, et en exprimant les arcs en secondes

$$L = L_0 - \frac{\cos L_0 \cos D}{\sin (L_0 - D)} \frac{P^2}{2} \sin 1'' + \left[\frac{\cos L_0 \cos D}{\sin (L_0 - D)}\left(1 - \frac{6 \sin L_0 \cos D}{\sin (L_0 - D)}\right) - 3\frac{\cos^2 L_0 \cos^2 D}{\sin^2 (L_0 - D)} \operatorname{tg} H\right] \frac{P^4 \sin^3 1''}{2.3.4}.$$

Si P est très-petit, ainsi que nous l'avons supposé, on peut négliger le terme en P^4 et la formule se réduit alors à

$$L = L_0 - \frac{\cos L_0 \cos D}{\sin (L_0 - D)^2} \frac{P^2}{2} \sin 1''.$$

L_0 représentant, ainsi que nous venons de le voir, *une latitude approchée déterminée avec la hauteur* H *considérée comme hauteur méridienne;* c'est-à-dire que l'on a

$$L_0 = 90 - H + D$$

Si l'astre passe au méridien entre le *Zénith* et l'*Équateur;*

$$L_0 = 90 - H - D,$$

Si l'astre et l'observateur ne sont pas *dans le même hémisphère ;* et enfin,

$$L_0 = D - (90 - H),$$

si l'astre passe au Méridien entre le *Zénith* et le *Pôle.*

On a donc pour latitude L, dans ces trois cas :

$$L = L_0 - \frac{\cos L_0 \cos D}{\sin (L_0 - D)} \frac{P^2}{2} \sin 1'' \ldots\ldots$$

$$L = L_0 - \frac{\cos L_0 \cos D}{\sin (L_0 + D)} \frac{P^2}{2} \sin 1'' \ldots\ldots$$

$$L = L_0 - \frac{\cos L_0 \cos D}{\sin (D - L_0)} \frac{P^2}{2} \sin 1'' \ldots\ldots$$

D'après ces relations, pour obtenir la latitude par une hauteur prise aux environs du Méridien, on agira de la manière suivante :

Calcul préparatoire.—On déterminera, ainsi que nous l'avons déjà dit (170), l'heure C_m que devra marquer le *chronomètre* quand l'astre passera au *Méridien*. Si l'on a un bon *compteur* (montre de comparaison) on se servira de cette montre même ; dans le cas contraire, on déterminera l'heure que devra marquer *un des chronomètres au moment du passage de l'astre au Méridien;* puis, au moyen d'une comparaison faite entre le *compteur* et ce *chronomètre* on pourra déterminer *à quelle heure du compteur* on devra se mettre en observation ; ayant noté l'heure du compteur au moment de la hauteur H on en déduira, par *deux comparaisons*, l'heure correspondante du chronomètre.

Si l'on est à la mer, et *si le navire marche*, on ne connaîtra pas le Méridien sur lequel se trouvera le navire quand l'astre passera à ce Méridien ; alors, on déterminera l'heure C'_m que marquera le chronomètre quand l'astre passera *au Méridien du lieu où l'on a fait le calcul d'angle horaire.*

On aura cette heure par la relation

$$C'_m = \left[C + (\theta - t) + (\theta - t)\frac{a}{24}\right];$$

θ étant l'heure moyenne du passage de l'astre au Méridien. Si c'est le Soleil que l'on considère, on prendra pour t *l'heure vraie* donnée par le calcul d'angle horaire et θ est alors égal à *zéro.*

Opérations de l'observation. Quelques minutes en général avant l'heure C'_m on déterminera la hauteur H de l'astre et on notera l'heure correspondante du compteur.

On prendra sur le journal du bord les routes faites depuis *l'instant du calcul d'angle horaire jusqu'au moment déterminé par l'heure* C'_m, et on en déduira le changement en longitude g, à l'aide duquel on aura C_m d'une manière suffisamment exacte, en se servant de la formule

$$C_m = C + [\theta' - (t+g)] + [\theta' - (t+g)]\frac{a}{24}.$$

Il faudra, dans cette relation, avoir égard aux signes de g et de a.

Nous indiquerons, plus loin, combien de minutes avant le passage de l'astre au Méridien on pourra se mettre en observation.

Si l'on a fait une observation croisée, on notera les heures c et c' du compteur au moment de chaque contact, et $\frac{c+c'}{2}$ devra être pris comme heure correspondante de la hauteur donnée par le cercle en divisant par deux l'arc parcouru par le zéro de l'alidade du grand miroir ; on pourrait faire soit une double ou même une triple observation croisée.

Détermination des éléments du calcul. On déterminera l'heure C du chronomètre qui correspond à l'instant de l'observation ; si l'on ne peut directement se servir du compteur.

Au moyen de l'heure C, *si le chronomètre est réglé sur Paris*, on obtiendra l'heure de Paris temps moyen correspondant à l'heure de la hauteur. Dans le cas contraire, on se servira de la *longitude estimée.*

Pour cette heure on calculera la *déclinaison* de l'astre ; on corrigera la hauteur H et on en conclura la *distance zénithale* N à laquelle *on donnera un signe convenable*, ainsi que nous l'avons indiqué (166).

Développement du calcul. — Avec N et D on déterminera, comme pour une *hauteur méridienne*, la latitude *approchée* L_0.

On fera la différence entre C_m et C ; ce qui donnera l'*intervalle chronométrique* correspondant à l'angle horaire P.

Quand l'astre considéré est le Soleil, on peut généralement prendre C_m — C pour P *exprimé en temps.*

Si l'on veut avoir l'*intervalle temps vrai* t d'une manière plus exacte, en fonction de l'intervalle chronométrique, on l'obtient au moyen de la relation

$$(1) \qquad \frac{t}{C_m - C} = \frac{24}{24 + a'};$$

Dans laquelle a' est la marche de la montre sur le Temps vrai ; on sait que e étant la variation de l'équation du Temps, on a

$$a' = a + e;$$

il faut faire attention au signe de e.

On a donc pour t, d'après la relation (1)

$$(2) \qquad t = (C_m - C) - (C_m - C)\,\frac{(a+e)}{24}.$$

Comme, dans la correction que l'on doit faire subir à la latitude approchée L_0, P représente des secondes de degrés, on a, dans le cas où t est exprimé en minutes

$$\frac{(24^h) \text{ en minutes}}{t^{\text{minutes}}} = \frac{360^\circ \text{ en secondes}}{P''}$$

ou

$$\frac{24 \times 60}{t} = \frac{360 \times 60 \times 60}{P};$$

et par suite, on a $P = 900''.t$.

La correction x devient donc, en ne considérant que le cas où l'astre passe au méridien entre le *Pôle* et le *Zénith*,

$$(3) \qquad x = \frac{\cos L_0 \cos D}{\sin (L_0 - D)} \frac{900''^2}{2} \sin 1'' \times t^2;$$

Les formules (2) et (3) permettront donc d'obtenir x; la valeur de x dans la formule (3) se calculera *par logarithmes.*

Si l'astre considéré est une *étoile*, il suffira de remplacer, dans la formule (2), e par $-$ ($3^m\ 55^s,909$).

172. Quand on considère la *Lune*, P représente l'angle horaire décrit par cet astre dans l'intervalle chronométrique (C_m — C).

On convertit cet intervalle chronométrique en intervalle T. M. au moyen de la marche du chronomètre, ou plus généralement, on considère cet intervalle chronométrique même comme un intervalle T. M.

Cherchant dans la *Connaissance des Temps* les deux passages de la *Lune* au méridien de Paris pour le jour qui précède, le jour proposé et le jour qui suit, faisant la différence des deux premières heures trouvées, puis des deux dernières, et prenant la *moyenne* m de ces deux différences, on peut admettre que le plan horaire de la *Lune* décrit 360° en $24^h + m$.

En supposant le mouvement de ce plan horaire uniforme, il décrit P dans l'intervalle moyen M qui correspond à (C_m — C).

On a donc la relation

$$P = \frac{M.360^\circ \times 60 \times 60}{(24 \times 60) + m}$$

P étant exprimé en secondes;

ou

$$P = M.900'' - \frac{M.m\,900''}{24 \times 60} = M\,900''\left(1 - \frac{m}{1440}\right),$$

en négligeant les termes du troisième ordre.

M est donné par la relation

$$M = (C_m - C) - \frac{a}{24}(C_m - C).$$

La correction x quand on considère la Lune est donc, dans un des cas considérés

$$x = \frac{\cos L_0 \cos D}{\sin(L_0 - D)} \frac{900''^2}{2} \sin 1'' M^2 \left(1 - \frac{m}{1440}\right)^2.$$

Tables servant à déterminer la correction x pour le Soleil et les Étoiles.

Abstraction faite du signe de x, les valeurs absolues que peut avoir cette quantité sont :

$$x = \frac{\cos L_0 \cos D}{\sin(L_0 - D)} \frac{900''^2}{2} \sin 1'' \times t^2 = \alpha t^2,$$

$$x' = \frac{\cos L_0 \cos D}{\sin(L_0 + D)} \frac{900''^2}{2} \sin 1'' \times t^2 = \alpha' t^2.$$

La table XXVI *de Callet*, la XXXe des tables de M. *Caillet* (1re édition) et la table XXXII de *Guépratte* donnent le terme α et le terme α'. Ces tables sont divisées en deux parties : l'une se rapportant au cas où l'astre et l'observateur sont dans le même hémisphère ; et l'autre au cas où l'astre et l'observateur sont dans un hémisphère différent.

La XXXe des tables de M. *Caillet* (1re édition) et la table XXXII de Guépratte donnent le carré de l'intervalle t.

La XLe des tables de M. *Caillet* (nouvelle édition) donne le logarithme de la quantité

$$\frac{\cos L_0 \cos D}{\sin(L_0 - D)}.$$

La table XLI du même auteur donne le terme

$$\frac{2 \sin^2 \frac{1}{2} P}{\sin 1''}$$

dont on prend le logarithme que l'on ajoute à celui donné par la table XL ; on a ainsi le logarithme de x, dont on détermine la valeur au moyen de la table de logarithmes des nombres. Pour appliquer ***aux hauteurs de Lune*** les tables que nous venons de citer, nous remarquerons que m étant en moyenne égal à 50^m, le terme

$$\left(1-\frac{m}{1440}\right)=0,965$$

donne

$$\left(1-\frac{5}{144}\right)^2=0,93 \text{ environ.}$$

Donc quand on considère la Lune, on peut se servir des tables citées plus haut, mais il ne faut prendre pour x qu'environ les 0,9 du résultat fourni par ces tables.

Il est clair que dans la valeur α ou α' nous ne tenons pas compte du mouvement en distance polaire de l'astre. Nous pouvons aussi remarquer qu'en prenant la hauteur H de la *Lune*, *7 ou 8 minutes* avant son passage au méridien, cette hauteur est toujours inférieure à la hauteur méridienne malgré le mouvement en distance polaire de l'astre.

Cas où l'on observe l'astre à son passage au méridien inférieur.

(Fig. 85)

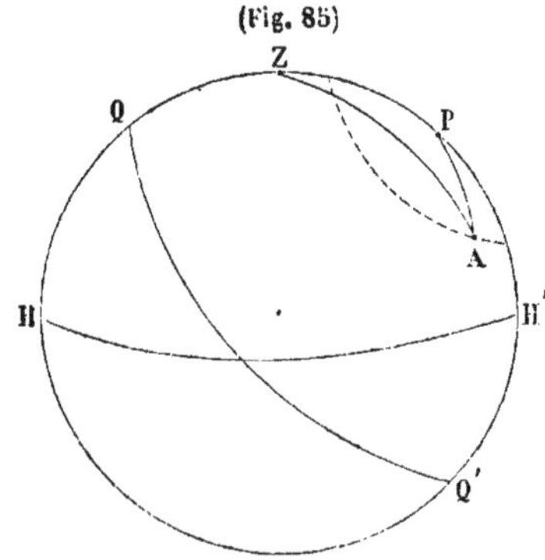

173. Si l'on observe un astre A (fig. 85), un peu avant son passage au méridien inférieur, on a, en appelant H la hauteur, D la déclinaison, L la latitude et P' l'angle APH' supplément de ZPA,

$$\sin H=\sin L\sin D-\cos L\cos D\cos P' \quad (\alpha).$$

La latitude est encore une fonction de P' ; on a donc, comme précédemment,

$$L=L_0+\left(\frac{dL}{dP'}\right)_0 P'+\left(\frac{d^2L}{dP'^2}\right)_0\frac{P'^2}{1.2}\sin 1''\ldots\ldots$$

pour $P'=o$, la relation (α) devient

$$\sin H=\sin L_0\sin D-\cos L_0\cos D=-\cos(L_0+D),$$

22

d'où, en posant

$$N = 90 - H,$$
$$\cos N = -\cos (L_0 + D),$$

et par suite,

$$N = 180 - (L_0 + D);$$

d'où
$$L_0 = 180 - (N + D).$$

Si nous déterminons les deux coefficients différentiels $\left(\frac{dL}{dP}\right)_0$, $\left(\frac{d^2L}{dP^2}\right)_0$, à l'aide de la relation (α) ; nous trouvons

$$\left(\frac{dL}{dP}\right)_0 = 0,$$
$$\left(\frac{d^2L}{dP^2}\right)_0 = -\frac{\cos L_0 \cos D}{\sin (L_0 + D)}.$$

On a donc, en s'arrêtant aux termes du second ordre,

$$L = L_0 - \frac{\cos L_0 \cos D}{\sin (L_0 + D)} \frac{P'^2}{2} \sin 1'' \ldots\ldots$$

La détermination de L est donc en tout semblable à celle que nous avons indiquée dans le cas où l'astre *et l'observateur ne sont pas dans le même hémisphère;* seulement, dans le cas que nous venons de considérer, on a

$$L_0 = 180° - (N + D)$$

et non
$$L_0 = N - D.$$

174. *Discussion.* La simplicité de la méthode que nous venons d'indiquer est basée sur la petite valeur que l'on attribue, en général, à P et par suite sur l'insignifiance du terme en P^4. Il s'agit de savoir jusqu'à quel point on peut négliger ce terme, autrement dit, *quelle est la limite supérieure du temps qui précède ou qui suit le passage de l'astre au Méridien, pendant lequel on peut obtenir la latitude, au moyen de la méthode précédente, et en ne faisant pas, sur le résultat, une erreur plus grande qu'une approximation donnée.*

Le terme en P^4 que nous avons négligé jusqu'ici, est

$$-\left(6 \sin L_0 \frac{\cos^2 D \cos L_0}{\sin^2 (L_0 - D)} + \frac{3\cos^2 L_0 \cos^2 D}{\sin^2 (L_0 - D)} \operatorname{tg} H - \frac{\cos L_0 \cos D}{\sin (L_0 - D)}\right) \frac{P^4 . \sin^4 1''}{24};$$

en multipliant et divisant par cos L_0 le premier terme de la quantité entre parenthèse et en supprimant le facteur 3, nous avons

$$-\left(2\cdot\frac{\cos^2 D\cos^2 L_0}{\sin^2(L_0-D)}\operatorname{tg}L_0+\frac{\cos^2 L_0\cos^2 D}{\sin^2(L_0-D)}\operatorname{tg}H-\frac{1}{3}\frac{\cos L_0\cos D}{\sin(L_0-D)}\right)\frac{P^4\sin^3 1''}{8};$$

pour avoir P exprimé en minutes, en ne considérant que le *Soleil*, nous allons remplacer P par $900''.t$, t étant le nombre de minutes *temps moyen qui correspond à* P; le terme en P^4 devient alors,

$$-\left(2\cdot\frac{\cos^2 D\cos^2 L_0}{\sin^2(L_0-D)}\operatorname{tg}L_0+\frac{\cos^2 L_0\cos^2 D}{\sin^2(L_0-D)}\operatorname{tg}H-\frac{1}{3}\frac{\cos L_0\cos D}{\sin(L_0-D)}\right)\frac{t^4 900''^4\sin^3 1''}{8}.$$

Mais nous savons que le terme α de la table XXVI de Callet est donné par la relation

$$\frac{\cos L_0\cos D}{\sin(L_0-D)}\,\frac{900''^2}{2}\sin 1''=\alpha,$$

on en déduit

$$\frac{\cos L_0\cos D}{\sin(L_0-D)}=\frac{2\alpha}{900''^2.\sin 1''};$$

substituant cette valeur de $\dfrac{\cos L_0\cos D}{\sin(L_0-D)}$, dans l'expression en t^4, on a

$$-\left(2\frac{4\alpha^2}{900''^4\sin^2 1''}\operatorname{tg}L_0+\frac{4\alpha^2}{900''^4\sin^2 1''}\cdot\operatorname{tg}H-\frac{2}{3}\frac{\alpha}{900''^2\sin 1''}\right)\frac{t^4 900''^4\sin^3 1''}{8},$$

ou bien

$$-\left(\alpha^2\sin 1''\operatorname{tg}L_0+\frac{1}{2}\alpha^2\sin 1''\operatorname{tg}H-\frac{1}{12}\alpha 900''^2\sin^2 1''\right)t^4.$$

Supposons, maintenant, que l'on veuille déterminer t de manière que l'on ne commette pas sur la latitude une erreur e, lorsque l'on n'a pas égard au terme en P^4; nous devrons avoir la relation

$$\left(\alpha^2\sin 1''\operatorname{tg}L_0+\frac{1}{2}\alpha^2\sin 1''\operatorname{tg}H-\frac{1}{12}\alpha 900''^2\sin^2 1''\right)t^4<e;$$

d'où $$t^4<\frac{12e}{(12\alpha^2\sin 1''\operatorname{tg}L_0+6\alpha^2\sin 1''\operatorname{tg}H-\alpha 900''^2\sin^2 1'')},$$

et par suite,

$$t < \sqrt[4]{\frac{12 \,.\, e}{(12\alpha^2 \sin 1'' \operatorname{tg} L_0 + 6\alpha^2 \sin 1'' \operatorname{tg} H - \alpha 900''^2 \sin^2 1'')}}.$$

En prenant à la place de H la hauteur *méridienne* et en supprimant au dénominateur le terme du second ordre

$$\alpha 900''^2 \sin^2 1'',$$

terme qui a le signe —, nous augmentons le dénominateur, et par suite nous diminuons la quantité sous le radical ; donc si nous prenons

$$(m) \qquad t < \sqrt[4]{\frac{12e}{(12\alpha^2 \sin 1'' \operatorname{tg} L_0 + 6\alpha^2 \sin 1'' \operatorname{tg} H_m)}},$$

on aura, *à fortiori*,

$$t < \sqrt[4]{\frac{12 \,.\, e}{(12\alpha^2 \sin 1'' \operatorname{tg} L_0 + 6\alpha^2 \sin 1'' \operatorname{tg} H - \alpha 900''^2 \sin^2 1'')}}.$$

En substituant *la latitude estimée au lieu de* L_0 *que nous ne connaissons pas*, nous pourrons nous servir de la relation (m) pour déterminer le Temps limite *que nous cherchons.*

Exemple.

Étant aux *environs de Cherbourg* par 50° degrés de latitude estimée N, vers la fin de mars, c'est-à-dire, quand la déclinaison du Soleil est d'environ 3° Nord, et par suite, que la hauteur près du méridien sera d'environ 43°, on veut savoir quel est le temps limite pendant lequel on peut observer des hauteurs circumméridiennes, en ne commettant pas sur la latitude une erreur de 60″. On a alors $e = 60''$.

En entrant dans la table XXVI de Callet avec $L_0 = 50°$ et $D = 3°$ on trouve $\alpha = 1{,}72$.

Calcul du terme
$12\alpha^2 \sin 1'' \operatorname{tg} L_0$

Log 12 =	1,0791812
2 log 1,72 =	0,4710568
log sin 1″ =	$\bar{4}$,6855749
log tg 50° =	0,0761865
	$\bar{4}$,3119994

1er terme = 0,00020511
2e terme = 0,00008025

Calcul du terme
$6\alpha^2 \sin 1'' \operatorname{tg} H_m$

log 6 =	0,7781512
2 log 1,72 =	0,4710568
log sin 1″ =	$\bar{4}$,6855749
log tg 43° =	$\bar{1}$,9696559
	$\bar{5}$,9044388

2e terme = 0,000080249

Somme = 0,00028536 c' log = 3,5446069
log 720″ = 2,8573325
6,4019394
le $\frac{1}{4}$ = 1,6004848 = log t d'où $t = 39^m,8^s$.

Ainsi l'on pourra observer 39^m avant le passage au méridien et 39^m après.

Remarque. Nous eussions dû déterminer t avec la latitude déduite de la hauteur que nous prenons, mais en prenant la latitude estimée nous ne faisons pas une grande erreur.

On pourrait du reste calculer le terme en t^4 pour déterminer L, et l'avoir d'une manière excessivement exacte.

Nous savons que c'est à l'aide de la relation

$$C_m = C + [T - (t + g)] + [T - (t + g)] \frac{a}{24}$$

que nous déterminerons l'heure C_m que marquera le chronomètre quand l'astre passera au méridien, l'heure moyenne étant T dans le lieu, à ce moment, et $t + g$ étant l'heure moyenne de ce lieu *au moment où le chronomètre marquait* C.

Il peut sembler étrange de se servir du changement en longitude g effectué depuis la veille, ou plutôt depuis l'instant du calcul d'*angle horaire*, pour obtenir l'heure C_m, et de ne pas se servir alors immédiatement du changement en *latitude* pour le combiner avec la latitude du calcul de l'heure t, si cette latitude était connue exactement.

Or, nous pouvons voir facilement qu'une erreur commise sur g *n'a que peu d'influence* sur la valeur de C_m et par suite sur la valeur de la *latitude* déterminée par une hauteur circumméridienne. Tandis qu'une erreur commise sur le changement en latitude l affecte d'une quantité égale la latitude estimée.

En effet, si l'on a commis une erreur dg sur g, nous aurons, pour erreur correspondante dC_m commise sur C_m, en nous arrêtant toutefois au premier coefficient différentiel de la série de Taylor,

$$dC_m = dg + \frac{a}{24} dg;$$

c'est-à-dire que l'erreur commise sur C_m est sensiblement égale à l'erreur commise sur g (cette quantité étant exprimée en temps), puisque le terme $\frac{a.dg}{24}$ est toujours excessivement petit.

En négligeant les termes du second ordre et en remarquant que dg exprimé en minutes de temps est égal à dg exprimé en minutes de degrés divisé par 15; l'erreur sur la latitude sera donc

$$2\alpha.t\,\frac{dg}{15}.$$

En considérant la *première hauteur de l'exemple* que nous donnons plus loin et en supposant que dg soit de 15 milles, l'erreur commise sur la latitude, au moyen d'une hauteur circumméridienne, serait dans ce cas

$$2 \times 1'',9 \times 15,2 = 57'',7,$$

puisque α est égal à 1'',9 et que t est de $15^m,2$.

Pour une hauteur plus voisine du méridien, cette erreur serait encore plus petite.

Si l'on suppose actuellement que le courant qui a produit sur le changement en longitude estimée une erreur de 15 milles était dirigé vers le N. E. ou vers le N. O., l'erreur correspondante sur le chemin Est ou Ouest et celle sur le chemin Nord et Sud sont de 10' ! Donc, si l'on se servait de la bonne latitude de la veille *et du changement en latitude effectué jusqu'à midi*, on pourrait commettre sur la latitude une erreur de 10', tandis que l'erreur qui provient de la longitude ne va pas *à une minute.*

On peut aussi commettre une erreur sur la valeur de t qui entre dans la formule donnant C_m dans le cas où l'on a fait le calcul d'angle horaire avec une *latitude estimée*, et surtout quand la hauteur qui entre dans ce calcul d'angle horaire n'a pu être observée dans les *circonstances favorables*, ce qui est le cas qui se présente *quand l'astre et l'observateur ne sont pas dans le même hémisphère.*

En représentant par dL l'erreur commise sur la latitude estimée, et par Z l'azimut de l'astre au moment de l'observation, on sait que l'on a (130), en s'arrêtant au premier coefficient différentiel de la série de Taylor,

$$dt = \frac{dL}{15}\frac{\cot g Z}{\cos L}.$$

Donc, en négligeant la *marche du chronomètre*, on aura aussi, sensiblement,

$$dC_m = \frac{dL}{15}\frac{\cot g Z}{\cos L};$$

et par suite l'erreur commise sur la latitude déterminée par une hauteur circumméridienne sera

$$2\alpha t\frac{dL}{15}\frac{\cot g Z}{\cos L},$$

en négligeant les termes du second ordre.

La quantité $\frac{dL}{15}\frac{\cot g Z}{\cos L}$ pourra être déterminée approximativement ainsi que nous l'avons dit, en supposant à dL une certaine grandeur, et l'on pourra alors savoir d'après t et α quel degré de confiance on peut accorder à la latitude obtenue par la hauteur circumméridienne. Du reste, nous pouvons voir comment on peut connaître la valeur à donner à t pour que l'erreur que nous venons d'indiquer n'ait pas, sur la latitude une influence appréciable ; autrement dit nous pouvons obtenir le temps pendant lequel on peut prendre des hauteurs circumméridiennes de manière qu'une erreur commise sur $(C_m - C)$ n'affecte pas la latitude obtenue.

Déterminons de nouveau l'influence d'une erreur commise dans la détermination de P, c'est-à-dire de $C_m - C$; et arrêtons-nous, comme d'habitude, au premier coefficient différentiel.

En différentiant l'expression

$$x = -\frac{\cos L_0 \cos D \frac{P^2}{2}\sin 1''}{\sin(L_0 \pm D)}$$

par rapport à x et à P, et remarquant que $dx = -dL$, on a

$$dL = dP\,\frac{\cos L_0 \cos D.P \sin 1''}{\sin (L_0 \pm D)},$$

d'où l'on voit que dL est d'autant plus petit que P est petit.

De cette relation, on déduit

$$P = \frac{dL \sin (L_0 \pm D)}{dP \sin 1'' (\cos L_0 \cos D}$$

ou, si P est exprimé en minutes t de temps,

$$t = \frac{1}{900'' \sin 1''} \cdot \frac{dL}{dP} \cdot \frac{\sin (L_0 \pm D)}{\cos L_0 \cos D}.$$

Cette valeur de t doublée représente une nouvelle limite du temps pendant lequel on peut prendre des hauteurs circumméridiennes, de manière qu'une *erreur dP* commise sur l'angle P ou sur C_m donne au plus une erreur dL sur la latitude.

Ainsi, si l'on veut qu'une erreur d'une seconde de temps ne donne pas une erreur de 1″ de degré sur la latitude, on déduira le temps t pendant lequel on peut observer, par la relation

$$t < \frac{1}{450 \times \sin 1''} \times \frac{\sin (L_0 \pm D)}{\cos L_0 \cos D},$$

ou, remplaçant $\sin (L_0 + D)$ par $\sin L_0 \cos D + \cos L_0 \sin D$

$$t < \frac{1}{450 \sin 1''} (\text{tang } L_0 \pm \text{tang } D),$$

La table suivante extraite du mémoire de M. de Givry sur l'emploi des chronomètres à la mer, a été calculée sur cette formule. On entre dans cette table avec la latitude approchée du lieu à la place de L_0 qu'on ne connaît pas, et l'on trouve en regard, dans la colonne intitulée angle horaire, le terme $\frac{\text{tang } L}{450 \sin 1''}$; on entre ensuite dans la même table avec la déclinaison, et dans la colonne intitulée angle horaire, on trouve le terme $\frac{\text{Tang } D}{450 \sin 1''}$; la *somme* ou la *différence* des deux nombres ainsi déterminés, selon que L et D sont de *différentes* ou de *mêmes* dénominations, donne l'intervalle de temps cherché.

TABLE *servant à trouver le temps pendant lequel on peut observer un astre avant et après son passage au méridien, pour en conclure la Latitude.*

Arguments : Latitude et Déclinaison (1).

L et D	ANGLE horaire.	Différence.	L et D	ANGLE horaire.	Différence.	L et D	ANGLE horaire.	Différence.
0°	0m0s,0	0m8s.0	30°	4m24s,7	0m10s,7	60°	0h13m14s,3	0 0m32s,6
1	8,0	8,0	31	4 35,4	11,0	61	13 46,9	35,2
2	16,0	8,0	32	4 46,4	11,3	62	14 22,1	37,6
3	24,0	8,1	33	4 57,7	11,5	63	14 59,7	40,2
4	32,0	8,0	34	5 9,2	11,8	64	15 39,9	43,1
5	40,1	0m8s,0	35	5 21,0	0m12s,0	65	16 23,0	0 0m46s,6
6	48s,1	8,2	36	5m33s,0	12,4	66	0h17m 9s,6	50,3
7	56,3	8,1	37	5 45,4	12,7	67	17 59,9	54,7
8	1m 4,4	8,2	38	5 58,1	13,1	68	18 54,6	59,5
9	1 12,6	8,2	39	6 11,2	13,4	69	19 54,1	1m 5,3
10	1 20,8	0m8s,3	40	6 24,6	0m13s,9	70	20 59,4	0 1m11,9
11	1m29s,1	8,3	41	6m38s,5	14,2	71	0h22m11s,3	1 19,4
12	1 37,4	8,4	42	6 52,7	14,7	72	23 30,7	1 28,6
13	1 45,8	8,4	43	7 7,4	15,2	73	24 59,3	1 39,3
14	1 54,2	8,6	44	7 22,4	15,8	74	26 38,6	1 52,2
15	2 2,8	0m8s,6	45	7 38,4	16s,0	75	28 30,8	0 2m 7,8
16	2m11s,4	8,7	46	7m54s,4	17,1	76	0h30m38s,5	2 27,0
17	2 20,1	8,8	47	8 11,5	17,6	77	33 5,5	2 51,1
18	2 28,9	8,9	48	8 29,1	18,2	78	35 56,6	3 21,6
19	2 37,8	9,0	49	8 47,3	19,0	79	30 18,2	4 1,4
20	2 46,8	0m9s,2	50	9 6,3	0m19s,8	80	43 19,6	0 4m54s,5
21	2m56s,0	9,2	51	9m26s,1	20,6	81	0h48m14s,1	6 7,4
22	8 5,2	9,4	52	9 46,7	21,6	82	0 54 21,5	7 51,7
23	3 14,6	9,5	53	10 8,3	22,6	83	1 2 13,2	10 28,0
24	3 24,1	9,6	54	10 30,9	23,7	84	1 12 41,2	14 38,1
25	3 33,7	0m9s,9	55	10 54,6	0m25s,0	85	1 27 19,3	0 22m11s,0
26	3m43s,6	0m10s,0	56	11m19s,6	26,2	86	1h49m30s,3	36 16,2
27	3 53,5	10,2	57	11 45,8	27,8	87	2 25 46,5	1 12 59,8
28	4 3,7	10,4	58	12 13,6	29,3	88	3 38 46,3	3 38 54,3
29	4 14,1	10,6	59	12 42,9	31,4	89	7 17 40,6	
30	4 24,7		60	13 14,3		90	∞	∞

(1) Si les deux Arguments sont de même dénomination, il faudra prendre la différence des deux nombres tirés de la table; on en fait la somme dans le cas contraire.

Des séries de hauteurs circumméridiennes.

175. Au lieu de prendre une seule hauteur circumméridienne avant ou après le passage de l'astre au méridien il est plus convenable *de prendre plusieurs hauteurs avant le passage et plusieurs hauteurs après;* et de conclure la latitude de cette série de hauteurs, ainsi que nous allons le dire. *Outre que cette manière d'opérer permet d'obtenir des vérifications en comparant, si l'on veut, la latitude déduite de hauteurs différentes, les erreurs qui peuvent affecter les intervalles* t, t'... etc., par *suite d'une erreur commise sur* C_m *se compensent, en agissant comme nous allons le faire.*

Soient :

H, H', H''... des hauteurs prises avant et après le passage de l'astre au méridien;

C, C', C''... les heures correspondantes de la montre; C_m l'heure que doit marquer cette montre au moment où l'astre passe au méridien.

On a pour chaque hauteur :

$$\begin{aligned} L &= L_0 - \alpha t^2 = 90° - H + D - \alpha t^2, \\ L &= L'_0 - \alpha' t'^2 = 90° - H' + D' - \alpha' t'^2, \\ L &= L''_0 - \alpha'' t''^2 = 90_0 - H'' + D'' - \alpha'' t''^2, \\ &\vdots \end{aligned}$$

D'où, en faisant la somme de ces équations membre à membre et divisant cette somme par n, si n est le nombre de hauteurs prises,

$$L = 90 - \frac{H + H' + H''....}{n} + \frac{D + D' + D''....}{n} - \frac{\alpha t^2 + \alpha' t'^2 + \alpha'' t''^2 + ...}{n}$$

Dans cette relation, $\frac{H + H' + H''...}{n}$ représente la *moyenne des hauteurs vraies;* nous prendrons la moyenne des *hauteurs observées*, et nous en conclurons la *hauteur vraie;* c'est-à-dire *qu'au lieu de corriger chaque hauteur, nous corrigerons simplement la moyenne des hauteurs.*

$\frac{D + D' + D''...}{n}$ est la moyenne des déclinaisons calculées pour les heures T. M. de Paris, qui correspondent aux heures C, C' et C''... notées au chronomètre: nous prendrons simplement pour $\frac{D + D' + D''...}{n}$

la déclinaison D_m calculée pour la moyenne des heures C, C′, C″ ... moyenne qui pourra être considérée comme sensiblement égale à C_m quand on aura pris des hauteurs, à peu près correspondantes, *avant et après* le passage de l'astre au méridien;

Enfin, au lieu de calculer chaque terme α, α'.... nous supposerons $\alpha = \alpha' = \alpha''$... et nous prendrons pour entrer dans la table XXVI de Callet la latitude approchée

$$L_e = 90 - \left(\frac{H + H' + H''....}{n}\right) + D_m$$

et la déclinaison D_m.

De cette manière, on rendra le calcul *pratique*, et les petites erreurs que l'on pourra commettre en agissant comme nous venons de le dire, ne rouleront que sur des secondes dont on *n'a nullement besoin pour connaître sa latitude d'une manière suffisamment exacte.*

Règle pratique. Ainsi, pour obtenir la latitude par une *série de hauteurs circumméridiennes*, on fera d'abord le calcul préparatoire que nous avons indiqué (169) pour avoir l'heure C_m que marquera le chronomètre quand l'astre passera au méridien du lieu *du calcul d'heure.* Avec la latitude approchée et la déclinaison prise à vue dans la *connaissance des Temps on déterminera le temps limite* t *pendant lequel on pourra observer des hauteurs circumméridiennes.*

Opérations de l'observation.— A compter de ce nombre de minutes, avant C_m, on prendra des hauteurs de 5 en 5 minutes plus ou moins, et on fera noter les heures *correspondantes du compteur* pour en conclure les *heures du chronomètre*, au moyen des comparaisons prises avant et après la série d'observations.

On continuera à prendre des hauteurs après le passage de l'astre au méridien de manière *à mettre à peu près le même intervalle dans les contacts, si toutefois cela est possible;* on demandera le journal du bord pour relever les routes et en conclure le changement en longitude effectué depuis le calcul d'heure jusqu'au moment où le chronomètre a marqué C_m.

Détermination des éléments. — 1° On déterminera l'heure C'_m que marquait le chronomètre quand l'astre passait au méridien du deuxième lieu;

2° On déterminera l'heure de Paris correspondant à cet instant ou à la moyenne des heures notées au chronomètre;

3° Pour cette heure on calculera la déclinaison;

4° On prendra la moyenne des hauteurs observées et l'on corrigera cette hauteur moyenne;

5° On déterminera les intervalles $(C_m - C)$, $(C_m - C')$... etc., et après en avoir conclu les intervalles T. M., ou T. V. correspondants si c'est le Soleil; on en fera le carré et on prendra la moyenne.

Développement du calcul. — De la hauteur vraie on conclura la distance zénithale que l'on combinera avec la déclinaison D_m pour avoir une latitude approchée L_0.

Avec L_0 et D_m on entrera dans la table XXVI de Callet et l'on déterminera le facteur α que l'on multipliera par la *moyenne* du carré des intervalles; ce qui donnera la quantité à retrancher de L_0 pour avoir la véritable latitude L.

Exemple.

Le 4 avril 1858, au soir, on a reconnu, par un calcul d'angle horaire, que le chronomètre, dont la marche est — 9^s, marquait $11^h 20^m 13^s,3$ quand il était $4^h 20^m$ dans le lieu où se trouvait le navire.

Le lendemain, c'est-à-dire le 5 avril, on se propose de déterminer la latitude par des hauteurs circumméridiennes de Soleil.

En déterminant d'abord l'heure que marquera le chronomètre quand il sera midi vrai le 5 dans le lieu où se trouvait le navire le 4 au soir, on trouve, à l'aide de la formule

$$C_m = C + (\text{midi} - t) + (\text{midi} - t)\frac{a}{24},$$

que le chronomètre indiquera $7^h 00^m 10^s$ environ.

Se mettant en observation 15 ou 20 minutes avant cette heure, on a pris les observations suivantes :

Hauteurs du ☉.	Hres au chronomètre déduites des hres de la montre de comparaison.
46° 57′ 50″	$6^h 42^m 11^s$
47° 2′ 10″	$6^h 47^m 41^s$
47° 5′ 10″	$6^h 56^m 35^s$
47° 4′ 50″	$7^h 00^m 17^s$
47° 2′ 00″	$7^h 7^m 29^s$
46° 58′ 30″	$7^h 11^m 53^s$

Ayant fait le point pour le moment où le chronomètre marque 7^h, et en considérant cette heure comme l'heure que marque le chronomètre quand il est midi vrai dans le second lieu, on trouve que ce lieu est situé par 49° de latitude Nord et 65°52'30" long. Ouest (estimées), et que le navire s'est déplacé en longitude de 42' vers l'Est depuis l'instant du calcul d'angle horaire. Élévation de l'œil 6^{mètres}, on faisait face au Sud. On demande la *latitude*?

1° *Détermination de l'heure* C_m *que marque le chronomètre quand il est midi dans le deuxième lieu.*

$$C_m = C + [\text{midi} - (t+g)] + [\text{midi} - (t+g)]\frac{a}{24}$$

C	=	$11^h20^m13^s,3$
t	=	4^h20^m
g	=	$+\ 2^m48^s$
$(t+g)$	=	$4^h22^m48^s$
Midi − $(t+g)$	=	$7^h37^m12^s,0$
Partie p^{le}. . .	=	$-\ 2^s,8$
C_m	=	$6^h57^m22^s,5$

2° *Calcul de l'heure de Paris, T. M., et de la* déclinaison.

H^{re} du lieu, T. V., le 5. .	=	$0^h00^m00^s$
Longit. en temps.	=	$4^h23^m30^s$
H^{re} de Paris, T. V., le 5. .	=	$4^h23^m30^s$
Éq^{on} du temps à vue. . . .	=	$+\ 2^m42^s$
H^{re} de Paris, T. M., le 5. .	=	$4^h26^m12^s$
Décl. du ☉ le 5. , ...	=	6°04' 7"
Variation en 24 heures. .	=	22'43"
Id. en 4^h26^m . . .	=	4'11"
Décl. du ☉ le 5 à 4^h26^m. .	=	6° 8'18" N.

3° *Corrections de la hauteur.*

Moy^{ne} des h^{res} ☉	=	47° 1'45"
Dépression. . .	=	− 4'21"
H^r ap. ☉. . . .	=	46°57'24"
Réfraction. . .	=	− 54"
H$^r{}_{cor.}$ ☉	=	46°56'30"
Parallaxe. . . .	=	+ 6"
H$^r{}_{vraie}$ ☉. . . .	=	46°56'36"
½ diamètre . . .	=	16'
H$^r{}_{vraie}$ ☉. . . .	=	47°12'36"

4° *Carré des intervalles.*

Intervalles.	Carrés.
$t = 15^m11^s,5$...	230,8
$t_1 = 9^m41^s,5$...	93,9
$t_2 = 0^m47^s,5$...	0,6
$t_3 = 2^m54^s,5$...	8,4
$t_4 = 10^m06^s,5$...	102,2
$t_5 = 14^m30^s,5$...	210,5
Somme =	646,4
Moyenne =	107,4

Calcul de la latitude.

Distance zénithale. . .	=	42°47'24" N.
Déclinaison.	=	6° 8'18"
Latitude approchée. .	=	48°55'42" N.
Avec cette latitude et la D^{on} entrant, table XXVI de Callet, on trouve. . . . . . α	=	1",9
Multiplicateur.	=	107,4
Produit ou x.	=	− 3'24"
Latitude exacte. . . .	=	48°52'18" N.

Au lieu de calculer la déclinaison pour $00^h\,00^m$ du lieu, c'est-à-dire pour le moment où le chronomètre marquait $C_m = 6^h\,57^m\,22^s,5$, on eût dû la calculer pour $C_m = 6^h\,57^m41^s$, moyenne des heures C, C', C''... etc, mais on n'eût pas trouvé de différence sensible.

176. Considérons le problème de la détermination de la *latitude* par une série de *hauteurs circumméridiennes*, quand on a égard à l'*influence du mouvement du navire* et du *mouvement de l'astre*, tel qu'il en serait, par exemple, à *bord d'un navire filant* 10 *ou* 12 *nœuds pendant qu'on prend des hauteurs circumméridiennes de la Lune.*

Étant situé par une latitude L (inconnue) et G estimée, on prend une hauteur H au moment où le chronomètre marque C, le navire étant en marche ; par une latitude $L + l$ et une longitude $G + g$, on prend une seconde hauteur H' au moment où le chronomètre marque C', le navire marchant toujours ; par une latitude $L + l + l'$ et une longitude $G + g + g'$, on prend une troisième hauteur H'' au moment où le chronomètre marque C'' ..., et ainsi de suite.

C_m est l'heure que doit marquer le chronomètre quand l'astre passe au méridien dans le lieu de la première hauteur ; C'_m est l'heure que doit marquer le chronomètre quand l'astre passe au méridien dans le lieu de la deuxième hauteur ; C''_m est l'heure que doit marquer le chronomètre quand l'astre passe au méridien dans le lieu de la troisième hauteur, et ainsi de suite.

En négligeant *le terme dû à la marche du chronomètre*, on a évidemment, en appelant g, g', g'' les changements en longitude successifs, déterminés par la marche du bâtiment :

$$C'_m = C_m + \frac{g}{15},$$

$$C''_m = C_m + \frac{g + g'}{15},$$

$$C'''_m = C_m + \frac{g + g' + g''}{15}.$$

On doit avoir égard aux signes de g, g', g'' ..., etc.

En ne considérant que le cas où l'astre passe au méridien entre le *zénith* et l'*Équateur*, on a pour chaque hauteur les relations suivantes, en désignant par m le *retard diurne du passage de la Lune au méridien* déterminé ainsi que nous l'avons dit (64), et en ne considérant pas la marche du chronomètre :

$$L = 90 - H + D - \frac{\cos L_o \cos D}{\sin (L_o - D)} \frac{900''^2}{2} \sin 1'' \left(1 - \frac{m}{1440}\right)^2 (C_m - C)^2,$$

$$L + l = 90 - H' + D + d - \frac{\cos L'_o \cos (D + d)}{\sin [L'_o - (D + d)]} \frac{900''^2}{2} \sin 1'' \left(1 - \frac{m}{1440}\right)^2 (C'_m - C'^2),$$

$$L + l + l' = 90 - H'' + D + d + d' - \frac{\cos L''_o \cos (D + d + d')}{\sin [L''_o - (D + d + d')]} \frac{900''^2}{2} \sin 1'' \left(1 - \frac{m}{1440}\right)^2 (C''_m - C'')^2 \ldots$$

$$\vdots \qquad \vdots \qquad \vdots$$

Et ainsi de suite.

Mais remarquons que la *marche du bâtiment* et le mouvement en *déclinaison de l'astre* ne modifient pas sensiblement le terme

$\frac{\cos L_0 \cos D}{\sin(L_0 - D)} \cdot \frac{900''^2}{2} \sin 1''$, ainsi qu'on peut facilement s'en assurer par la table XXVI de Callet. Nous pouvons donc, dans les relations successives que nous venons d'écrire, conserver à ce terme une valeur α que nous indiquerons plus loin. Remplaçant C'_m, C''_m, etc., par leur valeur en fonction de C_m, et représentant $(C_m - C)$ par t, $(C_m - C')$ par t', etc., nous aurons ;

$$L = 90 - H + D - \alpha\left(1 - \frac{m}{1440}\right)^2 t^2,$$

$$L + l = 90 - H' + D + d - \alpha\left(1 - \frac{m}{1440}\right)^2 \left(t' + \frac{g}{15}\right)^2,$$

$$L + l + l' = 90 - H'' + D + d + d' - \alpha\left(1 - \frac{m}{1440}\right)^2 \left(t'' + \frac{g + g'}{15}\right)^2 ;$$

D'où, faisant la somme et prenant la moyenne,

$$L + \frac{l + (l + l') + (l + l' + l'') \dots}{n} = 90 - \left(\frac{H + H' + H'' \dots}{n}\right) + D + \frac{d + (d + d') + (d + d' + d'') \dots}{n}$$

$$- \alpha\left(1 - \frac{m}{1440}\right)^2 \left(\frac{t^2 + t'^2 + t''^2 \dots}{n}\right)$$

$$- \alpha\left(1 - \frac{m}{1440}\right)^2 \frac{1}{15}\left(\frac{2t'g + 2t''(g + g') + 2t'''(g + g' + g'')}{n} \dots\dots\right)$$

$$- \alpha\left(1 - \frac{m}{1440}\right)^2 \frac{1}{15^2}\left(\frac{g^2 + (g + g')^2 + (g + g' + g'')^2 \dots}{n}\right)$$

Remarquons que

$$D + \frac{d + (d + d') + (d + d' + d'' \dots)}{n}$$

est une *déclinaison moyenne que l'on peut considérer* comme correspondant à *la moyenne des heures* notées au chronomètre ; représentons cette déclinaison moyenne par D_m ;

De même que

$$L + \frac{l + (l + l') + (l + l' + l'')}{n}$$

est une *latitude moyenne que l'on peut considérer comme étant celle du navire au moment de la moyenne des heures notées au chronomètre* : représentons cette latitude par L_m, nous aurons :

$$L_m = 90 - \left(\frac{H+H'+H''\ldots}{n}\right) + D_m - \alpha\left(1-\frac{m}{1440}\right)^2\left(\frac{t^2+t'^2+t''^2+\ldots}{n}\right)$$
$$-\alpha\left(1-\frac{m}{1440}\right)^2\frac{1}{15}\left(\frac{2t'g+2t''(g+g')^2+\ldots+2t'''(g+g'+g''\ldots)}{n}\right)$$
$$-\alpha\left(1-\frac{m}{1440}\right)^2\frac{1}{15^2}\left(\frac{g^2+(g+g')^2+(g+g'+g'')^2\ldots}{n}\right)\ldots\ldots$$

Pour trouver la valeur maximum des termes qui contiennent les changements en longitude g, $(g+g')$ ..., remarquons que l'on a

$$\alpha\left(1-\frac{m}{1440}\right)^2 < \alpha.$$

En appelant donc E l'ensemble des deux termes qui contiennent g, $g+g'$, ... on aura

$$E < \frac{\alpha}{n}\left\{\begin{array}{l}\frac{1}{15}\left(2gt'+2t''(g+g')+2t'''(g+g'+g''\ldots)\right)\ldots\\ +\left(\frac{g^2}{15^2}+\frac{(g+g')^2}{15^2}\ldots\ldots\right.\end{array}\right.$$

En admettant que le navire file 13 nœuds à l'*Ouest* par une latitude de 45°, et si nous supposons que la durée des observations soit une demi-heure, la table de point nous apprend que $g+g'+g''\ldots$ sera au plus égal à 10'; on aura donc

$$E < \frac{\alpha}{n}\left[\frac{20}{15}(t'+t''+t'''\ldots)+\left(\frac{10}{15}\right)^2\right],$$

ou

$$E < \alpha\frac{20'}{15}\left(\frac{t+t'+t''\ldots}{n}\right)+\frac{\alpha}{n}\left(\frac{10}{15}\right)^2;$$

Mais si l'on a pris les hauteurs circuméridiennes avant et après les heures C_m, C'_m, ***on aura évidemment des termes** t', t'', t''' **qui seront de signes contraires;*** on voit que, dans ce cas, le terme E ***pourra être très-petit***, puisqu'il ne sera qu'une fraction de α.

La formule générale qui donnera par suite, la latitude au moyen d'une série de hauteurs circumméridiennes, sera donc

$$L_m = 90 - \left(\frac{H+H'+H''\ldots}{n}\right) + D_m - \alpha\left(1-\frac{m}{1440}\right)^2\left(\frac{t^2+t'^2+t''^2\ldots}{n}\right),$$

cette latitude L_m étant celle qui correspond à la moyenne des heures.

Pour avoir α, on entrera dans la table XXVI de Callet avec une latitude approchée

$$90 - \left(\frac{H + H' + H''...}{n}\right) + D_m,$$

et la déclinaison D_m.

Quand on considère un astre autre que la Lune, on peut supposer $m = 0$, et la formule se réduit alors à

$$L_m = 90 - \left(\frac{H + H' + H''...}{n}\right) + D_m - \alpha\left(\frac{t^2 + t'^2 + t''^2...}{n}\right).$$

Simplification de la méthode.

177. On peut déterminer la latitude d'une manière suffisamment exacte *sans se servir de l'heure* C_m *du chronomètre.* Considérons simplement *le Soleil.*

Prenons une hauteur H de Soleil, t minutes avant midi, lorsque le chronomètre marque C (t est évidemment inconnue).

Avec cette *hauteur*, considérée comme *hauteur méridienne*, déterminons la latitude approchée L_0. La correction x qui permettra de conclure de cette latitude la latitude exacte est donnée par la relation

$$(1) \qquad x = \frac{\cos L_0 \cos D}{\sin(L_0 - D)} \frac{900''^2}{2} \sin 1'' \times t^2.$$

Prenons une seconde hauteur $H + h$, t' minutes avant midi à l'heure C' du chronomètre ; $C' - C = p$ pourra être considéré comme l'intervalle T. V., qui sépare les deux observations. La correction x' qui permettra de conclure de la seconde latitude approchée la latitude exacte sera

$$(2) \qquad x' = \frac{\cos L'_0 \cos D}{\sin(L'_0 - D)} \frac{900''^2}{2} \sin 1''(t - p)^2;$$

mais la table XXVI de Callet indique que l'on peut poser

$$\frac{\cos L_0 \cos D}{\sin(L_0 - D)} \frac{900''^2}{2} \sin 1'' = \frac{\cos L'_0 \cos D}{\sin(L'_0 - D)} \frac{900''^2}{2} \sin 1'' = \alpha;$$

de plus, $x' - x$ est sensiblement égal à la différence des hauteurs observées; on a donc, des relations (1) et (2),

$$h = \alpha[t^2 - (t - p)^2] = \alpha(2tp - p^2),$$

d'où l'on déduit

$$t = \frac{h + \alpha p^2}{2\alpha p},$$

et par suite $$x = \frac{(h + \alpha p^2)^2}{4\alpha p^2}.$$

L'on voit que le terme αp^2 peut se déterminer au moyen des tables que nous avons indiquées, en prenant p à la place de t.

Considérons la deuxième et la troisième hauteur de l'exemple que nous avons donné précédemment.

Exemple.

Le 5 avril 1858, s'étant mis en observation ***quelques instants avant midi***, on a fait les deux observations suivantes :

Hauteurs du ⊙.	Heures du chronomètre.
47° 2′ 10″	$6^h\ 47^m\ 41^s$
47° 5′ 10″	$6^h\ 56^m\ 35^s$

La longitude estimée est de 65° 52′ 30″ Ouest. — Élévation de l'œil, 6 mètres. On faisait face au Sud. On demande la ***latitude?***

1° *Calcul de l'heure T. M. de Paris et de la déclinaison.*

Heure du lieu T. V. .	=	$0^h00^m00^s$
Longitude en temps. .	=	$4^h23^m30^s$
H^{re} de Paris T. V. le 5.	=	$4^h23^m30^s$
Équat. du temps à vue.	=	$+\ 2^m42^s$
H^{re} de Paris T. M. le 5.	=	$4^h26^m12^s$
Déclin. du Soleil le 5.	=	6°04′07″
Variation en 24^h . . .	=	22′43″
Id. en 4^h26^m. .	=	4′11″
Décl. ⊙ le 5 à 4^h16^m.	=	6°08′18″N.

2° *Correction de la hauteur.*

H^r observée ⊙ . . .	=	47°02′10″
Dépression.	=	— 4′21″
H^r_{ap} ⊙.	=	46°57′49″
Réfraction.	=	— 54″
H^r_{cor} ⊙	=	46°56′55″
Parall.	=	+ 6″
H_v ⊙	=	46°57′01″
$\frac{1}{2}$ diamètre.	=	+ 16′
H_{vraie} ⊙.	=	47°13′01″

2° *Détermination de la latitude approchée.*

Distance zénithale. .	=	42°46′59″
Déclinaison	=	6°08′18″
Latitude approchée.	=	48°55′17″
Différence des hauteurs ou h. . . .	=	180″
α déduit de la table XXVI	=	1″,9
p = différence des heures.	=	8^m,9
p^2.	=	79,2
αp^2	=	150″,48
$h + \alpha p^2$.	=	330,48
$(h + \alpha p^2)^2$.	=	109217″,03
$4\alpha p^2$	=	601″,92
$x = \frac{(h + \alpha p^2)^2}{4\alpha p^2}$. . .	=	3′,1″
D'où Latitude. . . .	=	48°52′16″

On voit que cette latitude diffère très-peu de celle que nous avons trouvée en considérant l'heure C_m.

DÉTERMINATION DE LA LATITUDE A L'AIDE DE DEUX HAUTEURS HORAIRES ET DE L'INTERVALLE CHRONOMÉTRIQUE ÉCOULÉ ENTRE LES OBSERVATIONS.

178. Première Méthode : au moyen de la *Latitude estimée.*

Soient H_o et H'_o deux hauteurs d'un astre, observées à un certain intervalle ; C et C' les heures correspondantes du chronomètre ; L la latitude ESTIMÉE du lieu de la première hauteur ; L' la latitude estimée du lieu de la seconde ; L' étant égal à L plus le changement en latitude effectué pendant les observations.

Avec les heures C et C' du Chronomètre, et au moyen de sa *marche* et de son *état absolu*, déterminons les heures correspondantes de Paris, T. M ;

Calculons les *distances polaires* Δ et Δ' de l'astre pour ces *deux heures de Paris.*

Corrigeons enfin, les deux hauteurs H_o et H_o', pour avoir les deux hauteurs vraies H_v et H_v'.

Nous connaîtrons ainsi, les trois quantités

$$H_v, \quad L, \quad \Delta$$

de la première observation ; et les trois quantités

$$H'_v, \quad L', \quad \Delta'$$

de la seconde.

Avec H, L, Δ, déterminons l'angle horaire P de la première observation pour en conclure l'heure T. M. t du lieu (126).

Avec H', L', Δ', déterminons l'angle horaire P' de la deuxième observation pour en conclure l'heure T. M. t' du deuxième lieu, et par suite, l'heure t'' du premier lieu au moment de la seconde observation, au moyen de la relation

$$t'' = t' \pm g,$$

g étant la différence en longitude des deux lieux.

Ceci posé : voyons comment à l'aide des quantités que nous venons de déterminer nous pourrons obtenir une latitude exacte.

Désignons par l *l'erreur commise sur la latitude estimée;* cette erreur a produit sur l'angle horaire P de la première observation une erreur p (132) qui se reporte entièrement, *au signe près*, sur l'heure temps moyen t déduite de l'angle horaire P ; de même, cette erreur l détermine aussi sur l'angle horaire P′ de la seconde observation une erreur p' qui se reproduit entièrement sur l'heure temps moyen t' et par suite sur l'heure t'' déduite du second angle horaire P′.

L'heure moyenne de la première observation est donc

$$t + p,$$

et l'heure moyenne de la seconde

$$t'' + p';$$

p et p *étant exprimés en temps bien entendu.*

L'intervalle de temps moyen écoulé entre les observations est donc

$$(t'' + p') - (t + p);$$

en ayant soin de compter les heures t'' et t à partir de la même origine.

Si nous représentons par V l'intervalle T.M *déduit des deux heures chronométriques C et C′*, nous avons évidemment,

$$(t'' + p') - (t + p) = \mathrm{V},$$

d'où l'on déduit

$$(\alpha) \qquad p' - p = \mathrm{V} - (t'' - t).$$

Mais, en négligeant les termes du troisième ordre, nous avons les relations suivantes déduites de la formule (μ) du paragraphe 130 :

$$p = \frac{\cot g\, Z}{\cos L}\, l + \left(\frac{\frac{1}{2}\sin 2Z \sin L - \cot g\, P}{\cos^2 L \sin^2 Z}\right)\frac{l^2}{2}\sin 1' \ldots\ldots$$

$$p' = \frac{\cot g\, Z'}{\cos L'}\, l + \left(\frac{\frac{1}{2}\sin 2Z' \sin L' - \cot g\, P'}{\cos^2 L' \sin^2 Z'}\right)\frac{l^2}{2}\sin 1' \ldots\ldots$$

Substituant ces valeurs de p et p' dans la relation (α), il vient, en mettant l en *facteur commun*, et en divisant les deux membres de la formule par le *coefficient de* l,

$$(\beta)\quad l=\frac{V-(t''-t)}{\left[\frac{\cot g Z'}{\cos L'}+\frac{l}{2}\sin 1'\left(\frac{\frac{1}{2}\sin 2Z'\sin L'-\cot g P'}{\cos^2 L'\sin^2 Z'}\right)\right]-\left[\frac{\cot g Z}{\cos L}+\frac{l}{2}\sin 1'\left(\frac{\frac{1}{2}\sin 2Z\sin L-\cot g P}{\cos^2 L\sin^2 Z}\right)\right]}$$

Si, dans le dénominateur de cette expression, nous supposons $l=1'$, chaque quantité entre parenthèses représentera *les erreurs qui résultent sur les angles horaires* P *et* P' *pour* 1' *d'erreur commise sur la latitude.* En déterminant ces deux quantités pratiquement, au moyen de la méthode abréviative de M. Louis Pagel ou d'une des deux autres méthodes que nous avons données (132), et en les représentant par p_1 et p_1', nous aurons enfin,

$$l=\frac{V-(t''-t)}{p'_1-p_1},$$

la valeur analytique de p_1 est

$$\frac{\cot g Z}{\cos L}+\frac{\sin 1'}{2}\left(\frac{\frac{1}{2}\sin 2Z\sin L-\cot g P}{\cos^2 L\sin^2 Z}\right)\ldots\ldots$$

et celle de p'_1 est

$$\frac{\cot g L'}{\cos Z'}+\frac{\sin 1'}{2}\left(\frac{\frac{1}{2}\sin 2Z'\sin L'-\cot g P'}{\sin^2 L'\sin^2 Z'}\right).$$

Nous voyons, qu'ainsi déterminée, la valeur de l ne sera pas rigoureusement exacte, puisque nous avons fait sur le dénominateur une hypothèse qui n'existe pas, mais qui sera d'autant moins *fautive*, que l sera petit.

La valeur de l exprimée par la relation (β), peut être mise sous la forme

$$(\gamma)\quad l=\frac{V-(t''-t)}{p'_1-p_1+\left(\frac{l-1}{2}\right)\sin 1'\left(\frac{\frac{1}{2}\sin 2Z'\sin L'-\cot g P'}{\cos^2 L'\sin^2 Z'}-\frac{\frac{1}{2}\sin 2Z\sin L-\cot g P}{\cos^2 L\sin^2 Z}\right)}$$

ou. en effectuant la division et en négligeant les termes qui contiennent $\sin^2 1'$, $\sin^3 1'$. etc., termes qui, dans les limites que nous indiquerons, seront toujours excessivement petits,

$$(c') \quad l = \frac{V-(t''-t)}{p'_1 - p_1} - \frac{[V-(t''-t)]\left(\frac{l-1}{2}\right)\sin 1' \left(\frac{\frac{1}{2}\sin 2Z'\sin L' - \operatorname{cotg} P'}{\cos^2 L' \sin^2 Z'} - \frac{\frac{1}{2}\sin 2Z \sin L - \operatorname{cotg} P}{\cos^2 L \sin^2 Z}\right)}{(p'_1 - p_1)^2}$$

En ayant soin de ne pas prendre de hauteurs trop voisines du méridien pour que cotg P ou cotg P′ ne soient pas trop grands, surtout lorsque l'on se trouve par des latitudes élevées, on peut, dans la plupart des cas, négliger le second terme du deuxième membre qui contient sin 1′, au numérateur, et le carré de $(p_1' - p_1)$ au dénominateur.

Du reste, si l'on voulait plus d'exactitude, on recommencerait le calcul des deux angles horaires P et P′ au moyen des latitudes **L** et L′ corrigées de l. Un premier calcul suffit généralement.

En employant donc la formule

$$l = \frac{V-(t''-t)}{p'_1 - p_1}$$

on aura l'erreur l; il faudra avoir égard aux signes du numérateur et de chaque terme du dénominateur.

179. En se servant de la méthode indiquée (132) par M. Louis Pagel, pour obtenir l'erreur commise sur l'angle horaire pour une erreur d'1′ faite sur la latitude, on peut se demander si, dans tous les cas, l'erreur relative à 1′ est toujours égale à trois fois l'erreur relative à 20″; nous savons que c'est sur cette hypothèse qu'est basée la méthode de cet officier.

Or, le développement de p en fonction de l étant

$$p = \frac{\operatorname{cotg} Z}{\cos L}\, l + \left(\frac{\frac{1}{2}\sin 2Z \sin L - \operatorname{cotg} P}{\cos^2 L \sin^2 Z}\right)\frac{l^2}{2}\sin 1' \ldots\ldots$$

on aura, pour l'erreur p' relative à $20'' = \frac{1}{3}$ de minute,

$$(1)\quad p' = \frac{\cot g\, Z}{\cos L} \times \frac{1}{3} + \left(\frac{\frac{1}{2} \sin 2\,Z \sin L - \cot g\, P}{\cos^2 L \sin^2 Z} \right) \frac{1}{18} \sin 1'.$$

De même pour l'erreur relative à une minute, on aura

$$(2)\quad p'' = \frac{\cot g\, Z}{\cos L} + \left(\frac{\frac{1}{2} \sin 2\,Z \sin L - \cot g\, P}{\cos^2 L \sin^2 Z} \right) \frac{1}{2} \sin 1' \ldots\ldots$$

Si nous multiplions par 3 les deux membres de la relation (1), nous aurons

$$(3)\quad 3p' = \frac{\cot g\, Z}{\cos L} + \left(\frac{\frac{1}{2} \sin 2\,Z \sin L - \cot g\, P}{\cos^2 L \sin^2 Z} \right) \frac{1}{6} \sin 1',$$

et en retranchant la relation (2) de la relation (3), membre à membre,

$$3p' - p'' = -\left(\frac{\frac{1}{2} \sin 2\,Z \sin L - \cot g\, P}{\cos^2 L \sin^2 Z} \right) \left(\frac{1}{2} - \frac{1}{6} \right) \sin 1',$$

c'est-à-dire,

$$3p' = p'' - \left(\frac{\frac{1}{2} \sin 2\,Z \sin L - \cot g\, P}{\cos^2 L \sin^2 Z} \right) \frac{1}{3} \sin 1' \ldots\ldots$$

Ainsi, la méthode indiquée par M. Pagel n'est vraie qu'autant que le terme

$$\left(\frac{\frac{1}{2} \sin 2\,Z \sin L - \cot g\, P}{\cos^2 L \sin^2 Z} \right) \frac{1}{3} \sin 1' \ldots\ldots$$

est négligeable.

Or, si l'on observait la hauteur de l'astre très-près du Méridien, P étant très-petit et Z approchant soit de zéro, soit de 180°, le terme cotg P pourrait être très-grand, et le terme $\sin^2 Z$ très-petit ; par suite le terme négligé dans cette méthode pourrait acquérir une très-grande valeur, surtout par de grandes latitudes.

Pour nous mettre dans des circonstances très-défavorables, afin de nous rendre compte du terme négligé, supposons que, par une latitude de 60°, parallèle que l'on dépasse rarement, on ait pris la hauteur d'un astre au moment où l'angle Z était de 177° et l'angle P de 2° ; on voit que la hauteur a dû être prise *très-près du Méridien.*

Le terme négligé

$$\left(\frac{\frac{1}{2}\sin 2Z \sin L - \operatorname{cotg} P}{\cos^2 L \sin^2 Z}\right)\frac{1}{3}\sin 1' \ldots\ldots$$

peut se décomposer en deux termes mis sous la forme

$$\frac{\operatorname{cotg} Z \operatorname{tg} L}{\cos L}\,\frac{\sin 1'}{3} - \frac{\operatorname{cotg} P}{\cos^2 L \sin^2 Z}\,\frac{\sin 1'}{3}.$$

Calcul du 1er terme.		*Calcul du 2e terme.*	
log cotg 177°. . . . =	$\bar{1}$,2806042	lg cotg 2° . . . . . =	1,4569162
lg tg 60°. . . . . . =	0,2385606	lg sin 1′ . . . . . . =	$\bar{4}$,4637261
lg sin 1′ . . . . . . =	$\bar{4}$,4637261	2 c^t^ lg cos 60°. . . . =	0,6020600
c^t^ log cos 60°. . . =	0,3010300	2 c^t^ lg sin 177°. . . =	2,5623996
c^t^ log 3 . . . . . . =	$\bar{1}$,5218787	c^t^ lg 3. . . . . . . =	$\bar{1}$,5228787
	$\bar{3}$,8057996		0,6079806
1er terme =	— 0,006394	2e terme =	+ 4,054

d'où, terme négligé = — 4′,06

Ainsi, l'on voit que, dans ce cas, le terme négligé a une assez grande valeur. Si, au lieu d'observer l astre au moment où l'azimut était de 177°, on l'avait observé quand Z était de 170°, en admettant même que P soit de 2°, on n'eût trouvé que 0′,37, quantité négligeable ; ce terme diminue *de plus en plus* à mesure que P et Z se rapprochent de 90.

Ainsi, pour pouvoir se servir de la méthode abréviative de M. Pagel, afin de déterminer l'erreur commise sur l'angle horaire pour 1′ d'erreur commise sur la latitude, il faudra éviter de *prendre des hauteurs voisines du Méridien, surtout quand on sera par de hautes latitudes;* il en est *à fortiori*, de même pour la deuxième méthode que nous avons indiquée, méthode qui est celle de feu M. **Ducum**, professeur d'*hydrographie à Bordeaux.*

Lorsque l'on se trouve par des latitudes moyennes, le *terme négligé* devient encore plus petit; ainsi, par une latitude de 45°, et dans les mêmes conditions de Z et de P que précédemment on trouverait simplement 0',18.

Nous pouvons immédiatement faire remarquer que le terme

$$\frac{\frac{1}{2}\sin 2Z \sin L - \cot g P}{\cos^2 L \sin^2 Z} . \sin 1'$$

serait, dans l'hypothèse de Z et de P que nous avons admise en dernier lieu, égal à

	0',54
pour	$L = 45°$,
et égal à	1',11
pour	$L = 60°$.

C'est-à-dire que, dans les latitudes moyennes, ce terme est négligeable.

Pour nous rendre maintenant, parfaitement compte de la quantité que nous négligeons en calculant l'erreur l au moyen de la formule

$$l = \frac{V - (t'' - t)}{p'_1 - p_1},$$

considérons la relation (η') ; cette relation nous donne, en appelant l' la valeur inexacte de l et en désignant par

$$\text{A le terme } \frac{\frac{1}{2}\sin 2Z' \sin L' - \cot g P'}{\cos^2 L' \sin^2 Z'} \sin 1',$$

$$\text{et par} \quad \text{B le terme } \frac{\frac{1}{2}\sin 2Z \sin L - \cot g P}{\cos^2 L \sin^2 Z} \sin 1',$$

$$(\mu) \qquad l = l' - \frac{l'(l-1)(A-B)}{2(p'_1 - p_1)}.$$

Nous avons vu que, par des latitudes moyennes, les quantités p_1' et p_1, déterminées comme nous l'avons dit, seront suffisamment exactes, et que les termes A et B seront négligeables si on a eu soin de ne pas *prendre de hauteurs trop près du Méridien.* Or, si l'on résout l'équation (μ) par rapport à l, on trouve

$$l = l' \left(\frac{2(p'_1 - p_1) + (A-B)}{2(p'_1 - p_1) + l'(A-B)}\right);$$

on voit alors, que l sera bien près d'être égal à l' quand (A — B) sera *très-petit*, ce qui arrivera infailliblement, lorsqu'on aura eu soin de ne pas observer de hauteurs en dehors des limites de Z et de P que nous avons indiquées, surtout par de grandes latitudes.

180. *Discussion.* — Nous venons donc de reconnaître que, par des latitudes moyennes, et en ayant soin de ne pas prendre *de hauteurs trop près du Méridien*, on peut obtenir *l'erreur sur la latitude estimée* au moyen de la formule

$$l = \frac{V - (t'' - t)}{p'_1 - p_1},$$

dans laquelle p_1 et p_1' représentent les erreurs *commises sur chaque heure du lieu* pour une erreur d'une minute commise sur la latitude; ces quantités étant données, soit par la méthode indiquée par M. *Pagel*, soit par les relations

$$p_1 = \frac{\text{cotg } Z}{\cos L},$$

$$p'_1 = \frac{\text{cotg } Z'}{\cos L'},$$

comme le fait feu M. Ducum dans son Traité de Navigation.

Ces dernières relations expriment, du reste, les premiers termes du développement en série de p_1 et de p'_1, termes qui donnent leur signe au second membre quand les hauteurs sont prises en dedans des limites que nous avons implicitement indiquées.

Cherchons maintenant quels sont les moments les plus favorables pour observer les deux hauteurs, afin que les erreurs que l'on peut commettre sur V aient le moins d'influence sur la valeur de l.

Erreur commise sur **V.** Considérons les deux cas qui peuvent se présenter : 1° les deux hauteurs sont prises d'un même côté du Méridien ; 2° les hauteurs sont prises de différents côtés du Méridien.

Considérons d'abord le *premier cas.*

1° Quand les deux hauteurs sont prises dans l'Est du méridien, nous savons que les erreurs commises sur l'*angle horaire astronomique* sont de signes contraires aux erreurs commises sur l'*angle horaire proprement dit;* si donc p et p' représentent les erreurs commises sur l'angle horaire proprement dit, on aura

$$\textit{Astre dans l'Est,} \quad l = -\frac{V-(t''-t)}{p'_1 - p_1} = -\frac{V-(t''-t)}{\frac{\cot Z'}{\cos L'} - \frac{\cot Z}{\cos L}},$$

$$\textit{Astre dans l'Ouest,} \quad l = \frac{V-(t''-t)}{p'_1 - p_1} = \frac{V-(t''-t)}{\frac{\cot Z'}{\cos L'} - \frac{\cot Z}{\cos L}};$$

c'est-à-dire que pour deux hauteurs prises d'un même côté du Méridien, on a, d'une manière générale,

$$l = \pm \frac{V-(t''-t)}{\frac{\cot Z'}{\cos L'} - \frac{\cot Z}{\cos L}}.$$

Si l'on commet une erreur v sur V, on aura, en s'arrêtant au premier coefficient différentiel et en désignant l'erreur correspondante sur l par λ,

$$\lambda = \pm \frac{v}{\frac{\cot Z'}{\cos L'} - \frac{\cot Z}{\cos L}},$$

ou comme, en résumé, L' diffère peu de L,

$$\lambda = \pm \frac{v}{\frac{\operatorname{cotg} Z' - \operatorname{cotg} Z}{\cos L}} = \pm \frac{v \cos L}{\operatorname{cotg} Z' - \operatorname{cotg} Z}.$$

Si l'astre et l'observateur ne sont pas dans le même hémisphère, les deux hauteurs seront prises *après* le passage au premier vertical dans l'*Est*, ou *avant* le passage au même vertical dans l'*Ouest;* dans ces deux cas, le dénominateur de λ sera toujours une différence des deux cotangentes $\operatorname{cotg} Z'$ et $\operatorname{cotg} Z$; on aura donc

$$\lambda = \pm \frac{v \cos L \sin Z \sin Z'}{\sin(Z - Z')}.$$

Donc, la *circonstance favorable* aura lieu quand $\sin(Z-Z)'$ *sera le plus grand possible*, c'est-à-dire quand les *verticaux des deux astres seront le plus éloignés possible*, tout en restant, *quant aux hauteurs trop voisines du méridien*, dans les limites que nous avons indiquées. Il en serait de même si, l'astre et l'observateur étant dans le même hémisphère, le parallèle de l'astre ne coupait pas le premier vertical. Quand le parallèle de l'astre coupe le premier vertical, et que l'on observe les deux hauteurs *de part et d'autre de ce vertical*, un des azimuts étant plus grand que 90°, sa cotangente est négative, et par suite le dénominateur de λ est formé *de la somme des deux cotangentes* au lieu de la différence; par conséquent, en observant l'astre lors de la *plus petite hauteur convenable et de la plus grande hauteur possible*, afin que Z et Z' soient éloignés *le plus possible de* 90°, on se trouvera dans la circonstance favorable.

2° Considérons maintenant le cas où les deux hauteurs *sont prises de part et d'autre du méridien ;* dans ce cas, l'erreur commise sur l'angle horaire astronomique quand l'astre est dans l'Est, étant de signe contraire à celle commise sur l'angle horaire proprement dit, on a

$$\lambda = \frac{v}{\frac{\operatorname{cotg} Z'}{\cos L'} + \frac{\operatorname{cotg} Z}{\cos L}}.$$

Pour que λ soit *minimum*, il faut que Z' et Z aient la valeur la plus petite possible ou la plus près de 180°, c'est-à-dire que la *cir-*

constance favorable aura lieu quand on observera l'astre le plus près possible du méridien; *toujours en dedans, bien entendu, des limites que nous avons indiquées.*

181. *Résumé.* Pour faire un calcul de latitude au moyen de la méthode que nous venons de *développer*, on agira de la manière suivante :

Opérations de l'observation.

1re *Station.* 1° On prendra *une comparaison* au chronomètre ;

2° On montera sur le pont et l'on *prendra une ou plusieurs hauteurs de l'astre*, en ayant soin de *noter les heures correspondantes du compteur ;* on aura une heure moyenne et une hauteur moyenne ;

Si les deux hauteurs peuvent être prises d'un même côté du Méridien, on prendra d'abord la plus petite hauteur possible si l'astre est dans l'Est ou la plus *grande si l'astre est dans l'Ouest ;*

Si les deux hauteurs doivent être prises de différents côtés du Méridien, dans le cas le plus général on prendra cette première hauteur assez près du Méridien ;

3° On prendra une seconde comparaison au chronomètre.

2e *Station.* Quand, dans les observations de même espèce, c'est-à-dire d'un même côté du Méridien, la différence des deux azimuts approchera le plus possible de 90°, ou quand, dans les observations de différentes espèces, l'astre aura passé au Méridien, on se disposera à de nouvelles observations.

1° On prendra une *première comparaison* au chronomètre ;

2° On montera sur le pont et l'on prendra une *ou plusieurs hauteurs de l'astre*, en ayant soin *de noter au compteur* les heures correspondantes ; on aura ainsi une heure moyenne et une hauteur *moyenne ;*

3° On prendra une *seconde comparaison* au chronomètre.

Détermination des éléments. — Au moyen du *journal du bord*, on fera le point pour les deux lieux d'observations qui correspondent aux deux heures du bord notées *à l'aide de la montre d'habitacle.* On aura ainsi la latitude estimée L du premier lieu et la latitude estimée L' du second lieu.

A l'aide des heures de la montre et des comparaisons prises au chronomètre avant et après les observations, on déterminera *les heures du chronomètre correspondantes de ces observations*, et au moyen de l'état absolu et de la marche diurne, on en conclura les heures de Paris temps moyen.

Pour ces heures, on prendra, dans la *Connaissance des temps*, les éléments dont on a besoin pour chaque calcul d'heure. Si c'est le Soleil que l'on a observé, on n'aura à déterminer que sa *déclinaison*, de laquelle on passera à la *distance polaire*, et l'*équation du temps*.

On corrigera les deux hauteurs.

Développement du calcul. — On fera le *calcul de l'angle horaire* P et on en déduira l'*heure T. M.* t *de la première station*. On déterminera p_1 *en temps* en observant que c'est l'erreur sur l'heure moyenne que l'on veut, et par suite *que cette erreur est de signe contraire à l'erreur sur l'angle* P quand l'astre est dans l'Est. On fera le calcul de l'angle P' pour en conclure l'heure T. M. t' de la deuxième station et au moyen du changement en longitude g exprimé en temps, l'heure t'' du premier lieu au moment de la seconde observation.

Au moyen des heures T. M. de Paris, déduites des heures du chronomètre, on aura l'intervalle temps moyen V des observations.

On fera la différence entre V et $(t''-t)$, et l'on divisera cette différence par p'_1-p_1, *en ayant bien soin d'avoir égard aux signes de ces deux quantités*. Le quotient donnera *en minutes* l'erreur l sur la latitude.

Calcul de l'heure exacte du lieu. — L'heure T. M. exacte du premier lieu est évidemment égale à

$$t+p_1l$$

en ayant soin de ne considérer que l'heure qui correspond à la hauteur la plus éloignée du méridien.

Ainsi cette méthode donne promptement la *latitude exacte* et l'*heure exacte*. Nous allons donner un exemple dans lequel nous supprimerons les *comparaisons* et le calcul des *points estimés*. Afin de ne pas mettre *en caractères trop petits* le calcul qui est assez étendu, nous reportons aux pages 368 et 369 la détermination des éléments et le développement du calcul; de cette manière, on peut embrasser tout le calcul d'un coup d'œil.

Exemple.

Le 5 janvier 1858, à midi moyen de Paris, un compteur, dont la marche diurne sur le T. M. est $+ 54^s,6$, marquait $22^h\,02^m\,22^s,6$.

Le 12 janvier, de Paris, la date du bord étant le 12 au soir et se trouvant par une latitude estimée S. 37° et une longitude de 3° 50′ O^t., on a observé, dans l'Est du méridien, une première hauteur de ☉ de 73°55′20″ ; le compteur indiquait $C_1 = 0^h\,40^m\,35^s,4$.

Ayant fait 16 milles au N. ¼ N. E. 4° Est du compas, avec 4° de dérive bâbord et 11° 30 de variation N.E., on a observé une seconde hauteur de ☉ de 58° 47′ 50″, dans l'Ouest ; le compteur marquait $3^h\,00^m\,46^s,6$. Élévation de l'œil, $5^m,9$. Erreur instrumentale commune aux deux observations, — 3′ 50″.

On demande l'erreur sur la latitude estimée? et l'heure exacte?

Détermination des éléments du calcul.

PREMIÈRE STATION.

Calcul de l'heure T. M. de Paris.

$$C_o = 22^h 02^m 22^s,6$$
$$_{nm} = + \; 6^m 22^s,2$$
$$C_{o+nm} = 22^h \; 8^m 44^s,8$$
$$C_1 = 0^h 40^m 35^s,4$$
$$t'_1 = 2^h 31^m 50^s,6$$
$$\frac{m}{24} t' = - \; 5^s,75$$
$$t_1 = 2^h 31^m 44^s,85$$

Pour cette heure on trouve :
- Déclin. du ☉ . . $= 21°38'4''$
- Équat. du temps $= 8^m 39^s,4$
- Latitude estimée $= 37°$

Correction de la Hauteur.

$$H_i \odot = 73°55'20''$$
$$\text{Erreur ins.} = - \; 3'50''$$
$$H_o \odot = 73°51'30''$$
$$\text{Dépression} = - \; 4'18''$$
$$H_{ap} \odot = 73°47'12''$$
$$\text{Réfraction} = - \; 17''$$
$$H_{cor} \odot = 73°46'55''$$
$$\text{Parall.} = + \; 2''$$
$$H_v \odot = 73°46'57''$$
$$\tfrac{1}{2} \text{ Diam.} = + 16'17''$$
$$H_v \odot = 74°03'14''$$

DEUXIÈME STATION.

Calcul de l'heure T. M. de Paris.

$$C_o = 22^h \; 2^m 22^s,6$$
$$_{nm} = + \; 6^m 22^s,2$$
$$C_{o+nm} = 22^h \; 8^m 44^s,8$$
$$C_2 = 3^h \; 0^m 46^s,6$$
$$t'_2 = 4^h 52^m 01^s,3$$
$$\frac{m}{24} t'_2 = - \; 10^s,68$$
$$t_2 = 4^h 51^m 51^s,12$$

Pour cette heure on trouve :
- Déclinaison du ☉ $= 21°37'5''$
- Équation du temps $= 8^m 41^s,6$
- Changt. en latitude $= 14'42''$ N.
- Changt. en longit. $= 8'00''$ Est
- Latitude estimée $= 36°45'18''$

Correction de la Hauteur.

$$H_i \odot = 58°47'50''$$
$$\text{Erreur ins.} = - \; 3'50''$$
$$H_o \odot = 58°44'00''$$
$$\text{Dépression} = - \; 4'18''$$
$$H_{ap} \odot = 58°39'42''$$
$$\text{Réfraction} = - \; 36''$$
$$H_{cor} \odot = 58°39'06''$$
$$\text{Parall.} = + \; 4''$$
$$H_v \odot = 58°39'10''$$
$$\tfrac{1}{2} \text{ Diam.} = + 16'17''$$
$$H_v \odot = 58°55'27''$$

Développement du calcul.

H = 74° 3′14″
L = 37° 0′ 0″ c' lg cos = 0,0976514 $d'' = +\ 318$
Δ = 68°21′56″ c' lg sin = 0,0317249
2S = 179°25′10″
S = 89°42′35″ lg cos = 7,7046844 $d = -41559$
S − H = 15°39′21″ lg sin = 9,4311357 $d' = +\ 751$
17,2651964 $2d'' - d + d' = -40490$
log sin ½ P = 8,6325982
½ P = 2°27′34″ $\delta = 4899$
P = 4°55′08″

En temps = 19m40s,5 $p_1 = \dfrac{-40490 \times 2}{4899} = -16^s,53$

Et t en T.V = 23h40m19s,5
Équat. du temps = + 8m39s,4 l'erreur sur t est +16s,53
t en T. M = 23h48m58s,9
1re Hre moy. de Paris t_1 = 2h31m44s,85
2e Hre moy. de Paris t_2 = 4h51m51s,12
V = 2h20m06s,27
$t'' - t$ = 2h24m37s,3
$V - (t'' - t)$ = − 4m31s,03

H′ = 58°55′27″
L′ = 36°45′18″ c' lg cos = 0,0962582 $d'' = +\ 314$
Δ′ = 68°22′55″ c' lg sin = 0,0316756
2S = 164°03′40″
S = 82° 1′50″ lg cos = 9,1419041 $d = -\ 1504$
S − H′ = 23° 6′23″ lg sin = 9,5937729 $d' = 493$
18,8636108 $2d'' - d + d' = -\ 697$
log sin ½ P′ = 9,4318054
½ P′ = 15°40′50″ $\delta = +\ 750$
P′ = 31°21′40″

En temps = 2h 5m26s,6 $p'_1 = \dfrac{-697 \times 2}{750} = -1^s,85$

Changt en longit. = − 32s,0
t'' en TV = 2h 4m54s,6
Équat. du temps = 8m41s,6
t'' en T. M = 2h13m36s,2
t *id.* = 23h48m58s,9
$t'' - t$ = 2h24m37s,3

d'où $l = \dfrac{-4^m31^s,03}{-\ 18^s,38} = +\ 14',74$

Latitude estimée
1re station. . . . = 37°00′

Latitude exacte du
1er lieu. . . . = 37°14′,74

$lp_1 = 16^s53 \times 14,74$. . = + 4m03s,6
Hre T. M. du lieu t. . = 23h48m58s,9
Hre T. M. du 1er lieu = 23h53m02s,5
$lp'_1 = 14^s,74 \times (-1^s,85)$ = − 27s,2
Hre T. V. du 2me lieu = 2h 5m26s,6
Hre T. V. du même
lieu plus exacte. . = 2h 4m59s,4
Équat. du temps. . = 8m41s,6
Hre T. M. du 2me lieu = 2h13m41s,0

Cette seconde heure est plus exacte que la première parce qu'elle répond à une observation faite un peu loin du méridien.

DEUXIÈME MÉTHODE OU MÉTHODE TRIGONOMÉTRIQUE.

182. La méthode que nous venons de donner a l'avantage de n'exiger que deux calculs d'angle horaire, *calculs que tout marin sait faire*, et donne assez promptement, ainsi que nous venons de le voir, la latitude exacte et l'heure du lieu exacte. Aussi, dans *la pratique*, où l'on a presque toujours une latitude estimée pas très-éloignée de la latitude vraie du bâtiment, nous pensons que cette méthode, assez ancienne, du reste, doit donner d'*excellents résultats;* toutefois, *théoriquement*, elle ne résout pas le problème si intéressant de la *navigation*, de déterminer *à priori, à l'aide d'observations d'astres, et sans rien connaître sur la situation du navire, sa position exacte sur le globe*. La méthode suivante va nous permettre de résoudre ce problème, en n'employant l'estime que pour évaluer le chemin parcouru par le navire entre les deux stations.

Supposons que d'abord, sans changer de lieu et à deux instants différents, nous prenions deux hauteurs d'un même astre en A et en A' (fig. 86), en ayant soin de noter les heures correspondantes de la montre de comparaison.

(Fig. 86)

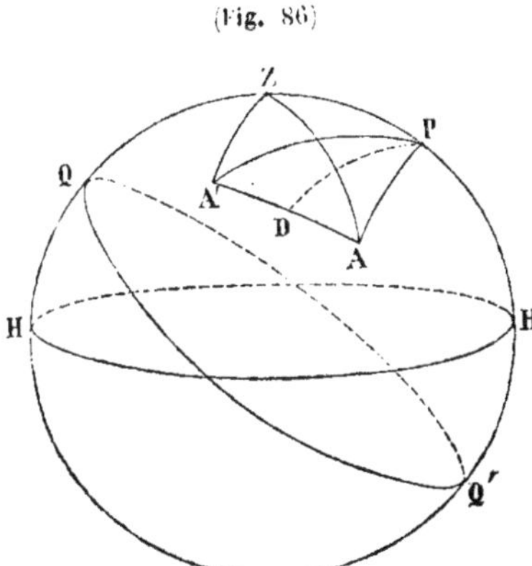

Par les comparaisons faites avant et après chaque observation, nous connaîtrons les heures C' et C du chronomètre correspondantes.

Menons l'arc de grand cercle AA', ainsi que les verticaux ZA, ZA' et les plans horaires PA' et PA.

Au moyen des heures du chronomètre, nous déterminerons :

1° L'intervalle temps moyen, qui nous permettra d'obtenir l'angle APA' décrit par le plan horaire de l'astre dans l'intervalle des observations ; cet angle APA' représentera en degrés l'intervalle temps vrai des observations, si c'est le *Soleil* que l'on considère ;

2° Les heures de Paris temps moyen au moment de chaque hauteur.

Avec les heures de Paris, calculons les distances polaires $PA = \Delta$ et $PA' = \Delta'$.

Dans le triangle PAA', nous connaissons donc l'angle $APA' = V$ et les deux côtés PA et PA'; on a, dans ce triangle, les relations

$$\cos AA' = \cos V \sin \Delta \sin \Delta' + \cos \Delta \cos \Delta'$$

et

$$\text{tang}\, PAA' = \frac{\sin V}{\cot g\, \Delta' \sin \Delta - \cos \Delta \cos V}.$$

Pour rendre ces formules logarithmiques, on peut les écrire sous la forme

$$\cos AA' = \cos \Delta' (\cos V \,\text{tg}\, \Delta' \sin \Delta + \cos \Delta)$$

$$\text{tg}\, PAA' = \frac{\text{tg}\, V}{\frac{1}{\cos V \,\text{tg}\, \Delta'} \sin \Delta - \cos \Delta}.$$

En posant

$$\cos V \,\text{tg}\, \Delta' = \text{tg}\, \varphi \qquad (a)$$

remplaçant et réduisant, on obtient

$$\cos AA' = \frac{\cos \Delta' \cos (\Delta - \varphi)}{\cos \varphi} \qquad (b)$$

$$\text{tg}\, PAA' = \frac{\text{tang}\, V \sin \varphi}{\sin (\Delta - \varphi)} \qquad (c)$$

Dans le triangle ZAA' on a aussi, en représentant par D la distance des lieux de l'astre :

$$\sin \frac{ZAA'}{2} = \sqrt{\frac{\cos S \sin (S - H')}{\cos H \sin D}} \text{ ou } \cos \frac{ZAA'}{2} = \sqrt{\frac{\cos (S - D) \cos (S - H)}{\cos H \sin D}} \qquad (d)$$

Lorsque l'angle $\frac{ZAA'}{2}$ est près de 0° ou de 180°, on se servira de préférence de la première formule.

Si, comme dans le cas de la figure, on fait la différence des angles PAA' et ZAA', on obtiendra l'angle PAZ que nous appelons α, par la relation

$$\alpha = PAA' - ZAA'. \qquad (e)$$

Enfin, on calculera la *colatitude* PZ, et par suite la *latitude*, dans le triangle PAZ, à l'aide de la formule

$$\sin L = \cos\Delta \sin H + \cos H \sin\Delta \cos\alpha. \qquad (f)$$

Pour rendre cette formule logarithmique, mettons-la sous la forme

$$\sin L = \sin H (\sin\Delta \cot H \cos\alpha + \cos\Delta);$$

et posant

$$\cot\varphi' = \cot H \cos\alpha, \qquad (f')$$

remplaçant et réduisant, nous avons

$$\sin L = \frac{\sin H \sin(\Delta + \varphi')}{\sin\varphi'}. \qquad (y)$$

Détermination de l'heure du lieu. — Une fois que L est déterminée, on peut calculer l'*heure du lieu* à l'aide des triangles ZPA ou ZPA' qui donnent l'angle horaire de chaque station ; car, dans le triangle ZPA on a $\sin P = \frac{\sin\alpha \cos H}{\cos L}$.

183. *Simplification.* — Lorsque c'est une Étoile que l'on observe, ou *quand le Soleil est aux solstices*, les deux distances polaires Δ et Δ' peuvent être considérées comme égales : alors, en abaissant du point P l'arc PD perpendiculaire sur l'arc AA', le triangle APA' étant isocèle, donne les relations :

$$\sin\frac{AA'}{2} = \sin\Delta \sin\frac{1}{2}V, \qquad (a')$$

$$\cot g\, PAA' = \cos\Delta\, tg\frac{1}{2}V. \qquad (b')$$

Les équations (a') et (b') remplaceront alors les équations (a), (b) et (c).

184. *Cas où l'on change de zénith.* — Lorsque les deux observations sont faites à deux zéniths différents, ce qui est le cas le plus général dans la pratique, la figure 86, sur laquelle la méthode est basée, ne peut pas à la rigueur convenir.

Dans ce cas, on cherche quelle serait la hauteur que l'on eût observée si, *au lieu d'être au zénith où l'on a observé l'une des hauteurs, on eût été à l'autre zénith.*

On appelle cela *réduire une des hauteurs à l'horizon de l'autre.*

Pour cela, au moment où l'on prend la hauteur H que l'on veut ramener, on prend *un relèvement de l'astre;* puis, on *estime le chemin et la direction de la route entre les deux observations.*

Soient maintenant Z (fig. 87), le zénith de la hauteur H, A la position de l'astre ; son vertical était à ce moment ZA.

(Fig. 87)

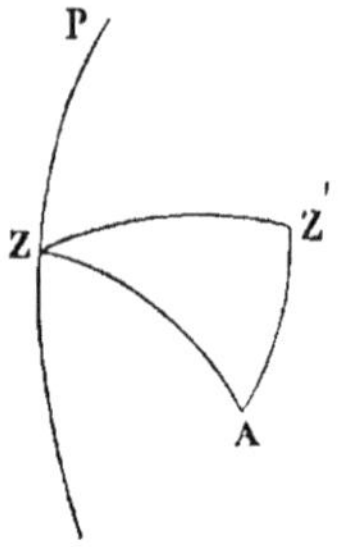

Soit aussi PZ le méridien.

Le relèvement donne l'angle PZA.

Si Z' est le second zénith, PZZ' sera l'angle de route et ZZ' le chemin fait entre les deux observations ; joignons Z'A.

Dans le triangle Z'ZA, on connaît :

$ZZ' = m$, chemin parcouru;

$ZA = 90 - H$;

et l'angle $Z'ZA = PZA - PZZ'$, dans le cas de la figure ; représentons cet angle par β.

On veut trouver

$$Z'A = 90 - H'.$$

On a la relation

$$\sin H' = \cos m \sin H + \sin m \cos H \cos \beta,$$

d'où, posant $H' = H + x$; remplaçant et développant

$$\sin H \cos x + \cos H \sin x = \cos m \sin H + \sin m \cos H \cos \beta'.$$

x et m étant très-petits, on peut remplacer $\cos x$ et $\cos m$ par 1, $\sin x$ et $\sin m$ par $x \sin 1''$ et $m \sin 1''$; on a alors, en réduisant,

$$x = m \cos \beta$$

d'où

$$H' = H + m \cos \beta,$$

correction qui est additive si $\beta < 90°$, soustractive si $\beta > 90°$ et nulle si $\beta = 90°$.

Dans le cas de la fig. 86 que nous avons considérée, nous avons dit qu'il fallait faire la *différence* des deux angles PAA' et ZAA' ; voyons maintenant dans quels cas on devra faire la *somme*.

1° Supposons d'abord que les deux observations soient faites d'*un même côté du méridien*.

Deux cas peuvent encore se présenter : ou la *distance polaire* est *plus grande que la colatitude* estimée du lieu, ou elle est *plus petite*.

(Fig. 88)

(Fig. 89)

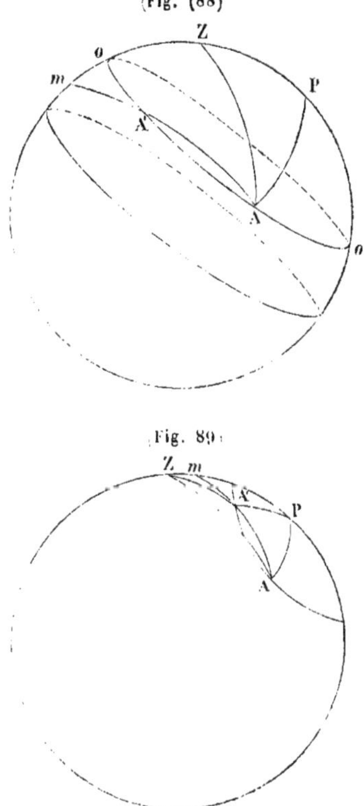

Le zénith Z se trouve, dans le premier cas (fig. 88), entre le pôle P et le parallèle OO′ de l'astre; l'arc de grand cercle qui passe par les deux points A, A′ ne peut pas couper le méridien PZ, dans la partie OPO′; donc, en appelant *m* ce point d'intersection, il est situé toujours de telle sorte que le point Z se trouve entre P et *m*; l'angle PAZ est alors toujours égal à la différence des angles PAA′ et ZAA′.

Si la distance polaire de l'astre est plus petite que la colatitude, il pourra se faire que deux situations A et A′ de l'astre (fig. 89) déterminent un grand cercle qui coupe PZ au point *m* entre P et Z. Dans ce cas, l'angle PAZ est la somme des deux angles PAA′ et ZAA′; on voit que cela tient à ce que l'azimut de la petite hauteur est *plus grand* que l'azimut de la grande.

2° Si l'on observe l'astre de différents côtés du méridien, on remarquera que lorsque l'arc de grand cercle qui passe par les deux points A, A′ (fig. 90) coupera le méridien entre P et Z, l'angle PAZ sera égal à la somme des deux angles PAA′ et ZAA′; c'est qu'alors la somme des deux azimuts PZA et PZA′ est plus petite que 180°.

(Fig. 90)

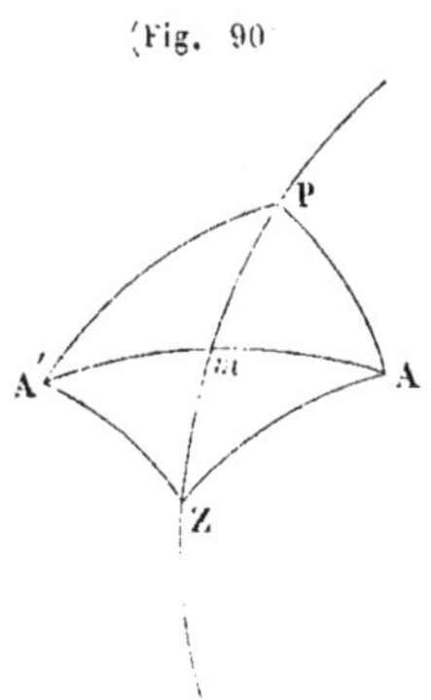

Donc, *on ne doit faire la somme des deux angles à l'astre; 1° si l'on observe les deux hauteurs d'un même côté du méridien; que lorsque l'azimut de la petite hauteur est plus grand que l'azimut de la grande (ce qui ne peut avoir lieu que si la distance polaire est plus petite que la colatitude.*

2° *Si l'on observe de différents côtés du méridien, que lorsque la somme des deux azimuts est plus petite que* 180°. Donc, lorsque l'on croira se trouver dans le cas où l'on doit faire la somme, il faudra, en prenant les hauteurs, prendre les relèvements de l'astre.

185. *Discussion.* — Comme on a généralement, à bord, de bons chronomètres, nous ne considérerons que l'influence sur la latitude, d'une erreur h commise dans l'une des hauteurs, H par exemple. L étant une fonction de H, on a

$$l = \frac{h dL}{dH} + \frac{h^2}{2} \sin 1' \frac{d^2L}{dH^2}.$$

Reprenons la formule qui donne l'angle ZAA'; elle est

$$\cos ZAA' = \frac{\sin H' - \sin H \cos D}{\cos H \sin D}.$$

En la différentiant par rapport à ZAA' et à H, on trouve, en appelant z *la différence d'azimut* AZA' fig. (85),

$$d(ZAA') = \frac{\cot z}{\cos H} dH.$$

De la relation (e)

$$\alpha = PAA' - ZAA'$$

on déduit

$$d\alpha = -dH \frac{\cot z}{\cos H};$$

Différentions maintenant l'équation (f) par rapport à L, α et H, en substituant à $d\alpha$ sa valeur, il vient

$$\cos L dL = \cos \Delta \cos H dH - \sin H \sin \Delta \cos \alpha dH + \cos H \sin \Delta \sin \alpha dH \frac{\cot z}{\cos H};$$

d'où

$$dL = \frac{dH}{\cos L} \{\cot z \sin \Delta \sin \alpha + \sin \Delta (\cot \Delta \cos H - \cos \alpha \sin H)\},$$

et en simplifiant

$$dL = \frac{dH \sin \Delta \sin \alpha}{\cos L} (\cot z + \cot Z),$$

ou enfin, remarquant que $\frac{\sin \Delta \sin \alpha}{\cos L} = \sin Z$,

$$\frac{dL}{dH} = \frac{\sin(Z+z)}{\sin z}.$$

En ne considérant que le premier coefficient différentiel, on aura donc

$$l = h\,\frac{\sin(Z+z)}{\sin z}.$$

L'erreur l sera *minimum* quand le dénominateur sin z sera *maximum*, ou quand $z=90°$, et quand le numérateur $\sin(Z+z)$ sera *minimum*, c'est-à-dire quand $(Z+z)=180°$; mais on a $(Z+z)=Z'$, azimut de l'astre en A' *quand les observations sont faites d'un même côté du méridien*, ou $(Z+z) = 360-z'$ *quand les observations sont faites de différents côtés ;* donc, dans les deux cas, les circonstances favorables auront lieu *quand l'une des hauteurs étant prise à une certaine distance du méridien, l'autre est prise très-près du méridien*, de telle sorte que son azimut soit très-près de 180°.

En déterminant l'influence sur la latitude, d'une erreur commise dans la hauteur H', on trouverait encore les mêmes résultats pour les circonstances favorables.

186. *Résumé pratique.* — Ne considérons que le Soleil. C'est-à-dire déterminons simplement la latitude par deux hauteurs de Soleil et l'intervalle.

Opérations de l'observation. — Considérons l'astre dans l'Est.

1° Lorsque le Soleil est assez élevé au-dessus de l'horizon pour ne pas être trop affecté de la réfraction ;

Après avoir pris une comparaison au chronomètre,

On prend une hauteur de Soleil ;

On note l'heure que marque le compteur ;

On relève le Soleil au compas de variation au moment du contact ;

On prend une seconde comparaison.

De ces deux comparaisons, *on conclut l'heure que marquait le chronomètre* C *au moment de la hauteur* H*;*

On estime *avec le plus de soin de possible*, le chemin que fait le navire.

2° Lorsque le Soleil *est près du méridien, soit avant soit après son passage*, on prend une seconde comparaison ;

On prend une *hauteur de Soleil* H' et on note *l'heure* que marque la montre ;

On relève le Soleil au compas de variation au moment du contact ;

On prend une seconde comparaison.

De ces *deux comparaisons on conclut l'heure* C′ *du chronomètre* au moment de la hauteur H.

On relève sur le journal du bord les routes faites depuis la dernière latitude et la dernière longitude.

Détermination des éléments du calcul. — 1° A l'aide des heures C et C′ du chronomètre, de sa marche et de son état absolu, *on détermine les heures de Paris T. M. correspondant aux observations* des hauteurs H et H′ ;

2° On détermine *l'intervalle temps vrai* des observations ;

3° Pour les heures T. M. de Paris déterminées, on *calcule la déclinaison* du Soleil, on en conclut sa distance polaire.

4° On corrige *les hauteurs, et* l'on ramène la petite à *l'horizon de la grande.*

Développement du calcul.—A l'aide des formules (*a*), (*b*), (*c*), (*d*), (*e*), (*f*), (*g*), et en ayant soin de voir à l'aide des deux relèvements pris, si l'on doit dans (*e*), faire la somme ou la différence *des deux angles au Soleil*, on détermine la latitude L.

Comme, généralement, on veut faire servir l'une des hauteurs à déterminer l'heure T. M. du bord, on devra prendre cette hauteur dans les circonstances favorables ; et au moyen de cette hauteur et de la latitude exacte déterminée, on fera le calcul d'*heure*, ainsi que nous l'avons indiqué.

Exemple.

Le 5 janvier 1858 à midi moyen de Paris, un compteur dont la marche diurne sur le T. M. est + 54ˢ.6 marquait $22^h\ 2^m\ 22^s,6$.

Le 12 janvier, de Paris suivant, la date du bord étant le 12 au soir, on a observé dans l'est du *Méridien* une première hauteur du ☉ de 73° 55′ 20″, au moment où le compteur indiquait $C_1 = 0^h\ 40^m\ 35^s\ 4$.

Ayant fait 16 milles au N. 1/4 N. E. 4° Est du compas avec 11° 30′ de variation N. E. et 4° de dérive bâbord, on a observé une seconde hauteur du ☉ de 58° 47′ 50″ dans l'ouest du méridien, au moment où le compteur marquait $3^h\ 00^m\ 46^s,6$ — élévation de l'œil $5^m,9$ — erreur instrumentale de chaque observation — 3′ 50″. Au moment de la seconde hauteur on relevait le Soleil au N. 55° 15′ 0ˢ du compas. On demande *la latitude* et *l'heure T. M.* du lieu de la première station ?

Détermination des éléments du calcul.

1re STATION.

Heure de Paris.

$C_0 = 22^h\ 2^m 22^s,6$
$m = +\ 6^m 22^s,2$
$C_0 + m = 22^h\ 8^m 44^s,8$
$C_1 = 0^h 40^m 35^s,4$
$t'_1 = 2^h 31^m 50^s,6$
$\frac{m}{24}\ t'_1 = -\ 5^s,75$
$t_2 = 2^h 31^m 44^s,85$

2me STATION.

Heure de Paris.

$22^h\ 2^m 22^s,6$
$+\ 6^m 22^s,2$
$22^h\ 8^m 44^s,8$
$C_2 = 3^h\ 0^m 46^s,6$
$t'_2 = 4^h 52^m\ 1^s,8$
$\frac{m}{24}\ t'_2 = -\ 10^s,68$
$t_2 = 4^h 51^m 51^s,12$

Pour ces heures, on trouve :

	1re station	2me station
Décl^on ☉	= 21°38′ 4″	21°37′ 5″
Dis. P.	Δ = 68°21′56″	Δ' = 68°22′55″
Éq. du T.	= $8^m 39^s,4$	

Détermination de l'intervalle T. V = V.

$C_2 = 3^h\ 0^m 46^s,6$
$C_1 = 0^h 40^m 35^s,4$
$C_2 - C_1 = 2^h 20^m 11^s,2$
$\frac{m+\varepsilon}{24}(C_1 - C_2) = -\ 7^s,53$
$V = 2^h 20^m\ 3^s,67$

Marche $m = +54^s,6$
Variat. de l'éq. du temps en 24 heures $= \varepsilon = +22^s,8$
Marche sur le T.V. $= m + \varepsilon = +1^m 17^s,4$

Corrections des Hauteurs.

Relèvet de la petite Hautr = N. 55°15′0″
Route inverse corrigée de la Dérive......... = S. 11°15′0″
Angle de gisement..... = 180 — (66°30′) = 113°30′
Correct de la petite hautr pour $m = 16$ et $\alpha = 113°30'$
au moyen de la table de point....... $x = -6'23''$

	1re STATION.	2me STATION.
H_i ☉	= 73°55′20″	58°47′50″
Erreur ins.	= — 3′50″	— 3′50″
H_o ☉	= 73°51′30″	58°44′00″
Dép.	= — 4′18″	— 4′18″
H_{ap} ☉	= 73°47′12″	58°39′42″
Réfraction	= — 17″	— 36″
H_{cor} ☉	= 73°46′55″	58°39′06″
Paral.	= + 2″	+ 4″
H_v ☉	= 73°46′57″	58°39′10″
½ diam.	= + 16′17″	+ 16′17″
H_v ☉	= 74°03′14″	58°55′27″
Correction x		= — 6′23″
H'_r ☉		= 58°49′ 4″

Développement du calcul.

Calcul de φ

$\operatorname{tg}\varphi = \cos V \operatorname{tg}\Delta'$

$V = 2^h 20^m 3^s,67$ lg cos = 9,913283 ....
$\Delta' = 68°22'55''$ lg tg = 0,401985
log tg φ = 0,315268
φ = 64°10′50″
Δ = 68°21′56″
$\Delta - \varphi$ = 4°11′06″

Calcul de AA′ = D

$$\cos AA' = \frac{\cos\Delta' \cos(\Delta - \varphi)}{\cos\varphi}$$

lg cos = 9,913283
lg cos = 9,566340
c^t lg cos = 0,360975
lg cos = 9,998840
lg cos D = 9,926155
D = 32°28′30″

Calcul de PAA′

$$\operatorname{tg} PAA' = \frac{\operatorname{tg} V \sin\varphi}{\sin(\Delta - \varphi)}$$

lg tg = 9,845473
lg sin = 9,954325
c^t lg sin = 1,136814
lg tg PAA′ = 0,936612
PAA′ = 83°24′

Calcul de ZAA′

$$\sin\frac{ZAA'}{2} = \sqrt{\frac{\cos S \sin(S - H')}{\cos H \sin D}}$$

H = 74° 3′14″ c^t lg cos = 0,561089
H′ = 58°49′ 4″
D = 32°28′30″ c^t lg sin = 0,270081
2S = 165°20′48″
S = 82°40′24″ lg cos = 9,105599
S − H′ = 23°51′20″ lg sin = 9,606846
Somme = 19,543615
½ Som. = lg sin $\frac{ZAA'}{2}$ = 9,771807
$\frac{ZAA'}{2}$ = 36°15′00″
ZAA′ = 72°30′00″
PAA′ = 83°24′00″
α = 10°54′00″

Calcul de φ'

$\operatorname{cotg}\varphi' = \operatorname{cotg} H \cos\alpha$

lg cotg H = 9,455952
lg cos α = 9,992093
lg cotg φ' = 9,448045
φ' = 74°19′39″
Δ = 68°21′56″
$\Delta + \varphi'$ = 142°41′35″

Calcul de L

$$\sin L = \frac{\sin H \sin(\Delta + \varphi')}{\sin\varphi'}$$

lg sin = 9,982958
c^t lg sin = 0,016453
$(\Delta + \varphi')$ lg sin = 9,782533
lg sin L = 9,781944
L = 37°14′52″ Sud

Calcul de l'h^re T.M. de la 1re station

$$\sin P = \frac{\sin\alpha \cos H}{\cos L}$$

lg cos = 9,438911
lg sin α = 9,276681
c^t lg cos = 0,099073
lg sin P = 8,814665
P = 3°44′30″
En temps $14^m 58^s$,
H^r T. V. = $23^h 45^m\ 2^s$,
Éq. du temps calculée pour t_1 = $8^m 39^s$,
Heure T. M. du 1er lieu = $23^h 53^m 41^s$,

Il est évident que l'on doit faire la différence de PAA′ et ZAA′.

Lorsque l'on suppose *les deux distances polaires égales*, le calcul se réduit de la manière suivante :

Détermination des éléments du calcul.

Détermination de l'heure moyenne de Paris.

$C_0 = 22^h\ 2^m 22^s,6$

$nm = +\ 6^m 22^s,2$

$C_{0+nm} = 22^h\ 8^m 44^s,8$

$C_1 = 0^h 40^m 35^s,4$

$t'_1 = C_1 - (C_{0+nm}) = 2^h 31^m 50^s,6$

$\frac{m}{24} t'_1 = -\ 5^s,75$

H[re] T. M. de Paris $= t_1 \ldots\ldots\ldots = 2^h 31^m 44^s,85$

$\frac{1}{2}$ inter[le] T. M. $= 1^h 10^m\ 2^s,94$

H[re] M. de Paris. $= 3^h 41^m 47^s,79$

Pour l'heure moyenne de Paris on trouve :

D[on] du $\odot = 21°37'34''7$

Dist[ce] polaire $= \Delta_m = 68°22'25''3$

Pour la première heure de Paris T. M. on trouve aussi,

Équation du temps $= +8^m 39^s,4$.

Détermination du $\frac{1}{2}$ intervalle.

$C_2 = 3^h 00^m 46^s,6$

$C_1 = 0^h 40^m 35^s,4$

$C_2 - C_1 = 2^h 20^m 11^s,2$

$\frac{C_2 - C_1}{2} = 1^h 10^m\ 5^s,6$

Marche $= +54^s,6$

Variat. de l'Éq. du temps où $\varepsilon = +22^s,8$

Mar. sur le T. V. $= 1^m 17^s,4$

$\left(\frac{m+\varepsilon}{24}\right)\left(\frac{C_2 - C_1}{2}\right) = -\ 3^s,76$

$\frac{1}{2}$ int. T. V. $= 1^h 10^m\ 1^s,84$

Corrections des Hauteurs.

Relèvement de la petite hauteur $=$ N.55°15'0"

Route inverse corrigée de la dérive $=$ S.11°15'0"

Angle de gise[mt] $= 180 - (66°30') = 113°30'$

Correc[t] de la petite h[r] pour $m = 16$ et $\alpha = 113°30'$ au moyen de la table de point. $x = -6'23''$

	1re STATION.	2me STATION.
$H_i \odot =$	73°55'20"	58°47'50"
Erreur ins. $=$	$-$ 3'50"	$-$ 3'50"
$H_o \odot =$	73°51'30"	58°44'00"
Dépress. $=$	$-$ 4'18"	$-$ 4'18"
$H_{ap} \odot =$	73°47'12"	58°39'42"
Réfraction $=$	$-$ 17"	$-$ 36"
$H_{cor} \odot =$	73°46'55"	58°39'06"
Parall. $=$	$+$ 2"	$+$ 4"
$H_r \odot =$	73°46'57"	58°39'10"
$\frac{1}{2}$ diam. $=$	$+$ 16'17"	$+$ 16'17"
$H_v \odot =$	74° 3'14"	58°55'27"
		$x = -$ 6'23"
		$H'_v \odot = 58°49'\ 4''$

Développement du calcul.

Calcul de AA'

$$\sin \frac{AA'}{2} = \sin\Delta \sin \tfrac{1}{2} V.$$

$\Delta = 68°22'25''$ log sin $= 9,9682993$

$\frac{1}{2} V = 1^h 10^m 1^s,8$ log sin $= 9,4783220$

log sin $\frac{1}{2}$ AA' $= 9,4466213$

$\frac{1}{2}$ AA' $= 16°14'22''$

D $=$ AA' $= 32°28'44''$

Calcul de PAA'

$$\text{cotg PAA'} = \cos\Delta \text{ tg } \tfrac{1}{2} V.$$

log cos $= 9,5664997$

log tang $= 9,4989205$

log cotg PAA' $= 9,0654202$

PAA' $= 83°22'8''$

Calcul de ZAA'

$$\sin \frac{ZAA'}{2} = \sqrt{\frac{\cos S \sin(S - H')}{\cos H \sin D}}$$

H $=$ 74° 3'14" c[t] lg cos $=$ 0,561089

H' $=$ 58°49' 4"

D $=$ 32°28'44" c[t] lg sin $=$ 0,270035

2S $=$ 165°21'02"

S $=$ 82°40'31" lg cos $=$ 9,105485

S$-$H' $=$ 23°51'27" lg sin $=$ 9,606879

Somme $=$ 19,543488

lg sin $\frac{ZAA'}{2} = 9,771744$

$\frac{ZAA'}{2} = 36°14'35''$

ZAA' $=$ 72°29'10"

PAA' $=$ 83°22' 8"

$\alpha =$ 10°52'58"

Calcul de φ'

$$\text{cotg}\,\varphi' = \text{cotg H} \cos\alpha$$

lg cotg H $=$ 9,455952

lg cos $\alpha =$ 9,992118

lg cotg $\varphi' =$ 9,448070

$\varphi' =$ 74°19'36" c[t] lg sin $=$ 0,016456

$\Delta_m =$ 68°22'25"

$(\Delta_m + \varphi') =$ 142°42'01"

Calcul de L

$$\sin L = \frac{\sin H \sin(\Delta + \varphi')}{\sin \varphi'}$$

lg sin $=$ 9,982958

c[t] lg sin $=$ 0,016456

lg sin $=$ 9,782462

lg sin L $=$ 9,781876

L $=$ 37°14'27" Sud c[t] lg cos $=$ 0,099033

Calcul de l'h[re] T. M. de la 1re station.

$$\sin P = \frac{\sin\alpha \cos H}{\cos L}$$

lg cos $=$ 9,438911

lg sin $=$ 9,276002

lg sin P $=$ 8,813946

P $=$ 3°44'9"

En temps $=$ $14^m 58^s,6$

H[r] T. V. $= 23^h 45^m 01^s,4$

Équation du temps $= +\ 8^m 39^s,4$

H[r] T. M. du lieu $= 23^h 53^m 40^s,8$

DÉTERMINATION DE LA LATITUDE PAR LES HAUTEURS SIMULTANÉES OU NON SIMULTANÉES DE DEUX ÉTOILES QUELCONQUES.

187. *Hauteurs simultanées.* — Si au lieu d'observer une même Étoile à deux instants différents, on observe deux étoiles différentes au même instant, on pourra encore considérer la fig. 91, analogue à celle que nous avons considérée dans le calcul précédent.

(Fig. 91)

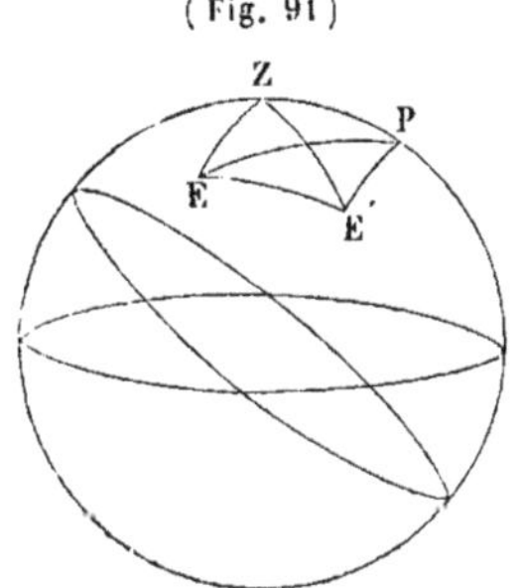

Les formules qui serviront pour calculer ZP ou son complément L, seront encore (*a*), (*b*), (*c*), (*d*), (*e*), (*f*) et (*g*) ; *seulement, l'angle* EPE′ *ou* V *sera égale à la différence d'ascension droite des deux étoiles.*

Hauteurs non simultanées. — Si les hauteurs des deux étoiles ne sont pas prises au même instant, l'angle V sera égal à la différence d'ascension droite augmentée *ou diminuée de l'intervalle de temps sidéral écoulé entre les deux observations* (intervalle qui se déduira des heures marquées à la montre) *selon que le premier astre est le plus oriental ou le moins oriental.*

Il faudra avoir soin de ramener la petite hauteur au lieu de la grande.

DÉTERMINATION DE LA LATITUDE PAR LA HAUTEUR D'UN ASTRE OBSERVÉ A UNE HEURE CONNUE.

188. On peut connaître l'heure moyenne du bord à un instant quelconque en lisant l'heure correspondante d'un chronomètre.

Supposons en effet, que la veille ou le matin nous ayons, *dans les circonstances favorables*, déterminé l'heure du lieu ; soient t' cette heure et C l'heure que marquait le chronomètre au même instant.

Soit g le changement en longitude effectué depuis l'heure C que marquait le chronomètre jusqu'à l'heure C′ qu'il marque actuellement. Appelons t' l'heure moyenne du second lieu qui correspond à l'heure C′ ; on aura évidemment, en appelant m la marche du chronomètre, la relation

$$\frac{t'-(t+g)}{C'-C}=\frac{24}{24+m}=1-\frac{m}{24}\ldots\ldots$$

d'où
$$t'=t+g+(C'-C)-(C'-C)\frac{m}{24}\ldots\ldots$$

Supposons maintenant, que *lorsque le chronomètre marquait* C' *on ait pris la hauteur d'un astre.* Au moyen de cette heure du chronomètre, on calculera l'heure temps moyen de Paris avec laquelle on déterminera le temps sidéral, l'ascension droite de l'astre et sa déclinaison d'où l'on conclura sa distance polaire; l'heure moyenne t' obtenue à l'aide du chronomètre nous donnera *l'heure astronomique* h_a ✶ de l'astre, ce qui permettra d'avoir *l'angle horaire* P *du triangle* de position.

On passera de la hauteur observée de l'astre à sa *hauteur vraie* H.

(Fig. 92)

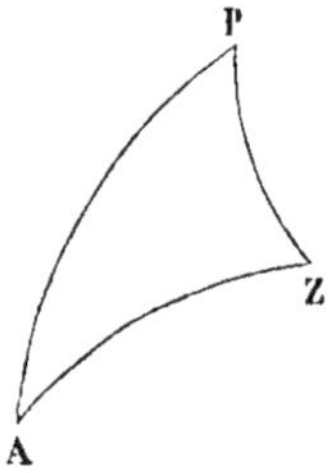

On connaîtra donc, dans le triangle PZA (fig. 92), l'angle P, la distance polaire PA $=\Delta$ et la distance zénithale ZA$=90-$H ; le côté PZ ou la latitude L se déduira de la formule générale à l'aide des deux relations :

$$(\alpha)\qquad \cot\varphi=\cos P\tan\Delta,$$

$$(\alpha')\qquad \cos(L-\varphi)=\frac{\sin H\sin\varphi}{\cos\Delta}.$$

On doit remarquer que ce cas de résolution est le cas douteux des triangles sphériques, mais que, dans la pratique, le triangle est toujours possible. Du reste, on ne fait ce calcul que dans le cas particulier que nous allons considérer.

CAS PARTICULIER. — LATITUDE PAR LA POLAIRE.

189. Lorsque l'astre que l'on considère est l'Étoile polaire, comme sa distance polaire est assez petite, on peut se proposer de développer la latitude L suivant les puissances croissantes de Δ, au moyen de la série de Mac-Laurin :

$$L=L_0+\left(\frac{dL}{d\Delta}\right)_0\Delta+\left(\frac{d^2L}{d\Delta^2}\right)_0\frac{\Delta^2}{1.2}+\ldots\ldots$$

Prenons la formule :

$$(\alpha)\qquad \sin H = \cos P \cos L \sin \Delta + \sin L \cos \Delta.$$

En faisant $\Delta = 0$, il vient

$$\sin H = \sin L_0,$$

d'où

$$L_0 = H.$$

Différentions (α) par rapport à L et à Δ, nous avons

$$(\beta)\quad 0 = -\cos P \sin L \sin \Delta dL + \cos P \cos L \cos \Delta d\Delta + \cos L \cos \Delta dL - \sin L \sin \Delta d\Delta,$$

d'où

$$\frac{dL}{d\Delta} = \frac{\cos P \cos L \cos \Delta - \sin L \sin \Delta}{\cos P \sin L \sin \Delta - \cos L \cos \Delta};$$

Faisons $\Delta = 0$, on en déduit

$$\left(\frac{dL}{d\Delta}\right)_0 = -\cos P.$$

Différentions l'expression (β), il vient :

$$\begin{aligned} 0 = &-\cos P \cos L \sin \Delta dL^2 - \cos P \sin L \cos \Delta dL d\Delta - \cos P \sin L \sin \Delta d^2L, \\ &-\cos P \sin L \cos \Delta dL d\Delta - \cos P \cos L \sin \Delta d\Delta^2 + \cos L \cos \Delta d^2L, \\ &-\sin L \cos \Delta dL^2 - \cos L \sin \Delta dL d\Delta - \cos L \sin \Delta . dL d\Delta - \sin L \cos \Delta d\Delta^2; \end{aligned}$$

Faisant $\Delta = 0$ et prenant le rapport de $\left(\frac{d^2L}{d\Delta^2}\right)_0$, on trouve

$$\left(\frac{d^2L}{d\Delta^2}\right)_0 = \frac{-2\cos P \sin H \left(\frac{dL}{d\Delta}\right)_0 - \sin H \left(\frac{dL}{d\Delta}\right)_0^2 - \sin H}{\cos H},$$

D'où remplaçant $\left(\frac{dL}{d\Delta}\right)_0$ par sa valeur, on a

$$\left(\frac{d^2L}{d\Delta^2}\right)_0 = \frac{2\cos^2 P \sin H - \sin H \cos^2 P - \sin H}{\cos H} = -\frac{\sin H(1 - \cos^2 P)}{\cos H} = -\operatorname{tg} H \sin^2 P.$$

En nous arrêtant au terme du second ordre, la série devient alors :

$$L = H - \Delta \cos P - \operatorname{tg} H \sin^2 P \frac{\Delta^2}{1.2} \ldots\ldots$$

ou, remarquant que L, H et Δ sont des arcs,

$$L = H - \Delta \cos P - \frac{1}{2} \operatorname{tg} H (\Delta \sin P)^2 \sin 1'' \ldots\ldots$$

Le second terme est toujours assez faible. En supposant $\Delta =$ 1°30′, on trouve qu'il ne peut dépasser 3′15″ quand $H = 70°$; ainsi, le premier terme $\Delta \cos P$ est suffisant quand on n'est pas par de très-grandes latitudes. D'après ce terme, on voit que lorsque P est plus petit que 6^h, il faut *retrancher* $\Delta \cos P$ de H pour avoir L, et qu'il faut l'ajouter quand P est plus grand *que* 6 *heures*. Ainsi, pour obtenir la latitude par l'observation de la hauteur de l'Étoile Polaire, au lieu de se servir des relations (α) et (α') indiquées dans le calcul précédent, on ajoutera simplement ou l'on retranchera de la hauteur H de l'Étoile la quantité $\Delta \cos P$ qui pourra même être obtenue par la table de point.

Exemple.

Le 7 juin 1858, à $10^h\ 40^m\ 27^s\ 4$ T. M.; étant par 72° 37′ 28″ *de longitude Est*, on a *observé la Hauteur* de *l'Étoile Polaire* de 49° 59′ 02″; élévation de l'œil $7^m,5$. On demande *la latitude du lieu de l'Observation?*

Détermination des éléments de calcul.

1° *Détermination de l'heure moyenne de Paris.*

Hre du lieu T. M. le 7	=	$10^h40^m27^s,4$
Longitude en temps	=	$-4^h50^m29^s,9$
Hre de Paris T. M. le 7	=	$5^h49^m57^s,5$
Pour cette heure on trouve . . . . . Æ	=	$1^h06^m47^s,98$
D	=	88°33′03″,4

2° *Détermination de l'angle horaire de la Polaire.*

T. S. au midi moyen de Paris le 7. . .		=	$5^h02^m20^s,57$
Correction pour la longitude; table IX de la Connaissance des temps,	pour 4^h... $39^s,426$ / 50^m... $8^s,214$ / 30^s... $0^s,082$	—	$47^s,722$
T. S. au midi moyen du lieu le 7 . . .		=	$5^h01^m32^s,85$
Heure moyenne du lieu le 7.		=	$10^h40^m27^s,4$
Correction, table IX,	pour 10^h. . . .	=	$1^m38^s,56$
	40^m. . . .	=	$6^s,57$
	27^s. . . .	=	$0^s,07$
Heure moyenne convertie en intervalle sidéral.		=	$10^h42^m12^s,60$
T. S. au midi moyen du lieu		=	$5^h01^m32^s,85$
Heure sidérale du lieu.		=	$15^h43^m45^s,45$
Ascension droite de la Polaire calculée pour le 7 à $5^h49^m57^s,5$.		=	$1^h06^m47^s,98$
Angle horaire astronomique de la Polaire		=	$14^h36^m57^s,47$
L'astre étant dans l'Est, son angle horaire P.		=	$9^h23^m02^s,53$
	Δ	=	1°26′56″,6

3° *Correction de la hauteur.*

H_o ✳	=	49°59′02″
Dépression	=	— 4′51″
H_{ap} ✳	=	49°54′11″
Réfract.	=	00′49″,1
H_v ✳	=	49°53′21″,9

Développement du calcul.

Calcul de la correction $x = \Delta \cos P$

logcos =	9,8890266
log =	3,7173880
log x =	3,6064146
x = +	1° 7′20″,3
H_v ✳ =	49°53′21″,9
Latitude =	51°00′42″,2N.

EXEMPLES DE CALCULS DE LATITUDE A EFFECTUER.

Exemple 1. Le 21 juillet 1858, étant par 49° 57′ 30″ de longitude Est, on a observé du *Côté du pôle Nord*, la *Hauteur Méridienne* du bord inférieur *du Soleil*, et on l'a trouvée de 51° 17′ 20″ ; erreur instrumentale + 3′ 50″; élévation de l'œil 3ᵐ,8 ; on demande la *latitude du lieu de l'Observation ?*

Éléments de la connaissance des temps.			
	Déclinaison du ⊙	le 20 =	20°41′52″,8
	Id.	le 21 =	20°30′29″,2
	½ diamètre du ⊙	le 19 =	15′46″12
	Id.	le 24 =	15′46″54.

Résultat. Latitude = 17°55′11″ Sud.

Exemple 2. Le 25 avril 1858, étant par 117° 54′ de longitude Ouest, on a observé du côté du *pôle Sud la Hauteur Méridienne du bord supérieur de la Lune* de 51° 17′ 30″ ; erreur instrumentale — 4′ 15″ ; élévation de l'œil 6ᵐ,6. On *demande la latitude du lieu de l'Observation?*

Éléments de la connaissance des temps.				
	Passage ☾ au méridien de Paris	le 25	à 10ʰ20ᵐ	
	Id.	le 26	à 11ʰ 2ᵐ	
	Déclinaison de ☾	le 25 avril	à 0ʰ =	3°22′ 5″,9 A
	Id.	le 25	à 12ʰ =	6°20′40″,0 *id.*
	Id.	le 26	à 0ʰ =	9°14′14″,5 *id.*
	Id.	le 26	à 12ʰ =	12° 1′15″,7 *id.*
	Parallaxe horizontale Éq.			½ diamètre horizontal.
	le 25 à 12ʰ = 55′42″,3			15′10″,8
	26 à 0ʰ = 55′28″,6			15′ 7″,1

Résultat. Latitude = 30°38′48″ Nord.

Exemple 3. Le 13 novembre 1858, étant par 111° 20′ de longitude Est, on a observé du côté du Sud la *Hauteur Méridienne* du bord inférieur de la *Lune*, et on l'a trouvée de 51° 28′ 55″. Élévation de l'œil 4ᵐ,8. On demande la *latitude du lieu de l'Observation?*

Éléments de la Connaissance des temps.	Passage ☾ au méridien de Paris le 12 à 5ʰ16ᵐ
	Id. le 13 à 6ʰ00ᵐ
	Déclinaison de la Lune le 12 à 0ʰ = 21°33′19″,3 A
	Id. le 12 à 12ʰ = 19°33′27″,7
	Id. le 13 à 0ʰ = 17°21′10″,4
	Id. le 13 à 12ʰ = 14°57′35″,5
	Parallaxe équat. — ½ diamètre horizontal.
	le 12 à 12ʰ = 54′30″,7 — 14′51″,3
	13 à 0ʰ = 54′43″,1 — 14′54″,6

Résultat. Latitude = 20°7′23″ Nord.

Exemple 4. Le 12 décembre, on a observé du Côté du ***pôle Sud***, la hauteur ***Méridienne d'Aldébaran*** de 38° 38′ 30″ ; élévation de l'œil 5ᵐ,4. On demande la ***latitude du lieu de l'observation?***

Éléments de la Connaissance des temps.	Hʳᵉ approchée du passage 11ʰ4ᵐ18ˢ,4
	Déclinaison de l'Étoile 16°13′31″ Nord.

Résultat. Latitude = 67°40′21″ Nord.

Exemple 5. Le 5 juin 1858, à midi *moyen de* ***Paris***, un Chronomètre dont la marche diurne sur le T. M. est — 56ˢ,8, marquait 3ʰ 42ᵐ 28ˢ,4.

Le 17 juin suivant, à bord, on a reconnu, ***par un calcul d'angle horaire***, que lorsque le chronomètre marquait 2ʰ 54ᵐ 39ˢ 6, il était à bord 4ʰ 32ᵐ 28ˢ 4. Aux environs du midi suivant, le navire s'étant déplacé en longitude de 3° 54′ vers l'Ouest et la date de Paris étant le 18 juin, on a observé du côté du pôle Nord, ***deux hauteurs circumméridiennes*** du bord inférieur du Soleil ; la somme des deux hauteurs donnait 124° 38′ 40″ ;

L'heure du Chronomètre, au moment de la première hauteur, était 22ʰ 32ᵐ 36ˢ,4 ;

Et l'heure au moment de la deuxième hauteur, 22ʰ 40ᵐ 18ˢ,6.

Élévation de l'œil 5ᵐ,4. On demande *la latitude* du lieu des Observations ?

Éléments de la Connaissance des temps.	Décl. du ☉ le 18 à 0ʰ de Paris = 23°25′25″,2 B.
	Id. le 19 *id* = 23°26′33″,8
	½ diamètre du ☉ = 15′46″

Résultat. | Latitude = 4°2′8″ Sud.

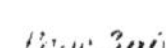

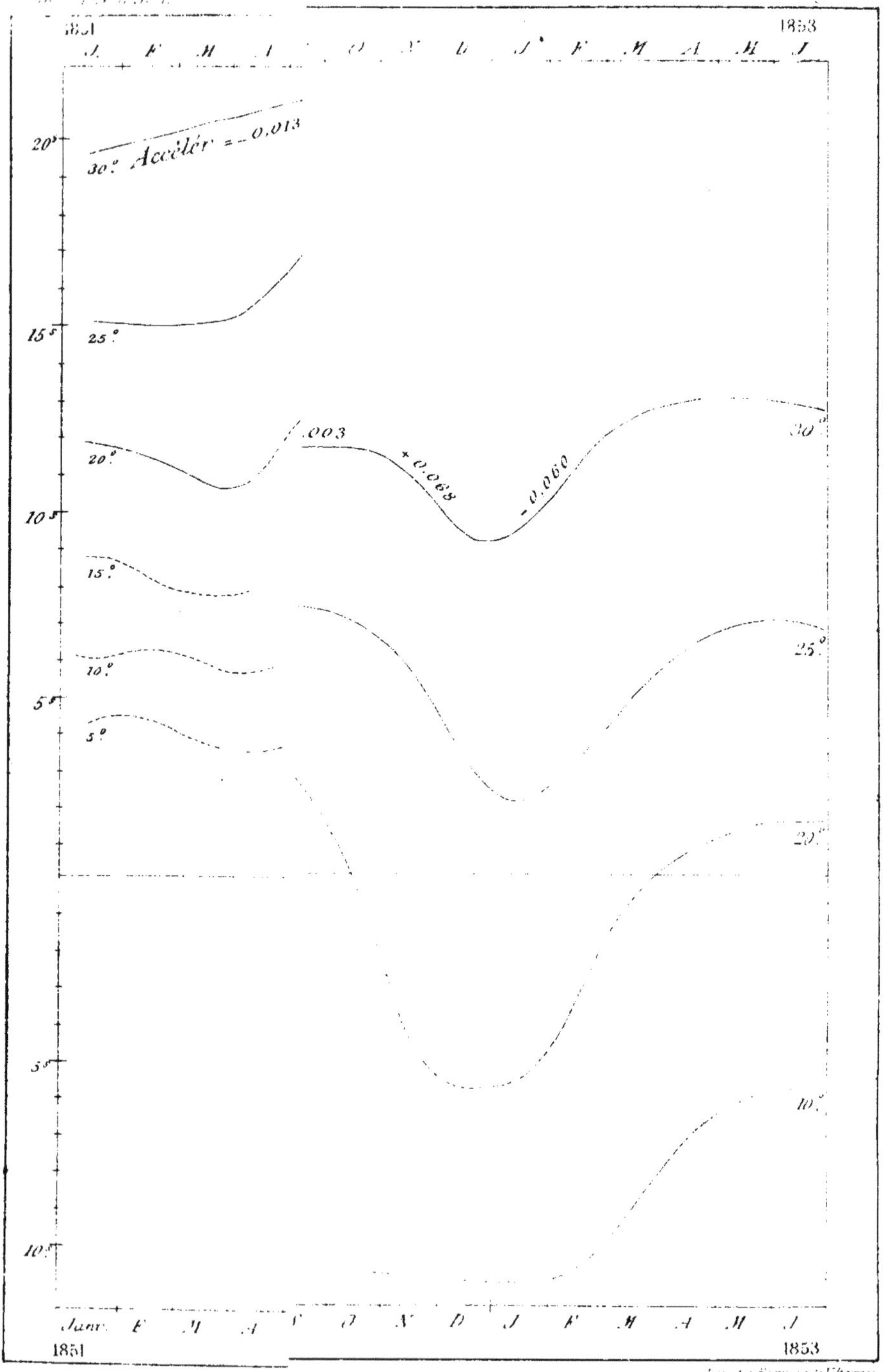

1851 1853

30° Accélér = −0,013

25°

20° .003 +0,068 −0,060 30°

15°

10° 25°

5° 20°

10°

20° 15° 10° 5° 5° 10°

Janv. F M A S O N D J F M A M J

1851 1853

Fig. 33

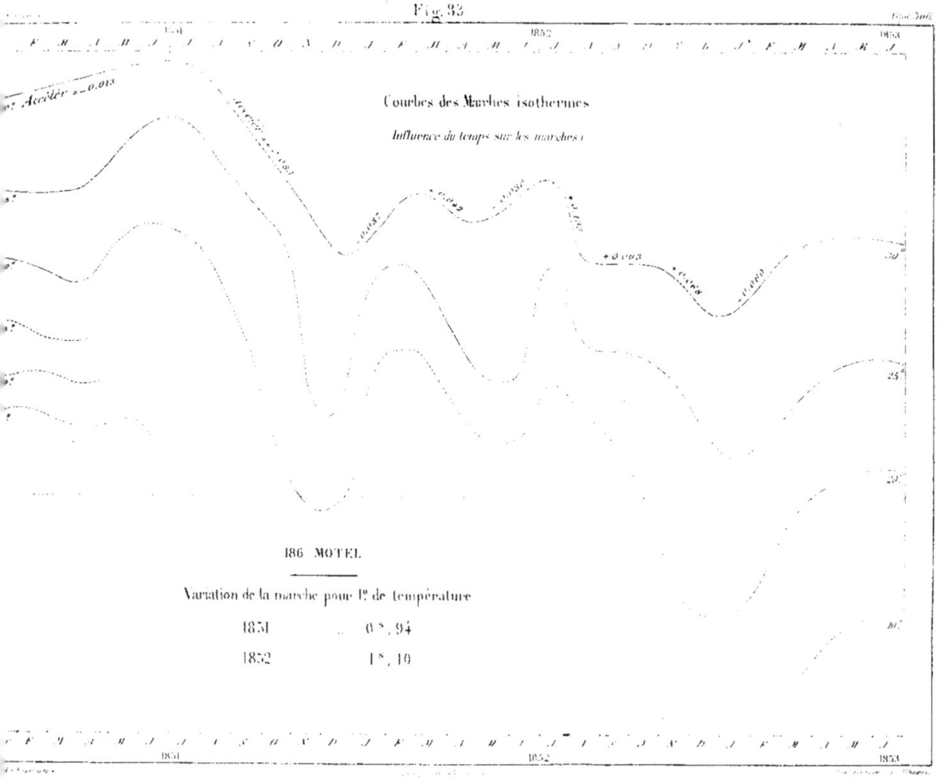
Courbes des Marches isothermes
Influence du temps sur les marches
Accélér
1851
1852
1853
30°
25°
20°
10°
186 MOTEL
Variation de la marche pour 1° de température
1851 0s,94
1852 1s,10

Exemple 6. Le 24 mars 1858, on a observé du côté du pôle Sud, la *Hauteur Méridienne* de l'Étoile *Sirius* de 18° 57′ 00″. Élévation de l'œil 4^{m},2. On demande la *latitude* du lieu de l'Observation ?

Éléments de la Connaissance des temps.	Heure approchée du passage = 6^{h}32^{m}15^{s} Déclinaison de Sirius. . . . = 16°31′35″ Sud.
Résultat.	Latitude = 54°37′52″ Nord.

Exemple 7. Le 5 décembre 1858, *à midi moyen de Paris*, un chronomètre dont la marche diurne sur le T. M. est + 1^{m} 30^{s}, marquait 2^{h} 55^{m} 23^{s},6.

Le 24 décembre de Paris, la date du bord étant le 24 au soir, par 15° 33′ de *latitude estimée Sud*, on a fait les observations suivantes :

	Première station.	Deuxième station.
Heure au chronomètre	= 3^{h}24^{m}17^{s}	5^{h}16^{m}24^{s}
Haut. observée du ☉	= 73°5′30″	48°4′30

Élévation de l'œil 6^{m}, 2. — Au moment de la petite hauteur, on relevait le Soleil au Sud 71° 45′ 0^{t}. — Dans l'intervalle, le navire a parcouru 12 milles au Nord 13° 0^{t}.

On demande la latitude du lieu de la première Station ?

Éléments de la Connaissance des temps.	Déclinaison du ☉ le 24 à 0^{h} = 23°26′14″,6 *Id.* le 25 à 0^{h} = 23°24′52″,5 ½ diamètre du ☉ . . . . . = 16′17″
Résultat.	Latitude = 15°30′24″ Sud.

Exemple 8. Le 3 juin 1858 à 15^{h} 38^{m} 42^{s} temps moyen d'un lieu situé par 45° 36′ longitude Ouest, on a observé la *hauteur de l'Étoile Polaire* de 38° 45^{m}. Élévation de l'œil, 4^{m},2. Erreur instrumentale + 3′ 12″. On demande la *latitude du lieu* de l'Observation ?

Éléments de la connaissance des temps.	Déclinaison de la Polaire le 3 juin à 0^{h} = 88°33′3″,9 *Id.* le 4 *id.* = 88°33′3″,8 Ascens. droite *id.* le 3 juin à 0^{h} = 1^{h} 6^{m}44^{s},7 *Id.* le 4 *id.* = 1^{h} 6^{m}45^{s},4 T. sidér. au midi moyen de Paris e 3 = 4^{h}46^{m}34^{s},3
Résultat.	Latitude = 38°13′3″ Nord.

DÉTERMINATION DE LA LONGITUDE.

190. Nous avons vu en Astronomie, page 116, que la *différence en longitude de deux lieux*, constitue une *différence dans les heures vraies ou moyennes* que l'on compte dans chaque lieu à *un instant donné*; et réciproquement, que la *différence* entre deux heures simultanées de deux lieux donne, à *raison de 15° par heure, la différence en longitude* des deux lieux.

D'après cela, le problème de la détermination des longitudes revient à celui-ci :

Déterminer, à un instant donné :

1° *L'heure qu'il est dans le lieu dont on veut connaître la longitude:*

2° *L'heure qu'il est dans un lieu dont la longitude est connue; ce lieu est généralement* PARIS *pour les Français.*

Dans ce cas, la différence en longitude des deux lieux, n'est autre chose que la longitude du lieu à déterminer.

Le calcul d'heure du lieu se détermine, ainsi que nous l'avons dit (126), au moyen de la hauteur des astres.

Le calcul de l'heure de Paris s'obtient, *à la mer*, de deux manières principales :

1° *A l'aide d'un chronomètre;*

2° *A l'aide des distances lunaires*, c'est-à-dire, au moyen de la *Connaissance des Temps*.

A L'AIDE D'UN CHRONOMÈTRE.

191. Nous avons vu (125) qu'en notant l'heure que marque la montre de comparaison au moment de la hauteur prise on en concluait l'heure du chronomètre, et partant, *l'heure temps moyen de Paris* si le chronomètre a été réglé avant le départ.

Cette heure sert à calculer la distance polaire de l'astre et les éléments qui sont propres au calcul d'angle horaire, et par suite, à la détermination de l'heure du lieu temps vrai.

A l'aide de l'équation du temps prise pour l'heure *temps moyen de Paris considérée comme heure temps vrai*, ou en se servant *de la table X* de la *Connaissance des Temps*, on passe à l'heure temps moyen du lieu.

Faisant la *différence* entre *l'heure temps moyen de Paris et l'heure temps moyen du lieu*, on a la longitude qui est *Est*, si l'on compte *plus* dans le lieu qu'à Paris et *Ouest* dans le cas *contraire*.

Lorsque l'on possède à bord plusieurs bons chronomètres, on détermine la longitude à l'aide de chacun d'eux, et l'on prend, pour résultat exact, la moyenne de ces longitudes.

L'élément que l'on peut le moins exactement connaître pour obtenir *l'heure du lieu* est la *latitude*, aussi se sert-on *presque généralement* de la latitude obtenue à midi, et c'est en combinant cette latitude exacte avec le changement en latitude estimée, *effectué depuis cette latitude méridienne* jusqu'au moment du calcul d'heure, ou réciproquement, que l'on obtient une *latitude* suffisamment exacte propre à ce calcul d'heure.

Exemple 1.

Le 27 avril 1858, vers $3^h 40^m$ du soir, au moment où le chronomètre n° 105 (Motel) marquait $8^h 11^m 56^s,4$ on a observé la hauteur du bord inférieur du ☉ de 35° 25′ 30″. Élévation de l'œil 5 mètres. Erreur instrumentale + (2′ 30″).

En faisant le point pour $3^h 40$, on trouve que le navire est situé par 34° 15′ 00″ latitude Nord et 15° 20′ longitude estimée Ouest.

En examinant le tableau des heures du chronomètre au moment de midi T. M. de Paris chaque jour, on trouve que le 27 avril à 0^h il marquait $3^h 29^m 26^s$ et que sa marche, en tenant compte de la température, est $+ 9^s,5$. On demande la longitude?

Détermination des éléments du calcul.

1° *Calcul de l'heure T. M. de Paris.*

Heure du chronom. à 0^h de Paris le 27 . . . . = $3^h 29^m 26^s,00$

Heure au moment de l'observation . . . . = $8^h 11^m 56^s,4$

Différ. = t' = h^re^ approchée = $4^h 42^m 30^s,4$

$\frac{mt'}{24}$ . . . . = — $1^s,87$

Heure moyenne de Paris. . = $4^h 42^m 28^s,53$

2° *Calcul de la distance polaire.*

Déclin. du ☉ le 27 à 0^h . . = $13°49'47'',1$

Variation en 24^h. . . . . . = $18'59'',5$

en $4^h 42^m 30^s$ . . . = $3'43'',2$

Déclinaison calculée. . . . = $13°53'30'',3$

90

Distance polaire. . . . . . = $76°06'29'',7$

3° *Calcul de l'équation du temps.*

Équat. du temps le 25 à 0^h = $11^h 57^m 3$

Q^tité^ table X (connaiss.). . = —

Équat. du temps à 0^h T. M. = $11^h 57^m 3$

Variation en 24^h. . . . . = —

en $4^h 42^m$. . . . = —

Équat. du temps calculée. = $11^h 57^m 3$

4° *Correction de la hauteur.*

Hauteur instrum. du ☉. = $35°25'3$

Erreur instrumentale. . . = + $2'3$

Hauteur observée ☉. . . = $35°28'0$

Dépression. . . . . = — $3'3$

Hauteur approchée ☉. . = $35°24'2$

Réfraction moyenne. . . = — $1'2$

Hauteur corr. ☉. . . . . = $35°23'0$

Parallaxe en hauteur. . . = +

Hauteur vraie ☉. . . . . = $35°23'0$

Demi-diamètre. . . . . . = + $15'5$

Hauteur vraie ☉. . . . . = $35°39'0$

Développement du calcul en nombres ronds.

H =	35°39'00''		
L =	34°15'00''	C^t^ log cos =	0,0827100
Δ =	76°06'30''	C^t^ log sin =	0,0128920
2S =	146°00'30''		
S =	73°00'15''	log cos =	9,4658321
S—H =	37°21'15''	log sin =	9,7830027
			19,3444368

$\log \sin \frac{1}{2} P = 9,6722184$

$\frac{1}{2} P = 28°2'34''$ en temps = $1^h 52^m 10^s,26$

Heure du lieu T. V. = $3^h 44^m 20^s,52$

Équation du temps = $11^h 57^m 30^s,12$

Heure T. M. du lieu = $3^h 41^m 50^s,64$

Heure T. M. de Paris = $4^h 42^m 28^s,53$

Différence = Longitude en temps = $1^h 00^m 37^s,89$

ou longitude en degrés = $15°9'28''$ Oues

Exemple 2.

Le 1er janvier 1858 vers $11^h 15^m$ du soir au moment où le chronomètre marquait $2^h 19^m 35^s$, on a observé dans l'Ouest du méridien, la hauteur de α du Bélier, et on l'a trouvée de 36° 29′ 48″. Élévation de l'œil 6 mètres.

En faisant le point pour $11^h 15^m$ du soir, on estime que le navire est situé par 40° 29′ de latitude Nord et une longitude de 62° 5′ Ouest. On demande la longitude vraie.

En examinant le tableau des heures du chronomètre au moment du midi T. M. de Paris chaque jour, on trouve que le 1er janvier à 0^h T. M. de Paris le chronomètre marquait $10^h 56^m 15^s$; sa marche, en ayant égard à la température est — $6^s,8$.

Détermination des éléments du calcul.

1° Heure T. M. de Paris.

H^{re} du chronom. à 0^h T. M. de Paris le 1er. . . . . . . = $10^h56^m15^s$
H^{re} du chronom. au moment de l'observation. . . . . . = $2^h19^m35^s$
$Diff^{ce} = t' =$ heure approchée = $15^h23^m20^s$
$\frac{mt'}{24}$ . . . . = + $4^s,3$
H^{re} moyenne de Paris. . . . = $15^h23^m24^s,3$

(On ajoute 24^h à $2^h49^m35^s$ parce que avec la longitude estimée on voit qu'il a dû s'écouler environ 15^h depuis 0^h T. M. de Paris jusqu'au moment de l'observation.)

2° Calcul de Æ de α du Bélier.

Æ. . . . . = $1^h59^m10^s,9$

3° Calcul de la distance polaire de α du Bélier.

Déclinaison. . . . . = 22°47′31″,5 Nord
90
Δ = Distance polaire . . . . = 67°12′28″,5

4° T. S. au midi moyen de P

T. S. . . . . = 18^h43^s

5° Correction de la haute

H. obs. α. . . . . = 36°29′
Dépression. . . . = — 4′
H. app. de α du bélier. . . . . = 36°25′
Réfraction. . . . = — 1′
Haut. v. de α du Bélier. . . . . = 36°24′

Développement du calcul.

1° Calcul de l'angle horaire de α, en nombres ronds.

H = 36°24′10″
L = 40°29′00″ C^t log cos = 0,1188466
Δ = 67°12′30″ C^t log sin = 0,0353087
2S = 144°05′40″
S = 72°02′50″ log cos = 9,4888922
S—H = 35°38′40″ log sin = 9,7654849
Somme = 19,4085324
log sin ½ P. = 9,7042662
½ P. = 30°24′24″
P. = 60°48′48″
Angle horaire astron. de α = $4^h3^m15^s,2$

2° Calcul de l'heure moyenne du lieu et de la lon

Æ de α du bélier. . . . . = $1^h59^m10^s,$
Angle horaire. . . . . = $4^h03^m15^s,$
H_s = heure sidérale . . . . = $6^h02^m26^s,$
T. S. au midi moyen de Paris. . = $18^h43^m21^s,$
Correction p^r la longitude estimée, table IX connaissance des temps. { p^r 4^h = 39^s, ; 8^m = 1^s, ; 20^s = 0^s,
T. S. au midi moyen du lieu le 1er = $18^h44^m02^s,$
Retranchant cette quantité de h_s = $11^h18^m23^s,$
Correction Table VIII Connaissance des temps. { p^r $11^h1^m48^s,126$; 18^m $2^s,949$; 24^s $0^s.066$ } — $1^m51^s,$
Heure T. M. du lieu. . . . . . . = $11^h16^m32^s,$
Heure T. M. de Paris. . . . . . . = $15^h23^m24^s,$
Différence = longitude en temps = 4^h $6^m51^s,$
Longitude en degrés. . . . . . . = 61°42′52″.

Nota. Comme on s'est servi de la longitude estimée pour trouver le T. S. au midi moy lieu, on peut avec la longitude trouvée, recommencer le calcul de ce T. S. et l'on aura un gitude plus exacte en achevant le calcul avec ce nouveau T. S.

192. Le calcul au moyen duquel nous avons obtenu (181) et (182), par *deux hauteurs d'astre et l'intervalle de temps* écoulé entre les observations, la *latitude* et *l'heure exacte du lieu*, nous donne évidemment *à la fois* la *latitude* et la *longitude*, car connaissant l'*heure du lieu* T. M. et l'*heure de Paris* aussi T. M., il n'y a évidemment *plus qu'à faire une différence pour obtenir la longitude.*

Aussi, au lieu de se contenter de prendre des *hauteurs horaires* vers 8 ou 9 heures du matin, pour conclure, de ces hauteurs, l'heure du lieu, une fois que l'on aura obtenu la *latitude de midi;* il est plus convenable de prendre de nouvelles hauteurs entre *dix et onze heures* et de faire immédiatement le calcul de *latitude* et de *longitude*, au moyen de ces deux hauteurs et de l'intervalle chronométrique écoulé entre les observations.

Bien que, pour ce calcul, la méthode trigonométrique que nous avons donnée (182) soit la plus franche, nous pensons que la méthode dans laquelle on se *sert de la latitude estimée* (181) est celle que l'on emploiera toujours le plus volontiers comme se réduisant, en définitive, *à deux calculs d'angles horaires* dont tout marin se rappelle constamment le type. Car, disons-le bien, ce qu'il faut à bord c'est obtenir sa position *exacte* sur le globe avec le moins de travail et le plus promptement possible.

A L'AIDE DES DISTANCES LUNAIRES.

193. La *Connaissance des Temps* donnant pour certaines époques, l'heure temps moyen de Paris qui correspond à *des distances de la Lune au Soleil et à certains astres*, on comprend que si dans le lieu dont on veut déterminer la longitude on peut *observer une distance lunaire* et en conclure *la distance vraie;* à l'aide de la *Connaissance des Temps*, on *pourra déterminer l'heure temps moyen de Paris correspondante de cette distance vraie calculée.*

Pour avoir l'*heure du lieu*, il suffira de faire un calcul d'heure du lieu(126) *au moment de l'observation de la distance. La comparaison de l'heure du lieu et de l'heure de Paris simultanées donnera la* LONGITUDE.

Opérations de l'observation. — Pour faire une observation de distances lunaires, on peut être *trois*, *deux* ou un *seul observateur.*

Cas où l'on est trois observateurs. — Lorsque l'on est trois observateurs, l'un d'eux prend les *hauteurs de l'astre*, l'autre les *hauteurs de Lune et le plus exercé les distances.*

Celui qui prend les distances *dirige l'opération*. Ainsi que nous l'avons indiqué (93), les distances lunaires se prennent généralement à l'aide d'un *cercle à réflexion*. L'observateur de la distance met sa lunette exactement *au point*, et les fils parallèles au plan de l'instrument ; puis si c'est le Soleil que l'on considère il met un ou *deux verres colorés* entre le grand et le petit miroir, selon l'intensité de l'astre ; il éloigne ensuite l'axe optique de la lunette du plan de l'instrument, au moyen de la vis ou des vis que contient la *monture* de cette *lunette*. En éloignant ainsi du plan de l'instrument l'axe optique de la lunette, l'observateur *augmente l'intensité* de l'image directe de la *Lune*, à laquelle il doit viser, et *affaiblit* l'image réfléchie du *Soleil*, de telle sorte qu'au moyen des verres colorés déjà placés, il peut obtenir une presque *égale intensité* d'image des deux astres.

Cette égale intensité est une condition nécessaire pour une bonne observation de distance lunaire. En laissant l'image du Soleil *trop brillante*, l'observateur pourrait commettre sur la distance de la Lune à cet astre des erreurs de 1 ou 2 minutes ; erreurs provenant de l'irradiation des rayons solaires. Une fois ces dispositions de l'instrument effectuées et en suivant les prescriptions que nous avons indiquées pour prendre une distance angulaire, soit par une observation de *droite* (84), une observation de *gauche* (85) ou une observation *croisée* (86), l'observateur *vise à la Lune directement* et fait tourner le plan de l'instrument autour de l'axe optique de la lunette, jusqu'à ce que les *fils soient perpendiculaires à la ligne qui joindrait les cornes de la Lune ;* il est alors certain que le plan de l'instrument passe par le centre du Soleil, et il peut amener *en contact* le bord du *Soleil* avec le bord convexe de la *Lune*.

Quand on prend les distances de la Lune aux étoiles zodiacales et aux planètes, cette position des fils de la lunette peut encore guider pour amener le plan de l'instrument à passer par l'étoile, car nous savons que les étoiles zodiacales dont on se sert, ainsi que les planètes, ne sont pas beaucoup écartées du plan de l'écliptique. Cependant on préfère généralement viser *directement* à l'Étoile.

Lorsque l'observateur a amené le bord du disque de l'astre le plus brillant en contact avec le bord éclairé de la Lune, il doit s'assurer que la distance est bien prise *dans le plan qui passe par l'œil et par les centres des deux astres ;* pour cela, tout en conservant l'astre *auquel il vise directement* dans le champ de la lunette et entre les deux fils, il donne à l'instrument *un mouvement de balancement* de manière à faire décrire à l'astre ***vu par réflexion*** **un** ***arc qui doit être*** TANGENT ***au disque de l'astre vu directement.*** Lorqu'il est près d'obtenir le contact, il l'indique aux deux autres par le mot ***attention;*** ceux-ci conservent alors, autant que possible, le contact de l'astre qu'ils observent. Quand celui qui prend la distance voit son ***contact parfait, il dit : Top;*** les deux autres lisent immédiatement les hauteurs marquées sur leur instrument. Si l'observateur des distances fait des ***observations croisées***, à chaque contact il dit ***top***, et les observateurs des hauteurs lisent les arcs marqués sur le limbe; ***la moyenne de ces hauteurs correspond*** sensiblement à la distance ***déduite de l'observation croisée.***

Cas où l'on est deux observateurs. — Lorsque l'on est deux observateurs, l'un observe la distance, l'autre les hauteurs.

Il faut seulement, dans ce cas, avoir une troisième personne qui compte à une montre de comparaison.

Un peu avant que le premier observateur prenne la distance, l'observateur des hauteurs prend une hauteur de l'astre H et fait noter l'heure C qu'il est à la montre.

Puis il prend la hauteur de Lune au moment où l'autre observateur prend la distance; on note encore l'heure C_m qu'il est à la montre à ce moment.

Immédiatement après, l'observateur des hauteurs prend une seconde hauteur H' de l'astre et fait noter l'heure C' correspondante.

Si l'on admet maintenant que les intervalles du chronomètre sont proportionnels aux variations de la hauteur de l'astre; en représentant par H_m la hauteur de l'astre au moment de la distance, on aura la relation

$$\frac{H_m - H}{C_m - C} = \frac{H' - H}{C' - C}$$

d'où

$$H_m = H + (H' - H)\frac{(C_m - C)}{(C' - C)},$$

ce qui donnera H_m.

On connaîtra donc encore, à un même instant, la distance et les hauteurs de l'astre et de la Lune.

Cas où l'on est un seul observateur. — Si l'on n'est qu'un seul observateur, il faut encore une personne pour compter à la montre de comparaison; il est de plus nécessaire d'avoir deux instruments : ***un pour les distances, l'autre pour les hauteurs.***

Lorsqu'au moment de l'observation de la distance, on ne se trouve pas dans les circonstances favorables pour le calcul d'*angle horaire*, on prend :

une hauteur de l'astre	H; — On note l'heure	C_1 à la montre;
une hauteur de Lune	$H☾$.	C_2 . . . . ;
la distance.	⊙-☾	C_m . . . . ;
une hauteur de Lune	$H'☾$	C'_2 . . . . ;
une hauteur de l'astre	H'.	C'_1 . . . . ;

et ainsi que nous venons de le dire pour le cas de deux observateurs, on détermine les hauteurs H_m de l'astre et H_m ☾ de la Lune au moment de l'observation de la distance, c'est-à-dire pour l'heure C_m.

Quand au moment de l'observation on se trouve dans les circonstances favorables (130) pour le calcul d'heure du lieu, on commence et on finit par les hauteurs de Lune au lieu des hauteurs de l'astre. parce que dans ce cas, on se servira des hauteurs de l'astre pour calculer l'heure du lieu, et qu'il doit y avoir alors le moins d'intervalle possible entre les deux hauteurs H et H', pour que l'on puisse admettre, sans erreur sensible, la proportionalité des variations de la hauteur aux variations du temps.

194. *On peut calculer les hauteurs au lieu de les observer.*—L'observation des hauteurs n'est pas toujours facile quand l'horizon n'est pas net ou quand on observe la nuit; de plus, la hauteur de l'astre qui sert à trouver l'heure du lieu doit être prise au moment des circonstances favorables, moment qui ne correspond pas toujours à l'observation de la distance. Aussi, quand on *a un chronomètre ayant une marche assez régulière* connue, on préfère calculer les hauteurs des deux astres (136); nous en donnerons un exemple plus loin, et nous verrons que le calcul n'en est pas beaucoup augmenté.

195. *Calcul de la distance vraie.* — Que l'on soit trois, deux ou un seul observateur, que l'on *observe* ou que l'on *calcule* les hauteurs. on connaîtra donc, à un instant donné :

1° *La distance observée de la Lune à un astre ;*

2° *Les hauteurs observées ou calculées*, et par suite, les hauteurs *vraies et apparentes de la Lune et de cet astre au même instant.*

On pourra donc faire le calcul de la distance vraie au moyen des méthodes que nous allons donner.

Passer de la distance observée à la distance apparente des centres.— On peut d'abord. déterminer la distance apparente des centres de deux astres en ajoutant à la distance observée des bords, les deux demi-diamètres réfractés.

Il faut, pour cela, connaître les hauteurs apparentes des deux astres au moment de la distance. On peut se servir des hauteurs observées comme hauteurs apparentes.

A l'aide de la Connaissance des temps, on détermine les demi-diamètres horizontaux des deux astres, et l'on en conclut leurs demi-diamètres en hauteur au moyen de la table XIII de Callet.

On détermine, comme nous allons le dire, les angles que font les demi-diamètres des points de contact avec le vertical du centre, au moment du contact ; à l'aide de la table XIV, on en déduit les accourcissements produits par la réfraction.

On connaît donc, par suite, les demi-diamètres réfractés, dont nous avons donné l'expression *Cours d'Astronomie*, paragraphe 184, dans l'étude de la Lune.

Dans les observations de distances de la Lune aux planètes ou aux étoiles, il n'y a lieu de considérer de demi-diamètre réfracté que pour la Lune. Il faut avoir bien soin de remarquer si c'est le bord de la Lune le plus voisin de l'astre ou le plus éloigné qu'on a mis en contact, pour savoir si l'on doit ajouter ou retrancher les demi-diamètres de la distance observée.

Calcul de l'inclinaison des demi-diamètres. Pour calculer les angles que font les demi-diamètres inclinés des astres avec les verticaux des centres, il suffit de déterminer dans le triangle ZSL (fig. 93), dont les trois sommets sont le zénith et les deux astres, les angles ZLS = L et ZSL = S ;

(Fig. 93)

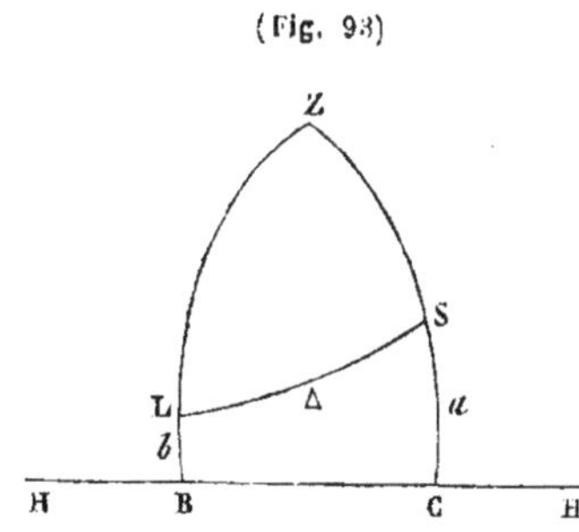

ZB et ZC sont les verticaux des centres des deux astres ;

LS est la distance apparente des deux astres $= \Delta$;

LB est la hauteur apparente de la Lune $= b$;

SC est la hauteur apparente du Soleil ou d'un autre astre $= a$.

Or, on connaît *approximativement* les hauteurs apparentes des astres ainsi que la distance apparente des centres ; on connaîtra donc, dans le triangle ZLS, les trois côtés ; on pourra déterminer les angles L et S à l'aide des formules

$$\tang \frac{L}{2} = \sqrt{\frac{\cos S . \sin (S-b)}{\cos (S-\Delta) \sin (S-a)}}, \quad \tang \frac{S}{2} = \sqrt{\frac{\cos S . \sin (S-a)}{\cos (S-\Delta) \sin (S-b)}},$$

si l'on veut les deux inclinaisons, ou de la formule

$$\sin \frac{L}{2} = \sqrt{\frac{\cos S . \sin (S-b)}{\cos a . \sin \Delta}},$$

si l'on ne veut que celle relative à la Lune. Quand les astres ont une certaine hauteur, cette correction est généralement insignifiante, ainsi que le montre la table XIV.

Formule de Borda. — *Passer de la distance apparente des centres à la distance vraie des centres.* — Considérons *deux sphères*, l'une ayant son centre *à la surface de la Terre* au pied O (fig. 94) de la verticale de l'observateur, l'autre *étant la sphère céleste*, et ayant son centre au *centre* C de la Terre.

(Fig. 94)

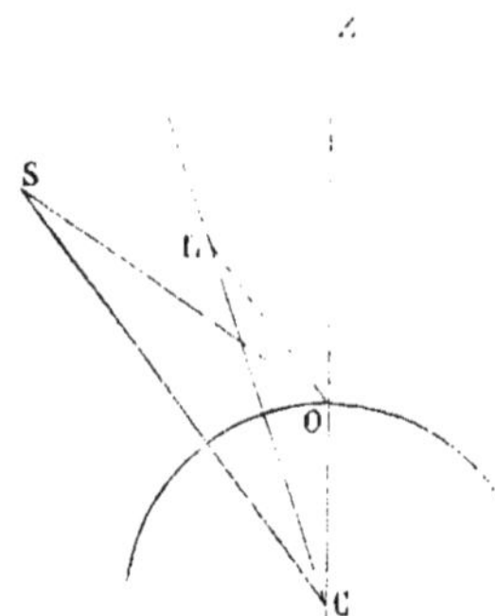

Les plans des lignes OZ, OL et OS déterminent, dans la sphère apparente dont le centre est en O, un triangle ZLS (fig. 95), dans lequel l'angle Z est l'angle formé par les verticaux des deux astres, et dont les côtés sont :

$$ZL = 90 - b, \quad ZS = 90 - a \quad \text{et} \quad LS = \Delta.$$

Les plans des lignes ZC, CS, CL déterminent dans la sphère céleste ayant son centre en C, un triangle ZL'S' (fig. 95) dans lequel *l'angle Z est encore égal à l'angle formé par les verticaux des deux astres*, et dont les côtés sont : $ZL' = 90 - b'$, $ZS' = 90 - a'$ et $L'S' = D$; en appelant D la *distance vraie* LCS (fig. 94) que nous voulons obtenir, a' et b' les hauteurs vraies de l'astre et de la Lune.

(Fig. 95)

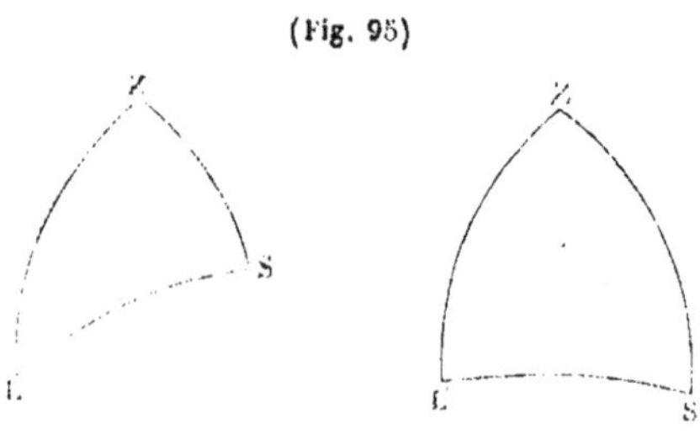

A l'aide des deux triangles sphériques ZLS et ZL'S' qui ont l'angle Z égal et dans lesquels on connnait a, a', b, b' et Δ, nous pouvons déterminer D.

Du triangle LZS, on déduit en effet, en posant encore $\frac{a+b+\Delta}{2}=S$

$$\cos\frac{Z}{2}=\sqrt{\frac{\cos S.\cos(S-\Delta)}{\cos a.\cos b}}.$$

Le triangle L'ZS', donne

$$\cos D=\cos Z.\cos a'\cos b'+\sin a'\sin b'.$$

ou bien

$$1-2\sin^2\frac{D}{2}=\left(2\cos^2\frac{Z}{2}-1\right)\cos a'\cos b'+\sin a'\sin b'$$

$$=2\cos^2\frac{Z}{2}\cos a'\cos b'-\cos(a'+b')$$

$$=2\cos^2\frac{Z}{2}\cos a'\cos b'-\left[2\cos^2\left(\frac{a'+b'}{2}\right)-1\right]$$

D'où l'on a, en réduisant,

$$\sin^2\frac{D}{2}=\cos^2\left(\frac{a'+b}{2}\right)-\cos^2\frac{Z}{2}\cos a'\cos b'$$

ou $$\sin\frac{D}{2}=\cos^2\left(\frac{a'+b'}{2}\right)\left(1-\frac{\cos^2\frac{Z}{2}\cos a'\cos b'}{\cos^2\frac{a'+b'}{2}}\right).$$

La quantité entre parenthèse, dans le second membre, doit être positive ; or elle n'est composée que de *cosinus tous évidemment positifs ;* on peut donc poser

$$(\alpha)\quad \sin\varphi=\frac{\cos\frac{Z}{2}\sqrt{\cos a'\cos b'}}{\cos\left(\frac{a'+b'}{2}\right)}=\frac{\sqrt{\frac{\cos S\cos(S-\Delta)\cos a'\cos b'}{\cos a\cos b}}}{\cos\left(\frac{a'+b'}{2}\right)}$$

on a alors, $$\sin^2\frac{D}{2}=\cos^2\left(\frac{a'+b'}{2}\right)(1-\sin^2\varphi)$$

ou (β) $$\sin\frac{D}{2}=\cos\left(\frac{a'+b'}{2}\right)\cos\varphi:$$

Telles sont les formules dues à *Borda*.

La quantité $\sqrt{\frac{\cos S \cos (S - \Delta) \cos a' \cos b'}{\cos a \cos b}}$ est toujours réelle,

car on a, fig. (95) : $SL < ZS + ZL$ ou $\Delta < 90 - a + 90 - b$

c'est-à-dire, $\Delta + a + b < 180°$,

d'où $S < 90°$,

et comme Δ est toujours < que 180°, on a aussi $S - \Delta$ ou $\Delta - S$ < que 90°.

196. La *différence* entre la *distance vraie et la distance apparente* ne peut pas surpasser la quantité $(R - p) + (P - R')$, R étant la réfraction du *Soleil* ou d'un autre astre, p sa parallaxe, R' étant la réfraction et P la parallaxe en *hauteur de la Lune*.

Reprenons la relation

$$(1) \qquad \frac{\cos D - \sin a' \sin b'}{\cos a' \cos b'} = \cos Z,$$

posons $D = \Delta \pm d$, $a' = a - c$ $b' = b + c'$, nous savons que l'on a $\begin{cases} c = R - p \\ c' = P - R' \end{cases}$. Nous aurons, en remplaçant D, a' et b' par ces valeurs dans la relation (1), et en développant

$$\frac{\cos\Delta \cos d \mp \sin\Delta \sin d - (\sin a \cos c - \cos a \sin c)(\sin b \cos c' + \cos b \sin c')}{(\cos a \cos c + \sin a \sin c)(\cos b \cos c' - \sin b \sin c')} = \cos Z.$$

Comme d, c et c' sont généralement petits, nous pouvons remplacer $\cos d$, $\cos c$, $\cos c'$ par 1, et $\sin d$, $\sin c$, $\sin c'$ par $d.\sin 1''$, $c \sin 1''$ et $c' \sin 1''$.

On a alors, en effectuant les multiplications et supprimant les termes du deuxième ordre,

$$\cos\Delta \mp \sin\Delta d \sin 1'' - \sin a \sin b + \cos a \sin b\, c \sin 1'' - \sin a \cos b\, c' \sin 1'' = \\ \cos Z\,(\cos a \cos b + \sin a \cos b\, c \sin 1'' - \cos a \sin b\, c' \sin 1''),$$

d'où nous déduisons, en remarquant que $\cos\Delta - \sin a \sin b = \cos Z \cos a \cos b$,

$$\mp d = \frac{-c}{\sin\Delta}(\cos a \sin b - \sin a \cos b \cos Z) + \frac{c'}{\sin\Delta}(\sin a \cos b - \cos a \sin b \cos Z)$$

ou

$$\mp d = \frac{-c \cos b}{\sin\Delta}(\cos a \operatorname{tg} b - \sin a \cos Z) + \frac{c' \cos a}{\sin\Delta}(\cos b \operatorname{tg} a - \sin b \cos Z).$$

Mais les triangles ZLS et ZL'S' nous donnent:

$$\cos a \operatorname{tg} b - \sin a \cos Z = \sin Z \cot S$$
$$\cos b \operatorname{tg} a - \sin b \cos Z = \sin Z \cot L.$$

On a donc,

$$\mp d = \frac{-c \cos b \sin Z \cot S}{\sin \Delta} + \frac{c'.\cos a \sin Z \cot L}{\sin \Delta}.$$

Or les mêmes triangles nous donnent $\frac{\cos b \sin Z}{\sin \Delta} = \sin S$ et $\frac{\cos a \sin Z}{\sin \Delta} = \sin L$; il vient donc enfin, en remplaçant c et c' par leurs valeurs,

$$\mp d = -(R-p) \cos S + (P-R') \cos L,$$

Nous voyons que d sera *maximum* quand $S = 180°$ et $L = 0$; et l'on aura bien dans ce cas,

$$d = (R-p) + (P-R').$$

197. *Cas particuliers.* — Lorsque les deux astres sont dans le même *vertical et de différents côtés du méridien*, ainsi que le montre la *fig.* 96, on a évidemment,

(Fig. 96)

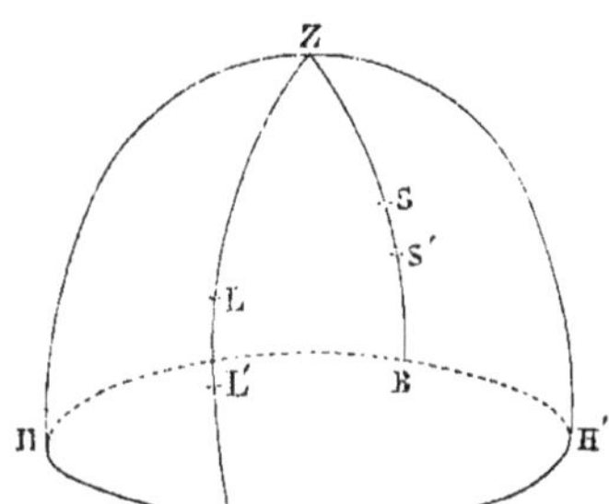

$$\Delta = 180 - (a + b)$$
$$D = 180 - (a' + b').$$

Par la formule, on arrive au même résultat, car alors $S = 90°$ et $\cos S = 0$.

Sin φ est donc nul, et la formule β devient

$$\sin \frac{D}{2} = \cos \left(\frac{a' + b'}{2}\right),$$

d'où

$$D = 180 - (a' + b'),$$

mais, $a' = a - (R\ominus - p\ominus)$, $b' = b + (p\text{€} - R\text{€})$;

on a donc, $D = 180 - (a + b) + (R\ominus - p\ominus) - (p\text{€} - R\text{€})$,

c'est-à-dire, $D = \Delta + (R\ominus - p\ominus) - (p\text{€} - R\text{€})$.

Donc, lorsque les deux astres, étant dans *le même vertical*, ***sont de part et d'autre du méridien***, il suffit, pour avoir la *distance vraie*, *d'ajouter à la distance apparente, la différence entre la correction de la hauteur apparente du Soleil et la correction de la hauteur apparente de la Lune.*

Lorsque les deux astres, étant dans le même vertical, *sont du même côté du méridien* ainsi que le montre la figure (97), on a évidemment :

(Fig. 97)

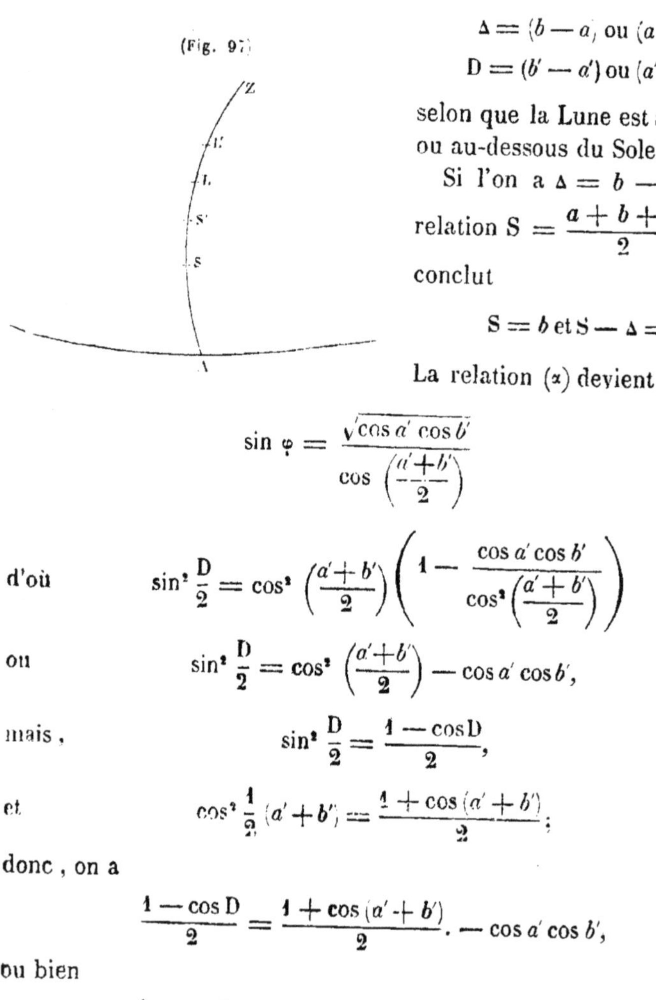

$$\Delta = (b - a) \text{ ou } (a - b)$$
$$D = (b' - a') \text{ ou } (a' - b')$$

selon que la Lune est au-dessus ou au-dessous du Soleil.

Si l'on a $\Delta = b - a$; de la relation $S = \dfrac{a + b + \Delta}{2}$, on en conclut

$$S = b \text{ et } S - \Delta = a.$$

La relation (α) devient alors

$$\sin\varphi = \frac{\sqrt{\cos a' \cos b'}}{\cos\left(\frac{a'+b'}{2}\right)}$$

d'où
$$\sin^2\frac{D}{2} = \cos^2\left(\frac{a'+b'}{2}\right)\left(1 - \frac{\cos a' \cos b'}{\cos^2\left(\frac{a'+b'}{2}\right)}\right)$$

ou
$$\sin^2\frac{D}{2} = \cos^2\left(\frac{a'+b'}{2}\right) - \cos a' \cos b',$$

mais,
$$\sin^2\frac{D}{2} = \frac{1 - \cos D}{2},$$

et
$$\cos^2\frac{1}{2}(a'+b') = \frac{1 + \cos(a'+b')}{2};$$

donc, on a

$$\frac{1 - \cos D}{2} = \frac{1 + \cos(a'+b')}{2} - \cos a' \cos b',$$

ou bien

$$1 - \cos D = 1 + \cos(a'+b') - 2\cos a' \cos b',$$

ou $$-\cos D = -\cos a' \cos b' - \sin a' \sin b',$$

c'est-à-dire, $$\cos D = \cos(b' - a').$$

ou, enfin, $$D = b' - a';$$

mais, $$b' = b + (p \,☾ - R \,☾),$$
$$a' = a - (R \,☉ - p \,☉).$$

Donc, on a,

$$D = b - a + (p \,☾ - R \,☾) + (R \,☉ - p \,☉)$$

ou $$D = \Delta + (p \,☾ - R \,☾) + (R \,☉ - p \,☉).$$

Ainsi, dans ce cas, il suffit, pour avoir la distance vraie, *d'ajouter à la distance apparente la somme des corrections des hauteurs.*

En agissant, comme nous venons de le dire, *les erreurs d'observations de hauteurs* qui peuvent aller jusqu'à 2 ou 3 minutes pour la Lune ou une étoile, n'auront pas d'influence sur la distance vraie, et l'on n'aura à craindre : 1° que les erreurs faites dans la détermination des corrections, erreurs qui ne dépassent pas 2 à 3 secondes, 2° *et les erreurs faites dans l'observation de la distance observée*, erreurs qu'un bon *observateur peut réduire à 10 ou 15 secondes.*

198. *Influence, sur la distance vraie, des erreurs commises, soit dans les hauteurs observées, soit dans la distance.*

Erreurs commises dans les hauteurs. — En égalant les deux valeurs de $\cos Z$, déduites des triangles SZL et S'ZL' (fig. 91), on obtient la relation

$$(\gamma) \qquad \frac{\cos D - \sin a' \sin b'}{\cos a' \cos b'} = \frac{\cos \Delta - \sin a \sin b}{\cos a \cos b}.$$

Nous ne considérerons que le premier terme du développement de Taylor.

Supposons une erreur da commise sur la hauteur apparente du Soleil a; nous pouvons admettre que l'erreur qui en résulte sur la hauteur vraie a' est aussi da, ou, autrement dit, que $da' = da$.

Différentions (γ) par rapport à D, a' et a.

Pour plus de facilités, chassons les dénominateurs, nous aurons

$$\cos a \cos b (\cos D - \sin a' \sin b') = (\cos \Delta - \sin a \sin b) \cos a' \cos b'.$$

Différentiant, il vient

$$-\sin a \cos b (\cos D - \sin a' \sin b') da - \cos a \cos b \sin D dD - \cos a \cos b \cos a' \sin b' da =$$
$$-(\cos \Delta - \sin a \sin b) \sin a' \cos b' da - \cos a \sin b \cos a' \cos b' da,$$

d'où

$$dD = da\left(\frac{\sin a'\cos b'\cos\Delta - \sin a\sin b\sin a'\cos b' + \cos a\sin b\cos a'\cos b' - \sin a\cos b\sin a'\sin b' - \cos a\cos b\cos a'\sin b'}{\cos a\cos b.\sin D} - \mathrm{T}\right.$$

ou $$dD = da\left(\frac{\sin a'\cos b'\cos\Delta - \sin(b'-b)\cos(a-a')}{\sin D\cos a\cos b} - \mathrm{Cot.D\,Tg}a\right).$$

On a donc

$$dD < da\left(\frac{\sin a'\cos b'\cos\Delta}{\sin D\cos a\cos b} - \mathrm{cot.D\,tg}a\right),$$

ou bien remarquant que $\dfrac{\sin a'}{\cos a}$ est sensiblement égal à $\mathrm{Tg}\,a$,

on a $$dD < da\,\mathrm{tg}a\left(\frac{\cos\Delta.\cos b'}{\sin D\cos b} - \mathrm{cotgD}\right).$$

Mais $\dfrac{\cos\Delta\cos b'}{\sin D\cos b}$ diffère peu de cotg D; donc, *si a n'est pas trop grand*, dD est très-petit, et l'on voit *qu'une erreur commise sur la hauteur du Soleil ou de l'étoile a peu d'influence sur la distance vraie;* et de plus, que cette erreur dD est d'autant plus petite que a est petit.

En différentiant l'équation (γ) par rapport à b, b' et D, nous arriverions au résultat analogue

$$dD < db\left(\frac{\sin b'\cos a'\cos\Delta}{\sin D\cos b\cos a} - \mathrm{cotgD\,tg}b\right)$$

ou, comme a' et a diffèrent peu,

$$dD < db\left(\frac{\sin b'\cos\Delta}{\sin D\cos b} - \mathrm{cotgD\,tg}b\right).$$

La quantité entre parenthèse diffère très-peu de zéro *quand* b *n'est pas trop grand*; donc, l'influence d'une *erreur commise dans la hauteur de Lune est presque nulle dans la distance vraie*; aussi l'expérience prouve que des erreurs de 5″ dans les hauteurs ne donnent pas d'erreur appréciable dans la distance. Toutefois nous voyons que si la hauteur b de Lune *était très-grande* l'erreur dD pourrait acquérir une assez *grande valeur* puisque tang b entre dans la parenthèse; on voit par là qu'il ne faut jamais prendre de *distances* quand la Lune est près du *Méridien*, surtout quand la *hauteur méridienne est grande*.

Erreur commise dans la distance observée.

199. Appelons δ une erreur commise dans la *distance observée* et δ' l'erreur qui en résulte sur la *distance vraie ;* nous avons

$$D = f(\Delta)$$

et, par suite,

$$D + \delta' = f(\Delta + \delta) = f(\Delta) + f'(\Delta)\delta + f''(\Delta)\frac{\delta^2}{1.2} + .$$

De cette relation nous obtenons, en exprimant les arcs en secondes,

$$\delta' = \frac{d.D}{d\Delta}\delta + \frac{d^2D}{d\Delta^2}\frac{\delta^2}{2}\sin 1'' + \ldots..$$

Pour obtenir les coefficients différentiels qui entrent dans cette expression, prenons la relation

$$\frac{\cos D - \sin a' \sin b'}{\cos a' \cos b'} = \frac{\cos\Delta - \sin a \sin b}{\cos a \cos b}.$$

Nous en déduisons

$$\frac{d.D}{d\Delta} = \frac{\sin\Delta \cos a' \cos b'}{\sin D \cos a \cos b}$$

et

$$\frac{d^2D}{d\Delta^2} = \frac{\cos a' \cos b' \sin(D - \Delta)}{\cos a \cos b \sin^2 D};$$

on a donc, par substitution,

$$\delta' = \delta.\frac{\sin\Delta \cos a' \cos b'}{\sin D \cos a \cos b} + \frac{\cos a' \cos b'}{\cos a \cos b \sin^2 D}\sin(D - \Delta)\frac{\delta^2}{2}\sin 1''.$$

Il est clair que le second terme de cette relation peut être négligé parce que $\frac{\cos a' \cos b'}{\cos a \cos b}$ diffère peu de l'unité, que $\sin(D - \Delta)$ doit être très-petit, et enfin, que ce terme est *multiplié par* $\sin 1''$.

Nous voyons alors que δ' est peu différent de δ puisque la quantité

$$\frac{\sin\Delta \cos a' \cos b'}{\sin D \cos a \cos b}$$

est peu *différente de l'unité.*

Donc, une erreur commise sur la distance observée détermine une *erreur presque égale et de même signe sur la distance vraie;* et ceci est d'autant plus exact que Δ approche le plus de 90°, car nous savons que les sinus de deux arcs voisins de 90° sont sensiblement égaux.

Aussi la circonstance la plus favorable pour observer une distance a lieu quand les deux astres sont éloignés d'à peu près 90°.

200. *Méthode abréviative de Borda.* — Puisque les erreurs commises dans les hauteurs ont peu d'influence dans la distance vraie, et qu'une erreur commise dans la distance observée, donne une erreur égale dans la distance vraie, nous pouvons négliger dans a, b et Δ les unités de seconde, ou augmenter les secondes de ces trois quantités, de manière à avoir un nombre rond de dizaines de secondes; et même, faire que la somme de ces trois quantités donne un nombre pair de dixaines de secondes.

De cette manière, a, b, S et (S — Δ) de la formule (α) seront exprimés en nombres ronds de dizaines de secondes, et *il n'y aura pas de parties proportionnelles à chercher pour les logarithmes de leurs cosinus.*

Si les hauteurs ne sont pas observées, *mais calculées, en arrondissant les dizaines de secondes des hauteurs apparentes il faudra conserver, entre les hauteurs vraies et apparentes, les différences qu'elles doivent réellement avoir.*

Lorsque la distance vraie D sera déterminée, il faudra, d'après ce que nous venons de voir, lui restituer, ou lui enlever les secondes que l'on a enlevées ou ajoutées à Δ.

Les formules (α) et (β) qui permettent de calculer D, sont un peu longues; il ne faut donc négliger aucun des procédés qui peuvent abréger le temps que l'on met à faire ce calcul.

On remarquera alors, que pour éviter de chercher deux fois dans une même page les logarithmes qui s'y trouvent il faudra :

En prenant le log cos a, prendre de suite log cos a',
En prenant le log cos b, prendre de suite log cos b',

et dès qu'on a cherché le nombre *qui correspond à log sin φ, prendre dans la même page log cos φ.*

201. *Simplification de Burckhardt.* — La formule (α) peut s'écrire :

$$\sin\varphi = \frac{\sqrt{\dfrac{\cos S \cos(S-\Delta)\cos b'}{\cos b} \times \dfrac{\cos a'}{\cos a}}}{\cos.\left(\dfrac{a'+b'}{2}\right)},$$

Or, pour une étoile, on a, en supposant le thermomètre à zéro et le baromètre à 0,760,

$$\frac{\cos a'}{\cos a} = \frac{\cos(a - R_0)}{\cos a} = \frac{\cos a + R_0 \sin 1'' \sin a}{\cos a}$$

ou
$$\frac{\cos a'}{\cos a} = 1 + R_0 \sin 1'' \operatorname{tg} a.$$

Mais nous avons en *Astronomie*, paragraphe 45, la relation $R_0 = 60'',567 \operatorname{cotg} a$, en négligeant le second terme.

On a donc
$$\frac{\cos a'}{\cos a} = 1 + 60'',567,$$

d'où
$$\log \frac{\cos a'}{\cos a} = 0,000126.$$

Nous voyons que ce terme est, dans ce cas, assez petit.

Pour le Soleil, cette valeur est encore plus petite, puisque R devient alors (R-p).

On a dressé une table qui est la table III de la connaissance des temps donnant la différence logarithmique (Log cos a' — log cos a) qui convient aux hauteurs du Soleil.

La table IV donne la correction relative aux différences logarithmiques des étoiles ou des planètes qui, comme Jupiter et Saturne, ont une très-faible parallaxe.

On entre dans ces tables avec la hauteur apparente comme argument.

Les tables XXVII et XXVIII de Callet sont la reproduction des tables III et IV de la connaissance des temps.

Les tables III et IV de la connaissance des temps sont déduites des tables calculées par ***Burckhardt***, pour l'état moyen de l'atmosphère.

Ces tables sont disposées de telle sorte, que les corrections qui dépendent du baromètre et du thermomètre s'obtiennent en retranchant 0,0000005 pour chaque degré du thermomètre au-dessus de 10° et en ajoutant 0,0000016 pour chaque millimètre au-dessus de $0^m,760$; au-dessous ces corrections changent de signe.

Voici la justification de ce mode d'opérer qui ne donne, du reste. la valeur de $\log \frac{\cos a'}{\cos a}$ qu'à une unité du dernier ordre près.

Considérons d'une manière générale $\log \frac{\cos a'}{\cos a}$ dans laquelle $a' = a - (R - p)$, en admettant $p = o$ si l'astre considéré est une étoile. R étant la réfraction pour un état quelconque de l'atmosphère, on a

$$\frac{\cos a'}{\cos a} = \frac{\cos a \cos(R - p) + \sin a \sin(R - p)}{\cos a} = 1 + (R - p) \sin 1'' \operatorname{tg} a$$

ou bien

$$\frac{\cos a'}{\cos a} = 1 + R \sin 1'' \operatorname{tg} a - p \sin 1'' \operatorname{tg} a.$$

Supposons maintenant que la hauteur du baromètre étant quelconque h_t, la température soit $+ 10°$; nous aurons, d'après ce que nous avons vu en *Astronomie* (47), et en représentant la réfraction moyenne par R_m,

$$R = R_m \times \frac{h_t}{0,76}.$$

Il vient donc,

$$\frac{\cos a'}{\cos a} = 1 + R_m \times \frac{h_t}{0,76} \sin 1'' \operatorname{tg} a - p \sin 1'' \operatorname{tg} a.$$

Mais si $h_t = 0,77$, c'est-à-dire égal $0,76 + 0,01$, on aura

$$\frac{\cos a'}{\cos a} = 1 + (R_m - p) \sin 1'' \operatorname{tg} a + \frac{R_m \sin 1'' \operatorname{tg} a}{76}.$$

Or, en analyse, on a

$$\log(1 + x) = M\left(x - \frac{x^2}{2} + \frac{x^3}{3} - \frac{x^4}{4} \ldots\ldots\right).$$

Nous trouverons donc, en nous arrêtant au deuxième terme, puisque, en général, $\frac{\cos a'}{\cos a}$ diffère peu de l'unité,

$$(\alpha) \qquad \log \frac{\cos a'}{\cos a} = M(R_m - p) \sin 1'' \operatorname{tg} a + \frac{M R_m \sin 1'' \operatorname{tg} a}{76}.$$

Lorsque $p = 0$, on a

$$(\beta) \qquad \log \frac{\cos a'}{\cos a} = M R_m \sin 1'' \operatorname{tg} a + \frac{M R_m \sin 1'' \operatorname{tg} a}{76}.$$

La table IV de la connaissance des temps donne le premier terme du second membre, c'est-à-dire ce qui convient à l'état moyen de l'atmosphère ; le second terme est la quantité qu'il faut ajouter au nombre trouvé dans cette table IV, pour une augmentation de 0,01 centimètre dans la hauteur du baromètre. Or le 76e des nombres donnés dans la table IV varie entre 0,00000161 et 0,00000155, donc on peut prendre 16 unités du dernier ordre pour la quantité à ajouter aux nombres de la table IV pour une augmentation de 0,01c.

La table III donne le terme $M(R_m - p) \sin 1'' \operatorname{tg} a$ de la formule (γ) qui convient à l'état moyen de l'atmosphère, on y a supposé $p = 8'',6$; nous voyons que pour 0,01c d'augmentation, il faudra ajouter $\frac{M R_m \sin 1' \operatorname{tg} a}{76}$, c'est-à-dire 0,0000016. Pour 0,01c de diminution, il faudrait retrancher 0,0000016, ainsi qu'on le voit écrit au bas de la table IV. — Pour les planètes, il vaut mieux calculer directement log a' et c' log a ; car la parallaxe de *Vénus* et celle de *Mars* sont quelquefois beaucoup plus grandes que celle du Soleil.

Considérons maintenant la variation de la hauteur thermométrique.

Supposons $h_t = 0,760$, mais $t = 11°$, c'est-à-dire $= 10° + 1°$.

D'après ce que nous avons dit en *Astronomie* (47), on a, dans ce cas,

$$R = R_m \frac{(1 + 10\eta)(1 + 10\varepsilon)}{(1 + 10\eta + \eta)(1 + 10\varepsilon + \varepsilon)},$$

ou, en remarquant que le produit $\eta\varepsilon$ est excessivement faible,

$$R = R_m \frac{(1+10\eta)(1+10\varepsilon)}{(1+10\eta)(1+10\varepsilon)+(\eta+\varepsilon)} = R_m \frac{A}{A+(\eta+\varepsilon)} = R_m - \frac{R_m(\eta+\varepsilon)}{A+(\eta+\varepsilon)}.$$

Nous aurons donc, pour l'état atmosphérique que nous considérons,

$$\frac{\cos a'}{\cos a} = 1 + R_m \sin 1'' \operatorname{tg} a - p \sin 1'' \operatorname{tg} a - R_m \sin 1'' \operatorname{tg} a \cdot \frac{\eta + \varepsilon}{A + (\eta + \varepsilon)}$$

ou

$$(\delta) \quad \frac{\cos a'}{\cos a} = 1 + (R_m - p) \sin 1'' \operatorname{tg} a - R_m \sin 1'' \operatorname{tg} a \cdot \frac{\eta + \varepsilon}{A + (\eta + \varepsilon)}.$$

Or nous savons que l'on a

$$\eta = 0,00018013 \quad \text{et} \quad \varepsilon = 0,003665 ;$$

on en déduit, au moyen de la valeur de A donnée en Astronomie,

$$\eta + \varepsilon = 0{,}00384513$$
$$A + (\eta + \varepsilon) = 1{,}04236245,$$

donc

$$\frac{\eta + \varepsilon}{A + (\eta + \varepsilon)} = \frac{0{,}00384513}{1{,}04236245} = \frac{1}{271} \text{ environ.}$$

Ainsi nous aurons encore

$$\log \frac{\cos a'}{\cos a} = M(R_m - p) \sin 1'' \operatorname{tg} a - \frac{M \cdot R_m \sin 1'' \operatorname{tg} a}{271}.$$

Donc, pour 1° d'*augmentation* au-dessus de 10° dans le thermomètre, il faut diminuer les nombres donnés dans les tables III et IV de la 271e partie des nombres donnés dans la table IV, c'est-à-dire d'environ 5 unités du dernier ordre ; pour 1° de diminution du thermomètre, il faudrait au contraire les *augmenter* de 5 unités.

Le tableau A de la table XXIX de M. Caillet (deuxième édition) et la table XLIII de l'ancienne édition donnent la différence logarithmique $\log \frac{\cos a'}{\cos a}$ pour le Soleil et les étoiles. Le tableau B de la table XXIX donne la correction *soustractive* à faire aux différences logarithmiques des étoiles seules du tableau A quand on considère les *planètes*.

D'après cette table, nous voyons que la différence logarithmique d'une planète ayant 50° de hauteur et 28″ de parallaxe serait 123 — 45 = 078 en ne considérant que 6 décimales.

202. *Dunthorne* a publié en 1767, dans *Requisite table*, le $\log . \frac{\cos a' \cos b'}{\cos a \cos b}$; on a

$$\log \frac{\cos a' \cos b'}{\cos a \cos b} = \log \frac{\cos a'}{\cos a} + \log \frac{\cos b'}{\cos b}.$$

Pour les étoiles dont la hauteur est au-dessus de 24° $\log . \frac{\cos a'}{\cos a}$ est à peu près constant et égal à 0,000122 ; on a donc, dans ce cas,

$$\log \frac{\cos a' \cos b'}{\cos a \cos b} = \log \frac{\cos b'}{\cos b} + 0{,}000122.$$

Le tableau C de la table XXIX de M. Caillet (nouvelle édition) contient ce terme. La disposition de ce tableau est la même que celle de la table XXVIII. Au bas de chaque page sont données les corrections relatives aux hauteurs de Soleil et aux *petites* hauteurs d'étoiles. Le tableau B donnant toujours les corrections relatives aux planètes. Cette table de *Dunthorne*, qui, par le fait, remplace 4 logarithmes, a été calculée dans l'hypothèse où le baromètre est à 0,76 et le thermomètre à + 10°. Quand l'état atmosphérique est bien différent de l'état moyen, il est plus convenable de prendre simplement la différence logarithmique log. $\frac{\cos a'}{\cos a}$, mais de calculer séparément log cos b' et C[t] log cos b... Aussi les tables de *Dunthorn* sont peu employées.

La table CV de Guépratte donne la table de Dunthorn très-développée. On y entre avec la parallaxe horizontale de la Lune et la hauteur *apparente du centre.* Les logarithmes trouvés dans la table CV doivent être diminués d'un nombre du sixième ordre décimal donné, à droite de chaque page, quand on considère le Soleil ou une étoile, et dans la table CVI, quand il s'agit d'une *planète.*

MÉTHODE ET TABLES DE MENDOZA.

203. Le calcul de la distance vraie du centre de la Lune au centre d'un autre astre étant, comme nous le voyons, assez compliqué, plusieurs auteurs ont essayé de le simplifier. Parmi les cent et quelques méthodes présentées, on ne voit que celle de *Mendoza*, qui, au moyen de ses *tables*, peut réellement abréger *le calcul.*

Reprenons la formule

$$\frac{\cos D - \sin a' \sin b'}{\cos a' \cos b'} = \frac{\cos \Delta - \sin a \sin b}{\cos a \cos b}.$$

On en déduit, en ajoutant 1 aux deux membres,

$$\cos D + \cos(a' + b') = [\cos \Delta + \cos(a + b)] \frac{\cos a' \cos b'}{\cos a \cos b}.$$

Posons

$$\frac{\cos a' \cos b}{\cos a \cos b} = 2 \cos \varphi, \qquad (\varepsilon)$$

on aura

$$\cos D + \cos(a' + b') = 2\cos\varphi\cos\Delta + 2\cos\varphi\cos(a+b)$$

ou

$$\cos D + \cos(a' + b') = \cos(\Delta + \varphi) + \cos(\Delta - \varphi) + \cos(a + b + \varphi) + \\ + \cos(a + b - \varphi);$$

d'où

$$\cos D = \cos(\Delta + \varphi) + \cos(\Delta - \varphi) + \cos(a + b + \varphi) + \cos(a + b - \varphi) - \\ - \cos(a' + b')$$

Mais en trigonométrie, on a

$$\cos a = 1 - \sin \text{verse}\ a = \text{su}\sin \text{verse}\ a - 1.$$

On a donc

$$1 - \sin\text{ver.}\ D = 1 - \sin\text{ver.}\ (\Delta + \varphi) + 1 - \sin\text{ver.}(\Delta - \varphi) + \\ + 1 - \sin\text{ver.}\ (a + b + \varphi) + 1 - \sin\text{ver.}(a + b - \varphi) + \\ + 1 - \text{su}\sin\text{ver.}(a' + b').$$

Ou enfin,

$$(\eta)\quad \sin\text{ver.}\ D = \sin\text{ver.}\ (\Delta + \varphi) + \sin\text{ver.}\ (\Delta - \varphi) + \sin\text{ver.}\ (a + b + \varphi) + \\ + \sin\text{ver.}\ (a + b - \varphi) + \text{su}\sin\text{ver.}\ (a' + b') - 4.$$

Mendoza a calculé deux tables : une donnant φ à l'aide de l'équation (ε) ; l'autre donnant trois nombres : le nombre I $=\sin$ vers $(a + b + \varphi) + \sin$ vers $(a + b + \varphi)$; le nombre II $=$ su sin vers $(a' + b')$, et le nombre III $= \sin$ vers $(\Delta + \varphi) + \sin$ vers $(\Delta - \varphi)$.

A droite de cette seconde table se trouve le sin verse $D + 4$.

Nous ferons plus loin une application de ces tables.

Du reste, avant de s'en servir, nous engageons tout calculateur à lire attentivement l'explication des tables donnée à la fin du volume, et surtout de bien se pénétrer de la valeur des signes noirs ● ou ❟ que l'on voit dans beaucoup d'endroits.

204. *Calcul de l'heure temps moyen de Paris.*—Connaissant maintenant la distance vraie des centres D, il est facile d'obtenir l'heure de Paris correspondante. On cherchera, pour cela, dans la connaissance des temps, les deux distances qui comprennent entre elles la distance D. A l'aide de la formule d'interpolation

$$(\lambda)\qquad \theta = \frac{(e_\theta - e_{,,})\,t}{\Delta e_0} + \frac{\theta(t - \theta)}{2t^2}\,\Delta^2 e_{,,,} \times \frac{t}{\Delta e_0}.$$

On cherchera l'heure θ correspondant à D ainsi que nous l'avons indiqué (56). Dans cette formule (λ), on a

$e_0 = D$ *distance calculée ;*

$e_o = D_o$ *distance qui précède* D ;

$\Delta e_o = \Delta D_o$ *différence première ;*

$\Delta^2 e_m = \Delta^2 D_m$ *différence seconde moyenne ;*

$t = 3$ heures.

le premier terme du second membre étant représenté par θ', heure approchée, le second terme se calcule au moyen de θ'. On a alors

$$\theta = \theta' + \frac{\theta'(3^h - \theta')}{2 \cdot 3^2} \Delta^2 D_m + \frac{3}{\Delta D_o}.$$

On connaîtra donc l'heure de Paris, T. M.

205. *Calcul de la longitude.* — Pour l'heure de Paris ainsi déterminée, on calculera la déclinaison de l'astre, si l'instant où l'on a pris la distance est l'instant des circonstances favorables au calcul d'angle horaire ; ou pour cette heure de Paris augmentée ou diminuée de l'intervalle écoulé, si c'est à un autre moment que l'on a pris la hauteur de l'astre dans les circonstances favorables. On fera le calcul de l'heure du lieu et l'on ramènera cette heure à l'heure de la distance au moyen de l'intervalle chronométrique écoulé.

Ayant les deux heures simultanées du lieu et de Paris, on en conclura longitude.

206. *Influence sur la longitude de l'erreur commise dans la distance.* — Si nous ne considérons que le terme θ' de la formule qui donne θ ; on voit que si au lieu d'avoir déterminé D, nous avons déterminé $D + \delta$, par suite d'une erreur δ commise dans la distance observée, on aura $\theta' + y$ au lieu de θ si les distances lunaires vont en augmentant ; il vient donc

$$\theta' + y = \frac{(D + \delta - D_o)3^h}{\Delta D_o} = \frac{(D - D_o)^{3h}}{\Delta D_o} + \frac{\delta \cdot 3^h}{\Delta D_o};$$

d'où

$$y = \frac{\delta \cdot 3^h}{\Delta D_o}.$$

Si y est l'erreur commise sur l'heure θ', y réduit en degrés sera l'erreur commise sur la longitude ; on aura donc

$$y' = \delta \frac{45°}{\Delta D_o}.$$

La valeur ΔD_o est toujours comprise, quand on considère le Soleil, entre 1° 55′ et 1° 17′; pour *α de l'Aigle* ΔD_0 peut aller jusqu'à 0° 59′; en laissant de côté ce cas particulier, on voit que y est toujours compris entre 23 δ et 35 δ; ce qui donne en moyenne 29 δ.

Donc, une erreur *d'* 1′ commise dans l'observation de la distance donnera une erreur de près de 30 minutes dans la longitude.

207. *On peut s'affranchir d'erreur constante commise dans la distance.* — Si l'on prend les distances lunaires de deux étoiles, une à l'Est et l'autre à l'Ouest de la Lune, on aura, pour celle à l'Ouest, en supposant une erreur constante δ commise dans les distances,

$$\theta'' = \theta' + \frac{\delta \,.\, 3^h}{\Delta D_0}.$$

On aura pour celle à l'Est

$$\theta''' = \theta' - \frac{\delta \,.\, 3^h}{\Delta D_e};$$

d'où, faisant la somme et divisant par 2,

$$\frac{\theta'' + \theta'''}{2} = \theta' + \frac{1}{2}\, 3^h \delta \left(\frac{1}{\Delta D_0} - \frac{1}{\Delta D_e}\right),$$

et comme $\Delta . D_0$ diffère peu de ΔD_e, on peut prendre $\frac{\theta'' + \theta'''}{2}$ pour valeur de θ'.

Exemple.

Le 4 juin 1858, étant par 59° 20′ de *longitude estimée Ouest*, et par 10° 35′ de latitude Nord vers $7^h\ 55^m$ du matin, l'œil se trouvant élevé de $5^m,4$ au-dessus du niveau de la mer, 3 observateurs ont obtenu les résultats simultanés suivants :

Distance du bord de la *Lune* au bord voisin du *Soleil* = 94° 13′ 30″
Hauteur observée du bord inférieur de la *Lune*.. . = 51° 41′ 00″
Hauteur observée du bord inférieur du *Soleil*. . . = 30° 18′
On demande la longitude du lieu des Observations?

1° *Détermination des Éléments du Calcul.*

oyenne de Paris approchée.

o. du lieu le 3 à 19ʰ55ᵐ
estimée. . .=+3ʰ57ᵐ20ˢ
:. de Paris le 3= 23ʰ52ᵐ20ˢ

tte heure on trouve dans
nnaissance des temps.

iz. équat. le 3 à 12=55′51″,3
en 12ʰ. . . . . .=+ 22″,4
en 11ʰ52ᵐ. . . .= 22″,0
z. équat. calculée=56′13″,3
able XI de Callet= 0″,3
horizont. du lieu=56′13″

riz. ☾ le 3 à 12ʰ=15′13″,2
en 12ʰ. . . . . .=+ 6″,1
en 11ʰ52ᵐ. . . .= 6″

horizontal ☾=15′19″,2
e du ☉ . . . .=15′47″,2

Correction de la distance.

Distance obs.
des bords. .=94°13′30″,
$\frac{1}{2}$ diamètre ☾= 15′19″,2
Augmentation
table XIII de
Callet. . . .=− 12″,0
$\frac{1}{2}$ diamètre ☉= 15′47″,2

Δ = distance
apparente des
centres. . . .=94°44′48″,4

Nous ne considérons pas l'accourcissement des demi-diamètres inclinés, car eu égard aux hauteurs des deux astres, cette correction est, dans ce calcul, insignifiante.

Correction des Hauteurs de Lune *et de* Soleil.

Hauteur ☉ =30°18′00″
Dépression. .=− 4′07″

H_{ap} ☉=30°13′53″
$\frac{1}{2}$ diamètre= 15′47″,2
Accourcissement
Table XIV= −1ˢ,1

$H_{ap}=a$=30°29′39″,1
Réfraction = 1′38″,7

H^{er}_{cor} ☉=30°28′00″,4
Parall.= 7″,3

H_v ☉=a'=30°28′ 7″,7

H_{obs} ☾=51°41′00″
Dépression=− 4′07″

H_{ap} ☾=51°36′53″
$\frac{1}{2}$ diamètre
en Hauteur.=+ 15′31″,2

H_{av} ☾=b=51°52′24″,2
l'accourcissement est insignifiant
paral.-réfrac.
table XII.=+ 33′57″

H_{vr} ☾=52°26′21″,2

(La différence entre D et Δ ne peut pas surpasser 35′ 28″,4).

Développement du Calcul de l'heure T. M. de Paris.

Calcul de la distance vraie.

Δ=94°44′40″
a=30°29′40″ Diffᶜᵉ logarit.= 0,0001130
Table III de
connaissanᶜᵉ

b= 51°52′20″ Cᵗ log cos= 0,2094212

2S=177°06′40″
S= 88°33′20″ log cos= 8,4015322
-Δ= 6°11′20″ log cos= 9,9974615
a'= 30°28′ 8″,6
b'= 52°26′17″ log cos= 9,7850583

Somme=18,3935862
$\frac{1}{2}$ Somme= 9,1967931

+b'=82°54′25″,6
-b'
— =41°27′12″,8 Cᵗ log cos= 0,1252326 lgcos= 9,8747674

log sin φ = 9,3220257
φ = 12°7′00″,7 lgcos= 9,9902151

log sin $\frac{D}{2}$= 9,8649825

$\frac{D}{2}$= 47°7′16″,4

D= 94°14′41″,2 (secondes ajoutées + 8″,4).

Calcul de l'heure T. M. de Paris

Distance calculée =94°14′41″,2
Distance précédente,
Connaissance des temps =95°38′13″ le 3 à 21ʰ

α = différence = 1°23′31″,8 log= 3,699994
Différence en 3ʰ = 1°27′42″ cᵗlg= $\bar{4}$,278849
log 3ʰ= 4,033424

log θ= 4,012267
θ=2ʰ51ᵐ26ˢ,5
Hʳᵉ de Paris qui précède, le 3 à 21ʰ

Hʳ de Paris T. M. le 3 =23ʰ51ᵐ26ˢ,5

Il n'y a pas lieu de considérer les différences secondes.

Détermination de l'heure du lieu T. M.

Détermination des Eléments.

Calcul de l'équation du Temps.

Paris T. M. . . . . = 23ʰ51ᵐ26ˢ,5
du temps à vue. . . . . = 11ʰ57ᵐ55ˢ,

e de Paris approchée. . . = 23ʰ53ᵐ31ˢ,5
de l'équation en 24ʰ. . . = + 9ˢ,86
en 23ʰ53ᵐ31ˢ,5. . . . . . = + 9ˢ,82
du temps le 3 à 0ʰ. . . . = 11ʰ57ᵐ45ˢ,6

du temps calculée. . . . . = 11ʰ57ᵐ55ˢ,4

n du ☉ le 3 à 0ʰ. . . . = 22°19′14″,5
en 24ʰ. . . . . = 7′12″,9
en 23ʰ51ᵐ30ˢ. . . . . . . = 7′10″,2

n du ☉ calculée. . . . = 22°26′24″,7
polaire. . . . . = 67°33′35″,3

Développement du calcul d'heure T. M. du lieu et de la *Longitude*

Hv ☉ = 30°28′ 8″
L = 40°35′40″ Cᵗ log cos= 0,0074672
Δ′ = 67°33′35″ Cᵗ log sin= 0,0341975

2S =108°37′23″
S = 54°18′41″,5 log cos= 9,7659500
S—H = 23°50′33″,5 log sin= 9,6066243

Somme = 19,4142390
log sin $\frac{1}{2}$ P = 9,7071195
$\frac{1}{2}$ P = 30°37′43″
P = 61°15′43″
En temps= 4ʰ 5ᵐ 1ˢ,7
Hʳᵉ du bord temps vrai = 19ʰ54ᵐ58ˢ,3 le 3
Équation du temps = 11ʰ57ᵐ55ˢ,4

Hʳᵉ du bord T. M. = 19ʰ52ᵐ53ˢ,7 le 3
Hʳᵉ moyenne de Paris = 23ʰ51ᵐ26ˢ,5 le 3

Longitude en temps=+3ʰ58ᵐ32ˢ,8
Longitude en temps = 59°38′12″ Ouest.

Même calcul de la distance vraie par les tables de Mendoza.

$$\sin V.\Delta' = \underbrace{\sin V.(\Delta+\varphi)+\sin V(\Delta-\varphi)}_{\text{Nombre III.}}+\underbrace{\sin V(a+b+\varphi)+\sin V(a+b-\varphi)}_{\text{Nombre I.}}+\underbrace{su\sin V.(a'+b')}_{\text{Nombre II.}}$$

La distance vraie s'obtient au moyen de la somme des trois nombres I, II et II

Nombre I égal $\sin V(a+b+\varphi)+\sin V(a+b-\varphi)$ donné dans la partie (nombre I) d table XIII (argument horizontal argument vertical $(a+b)$.

Nombre II $=$ $su\sin V\,(a'+b')$. . . . . donné dans la partie : nombre II d même table XIII.

Nombre III $=$ $\sin V.(\Delta+\varphi)+\sin V.(\Delta-\varphi)$ . . . donné dans la partie : nombre I d table XIII (argument horizonta (argument vertical Δ).

L'arc auxiliaire φ s'obtient à l'aide de la table XII ; argument horizontal parallaxe de la *Lune* ; argument vertical hauteur apparente de la *Lune*. On fait subir au nombre donné par cette table une correction donnée par la table Volante V, cette correction est relative à la parallaxe du Soleil.

En même temps que l'on détermine l'arc φ on prend dans la table XI, *avec les mêmes arguments*, la correction pour passer de la hauteur apparente de la Lune à la hauteur vraie.

La table V dans laquelle on entre pour le Soleil avec la hauteur apparente, donne la correction *additive* pour avoir la hauteur vraie du Soleil. Cette table donne au lieu de $(R-p)$ qui est assez petit pour le Soleil, $1°-(R-p)$; il s'ensuit que la hauteur vraie du Soleil et par suite $(a'+b')$, seront trop grands d'environ 1°; mais Mendoza, pour compenser cette erreur, a calculé la petite table qui donne su sin V $(a'+b')$ avec la quantité su sin verse $(180°-(a'+b')+59')$.

Voici le type du calcul de la distance vraie, avec cette méthode, pour l'exemple précédent.

Nous avons trouvé :

$$H_{ap}\odot = a = 30°29'39'' \quad \text{parallaxe h}^{\text{le}}\ ☾ = 56'13''$$
$$H_{ap}\,☾ = b = 51°32'24''$$
$$\Delta = \odot - ☾ = 94°44'48''$$

Calcul préparatoire.

			Calcul de l'arc φ.		
Table V cor. comp. $\odot = 1°-(R-P)$	$=$	$58'28'',8$			
Table XI pour 51°52′ et 56′. . . .	$=$	$33'49'',6$	Table XII p^r 51°52′ et 56′	$=$	24′2
pour 13″ de parallaxe. .	$=$	$+\ 7'',9$	p^r 13″ de paral.	$=$	+
			Table Volante (V). . .	$=$	+
Correction de la H_{ap} ☾	$=$	$33'57'',5$			
			Angle auxiliaire φ.	$=$	24′3

Calcul de la distance vraie D.

a = 30°29′39″,0				
b = 51°52′24″,0				
$(a + b)$ = 82°22′03″,0	Table XIII. Nombre I =	868776		
Corr. ☉ = 58′28″,8	p. p^le pour 28″ =	36		
Corr. ☾ = 33′57″,5				
$(a' + b')$ = 83°54′29″,3	Table XIII. Nombre II =	123313		
Δ = 94°44′00″,0	p. p^le pour 29″ =	163		
	Table XIII. Nombre III =	081477		
	p. p^le pour 28″ =	20		
	somme =	073785		
	on trouve tout à la d^re de la table XIII =	073528	correspond à	94°13′
	pour	267	p.p^le =	53″,2
			Secondes négligées. . .	48″,4
			Distance vraie.	94°14′41″,6

Type d'un calcul complet de longitude par les *distances lunaires*, en se servant de la *Méthode* et des *Tables de Mendoza* pour le calcul de la *distance vraie*.

Le 4 juin 1858, étant par 59° 20′ de longitude, estimée Ouest, et par 10° 35′ de latitude Nord, vers 7h 55′ du matin, l'œil se trouvant élevé de 5m, 4 au-dessus du niveau de la mer, trois observateurs ont obtenu les résultats simultanés suivants :

Distance du bord de la *Lune* au bord voisin du *Soleil* = 94° 13′ 30″
Hauteur observée du bord inférieur de la *Lune*. . . = 51° 41′ 00″
Hauteur observée du bord inférieur du *Soleil*. . . . = 30° 18′

On demande la longitude du lieu des Observations ?

Détermination des éléments du calcul.

Hre moyenne de Paris approchée.

Hre astron. du lieu le 3 à $19^h 55^m$
Longitude estimée = + $3^h 57^m 20^s$
Hre appr. de Paris = $23^h 52^m 20^s$ le 3

Pour cette heure on trouve dans la connaiss. des temps.

Paral. horiz. équle le 3 à 12^h = 55′51″,3
Variation en 12^h. . . . . . = + 22″,4
Id. en $11^h 52^m$. . . . = + 22″
Diminution t. XI de Callet. = − 0″,3
Paral. horiz. du lieu calculée = 56′13″

½ diam. horiz. ☾ le 3 à 12^h = 15′13″,2
Variation en 12^h. . . . . . = + 6″,1
Id. en $11^h 52'$. . . . = 6″
½ diam. horiz. ☾ calculé . . = 15′19″,2

½ diam. du ☉ calculé . . . = 15′47″,2

Correction de la distance observée.

Distance observée des bords. . . = 94°13′30″
½ diam. ☾. . = 15′19″,2
Augmentat. table XIII de Callet. . = + 12″,0
½ diam. ☉. . = 15′47″,2
Δ = dist. app. des centres. = 94°44′48″,4

Il est inutile de considérer, dans ce cas, l'accourcissement des diamètres inclinés.

Détermination des hauteurs apparentes de Lune et de Sole

H^r_o ☉. . = 30°18′30″
Dépression = − 4′07″
H^r_{ap} ☉. . = 30°13′53″
½ diam . . = 15′47″,2
Accourcis. table XIV = − 1″,4
H_{ap} ☉ = a = 30°29′39″,1
Refraction = − 13′8″,7
H^r_{cor} ☉. . = 30°28′00″,4
Parallaxe . = + 7″,3
H_v ☉ = a' = 30°28′ 7″,7

H^r_o ☾. . = 51°41
Depress. . = − 4
H_{ap} ☾. . = 51°30
½ diamètre en hautr. . = + 1
H_{ap} ☾ = b = 51°52
(Accourcissement ins

Développement du Calcul de l'heure T. M. de Paris.

1° Calcul de la distance vraie.

Calcul préparatoire.

Table V de Mendoza cor.
comp. ☉ = 1° − (R − P) = 58′28″,8
☾. T. XI *id.* pr 51°52′ et 56′ de parallaxe. . = 33′49″,6
Pour 13″ de parallaxe = + 7″,9
Correct. de H^r_{ap} de ☾. = 33′57″,5

Calcul de l'arc φ.

T. XII pr 51°52′ et 56′ de paral. = 24′22″,2
pour 13″ de parallaxe. = + 6″
Table Volante V. . . . . . + 2″,6
Angle auxiliaire φ . . . . . = 24′30″,8

Calcul de la distance.

a = 30°29′39″
b = 51°52′24″
$a + b$ = 82°22′03″
Corr. ☉ = 58′28″,8
Corr ☾ = 33′57″,5
$+ b' + 1$) = 83°54′29″,3

Δ = 94°44′00″ (−48″,4)

T. XIII. Nombre I = 868776
pple pr 28″ = 36
⋮
id. Nombre II = 123313
pple pr 29″ = 163
id. Nombre III = 081477
pple pr 28″ = 20
Somme = 073785

On trouve à droite de la Table XIII 073528 qui correspond à 94°13′
pple pour 257 — 53″,2
secondes négligées 48″,4
Δ = distance vraie = 94°14′41″,6

Calcul de l'heure T. M. de Paris

Dist. calc. = 94°14′41″,6
Dist. précédente connaiss. des temps = 95°38′13″
α = differ. = 1°23′31″,4 log = 3,69
Différence en 3^h. . = 1°27′42″ Ctlog = $\bar{4}$ 2
log 3^h = 4,03
log θ = 4,01
θ = $2^h 5$
Hre de la dist. préc. le 3 à 21^h
Hre de Paris T. M. le 3 = $23^h 5$

Il n'y a pas lieu de considére différences secondes.

Détermination de l'heure T. M. du lieu. Calcul de la long

Détermination des éléments.

Hr de Paris T. M. = $23^h 54^m 35^s$
Equat. du temps à vue = $11^h 57^m 55^s$
Hre vraie de Paris app. = $23^h 53^m 40^s$
Variat. de l'equat en 24^h = + 9^s,86
Variation en $23^h 53^m 40^s$ = 9^s,8
Équat. du temps le 3 à 0^h = $11^h 57^m 45^s$,6
Equat. du temps calculée = $11^h 57^m 55^s$,4

Déclin. du ☉ le 3 à 0^h = 22°19′14″,5
Variation en 24^h = 7′12″,9
Variation en $23^h 51^m 35^s$ = 7′10″,2
Déclin du ☉ calculé = 22°26′24″,7
Distance polaire = Δ′ = 67°33′35″,3

Développement du calcul de l'heure T. M. du lieu.

H ☉ = 30°28′ 8″
L = 10°35′40″ Ct log cos = 0,0074672
Δ′ = 67°33′35″ Ct log sin = 0,0341975
2S = 108°37′23″
S = 54°18′41″,5 log cos = 9,7659500
S − H = 23°50′33″,5 log sin = 9,6066243
Somme = 19,4142390
log sin ½ P = 9,7071195
½ P = 30°37′43″
P = 61°15′43″
en temps = $4^h 5^m 1^s$,7
Hre du bord T. V. = $19^h 54^m 58^s$,3 le 3
Equation du temps = $11^h 57^m 55^s$,4
Hre du bord T. M. = $19^h 52^m 53^s$,7

Hre du bord T. M. . . = $19^h 52^m$
Hre de Paris T. M. . = $23^h 54^m$
Longitude en temps. = $3^h 58^m$
Longitude en degrés. = 59°38′0

208. Nous avons vu (178) qu'avec un bon chronomètre, et au moyen d'un calcul *de deux hauteurs d'astre*, et de l'intervalle écoulé entre les deux observations, on pouvait trouver à la fois la *latitude* et la *longitude* du lieu.

Au moyen de l'observation *des distances lunaires*, on peut arriver au *même résultat*.

Supposons, en effet, que par l'une des deux méthodes que nous avons données, nous ayons déterminé la *distance vraie* D, de laquelle nous avons conclu l'heure T. M. de Paris correspondante à cette distance.

Nous pouvons avant de chercher l'heure T. M. du lieu déterminer la *latitude*.

Soient, en effet, L et S (*fig.* 98) les positions vraies de la *Lune* et du *Soleil* (en considérant simplement cet astre) : nous venons de calculer la distance vraie LS = D.

(Fig. 98)

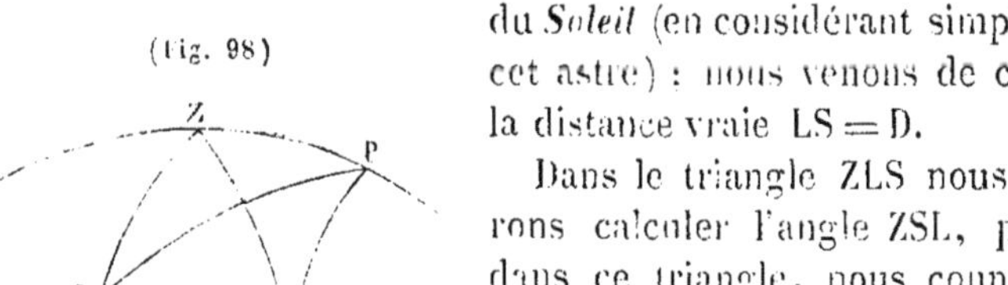

Dans le triangle ZLS nous pourrons calculer l'angle ZSL, puisque dans ce triangle, nous connaissons ZS = 90 — H☉, ZL = 90 — H☾ et LS = D ; nous aurons

$$\cos \frac{ZSL}{2} = \sqrt{\frac{\sin(S - H\odot)\cos(S - D)}{\sin D \cos H\odot}}$$

en posant

$$S = \frac{H\odot + H☾ + D}{2}.$$

De même, le triangle PSL, dans lequel nous connaissons PL distance polaire de la Lune = Δ', PS distance polaire du Soleil = Δ'', que l'on aura déterminées pour l'heure T. M. de Paris donnée par la distance, et LS = D, nous donnera

$$\sin \frac{PSL}{2} = \sqrt{\frac{\sin S \,.\, \sin(S - \Delta'')}{\sin D \sin \Delta'}},$$

en posant

$$S = \frac{\Delta + \Delta' + D}{2}.$$

La *somme* ou la *différence* des deux angles PSL et ZLS nous donnera l'angle PSZ $= \alpha$; et nous aurons L par les relations

$$\operatorname{tg} \varphi = \operatorname{tg} \Delta'' \cos \alpha \qquad \sin L = \frac{\cos \Delta'' \sin (H_{\odot}' + \varphi)}{\cos \varphi}.$$

A la mer, comme l'on a généralement une bonne latitude, ce calcul est peu employé.

Ainsi que nous l'avons dit (194), on peut, au lieu d'observer les hauteurs des deux astres, les calculer; à moins que l'on ne prenne la distance aux environs du moment où le Soleil passe au 1er vertical, dans ce cas, on peut observer la hauteur du Soleil et calculer celle de la Lune.

Mais si l'observation de la distance n'a pas lieu au moment des circonstances favorables du calcul d'angle horaire, il est préférable de calculer les hauteurs, surtout quand on prend la distance de la *Lune à une planète* ou *à une étoile*, parce que nous savons que la nuit l'horizon n'est pas toujours très-nettement défini.

L'heure T. M. du lieu correspondant à l'instant de l'observation de la distance, heure dont on a besoin pour le calcul des hauteurs, se détermine au moyen du chronomètre et d'un calcul d'heure fait dans les circonstances favorables, soit avant soit après l'observation de la distance. Il convient toutefois de ne pas mettre trop d'intervalle entre le calcul d'heure et la distance, pour que les courants n'altèrent pas trop le changement en longitude effectué entre ces deux instants, changement qui sert, comme nous le savons (170), dans la formule donnant l'heure T. M. du bord à un instant quelconque en lisant l'heure du chronomètre.

Nous remettons encore, dans l'exemple qui suit, le calcul aux pages 422 et 423, afin d'embrasser tout le calcul d'un coup d'œil.

Exemple.

Le 24 août 1858, étant par 31° 28′ 30″ latitude Nord et $8^h\,12^m\,34^s$ de longitude estimée Est, vers $4^h\,0^m\,20^s$ T. M. d'un lieu, le chronomètre marquait $6^h\,41^m\,26^s,5$. Ayant fait 49′ 30″ au Sud et 22′ à l'Est, on a observé, dans ce nouveau lieu, la distance *d'Aldébaran* au *bord opposé* de la *Lune* et on l'a trouvée égale à 95° 28′ 20″; le chronomètre, dont la marche diurne était -12^s, indiquait $5^h\,7^m\,16^s$ au moment de l'observation; le thermomètre marquait + 20° et le baromètre 0,754. On demande la *Longitude*?

1° *Détermination des éléments du calcul.*

1° Point estimé.

Lat. de départ = 21°28′30″ N. Long. de départ = $8^h12^m34^s$ E.
Chang. en lat^de = 0°49′30″ S. Chang. en long. = $0^h\ 2^m28^s$ E.

Latit. d'arrivée = 30°39′00″ N. Long. d'arr. esti. = $8^h15^m\ 2^s$ E.

2° Détermination de l'heure moyenne du lieu au moment de la distance.

$$t' = t + g + (C' - C) - (C' - C)\frac{m}{24}$$

$t = 4^h\ 0^m20^s,0$
$g = +\ 2^m28^s,0$

$t + g = 4^h\ 2^m48^s,0$
$C' = 5^h\ 7^m16^s,0$
$C = 6^h11^m26^s,5$

$C' - C = 10^h25^m49^s,5$
Pp^le = + $5^s,3$

$t = 14^h28^m42^s,8$
Longitude estimée = $8^h15^m\ 2^s,0$

H^r de Paris T. M. = $6^h13^m40^s,8$ (approchée)

3° Pour cette heure de Paris, la connaissance des temps donne :

T. S. au midi M. de Paris = $10^h\ 9^m52^s,07$

Aldébaran { Æ = $4^h27^m49^s$; D = 16°13′29″B : Δ′ = 73°46′31″

Lune { Æ = 335°13′46″ = $22^h20^m55^s$; D = 10°52′ 2″A : Δ″ = 100°51′2″ ; ½ diam. H^t ☾ = 15′12″,4 ; parallaxe horale éq. ☾ = 55′48″,1.

Calcul des hauteurs vraies des deux astres.

4° Détermination des angles horaires.

	Aldébaran.	Lune.
T. S. au midi de Paris	= $10^h\ 9^m52^s,07$	
Correction table IX / Connais. du temps	= − $1^m21^s,31$	
T. S. au midi du lieu	= $10^h\ 8^m30^s,76$	$10^h\ 8^m30^s,76$
Heure moy. du lieu	= $14^h28^m42^s,8$	
Correction table IX / Connais. des temps	= + $2^m22^s,71$	
H^re moy. en interv. sidéral.	= $14^h31^m05^s,51$	
$h_s = T_s + (H_m)_s$	= $0^h39^m36^s,27$	$h_s = 0^h39^m36^s,27$
	Æ ✱ = $4^h\ 7^m49^s,00$	Æ ☾ = $22^h20^m55^s,00$

$h_a = 20^h11^m47^s,27$ ast. dans l'E. $P'' = h_a = 2^h18^m44^s,27$ ast. dans l'O.
$P' = h_p = 3^h48^m12^s,73$

Calcul de la hauteur d'Aldébaran.

✱

$P' = 3^h48^m12^s,7$ log cos = 9,7354759
L = 30°39′ log cotg = 0,2272553 log sin = 9,7073933

log tg φ = 9,9627312
φ = 42°32′40″ et log cos = 0,1326781
Δ′ = 73°46′31″

Δ′ − φ = 31°13′51″ log cos = 9,9320094

log sin H ✱ = 9,7720808

Dist. ✶ = 95°28'20"
½ diam. ☾ = 15'12",4
Augment = 8",8
½ d. en h'. = 15'21",2
Dist. ap. Δ = 95°12'58",8

H_e ✶ = 36°16'33",0 = d'
Réf. moy. = 1'19",3
The. − 2",7 } + 1'16",1
Bar. − 0",5
H_{ap} ✶ = 36°17'49",1 = a

H_v ☾ = 36°47'32",0 = b'
P—R = 43'25",0
Th. + 2",7 } 43'28",2
Ba. = 0",5
H ap app°. ☾ = 36°04' 3",8
P—R = 43'47",0
Th = + 2",7 } 43'50",2
Ba. = + 0",5
H_a ☾ = 36° 3'41",8 = b

P'' = 2h18m41s,27 logcos = 9,9150950
L = 30°39' logcot = 0,2272553 logsin = 9,7073933
log tg φ' = 0,1423503
φ' = 54°13'35" c'logcos = 0,2331530
Δ'' = 100°51' 2"
Δ'' − φ' = 46°37'27" logcos = 9,8368183
log sin H_v ☾ = 9,7773646
H_v ☾ = 36°47'32"

Calcul de la distance vraie et de l'heure de Paris, T. M.

Distance vraie.

Δ = 95°13'00"
a = 36°17'50" diff. log = 0,0001274
p. 10° − 50
p. 0 006 − 8
c' log cos = 0,0923793

b = 36° 3'40"

2S = 167°34'30"
S = 83°47'15" log cos = 9,0341921
S − Δ = 11°25'45" log cos = 9,9913016
a' = 36°16'34"
b' = 36°47'30" log cos = 9,9035311
Somme = 1",0215240
½ somme = 9,5107620

a' + b' = 73° 4' 4"
$\frac{a' + b'}{2}$ = 36°32' 2" c' logcos = 0,0950115 logcos = 9,9019885
log sin φ = 9,6057735
φ = 23°47'35" logcos = 9,9614252
log sin $\frac{D}{2}$ = 9,8664137
$\frac{D}{2}$ = 47°19'31"
D = 94°39' 2"
Secondes augmentées. . . 1",2
Distance vraie = 94°39' 0",8

Calcul de l'heure de Paris T. M.

		Diff. 1re.	Diff. 2e.
e_a = dist. précéd.	= 94°15'59",0	− 1°33' 5"	− 14"
e_0 = dist. calcul.	= 94°39' 0",8	− 1°33'19"	− 15"
		− 1°33'34"	

Δ^2_m = − 14",5

$e_\theta - e_0$ = − 6'58",2 log = 2,6213810
Δe_o = − (1°33'19") c' log = $\bar{4}$,2518895
log 3h = 4,0334238
log θ' = 2,9066943
θ' = 13m26s,67

On entre dans la table V de la Conn^ce des temps avec 4 × 13m26s,67) = 53m46s,68.

$\frac{\theta'(t-\theta')\Delta^2_m}{2t^2}$ = − 0",47 log = $\bar{1}$,6720979
3h log = 4,0334238
c' log Δe_o = $\bar{4}$,2518895
$\bar{1}$,9574112

$\frac{K \times 3^h}{\Delta e_o}$ = + 0',90
θ' = 13m26s,07

Heure de la distance précédente = 6h
Heure de Paris T. M. = 6h13m27s,37
Heure du lieu T. M. = 14h28m42s,8
Longitude en temps = 8h15m15s,37

Des séries de distances lunaires.

209. « De toutes les observations qu'on peut faire avec des instru- » ments à réflexion, *dit M. de Givry* (1), la mesure des distances lu- » naires est la plus difficile; elle exige non-seulement *d'excellents » instruments*, mais encore, de la part de l'observateur *une grande » habitude d'observer et une grande attention.* »

Nous avons vu (206) en effet, qu'une seule minute d'erreur dans la distance apparente peut donner une erreur de *trente minutes* en longitude, parce que la distance vraie que donne alors le calcul est affectée de la même erreur (199). Aussi, depuis le perfectionnement apporté aux chronomètres, et surtout depuis que l'on en embarque plusieurs sur les navires, nous devons dire que la détermination des longitudes par l'observation des distances lunaires est beaucoup moins employée. Il en résulte que les marins perdent peu à peu l'habitude de ce genre d'observations, et que la confiance que l'on peut accorder à des résultats obtenus avec des observations médiocres ne peut pas être très-grande. Il arrive donc que, généralement, on observe une distance *de temps à autre, par pure curiosité* ou simplement au moment des atterrages pour voir si l'on obtiendra le résultat fourni par les chronomètres.

Actuellement, cependant, que les *Tables lunaires* sont arrivées à un grand degré d'exactitude, la détermination de la longitude par les distances lunaires permet d'obtenir une longitude suffisamment exacte si *la distance observée a été prise convenablement.*

Cette méthode est *indépendante de toute action étrangère* et l'on peut dire qu'un *bon observateur* est *sûr* d'avoir une *bonne longitude* par les *distances lunaires*, tandis qu'un *bon observateur* peut avoir une *très-mauvaise longitude* à l'aide d'*un seul chronomètre*, si quelque phénomène thermo-électrique, magnétique ou *autre* a fait brusquement varier la marche du chronomètre, comme cela arrive quelquefois dans les *montres Winnerl.*

Bien que le calcul complet de la longitude par les distances soit long et compliqué, nous pensons qu'un marin qui fait tous les jours d'autres calculs ne fera généralement pas d'erreur en ne calculant

(1) *Mémoire sur l'emploi des chronomètres à la mer*, etc., par *A. P. Givry*, Ingénieur hydrographe.

une distance même que de temps en temps. Mais ce que le marin ne doit pas oublier, et ce que l'on ne saurait trop lui recommander c'est l'observation *des distances*. Il y a une habitude à prendre, pour ce genre d'observations, qui ne s'acquiert qu'à la longue, et ce n'est que peu à peu que l'on arrive à observer promptement et avec exactitude une distance lunaire.

L'emploi du cercle à réflexion est sans contredit ce qu'il y a de mieux pour cette observation; mais il faut bien s'assurer, ainsi que nous l'avons déjà dit (88) :

1° *Que les miroirs sont exactement perpendiculaires au plan de l'instrument;*

2° Que l'axe optique de la lunette est bien parallèle à ce même plan *et à une distance convenable pour que les images des deux astres aient, autant que possible, la même intensité;*

3° Que l'inclinaison des faces du grand miroir n'existe pas, ou la valeur de cette *inclinaison pour effectuer la correction de Borda;*

4° Enfin, *que le contact a bien lieu au milieu de l'intervalle des fils.*

Malgré toutes les précautions que nous venons d'indiquer, un bon observateur fera généralement, en observant une distance, *une erreur de 10 ou 15 secondes* due au défaut de coup d'œil.

210. ***Des séries.*** Comme il est probable qu'en observant plusieurs *distances successives*, les erreurs commises ne seront *pas toutes dans le même sens*, il est plus convenable *de déterminer des séries de distances lunaires*. Voici comment on s'y prendra :

Un second observateur notera l'heure de chaque contact *au compteur.*

Si l'observateur de la distance détermine cette distance par une *double observation croisée*, il fera noter les heures h_1, h_2, h_3, h_4 du compteur à chaque contact, et il pourra admettre que $\frac{h_1 + h_2 + h_3 + h_4}{4} = h_m$ est l'heure du compteur qui correspond à la première distance Δ_1.

Il en observera ainsi, 3 ou 4 *tout de suite* et prendra, pour *première série*, la *distance moyenne* $\frac{\Delta_1 + \Delta_2 + \Delta_3 \ldots}{3}$ *correspondant à l'heure moyenne* $\frac{h_m + h'_m + h''_m}{3}$. Il laissera reposer son œil, et observera une autre série, 5 ou 6 minutes après la première, et ainsi de suite. Il pourra obtenir de cette manière, *trois, quatre ou cinq séries* propres à être calculées.

Le calcul d'heure du lieu se fera avant ou après dans les circonstances favorables et permettra, au moyen du compteur, d'obtenir *l'heure T. M. du lieu relative à chaque série.*

Pour chacune de ces heures on fera le calcul des hauteurs ainsi que nous l'avons indiqué, en se *servant de la latitude géocentrique* au lieu de la *latitude géographique* si l'on veut faire entrer dans le calcul *l'influence de l'aplatissement du globe.* Nous avons vu en *Astronomie,* (178) qu'entre ces deux latitudes on a la relation

$$\text{tg L} = \frac{\text{tg G}}{(1-\rho)^2}.$$

Quand, pour chaque série, on aura déterminé la *longitude,* on rapportera toutes ces longitudes à un même instant *en ayant égard au chemin parcouru par le bâtiment dans l'intervalle des séries.*

La moyenne de toutes ces longitudes pourra être considérée comme une longitude suffisamment exacte.

EXEMPLES DE CALCULS DE LONGITUDE A EFFECTUER.

Exemple 1. Le 5 juin 1858, à midi moyen de *Paris*, un chronomètre, dont la marche diurne sur le T. M. est — 38^s,6 indiquait l'heure 5^h 42^m 27^s,4.

Le 18 juin de Paris la date du bord étant le 18 au soir, par 54° 38′ de latitude Nord, on a obtenu, au moment où le chronomètre indiquait 9^h 58^m 37^s,6 :

La distance observée du bord voisin de la Lune au
bord éloigné du Soleil. . . . . = 95°25′30″
Hauteur observée du bord inférieur de la ☾. . . . . = 28°50′
Hauteur observée du bord inferieur du ☉. . . . . . = 29°31′

Élévation de l'œil, 5^m,4.

On demande la longitude du lieu conclue de l'observation de la distance?

Éléments de la connaissance des temps.		
	Parall. hor.^{le} E^{le} ☾ le 18 juin à 0^h =	56'40",1
	id. *id.* à 12^h =	56'16",2
	½ diam. horiz. de ☾ le 18 juin à 0^h =	15'26",5
	id. *id.* à 12^h =	15'20",0
	Déclinaison du ⊙ le 18 juin à 0^h =	23°25'25",2
	id. le 19 juin à 0^h =	23°26'33",8
	½ diamètre ⊙. . . . . =	15'46"

Résultat. Longitude = 24° 3' 23" Ouest.

Exemple 2. Le 13 septembre 1858, étant par 43° 40' de longitud estimée Est, on a reconnu, au moyen d'un calcul d'angle horaire, que lorsqu'il était à bord 4^h 58^m 36^s,4 T. M., le chronomètre dont la marche est + 38^s,6 indiquait 10^h 32^m 27^s,6.

Environ 3^{heures} après, le navire s'étant déplacé de 12' en *longitude* vers l'Ouest, au moment où le chronomètre marquait 13^h 54^m 18^s,2, on a fait les observations suivantes :

Distance observée du bord éloigné de la Lune à Fomalhaut. . . =	86°53'
Hauteur observée du bord inférieur de la Lune. . . . . =	35°27'
Hauteur observée de Fomalhaut. . . . . =	42°38'

Élévation de l'œil 5^m,4. On demande la longitude du navire pour le lieu de la distance? l'heure du bord se détermine au moyen de la montre.

[Élé]ments [d]e la [conna]issance [des] temps.		
	Paral. h^{le} E^{le} ☾ le 13 sept. à 0^h = 54'47",8. *id.* *id.* à 12^h = 54'35",9,	½ diam. ☾ le 13 à 0^h = 14'55",8 *id.* à 12^h = 14'52",7

Résultat. Longitude = 43° 41' 6" Est.

Exemple 3. Le 7 avril 1858 à midi moyen de Paris un chronomètre dont la marche diurne sur le T. M. est + 17^s,6 marquait 7^{h}23^{m}45^s,7.

Le 3 juin de Paris la date du bord étant le 4 juin, se trouvant par une latitude de 37° 51' 45" Nord, on a observé la hauteur du bord inférieur du Soleil de 14° 13' 10", dans l'Ouest du méridien, au moment où le chronomètre marquait 3^h 51^m 28^s,7. Erreur instrumentale — (3'50"); élévation de l'œil 5^m,6. On demande la longitude du bâtiment?

Éléments de la connaissance des temps.	Déclinaison du Soleil	le 3 juin à 0^h	= 22°19′14″,5
	id.	le 4 juin à 0^h	= 22°26′27″,4
	$\frac{1}{2}$ diamètre ☉	le 3 juin	= 15′47″

Résultat. Longitude = 145°47′13″ Est.

Exemple 4. Le 25 juillet 1858, à midi moyen de Paris, un chronomètre dont la marche diurne sur le T. M. est + $19^s,4$ marquait $21^h\ 42^m\ 17^s,5$.

Le 3 août de Paris, la date du bord étant le 3 au matin, quand la latitude était 47° 38′ 15″ Nord et au moment où le chronomètre marquait $23^h\ 58^m\ 42^s$, trois observateurs ont obtenu les résultats simultanés suivants :

Distance du bord voisin de la ☾ au bord voisin du Soleil. . . . . = 77°11′20″
Hauteur observée du bord inférieur ☾. . . . . . = 45°57′
Hauteur observée du bord inférieur ☉ . . . . . . = 46°41′ *le Soleil dans l'Est.* Élévation de l'œil $6^m,4$; on demande la longitude?

Éléments de la connaissance des temps.	Paral. h^{le} ☾ le 3 à 0^h = 59′ 5″,4	$\frac{1}{2}$ diam. ☾ le 3 à 0^h = 15′55″,4
	id. à 12^h = 59′24″,3	*id.* le 3 à 12^h = 16′ 0″,8
	Décl. du ☉ le 3 à 0^h = 17°32′38″	
	id. 4 à 0^h = 17°16′49″,1	
	$\frac{1}{2}$ diamètre ☉ le 3 = 15′47″,6	

Résultat. Longitude = 19°47′15″. Ouest.

DÉTERMINATION DE LA VARIATION DU COMPAS.

211. Nous avons dit (4) que l'*aiguille aimantée* était sujette à une *déviation* du plan *Méridien*, nommée *variation* ou *déclinaison* de l'aiguille; déviation qu'il fallait déterminer tant pour résoudre, par l'estime, le problème qui nous a occupé jusqu'ici, que pour résoudre le *second problème de navigation : déterminer la route à faire pour se rendre en un lieu dont la latitude et la longitude sont données;* problème dont nous allons, plus loin, nous occuper.

Christophe Colomb, en 1492, paraît être le premier qui se soit aperçu de la *variation du compas*. Mais, quoi qu'à son premier *retour en Espagne* il eut l'intime conviction que l'aiguille aimantée n'indiquait pas d'une manière absolue la ligne Nord et Sud du monde, il n'osa pas faire part de ses observations qui auraient renversé des idées généralement admises, bien que ces observations eussent été confirmées par d'autres navigateurs.

Aussi, 53 ans après les remarques de *Colomb* et d'autres marins, la variation de l'aiguille aimantée était encore considérée comme le résultat de mauvaises observations par la plupart des savants et entre autres par *Pedro de Médina*, ainsi qu'il le dit dans son *art du Navigateur*, imprimé à *Valladolid* en 1545.

Ce n'est que 10 ans plus tard, en 1555, que *Martin Cortez*, dans un traité de navigation imprimé à *Séville* parle de la déviation de l'aiguille aimantée comme d'*un fait généralement constaté par l'expérience*.

Dès qu'il fut reconnu que l'aiguille aimantée n'indiquait pas réellement la *ligne Nord et Sud du monde*, des observateurs voulurent déterminer tant en *France* qu'en *Espagne*, en *Angleterre* et au *cap de Bonne-Espérance*, la déclinaison de l'aiguille.

Ces observations ne datent d'une manière suivie que de 1576 et semblent avoir pour point de départ un anglais nommé *Robert Norman qui le premier s'aperçut aussi de l'inclinaison*.

Les résultats obtenus depuis cette époque ont démontré de la manière la plus évidente :

1° *Que la déclinaison de l'aiguille aimantée varie d'un lieu à l'autre en général;*

2° *Que, dans le même lieu, la déclinaison est soumise à des oscillations séculaires, annuelles, mensuelles et diurnes.*

Ainsi, depuis 1580 jusqu'à nos jours la variation de l'aiguille à Paris a changé d'environ 33° vers l'Ouest.

Les oscillations *annuelles, mensuelles* et *diurnes* n'ont qu'une valeur insignifiante au point de vue de leur influence sur la route du bâtiment; car ces déviations périodiques qui n'ont été constatées qu'avec des boussoles d'une sensibilité très-grande et disposées pour ce genre d'observations, ne sont pas appréciables sur les compas de bord.

La nécessité de connaître, pour la conduite du bâtiment, une *variation* qui changeait *avec le lieu* et avec *le temps*, amena l'invention du calcul d'azimut que nous donnerons plus loin, et qui permet d'obtenir la déclinaison de l'aiguille.

Mais les marins ne tardèrent pas à s'apercevoir que les déterminations de la variation faites *en mer* ne s'accordaient pas toujours avec celles faites, par d'autres navigateurs, à la même époque et à peu près dans le même lieu. Presque tous les marins observèrent ce que, d'après Becquerel. *Guillaume Denys, professeur d'Hydrographie à Dieppe* semble être le premier à avoir signalé, savoir : que *deux compas placés en différents points d'un navire ne donnent presque jamais la même indication. William Dampier* signala le même fait en 1680 ; et *Wales*, l'astronome des voyages de *Cook*, fit la même remarque, car il dit, dans ses relations, que la variation déterminée pour *différents caps du navire n'est pas le même.* Le premier qui paraisse s'être aperçu de *la cause* de ce changement de la variation selon les *différents caps du navire* est M. *Downie*, en 1790, master sur la *Gloire* qui remarqua que la quantité et le *voisinage du fer influent sur l'aiguille.*

Nous lisons aussi, dans l'ouvrage anglais de M. Walker sur *le magnétisme des navires et les compas de mer*, « que sur le rapport du » capitaine *Flinders* (mort en 1814) qui avait fait des observations » à bord sur la variation des compas, dans les deux hémisphères, » les lords de l'amirauté ordonnèrent de faire des expériences suivies » sur les compas à bord des navires de Sa Majesté à *Sheerness*; le » résultat de ces expériences fut :

» 1° *Que le relèvement au compas d'un objet très-éloigné était différent lorsqu'il était pris de différents points du navire;*

» 2° *Que le compas d'habitacle donnait de bons relèvements d'un* » *objet éloigné quand le cap du navire était Nord ou Sud ;*

» 3° *Que la plus grande erreur dans le relèvement existait quand » le cap était à l'Est ou à l'Ouest.* »

A ce sujet, le capitaine *Flinders* a inséré dans les *transactions philosophiques de la Société royale de Londres* une note sur « *les déviations de l'aiguille aimantée à bord de* **H. M. S.** *Investigator, suivant les différents caps du navire.* »

Depuis, tous les capitaines des marines tant *anglaise* que *française* ou autres se sont aperçu de cette déviation *due aux fers du bâtiment.*

Cette influence a pris des proportions considérables depuis l'introduction à bord de quantités considérables de pièces en fer, telles que *lest, courbes, canons, chaînes, machine, coque* et dernièrement *blindage* sur certains navires.

Depuis la construction surtout des coques en fer, et l'introduction des machines, le magnétisme dû au navire peut quelquefois compromettre aux atterages la sûreté du bâtiment, si l'on n'a pas soin de déterminer son influence par les moyens que nous indiquerons plus loin.

Ce qui résulte de tous les rapports des commandants de navire, c'est que les compas sont loins de donner actuellement des résultats satisfaisants, malgré tous les essais tentés pour s'affranchir de l'influence des fers du bord. Et il est maintenant évident, pour tout marin, que chaque cap du navire détermine une déviation particulière qui le plus *généralement* est *maximum* lorsque le navire a *le cap à l'Est ou à l'Ouest* et *minimum* lorsque le navire a le cap au *Nord ou au Sud.*

212. Les matières ferrugineuses du bord ont, en effet, une tendance à devenir soit *d'une manière passagère*, soit d'une *manière permanente*, des centres magnétiques qui agissent *avec plus au moins d'intensité sur l'aiguille aimantée.*

Le magnétisme permanent provient des pièces de fer du navire qui agissent sur l'aiguille aimantée par attraction ou qui, par leur *mode de confection*, peuvent avoir même acquis la force *coercitive* et la *polarité.*

Le *magnétisme passager* ou *induit* est dû à l'action de la Terre, considérée comme un *gros aimant*, sur le fer aimanté ou non aimanté du navire et dépend, par conséquent, de l'*intensité magnétique et de l'inclinaison* dans le lieu où se trouve le navire, et de la *position des pièces de fer par rapport aux pôles magnétiques du globe.*

On pensait autrefois que le magnétisme induit qui est la cause variable dans les modifications de la déclinaison de l'aiguille *à bord*, n'avait qu'une faible action par rapport à celles dues au magnétisme permanent. On sait actuellement qu'il n'en est pas ainsi.

Sous l'action incessante du magnétisme terrestre les différentes pièces de fer acquièrent une polarité magnétique variable suivant que le navire a *tel ou tel cap* ou une *inclinaison plus ou moins grande.*

Ainsi, il est reconnu maintenant que tous les centres magnétiques ne conservent pas dans le bâtiment la même action sur l'aiguille aimantée.

Tous ces centres magnétiques déterminent sur l'aiguille des forces variables de sens et d'intensité, qui se réduisent à une force unique, annulée par la résistance du pivot, et à un *couple unique.*

La direction de cette force résultante, malgré *les oscillations continuelles de certaines de ses composantes sous l'action du mouvement de rotation du bâtiment*, s'écarte en général peu du *plan longitudinal* du navire, *tout en variant de position à l'égard de ce plan*, et cela en raison de la symétrie qui existe à bord d'un navire relativement à toutes les pièces de fer qu'il contient.

(Fig. 99)

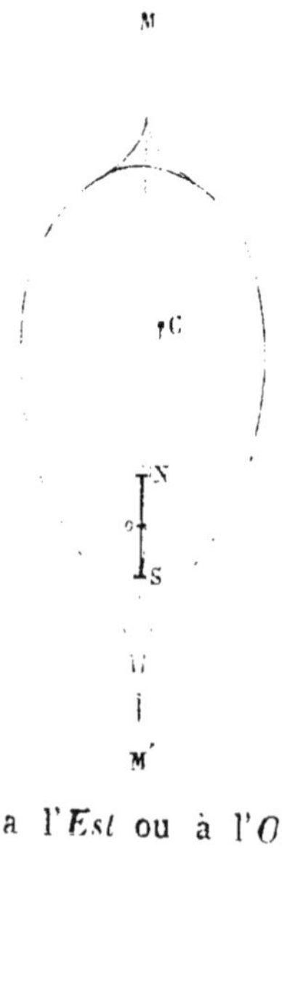

On peut donc supposer que tous ces centres magnétiques font le même effet qu'un seul *centre magnétique résultant* situé vers la partie centrale du bâtiment. On comprend alors, pourquoi lorsque le navire a le cap au *Nord* ou au *Sud* la déviation de l'aiguille aimantée est, en *général*, fort peu de chose. On voit, en effet, que si NS, fig. 99, est la position de l'aiguille aimantée dans le plan *du méridien magnétique* MM', lorsque le navire a le cap au Nord ou au Sud, c'est-à-dire, *lorsque son plan longitudinal est dans le plan du méridien magnétique, le centre magnétique résultant* C en agissant sur le pôle de l'aiguille NS, donne lieu à un couple n'ayant qu'une faible intensité, puisque la force de ce couple n'est que la composante *normale à NS* de la force magnétique agissant suivant les directions CN et CS.

Lorsqu'au contraire, le navire a le cap a l'*Est* ou à l'*Ouest*, le *centre magnétique résultant* nouveau C'

(Fig. 100)

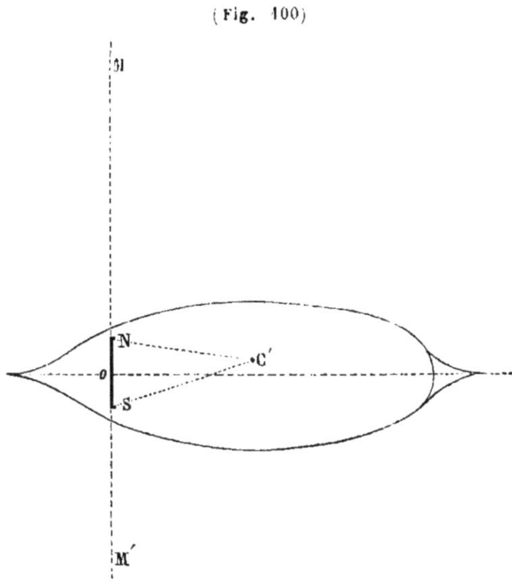

(fig. 100) *s'écartant peu du plan longitudinal*, donne lieu à un couple, ayant une bien plus grande intensité puisque les actions C'N et C'S du centre magnétique sur les pôles de l'aiguille sont presque *normales* à cette aiguille.

On voit, d'après cela, pourquoi la déclinaison de l'aiguille aimantée doit varier *avec le cap du navire*.

213. Parmi les moyens proposés pour *annuler* ou au moins *connaître* l'influence des matières ferrugineuses, il en est trois qui ont eu ou qui ont même encore assez de partisans pour que nous croyions utile d'en dire quelques mots ; attendu que ces moyens ne donnent ni les uns ni les autres de résultats réellement satisfaisants. Les méthodes de rectifications des compas dont nous voulons parler sont :

1° *Le plateau correcteur de M. Barlow ;*

2° *Les formules analytiques de Poisson ;*

3° *Les compensateurs de M. Airy.*

214. *Du plateau correcteur de Barlow.* — M. Barlow a imaginé de placer à peu de distance de la boussole *une plaque de fer doux* P (fig. 101), composée en réalité de *deux plaques de fer* épaisses séparées par un *disque de bois* de même diamètre, et vissées l'une à l'autre ; ces plaques sont traversées par un axe *en cuivre horizontal aa'* qui peut s'élever ou s'abaisser au moyen de la pièce en bois *c* qui glisse à frottement dans la fenêtre *dd'*. En outre, la boîte *kk'* pou-

(Fig. 101)

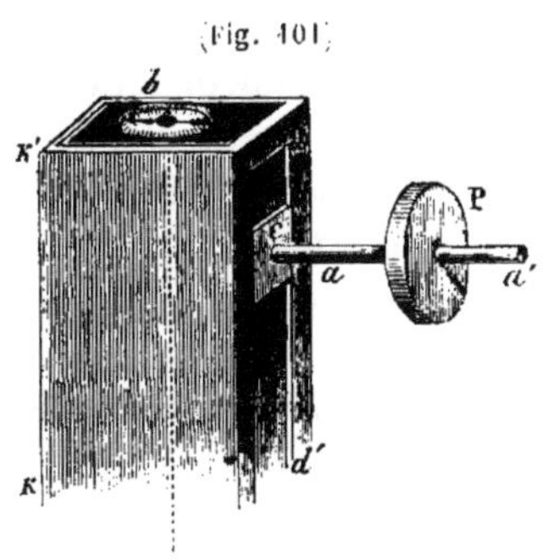

vant avoir un mouvement de rotation autour de son axe, on comprend que l'on peut placer le plateau P, à une hauteur, à une distance et dans une direction quelconque par *rapport à l'aiguille aimantée.*

M. Barlow admet alors, *que cette plaque de fer doux s'aimante comme les matières ferrugineuses du bâtiment* sous l'action magnétique du globe, et peut, en raison de sa proximité de l'aiguille, produire sur cette aiguille une action *égale* et de même sens, ou une action *égale*, mais *de sens contraire*, à celle des fers du navire.

Voici par suite, le premier moyen indiqué par M. Barlow pour se servir du plateau :

On détermine à bord, sans que le plateau y soit, ou du moins sans qu'il soit près de l'aiguille, *les déviations de l'aiguille aimantée pour les différents caps du bâtiment.*

On porte le compas *à terre*, et, par *tâtonnements*, on détermine la position que doit avoir le plateau près de l'aiguille pour qu'il produise sur cette aiguille *les mêmes déviations*, *mais en sens contraire*, que celles déterminées par les matières ferrugineuses du bord : lorsque cette position est obtenue on place à bord *le plateau* dans cette situation, et les déviations se trouvent à peu près annulées.

Le second moyen de M. Barlow est de chercher, à terre, la position que doit avoir le plateau près de l'aiguille pour qu'il produise, sur cette aiguille, les *mêmes déviations et de même sens* que celles déterminées par les matières ferrugineuses du bord ; de telle sorte que le plateau placé à bord dans cette position *double* les déviations de l'aiguille ; alors, en considérant à bord la position de l'aiguille sans le plateau et avec le plateau dans cette position, on obtient la déviation due aux fers du navire pour le cap du bâtiment.

On voit que M. Barlow admet que le *centre magnétique résultant* dont nous avons parlé, conserve dans le navire la même position ; et que le magnétisme induit fait varier de la même manière l'intensité de ce centre magnétique et l'intensité du magnétisme développé par la plaque. On sait qu'il n'en est rien ; car l'expérience a prouvé qu'un plateau placé convenablement pour *annuler* ou *doubler* en grande partie la déviation, d'après le *premier* ou le *second moyen de M. Barlow, ne l'était plus quand on changeait de latitude.*

Par conséquent, dès qu'on change de lieu, ou du moins quand on arrive par des latitudes où l'*inclinaison* et l'*intensité magnétiques* changent, il faut faire, *relativement au plateau*, les mêmes opérations que l'on a faites au départ.

Tout le monde comprendra alors, l'*inutilité de la plaque* dite *de correction* puisque, pour savoir la position convenable à donner à cette plaque, il faut connaître *les déviations de l'aiguille aimantée à bord pour chaque cap du navire.*

Du moment où ces déviations que M. Barlow supposait devoir être compensées ou doublées, sont connues et enregistrées, à *quoi bon une plaque?* Dès qu'on sait de combien, à chaque cap, le compas dévie du *méridien magnétique*, on connaît la route exacte du bâtiment ; et il est inutile de détruire des erreurs que l'on connaît. Le plateau correcteur ne pouvait avoir une utilité réelle que si, comme le supposait M. Barlow, le magnétisme terrestre eût développé toujours, *en quelque lieu du globe que ce fût*, sur l'ensemble des masses de fer du navire, *un magnétisme induit en tout égal à celui développé sur la plaque de fer doux ;* on sait maintenant que cela n'a pas lieu, aussi le plateau de M. Barlow a-t-il été abandonné, même en *Angleterre.*

215. *Formules analytiques de Poisson.* — L'*illustre Poisson* a donné des formules à l'aide desquelles on peut, par suite de certaines hypothèses, trouver directement l'*inclinaison* et la *déclinaison* de l'aiguille aimantée pour un cap quelconque du navire en un lieu quelconque du Globe, au moyen d'observations du Compas faites à bord d'un navire et sous l'influence des matières ferrugineuses qui s'y trouvent.

Poisson admet d'abord, que le fer du navire *étant aimanté par la force magnétique du Globe*, son action sur l'aiguille est proportionnelle à *cette force.* Cette hypothèse qui, en raison de sa *théorie sur le magnétisme,* introduit comme facteur commun la force magnétique R du globe dans tous les termes de l'équation d'équilibre de la boussole, permet d'éliminer cette quantité.

Or nous voyons déjà que le problème n'est pas complètement résolu ; car il existe à bord une certaine quantité de fers qui n'agissent que comme fer, *par attraction*, ou plutôt comme étant attiré par les pôles de l'aiguille, et en outre qu'il existe de véritables aimants permanents qui proviennent de la manière *dont certaines pièces ont été travaillées.* Il est clair que l'on ne peut, d'après cela, admettre que les composantes de la force magnétique du fer du navire, relatives à trois axes rectangulaires ont pour expression des *fonctions linéaires de cette force magnétique.* De plus, Poisson admet que le centre magnétique résultant a une *position fixe* dans le bâtiment, et c'est sur cette hypothèse qu'est basée la détermination des *constantes* de l'équation d'équilibre. L'expérience a prouvé le contraire.

Les formules auxquelles cette double hypothèse conduit l'illustre savant étant trop compliquées pour avoir une valeur pratique, *Poisson* a admis que, en raison de la position symétrique des pièces de fer à bord d'un navire, on pouvait considérer le *centre magnétique résultant comme étant situé dans le plan longitudinal;* cette nouvelle hypothèse, dont l'expérience a encore prouvé l'inexactitude dans bien des cas, lui a permis d'arriver à des *formules plus simples.*

D'après cela, on comprend comment les résultats obtenus au moyen de la formule de Poisson ont pu *quelquefois* s'accorder avec les résultats fournis *par l'observation*, mais on comprend aussi qu'une telle formule ne puisse pas être employée, *d'une manière générale*, dans la pratique.

216. *Compensateurs de M. Airy.* — Par le fait les compensateurs de M. Airy ne sont qu'une extension du plateau *correcteur de M. Barlow.*

Le navire, placé dans le port ou dans un bassin à flot, étant muni de deux aussières fixées aux joues du navire, de deux autres à ses anches et d'amarres en nombre suffisant pour amarrer solidement le navire en une position quelconque, on trace à la craie *sur* le pont ou *sous* le pont, juste au-dessous du point où sera le pivot de l'aiguille du compas, deux lignes *perpendiculaires entre elles*, et dont l'une soit parallèle à la quille du navire.

On met le cap du navire exactement au *Nord magnétique* en visant, à terre, avec un compas de relèvement ou avec un *théodolite* les *mâts* ou les mires placées sur l'arrière et sur l'avant du bâtiment.

Le compas que l'on règle n'indique généralement pas *le méridien magnétique.* On prend alors un *des barreaux aimantés* qui sont enveloppés soigneusement de suif et enfermés chacun dans une boîte en bois mince, on place son centre sur la ligne de craie parallèle à la quille et on le met perpendiculaire à cette ligne; puis on le fait glisser en l'approchant ou l'éloignant du compas jusqu'à ce que l'aiguille aimantée indique exactement le Nord magnétique. On fixe provisoirement l'aimant dans cette position.

On fait faire au navire une demi-révolution, c'est-à-dire qu'on lui met le cap au Sud magnétique; et en agissant sur l'aimant placé provisoirement, on trouve, après quelques tâtonnements, que lorsque le navire a le cap au Nord ou au Sud magnétiques, l'aiguille aimantée a peu ou point de déviation.

On fait pour annuler la déviation de l'aiguille, lorsque le navire a le cap à l'Ouest et à l'Est, ce que l'on a fait pour l'annuler quand il avait le cap au *Nord* ou au *Sud*. On emploie pour cela *un second barreau aimanté, semblable au premier*, que l'on place perpendiculairement à *la ligne de craie parallèle au plan latitudinal*, le centre sur cette ligne; en faisant varier la distance de ce barreau à l'aiguille, on arrive à diminuer les déviations de cette aiguille pour le cap à l'Est ou à l'Ouest. Après plusieurs tâtonnements, on fixe provisoirement ce second aimant.

Avant de fixer les aimants d'une manière permanente, on s'assure encore que le compas de bord s'accorde bien avec le compas de terre quand le navire a le cap au *Nord* et à l'*Est*, au *Sud* et à l'*Ouest*.

Quand, pour ces quatre positions principales, on est arrivé à des déviations insignifiantes, *on fixe les barreaux aimantés*.

On met ensuite le cap du navire au N.-E. et au S.-O., et l'on fait, pour cette position et pour annuler les déviations qui s'y rapportent, la même opération que pour les lignes *Nord* ou *Sud* et *Est* ou *Ouest ;* seulement, au lieu de *barreaux aimantés*, on se sert d'une *boîte renfermant une petite chaîne en fer, ou des clous* non *rangés dans la même position*, ou enfin d'*un boulet*.

Si l'aiguille pointe trop à droite, on place la *boîte à clous* à tribord ou à bâbord, de telle sorte que la *déviation soit annulée ;* si l'aiguille pointe trop à *gauche*, on place la boîte à une distance convenable sur *l'arrière* ou sur *l'avant*.

Au lieu de mettre le cap au N.-E. et au S.-O., on peut le mettre au S.-E. et au N.-O, en agissant de *la manière inverse avec la boîte à clous*.

L'expérience a justifié malheureusement, que si les compensateurs *de M. Airy* diminuent les *déviations*, quand un navire ne *quitte pas certains parages*, des déviations plus petites existent toujours, et qu'il est *nécessaire* de faire une *table des déviations* pour les 32 caps du navire, ainsi que nous l'indiquerons plus loin.

De plus, on est maintenant certain que quand le navire change *de lieu d'une manière notable*, les tables *de déviations mêmes*, faites dans le lieu de départ, ne sont pas *suffisantes*.

Ainsi, M. Walker nous apprend qu'à l'arrivée du *Bosphorus*, à son voyage au Cap de Bonne-Espérance, c'est-à-dire ayant passé d'un hémisphère dans l'autre, on trouva que son compas qui avait été compensé *en Angleterre par la méthode Airy*, était en erreur de 30 à 40 degrés, quand le Cap était à l'Est ou à l'Ouest. Ayant été corrigé de nouveau à Table-bay, au moyen de la même méthode, le compas donna encore 40 ou 50 degrés de déviation en arrivant sur les côtes d'Angleterre.

Il en fut de même pour le *Propontis, autre navire en fer.*

Puisque aucun des trois procédés que nous venons d'indiquer sommairement ne peut annuler ou faire connaître les déviations, si funestes quelquefois, auxquelles sont soumis les compas de mer, nous voyons que le seul moyen efficace pour se mettre à l'abri d'influences aussi fâcheuses, est de déterminer la *véritable variation* ou *déclinaison de l'aiguille aimantée*, pour *chaque Cap du navire*, sans se préoccuper de la *variation locale*, ou de construire *le plus souvent possible* et par les moyens que nous indiquerons, une table de *déviations*.

DES AZIMUTS.

217. *De l'azimut vrai.* — On sait que l'azimut vrai d'un astre ou d'un objet est l'angle que fait son vertical avec le méridien du lieu.

Cet angle se compte sur l'horizon de 0° à 180° à *partir du méridien inférieur* jusqu'au vertical de l'astre ; ou si l'on veut, à partir du pôle élevé jusqu'au pied du vertical de l'astre ; vers l'Est ou vers l'Ouest, selon que l'astre est dans l'Est ou dans l'Ouest.

De l'azimut magnétique. — L'azimut magnétique d'un astre ou d'un objet, est l'angle que fait son vertical avec le *méridien magnétique.*

Cet azimut se compte de 0° à 180° à *partir du vertical de l'astre* jusqu'à la partie du méridien magnétique qui correspond au pôle élevé.

Déterminer l'azimut magnétique. — Pour déterminer l'azimut magnétique d'un astre ou d'un objet, on se sert généralement d'un compas appelé *compas de variation (fig. 102)*, que l'on place maintenant à bord de certains navires d'une manière fixe dans un endroit où l'on peut apercevoir toutes les parties de l'horizon. Cet endroit est quelquefois une plate-forme située au-dessus du dôme de l'escalier de l'arrière.

(Fig. 102)

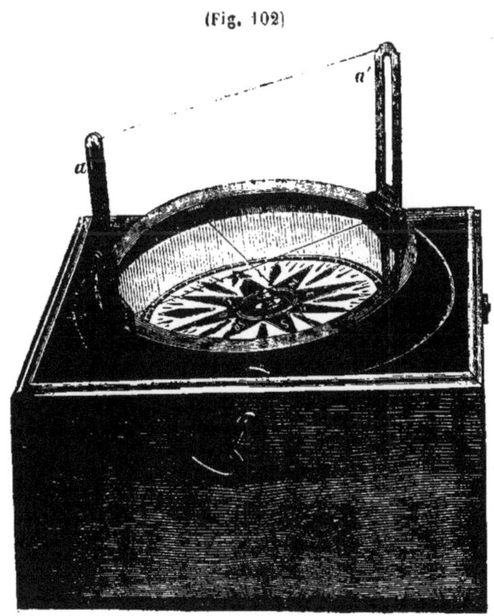

Généralement, cependant, le compas de variation, compas qui sert à la détermination de la variation du *compas d'habitacle*, est placé sur un support garni de trois pieds que l'on place dans l'endroit du pont où l'on peut apercevoir et relever facilement, soit un astre, soit un objet.

Dans ce cas, il faut, au moyen *de repères indiquant la direction du cap du navire, s'assurer si le compas de variation s'accorde avec le compas d'habitacle*, et noter soigneusement la différence qui peut exister entre les directions des deux aiguilles aimantées.

Une fois le compas dressé, on relève l'astre ou l'objet à l'aide de l'alidade *aa'*, et l'on voit, sur la rose, l'angle que fait le vertical de cet astre ou de cet objet avec le méridien magnétique. Lorsqu'on relève le Soleil, on relève successivement le bord oriental et le bord occidental, et, en prenant la moyenne, on a le relèvement du centre.

(Fig. 103)

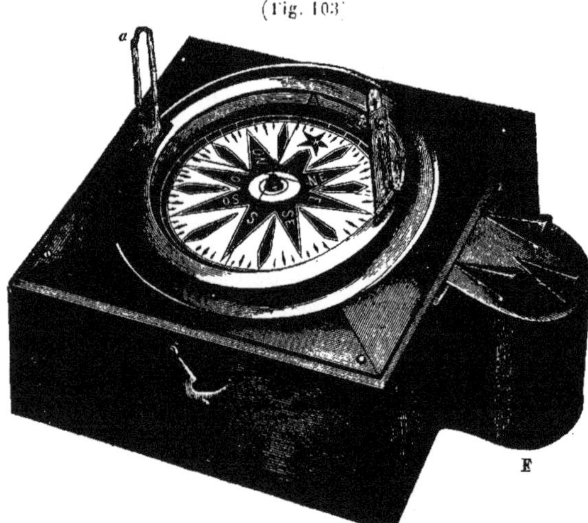

Pour les observations de nuit, on place, à l'aide de coulisses et sur un des côtés de la boîte du compas, un fanal F (*fig.* 103) dont la lumière éclaire la rose du compas par en dessous, et permet de lire ses indications.

218. ***Déterminer l'azimut vrai.*** — L'azimut vrai d'un astre s'obtient à l'aide du triangle de position PZS (*fig.* 104). — On prend une hauteur d'astre H et on note l'heure C du chronomètre; avec cette heure on conclut l'heure de Paris T. M. pour laquelle on calcule la distance polaire Δ. En supposant connue la latitude L du lieu de l'observation, on connaît les trois côtés du triangle PZS ; on peut donc calculer l'angle Z, à l'aide de la formule

(Fig. 104)

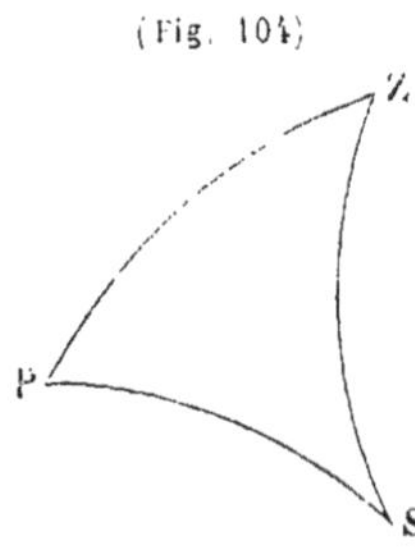

$$\cos Z = \frac{\cos\Delta - \sin L \sin H}{\cos L \cos H}, \qquad (\alpha)$$

qui, rendue logarithmique, donne

$$\cos\frac{1}{2}Z = \sqrt{\frac{\cos S \cos(S-\Delta)}{\cos L \cos H}}.$$

On peut, dans cette formule, faire différentes hypothèses sur L et Δ, ainsi que nous l'avons fait (127) dans le calcul d'angle horaire ; mais ces hypothèses n'ont aucune utilité réelle pour la pratique.

219. *Circonstances favorables.* — Si l'on suppose une erreur h sur la hauteur H, on aura α en différentiant l'équation (a) par rapport à Z et à H, en représentant par S l'angle de position, par z l'erreur qui résulte sur l'azimut, et en s'arrêtant au premier terme de la série de Taylor,

$$z = h \cdot \frac{\operatorname{cotg} S}{\cos H}.$$

Donc les circonstances favorables ont lieu :

1° Quand H=0 ou que l'astre est à son lever ou coucher vrai ;

2° Quand S=90° ou quand l'angle de position est droit.

Si l'on suppose une erreur l sur la latitude, on trouve en différentiant (α) par rapport à L et à Z,

$$z = -l\,\frac{\cot . P}{\cos L}.$$

Donc, les circonstances favorables ont lieu quand L = 0° ou P=90°, c'est-à-dire 6 heures, si l'on considère le Soleil.

Enfin, si l'on suppose une erreur δ sur la distance polaire, on trouve

$$z = \frac{\delta}{\sin P \cos L},$$

qui donne encore, pour circonstances favorables,

$$P = 90°, \quad L = 0°.$$

En résumé, l'on voit que P = 90° et H = 0° indiquent que, pour qu'une erreur commise sur un des trois éléments du triangle n'affecte pas trop l'azimut, il faut prendre la hauteur lorsque l'astre n'est pas trop élevé au dessus de l'horizon.

Toutefois le calcul d'azimut n'a pas besoin d'être obtenu avec la précision qu'exige le calcul d'angle horaire ; il ne faut donc pas trop se préoccuper des circonstances favorables.

Exemple.

Le 10 juillet 1858, vers $5^h\,40^m$ du matin, T. M., étant par 42°35′ de latitude Nord et 28° 50′ de longitude Est, on a observé la hauteur du bord inférieur du ☉ de 10°45′35″; l'œil élevé de 7 mètres; on demande l'azimut vrai?

Détermination des éléments.

1° *Calcul de l'heure* T. M. *de Paris.*

Hre du lieu le 9 juill.	=	17^h40^m
Longit. en temps. .	=	$1^h55^m20^s$
Hre de Paris le 9. .	=	$15^h44^m40^s$

2° *Calcul de la distance polaire.*

Déclin. du ☉ le 9. .	=	22°23′23″,7
Variat. en 24^h. . . .	=	7′21″,6
en $15^h44^m40^s$	=	— 4′49″,8
Déc. du ☉ le 9 à 15^h44^m	=	22°18′33″,9
		90°
Distance polaire. . .	=	67°41′26″,1

3° *Correction de la hauteur.*

Hr observée du ☉ .	=	10°45′35″
Dépression.	=	— 4′41″
Hr approchée du ☉ .	=	10°40′54″
Réfraction	=	— 5′ 0″,4
Hr corrigée du ☉ .	=	10°35′53″,8
Parallaxe.	=	+ 8″,3
Hr vraie du ☉ . . .	=	10°36′02″,1
Demi-diamètre. . .	=	+ 15′45″,6
Hr vraie du ☉ . . .	=	10°51′47″,7

Développement du calcul (en nombres ronds de dizaines de secondes).

Δ =	67°41′30″		
L =	42°35	c¹ log cos =	0,1329488
H =	10°51′50″	c¹ log cos =	0,0078542
2S =	121°08′20″		
S =	60°34′10″	log cos =	9,6914071
S — Δ =	7°07′20″	log cos =	9,9966360
		somme =	19,8288461
		log cos $\frac{1}{2}$ Z =	9,9144230
		$\frac{1}{2}$ Z =	34°48′00″
		Z =	69°36′00″

d'où, azimut vrai = Nord 69°36′00″ Est.

220. ***Azimut d'un astre au moment de son lever ou de son coucher vrai.*** — Si dans la formule (α) on fait $H=0°$, on obtient

$$\cos Z = \frac{\cos \Delta}{\cos L};$$

formule qui donne l'azimut de l'astre au moment de son lever ou de son coucher vrais.

Pour trouver, dans ce cas, l'influence sur l'azimut d'une erreur commise sur la latitude, différentions l'équation $\cos Z = \frac{\cos \Delta}{\cos L}$ par rapport à Z et à L.

Nous trouvons, en nous arrêtant au premier coefficient différentiel de la série de Taylor.

$$z = -l\,\frac{\operatorname{tg} L}{\cos Z}.$$

Ce qui fait voir que cette erreur a d'autant plus d'influence que la ***latitude est grande;*** on ne doit donc pas se servir du ***lever vrai*** pour déterminer l'azimut quand le navire se trouve par une latitude plus grande que 45°.

La table XXIV de Callet, la table XXIX de *Guépratte*, la XXXVIIe des tables de M. *Caillet* (2e édition), et la XXXIIIe de la première édition donnent le complément de l'azimut au moment du lever vrai sous le nom d'***amplitude vraie.*** Pour relever le Soleil au moment de son lever vrai, il suffira de connaître la hauteur observée du bord inférieur de cet astre, hauteur observée que l'on déduira des formules de corrections de hauteurs (104) dans lesquelles on fera $H_v = 0$. Pour le Soleil, on trouve facilement qu'au moment de son lever ou de son coucher vrais, son bord inférieur est élevé d'environ les $\frac{2}{3}$ de son diamètre, la dépression étant supposée de 4'.

Exemple.

Le 30 mars 1858, étant par 31° 24' latitude Nord et 43° 15' longitude Ouest, on demande l'azimut du Soleil au moment de son lever vrai.

L'heure T. M. présumée du lever vrai est $5^h\ 55^m$.

Détermination des éléments.

1° *Heure moyenne de Paris.*		2° *Calcul de la distance polaire.*	
Hre du lieu le 29 mars. . =	17^h55^m	Décl. du ☉ le 29 à 0^h =	3°22′32″,1
Longitude en temps. . . =	2^h53^m	Variation en 24^h . . =	23′19″,2
		en 20^h48^m =	20′12″,5
Heure de Paris T. M. le 29 mars. . . . . . . =	20^h48^m	Déclin. calculée. . . =	3°42′44″,6
			90°
		Distance polaire . . =	86°17′15″,4

Développement du calcul.

Par le calcul.		*Par la table XXIV de Callet.*	
Δ = 86°17′15″ log cos =	8,8112399	Amplit. vraie. =	4°,3
L = 31°24′00″ c'log cos =	0,0687706	ou . . . . . . =	4°18′
log cos Z =	8,8800105	retranchant de	90°
Z =	85°38′57″	Azimut vrai. . =	N. 85°42′ Est.
Azimut vrai = Nord 85°38′57″ Est.			

Azimut d'un astre au moment de son lever ou de son coucher apparents.

221. Pour avoir l'*azimut* d'un astre au moment de son lever ou de son coucher *apparents*, il suffit de faire $H_o = 0$ dans la *formule générale des corrections de hauteurs* (104).

Si l'astre a un diamètre sensible, il y a à considérer le lever ou le coucher :

1° Du bord supérieur ;

2° Du centre ;

3° Du bord inférieur.

On détermine H_e ☉, dans ces différents cas, comme nous l'avons dit (135) pour le *calcul de l'heure du lever ou du coucher apparents*.

Si nous considérons *le Soleil* ou une *étoile*, la hauteur apparente est négative, en l'appelant $-h$ et en rendant logarithmique la formule

$$\cos Z = \frac{\cos \Delta + \sin h \cdot \sin L}{\cos h \cos L},$$

nous trouvons

$$\cos \frac{1}{2} Z = \sqrt{\frac{\cos(S - L)\cos(S - h)}{\cos L \cos h}}.$$

Il est alors inutile de s'occuper du signe de h.

Exemple.

On demande l'*azimut vrai du Soleil* au moment du *coucher apparent* de son *bord inférieur*, le 8 avril 1858, dans un lieu dont la *latitude* est 48°23′32″ Nord et la *longitude* 6°49′49″ Ouest ; on se suppose élevé de 8 mètres ?

L'heure T. M. du coucher est $6^h\,37^m\,20^s$.

Détermination des éléments.

1° *Heure de Paris T. M.*

H^{re} T. M. du coucher le 8	=	$6^h37^m20^s$
Longitude en temps . .	=	27^m19^s
H^{re} T. M. correspondante de Paris le 8.	=	$7^h04^m39^s$

2. *Déclinaison du* ☉.

Décl. du ☉ le 8 à 0^h. .	=	7°11′56″,4
Variation en 24^h . . .	=	22′22″,4
en 7^h4^m. .	=	6′35″,2
Déclin. calculée. . . .	=	7°18′31″,6
		90°
Distance polaire. . . .	=	82°41′28″,4

3° *Correction de la hauteur.*

Dépression pour 8^m.	=	— 5′ 1″
Réfraction.	=	— 33′48″
Somme.	=	— 38′49″
Parallaxe.	=	+ 8″
Demi-diamètre. . .	=	+ 16′00″
Haut. vraie du ☉ .	=	— 22′41″

Développement du calcul, en nombres ronds.

Δ =	82°41′30″			
L =	48°23′30″	c' log cos	=	0,1778090
h =	22′40″	c' log cos	=	0,0000094
2 S =	131°27′40″			
S =	65°43′50″			
S — L =	17°20′20″	log cos	=	9,9798027
S — h =	65°21′10″	log cos	=	9,6201673
		somme	=	19,7777884
	log cos $\frac{1}{2}$ Z =	$\frac{1}{2}$ somme	=	9,8888942
		$\frac{1}{2}$ Z	=	39°15′39″
		Z	=	78°31′18″

Azimut = N. 78°31′18″ Ouest.

222. *Azimut au moment où l'astre passe au premier vertical.* — On sait que lorsqu'un astre passe au premier vertical, son azimut est de 90°, et nous savons (131) déterminer le moment auquel un astre traverse ce cercle.

223. *Azimut au moment où l'astre passe au méridien.* — On sait que lorsqu'un astre passe au méridien, son azimut est de 0° ou de 180°, selon que l'astre passe entre le zénith et le pôle supérieur ou en dessous du zénith. Nous savons déterminer (61) l'heure moyenne d'un lieu au moment où un astre passe au méridien ; et si nous avons fait la veille ou le matin un calcul d'heure du lieu et noté l'heure correspondante du chronomètre, nous pourrons facilement savoir l'heure que devra marquer le chronomètre quand l'astre passera au méridien.

224. *Résumé.* — Nous voyons donc que l'on peut déterminer l'azimut vrai d'*un astre :*

Astre dans l'Est.
- 1° à son lever apparent :
  - du bord supérieur ;
  - du centre ;
  - du bord inférieur.
- 2° à son lever vrai ;
- 3° quand l'astre est élevé de 10 à 15° au-dessus de l'horizon ;
- 4° à son passage au premier vertical ;
- 5° à son passage au méridien.

Et aux situations analogues quand l'astre est dans l'Ouest.

Si à ces instants on a relevé l'astre au compas de variation, on aura l'azimut vrai et l'azimut magnétique simultanés pour un certain cap du navire.

225. Ainsi, pour déterminer la variation de l'aiguille aimantée pour un certain cap du navire, il faut être trois observateurs :

Un premier *qui observe la hauteur de l'astre;*

Un second qui relève l'astre au compas de relèvement;

Et le troisième qui lit l'indication du relèvement.

Une quatrième personne se tient en outre près du compas d'habitacle pour s'assurer que l'homme de barre est bien en route et pour indiquer exactement le cap du navire au moment du relèvement.

L'observateur de la *hauteur* dirige l'opération.

Quand il a amené l'image de l'astre presqu'en contact avec l'horizon il prononce à haute voix le mot :

Attention!

L'homme qui est au compas de relèvement met son œil à la pinnule et suit l'astre dans son mouvement.

La personne qui lit le relèvement suit attentivement l'indication de la ligne de foi.

L'homme de barre s'assure bien qu'il est en route et regarde avec attention où correspond le cap du navire.

Dès que l'observateur de la hauteur voit son contact parfait, il crie fortement :

Top!...

Au compas de relèvement on lit immédiatement l'indication de la ligne de foi et on l'inscrit ;

Au compas d'*habitacle* on détermine exactement le cap du navire au moment du *Top*.

De ces observations, et en ayant alors égard à la différence qui existe entre le compas d'habitacle et le compas de relèvement, eu égard aux masses de fer près desquelles ce dernier compas pouvait être placé, on a :

1° *La hauteur de l'astre et l'heure approchée du bord, qu'on a eu soin de noter ;*

2° *L'azimut magnétique du compas d'habitacle ;*

3° *Le cap du navire.*

Le calcul d'azimut peut être exécuté, ainsi que nous l'avons indiqué, et l'on peut obtenir la variation qui convient *à ce cap* du navire, ainsi que nous allons le dire.

Détermination de la variation.

226. Admettons que le cercle NESO (fig. 105) représente l'horizon, NS la projection du méridien du lieu, (le méridien inférieur passant en N), N'S' la projection du méridien magnétique.

(Fig. 105)

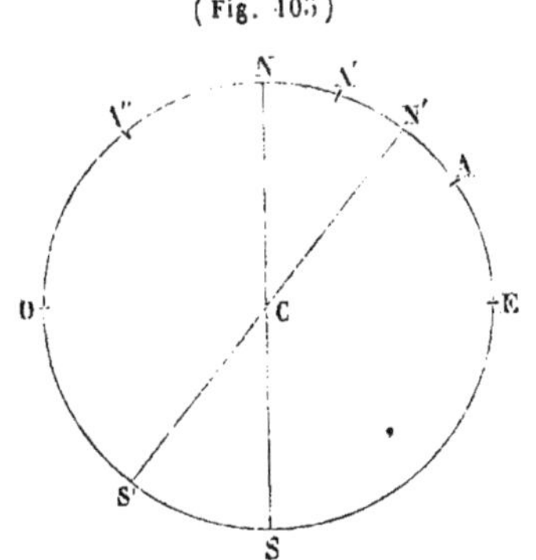

L'angle NCN' est la variation qui est à droite NE ou +. Le pied du vertical de l'astre peut être situé en A, A' ou A''; on a, dans ces différents cas, en indiquant par d et g placés au-dessus des azimuts leurs dénominations de *droite* ou *gauche*, + ou —.

$$\overset{d}{NN'} = \overset{d}{NA} - \overset{g}{AN'}.$$

$$\overset{d}{NN'} = \overset{d}{NA'} + \overset{d}{A'N'}.$$

$$\overset{d}{NN'} = \overset{d}{A''N'} - \overset{g}{A''N}.$$

D'après cela, en remarquant que nous avons dit que *l'azimut magnétique se compte à partir du vertical de l'astre jusqu'au méridien magnétique* et en désignant le sens dans lequel se comptent ces azimuts par la droite et la gauche, ou par + et —, nous voyons que *la variation s'obtient en ajoutant les deux azimuts s'ils sont de même signe et en les retranchant s'ils sont de signes contraires;* la variation est toujours du signe *du plus grand azimut.*

Si nous avions considéré la variation à gauche, NO ***ou négative nous serions arrivés au même résultat.***

Exemple 1.

Lorsque le navire avait le cap au NNO on a relevé un astre au moment où l'on prenait sa hauteur, on a trouvé pour azimut magnétique N 63° Est; le *calcul d'azimut vrai* a donné N 75° 30′ Est; on *demande la variation?*

Azimut magnétique. . . . . = 63° —
Azimut vrai. . . . . = 75°30′ +

Le cap du navire étant N. N. O., la variation = 12°30′ à droite, N. E. ou +

Exemple 2.

Lorsque le navire avait le cap au NE ¼ N on a relevé le Soleil au moment où son bord inférieur était élevé d'environ les deux tiers de son diamètre, on a trouvé pour azimut magnétique le S 93° 30′ Ouest; le calcul d'azimut a donné le S 77° 40′ Ouest; on demande la variation?

Azimut magnétique. . . . . = 93°30′ —
Azimut vrai. . . . . = 77°40′ +

Le cap du navire étant N. E. ¼ N., la variation = 15°50′ à gauche N O ou —

Exemple 3.

Lorsque le navire avait le *cap au Nord* on a relevé le Soleil, le soir, au moment où son centre se trouvait dans le premier vertical, on a trouvé le N. 67° 30′ Ouest ; on demande la variation ?

Azimut magnétique. . . . . = 67°30′ +
Azimut vrai . . . . = 90° —

Le cap du navire étant au Nord, la variation = 22°30′ à gauche N O ou —

Exemple 4.

Le cap du navire étant à l'Est 3° Sud on a relevé un *astre* au moment où il passait au *méridien*, on a trouvé S. 17° 30′ Est ; on était par une latitude Nord. On demande la variation ?

Azimut magnétique. . . . . = 17°30′ +
Azimut vrai. . . . . = 00°00′

Le cap du navire étant Est 3° Sud, la variation = 17°30′ à droite N E ou +

227. Des différents moyens que nous avons donnés pour déterminer l'azimut vrai, les plus usités sont les levers ou les couchers, et lorsque la hauteur de l'astre est de 10 à 15°, parce que le relèvement de l'astre ne s'obtient pas, dans les autres cas, avec assez de facilités. Toutefois, on peut encore avoir l'azimut magnétique avec une exactitude suffisante pour les besoins de la navigation, en relevant le Soleil ou un autre astre quand il est à une certaine hauteur au-dessus de l'horizon. De même le calcul d'azimut vrai peut se faire à vue, ou même graphiquement à l'aide du planisphère Keller dont nous parlerons plus loin ; car nous ne devons pas oublier que l'on ne *gouverne* généralement pas à 2 ou 3 degrés près, et qu'il est par suite inutile, à la mer, d'avoir la variation avec une approximation plus grande.

D'après ce que nous avons dit, jusqu'à présent, sur les déviations auxquelles sont sujets les compas, nous voyons que tant que l'on n'aura pas inventé un instrument indiquant d'une manière certaine ces déviations à 1 ou 2 degrés près, il faudra, pour naviguer en toute sécurité : ou *bien déterminer la variation de l'aiguille au moyen d'un azimut dès qu'on changera de cap*, ou bien faire *une table de dévia-*

tions ainsi que nous allons l'indiquer; table qui devra être refaite toutes les fois que le navire changera de parages d'une maniere notable.

Des tables de déviations.

228. Les tables de déviations sont un tableau représentant les différences entre la variation locale et les différentes déclinaisons de l'aiguille pour les différents caps du bâtiment. Ces tables peuvent se faire quand le navire est en relache, soit dans le port soit dans la rade, ou bien quand le *navire est à la mer;* dans ce cas, les tables de déviations sont des tables de variations, car on ne connaît pas d'une manière certaine la variation locale.

Construction d'une table de déviations, le navire étant dans le port. Le navire étant dans le port, des amarres sont disposées de manière que l'on puisse faire tourner le bâtiment aussi lentement que possible.

(Fig. 106.)

En un lieu A, fig. 106, sur le rivage, choisi loin d'influences ferrugineuses, on place un *compas de relèvement* aussi sensible que possible et l'on détermine *exactement* l'azimut magnétique d'un objet très-éloigné B.

On note cet azimut. A la place du compas et selon l'axe du pivot on installe l'axe d'un *théodolite* dont on rend le cercle azimutal parfaitement horizontal; on met le zéro du vernier de ce cercle exactement sur le numéro de la division qui représente l'arc égal à l'azimut magnétique du point B, obtenu à l'aide du compas de relèvement. On fixe la lunette au limbe, et l'on fait tourner tout le cercle azimutal de manière que l'on aperçoive le point B entre les fils de la lunette. On fixe le cercle azimutal dans cette position et l'on est lors certain que le diamètre qui va de 0 à 180° indique *bien le mé-*

ridien magnétique. — Si l'on n'a pas de théodolite, on conserve en A la boussole de relèvement.

On place à bord en un point A′ une boussole de relèvement N′S′, et on la dispose de manière que sur sa *cuvette*, *deux traits noirs* intérieurs indiquent exactement une ligne parallèle à la *quille*, c'est-à-dire le *cap du navire.*

Deux observateurs sont placés en A à terre : un qui, au moyen de l'alidade du compas ou de la lunette du théodolite, relève le point A′ ; l'autre qui lit l'indication du relèvement.

Deux observateurs sont placés en A′ à bord : un qui, au moyen de *l'alidade du compas*, relève le point A de terre ; l'autre qui lit l'indication du relèvement et le cap du navire à ce compas.

Deux autres observateurs sont placés aux compas *d'habitacle* pour observer le *cap du navire* à chaque relèvement.

De cette manière, connaissant les différences qui existent *pour chaque cap*, entre les compas d'habitacle et celui placé en A′, on connaîtra les déviations de ces deux compas dès que l'observation, telle que nous allons l'indiquer, aura fait connaître les déviations du compas A′.

Quand chacun est à son poste, l'œil à la lunette ou à l'alidade, on manœuvre le bâtiment de manière à lui mettre le cap *au Nord* du compas d'habitacle, *de tribord* par exemple ; dès que l'observateur de ce compas voit cet instant près d'arriver, il crie fortement : *attention !* de manière à être entendu de l'observateur placé à terre ; puis aussitot qu'il voit le cap du navire exactement au Nord de ce compas, il crie fortement *top !...*

Tous les relèvements sont lus : c'est-à-dire, l'angle NAA′ à terre, les angles N′A′A et N′A′*a* à bord (N′S′ représente l'aiguille du compas placé en A′). Si *l'angle N′A′A n'est pas égal au supplément* de l'angle NAA′, l'aiguille *n*′S′ aura pour déviation la différence *de ces deux angles* ; le sens de cette déviation sera facile à déterminer.

Ce que l'on a fait pour le Cap au Nord, on le fera successivement pour les 32 rhumbs de vent, et l'on aura les 32 déviations du compas de relèvement. Au moyen des différences qui existent, pour chaque cap, entre le compas de relèvement et les compas d'habitacle, on pourra dresser le tableau des déviations correspondantes de *ces derniers compas.*

En suivant une méthode analogue à celle que nous venons de donner, on a pu dresser le tableau suivant, relatif au vaisseau le *Napoléon*, à Toulon.

Déviations du compas de tribord du vaisseau le NAPOLÉON.

CAPS.	DÉVIATIONS.	CAPS.	DÉVIATIONS.
Nord	— 5°	Sud	0°
N1/4NE	— 5	S1/4SO	+ 1
NNE	— 7	SSO	+ 2
NE1/4N	— 7	SO1/4Sud	+ 2
NE	— 7	SO	+ 3
NE1/4E	— 7	SO1/4O	+ 3
ENE	— 8	OSO	+ 4
E1/4NE	— 8	O1/4SO	+ 4
Est	— 8	Ouest	+ 5
E1/4SE	— 9	O1/4NO	+ 5
ESE	— 9	ONO	+ 3
SE1/4E	— 8	NO1/4O	+ 2
SE	— 6	NO	+ 2
SE1/4S	— 4	NO1/4N	+ 0
SSE	— 3	NNO	— 1
S1/4SE	— 3	N1/4NO	— 3

Le signe — indique une déviation à gauche et le signe + une déviation à droite du méridien magnétique du lieu.

Construction d'une Table de déviations dans une rade.

229. Pour faire une table de déviations dans une rade, on peut se servir des mêmes moyens employés pour faire la table de déviations dans le port ; seulement, comme les mots *attention* et *top* prononcés à bord ne seraient pas entendus à terre, on doit se servir d'un signal, que l'on manœuvre avec le plus de précision possible.

Ce signal peut être une *boule*, comme celle de l'observatoire des élèves de l'École navale, que l'on laisse tomber instantanément du bout de la *Corne* ou d'une *vergue*, au moment du *top* prononcé par l'observateur du compas *d'habitacle*. Un observateur supplémentaire, placé à terre, indique par le mot *top*, à l'observateur du théodolite ou du compas, l'instant précis de la *chute du signal*.

Le navire doit être toué autant que possible au moment de la *mer étale*, dans les ports à marée, au moyen d'*ancres à jet*, ou d'*amarres* fixées sur des coffres ou des corps-morts.

On peut aussi se servir du relèvement d'un objet *très*-éloigné, ou enfin, employer le même moyen que celui que nous allons indiquer, pour faire une table de déviation *à la mer*.

Construction d'une Table de variations à la mer.

230. La manière la plus simple de faire une table de variations est peut-être de *la faire à la mer*, surtout quand le navire *est à vapeur*.

Le compas de relèvement étant bien dressé, on s'assure que ses repères sont bien placés parallèlement à la quille.

Deux observateurs sont placés au compas de relèvement : un qui relève le *Soleil* ou un autre astre, l'autre qui lit et écrit à chaque *top* l'indication du relèvement.

Un troisième observateur est placé au compas d'habitacle.

Un quatrième observateur observe les hauteurs de l'astre au moment de chaque *top*, et un compteur note, à cet instant, exactement l'heure qu'indique la montre de comparaison.

Dès que chacun est à son poste, l'un relevant l'astre, l'autre observant les hauteurs, ordre est donné de mettre un peu la barre à tribord; le navire vient sur bâbord lentement.

Dès que l'observateur du compas d'habitacle voit le *cap* près d'arriver au *Rhumb de vent le plus voisin* de la route, au S O, par exemple, pour fixer les idées, il crie : *attention !* et fait rencontrer par l'homme de barre, pour que le navire se maintienne un instant au cap voulu ; puis, au moment précis où le cap du navire est S. O., il crie : *top !*

Les observateurs ont alors :

Une heure au compteur ;
Une hauteur ;
Un azimut magnétique au compas de relèvement ;
Les caps { *au compas d'habitacle ;*
au compas de relèvement.

La barre qui a été redressée de manière que le navire gouverne pendant un instant au S. O., est mise de nouveau un peu à tribord et l'on fait pour le S. O. 1/4 S. ce que l'on a fait pour le S. O., et ainsi de suite...

A la mer, il est très-suffisant de faire cette opération pour seize caps; car une fois les seize variations correspondantes déterminées, on peut avoir les seize autres *par interpolation*.

On a eu soin de faire un calcul d'heure dans les *circonstances favorables*, et l'on peut alors conclure des *heures notées* à la montre de comparaison les heures T. M. du lieu correspondantes, et en déduire les angles horaires P, P′, P″.

On corrige les hauteurs, et l'on détermine la déclinaison de l'astre pour l'heure de Paris qui *correspond à la moyenne des heures notées*.

On obtient alors *l'azimut vrai* qui correspond à chaque *azimut magnétique*, au moyen de la formule

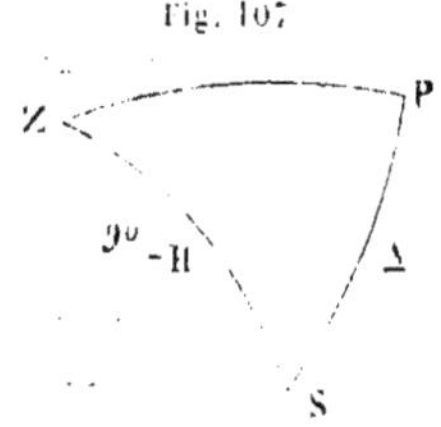

Fig. 107

$$\sin Z = \frac{\sin P \sin \Delta}{\cos H},$$

déduite du triangle ZPS (*fig.* 107).

Comme le log. sin Δ est le même pour les seize azimuts, on n'a en réalité à prendre, *a vue* bien entendu, que les logarithmes sin P, sin P′, et c¹ log. cos H, c¹ log cos H′, etc.

La table des variations ainsi déterminée peut servir *tant qu'on ne change pas de lieu d'une manière notable*.

DES RELÈVEMENTS ASTRONOMIQUES.

231. Dans une rade, il n'est pas toujours possible de relever le Soleil ou un astre à son lever ou à son coucher, ou lorsque sa hauteur n'est pas très-grande : le relèvement d'un astre que l'on prend avec peine est, en général, moins exact.

Il est au contraire très-facile de relever un objet à terre, en le choisissant peu élevé au-dessus de l'horizon, cet objet étant du reste immobile; et l'on comprend qu'on peut déterminer avec une exactitude assez grande *l'azimut magnétique d'un objet* en vue *à l'horizon*.

Si l'on peut obtenir *son azimut vrai*, la comparaison de ces deux azimuts donnera évidemment la variation. La détermination exacte de *l'azimut vrai d'un objet* est en outre d'une grande importance pour *orienter le plan d'une baie ;* ainsi que nous le verrons dans le cours d'Hydrographie.

Opérations de l'observation. — En même temps qu'on relève un objet au compas, deux observateurs prennent simultanément :

1° *La hauteur d'un astre*, ordinairement le Soleil ;

2° l'autre, *la distance de l'astre* D *à l'objet.*

L'un des deux prend ensuite *la hauteur de l'objet.*

Si l'on n'est qu'un seul observateur, on agit de la manière suivante :

On prend la hauteur H de l'astre et l'on fait noter l'heure C correspondante de la montre ; on prend ensuite la distance de l'objet à l'astre, et l'on fait noter l'heure C′ de la montre ; enfin, on prend une seconde hauteur H″ de l'astre et l'on note l'heure C″. En appelant H′ la hauteur inconnue de l'astre au moment de la distance prise, c'est-à-dire, à l'heure C′, et en admettant que les variations de la hauteur de l'astre sont proportionnelles aux variations de la montre, on a la relation : $\frac{H'-H}{H''-H'} = \frac{C'-C}{C''-C'}$, d'où l'on déduit

$$H' = H + (H'' - H)\frac{C'-C}{C''-C}.$$

Soient maintenant (*fig.* 108), S′ la position vraie du Soleil, S sa position apparente, A l'objet.

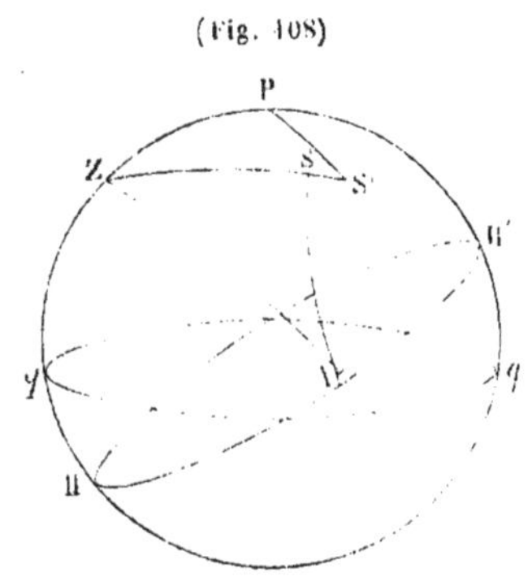

(Fig. 108)

Nous pouvons considérer le triangle ZSA formé par la distance zénithale apparente de l'astre $90 - H_a$, la distance D′ de l'astre à l'objet, corrigée du demi-diamètre en hauteur de l'astre, et enfin, la distance zénithale apparente $90 - h_a$ de l'objet. Dans ce triangle, nous aurons l'angle SZA, que l'on nomme la différence d'*azimut*, et que nous représenterons par Z′, par la relation

$$\cos\frac{Z'}{2} = \sqrt{\frac{\cos S \cos (S - D')}{\cos h_a \cos H_a}}.$$

Cette différence d'azimut prend le signe + quand l'objet est à la droite de l'astre, et le signe — quand il est à gauche.

Nous avons aussi le triangle de position PZS' qui nous donne l'azimut de l'astre au moyen de la formule connue (217). Cet azimut prend le signe + quand il est *Nord* vers l'*Est* ou *Sud* vers l'*Ouest*, et — quand il est *Nord* vers l'*Ouest* ou *Sud* vers l'*Est*.

Connaissant l'azimut de l'astre et la différence d'azimut, on a l'azimut vrai de l'objet.

On se conformera pour cela à la règle suivante :

On combinera l'azimut de l'astre et la différence d'azimut d'après la règle des signes, et l'azimut de l'objet aura le signe des deux, s'ils sont de même signe, ou le signe du plus grand angle dans le cas contraire.

Le signe + indiquera que l'azimut est *Nord* vers l'*Est* ou *Sud* vers l'*Ouest*, selon que l'on se trouvera dans l'hémisphère Sud ou dans l'hémisphère Nord ; et le signe — indiquera que l'azimut est *Nord* vers l'*Ouest* ou *Sud* vers l'*Est* dans les mêmes cas.

On ne devra jamais prendre l'azimut de l'objet plus grand que 180 degrés.

Exemple.

Le 12 juillet 1858, à $3^h 10^m$ du soir T. M., dans un lieu situé par 48° 46′ 15″ de latitude Nord et 6° 22′ 15″ de longitude Ouest, deux observateurs ont pris simultanément : l'un la hauteur du ⊙ de 43° 50′, l'autre la distance du bord voisin du Soleil au sommet d'une montagne de 61° 51′ 15″ ; un des observateurs a ensuite trouvé pour hauteur de la montagne 3° 20′. — Pendant l'observation, le Soleil était à gauche du pôle élevé et la montagne à droite du Soleil. — Élévation de l'œil 8 mètres. — Le relèvement du sommet de la montagne au compas donnait le N 74° 45′ Ouest.

On demande la variation ?

Détermination des éléments.

1° Heure de Paris T. M.

e du lieu le 12 juillet à. . . = 3h10m
itude en temps. . . . . . . = 25m29s

e de Paris le 12 . . . . . . = 3h35m29s

2° Calcul de la distance polaire.

naison du ⊙ le 12. . . . . = 22° 0'10"
ation en 24h. . . . . = 8'30",2
en 3h35m29s. . . . . . . = 1'16"

naison du ⊙ le 12 à 3h 35m = 21°58'54"
90°

nce polaire Δ. . . . . = 68°01' 6"

3° Correction de la distance.

nce du ⊙ à la montagne. . = 61°51'15"
-diamètre du ⊙. . . . . . . — 15'46"

distance du ⊙ à la montagne = 62°07'01"

4° Correction de la hauteur du ⊙.

Hauteur obs. ⊙. . . . . . . = 43°50'00"
Dépression . . . . = — 5' 1"

Hauteur app. ⊙. . . . . . = 43°44'59"
Demi-diamètre ⊙. . . . . = + 15'46"

Haut. app. ⊙. . . . . = 44°00'45"
Réfraction. . . . . = — 1'00",9

Hauteur corrigée ⊖ . . . = 43°59'44",1
Parallaxe . . . . = + 6"

Hauteur vraie ⊖. . . . . = 43°59'50",1

5° Correction de la hauteur de la montagne.

Hauteur observée. . . . . = 3°20'00"
Dépression . . . . = — 5'01"

Haut app. de la montagne = 43°14'59"

Développement du calcul.

1° Calcul de la différence d'azimut.

D' = 62°07'01"
h = 3°14'59" C' log cos = 0,0006990
⊙ = 44°00'45" C' log cos = 0.1431574

2S = 109°22'45"
S = 54°41'22" log cos = 9,7619339
-D' = 7°25'39" log cos = 9,9963406

Somme = 19,9021309
log cos ½ Z' = 9,9510654
½ Z' = 26°41'29"
Z' = 53°22'58"

2° Calcul de l'azimut vrai du ⊙.

Δ = 68°01'06"
L = 48°46'15" C' log cos = 0,1810669
H.v.⊖ = 43°59'50" C' los cos = 0,1430456

2S = 160°47'11"
S = 80°23'35" log cos = 9,2224258
S — Δ = 12°22'29" log cos = 9,9897909

Somme = 19,5363292
log cos ½ Z = 9,7681646
½ Z = 54° 6'3"
Z = 108°12'6"

Calcul de l'azimut de la montagne et de la variation.

Azimut du ⊙. . . . . = 108°12' 6" —
Différence d'azimut. . . . . = 53°22'58" +

Azimut de la montagne. . . = 54°49'08" — ou Nord vers l'Ouest.
Relèvement de la montagne = 74°45' + N. vers l'Ouest.

Variation . . . . = 19°55'52" + ou N. E.

Circonstances favorables au calcul de la variation par les relèvements astronomiques.

232. Nous avons déjà déterminé (219) les circonstances favorables au calcul d'azimut vrai d'un astre : cherchons celles favorables au calcul de la différence d'azimut Z'.

De la relation

$$\cos Z' = \frac{\cos D' - \sin H \sin h}{\cos H \cos h}$$

que nous déduisons du triangle apparent ZSA ; nous obtenons, en ne considérant toujours que le premier terme du développement de Taylor, et en différentiant successivement cette équation par rapport à Z' et à D, à Z' et à H, à Z' et à h :

$$z = \frac{d \sin D'}{\sin Z' \cos h \cos H} = \frac{d}{\sin ZSA \cos H}$$

$$z' = h' \frac{\operatorname{cotg} ZSA}{\cos H}$$

$$z'' = h'' \frac{\operatorname{cotg} ZAS}{\cos h}.$$

d, h' et h'' représentent les erreurs que l'on peut commettre sur D', h et H : z, z' et z'' les erreurs qui en résultent sur Z'.

Ces relations nous apprennent que les circonstances favorables ont encore lieu, quand h et H sont le plus petits possible.

ÉNONCÉS DE CALCULS A EFFECTUER.

Exemple 1. Le 7 octobre 1858, vers 4h 30m du soir, temps moyen par 57° 17' de latitude Nord et 11° 47' de longitude Ouest, on a relevé le centre du Soleil au Nord 82° O., lorsqu'il était à son *coucher vrai*. Le cap du navire était N. 1/4 N.-E. On demande la *variation* pour *ce cap* ?

Éléments de la connaissance des temps.	Déclinaison du ☉ le 7 octobre à 0^h = 5°29′42″,2
	Id le 8 . . . . = 5°52′41″,2
Résultat.	Variation . . . . = 18°21′ N. O.

Exemple 2. Le 30 avril 1858, vers 7^h 24^m, T. M. du soir, par 54° 17′ de latitude Nord et 97° 10′ de longitude Ouest, on a relevé le centre du Soleil au N. 33° O′. du compas, au moment où son bord *inférieur* touchait l'horizon *visible*; élévation de l'œil 8^m,2. On demande la *variation* pour le cap auquel le navire gouvernait?

Éléments de la connaissance des temps.	Déclinaison du ☉ le 30 à 0^h = 14°46′ 3″,1
	Id. le 31 mai = 15° 4′19″,8
	½ diamètre du ☉. . . . . . . = 15′53″,7
Résultat.	Variation. . . . . = 30°10′ N. O.

Exemple 3. Le 7 janvier 1858, à 9^h 10^m du matin, temps moyen, étant par 47° 11′ de latitude Nord, et 24° 12′ de longitude Ouest, on aura observé la hauteur du bord inférieur du Soleil, et on l'a trouvée de 14° 23′ 40″. — Erreur instrumentale — (7′ 20″) : Élévation de l'œil 6^m, 4; au moment de la hauteur on a relevé l'astre à l'Est 32° Sud du compas. On demande la *variation* ?

Éléments de la connaissance des temps.	Déclinaison du ☉ le 6 à 0^h = 22°30′25″,6
	Id le 7 à 0^h = 22°22′57″,9
	½ diamètre du ☉ le 6. . . = 16′17″,7
Résultat.	Variation . . . . = 26°51′ N. E.

Exemple 4. Le 11 novembre 1858 à 9^h 20^m du matin T. M. Étant par 49° 54′ de latitude Nord et 61° 19′ de longitude Ouest, on a observé la hauteur du bord inférieur du Soleil, et on l'a trouvée de 15° 24′; erreur instrumentale — (4′ 30″) : Élévation de l'œil 5^m, 2. Au moment de la hauteur, on a relevé l'astre au S. 55° Est du Compas. On demande la *variation* ?

Éléments de la connaissance des temps.	Déclin. du ☉ le 11 novembre à 0^h = 17°26′26″,2
	Id. le 12 . . . . = 17°42′53″,0
	½ diamètre du ☉. . . . . = 16′11″
Résultat.	Variation . . . . = 19°17′ N. E.

Exemple 5. Le 5 mai 1858, à *midi moyen de Paris*, un chronomètre, dont la marche diurne sur le T. M. est — 19ˢ,4, indiquait l'heure 2ʰ 6ᵐ 54ˢ.

Le 22 mai de Paris, la date du bord étant le 22 au soir, lorsque le chronomètre marquait 4ʰ 40ᵐ 56ˢ, 2, on a relevé au Nord 33° Est du compas un point terrestre en vue, distant du navire de 5 milles. Au même instant, l'élévation de l'œil étant 6ᵐ,2, on a obtenu :

Hauteur observée du point terrestre 4° 30′ 15″ ;

Hauteur observée du ⨀ dans l'Ouest du méridien = 21° 38′ 42″;

Distance observée du point terrestre au bord le plus éloigné du ⨀ = 97° 38′ 24″

L'objet se trouvait à droite du Soleil ; on demande l'*azimut vrai* de l'objet et la *variation* du compas?

Éléments de la connaissance des temps.	Déclinaison du ⨀ le 22 à 0ʰ	= 20°23′11″,8
	Id. le 23 *id.*	= 20°34′52″,3
	½ diamètre du ⨀.	= 14′49″0

Résultat.	*Azimut vrai de l'objet*	= Nord 51°22′38″ Est.
	Variation	= 18°22′38″ N. E.

DES COURANTS.

233. *Définition.* — On nomme *Courant* un mouvement général des eaux de la mer vers un point déterminé de l'horizon. Ces courants proviennent de plusieurs causes dont les seules connues sont :

1° *Un inégal échauffement des eaux du globe ;*

2° *Les marées ou l'attraction Luni-Solaire ;*

3° *Les vents généraux.*

Quant aux autres causes, on n'en est encore qu'aux hypothèses. Nous renvoyons, à ce sujet, au *Physical Geography of the sea*, partie physique et descriptive des *Sailing directions* du lieutenant *Maury*.

Un courant, quelle que soit sa cause, a pour effet d'entraîner suivant une certaine direction, tous les corps qui flottent à la surface de cette partie des eaux en mouvement.

Lors donc qu'un navire se trouve dans un courant, il ne suit généralement pas la route qu'indique le *compas*, et la vitesse réelle du bâtiment n'est pas celle obtenue par le loch ; de telle sorte que l'effet du courant est manifesté par la différence entre le *point estimé* et le *point observé ;* en admettant toutefois :

1° *Que l'on ait bien appliqué aux routes au compas, la variation qui convenait aux différents caps du navire ;*

2° *Que l'on ait gouverné avec toute la précision possible ;*

3° *Et enfin, que le chemin fait par le bâtiment, d'après le loch, ait été mesuré d'une manière suffisamment exacte.*

On nomme *vitesse* ou *intensité* d'un courant le chemin que fait, par heure, la masse d'*eau qui se déplace.*

La considération des courants conduit aux deux problèmes suivants :

1° — *Connaissant la vitesse et la direction d'un courant dans lequel se trouve le navire, déterminer l'influence de ce courant sur les routes suivies par le bâtiment ;*

2° — *Déterminer la vitesse et la direction des courants dans les différentes parties des mers que sillonne le navire.*

1° *Considérons le premier problème.*

234. Supposons que, d'après le compas et le loch, le navire suivant un angle de route réel V (fig. 109), ait fait m milles dans t heures; et que ce navire soit situé dans un courant dont la direction fasse avec le méridien un angle V' et dont la vitesse soit n milles ou, en termes maritimes, file n nœuds.

D'après le principe de l'*indépendance des mouvements* que l'on donne en mécanique, le navire dans t heures aura fait nt milles dans la direction V' et m milles dans la direction V. Si nous construisons le parallélogramme ANBN' (fig. 109), sur les deux longueurs $AN = nt$ et $NB = m$, le navire aura réellement parcouru le chemin NN' et sera arrivé en N' au lieu d'arriver en B.

(Fig. 109.)

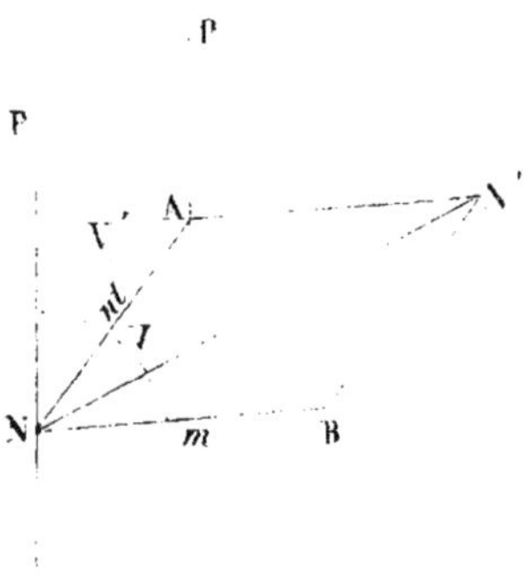

Or, on voit que c'est le point où il serait arrivé s'il avait fait, dans t heures, *d'abord* nt *milles suivant la direction* V', c'est-à-dire, s'il avait fait le chemin NA et ensuite, m *milles suivant la direction* PAN' = V, autrement dit, s'il avait fait le chemin AN'.

Donc, pour introduire dans la position déterminée par l'estime, l'effet d'un courant, il suffit de supposer que *le navire a fait une route de plus; celle faite par la masse d'eau dans laquelle flotte le navire, pendant l'intervalle de temps considéré.*

Exemple.

Un navire a fait, en 24 heures, 75 milles au S. 56° Est du monde, 82 milles au S. 34° Est, dans un courant dont la vitesse est de 2 milles et la direction NO du monde.

On fera le point composé en admettant que le navire a fait les routes suivantes :

ANGLES DE ROUTE RÉELS.	MILLES.	N.	S.	E.	O.
S. 56° Est................	75.				
S. 34° Est................	82.				
N. 45° Ouest.............	48.				

Deuxième problème.

235. Si l'on admet que *la route et le chemin parcourus par le bâtiment aient été exactement estimés*, il est clair que lorsque le point estimé ne s'accorde pas avec le point observé, la différence de ces deux positions du bâtiment donne la *direction* et *l'intensité* du courant.

Si l'estime place le navire en A (fig. 110), et si l'observation le place en B ; AB représente en grandeur et en direction le chemin dû au courant *dans l'intervalle de temps* t *considéré*.

(Fig. 110)

En menant AD parallèle au méridien, et BD perpendiculaire sur AD, on aura $AD = l$, différence en latitude des deux points, et $BD = e$ chemin Est ou Ouest ; or, si L_m est la latitude moyenne et g le changement en longitude des deux points, on a :

$$e = g \cos L_m.$$

et du triangle BAD, on déduit

$$(1) \qquad \operatorname{tg} V = \frac{g \cos L_m}{l}.$$

qui donne la direction du courant ; et

$$nt = \frac{l}{\cos V},$$

d'où

$$(2) \qquad n = \frac{l}{t \cos V}$$

qui donne la vitesse du courant.

D'après les relations (1) et (2), on voit que V et n peuvent se déterminer soit à l'aide des tables de point, soit par une construction graphique.

236. *Remarque.* — Lorsque l'on connait la direction d'un courant, il n'est pas nécessaire de connaître la différence en longitude des deux points estimés et observés pour obtenir la vitesse de ce courant, il suffit de connaître *la différence en latitude*, ainsi que le montre le triangle BAD.

Exemple.

On était hier à midi par 42° 20′ latitude Nord et aujourd'hui on se trouve, d'après une hauteur méridienne du Soleil, par 41°10′ latitude Nord ; on a fait par l'estime 189 milles au S. 33° 45′ Ouest, et l'on était pendant tout le temps, dans un courant dirigé vers le NO ; on demande la vitesse du courant.

Changement en latitude estimée. . . . . = 157,2
Changement en latitude vraie. . . . . = 1° 10′ = 70

Différence en latitude due au courant. . . . . . = 87,2

Angle de direction du courant. . . . . N 45° Ouest.

A l'aide de la table de point, on trouve chemin fait par le courant = 123,2.

$$\text{Donc, la vitesse du courant} = \frac{123,2}{24} = 5^{\text{milles}},13.$$

On voit donc comment on peut connaître la direction et l'intensité des courants dans les divers lieux du globe.

237. On comprend immédiatement combien il serait important pour la sûreté de la navigation de *connaître les effets des courants* pour les combiner, ainsi que nous l'avons dit, avec les effets du *moteur* qui fait marcher le navire ; de manière qu'il y ait le moins de différence possible entre *le point estimé et le point observé.*

En outre de la sécurité, pour le navigateur, qui résulte de la connaissance exacte *des courants de la mer*, on peut utiliser ces courants pour *abréger les traversées* et faire *progresser la navigation.*

C'est cette idée qui a guidé le lieutenant *Maury* dans l'immense travail qu'il a accompli et qui, quoique laissant encore à désirer, a ouvert une nouvelle *voie aux navigateurs.*

En recueillant les journaux d'une grande quantité de voyages dans les différentes parties du globe, en comparant les points estimés et les points observés pour les différentes positions de tous ces navires sur la surface des mers ; en relevant en outre, à part, les *vents* quant à leur direction et leur intensité en ces divers points, les *températures*, les *états atmosphériques*, etc., etc.; enfin, en discutant tous les résultats, le lieutenant *Maury* a formé un ouvrage qui comprend un *volume de texte* intitulé : *Explanations and Sailing directions to accompany the wind and current charts*, et une collection de cartes désignées sous le nom de *Wind and current charts*.

Cette collection de cartes comprend six séries de feuilles dont les trois premières ont un but essentiellement pratique :

1° La série A, intitulée : *Track charts* et contenant 46 feuilles, représente des cartes hydrographiques sur lesquelles *Maury* a tracé les routes qui réunissaient les observations les plus exactes sur les *vents*, les *courants*, la *température* de l'eau, etc...

2° La série B, intitulée : *Wind charts*, et ne contenant qu'*une* feuille, représente les régions particulières aux *vents alizés*, aux *moussons* et aux *calmes tropicaux et équatoriaux*.

3° La série C, intitulée : *Pilot charts*, contenant 19 feuilles, donne pour chaque mois de l'année le rapport qui existe entre la *durée des calmes* et la *durée des vents* dans chaque direction du compas.

4° La série D, intitulée : *Thermal charts* et comprenant 36 feuilles, donne la température des eaux voisines de la surface, ainsi que les lignes isothermes.

5° La série E, intitulée : *Storm and rain charts*, comprenant 2 feuilles, indique, dans chaque lieu, les circonstances particulières du temps; c'est-à-dire les époques des *pluies*, des *orages*, des *coups de vent*, etc.

6° Enfin, la série F, intitulée : *Whale charts* et contenant 6 feuilles, n'a qu'un intérêt commercial plus spécial en ce qu'elle indique les parties de l'Océan que fréquentent le plus généralement les *baleines*.

Une 7e *série de cartes*, intitulée : *Physical map of the Ocean*, contenant 4 feuilles, est destinée à servir à l'intelligence de la partie du texte appelée : *Physical geography of the sea*.

Depuis l'usage des *Wind and current charts* du lieutenant Maury, des progrès notables ont été réalisés dans la navigation; ainsi, on a constaté d'une manière à peu près certaine :

une diminution : de 10 jours dans la traversée moyenne de *New-York* à *l'Équateur ;*

Id. de 48 jours pour la traversée moyenne de *New-York* en *Californie ;*

Id. de 90 jours pour la traversée moyenne d'*Angleterre* en *Australie.*

. . . .

M. le capitaine de frégate ***Legras*** a réuni dans une brochure toutes les routes qui ont été discutées, jusqu'à présent, par ***Maury***, avec les données qui lui ont servi à construire ses cartes.

Il constate que les éléments ont manqué au savant américain pour étudier l'*Océan Indien*, le *grand archipel* d'Asie et la *mer de Chine.* Aussi M. Legras invite tous les officiers qui concourent à l'œuvre internationale de Maury, *à recueillir le plus de matériaux possible sur ces mers.*

238. Pour faire coopérer tous les marins du globe à l'œuvre si utile dont le lieutenant Maury a eu l'insigne honneur d'être le créateur, un *modèle uniforme* de journal de *bord* ou *table de loch* a été adopté par la conférence tenue à Bruxelles en 1853, sur l'invitation du gouvernement des États-Unis, par les représentants des nations suivantes :

Angleterre, Belgique, Danemark, États-Unis, France, Hollande, Norwége, Portugal, Russie et Suède.

Voici ce type *complet* de journal nautique, adopté par la conférence de Bruxelles ; nous l'extrayons de la brochure de M. le capitaine de frégate *Tricault*, intitulée : ***Explication et usage des wind and current charts :***

JOURNAL NAUTIQUE.

(1)	Description des instruments. Méthodes employées pour les observations.
(2)	*Corrections du Baromètre.* { Erreur de l'index, Capacité, Capillarité, Hauteur moyenne au-dessus du niveau de la mer.
(3)	Comparé avec l'étalon à le
(4)	Nombre des thermomètres et corrections à faire à chacun.

(5) *Déviation magnétique à bord*

Au départ.

CAP.	DEGRÉS de déviation.	CAP.	DEGRÉS de déviation.
N		S	
NNE		SSO	
NE		SO	
ENE		OSO	
Est		Ouest	
ESE		ONO	
SE		NO	
SSE		NNO	

A l'arrivée.

CAP.	DEGRÉS de déviation.	CAP.	DEGRÉS de déviation.
N		S	
NNE		SSO	
NE		SO	
ENE		OSO	
Est		Ouest	
ESE		ONO	
SE		NO	
SSE		NNO	

(1) Rang du navire, son nom, son pavillon, nom du capitaine.
(2) S'il est en fer ou en bois, quantité de fer, s'il y en a dans la cargaison.
(3) Relâches pendant le voyage.
(4) Méridien auquel les longitudes sont rapportées.
(5) Table de la déviation expérimentée à bord. Expliquer de quelle manière, si le navire était chargé de fer pendant l'expérience et si on en a enlevé ou ajouté après. Répéter l'opération pendant le voyage, quand on le peut.

(a) Dates de départ et d'arrivée.
(b) Ports *id.* *id.*

JOURNAL NAUTIQ

Du (a) au (a)

DATES.	HEURES.	LATITUDE.		LONGITUDE.		COURANTS.		Variation.	VENTS.		BAROMÈTRE.		THERMOM
		Observée.	Estimée.	Observée.	Estimée.	Direction.	Force.		Direction.	Force.	Hauteur.	Température.	Sec.
(1)	(2)	(3)	(4)	(5)	(6)	(7)	(8)	(9)	(10)	(11)	(12)	(13)	(14)
I	2												
31	4												
	6												
	8												
	(9)												
	10												
Midi.	12												
	2												
	3												
	4												
	6												
	8												
	10												
	12												
II	2												
1er	4												
	6												
	8												
	(9)												
	10												
Midi.	12												
	2												
	3												
	4												
	6												
	8												
	10												
	12												
2	2												
	4												
	6												
	8												
	9												

Colonne (1). — Les mois sont indiqués par les chiffres romains de I à XII.

— (2). — Les heures marquées en gros caractères 4, 12, 8 sont celles où les [...]tations de toute nature sont plus particulièrement réclamées. (9h) e[...] ont été ajoutées comme pouvant être utiles pour faire concorder le m[...] favorable des observations astronomiques avec celui des observations [...]téorologiques.

— (3), (4), (5), (6), (7), (8). — N'ont pas besoin d'explication.

— (9). — Si la variation n'est pas corrigée de la déviation causée par le navi[...] cap, au moment de l'observation doit être noté. Quand il n'y a pas eu [...]servation, la variation employée est inscrite avec une astérisque.

— (10), (11). — A 4h, 12h, 8h, direction et force moyenne du vent pendan[...] huit heures écoulées. S'il y a eu des grains, les indiquer entre parent[...] vis-à-vis de l'*heure*.

— (12) et (13). — Baromètre et sa température, au moins aux heures 4, 12,

— (14) et (15). — Mêmes heures que le baromètre. Pour la colonne 15, mo[...] chaque fois l'étoffe qui enveloppe le réservoir du thermomètre; avant [...] attendre quelques minutes (3 à 5) à l'ombre, en plein air, mais à l'abri du

— (16). — Forme des nuages aux heures principales.

— (17). — Proportion en dizièmes de la partie du ciel dégagée de nuages.

— (18). — A 4, 12h, 8h, nombre des heures de brume A, pluie B, neige C, g[...] pendant les huit heures précédentes. Indiquer l'intensité en souli[...] ainsi : 2A signifie deux heures d'une brume assez épaisse; 3B, trois h[...] de petite pluie; ½ D, une demi-heure de grêle très-forte.

— (19). — Sans explication.

— (20). — Aux mêmes heures que (12), (13), (14) et (15) Puiser l'eau da[...] seau de bois, aussi loin que possible des flancs du navire, y plon[...] thermomètre pendant 3 à 5 minutes. En dehors des heures fixées fai[...] observations dans toutes les circonstances particulières telles que : Ch[...]ment de couleur dans l'eau, voisinage des glaces, roches courants, app[...] des grandes rivières et quand il se manifeste des phénomènes électri[...]

— (21). — Au moins une fois par jour, à la surface et à une profondeur var[...] noter ainsi $\frac{p.\ spéci.}{profond.}$. Pas d'autre correction dans le poids spécifiqu[...] celle qu'exige l'instrument employé. La température correspondan[...] l'eau toujours mise dans les colonnes (20) et (22).

— (22). — Au moins une fois par jour : noter ainsi : $\frac{Temp.}{profond.}$; ne jamais om[...] de noter en même temps la température à la surface, colonne (20). V[...] souvent la température à la hauteur du robinet de la cale en le la[...] couler quelque temps avant de recueillir l'eau d'expérience. Quand il y [...] grande différence entre les températures à la surface et à quelque pr[...]deur, noter les indications correspondantes aux colonnes (14) et (15[...] Ces observations ont une importance particulière dans les régions des [...]alizés, dans l'Océan Indien, au cap de Bonne-Espérance et particulière[...] dans le *Lagullas-Current*, à l'embouchure des grandes rivières, etc.

— (23). — Sans explication.

E COMPLET.

De (b) à (b)

...ME ...tion ...s ...es.	PARTIE dégagée du ciel.	HEURES de Brume A, Pluie B, Neige C, Grêle D.	ÉTAT de la mer.	EAU. Température à la surface.	Poids spécifique.	Température à diverses profondeurs.	ÉTAT du temps.	REMARQUES.
)	(17)	(18)	(19)	(20)	(21)	(22)	(23)	

COLONNE DES REMARQUES.

ette colonne reçoit tout ce qui est jugé digne de remarque. On y indique si le navire est sous voiles
ous vapeur au moment des Observations.
riger principalement son attention sur les points suivants :
pêtes, Tornades, Tourbillons, Typhons, Ouragans. — Noter avec grands détails les changements
i vent, l'état du ciel, des nuages, de la mer, les phénomènes électriques, la hauteur du baromètre,
i moins aussi souvent qu'il varie de 2 millimètres.
mbes. — Formation, apparences successives, durée, mouvement gyratoire, translation, rupture.
ges. — Tout ce qui particularise le tonnerre, les éclairs et tout ce qui peut aider les comparaisons
ec ce qui a lieu dans d'autres régions.
e. — Comparer sa température avec celle de l'air.
e. — Décrire les grêlons.
e. — Quand il y a beaucoup de rosée, noter en même temps la température de l'air au haut des
ats et aussi près que possible de la surface de l'eau.
me rousse. — " red fog " ou *pluie de poussière* " *showers of dust* ". » — Décrire le temps, l'état
i ciel, et obtenir s'il est possible, un spécimen de poussière.
ous de courant. — Les vérifier, particulièrement entre les tropiques, et noter l'âge de la Lune.
es. — Hauteur distance et vitesse.
le. — *Idem.*
hes dans l'eau. — Principalement dans l'Océan Pacifique. — Les décrire et conserver des spéci-
ens, noter la température de l'eau à la surface et à différentes profondeurs. Jeter la grande sonde
iand c'est possible.
des par de grands fonds. — Si l'on fait des sondes par de grands fonds, noter le temps que le plomb
et à descendre cent brasses par cent brasses et conserver soigneusement tout ce qu'il rapporte du
nd.
es. — Décrire leur apparence, donner la direction dans laquelle elles dérivent, si on peut la con-
ater. Noter la température de l'eau, l'influence sur le thermomètre peut se faire sentir jusqu'à
ou 3 milles, surtout quand les glaces sont au vent.
les filantes. — Le relèvement du point de départ et du point vers lequel elles paraissent se diriger,
s constellations qu'elles ont traversées ; leur nombre dans un temps donné, les observer principa-
ment vers le 10 août et vers le milieu de novembre.
ores boréales. — Heure du commencement et de la fin, étendue, forme, position, intensité de lu-
ière, couleur, mouvement et changements.
os, arcs-en-ciel, météores, etc.
aux, poissons, insectes, herbes marines, bois de dérive. — Avec toutes les circonstances propres à
ter une lumière quelconque sur le fait ou sur la rencontre de l'objet. A l'ancre, noter, si c'est possible,
s heures des haute et basse mer, l'heure des changements de courant avec la direction et la force,
divers moments, du flot et du jusant. Surtout vers les Equinoxes et vers les solstices, des obser-
ations météorologiques, faites heure par heure, sont extrêmement précieuses.
n outre des annotations ainsi précisées pour les différentes colonnes du journal, il est désirable que
que capitaine inscrive, en forme de résumé, toutes les observations que son expérience personnelle
lui suggérer, surtout quand il accomplit fréquemment le même voyage.

SECOND PROBLÈME OU PROBLÈME FINAL DE LA NAVIGATION.

239. Nous avons dit (1) que pour pouvoir connaître plus *visiblement* la position du navire, il fallait au moins posséder un globe sphérique représentant tous les principaux lieux de la Terre d'après leur position relative. Nous avons vu en *Astronomie* (24) comment connaissant la *latitude* et la *longitude* de ces différents lieux, on peut construire un pareil globe.

Or la position qu'occupe le navire ne peut être placée sur un globe terrestre, avec exactitude, qu'autant que cette sphère a des dimensions qui la rendent impossible à bord ; de plus, la route que suit ou doit suivre le navire ne pourrait, sur cette sphère, être déterminée graphiquement avec facilités.

On a alors remplacé ce globe par des plans contenant tous les lieux de la Terre, placés d'après les distances relatives qui existent réellement entre eux.

Ces plans ont reçu le nom de *cartes marines*, lorsqu'ils servent à la solution des problèmes de la navigation. Nous donnerons, dans le cours d'Hydrographie, quelques notions sur les cartes en général ; mais, pour l'intelligence du deuxième problème de navigation, nous croyons devoir donner immédiatement quelques aperçus sur la construction des cartes marines.

DES CARTES MARINES.

240. Les cartes marines ou *hydrographiques* se divisent en *cartes plates* et en *cartes réduites*. Les premières attribuées à don Henry, infant de Portugal, étant presque complétement abandonnées, nous n'en parlerons pas ici.

Des cartes réduites.—Le but principal des cartes réduites inventées par *Mercator* vers le milieu du XVIe siècle, est de représenter la *route du navire*, c'est-à-dire la *loxodromie, par une ligne droite;* tout en conservant aux points du globe placés sur la carte *la position relative qu'ils ont sur la Terre.*

Or les *méridiens* sont des *loxodromies;* donc les *méridiens* doivent être représentés par des lignes droites. Les *parallèles* sont aussi des *loxodromies;* donc les *parallèles* doivent aussi être représentées par des lignes droites.

Concevons un *cylindre droit* enveloppant le *globe sphérique représentant la Terre* et ayant l'*équateur pour directrice.* Tous les plans méridiens couperont ce cylindre suivant des *génératrices.*

Développons maintenant ce cylindre sur un plan, en supposant ce cylindre coupé suivant la génératrice déterminée par le *premier méridien inférieur.*

L'équateur se développera en vraie grandeur suivant une ligne droite, et les méridiens se développeront suivant des droites parallèles *entre elles et perpendiculaires à l'équateur.*

Or tous les parallèles, dont *l'équateur est une limite,* doivent être représentés par des lignes droites, donc les parallèles seront des *droites parallèles à l'équateur.*

Voyons maintenant, comment nous allons représenter chaque lieu du globe sur ce plan, de manière que la route du navire soit *une ligne droite*, et que les positions relatives des différents lieux du globe soient conservées sur la carte.

Nous pouvons, dès à présent, prévoir que les divisions qui, sur la carte, représenteront les degrés d'un méridien du globe (degrés qui sur le globe *sont tous égaux*), seront inégales. En effet, du moment que tous les méridiens sont représentés par des droites parallèles entre elles et perpendiculaires à l'équateur, cela implique que tous les parallèles du globe, ou plutôt tous les degrés de ces parallèles sont représentés par des lignes parallèles *ayant la même longueur qu'un degré de l'équateur;* c'est-à-dire que le degré d'un parallèle situé par une latitude L est représenté sur la carte un nombre de fois plus grand qu'il n'est réellement, indiqué par sec L, puisque, entre un arc *m* d'un parallèle et l'arc semblable M de l'équateur, on a, sur le globe, la relation $m = \frac{M}{\sec L}$.

Pour conserver sur la carte, entre le degré d'un parallèle et le degré du méridien, la même relation que celle qui *existe sur le globe*, il faudra donc aussi multiplier le degré de méridien par sec L, L étant la latitude du milieu de ce degré ; c'est-à-dire que la latitude d'un point du globe sera représentée, sur la carte, par $\int \sec L \, . \, dL$, ainsi que nous allons le voir dans ce qui suit. Nous comprenons donc déjà que les différents degrés de méridien qui, sur le globe, sont tous égaux, devront sur la carte aller en augmentant de longueur (en croissant) à mesure que L augmentera, c'est-à-dire à mesure que l'on se rapprochera du pôle.

Prenons maintenant pour *axe des abscisses l'équateur*, et pour axe des *ordonnées le premier méridien supérieur.* Nous avons trouvé (23) pour équation de la loxodromie sur la sphère :

$$(\alpha) \qquad G = L_c \tan V + G_0.$$

Or, si nous prenons sur la carte *la longitude G* pour l'abscisse d'un point de la courbe et *la latitude croissante* L_c pour l'ordonnée de ce point, l'équation (α) représentera *l'équation d'une droite.*

Ainsi, en plaçant sur la carte chaque lieu *d'après sa longitude* et suivant *sa latitude croissante* $L_c = \int dL \sec L$, la loxodromie sera représentée par une ligne droite, et les lieux *conserveront bien entre eux les relations de position qu'ils ont sur le globe.*

D'après cela, toutes les loxodromies faisant avec les méridiens *un angle* V seront représentées par *des droites parallèles;* l'équateur du globe, que nous supposons enveloppé par la carte, se développant

Pa

Fig. III.

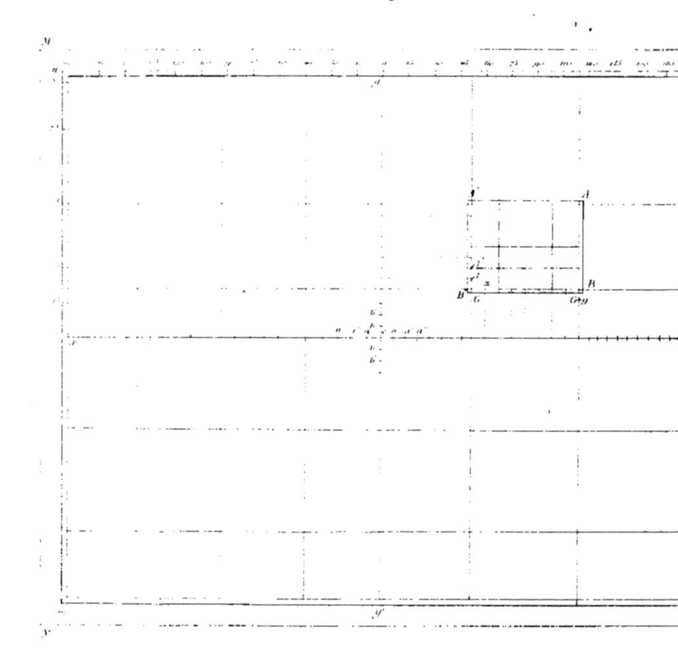

Imp. Lith. Erhard, 12 r. Duguay-Trouin

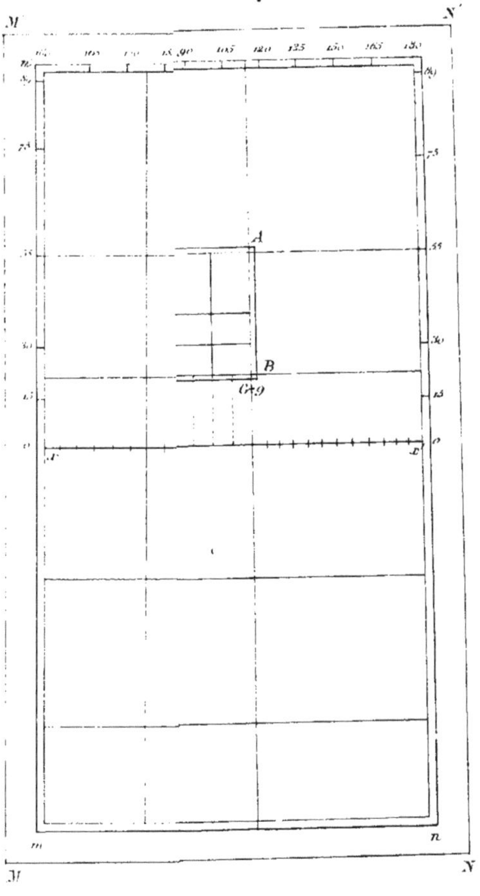

Gravé chez Erhard, r. Bonaparte

d'une manière limitée, la carte sera limitée dans le sens *des longitudes à droite et à gauche du premier méridien*, mais *illimitée* dans le sens *des latitudes*, de sorte que les différentes spires d'une même loxodromie seront représentées par des droites parallèles entre elles, *en nombre infini.*

Construction d'une carte réduite générale.

241. Soit MNM'N' (fig. 111) la feuille de papier sur laquelle nous voulons construire une carte réduite générale.

Divisons notre feuille de papier en quatre parties égales par les deux lignes xx' et yy'.

xx' représente *l'équateur développé*, yy' le *premier méridien.*

Graduation de l'échelle des longitudes. — Supposons actuellement que nous voulions diviser l'axe xx' que l'on nomme l'*échelle des longitudes*, de 10 en 10 degrés ou de 5 en 5 ou de 1 en 1 ; enfin, de φ en φ, φ pouvant même être une fraction.

Nous diviserons la ligne ox' qui est la demi-largeur de notre feuille de papier, en un nombre de parties égales représenté par $\frac{180^\circ}{\varphi}$.

Soit oa l'une de ces divisions; nous porterons les $\frac{180^\circ}{\varphi}$ divisions égales à oa de o en x' et de o en x; aux points x, x' nous mènerons les méridiens extrêmes qui représenteront la partie inférieure du premier méridien.

Sur la petite division oa, que nous prendrons pour notre unité linéaire, nous construirons une échelle de parties égales.

Graduation de l'échelle des latitudes. — Il s'agit maintenant de graduer de φ en φ l'axe yy' que l'on nomme l'échelle des latitudes.

Pour cela, nous chercherons dans *la table des latitudes croissantes*, (24), les latitudes croissantes de φ, 2φ, 3φ... *exprimées en minutes;* les nombres correspondants que nous trouverons, représenteront le nombre de minutes de l'équateur que contient chacune de ces latitudes croissantes.

Or si oa n'est pas d'une minute, mais de φ minutes, il faudra diviser le nombre trouvé dans la table par φ. A l'aide de l'échelle de parties égales, construite sur oa, nous aurons alors, *graphiquement*, les latitudes croissantes de φ, 2φ, 3φ que nous porterons de o en b, de o en b',..... etc.; nous déterminerons ainsi les latitudes des points aussi rapprochés du pôle que nous *permettra notre feuille de papier.*

Nous savons que sur une carte réduite générale, le pôle et les points qui l'avoisinent ne peuvent pas être représentés, puisque la latitude croissante de 90° est infinie.

On notera les divisions de l'échelle des latitudes et de l'échelle des longitudes sur les parallèles extrêmes et sur les méridiens extrêmes de la carte : et il est clair que, sur l'échelle des latitudes, on devra marquer les nombres φ, 2φ, 2φ,..... et non leurs latitudes croissantes.

En plaçant maintenant sur cette carte chaque lieu du globe d'après sa latitude et sa longitude, dessinant la configuration des côtes marquant les écueils, la nature du fond, le brassiage, etc., on aura la carte complétement achevée. Quand on construit une carte réduite on ne place sur la carte, une fois les échelles construites, que quelques points principaux à l'aide de leur latitude et de leur longitude; les autres points se placent par des moyens que nous indiquerons et qui constituent une des branches de la Géodésie ou de l'Hydrographie.

Remarque. — Les échelles des latitudes étant divisées de φ en φ, permettent de placer sur la carte, *d'une manière exacte*, les lieux dont la latitude et la longitude sont des *multiples de* φ.

Afin que les lieux dont la latitude et la longitude ne *sont pas des multiples de* φ puissent être marqués d'une manière *suffisamment exacte et prompte*, il faut que l'on puisse considérer les latitudes croissantes de $n\varphi$, $n\varphi + \frac{\varphi}{m}$, $n\varphi + \frac{2\varphi}{m}$,..... comme divisant sur la carte la longueur qui représente φ, *à la latitude* $n\varphi$, en m parties égales.

Pour cela, il faut que φ soit suffisamment petit afin que la différence qui existe entre deux divisions consécutives φ_c et φ'_c soit *sensiblement nulle.* Or nous avons trouvé (31), en appelant L la latitude $n\varphi$ qui correspond à la division φ_c

$$\varphi_c = \frac{\varphi}{\cos L} + \frac{\varphi^2}{1.2}\frac{\sin L}{\cos^2 L}\ldots;$$

de même.

$$\varphi'_o = \frac{\varphi}{\cos(L+\varphi)} + \frac{\varphi^2}{1.2}\frac{\sin(L+\varphi)}{\cos^2(L+\varphi)}.$$

D'où, en nous arrêtant au terme du premier ordre.

$$\varphi'_o - \varphi_o = \varphi\left(\frac{1}{\cos(L+\varphi)} - \frac{1}{\cos(L)}\right) = \varphi\frac{[\cos L - \cos(L+\varphi)]}{\cos L \cos(L+\varphi)} = \varphi\frac{2\sin\left(L+\frac{\varphi}{2}\right)\sin\frac{\varphi}{2}}{\cos L\cos(L+\varphi)}.$$

On verra alors, en remplaçant L et φ par leurs valeurs, si $(\varphi'_o - \varphi_o)$ est suffisamment petit.

242. *Carte réduite particulière.* — Les cartes réduites générales ne permettent pas, évidemment, de représenter le globe avec les détails qui sont nécessaires à la sûreté de la navigation. On construit alors des parties de cette carte générale, parties que l'on a appelées *cartes réduites particulières.*

Supposons que nous voulions construire *une carte particulière*, dont les latitudes extrêmes soient L et $L + l$, et les longitudes extrêmes G et $G + g$.

Considérons sur la carte réduite générale (fig. 111) les deux latitudes L, $L + l$ et les deux longitudes G, $G + g$. Menons les *parallèles* A'A, B'B, par ces deux latitudes, et les *méridiens* AB, A'B' par ces deux longitudes.

Nous formerons une portion *rectangulaire* AB B'A' de notre carte générale, et c'est cette portion que nous voulons représenter sur une feuille de papier. Nous pouvons supposer que cette partie AB B'A' appartient à une carte réduite générale aussi grande que nous voudrons; les dimensions de cette *carte générale imaginaire* dépendent de la longueur que nous voulons donner à l'arc φ.

Si nous projetons idéalement les divisions de l'échelle des longitudes sur BB' et les divisions de l'échelle des latitudes sur A'B', nous voyons que nous aurons ainsi sur notre carte réduite particulière, l'*échelle des longitudes* et l'*échelle des latitudes.*

Pour avoir les divisions de l'échelle des longitudes, il suffit de diviser la largeur BB' de la feuille sur laquelle nous voulons construire notre carte réduite particulière en un nombre de parties égales représenté par $\frac{g}{\varphi}$.

Pour avoir les divisions de l'échelle des latitudes, il faut prendre, dans les tables, la latitude croissante de $L+\varphi$ et la retrancher de celle de L; le reste donne le nombre d'unités $o\alpha$ qu'il faut porter de o en β; on prend ensuite la latitude croissante de $L+2\varphi$ et on la retranche encore de la latitude croissante de L; le reste donne le nombre d'unités $o\alpha$ à porter de o en β', et ainsi de suite.

Une fois les deux échelles divisées, on trace quelques parallèles, quelques méridiens; on place chaque lieu d'après sa latitude et sa longitude, ou plutôt d'après les moyens que nous indiquerons en *géodésie* et *hydrographie;* on dessine la configuration des côtes, on marque les écueils, la nature du fond, le brassiage, etc.

Les cartes particulières se divisent :

1° *En cartes à petits points ou routiers, qui représentent une grande étendue du globe;*

2° *En cartes à grands points qui représentent une petite portion du globe;*

3° *Et enfin, en cartes à très-grands points ou plans particuliers qui donnent l'entrée des ports, barres, baies*, etc.

D'après ce que nous venons de voir, l'*échelle des longitudes des cartes réduites* est une *échelle de parties égales;* ce qui n'a pas évidemment lieu pour l'*échelle des latitudes.*

243. Deux problèmes, *concernant les cartes marines*, se présentent immédiatement, et leur solution va nous servir dans le problème final de la *navigation*.

1° *Par un point de la carte, tracer une ligne dans la direction d'une aire de vent donnée.*

Au point donné A (fig. 112), on trace une petite parallèle AE au méridien; on pose ensuite le centre du rapporteur sur ce point A et son diamètre sur la parallèle menée: on marque alors au crayon la division *a* du rapporteur qui correspond à l'aire de vent donnée; joignant cette division au point donné, on a la ligne cherchée.

2° *Porter un nombre de milles* m *à partir d'un point* A *de la carte dans une direction donnée.*

On trace d'abord la ligne AB suivant la direction donnée: on prend ensuite sur l'échelle des longitudes une longueur $AB' = m$ que l'on porte de A en B'; par le point B' on mène B'D' parallèle aux parallèles de la carte.

AD' évalué sur l'échelle des longitudes donne évidemment (26) le changement en latitude des points A et B, puisque l'on a

$$AD' = m \cos V.$$

Comptant ce nombre de minutes à partir du parallèle de A sur l'échelle des latitudes croissantes de A en D; menant DB parallèle à D'B'; le point B donne le point cherché, et représente le point où serait arrivé un navire si, partant du point A, il avait fait m milles dans la direction AB.

Moyen pratique. — Les deux triangles ABD, A'B'D' nous donnent

$$\frac{AB}{AB'} = \frac{AD}{AD'} = \frac{l_c}{l}.$$

Donc, si les divisions de l'échelle des latitudes étaient égales, AB porté sur l'échelle des latitudes donnerait le même nombre que AB' porté sur l'échelle des longitudes. Comme ce nombre m est toujours assez petit, on peut supposer les *divisions de l'échelle des latitudes croissantes égales par le travers des deux points* A *et* B; alors, pour porter m milles sur la carte dans la direction AB, on prend, *à l'aide d'un compas*, ce nombre de milles aux environs du parallèle de A *sur l'échelle des latitudes* et on porte cette distance de A en B.

Cas particulier. — Lorsque $V = 90°$, on emploie le même moyen. Pour le faire plus rigoureusement, on fait l'angle $BAC = L$, (fig. 113), latitude du point A; on prend *sur l'échelle des longitudes* une longueur $AC = m$ milles, on élève CB perpendiculaire à AC, et AB représente le changement en longitude; car on a

(Fig. 113)

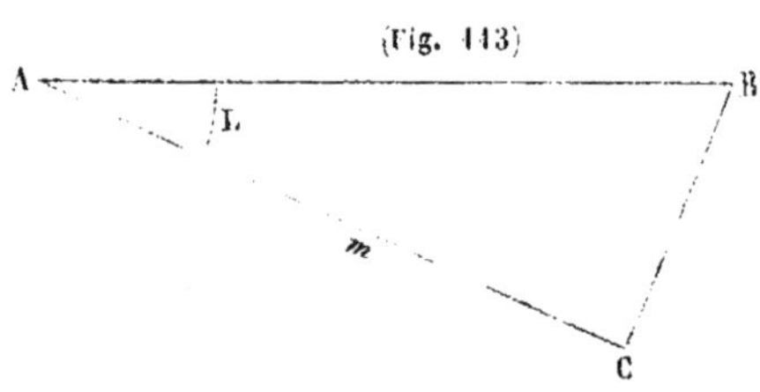

$$AB = \frac{m}{\cos L} \quad \text{ou} \quad g = \frac{z}{\cos L}.$$

Réciproque. — Pour trouver le nombre de milles m qui séparent deux points de la carte, *on fait l'inverse de ce que nous venons de faire.*

USAGE DES CARTES MARINES.

244. Nous avons dit que le second problème ou plutôt le problème final de la navigation était de déterminer la route à faire pour se rendre du point D (fig. 114) où l'on est, *point dont la latitude et la longitude sont déterminées*, à un autre point A dont la longitude et la latitude sont aussi *connues*.

(Fig. 114)

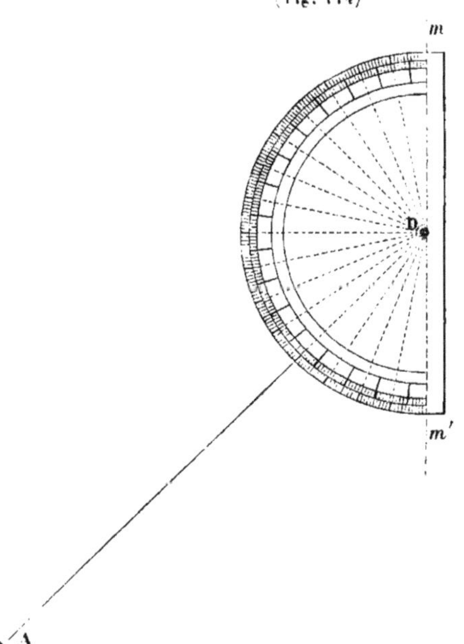

On peut résoudre ce problème par deux méthodes :

1° La méthode *loxodromique ;*

2° La méthode *orthodromique.*

245. ***Méthode loxodromique.***—Cette méthode consiste à faire suivre au bâtiment l'arc de *loxodromie* qui passe par les deux points D et A. Pour cela, comme nous savons que sur les cartes marines la loxodromie est représentée par une ligne droite, on joint les deux points D et A sur la carte *par un trait au crayon très-faible;* par le point D où se trouve le navire on trace une petite ligne *mm' parallèle aux méridiens de la carte*, et plaçant le rapporteur, son centre en D, son diamètre sur la portion de méridien, on détermine l'*angle de route* m' DA *qu'il faut faire pour se rendre du point* D *au point* A, puisque nous savons (23) que cet angle est égal à l'angle V que fait au point D l'élément du méridien avec l'élément de la loxodromie.

Ainsi qu'on l'a vu (13), cette route a besoin d'être ramenée en route au compas, c'est-à-dire, à celle que l'on doit *donner à l'homme de barre;* pour cela, il faut lui faire subir des corrections relatives *à la variation du compas* qui convient au cap que doit indiquer le compas, *à la dérive et aux courants*, s'il en existe dans les parages où se trouve le navire et si l'on connaît *leur intensité* et *leur direction*. Cette détermination se fait approximativement d'abord, mais lorsque le navire est en route, on s'assure s'il suit bien le *rhumb de vent vrai* qu'il doit suivre; dans le cas contraire on détermine la correction à faire subir à la route réelle.

Lorsque sur un *navire à voiles* les vents ne permettent pas de suivre le rhumb de vent déterminé sur la carte, on navigue de manière à s'en écarter le moins possible, et cela *en louvoyant*.

246. Méthode orthodromique ou Navigation la plus courte. — Pour se rendre du point D au point A, le chemin le plus court n'est pas la ligne droite tracée sur la carte entre ces deux points, ligne droite qui représente la loxodromie, mais bien l'arc de grand cercle qui passe par les points A et B. En supposant toutefois que notre globe a rigoureusement la forme d'une *sphère*.

Il faudrait donc, pour aller du point D au point A, suivre autant que possible, cet arc de grand cercle. Car, ainsi qu'on peut facilement le constater, on abrégerait la route considérablement, surtout dans les longues traversées. La différence de longueur qui existe entre la ligne *loxodromique* et la ligne *orthodromique* est telle, que pour aller de *Brest à New-York* on la trouve de 160 milles.

En combinant surtout la navigation par *arc de grand cercle* avec les indications de vents et de courants fournies par les cartes du lieutenant *Maury*, on peut arriver à diminuer d'une manière considérable les longues traversées, et c'est sans doute par ces moyens que l'on est arrivé à ces voyages si courts que nous avons cités.

Faisons toutefois remarquer qu'à moins de changer la route du navire à chaque instant, le navire ne peut en réalité naviguer que par petites loxodromies; que par conséquent nous devons entendre par naviguer suivant l'arc de grand cercle, suivre une série de petites loxodromies dont l'ensemble détermine sur la carte une ligne polygonale devant à peu près se confondre avec l'arc de grand cercle.

Avant de donner le moyen de naviguer par arc de grand cercle, déterminons d'abord l'équation du grand cercle sur notre globe que nous supposons sphérique.

Équation du grand cercle sur la sphère.

247. Soient PQP'Q' (fig. 115) le premier méridien, QQ' l'équateur. — Considérons le grand cercle CC'. Pour que ce grand cercle soit déterminé de position, il faut que nous connaissions la distance QA $= \alpha$ du point où il rencontre l'équateur, au premier méridien; et l'angle C'AQ' $= \beta$ que fait ce cercle avec l'équateur.

(Fig. 115)

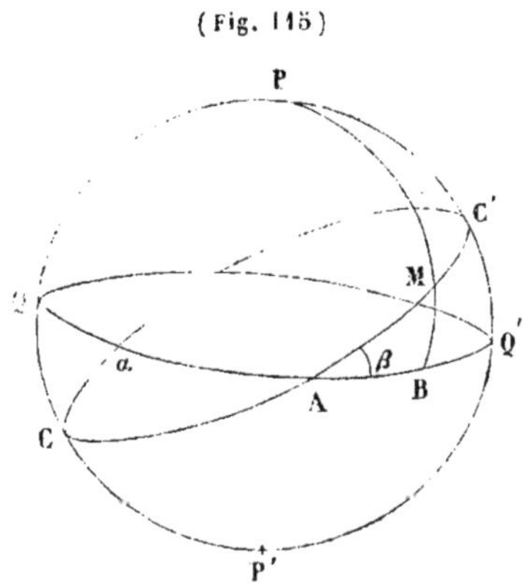

Appelons L et G les coordonnées sphériques d'un point M de ce grand cercle; le triangle ABM donne la relation

$$\operatorname{tg} L = \operatorname{tg} \beta \sin (G - \alpha).$$

Supposons maintenant que nous voulions avoir l'équation du grand cercle exprimé en fonction des latitudes et longitudes, L, L', G, G' de deux points par lesquels il passe; on a :

$$\operatorname{tg} L = \operatorname{tg} \beta \sin (G - \alpha)$$
$$\operatorname{tg} L' = \operatorname{tg} \beta \sin (G' - \alpha)$$

d'où

$$\frac{\operatorname{tg} L}{\operatorname{tg} L'} = \frac{\sin (G - \alpha)}{\sin (G' - \alpha)}.$$

De là, on déduit

$$\frac{\operatorname{tg} L + \operatorname{tg} L'}{\operatorname{tg} L - \operatorname{tg} L'} = \frac{\sin (G' - \alpha) + \sin (G - \alpha)}{\sin (G' - \alpha) - \sin (G - \alpha)}$$

ou

$$\frac{\sin (L' + L)}{\sin (L' - L)} = \frac{\operatorname{tg} \left(\frac{G' + G}{2} - \alpha\right)}{\operatorname{tg} \frac{G' - G}{2}}.$$

et par suite, on a

(m) $$\operatorname{tg} \left(\frac{G' + G}{2} - \alpha\right) = \frac{\sin (L' + L)}{\sin (L' - L)} \operatorname{tg} \left(\frac{G - G'}{2}\right).$$

On connaît donc, $\frac{G+G'}{2} - \alpha = \gamma$ et, par conséquent,

$$\alpha = \frac{G'+G}{2} - \gamma.$$

De la relation $\text{Tg}\, L = \text{Tg}\, \beta \sin (G - \alpha)$, on déduit

$$(n) \qquad \text{tg}\, \beta = \frac{\text{tg}\, L}{\sin (G - \alpha)}$$

ce qui donne la seconde constante β exprimée en fonction de L, L', G et G'.

Comme la valeur de α dans l'équation (m) est donnée par une tangente, il faut savoir si l'on doit prendre, dans la table, l'arc $< 90°$ qui s'y trouve ou son supplément.

Or, en donnant aux longitudes G situées à droite du premier méridien le signe + et aux autres le signe —, en donnant aux latitudes Nord le signe + et aux latitudes Sud le signe —, on peut prendre la valeur de $\left(\frac{G'+G}{2} - \alpha\right)$ qui rend α positif et plus petit que 180° ; alors, l'angle β est l'angle formé par la direction *des longitudes positives* avec la partie ascendante du cercle.

L'on voit que les constantes β et α de l'équation du grand cercle qui passe par deux points étant déterminées, on peut dresser un tableau des latitudes et longitudes des points de ce cercle, au moyen de la relation

$$\text{tg}\, L = \text{tg}\, \beta \sin (G - \alpha),$$

dans laquelle on connaît actuellement β et α.

En faisant varier G, d'abord depuis α jusqu'à $90 + \alpha$, on aura toutes les valeurs positives de L depuis o jusqu'à β ; en continuant à faire varier G depuis $90 + \alpha$ jusqu'à $180 + \alpha$, remarquant que $\sin (90 + K) = \sin (90 - K)$, on retrouvera pour L les mêmes valeurs, *mais en sens inverse;* si l'on continue à faire varier G de $180 + \alpha$ à $360 + \alpha$, L prendra les mêmes valeurs mais négatives. On voit donc que l'on n'aura besoin de faire le calcul que pour les valeurs de G comprises entre $G = \alpha$ et $G = 90 + \alpha$.

Dans la pratique, on n'a besoin de déterminer les *latitudes des différents points du grand cercle que pour les* points situés entre les deux par lesquels on veut mener cet arc de grand cercle ; il suffit alors *de faire varier* G *depuis* G *jusqu'à* G'.

248. Comme *application*, déterminons la position des différents points de l'arc de grand cercle passant par *Valparaiso* et *la pointe d'Akaroa de la presqu'île de Banks* (*Nouvelle Zélande*).

1° Calculons d'abord les constantes α et β au moyen des relations

$$\operatorname{tg}\gamma = \frac{\sin(L+L')}{\sin(L'-L)}\operatorname{tg}\left(\frac{G'-G}{2}\right) \qquad \alpha = \frac{G'+G}{2} - \gamma \qquad \operatorname{tg}\beta = \frac{\operatorname{tg} L}{\sin(G-\alpha)}.$$

Les positions des deux points considérés sont :

Lat. de Valparaiso $= L = 33°\ 2'$S, Longit. de Valparaiso $= G = 74°\ 3'$ Ouest
Lat. d'Akaroa . . $= L' = 43°51'$ S, Longit. d'Akaroa . . . . $= 170°45'$ Est
ou $189°15'$ Ouest $= G'$

Calcul de γ.

$L = 33°\ 2'$
$L' = 43°51'$

$L + L' = 76°53'$ log sin $= 9,9885188$
$L - L = 10°49'$ C' log sin $= 0,7266120$
$G = 74°\ 3'$
$G' = 189°15'$

$G' - G = 115°12'$
$\frac{G'-G}{2} = 57°36'$ log tang $= 0,1974867$

log tg $\gamma = 0,9126175$
$\gamma = 83°\ 1'41''$
$\frac{G'+G}{2} = 131°39'$

$\alpha = 48°37'19''$
$G = 74°\ 3'$

$G - \alpha = 25°25'41''$ C' log sin $= 0,3671608$
$L = 33°\ 2'$ log tang $= 9,8130704$

log tang $\beta = 0,1802312$
$\beta = 56°33'40''$

Dans la formule $tg L = tg\beta \sin(G - \alpha)$, nous allons maintenant faire varier G de 5 en 5° depuis 74°,3' Ouest jusqu'à 189°,3' Ouest. Nous voyons que nous n'aurons à prendre qu'un *seul logarithme* pour avoir chaque latitude, celui de sin $(G - \alpha)$; et $G - \alpha$ variera de 5° en 5° depuis 25° 25' 40'' jusqu'à 140° 25' 40''.

2° *Calcul des latitudes des points de l'arc de grand cercle qui passe par Valparaiso et la presqu'île de Banks, dont les longitudes varient de 5 en 5°; au moyen de la formule* $\text{tg}L = \text{tg}\beta \sin(G - \alpha)$;

$$\alpha = 48°37'20'' \qquad G - \alpha = 25°25'40''$$

$G_1 = 79°3'0''$	$\log\sin 30°25'40'' = 9{,}7045382$		
	$\log\text{tg}\,\beta \ldots\ldots = 0{,}1802312$		
	$\log\text{tg}\,L_1 = 9{,}8847700$	$L_1 = 37°29'$ Sud.	
$G_2 = 84°3'$	$\log\sin 35°25'40'' = 9{,}7631855$		
	$\log\text{tg}\,\beta \ldots\ldots = 0{,}1802312$		
	$\log\text{tg}\,L_2 = 9{,}9434167$	$L_2 = 41°16'$	
$G_3 = 89°3'$	$\log\sin 40°25'40'' = 9{,}8119026$		
	$\log\text{tg}\,\beta \ldots\ldots = 0{,}1802312$		
	$\log\text{tg}\,L_3 = 9{,}9921338$	$L_3 = 44°29'$	
$G_4 = 94°3'$	$\log\sin 45°25'40'' = 9{,}8527034$		
	$\log\text{tg}\,\beta \ldots\ldots = 0{,}1802312$		
	$\log\text{tg}\,L_4 = 0{,}0329346$	$L_4 = 47°10'$	
$G_5 = 99°3'$	$\log\sin 50°25'40'' = 9{,}8869542$		
	$\log\text{tg}\,\beta \ldots\ldots = 0{,}1802312$		
	$\log\text{tg}\,L_5 = 0{,}0671854$	$L_5 = 49°25'$	
$G_6 = 104°3'$	$\log\sin 55°25'40'' = 9{,}9156170$		
	$\log\text{tg}\,\beta \ldots\ldots = 0{,}1802312$		
	$\log\text{tg}\,L_6 = 0{,}0958482$	$L_6 = 51°16'$	
$G_7 = 109°3'$	$\log\sin 60°25'40'' = 9{,}9393866$		
	$\log\text{tg}\,\beta \ldots\ldots = 0{,}1802312$		
	$\log\text{tg}\,L_7 = 0{,}1196178$	$L_7 = 52°48'$	
$G_8 = 114°3'$	$\log\sin 65°25'40'' = 9{,}9587730$		
	$\log\text{tg}\,\beta \ldots\ldots = 0{,}1802312$		
	$\log\text{tg}\,L_8 = 0{,}1390042$	$L_8 = 54°01'$	
$G_9 = 119°3'$	$\log\sin 70°25'40'' = 9{,}9741523$		
	$\log\text{tg}\,\beta \ldots\ldots = 0{,}1802312$		
	$\log\text{tg}\,L_9 = 0{,}1543835$	$L_9 = 54°58'$	

$G_{10} = 124°3'$ $\log \sin 75°25'40'' = 9,9857996$
$\log \operatorname{tg} \beta \ldots\ldots = 0,1802312$
$\log \operatorname{tg} L_{10} = 0,1660308$ $L_{10} = 55°42'$

$G_{11} = 129°3'$ $\log \sin 80°25'40'' = 9,9939107$
$\log \operatorname{tg} \beta \ldots\ldots = 0,1802312$
$\log \operatorname{tg} L_{11} = 0,1741419$ $L_{11} = 56°11'$

$G_{12} = 134°3'$ $\log \sin 85°25'40'' = 9,9986157$
$\log \operatorname{tg} \beta \ldots\ldots = 0,1802312$
$\log \operatorname{tg} L_{12} = 0,1788469$ $L_{12} = 56°29'$

$G_{13} = 139°3'$ $\log \sin 90°25'40'' = 9,9999879$
$\log \operatorname{tg} \beta \ldots\ldots = 0,1802312$
$\log \operatorname{tg} L_{13} = 0,1802191$ $L_{13} = 56°34'$

$G_{14} = 144°3'$ $\log \sin 95°25'40'' = 9,9980483$
$\log \operatorname{tg} \beta \ldots\ldots = 0,1802312$
$\log \operatorname{tg} L_{14} = 0,1782795$ $L_{14} = 56°27'$

$G_{15} = 149°3'$ $\log \sin 100°25'40'' = 9,9927672$
$\log \operatorname{tg} \beta \ldots\ldots = 0,1802312$
$\log \operatorname{tg} L_{15} = 0,1729984$ $L_{15} = 56°\ 7'$

$G_{16} = 154°3'$ $\log \sin 105°25'40'' = 9,9840620$
$\log \operatorname{tg} \beta \ldots\ldots = 0,1802312$
$\log \operatorname{tg} L_{16} = 0,1642932$ $L_{16} = 55°35'$

$G_{17} = 159°3'$ $\log \sin 110°25'40'' = 9,9717919$
$\log \operatorname{tg} \beta \ldots\ldots = 0,1802312$
$\log \operatorname{tg} L_{17} = 0,1520231$ $L_{17} = 54°50'$

$G_{18} = 164°3'$ $\log \sin 115°25'40'' = 9,9557489$
$\log \operatorname{tg} \beta \ldots\ldots = 0,1802312$
$\log \operatorname{tg} L_{18} = 0,1359801$ $L_{18} = 53°50'$

$G_{19} = 169°3'$ $\log \sin 120°25'40'' = 9,9356424$
$\log \operatorname{tg} \beta \ldots\ldots = 0,1802312$
$\log \operatorname{tg} L_{19} = 0,1158736$ $L_{19} = 52°33'$

$G_{20} = 174°3'$ $\log \sin 125°25'40'' = 9,9110760$
$\log \operatorname{tg} \beta \ldots\ldots = 0,1802312$
$\log \operatorname{tg} L_{20} = 0,0913072$ $L_{20} = 50°59'$

$G_{21} = 179°3'$	log sin 130°25'40'' = 9,8815125		
	log tg β . . . . . = 0,1802312		
	log tg L_{21} = 0,0617437	$L_{21} = 49°\ 3'$	
$G_{22} = 184°3'$	log sin 135°25'40'' = 9,8462182		
	log tg β . . . . . = 0,1802312		
	log tg L_{22} = 0,0264494	$L_{22} = 46°45'$	
$G_{23} = 189°3'$	log sin 140°25'40'' = 9,8041738		
	log tg β . . . . . = 0,1802312		
	log tg L_{23} = 9,9844050	$L_{23} = 43°58'$	

249. Le calcul que nous venons de faire semble assez compliqué, mais en réalité se réduit à prendre quelques logarithmes que l'on peut obtenir *très-promptement*, attendu qu'on ne doit évidemment considérer que les minutes ou, au plus, les dizaines de secondes.

La détermination des constantes G — α et β, n'exige en effet que 6 logarithmes, et il n'y a qu'*un seul logarithme* à prendre pour obtenir la première latitude L_1.

Le 1er point G_1 et L_1, placé sur la carte, donne le premier élément loxodromique que doit suivre le navire pour ne pas s'écarter trop de l'arc de grand cercle.

Quand on navigue avec un bâtiment à vapeur ou dans des régions où le vent a une direction constante bonne pour la route que doit suivre le navire, on *peut tracer sur la carte réduite*, immédiatement, l'arc de grand cercle qui joint le point de départ et d'arrivée ; ce tracé a l'avantage de faire voir si la route par arc de grand cercle est libre.

250. *Tracé du grand cercle sur la carte réduite.* — Une fois, en effet, que l'on a déterminé, ainsi que nous venons de le faire, le tableau des *latitudes* et des *longitudes* d'un certain nombre de points de l'arc de grand cercle qui passe par le point de départ et le point d'arrivée, on place sur la carte ces différents points, et on les joint deux à deux par une petite ligne droite. De cette manière, on remplace l'arc de grand cercle par *une série* de petits *arcs loxodromiques*, dont le contour polygonal s'écarte d'autant moins de l'arc de grand cercle que les points ont été pris plus rapprochés. On navigue alors de manière à faire suivre au navire chacune de ces petites loxodromies.

C'est en agissant comme nous venons de le dire que nous avons construit la route *orthodromique* entre *Valparaiso* et la *presqu'île de*

Banks, que représente la figure (116). On trouve facilement, à l'aide du calcul ou même d'un compas, que la longueur de la route loxodromique est de 5432^{milles},7, et que la longueur de la route orthodromique n'est que de 4985^{milles},4 : il y a donc une différence de 447^{milles},3.

251. L'arc de grand cercle, représenté sur la figure (116), a surtout pour but de montrer combien la route *orthodromique* écarte quelquefois le navire des parages qu'il traverserait en suivant la route *loxodromique*. Quand les deux points de départ et d'arrivée se trouvent par d'assez hautes latitudes et à peu près sur le même parallèle, la route *orthodromique*, si les points sont à une grande distance, peut entraîner le navire dans les régions polaires. Ainsi, l'arc de *grand cercle*, qui passe par *Port-Jackson* et *Valparaiso*, lieux qui ont à peu près la même latitude, et qui ont une différence de 137° en longitude, passe par 61° de latitude.

On comprend que, dans ce cas, on ne peut suivre l'arc de grand cercle qui passe par ces deux ports. On doit alors agir de la manière suivante : si l'on ne peut pas dépasser un certain parallèle, celui de 55° par exemple, on déterminera l'arc de grand cercle *pa* fig. (117) passant par *Port-Jackson* et étant *tangent* au parallèle *mm'* de 55°; il faudra connaître la longitude du point de tangence *a*.

(Fig. 117)

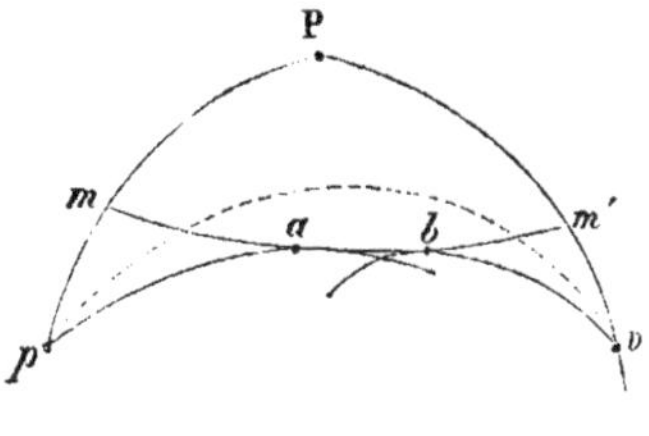

On déterminera l'arc de grand cercle *vb* passant par *Valparaiso* et étant *tangent* au parallèle *mm'* de 55°; il faudra encore connaître la longitude du point de tangence *b*.

Quand les points *p* et *a* seront déterminés, on naviguera de *p* en *a* suivant l'*arc de grand cercle*, de *a* en *b*, suivant le *parallèle*, c'est-à-dire *suivant la loxodromie*, et de *b* en *v*, suivant l'*arc de grand cercle*.

Détermination de la longitude du point de tangence a.

Pour obtenir la longitude du point de tangence, prenons l'équation du *grand cercle sur la sphère*.

$$\text{tang } L = \text{tang } \beta \sin (G - \alpha).$$

Il faut déterminer β et α.

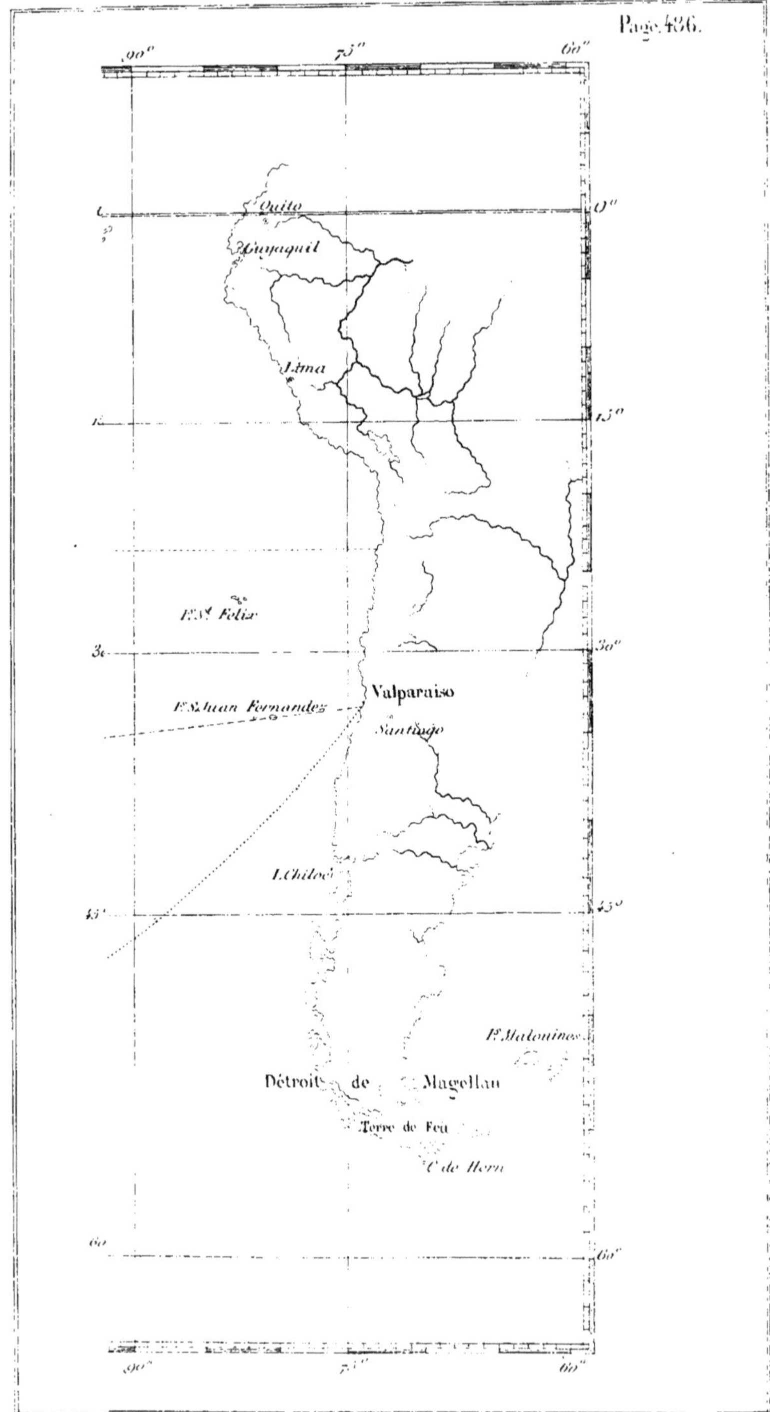

Paris, Imp. Becquet

Fig. 116.

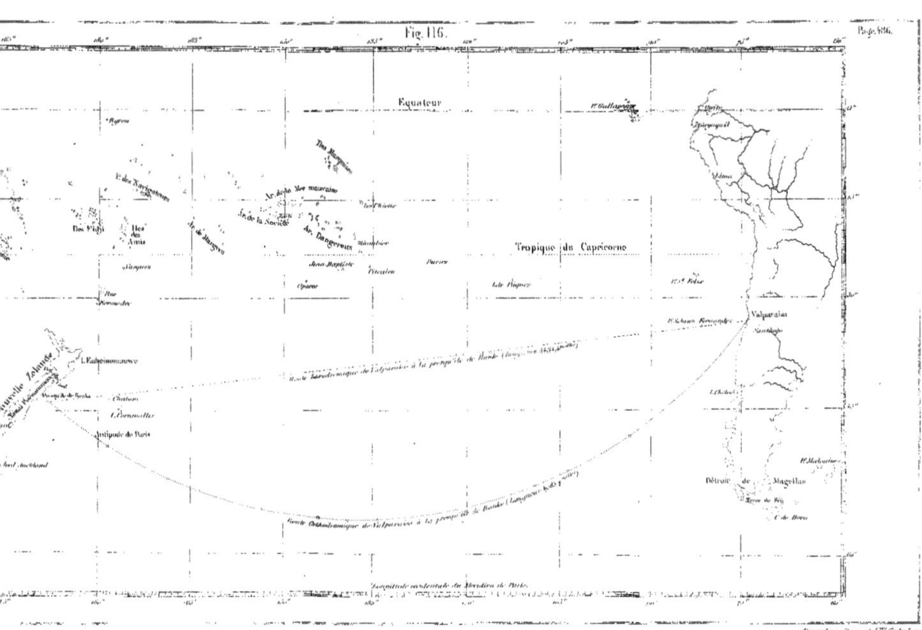

Arthus Bertrand.

Or comme nous savons que L doit être toujours plus petit que 55°, nous devons poser $\beta = 55°$. Car nous voyons, en effet, que dans l'équation du grand cercle, β est la valeur maximum que peut atteindre L, puisque tang β est toujours *multiplié par un sinus*, quantité plus petite que 1.

Ainsi, l'équation du grand cercle passant par le point L et G et ne devant pas dépasser le parallèle de 55°, c'est-à-dire devant être tangent à ce parallèle, est

$$\text{tg}\, L = \text{tg}\, 55° \sin (G - \alpha);$$

pour obtenir la constante α, nous pouvons remplacer L et G par les coordonnées sphériques de *Port-Jackson ;* on a $L = 33°51'$ Sud, et $G = 148°53'$ Est, en prenant ces coordonnées en nombres ronds.

On a donc, pour déterminer ,

$$\sin (148°53' - \alpha) = \frac{\text{tg}\, 33°51'}{\text{tg}\, 55°}.$$

En employant les logarithmes, on trouve

$$\begin{aligned} \log \text{tg}\ 33°51' &= 9{,}8265323 \\ c^{t} \log \text{tg}\ 55° &= 9{,}8452268 \\ \hline \log \sin (148°53' - \alpha) &= 9{,}6717591 \\ 148°53' - \alpha &= 28°0'40'' \\ \text{d'où} \qquad \alpha &= 120°52'20'' \end{aligned}$$

La longitude G' du point de tangence est évidemment celle qui donne $\text{tg}L' = \text{tg}55°$, c'est-à-dire que l'on doit avoir

$$G' - \alpha = 90°$$

d'où $$G' = 90 + \alpha = 210°52'20''.$$

Pour naviguer suivant l'arc de grand cercle *pa*, on n'a plus qu'à suivre la route *orthodromique* qui passe par les deux points dont les coordonnées sont :

$$\begin{aligned} L &= 33°51' \text{ Sud} \qquad & L' &= 55° \text{ Sud}, \\ G &= 148°53' \text{ Est} \qquad & G' &= 210°52'20'' \text{ Est}. \end{aligned}$$

On voit que la différence en longitude de ces deux points est 61°59'20''.

On agirait identiquement de la même manière pour trouver la longitude du point de tangence *b* de l'arc de grand cercle passant par *Valparaiso* et étant *tangent* au parallèle de 55°.

252. Lorsque l'on navigue avec un bâtiment à voiles, dans les pa-

rages où l'on peut craindre des coups de vent ou même dans les lieux où les vents sont variables, l'arc *orthodromique* que nous venons de tracer ne peut pas toujours être suivi facilement ; et si le navire se trouve forcément écarté de sa route orthodromique, on est obligé de reconstruire sur la carte une nouvelle courbe représentant l'arc de grand cercle passant par le point où se trouve actuellement le navire et par le point d'arrivée. Bien que pour avoir le *premier élément loxodromique* cela n'exige que 7 logarithmes pris en nombres ronds, nous croyons que la construction graphique remplace avec avantage le calcul que nous avons indiqué.

Parmi toutes les constructions graphiques proposées pour tracer promptement l'arc de grand cercle sur la carte, nous citerons, en première ligne, le *double planisphère* de M. *Keller, ingénieur hydrographe de la marine*, dont le but est de déterminer *graphiquement l'angle sphérique* que fait, *au point de départ*, le méridien du lieu avec l'arc de grand cercle qui passe par les deux points de départ et d'arrivée. De cette manière, on obtient la direction du *premier élément loxodromique* que doit suivre le navire.

Comme chaque double planisphère contient la légende et l'usage de l'instrument, nous croyons inutile d'en parler ici, pensant qu'il est bien plus commode de lire sur l'instrument même les indications qui y sont données, lorsque l'on veut en faire usage.

253. Lorsque l'on ne possède pas le *double planisphère*, nous pensons que la construction que nous allons donner peut permettre d'obtenir facilement le rhumb de vent que doit suivre le navire pour marcher selon l'élément loxodromique *tangent*, au *point de départ*, à la *route orthodromique*.

Cette construction ressort tout simplement de la relation qui lie tout triangle sphérique à un angle solide trièdre.

Soient V (fig. 118) le point où se trouve le navire; N, le point où il doit arriver et P le pôle. Considérons le triangle sphérique dont ces trois points sont les trois sommets : NV est évidemment l'arc de grand cercle qui passe par le point de départ et le point d'arrivée, et l'angle V est l'angle de *route initial* que doit alors suivre le navire.

(Fig. 118)

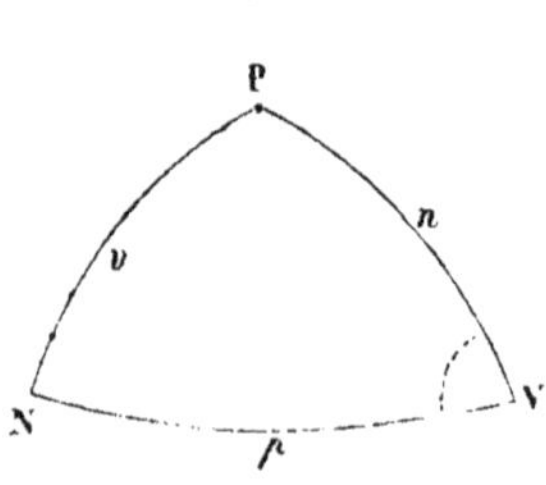

Dans le triangle NPV on connaît :

v *colatitude du point d'arrivée,*
n *colatitude du lieu actuel du navire,*
P *différence en longitude des deux lieux.*

Si au lieu du triangle sphérique nous considérons l'angle solide trièdre qui y correspond, nous connaîtrons, dans ce trièdre, deux faces v, n et l'angle dièdre P compris ; la question se réduit alors à chercher l'angle dièdre V opposé à la face v, *colatitude du point d'arrivée.*

On trace à angle droit les deux lignes AB et CD (fig. 119). Du point C comme centre, avec un rayon arbitraire, on décrit l'arc AMB.

(Fig. 119)

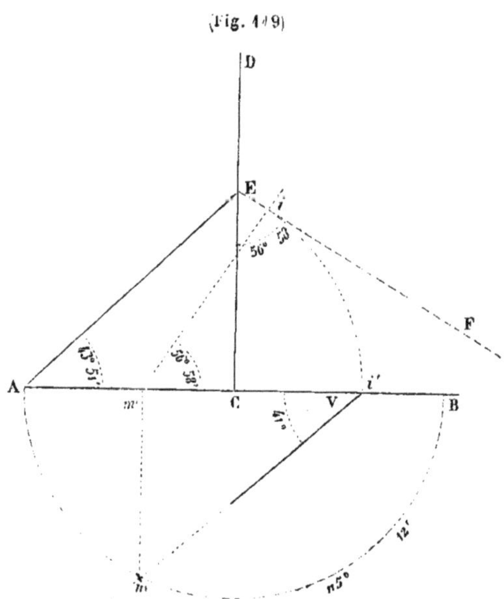

Enfin, au point A et avec AB on fait l'angle EAB égal à la *latitude du point d'arrivée.*

Cette première construction sert pour toute la traversée.

Maintenant, au moyen d'un rapporteur placé de manière que le centre soit en C et le diamètre sur AB, on détermine sur l'arc AMB le point m tel que l'on ait $BMm = P$, différence en longitude.

Mettant le centre du rapporteur en E, son diamètre sur DC, on fait l'angle CEF égal à la colatitude du lieu ou se trouve le navire.

Du point m on abaisse la perpendiculaire mm' sur AB ce qui se fait en menant par ce point une parallèle à CD. Au point m' avec m'B et au moyen du rapporteur on fait l'angle im'B égal à *la colatitude* du lieu où se trouve le navire.

On porte la longueur $m'i$ en $m'i'$, et joignant $i'm$ l'angle $m'i'm$ est l'*angle cherché*, c'est-à-dire l'angle de *route initial.*

La figure que nous venons de tracer représente la construction à effectuer pour trouver l'angle de route initial pour aller de Valparaiso à la Nouvelle Zélande (presqu'île de Banks).

Nous avons pris alors :

$EAC = 43°31'$, latitude d'Akaroa,
$CEF = Cmi = 56°58'$, colatitude de Valparaiso,
$BMm = 115°12'$, différence en longitude des deux lieux.

L'angle $m'i'm = V$ nous donne bien 41° pour angle de *route initial*.

Équation du grand cercle sur la carte réduite.

254. Chaque lieu du globe étant, sur la carte, rapporté à sa *longitude vraie* G et à sa *latitude croissante* L_c, on peut se proposer de déterminer la relation qui existe entre G et L_c pour tous les points d'un grand cercle. Cette détermination pourra aussi nous servir à démontrer une propriété remarquable des cartes réduites.

Nous avons la relation

$$(a) \qquad \tang L = \tang \beta \sin (G - \alpha)$$

pour équation du grand cercle sur la sphère.

Mais, dans le cas où l'on suppose *la Terre sphérique*, nous avons trouvé (23)

$$L_c = \frac{1}{2} \, l \, \frac{1 + \sin L}{1 - \sin L}.$$

D'où, en appelant e la base du système népérien

$$e^{2L_c} = \frac{1 + \sin L}{1 - \sin L}.$$

De là, on déduit

$$\sin L = \frac{e^{2L_c} - 1}{e^{2L_c} + 1}.$$

Mais on a

$$\tang L = \frac{\sin L}{\sqrt{1 - \sin^2 L}}.$$

En substituant dans cette relation à $\sin L$, sa valeur en fonction de L_c, on trouve

$$\tang L = \frac{e^{2L_c} - 1}{2e^{L_c}}.$$

La relation (a) devient alors, en remplaçant tang L par cette valeur.

$$\frac{e^{2L_c} - 1}{2e^{L_c}} = \tang \beta \sin (G - \alpha);$$

équation que l'on peut mettre sous la forme

$$(b) \qquad \sin (G - \alpha) = \cot \beta \frac{e^{2L_c} - 1}{2e^{L_c}}.$$

Telle est l'équation de la courbe, *projection d'un grand cercle du globe, sur la carte réduite.*

255. ***Équation d'un grand cercle en fonction de l'angle azimutal que fait ce cercle en un de ses points.*** Considérons le grand cercle passant par les points M et N (fig. 120), et admettons que du point M, on ait relevé le point N; appelons θ l'angle azimutal PMN. Cet angle est égal à celui formé par les deux tangentes MT et MT′ au méridien et au grand cercle.

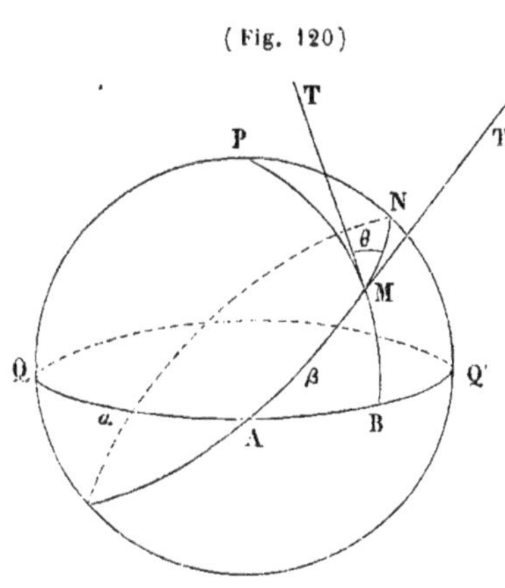

(Fig. 120)

L'équation du grand cercle est toujours,

$$\operatorname{tg} L = \operatorname{tg} \beta \sin (G - \alpha).$$

Déterminons α et β en fonction de θ.

Le triangle sphérique rectangle AMB donne

$$\operatorname{tg} (G - \alpha) = \operatorname{tg} \theta \sin L,$$

Ce qui permettra d'avoir α.

L'on aura β par la relation

$$\cot \beta = \cot L \sin (G - \alpha).$$

PROPRIÉTÉ REMARQUABLE DES CARTES RÉDUITES.

256. *L'angle que fait un grand cercle avec un méridien est le même sur le globe et sur la carte.*

L'angle que fait sur le globe le grand cercle AMN (fig. 120) avec le méridien PM est donné par la relation

$$\tang \theta = \frac{\tang (G - \alpha)}{\sin L}$$

où, remplaçant sin L par sa valeur fonction de L,

$$(c) \qquad \operatorname{tg} \theta = \operatorname{tg}(G - \alpha) \frac{e^{2L_c} + 1}{e^{2L_c} - 1}.$$

Soient maintenant, AMN (fig. 121), la courbe représentant l'arc de grand cercle considéré sur la carte réduite, et PM le méridien qui passe en M.

(Fig. 121)

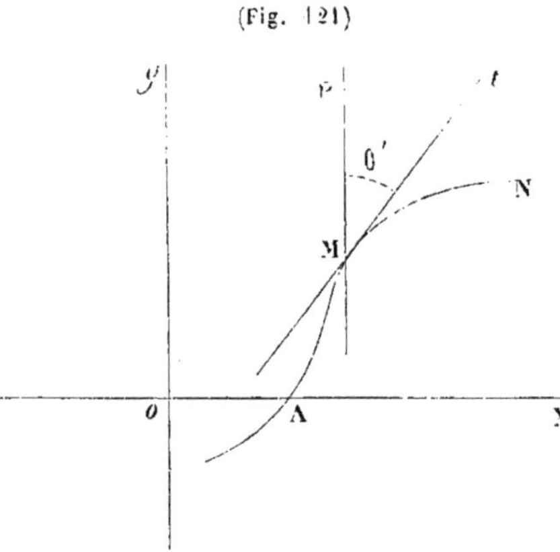

En menant au point M, la tangente Mt à la courbe, l'angle PMt est l'angle que fait, en ce point, l'arc de grand cercle sur *la carte réduite* avec le méridien; appelons cet angle θ'.

L'équation de la courbe AMN est, comme nous le savons (254),

$$(b') \qquad \sin (G - \alpha) = \cot \beta \frac{e^{2L_c} - 1}{2e^{L_c}}.$$

Or on a
$$\operatorname{tg} \theta' = \frac{dG}{dL_c}.$$

Différentions l'expression (b') par rapport à G et à L_c; il vient, toutes réductions faites,

$$\frac{dG}{dL_c} = \frac{\cot \beta \cdot e^{L_c} - \sin (G - \alpha)}{\cos (G - \alpha)}.$$

Remplaçant, dans cette expression, cot β par sa valeur déduite de (b'), on obtient, en réduisant,

$$\frac{dG}{dL_c} = \operatorname{tg} (G - \alpha) \frac{e^{2L_c} + 1}{e^{2L_c} - 1} = \operatorname{tg} \theta'.$$

Comparant cette relation à la relation (c), on voit, en effet, que $\theta = \theta'$.

Différence entre l'azimut vrai et l'azimut loxodromique d'un même point.

257. Lorsqu'étant sur le globe en un point M (fig. 122), on prend, au compas, l'azimut d'un point N, on détermine l'angle $PMN = \theta$ que forme le grand cercle qui passe par les deux points M et N avec le méridien PM qui passe au point M.

(Fig. 122)

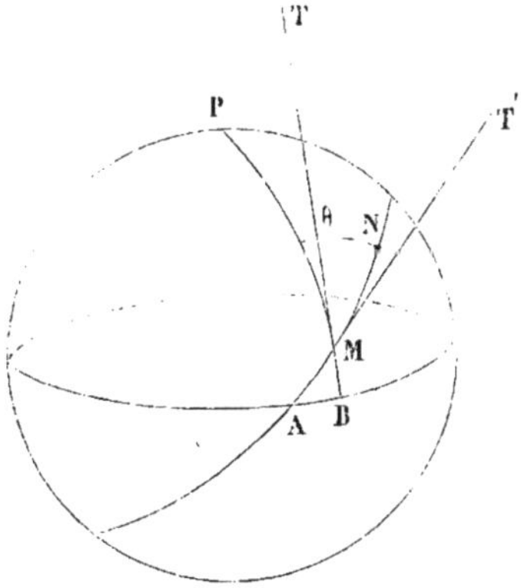

Si maintenant nous supposons que M' et N' (fig. 123), soient les positions des points M et N du globe sur la carte réduite, l'azimut loxodromique du point N sera l'angle $PM'N' = \theta_1$. Or, si nous considérons la courbe qui représente l'arc de grand cercle qui passe par les deux points M' et N', nous venons de voir qu'en menant à cette courbe, au point M', la tangente $M't$, l'angle $PM't$ est égal à l'azimut vrai θ.

(Fig. 123)

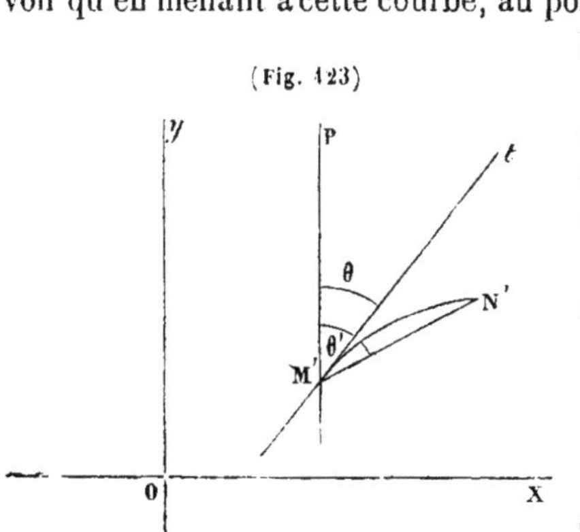

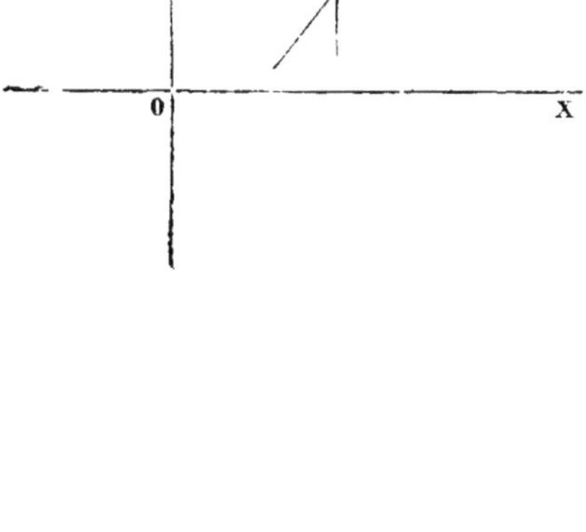

Donc, l'angle $tM'N' = \theta_1 - \theta$ est la différence entre *l'azimut vrai et l'azimut loxodromique.*

Représentons cette différence $\theta_1 - \theta$ par d; on a

$$\operatorname{tang} d = \frac{\operatorname{tg} \theta_1 - \operatorname{tg} \theta}{1 + \operatorname{tg} \theta_1 \operatorname{tg} \theta}.$$

En appelant g la différence en longitude des points M et N, et l_c la différence de leurs latitudes croissantes sur la carte, on a

$$\text{tg}\,\theta = \frac{g}{l_c}.$$

Remplaçant l_c par son développement en fonction de l, développement que nous avons donné (31), nous avons

$$\text{tg}\,\theta_1 = \frac{g}{\frac{l}{\cos l} + \frac{l^2}{1.2}\sin 1'' \frac{\sin L}{\cos^2 L}\ldots\ldots}$$

d'où, effectuant la division et nous arrêtant au second terme,

$$\text{tg}\,\theta_1 = \frac{g}{l}\cos L - \frac{g \sin 1''}{1.2}\sin L + \ldots\ldots$$

Le triangle sphérique PMN donne

$$\text{tg}\,L' \cos L = \sin L \cos g + \sin g \cot \theta$$

d'où
$$\text{tg}\,\theta = \frac{\sin g}{\text{tg}\,L' \cos L - \sin L \cos g};$$

TgL' étant égal à $Tg\,(L + l)$ on peut développer $Tg\,(L + l)$ en fonction des puissances croissantes de l, au moyen de la série de Taylor.

Posons

$$y = \text{tg}\,L,$$

on a

$$\text{tg}\,(L+l) = \text{tg}\,L + l \sin 1''.\frac{dy}{dL} + \frac{l^2 \sin^2 1''}{2}.\frac{d^2y}{dL^2}\ldots\ldots;$$

mais,

$$\frac{dy}{dL} = \frac{1}{\cos^2 L}$$

$$\frac{d^2y}{dL^2} = \frac{2\sin L}{\cos^3 L};$$

il vient donc,

$$\text{tg}\,(L+l) = \text{tg}\,L + \frac{l \sin 1''}{\cos^2 L} + l^2 \sin^2 1'' \frac{\sin L}{\cos^3 L}\ldots\ldots$$

Remarquons maintenant, que g étant très-petit, on peut remplacer dans tang θ, $\sin g$ par $g \sin 1''$ et $\cos g$ par $1 - \frac{g^2}{2}\sin^2 1''$; il vient alors, en faisant cette substitution et réduisant,

$$\text{tg}\,\theta = \frac{g \sin 1''}{\frac{l \sin 1''}{\cos L} + l^2 \frac{\sin^2 1'' \sin L}{\cos^2 L} + \frac{g^2 \sin^2 1''}{2}\sin L}.$$

Effectuant la division, on obtient, après avoir divisé par sin 1″ et en s'arrêtant au second terme,

$$\operatorname{tg}\theta = \frac{g}{l}\cos L - g \sin 1'' \sin L.$$

Remplaçant dans tang d, Tg θ et Tg θ_1 par leurs développements, effectuant la division et s'arrêtant au premier terme, on trouve

$$\operatorname{tg} d = \frac{g \sin 1''}{2} \sin L;$$

ou, comme d est très-petit

$$d = \frac{g}{2} \sin L.$$

Telle est la correction que doit subir tout angle azimutal observé sur le globe, *avant d'être porté sur la carte.*

258. Lorsque l'on prend la distance angulaire N'MN (fig. 124) de deux points, on doit remarquer que, en admettant que les deux points N et N' soient de part et d'autre du méridien, on a

(Fig. 124)

P N' N M

$$N'MN = N'MP + PMN.$$

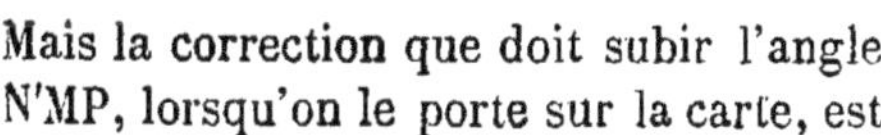

Mais la correction que doit subir l'angle N'MP, lorsqu'on le porte sur la carte, est

$$d' = \frac{g'}{2} \sin L;$$

celle qui convient à l'angle NMP est

$$d = \frac{g}{2} \sin L.$$

Donc, la correction qui convient à l'angle N'MN est

$$D = \frac{(g' + g)}{2} \sin L$$

ou, en appelant g_1 la différence en longitude des deux points relevés,

$$D = \frac{g_1 \sin L}{2}.$$

Si les deux points étaient situés d'un même côté du méridien PM, on arriverait au même résultat.

RÉSUMÉ GÉNÉRAL DU COURS DE NAVIGATION.

259. Le problème général de la *Navigation* se réduit, ainsi que nous l'avons déjà dit, à la solution de la question suivante :

Un navire partant d'un port ou lieu placé sur la carte, déterminer la route que doit suivre ce bâtiment pour se rendre, par le chemin le plus court, en un autre point du globe connu de position, en évitant les terres, bancs, roches, dangers, etc., etc.

La solution de ce problème se divise en quatre opérations générales distinctes :

1° *Opérations du départ ;*
2° *Opérations de la traversée ;*
3° *Opérations de l'atterrage ;*
4° *Opérations de l'entrée du port et du mouillage.*

1° *Opérations du départ.*

260. 1° Avant de quitter le port ou la rade, le capitaine doit s'assurer que le navire possède bien : 1° les cartes routières, cartes à grands points et plans des parages *du globe* que le navire doit fréquenter ;

2° Que les chronomètres sont bien réglés ;

3° Qu'il se trouve à bord les *Connaissances des temps* ou *éphémérides* nécessaires pour la durée présumée du voyage, ainsi que les tables et instruments nécessaires aux calculs et aux observations que nous avons indiqués.

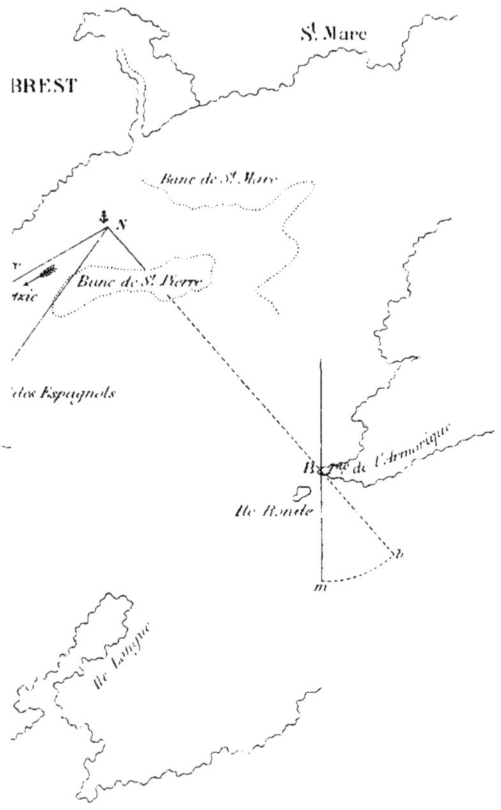

Dubois - N:

St Marc

BREST

Banc de St Marc

N

Banc de St Pierre

des Espagnols

B

de l'Armorique

Ile Ronde

b

m

Ile Longue

Gravé chez Erhard r.

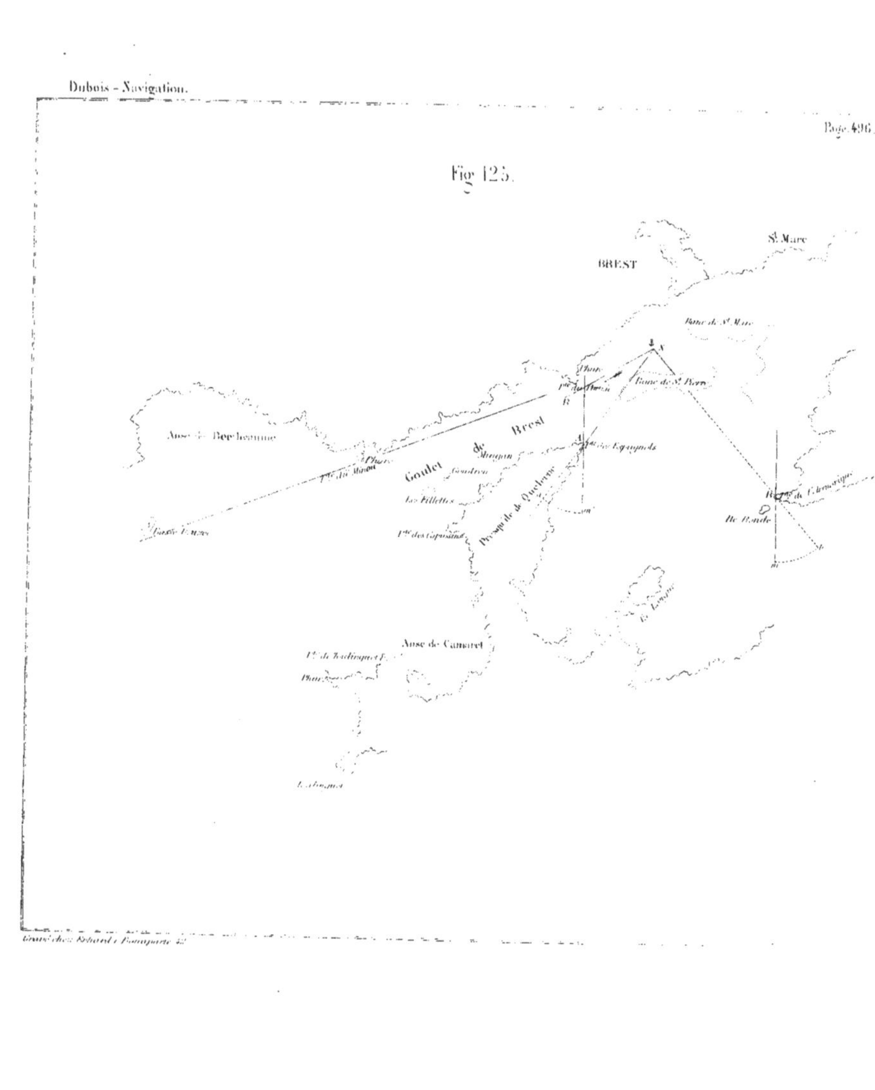
Fig 125.
BREST
St Marc
Banc de St Marc
Phare
Banc de St Pierre
Brest
de
Goulet
Les Fillettes
Presqu'île de Quelerne
Ile Ronde
Anse de Camaret

Lorsque le navire quitte un port ou une rade sans le secours d'un *pilote de la localité*, les compas de relèvements doivent être dressés dans l'endroit du pont duquel on peut apercevoir le plus de points de la côte. Au moyen des repères dont nous avons parlé (217) et de la table de déviations du compas d'habitacle, on peut connaître, par une simple comparaison, la variation du compas de relèvements, pour un certain cap du *navire*.

La carte de l'entrée de la baie ou du port étalée soit sur le pont, soit sur la table du capitaine, est accompagnée d'*un compas*, d'*une règle*, d'*une équerre* et d'*un rapporteur*, à moins qu'on ne préfère se servir du rhumbographe de M. le capitaine de frégate Lorin.

Les sondeurs à main doivent être dans les porte-haubans prêts à sonder.

Dès que le navire a quitté le mouillage, on relève au compas deux objets A et B (fig. 125), de la côte, placés sur la carte.

On *corrige ces deux relèvements de la variation, puis on les porte sur la carte.* Pour cela, aux points A et B on trace d'abord deux petites parallèles *m*B et *m'*A aux méridiens de la carte.

Puis, on place successivement le centre du rapporteur aux points A et B, le diamètre sur ces parallèles, et à gauche, si le relèvement est N. O ou S. E, à droite si le relèvement est N. E ou S. O.

On compte les arcs *mb* et *m'a* égaux aux relèvements, on joint *a*A et *b*B ; l'intersection de ces deux lignes donne évidemment la position du *navire sur la carte.*

Cette position déterminée fait connaître, d'après la carte, la route que doit suivre le navire *pour sortir des passes* en évitant les bancs et les écueils. Si la route NR, par exemple, est celle que doit suivre le bâtiment, il faut, pendant que le bâtiment suit cette route, s'assurer, *aux moyens de relèvements*, et ainsi que nous venons de le dire, si les courants n'entraînent pas le navire en dehors de la ligne NR, et, dans ce cas, corriger la route de l'action supposée du courant.

261. *Point de départ.* — Quand le navire est complétement sorti de la baie ou rade, et que l'horizon de la mer s'étend net et dégagé devant lui, on détermine, avant de perdre la terre de vue et aussi exactement que possible, la position N du bâtiment (fig. 126), soit par les relèvements de deux points de la côte placés sur la carte, soit par le relèvement d'un seul point, *si l'on n'a qu'un seul point remarquable en vue.*

Relèvement de deux points. — Dans la détermination de la position du navire par les relèvements de deux points, faite ainsi que nous venons de le dire, il faut, si l'on peut, choisir les deux points A et B (fig. 126), de manière que l'angle ANB soit droit et que AN = NB, c'est-à-dire que le triangle soit isocèle.

Deux considérations graphiques viennent rendre raison de ce que nous disons.

Pour que le point N soit bien déterminé, il faut que les deux lignes AN et NB se coupent de manière qu'il n'y ait pas de *doute sur leur véritable point* d'intersection.

Or, lorsque deux lignes au crayon AA' et BB' (fig. 127) se coupent sous un petit angle, on n'est pas certain de leur véritable point d'intersection; tandis que lorsque ces lignes (fig. 128) se coupent perpendiculairement, il n'y a aucun doute.

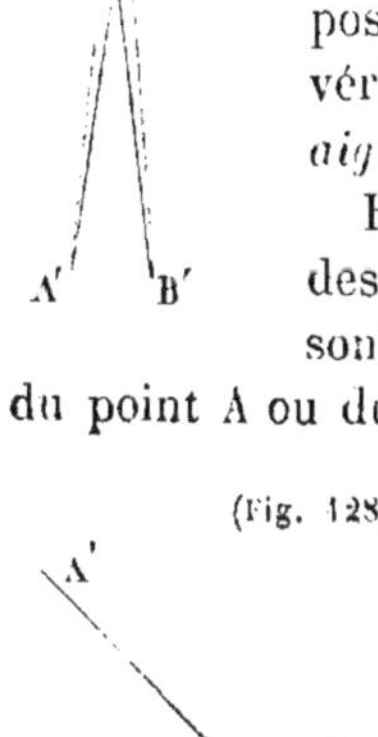

(Fig. 127)

De plus, si dans la direction d'une de ces lignes, c'est-à-dire dans un des relèvements, ou même dans tous les deux, on fait des erreurs, on trouve pour la position du navire un point N' qui s'écarte bien plus du véritable point N quand les relèvements font un *angle aigu* que lorsqu'ils sont *perpendiculaires*.

Enfin, en supposant une erreur sur l'un ou sur l'autre des relèvements, les distances NK et NK' (fig. 128) sont d'autant plus petites que le point N est plus près du point A ou du point B; et comme il faut admettre que l'on peut faire une erreur aussi bien sur l'un que sur l'autre des relèvements, pour se trouver dans une condition moyenne, il faut avoir AN = NB.

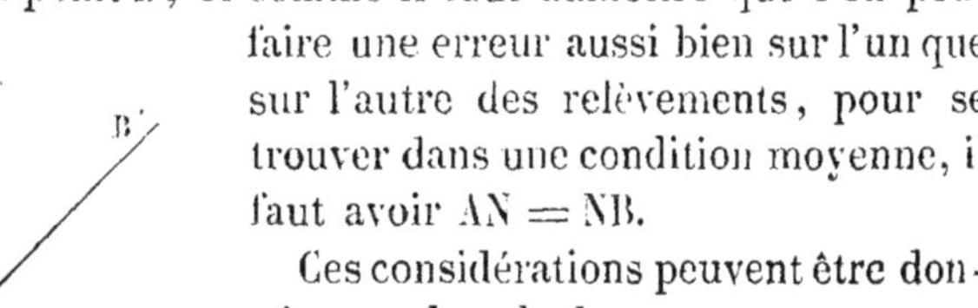

(Fig. 128)

Ces considérations peuvent être données par le calcul.

Si nous joignons AB = a (fig. 128), le triangle ANB nous donne

$$AN = a\,\frac{\sin B}{\sin N}.$$

Pour obtenir l'erreur résultant sur AN pour une erreur commise sur B, différentions cette relation par rapport à AN, B et N. On a, en n'ayant égard qu'au premier terme de la série de Taylor,

Fig. 126.

Feu (fixe)
Ouessant
Passage du Fromveur
I. Molène
Le Four
Brest
Portzic
Minou
Rade
Conquet
I. Béniguet
S. Mathieu
Ile Ronde
Pierres noires
Pte de Toulinguet
Camaret
Point de départ
Baie de Dinan
R
Iroise
Baie de Douarnenez
Cap de la Chèvre
Chaussée de Sein
I. de Sein
Raz de Sein
Audierne

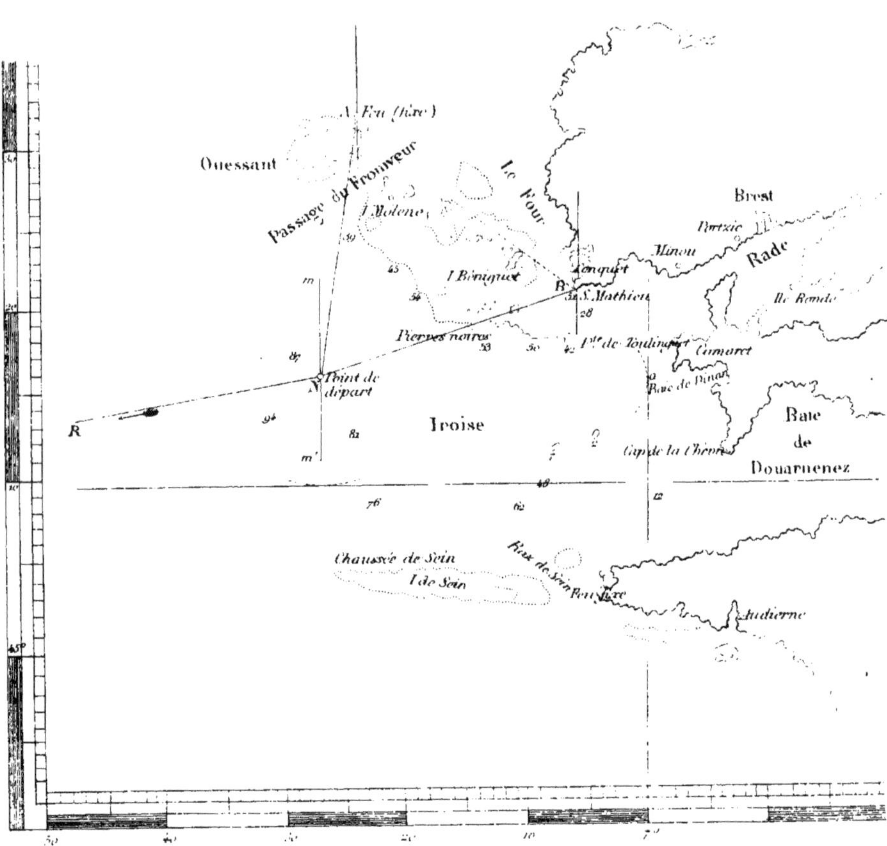

$$d\,.\,\mathrm{AN} = \frac{a \cos \mathrm{B}\,.\,d\mathrm{B}}{\sin \mathrm{N}} - \frac{a \sin \mathrm{B} \cos \mathrm{N} d\mathrm{N}}{\sin^2 \mathrm{N}}$$

ou, remarquant que $d\mathrm{B} = d\mathrm{N}$.

$$\mathrm{d}\,.\,\mathrm{AN} = ad\mathrm{B}\left(\frac{\cos \mathrm{B} \sin \mathrm{N} + \cos \mathrm{N} \sin \mathrm{B}}{\sin^2 \mathrm{N}}\right) = \frac{ad\mathrm{B} \sin (\mathrm{N}+\mathrm{B})}{\sin^2 \mathrm{N}},$$

c'est-à-dire,

$$d\,.\,\mathrm{AN} = d\mathrm{B}\,.\,\frac{a \sin \mathrm{A}}{\sin^2 \mathrm{N}}.$$

Le second membre est minimum quand $\mathrm{N} = 90^\circ$. Il paraît aussi indiquer qu'il est minimum quand A est zéro ou très-petit ; ce qui ne peut être dans la pratique ; car, si l'on suppose que l'on a fait aussi une erreur sur A, on a

$$d\,.\,\mathrm{BN} = d\,.\,\mathrm{A}\,\frac{a \sin \mathrm{B}}{\sin^2 \mathrm{N}};$$

et puisque $\mathrm{N} = 90^\circ$, que A est très-petit, B est près de 90° et alors, l'erreur $d\,.\,\mathrm{BN}$ n'est pas minimum.

L'*ensemble des deux erreurs est donc minimum* quand $\mathrm{A} = \mathrm{B} = 45^\circ$.

Relèvement d'un seul point. — Lorsque l'on n'a qu'*un point en vue ;* on prend le relèvement de ce point et *on le porte sur la carte ;* si maintenant l'on croit avoir estimé exactement la distance à laquelle le navire se trouve du point A (fig. 129), on prend *sur l'échelle des latitudes croissantes de la carte* et à la hauteur du parallèle où se trouve le navire, autant de minutes qu'il y a de milles dans la distance évaluée.

Portant cette ouverture de compas de A en N on a la position du bâtiment.

Si l'on ne peut pas bien estimer la distance AN (fig. 129), on commence par prendre un relèvement du point A, puis on court un bord de manière que l'angle des deux relèvements soit à peu près de 90°, et on estime, aussi exactement que possible, le chemin fait par le navire ; on prend ensuite un second relèvement du point A.

Sur la carte, et au point A, on trace :

1° *La direction AN du premier relèvement*,

2° *La direction AN' du deuxième relèvement*,

3° *La direction AB de la route.*

On porte, ainsi que nous venons de le dire, de A en B et en le prenant sur l'*échelle des latitudes par le travers du point* A, le nombre de milles faits par le bâtiment; par le point B on mène une parallèle BN au premier relèvement AN', l'intersection de cette parallèle avec la ligne AN du deuxième relèvement donne la position du navire au moment de ce relèvement.

On pourrait calculer la longueur AN à l'aide du triangle ANN' dans lequel on connaît, évidemment, un côté NN' $= m$ et les deux angles adjacents.

Latitude et longitude du point de départ. Une fois le point de départ placé sur la carte, on détermine la latitude et la longitude de ce point en prenant, à l'aide d'un compas, des distances N*b* et N*a* (fig. 126 et 129), au *parallèle* et au *méridien* le plus voisin, et en portant ces distances sur l'échelle des *latitudes* et des *longitudes*, à partir du parallèle et du méridien considérés.

On inscrit ces coordonnées du point de départ sur le journal du bord; et l'on commence à estimer, *avec le loch*, la route que suit le navire depuis le *moment des relèvements.*

2° *Opérations de la traversée.*

262. Les *opérations de la traversée* se réduisent :

1° A *déterminer chaque jour, au moins une fois* et *plus souvent si cela est nécessaire, comme*, par exemple, *quand on est dans le voisinage des terres*, la position du *bâtiment.*

Pour cela, l'officier chargé des montres et observations devra prendre le matin entre 8^h et 11^h généralement, des *hauteurs du Soleil* avec les *heures chronométriques correspondantes* pour faire un calcul de *latitude* et *longitude* par *deux hauteurs et l'intervalle, en se servant toutefois de la latitude estimée* (178).

Cette détermination ne devra pas l'empêcher de prendre, à midi, *la hauteur méridienne du Soleil* pour en conclure la *latitude* (166).

Quand il n'aura pas pu obtenir de hauteur dans la *matinée*, et si aux environs du Midi le Soleil se montre un peu, il devra prendre des *hauteurs circum-méridiennes* (171) pour avoir la *latitude.* Si depuis quelques jours il n'avait pu faire de *calcul d'heure du lieu*, il ferait le calcul de la latitude par les *hauteurs circumméridiennes* en se servant de la méthode simplifiée (177) que nous avons donnée et dans laquelle n'entre pas C_m.

Fig. 129.

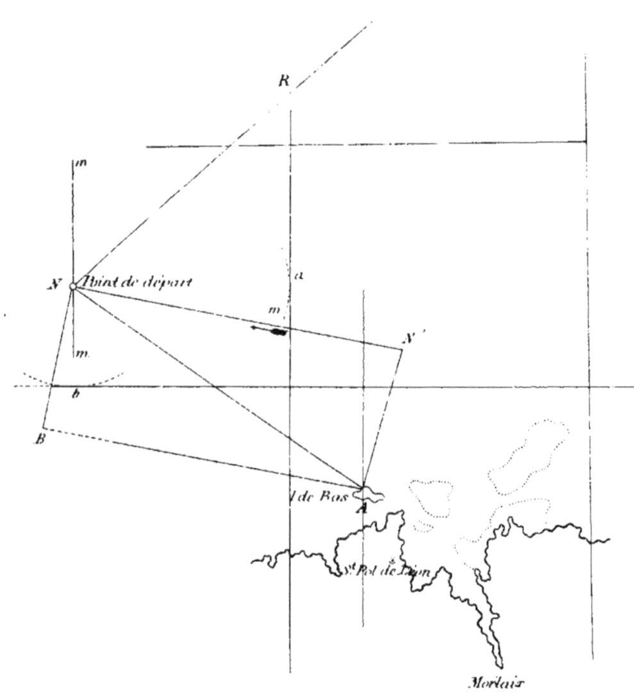

Paris, Imp. Becquet, r. des Noyers

Quand on n'a pas pu avoir de hauteur de Soleil dans la matinée, il faut en prendre dans l'après-midi entre 2 et 4^h généralement, pour faire le calcul de latitude et de longitude par *la méthode que nous venons de rappeler* (178).

L'officier chargé des montres à bord d'un navire doit prendre toutes ses précautions pour ne jamais oublier de *monter ses chronomètres*. L'heure qui paraît en général la plus convenable est 9^h du matin avant le déjeuner ; il doit, à ce moment, noter l'indication fournie par *le thermomètre placé près des montres*.

Quand le ciel est resté couvert toute la journée, on doit faire des observations la nuit si le temps s'éclaircit et si l'on aperçoit facilement les Étoiles ou la Lune. Du reste, nous pensons qu'il est bon de s'exercer *aux observations de nuit*, afin de ne pas se trouver embarassé quand les circonstances obligent à en faire usage.

Toutes les fois que l'on détermine la position du bâtiment par l'observation des astres, il faut aussi la déterminer par l'*Estime* afin de s'assurer des courants que le navire peut traverser.

Lorsque le navire change de cap, et si l'on n'a pas de table de déviations, on doit prendre un relèvement d'astre (217) ainsi que sa hauteur, afin d'obtenir l'*azimut* vrai et l'*azimut magnétique* de cet astre pour en conclure la *variation du compas* (226) *qui convient à ce cap du navire*. L'azimut vrai se calcule en nombres ronds ou même plus simplement *à l'aide du double planisphère de M. Keller*.

2° A *placer la position du navire chaque fois qu'on l'a déterminée*.

Pour cela on fait l'inverse de l'opération que nous avons indiquée pour déterminer la *latitude et la longitude* du *point de départ* (261) placé sur la carte à l'aide des relèvements.

3° A *déterminer le cap auquel on doit gouverner*.

Une fois la position du navire indiquée sur la carte, le capitaine s'assure bien du point où il veut d'abord arriver, soit qu'il veuille *passer en vue d'une terre pour régler ses montres*, soit qu'il veuille atteindre un point du globe où, guidé par les cartes du lieutenant Maury, ou par d'autres indications, il espère *trouver des vents ou des courants favorables*.

Une fois ce point intermédiaire bien reconnu, il en détermine la latitude et la longitude, et soit au *moyen du double planisphère de M. Keller*, soit *au moyen de la construction graphique que nous avons indiquée* (253), il détermine l'*angle de route initial* que doit suivre le navire pour parcourir, entre les deux points de la carte, *la route orthodro-*

mique. Si ces deux points sont assez voisins, il *suffit de naviguer suivant la route loxodromique ;* l'on détermine alors cet angle loxodromique, ainsi que nous l'avons dit (244). Dans tous les cas, avant de donner la route à *l'homme de barre* et au timonier, il faut bien s'assurer si l'on a fait subir à l'angle V, d'une manière convenable, la correction relative à *la variation du compas* (13) qui convient au cap que suivra le bâtiment; et à l'effet de la dérive (14) s'il y en a.

Quand le navire passe en vue d'*une terre connue de position sur la carte*, on *doit vérifier les montres*. Pour cela, on détermine à l'aide de deux relèvements (261) la position du bâtiment sur la carte, puis au moyen d'une ou plusieurs hauteurs d'astres prises à l'instant des relèvements, ainsi que des heures correspondantes du chronomètre, on détermine l'heure du lieu (126) et l'heure de Paris, déduite de la longitude du lieu qu'indique les relèvements. On voit alors si l'heure de Paris, déduite des observations, s'accorde bien avec celle déduite du chronomètre (125); dans le cas contraire, on détermine l'état absolu du chronomètre sur l'heure du lieu où l'on se trouve; et en se servant de la même marche que celle dont on a fait usage dans la première partie de la traversée, *on rapporte ce nouvel état absolu* (149) *au midi moyen de Paris pour le jour considéré.*

Du reste, si le lendemain ou deux ou trois jours après on passait encore en vue d'une terre *connue de position*, on ferait un nouveau calcul d'état absolu (138), et en rapportant le second état absolu au premier lieu, on pourrait obtenir une marche assez exacte du chronomètre, marche dont on devrait se servir dans la *partie suivante de la traversée.*

3° *Opérations de l'atterrage.*

263. Dès qu'un navire est sur le point d'atterrir, le point du midi précédent placé sur la carte indique à quelle distance on se trouve de la terre. Cette distance peut être évaluée sur l'axe loxodromique qui sépare les deux points, car quand on est près des côtes il y a peu de différence entre les distances *orthodromiques* et les distances *loxodromiques.*

Généralement, la première opération de l'atterrage se fait au moyen de la *sonde*, c'est-à-dire que le capitaine a navigué de manière à venir se placer au-dessus d'un fond marqué sur la carte et dont le brassiage et la *nature du fond y sont indiqués.* Quand le capitaine croit le navire rendu à ce point il fait mettre en panne si *l'on est à la voile* ou *stoper* si l'on est *sous vapeur*, et au moyen de la *grande sonde* on détermine la quantité d'eau et la nature du fond. Cette détermination et une *bonne latitude* suffisent, la plupart du temps, pour avoir une position exacte du bâtiment sur la carte. On navigue ensuite de manière à venir reconnaître telle partie de la côte pouvant donner des indications certaines et se voir à une grande distance.

Sachant le chemin fait par le *navire* depuis la détermination du dernier point, la vitesse qu'il a actuellement, et la distance à laquelle les terres *sur lesquelles on court peuvent être aperçues*, on peut prévoir *vers quelle heure on pourra apercevoir la terre.*

Un homme entendu est placé en vigie sur les barres du petit perroquet pour prévenir dès qu'il verra la côte.

Aussitôt que la vigie a signalé *terre!* on doit faire son possible pour reconnaître, d'après les cartes et les vues de côtes, si les formes de la côte éloignée que l'on aperçoit, répondent bien à celles indiquées *sur le plan.*

Dès que certaines *pointes, pics ou mornes* ont été reconnus, on fait dresser le compas de relèvements et l'on place, soit à l'aide de deux relèvements, soit à l'aide d'un *seul*, *la position du navire sur la carte.*

Une fois cette position *marquée et vérifiée par de nouveaux relèvements*, on fait suivre au navire la route nécessaire pour s'approcher de l'*entrée de la baie.*

4° *Opérations de l'entrée et du mouillage.*

264. Comme l'entrée de quelques ports ou baies de l'Océan n'est praticable par des navires d'une certaine grandeur qu'à certains moments, c'est-à-dire quand *la marée* ayant suffisamment recouvert d'eau les bas-fonds, permet au navire de s'aventurer sans danger dans les passes, nous pensons qu'il est rationnel de parler actuellement du *calcul pratique des marées*, ainsi que nous l'avons annoncé dans le *Cours d'Astronomie.*

Calcul pratique des marées.

265. Le calcul pratique des marées comporte deux questions :

1° *Déterminer la hauteur de l'eau au moment de la pleine mer ou de la basse mer, au-dessus d'un fond dont le brassiage est indiqué sur une carte ;*

2° *Déterminer l'heure de la pleine mer ou de la basse mer du matin ou du soir dans un lieu déterminé.*

1° *Déterminer la hauteur de l'eau au moment de la pleine mer ou de la basse mer.*

Unité de hauteur. — On appelle *unité de hauteur*, dans un port, la hauteur de l'eau au-dessus du niveau moyen au moment d'une pleine mer ou la dépression au-dessous de ce niveau au moment d'une basse mer, à l'*époque des syzygies*, lorsque la *Lune* et le *Soleil* sont supposés dans le *plan de l'équateur* et à leur *distance moyenne a la Terre.*

Appelons u cette unité de hauteur. A toute autre époque, la hauteur de la pleine mer au-dessus *du niveau moyen* sera e. Entre u et e, on a la relation

$$e = uf,$$

f étant une quantité variable qui dépend *de l'époque considérée.*

Cette quantité prend le nom de *centièmes* et se détermine au moyen d'*une formule de Laplace*, que nous ne donnerons pas ici.

En observant donc, un grand nombre de pleines mers dans un port, et en déterminant f pour chacune de ces pleines mers, on obtiendra un grand nombre de valeurs de u dont la *moyenne* donnera *cette unité avec une exactitude suffisante.*

Dans les cartes marines, les *sondes sont rapportées au niveau des plus basses mers ;* par conséquent, répondent à la *plus grande valeur* F de f.

En appelant E la dépression maximum correspondante, on a

$$E = uF,$$

et par suite, le niveau des plus basses mers est, en appelant N le niveau moyen,

$$N - uF.$$

La valeur maximum F de f a été trouvée de 1,19.

Pour calculer maintenant la hauteur de la pleine mer au-dessus du niveau des plus basses mers, on a

$$e = u(F + f).$$

Si l'on veut la hauteur de l'eau au moment de la basse mer, on a

$$e = u(F - f).$$

266. Pour résoudre pratiquement le double problème des marées on peut se servir soit de l'*Annuaire des marées des côtes de France*, soit des *éphémérides maritimes* de M. *Dubus*.

1° Dans l'*Annuaire des marées des côtes de France*, publié chaque année par M. *Chazallon*, *ingénieur hydrographe de la marine*, une première table donne les heures Temps moyen de la pleine mer et les hauteurs (exprimées en décimètres) au-dessus *du niveau des plus basses mers*, pour 14 ports principaux qui sont :

Le Boucaut,	*Port-Louis*,	*Le Havre*,	*Calais*,
Cordouan,	*Brest*,	*Fécamp*,	*Dunkerque*.
La Rochelle,	*Saint-Malo*,	*Dieppe*,	
Saint-Nazaire,	*Cherbourg*,	*Boulogne*,	

Une seconde table, la table A, donne par une simple addition ou soustraction, les heures des pleines mers dans les divers ports du globe, ainsi que les hauteurs des pleines mers dans les principaux ports de France.

Des tables complétement analogues à celles des pleines mers donnent les heures et les hauteurs des basses mers pour *Brest* et le *Havre* seulement ; mais, à l'aide de la table B, on obtient les heures des basses mers dans les différents ports de France, et à l'aide de la table C les hauteurs des basses mers.

La table E donne plus exactement l'heure des basses mers de *Saint-Malo*.

La table F donne le moyen d'avoir la hauteur de la mer à un instant quelconque dans les environs de Saint-Malo jusqu'à Grandville. Les explications qui accompagnent les tables données dans cet *annuaire*, permettent de s'en servir avec la plus grande facilité, et nous dispensent de nous étendre plus longuement sur cette question.

Pour savoir, maintenant, combien à l'instant de la pleine mer ou de la basse mer, un certain jour, il y *aura d'eau sur un écueil ou un fond désigné sur la carte*, on remarque sur cette carte à côté du point considéré un nombre α de décimètres qui *est* ou *n'est pas souligné.*

S'il est *souligné*, c'est que le point découvre de α au moment des plus fortes basses mers; s'il n'est pas souligné, c'est qu'il y a *encore* α *décimètres d'eau* au-dessus du point au moment des *plus fortes basses mers.*

Donc, en appelant h_p ou h_b les hauteurs données dans l'*Annuaire des marées* pour le moment considéré, *la hauteur de l'eau au-dessus du fond* au moment de la *pleine mer* ou de la *basse mer* est, dans le premier cas,

$$h_p - \alpha \quad \text{ou} \quad h_b - \alpha,$$

et dans le second cas,

$$h_p + \alpha \quad \text{ou} \quad h_b + \alpha.$$

2° Pour obtenir à l'aide des éphémérides de *M. Dubus* l'heure de la pleine mer du soir ou du matin un certain jour dans un port, on ajoute à l'établissement du port donné dans la première colonne de la *Table XI, le retard des marées* qui est donné à la première page de chaque mois; on a ainsi le T. M. astronomique de la pleine mer. On doit avoir soin de choisir, ainsi que l'indique M. Dubus, parmi les retards du jour ou de la veille celui qui, ajouté à l'*établissement*, donne une somme qui tombe dans la demi-journée, matin ou soir, pour laquelle on veut la pleine mer. La moyenne entre l'heure de la pleine mer du soir, et l'heure de la pleine mer du matin peut être considérée comme l'heure de la basse mer intermédiaire.

Pour *obtenir la hauteur de la pleine mer* au-dessus d'un fond indiqué sur la carte, on multiplie l'*unité de hauteur* donné en mètres dans la 3ᵉ colonne de la table XI, par les *centièmes de marée* qui sont données à la première page de chaque mois et qui correspondent, *place pour place*, au *retard des marées* que l'on a pris pour déterminer la pleine mer.

A ce produit on ajoute *l'élévation du niveau moyen* au-dessus des plus basses mers, donnée à la 5ᵉ colonne de la table XI, et l'on obtient encore ce que nous avons appelé h_p : par suite, la quantité $h_p \mp \alpha$ est encore la quantité d'eau qui se trouve sur le fond marqué α ou α sur la carte, au moment de la pleine mer. Comme l'usage des éphémérides de M. Dubus, quant aux marées, est donné pages 119, 120 et 121 de cette utile publication, nous ne nous étendrons pas davantage sur ce sujet.

267. Aussitôt que l'entrée de la baie est bien reconnue, on dispose les sondeurs et la carte de l'entrée.

On fait alors suivre au navire, ainsi que nous l'avons indiqué, d'après les *positions qu'il occupe successivement sur la carte* (positions déterminées d'après les *relèvements* et les *sondes*), la route nécessaire pour arriver *au mouillage* en évitant les *écueils* et les *bancs*.

Dès que le navire est mouillé dans la rade, on place la position de son mouillage sur la carte à l'aide de deux relèvements des points de la côte, et l'on en conclut *la latitude et la longitude* de ce mouillage, coordonnées que l'on porte *sur le journal du bord*.

FIN DU COURS DE NAVIGATION.

COURS D'HYDROGRAPHIE.

NOTIONS DE GÉODÉSIE.

1. *Définition.*—On nomme *géodésie*, des mots grecs γῆ Terre et δαίω je divise, la science qui, au moyen d'*opérations trigonométriques et astronomiques, permet de lever la carte d'un pays, de mesurer la longueur d'un degré terrestre*, etc...

Nous ne nous occuperons pas de la mesure de la longueur d'un degré terrestre, et nous n'appliquerons le nom *de géodésie* qu'à cette partie dont l'objet est la détermination de la carte d'un pays.

DES CARTES EN GÉNÉRAL.

2. Le but que l'on se propose dans les cartes, soit *géographiques*, soit *marines* est de représenter sur une *surface plane* les positions respectives des différents lieux du globe.

On comprend immédiatement, que chaque lieu du globe étant déterminé par sa *latitude* et sa *longitude*, c'est-à-dire par l'*intersection d'un méridien et d'un parallèle*, si l'on peut, sur un plan, déterminer facilement, à l'aide du *mode de représentation adopté*, les *méridiens et les parallèles*, chaque lieu pourra être placé sur le plan, suivant la position qu'il occupe sur le globe.

Il faut seulement que la forme des portions terrestres soit altérée le moins possible.

La surface du globe qui peut être considérée comme sphérique, ne pouvant être développée sur un plan, on a eu recours, pour arriver au but qu'on se propose, à deux systèmes principaux :

1° *A un mode de projection de tous les points de la surface de la Terre sur une surface plane;*

2° *A un système de développement de la surface à représenter, développement résultant de certaines hypothèses.*

Les projections adoptées sont :

1° *Les projections orthogonales ou orthographiques;*
2° *Les projections perspectives ou stéréographiques;*
3° *Les projections de Mercator.*

Les développements sont :

1° *Le développement conique;*
2° *Le développement de Flamstead.*

DES PROJECTIONS.

3. 1° *Projection orthographique.* — La projection orthographique est une projection *orthogonale* du globe terrestre sur un plan qui est généralement *un méridien ou l'équateur.*

Dans la projection sur un *méridien*, l'équateur et les parallèles sont représentés par des lignes *droites parallèles* entre elles; et les méridiens par des *ellipses* dont le grand axe est la ligne des pôles et le petit axe le double *du cosinus de la différence en longitude* du méridien servant de plan de projection et du méridien considéré.

Dans la projection sur l'*équateur*, tous les méridiens sont des rayons de ce cercle, et les *parallèles* sont des *cercles concentriques à l'équateur.*

Ce système de projection n'est pas généralement adopté, parce qu'il ne donne pas une idée assez exacte de la forme des diverses parties de la surface de notre globe On comprend, en effet, que les parties de l'hémisphère, voisines du plan de projection, sont représentées *raccourcies.*

2° *Projection stéréographique.* — La projection *stéréographique* n'est autre chose qu'une projection *perspective du globe* sur le plan d'*un grand cercle.*

On suppose l'œil placé sur la sphère successivement à l'une des extrémités du *diamètre perpendiculaire au plan de ce grand cercle.*

L'ensemble des perspectives des deux hémisphères s'appelle mappemonde.

Ainsi, soient PDP'D' (fig. 1), le méridien servant de plan de projection, OO' l'axe de ce cercle.

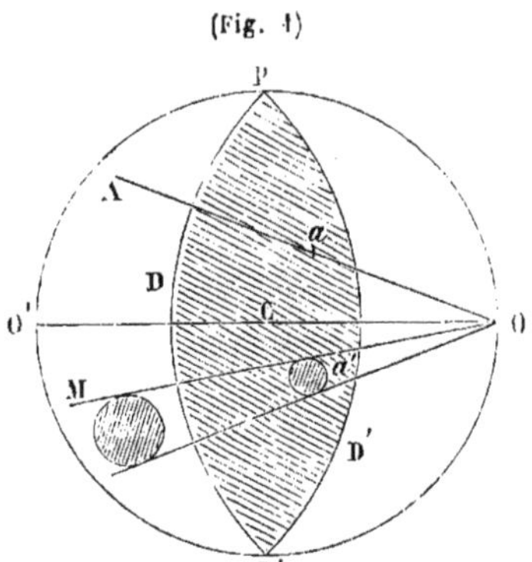

(Fig. 1)

Pour représenter l'hémisphère PO'P' on supposera l'œil en O.

Un point A de l'hémisphère considéré se projettera perspectivement en a; la portion de surface M se trouvera représentée par la portion m, qui n'est autre que l'intersection du plan de projection PDP'D' avec la surface conique ayant son sommet en O et pour base le contour de la partie M.

Dans la *projection stéréographique*, on peut donner à l'œil trois positions distinctes :

1° L'extrémité de la verticale d'un lieu, de manière *que le tableau est l'horizon rationnel;* le point central de la perspective est alors le lieu. La projection stéréographique est, dans ce cas, dite *horizontale ;*

2° *Le pôle*, le tableau est l'*équateur*, et la projection est dite *équatoriale ;*

3° Un point de l'équateur, le tableau est un *méridien*, et la projection est dite *méridienne.*

La projection stéréographique jouit de trois propriétés remarquables qui sont les suivantes :

1° *La projection d'un cercle de la sphère est un cercle ;*

2° *Le centre de la projection d'un cercle est la projection du sommet du cône circonscrit à la sphère suivant ce cercle ;*

3° *Les projections de deux cercles se coupent sous un angle égal à celui de ces deux cercles sur la sphère.*

1° *La projection d'un cercle est un cercle.*

4. Supposons que M (fig. 1) soit un petit cercle de la sphère: considérons le grand cercle qui passe par le point O, le centre C de la

sphère et le centre du petit cercle. Soient OPMP′ (fig. 2), ce grand cercle et MM′ le diamètre du petit cercle.

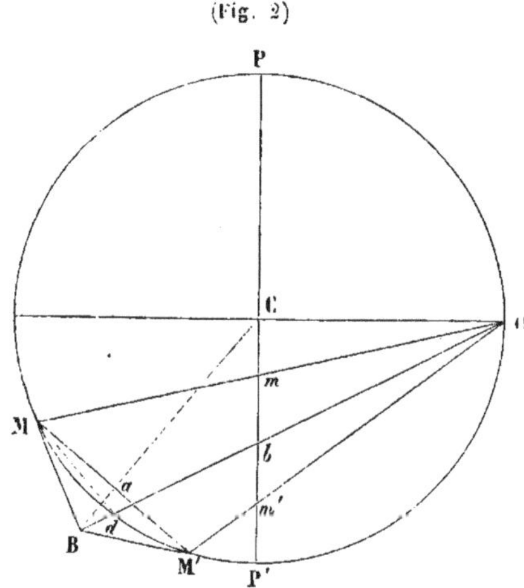

(Fig. 2)

Le plan du tableau qui est perpendiculaire sur le plan du cercle OPMP′ sera représenté par sa trace PP′; le petit cercle MM′ est aussi perpendiculaire au cercle OPMP′.

Le triangle MOM′ est donc la *section principale du cône oblique* dont le sommet est en O et dont la base est le petit cercle MM′; le plan du tableau PP′ coupe cette section principale perpendiculairement suivant mm'; et comme l'angle mm'O est égal à l'angle OMM′, la courbe projetée en mm' est une *section antiparallèle du cône oblique et par suite, un cercle.*

2° *Le centre de la projection d'un cercle est la projection du sommet du cône circonscrit à la sphère suivant ce cercle.*

5. Menons en M et en M′ (fig. 2), les deux tangentes MB et M′B; il est clair que le point B est le sommet du cône circonscrit à la sphère *suivant le cercle* MM′; menons OB qui coupe PP′ ou le tableau en b; ce point est la projection du sommet B; il faut donc faire voir que b est le milieu de mm'. Joignons le point M au point d où BO rencontre le grand cercle OPMP′.

Dans le triangle mbO, nous avons

$$mb = b\mathrm{O}\,\frac{\sin m\mathrm{O}b}{\sin bm\mathrm{O}};$$

mais

$$m\mathrm{O}b = \mathrm{BM}d\,,\quad bm\mathrm{O} = \mathrm{MM'O} = \mathrm{M}d\mathrm{O} = 180^\circ - \mathrm{M}d\mathrm{B}.$$

Donc, on a

$$mb = bo\,\frac{\sin \mathrm{BM}d}{\sin \mathrm{M}d\mathrm{B}}.$$

Mais
$$\frac{\sin \mathrm{BM}d}{\sin \mathrm{M}d\mathrm{B}} = \frac{\mathrm{B}d}{\mathrm{MB}};$$

donc
$$mb = b\mathrm{O}\,\frac{\mathrm{B}d}{\mathrm{MB}}.$$

En joignant $d\mathrm{M}'$, on obtiendrait de même,

$$m'b = b\mathrm{O}\,\frac{\mathrm{B}d}{\mathrm{M'B}},$$

et comme, $\mathrm{M'B} = \mathrm{MB}$, on voit que $m'b = mb$.

3° *Les projections de deux cercles de la sphère se coupent sur le plan sous un angle égal à celui de ces deux cercles dans l'espace.*

6. En effet, faisons passer un plan par le centre de la sphère C (fig. 3), le point de vue O et le point A *commun aux deux cercles.* Ce plan sera évidemment perpendiculaire au plan MN du tableau et au plan tangent à la sphère au point A.

(Fig. 3)

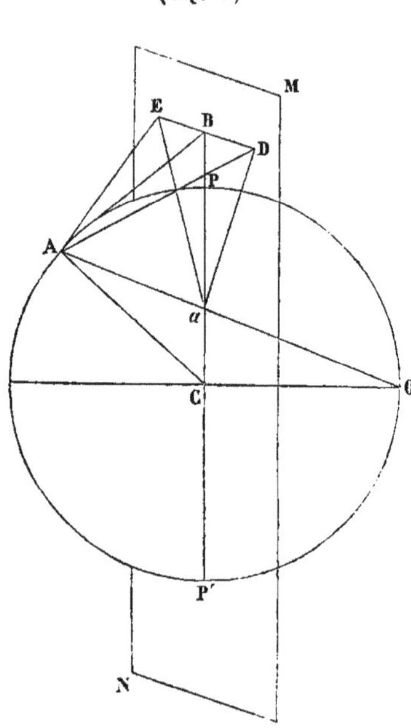

Les droites PP', perpendiculaire à CO, et AB perpendiculaire à AC, représentent les *traces* du tableau et du plan tangent sur le plan du cercle OPAP'.

L'angle des deux cercles est mesuré par l'angle de leurs tangentes ; soient AD et AE ces tangentes qui viennent rencontrer le plan du tableau suivant E et D ; la droite ED *est évidemment perpendiculaire au plan* OPAP'.

Si nous joignons AO, a sera la *projection* du point A, aE et aD les projections des tangentes AE et AD, et, par suite, l'angle EaD est l'angle des deux cercles, projections des cercles de la sphère qui se coupent en A.

Il faut donc faire voir que EAD = EaD.

En effet, le triangle ABa est isocèle, parce que les angles BAa et AaB ont même mesure; donc AB = Ba.

ED étant perpendiculaire au plan OPAP′, l'est aussi aux deux droites AB et Ba; donc, on a

$$DA = Da \quad \text{et} \quad EA = Ea$$

comme obliques s'écartant également du pied de la perpendiculaire.

Les deux triangles EAD, EaD ont donc les trois côtés égaux, donc l'angle EAD = EaD.

A l'aide de ces trois propriétés, nous allons pouvoir construire la projection stéréographique d'un hémisphère du globe. Nous ne considérerons que la projection méridienne.

CONSTRUIRE LA PROJECTION STÉRÉOGRAPHIQUE MÉRIDIENNE D'UN HÉMISPHÈRE DU GLOBE TERRESTRE.

7. Tout se réduit à tracer sur la carte les *méridiens et les parallèles* qui, par leurs intersections, déterminent les différents points du globe.

Supposons que le plan du tableau soit un méridien; le point de vue est placé sur l'*équateur* à l'extrémité du rayon *perpendiculaire à ce méridien.*

Soit PqP′q' (fig. 4) ce méridien; qq' représente l'équateur, o la projection du point de vue.

Tracé du méridien. — D'après ce que nous avons vu (4), la projection stéréographique d'un méridien, est un cercle; il est évident que ce cercle doit passer par les points P et P′; cherchons un autre point.

Considérons, par exemple, le méridien qui fait avec PqP′q' un angle α.

Ce méridien coupera l'équateur en un point dont nous allons déterminer la projection.

Rabattons pour cela le plan de l'équateur sur le méridien PqP′q' en le faisant tourner autour de qq', le point de vue viendra en P′; l'équateur se confondra avec le *méridien tableau* et l'intersection du méridien considéré avec l'équateur viendra en A, de manière que A$q = \alpha$.

Joignons AP′; a sera la projection perpective du point A, laquelle se trouvant sur *la charnière ne bouge pas* quand on *redresse l'équateur.*

Donc, la projection du méridien considéré sera le cercle passant par les trois points P, a, P′.

On sait que le centre de ce cercle *est la projection du sommet du*

Fig. 4.

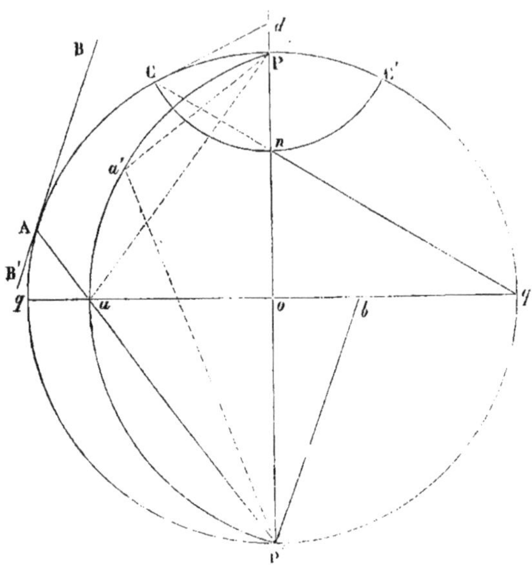

cône circonscrit à la sphère suivant le méridien ; dans ce cas, ce cône est un cylindre dont la génératrice située dans le plan de l'équateur est la tangente AB.

Si donc, par le point P' nous menons P'*b* parallèle à AB, nous aurons en *b* le centre du cercle qui doit passer par les points P, *a*, P'. On peut remarquer que l'angle OP'*b* est égal à l'angle AP'*b* moins AP'O ou = B'AP'—AP'P qui ont pour mesure, l'un $\frac{90^\circ + qA}{2}$, l'autre $\frac{90 - qA}{2}$; donc l'angle OP'*b* = qA = α.

On déduit de là, le moyen de tracer les projections des méridiens de 5 en 5° ou de 10 en 10°, etc.

Tracé des parallèles.

La projection d'un parallèle s'obtient par un procédé analogue.

Le parallèle situé à une distance β du pôle coupe le méridien tableau en deux points C et C' (fig. 4), tels que PC = PC' = β.

D'après ce que nous avons dit (4), la projection du parallèle sera un cercle qui passera par les points C et C'; cherchons un autre point, ou bien le centre de ce cercle.

Ce centre devra être évidemment situé sur la ligne PP'. Or, le sommet du *cône circonscrit* se détermine en menant au point C la tangente Cd qui rencontre PP' en d ; ce point étant à lui-même sa projection est le centre du petit cercle, projection stéréographique du parallèle passant en C et C' ; il est alors facile de le construire.

En rabattant le méridien moyen qui se projette suivant PP', sur le méridien tableau de manière que le point de vue vienne en q', on voit que la projection d'un des points de l'intersection du parallèle avec le méridien moyen vient en n que l'on détermine en joignant q'C.

8. *Remarque.* — Les rayons des projections des méridiens et des parallèles augmentant à mesure que ces cercles approchent du méridien moyen et de l'équateur, on ne peut décrire ces cercles d'un mouvement continu. Mais comme on connaît toujours trois points de ces cercles, on peut les construire par points. En remarquant que l'angle $P'a'P = P'aP = 90^\circ + qA$, le sommet d'une fausse équerre ouverte de manière à faire un angle égal à $90 + qA$ et assujettie à ce que ces côtés passent par les points P et P', décrit, en effet, l'arc de cercle PaP'.

Les méridiens et les parallèles se coupant à angle droit sur la carte et sur la sphère (6), *la considération des tangentes permet aussi de tracer plus facilement ces cercles.*

Nous ne parlerons pas des projections de Mercator, qui *sont les cartes réduites* données précédemment.

DES DÉVELOPPEMENTS.

9. *Du développement conique.* — Lorsque l'on ne veut représenter qu'une portion de pays située entre deux parallèles et deux méridiens, on considère le cône circonscrit au globe suivant le parallèle moyen ; l'on admet alors que dans toute la partie comprise entre les deux parallèles, ce cône se confond avec la portion sphérique du globe.

En développant ce cône sur un plan, on obtient une portion de secteur circulaire dont les rayons représentent les méridiens, et des arcs de cercles concentriques les parallèles.

En appelant L_m, la latitude du parallèle moyen, et L celle d'un parallèle quelconque, on a d'une manière évidente sur la figure 5,

$$Sa_m = \text{rayon du parallèle moyen} \ldots = \cot L_m$$

$$SK = \text{rayon d'un parallèle quelconque} = \frac{SE}{\cos a_m SF} = \frac{SP' - P'E}{\cos L_m} = \frac{\operatorname{cosec} L_m - \sin L}{\cos L_m}$$

En appelant G la différence en longitude d'un méridien quelconque avec le méridien sur lequel se fait le développement, et δ l'angle que fait sur la carte ce méridien quelconque avec celui sur lequel se fait le développement ; on devra avoir

(Fig. 5)

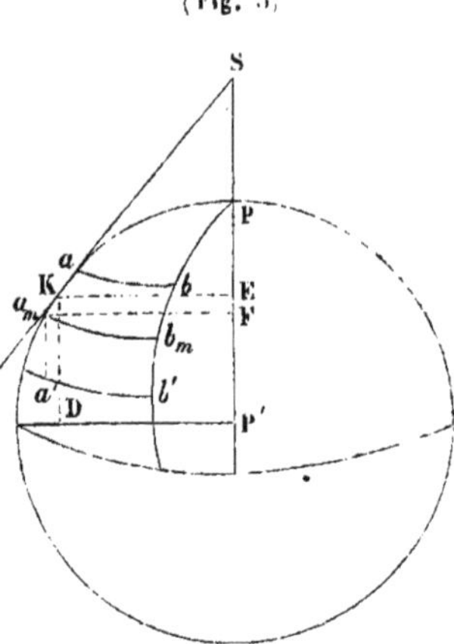

$$\delta \operatorname{cotg} L_m = G \cos L_m$$

d'où $$\delta = G \sin L_m.$$

Développement de Flamstead. — Au lieu de remplacer la portion sphérique du globe par une partie conique, on la remplace par la portion de surface du cylindre circonscrit à la Terre suivant le méridien qui passe par le milieu de *l'intervalle à représenter.*

Ce méridien moyen se développe suivant une ligne droite, et les autres suivant les développements des ellipses, intersections du cylindre et des plans méridiens.

Les arcs de parallèles se développent évidemment suivant des lignes droites parallèles entre elles et *égales à ces arcs développés.*

On voit que les *aires des portions du globe représentées* sont sensiblement les mêmes sur une carte *ainsi déterminée que sur le globe*, et que les distances des *parallèles sont aussi conservées.*

Mais la figure du globe est altérée pour les parties qui s'écartent du méridien moyen, parce que les méridiens deviennent obliques aux parallèles au lieu de leur être perpendiculaires.

Pour obtenir un développement qui altère le moins possible la figure du globe, on remplace les lignes droites qui représentent les *parallèles*, par *des cercles concentriques* que l'on détermine comme dans le développement conique, avec la considération, toutefois, que leurs *distances respectives soient les mêmes sur la carte et sur le globe.*

Le méridien moyen est alors représenté par une ligne droite et les autres par des lignes courbes déterminées de telle sorte que les arcs interceptés sur les parallèles, entre deux méridiens, conservent la même longueur sur la carte et sur le globe.

C'est d'après ce système qu'a été dressée la grande carte de France, publiée il y a quelques années par le ministère de la guerre.

10. D'après les différents modes de représentation du globe que nous venons de considérer, nous voyons que pour lever la carte d'un pays, il suffit de déterminer la latitude et la longitude de tous les points remarquables du pays.

Or, cette détermination ne peut se faire d'une manière suffisamment exacte, surtout pour des points très-rapprochés à l'aide des méthodes astronomiques que nous avons données. Ces moyens nécessitent en outre un certain état du ciel qui causerait une perte de temps dans le travail: alors, tout en déterminant astronomiquement la latitude et la longitude de deux ou trois points remarquables, on obtient la latitude et la longitude des autres points au moyen d'opérations géodésiques qui se réduisent à *mesurer directement une ou plusieurs longueurs et à prendre des angles.*

11. *La surface de projection est en géodésie le niveau moyen des mers.* — Supposons un sphéroïde concentrique à la Terre et ayant pour surface celle du niveau moyen des mers.

Tous les rayons de la Terre qui passent par divers points d'un pays, déterminent, par leur intersection avec ce sphéroïde, la projection ou représentation de tous les points du pays. C'est cette projection que l'on représente sur les cartes.

12. *Du canevas trigonométrique.* — Si par les projections de tous les points considérés deux à deux, on suppose des arcs de grand cercle, on déterminera sur la surface du *sphéroïde imaginaire*, *une série de triangles sphériques ;* la détermination de ces triangles sphériques nous conduira à celle *des latitudes et longitudes de leurs sommets.*

On peut avoir égard, dans le calcul de ces triangles, *à la non-sphéricité* du globe, il suffit, dans chaque lieu, de considérer les triangles comme appartenant à une sphère dont le rayon est celui qui *convient à la latitude du lieu.*

Pour arriver à la connaissance des éléments propres au calcul de ces triangles sphériques, on suppose que tous les points du pays dont on veut considérer la projection, sont liés deux à deux par des lignes droites; on imagine ainsi, dans l'espace, une *série de triangles rectilignes* que l'on nomme *canevas trigonométrique*, lequel forme *un polyèdre qui enveloppe le pays.*

C'est la détermination des angles de *ces triangles rectilignes* qui permet d'obtenir les éléments *des triangles sphériques* de la projection de ce polyèdre sur le *sphéroïde imaginaire.*

Fig 6.

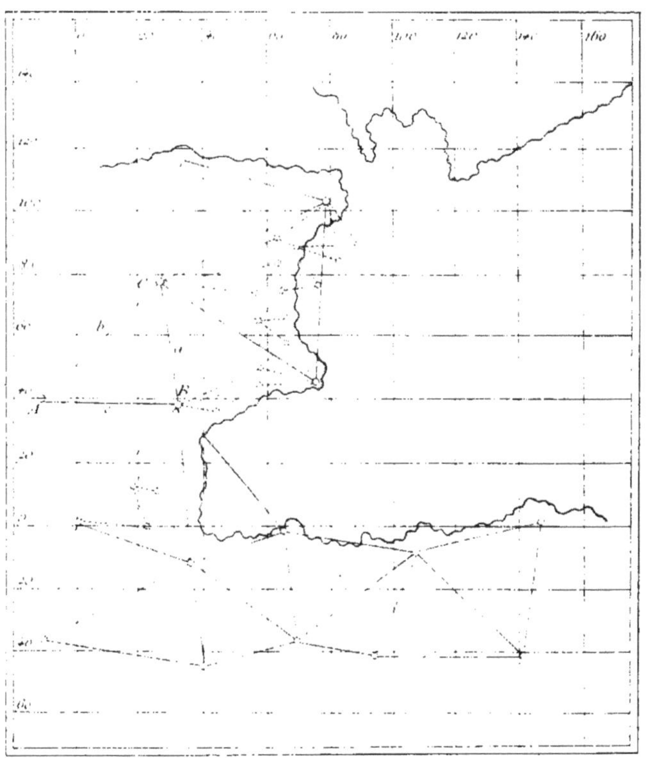

Toutes les opérations se réduisent donc en géodésie à *mesurer des lignes ou bases*, et à *mesurer des angles.*

13. *Méthode employée dans la disposition du canevas trigonométrique.* — Considérons seulement le travail géodésique nécessaire à déterminer le lever d'une côte que l'on peut aborder.

La triangulation du canevas se divise en triangulation du 1er, 2e, 3e..... ordre.

Dans la *triangulation du premier ordre*, on ne considère que les points les plus remarquables, et on les prend à la plus grande distance possible les uns des autres; sur ces points on place des signaux.

On mesure une base ou un côté de ces grands triangles, et on détermine, de chacun des sommets de ces triangles, *la distance angulaire* des autres sommets deux à deux.

La *triangulation du deuxième ordre* s'obtient en déterminant dans chacun de ces triangles de premier ordre, une série de points remarquables qui forment une série de triangles, dont l'un d'eux *a un côté commun avec le triangle de premier ordre.*

Dans un des triangles du deuxième ordre, on forme d'une manière analogue, une triangulation du troisième ordre, et ainsi de suite; jusqu'à ce que les côtés des triangles du $n^{ème}$ ordre, comptés sur la surface terrestre puissent être considérés comme des lignes droites; et pour cela, ne dépassent pas 1000 mètres; la fig. 6 fait comprendre ce que nous venons de dire.

14. *Forme à donner aux triangles du canevas.* — La forme à donner aux triangles doit, autant que possible, être telle, que si l'on commet sur une base b ou sur les angles B et C des erreurs, ces erreurs aient le moins d'influence possible sur les côtés a et c à déterminer.

Ces côtés sont donnés par les relations :

$$a = b\,\frac{\sin A}{\sin B} \qquad c = b\,\frac{\sin C}{\sin B}. \tag{1}$$

En différentiant ces équations par rapport à a, c, A, B, C, on obtient :

$$da = b\,\frac{\cos A \sin B dA - \cos B \sin A dB}{\sin^2 B} = a\,(\cot A dA - \cot B dB),$$

$$dc = b\,\frac{\cos C \sin B dC - \cos B \sin C dB}{\sin^2 B} = c\,(\cot C dC - \cot B dB).$$

Si les erreurs sont de même signe, on voit que da et dc sont minimums, lorsque supposant $dA = dB = dC$, on a $A = B = C$.

Si les erreurs dA, dB ou dA et dC sont de signes contraires, tout en les supposant égales, on a

$$da = a(\cot A + \cot B)\,dA = \frac{2a \sin C\,dA}{\cos(A - B) + \cos C}$$

et
$$dc = c(\cot C + \cot B)\,dA = \frac{2C \sin A\,dA}{\cos(C - B) + \cos A},$$

quantités qui deviennent minimums pour $A = B = C$.

Ainsi, *la condition la plus avantageuse* pour que les erreurs commises dans les angles observés n'aient pas d'influence, est que les *triangles soient équilatéraux.*

Il n'est pas toujours possible de choisir les sommets des triangles de manière que ces triangles aient la forme équilatérale; il faut dans ce cas, éviter que l'angle opposé à la base soit trop *aigu* ou trop *obtus.*

Si nous avions supposé une erreur sur la base, en différentiant les relations (1) par rapport à a, c et b nous eussions obtenu :

$$da = db\,\frac{\sin A}{\sin B} \qquad dc = db\,\frac{\sin C}{\sin B};$$

d'où l'on voit que la condition la plus avantageuse, dans ce cas, est que l'angle $B = 90°$.

Lorsque l'angle B diminue ou augmente au delà de cette valeur 90°, en admettant que le triangle soit isocèle, c'est-à-dire que $A = C$, on voit que les erreurs da et dc augmentent et sont supérieures à db dès que l'angle B est plus petit que 60° ou plus grand que 120°.

On conclut de cette discussion, que la base doit *être mesurée aussi exactement que possible*, parce que tous les triangles se reliant entre eux, une erreur commise sur la base pourrait donner des erreurs très-grandes sur les derniers côtés calculés; il est même bon de vérifier certains côtés calculés, à l'aide d'une mesure directe.

15. *Disposition du travail géodésique sur le terrain.* — On commence par faire une reconnaissance du pays dont on veut lever la carte. On se transporte pour cela sur les *édifices* les plus remarquables, sur les *collines* les plus apparentes, et à l'aide d'un cercle *à réflexion*, on relève, à peu près, les points remarquables qui paraissent c(

comme sommets des triangles du canevas. On détermine ainsi *à l'aide d'un canevas approché* : l'ordre de la triangulation ; quels sont les édifices qui peuvent servir de stations ; les points remarquables visibles les uns des autres, ceux où l'on peut placer des signaux, etc.

Au moyen de canots ou sur un navire, on observe d'une certaine distance de la côte, quelles sont les montagnes, collines ou édifices qui se remarquent le plus de la mer, et on prend ces points, en y plaçant des signaux s'il est nécessaire, pour sommets de triangles du premier ou du second ordre de la triangulation.

16. *Des stations.* — Les stations sont les sommets *des triangles du canevas géodésique* qui sont assez élevés pour permettre de découvrir une grande étendue du pays.

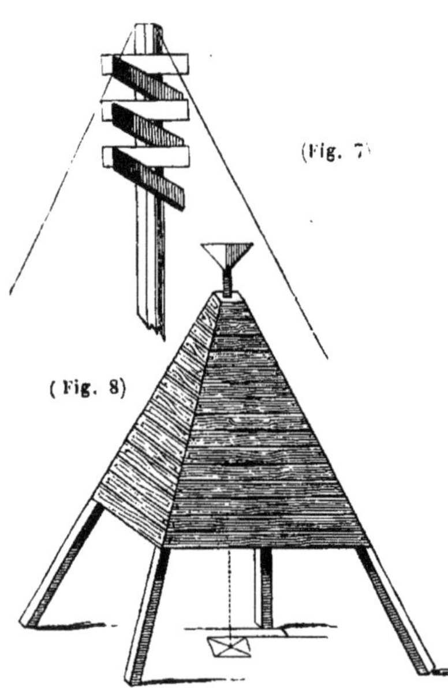
(Fig. 7)
(Fig. 8)

Des signaux. — Pour pouvoir mesurer exactement les angles du triangle, il faut que les sommets de ces triangles soient nettement définis.

Lorsque cette condition n'est pas remplie naturellement, on place à ces sommets des signaux ; lesquels sont de deux espèces :

1° Ceux qui ne doivent pas être vus de très-loin sont formés d'une poutrelle (fig. 7) de 7 à 8 mètres de hauteur, maintenue verticale au moyen de haubans ; sur les deux faces adjacentes de cette poutrelle sont clouées, perpendiculairement, des planches longues de deux mètres.

2° Les signaux qui doivent être vus de très-loin ont la forme d'une *pyramide quadrangulaire* (fig. 8), dont la hauteur est environ trois fois le côté de la base ; ce signal peut servir d'abri à l'observateur.

On peint ces signaux en *noir* ou en *blanc*, selon que les points où on doit les relever se projettent sur le *ciel* ou sur le *sol*, ce qu'il est facile de voir au moyen de deux distances zénithales.

On ne devra pas placer les signaux à une distance de plus de 25 à 30,000 mètres, parce qu'au delà de cette distance ils ne s'aperçoivent pas facilement.

MESURE DE LA BASE.

17. La détermination de la base comporte trois parties :

1° *Choix de la base;*

2° *Jalonnage de la base;*

3° *Mesurage de la base;*

18. 1° Choix de la base. — En faisant la reconnaissance du pays dont on veut lever la carte, on a dû chercher pour mesurer une base, un terrain uni et à peu près horizontal, d'une étendue d'un myriamètre environ et des extrémités duquel on puisse apercevoir un côté de l'un des triangles.

(Fig. 9)

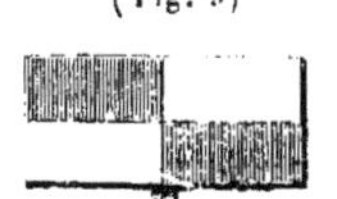

Une fois cette base déterminée, on place à ses extrémités une pyramide régulière de dix mètres de hauteur et l'on marque sur une pierre enfoncée en terre, deux lignes dont l'intersection est le pied P, (fig. 8), de la verticale abaissée du sommet de la pyramide.

2° Jalonnage de la base. — Au pied de la verticale abaissée du sommet de l'une des pyramides, on place un *théodolite* dont on rend le limbe vertical, comme nous le dirons plus loin. Au pi l de la projection du sommet de l'autre pyramide, on place un jalon (fig. 9). Ces jalons sont des bâtons bien droits et de même diamètre, armés à l'une de leurs extrémités d'un cône en fer qui permet de les fixer en terre : l'autre extrémité porte quelquefois une petite planchette appelée voyant, qui est peinte en blanc ou divisée en 4 parties dont deux opposées sont peintes en blanc et les deux autres en une autre couleur.

On vise ce jalon avec la lunette du théodolite de manière qu'il soit coupé en deux par le fil vertical du réticule; on fixe le limbe et la lunette dans cette position.

On place ensuite des jalons entre les deux pyramides, à 150 ou 200 mètres de distance les uns des autres, et de manière que le fil vertical de la lunette du théodolite les partage en deux parties égales.

19. 3° Mesure de la base. — La mesure des bases, dit M. Puissant, est une des opérations les plus délicates et les plus importantes de la géodésie.

Il faut que leurs longueurs soient déduites d'une unité de mesure parfaitement connue et ramenée au même état de température.

Pour mesurer la base jalonnée ainsi que nous l'avons dit, on se sert de règles de bois ou de métal, qui représentent un multiple du mètre; ces règles doivent être étalonnées avec une exactitude rigoureuse.

20. *Règles en bois.* — Ces règles sont ordinairement en sapin d'une longueurs de 5 mètres; leurs extrémités sont formées par des garnitures en fer à vives arêtes, ou bien sont terminées, l'une par un clou à tête ronde, l'autre par un clou à tête plate.

Pour préserver ces règles de l'humidité, on les trempe dans l'*huile bouillante* et on les enduit d'un *vernis épais*.

Afin que ces pièces ne se déjètent pas, elles sont disposées dans un losange (fig. 10).

(Fig. 10)

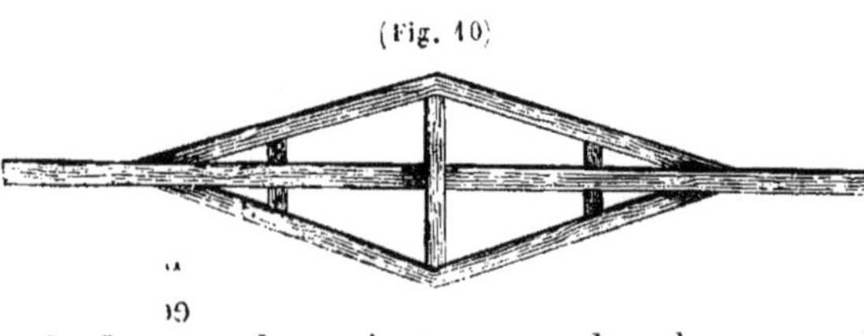

Les règles de bois ont l'avantage de ne ressentir les effets de la chaleur que dans leurs sens transversal.

On fit usage de ces instruments dans la mesure de la base, dite de la Goldach, mesurée en Bavière par les ingénieurs géographes français.

21. *Règles en métal.* — Les règles en métal employées sont en *platine*, ou formées *de platine* et *de cuivre* déterminant par leur superpo-

(Fig. 11)

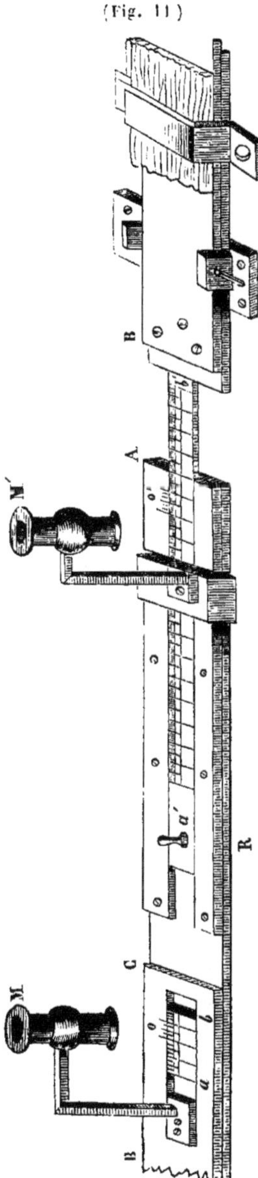

sition des thermomètres métalliques, permettant d'obtenir la longueur qu'elles avaient au moment des observations.

Ce sont ces dernières, inventées par Borda, qui furent employées dans l'opération de *la méridienne de France.*

La figure 11 représente les extrémités opposées A et B de deux règles de platine R et R'. Chacune est recouverte d'une règle de cuivre, qui est de huit centimètres environ plus courte que la règle de platine.

Ces deux règles sont fixées ensemble par une des extrémités ainsi qu'on le voit en B ; la différence de dilatation des métaux ne se fait alors sentir qu'à l'extrémité opposée, ainsi qu'on le voit en CA.

La température se déduit de la quantité dont le cuivre se dilate plus que le platine ; quantité que l'on détermine au moyen des divisions *ab* tracées vers l'extrémité de la règle de cuivre, sur une petite pièce de ce métal adaptée à la règle de platine.

Un petit vernier *o* est fixé sur la règle de cuivre, et on lit la division où s'arrête l'index au moyen du microscope M.

Une languette *a'b'* graduée, un vernier *o'* et une loupe M' permettent d'évaluer la distance AB qui sépare les règles R' et R, qu'on ne met pas en contact parfait par la raison que nous dirons tout à l'heure.

Les règles métalliques *ordinaires* portent un thermomètre à l'aide duquel on peut ramener la longueur mesurée à la longueur réelle.

22. *Pose des règles.* — Les règles sont placées sur un pont *pp'*

(Fig. 12)

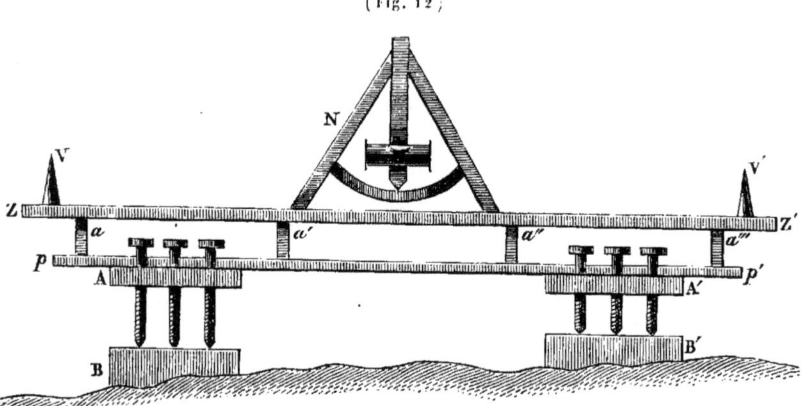

(fig. 12), garni des pièces a, a', a'', a''', qui supportent les règles. Ce pont s'appuie sur des chevalets ou sur des trépieds A et A' munis de vis à l'aide desquelles on peut rendre le pont horizontal.

Ces vis reposent sur des socles B, B' fixés dans le sol. Les règles Z, Z' sont armées de viseurs V, V' à leurs extrémités pour permettre de les aligner dans la direction des jalons.

Dès que les règles sont en place, elle doivent être mises à l'abri des rayons du Soleil, ainsi que les thermomètres qui doivent donner leur température.

23. *Horizontalité des règles.* — Pour rendre les règles horizontales, on se sert d'un niveau à perpendicule que l'on porte sur chacune d'elles ; ce niveau est disposé de manière que lorsqu'il est placé sur une surface horizontale, son alidade est sur zéro et la bulle d'air de son niveau dans ses repères ; on fait mouvoir les vis des trépieds A et A' (fig. 12), de manière à lui faire remplir cette condition.

24. *Mesure de l'inclinaison des règles.* Toutefois, comme cette rectification est assez longue, on préfère déterminer l'inclinaison des règles.

Pour cela, on place sur la règle les jambes du niveau, et on amène, à l'aide de l'alidade, la bulle du niveau dans ses repères ; l'alidade est alors verticale.

On lit la division du limbe qui correspond à son index ; on retourne l'instrument et on rend de nouveau l'alidade verticale ; la moyenne des deux nombres obtenus est la mesure de l'inclinaison de la règle.

25. *Projection horizontale de la règle.* — Appelons I cette inclinaison, L la longueur de la règle inclinée et L′ la longueur de sa projection, on aura

$$L' = L\cos I = L\left(1 - 2\sin^2\frac{I}{2}\right) = L - L\frac{I^2}{2}\sin^2 1''.$$

La différence de hauteur h des deux extrémités de la règle est évidemment,

$$h = L\sin I = L \cdot I \sin 1''.$$

26. *Détermination de l'intervalle qui sépare les règles.* — En mesurant une base on se sert de 3 ou 4 règles pour pouvoir les placer sans interruption dans la direction de la base.

Afin de ne pas occasionner de *choc* et par suite de recul en établissant la coïncidence des extrémités de chaque règle, on laisse, entre elles, un petit intervalle $a\,a'$ (fig. 13) que l'on mesure en introduisant un petit coin $cc'o$ de fer ou de cuivre soutenu par un fil.

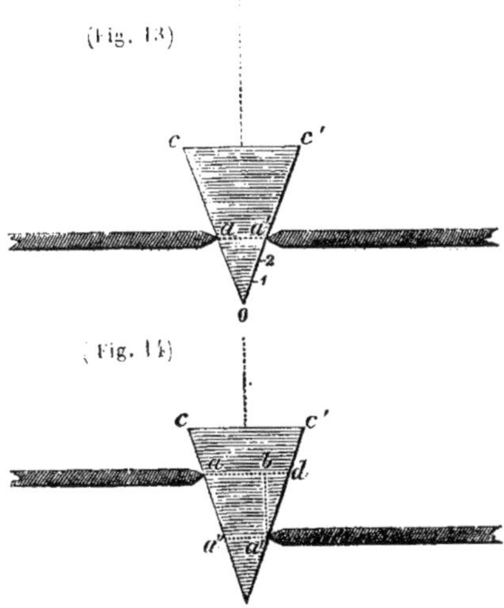

L'arête oc' du coin est divisée en millimètres et ces divisions sont numérotées. La largeur cc' de la tête du coin est connue en millimètres; on a aa' par la relation

$$aa' = cc' \times \frac{a'o}{oc'}.$$

Si les deux points a et a' (fig. 14), ne correspondent pas à la même division, on a pour mesure de leur intervalle ab,

$$ab = \frac{cc'}{oc'}\left(\frac{oa'' + oa'}{2}\right).$$

Lorsque le terrain ne permet pas de placer les règles à peu près dans le même plan horizontal, on place leurs extrémités à toucher un fil à plomb f (fig. 15), et l'on ajoute alors, à la longueur totale

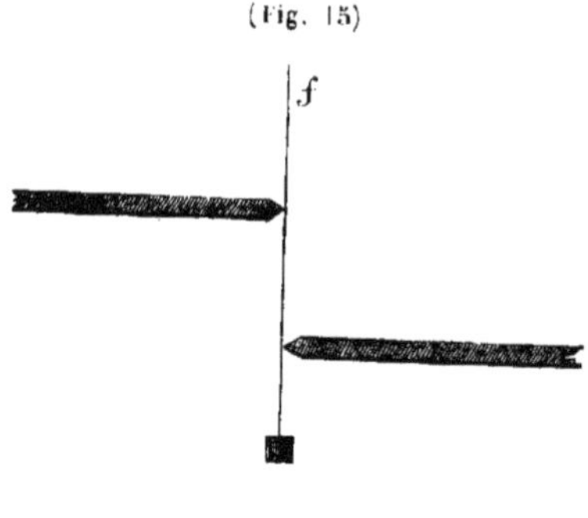

(Fig. 15)

de la base, n fois le diamètre du fil à plomb, si on l'a employé n fois.

Le travail de la mesure d'une base durant plus d'un jour, on détermine la longueur que l'on peut mesurer dans la journée, en portant les règles bout à bout grossièrement; au point qui doit terminer la journée on enfonce un pieu.

A l'extrémité de la dernière règle placée, on fixe un fil à plomb dont la pointe est une aiguille très-fine; à l'endroit où elle s'arrête sur le pieu, on enfonce un clou de cuivre à tête plate et l'on marque sur ce clou, avec un poinçon, le point où s'arrête l'aiguille.

C'est à partir de ce point que le lendemain on continue la mesure de la base.

27. *Base brisée.* — Il n'est pas toujours possible de choisir la base de manière qu'elle soit exactement située dans un même plan vertical.

Ainsi, les bases de Melun et de Perpignan mesurées par Delambre, ne purent remplir cette condition.

Soient A et C (fig. 16), les extrémités d'une base AC que l'on ne peut pas mesurer suivant la ligne AC. On détermine alors la longueur des deux côtés AB et BC de la base brisée ABC, et on observe avec beaucoup de soin l'angle très-obtus ABC.

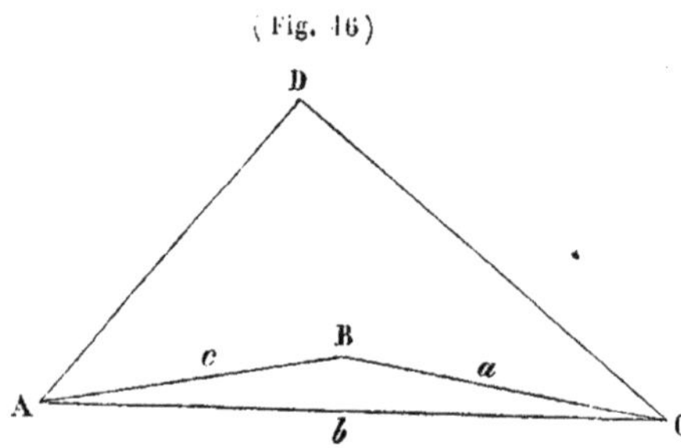

(Fig. 16)

Le triangle ABC est un triangle sphérique très-peu courbe, et par conséquent, en raison du *théorème de Legendre, ce triangle peut être considéré comme rectiligne lorsque l'on retranche de ses angles le tiers de son excès sphérique.*

28. Ce théorème est, en effet, celui-ci :

Lorsque l'on considère un triangle sphérique dont les côtés sont très-petits, on peut substituer à ce triangle sphérique, un triangle rectiligne dont les côtés ont même longueur que les côtés du triangle sphé-

rique et dont les angles sont égaux à ceux de ce même triangle, mais diminués du tiers de l'excès sphérique.

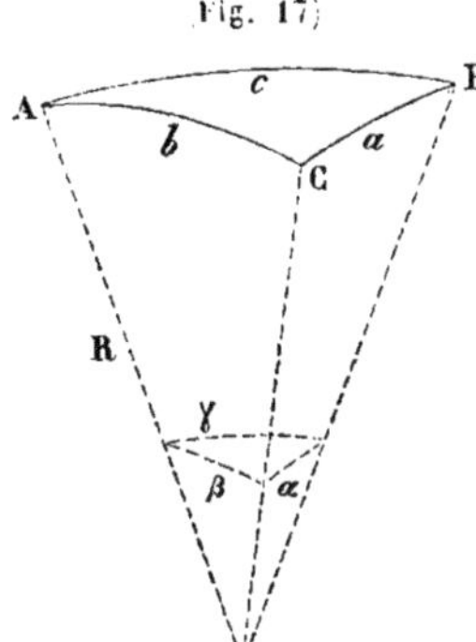

Fig. 17.

Soit ABC (fig. 17), un triangle sphérique très-peu courbe.

Désignons par a, b, c la longueur de ses trois côtés, par α, β et γ la mesure angulaire de ces même côtés, et par R le rayon de la sphère. On a évidemment,

$$(1) \qquad \alpha = \frac{a}{R}, \quad \beta = \frac{b}{R}, \quad \gamma = \frac{c}{R}.$$

Le triangle sphérique ABC donne

$$\cos A = \frac{\cos\alpha - \cos\beta\cos\gamma}{\sin\gamma\sin\beta}$$

ou, d'après les relations (1),

$$(2) \qquad \cos A = \frac{\cos\frac{a}{R} - \cos\frac{b}{R}\cos\frac{c}{R}}{\sin\frac{b}{R}\sin\frac{c}{R}}.$$

Mais, d'après ce que l'on a vu en analyse, on a

$$\cos\frac{a}{R} = 1 - \frac{a^2}{2R^2} + \frac{a^4}{2.3.4R^4} - \ldots..$$

$$\cos\frac{b}{R} = 1 - \frac{b^2}{2R^2} + \frac{b^4}{2.3.4R^4} - \ldots..$$

$$\cos\frac{c}{R} = 1 - \frac{c^2}{2R^2} + \frac{c^4}{2.3.4R^4} - \ldots..$$

et

$$\sin\frac{b}{R} = \frac{b}{R} - \frac{b^3}{2.3R^3} + \ldots..$$

$$\sin\frac{c}{R} = \frac{c}{R} - \frac{c^3}{2.3R^3} + \ldots..$$

Substituant ces valeurs dans la relation (2), on obtient

$$\cos A = \frac{1 - \frac{a^2}{2R^2} + \frac{a^4}{24R^4} - \left(1 - \frac{b^2}{2R^2} + \frac{b^4}{24R^4}\cdots\right)\left(1 - \frac{c^2}{2R^2} + \frac{c^4}{24R^4}\cdots\right)}{\left(\frac{b}{R} - \frac{b^3}{6R^3}\right)\left(\frac{c}{R} - \frac{c^3}{6R^3}\right)}.$$

Effectuant et négligeant les termes qui contiennent, au numérateur, R à une puissance d'un degré plus élevé que R^4, on a, toutes réductions faites,

$$\cos A = \frac{\dfrac{b^2+c^2-a^2}{2R^2} + \dfrac{a^4-b^4-c^4-6b^2c^2}{24R^4}}{\dfrac{bc}{R^2} - \dfrac{b^3c+bc^3}{6R^4}}.$$

Effectuant la division et s'arrêtant au second terme, on a

$$(3) \qquad \cos A = \frac{b^2+c^2-a^2}{2bc} + \frac{a^4+b^4+c^4-2a^2b^2-2b^2c^2-2a^2c^2}{24R^2bc}.$$

Or en appelant A', B' et C' les angles d'un triangle rectiligne dont les côtés seraient a, b et c, on a trouvé en trigonométrie rectiligne,

$$(4) \qquad \begin{cases} \cos A' = \dfrac{b^2+c^2-a^2}{2bc} \\ \sin^2 A' = \dfrac{2a^2b^2+2a^2c^2+2b^2c^2-a^4-b^4-c^4}{4b^2c^2}; \end{cases}$$

la relation (3) combinée avec les formules (4) donne

$$\cos A = \cos A' - \frac{\sin^2 A' bc}{6R^2}.$$

Mais, en appelant S la surface du triangle rectiligne, on a

$$S = \frac{bc}{2} \sin A',$$

il vient alors, par substitution,

$$(5) \qquad \cos A = \cos A' - \frac{S \sin A'}{3R^2},$$

donc A est plus grand que A'.

Posons $A = A' + x$, on a

$$\cos A = \cos(A'+x) = \cos A' \cos x - \sin A' \sin x$$

ou, comme x est très-petit,

$$(6) \qquad \cos A = \cos A' - x \sin 1'' \sin A'.$$

Comparant les relations (5) et (6), on trouve

$$x = \frac{S}{3R^2} \times \frac{1}{\sin 1''},$$

et par suite

$$A = A' + \frac{S}{3R^2} \times \frac{1}{\sin 1''}.$$

On trouverait, par analogie,

$$B = B' + \frac{S}{3R^2} \times \frac{1}{\sin 1''}$$

$$C = C' + \frac{S}{3R^2} \times \frac{1}{\sin 1''}.$$

Faisons la somme de ces trois expressions et remarquons que $A' + B' + C' = 180°$, nous trouvons

$$A + B + C = 180° + \frac{S}{R^2} \times \frac{1}{\sin 1''} \quad \text{ou} \quad A + B + C - 180° = \frac{S}{R^2} \times \frac{1}{\sin 1''}.$$

Mais $A + B + C - 180°$ est ce que nous avons nommé excès sphérique, et désigné par E; on a donc enfin,

$$A = A' + \frac{1}{3} E,$$

$$B = B' + \frac{1}{3} E,$$

$$C = C' + \frac{1}{3} E.$$

En faisant subir à l'angle B cette correction, et en appelant b, a, c les côtés du triangle ABC, considéré maintenant comme rectiligne, on a

$$b^2 = a^2 + c^2 - 2ac \cos B.$$

Comme B diffère très-peu de 180°, si l'on pose $B = 180° - \alpha$, il vient

$$b^2 = a^2 + c^2 + 2ac \cos \alpha.$$

Remplaçant $\cos \alpha$ par $1 - \frac{\alpha^2}{2} \sin^2 1''$, α étant exprimé en secondes, on a

$$b^2 = (a + c)^2 - ac\alpha^2 \sin^2 1'';$$

d'où, extrayant la racine carrée, et négligeant le terme en α^4,

$$b = (a + c) - \frac{ac \,.\, \alpha^2 \sin^2 1''}{2(a + c)}.$$

Lorsque l'on veut déterminer, à l'aide de la base b, les côtés du réseau des triangles du canevas, il faut prendre des angles tels que DCA et DAC, qui exigent que les extrémités de la base soient visibles l'une de l'autre.

Or il peut se faire que cela n'arrive pas ; dans ce cas, on mesure les angles DCB, DAB (fig. 16), et on calcule les angles A et C du triangle BAC. On a, pour cela, la relation

$$\sin A = \frac{a}{b} \sin \alpha.$$

Mais en développant $\sin x$ suivant les puissances croissantes de x, on trouve

$$\sin x = x - \frac{x^3}{1.2.3} + \frac{x^5}{1.2.3.4.5} \ldots\ldots$$

En s'arrêtant au second terme, on a donc, en appliquant à α ce développement,

$$\sin A = \frac{a}{b}\left(\alpha \sin 1'' - \frac{\alpha^3}{6} \sin^3 1''\right);$$

mettant à la place de b la valeur précédemment trouvée, on obtient, toutes réductions faites,

$$\sin A = \frac{a\alpha \sin 1''}{a + c}\left(1 + \frac{\alpha^2 \sin^2 1''(ac - a^2 - c^2)}{6(a + c)^2}\right).$$

Si l'on veut avoir l'arc A exprimé en secondes, on trouve aussi en développant *arc* x suivant les puissances croissantes de $\sin x$,

$$\text{arc}\, x = \sin x + \frac{1}{6} \sin^3 x \ldots\ldots$$

donc

$$A \sin 1'' = \sin A + \frac{1}{6} \sin^3 A \ldots\ldots$$

Mettant dans cette expression, à la place de $\sin A$, la valeur trouvée, on arrive à la relation

$$A = \frac{a\alpha}{a + c} + \frac{ac(a - c)\alpha^3 \sin^2 1''}{6(a + c)^2};$$

il faut faire subir à A la correction de l'excès sphérique pour avoir l'angle A du triangle rectiligne ABC.

29. *Réduction de la base mesurée au niveau moyen des mers.* — Puisque le canevas trigonométrique doit être projeté sur le niveau moyen des mers, il faut déterminer la projection de la base mesurée, sur ce niveau moyen.

Nous avons vu (25) comment on pouvait déterminer la différence de hauteurs des extrémités de la règle.

Dans une base mesurée, l'une de ses extrémités est éloignée du centre du globe de la quantité ρ, et l'autre de $\rho \pm dN$, dN étant la somme algébrique des différences de hauteur des extrémités de chaque pose de la règle; on peut donc admettre que $\rho \pm \frac{dN}{2}$ est la distance de *son milieu* au centre de la Terre.

La base mesurée est alors un arc de grand cercle du globe, arc dont le rayon est $\rho \pm \frac{dN}{2} = R + h$, R étant le rayon moyen des mers.

Appelons B base mesurée et b la projection sur le niveau moyen, on a, évidemment,

$$\frac{b}{B} = \frac{R}{R+h}$$

ou

$$b = \left(1 - \frac{h}{R}\right).$$

On prend pour rayon R la *longueur de la normale à la latitude du milieu de la base*, et la hauteur h est déterminée soit par les hauteurs barométriques, soit par un nivellement géodésique, ainsi que nous le verrons plus loin.

30. *Observations sur la mesure des bases.* — D'après ce que nous pouvons voir, la mesure d'une base d'une certaine étendue demande beaucoup de précision et emploie beaucoup de temps; ainsi, une base de 5,000 mètres nécessite au moins 20 jours; et l'approximation avec laquelle on peut l'avoir obtenue est tout au plus d'un mètre.

Nous verrons quels sont les moyens employés dans la mesure des bases en topographie et hydrographie.

MESURE DES ANGLES.

31. A l'aide d'un *cercle répétiteur* ou d'un *théodolite*, on observe les *trois angles de chaque triangle principal*, en ayant soin de répéter ces angles un certain nombre de fois et de prendre la moyenne, afin de diminuer les erreurs qui peuvent provenir *de l'observateur et de l'instrument.*

Comme le but que l'on se propose est de déterminer les angles des triangles sphériques du canevas géodésique, rapportés *au niveau moyen des mers*, on se sert *plus habituellement*, dans les opérations géodésiques, d'un *théodolite* qui donne sur le cercle azimutal les angles mesurés réduits à l'horizon, et par conséquent les angles sphériques dont on a besoin. Aussi nous ne nous occuperons pas du cercle répétiteur.

DU THÉODOLITE RÉPÉTITEUR.

32. *Description.* — Cet instrument se compose :

1° D'un pied ou axe vertical PP' (fig. 18) qui est supporté par trois pieds munis de vis calantes v, v' et v'';

(Fig. 18)

2° D'un axe horizontal HH' qui s'adapte au moyen de vis sur l'axe vertical.

De l'axe vertical. — L'axe vertical est enveloppé de portions coniques qui peuvent prendre autour de lui un mouvement de rotation dans le sens horizontal. A ces enveloppes de l'axe est adapté un cercle horizontal $C_1C'_1$ nommé *cercle azimutal* pouvant être maintenu à l'axe au moyen d'une pince q garnie d'une vis de pression et d'une vis de rappel. Ce cercle est divisé en 360 degrés et chaque degré en trois ou quatre parties donnant les vingtaines ou les quinzaines de minutes. Le vernier de ce cercle est un *autre cercle* qui lui est *concentrique* et qui peut être fixé au premier à l'aide d'une pince q' garnie d'une vis de pression et d'une vis de rappel. Ce vernier entraîne avec lui deux loupes g et g'. Sous ce cercle $C_1C'_1$ est fixée, à une enveloppe de l'axe, une lunette L'L' pouvant prendre un petit mouvement latéral au moyen de la vis h fixée à la pièce m.

Cette lunette sert à s'assurer que l'instrument ne s'est pas dérangé.

L'axe horizontal HH' supporte un cercle vertical $C^2C'^2$ nommé *limbe*, et qui peut être fixé à cet axe au moyen de la pince p' munie d'une vis de pression et d'une vis de rappel. Ce cercle est divisé comme le cercle azimutal, et a encore pour vernier un *cercle concentrique* supportant à son centre une lunette LL dont l'axe optique est parallèle au plan du limbe. Ce cercle vernier entraîne avec lui quatre loupes l_1, l_2, l_3, l_4 et peut être fixé au limbe au moyen d'une pince p munie d'une vis de pression et d'une vis de rappel.

L'axe horizontal HH' supporte deux niveaux, un N lié à l'axe, et qui permet de rendre vertical l'axe PP', et l'autre N' mobile qui permet de rendre horizontal l'axe HH' et par suite vertical le limbe. L'extrémité de l'axe HH' est terminée par une masse M destinée à contrebalancer le poids du cercle vertical et à ramener le centre de gravité de tout le système sur l'axe du pied PP'.

Rectifications de l'instrument.

33. Il faut : 1° que le cercle azimutal $C_1C'_1$ soit horizontal, autrement dit, que l'axe PP' soit vertical ;

2° Que le limbe soit dans un plan vertical, c'est-à-dire que l'axe HH' soit horizontal ;

3° Et enfin, que l'axe optique de la lunette LL soit parallèle au plan de l'instrument.

1° Pour rendre vertical l'axe PP', on se sert du niveau N fixé à demeure, ainsi que nous l'avons dit, au-dessus de la traverse horizontale qui relie l'axe HH' à l'axe PP'.

On serre la vis de pression de la pince p' qui lie le limbe à l'axe HH' et celles qui fixent les cercles verniers à leur cercle.

Faisant mouvoir tout le système autour de l'axe vertical, on amène le niveau N dans la direction de deux des vis calantes du pied. On regarde où se trouve la bulle du niveau N ; on retourne à la main tout le système de manière que le cercle horizontal décrive 180° ; le niveau N se trouve ainsi retourné. Si la bulle ne reste pas dans ses repères, on l'y ramène, moitié avec l'une des vis calantes, moitié avec la vis de rectification n du niveau.

On fait accomplir encore à tout le système une rotation de 180°, et l'on ramène, de la même manière, le bulle du niveau au milieu de l'intervalle qu'elle parcourt dans ce retournement, et ainsi de suite. On fait ensuite la même vérification de l'horizontalité du niveau, mais en mettant le plan du limbe *perpendiculaire* à la direction des deux vis calantes que l'on vient de considérer ; et pour rectifier l'horizontalité du niveau on ne touche, dans ce cas, qu'à la troisième vis du pied ; de cette manière, le plan décrit par la base du niveau est horizontal et par conséquent l'axe PP' est vertical.

2° *Rendre l'axe* HH' *horizontal ou le plan du limbe vertical.*

On peut rendre le limbe vertical au moyen d'un fil à plomb qu'on suspend près de son plan à l'aide de deux viseurs ; mais on se sert plus habituellement du niveau mobile N'.

Ce niveau est placé sur l'axe HH' dans le sens de sa longueur ; on amène la bulle dans ses repères, moitié avec la vis de rectification du niveau, moitié avec la vis verticale K qui permet de donner à l'axe HH' un petit mouvement de rotation.

3° Pour s'assurer que l'axe optique de la lunette est bien parallèle au plan du limbe, on serre la vis de pression qui fixe le vernier du limbe, et par suite la lunette même au limbe ; on desserre la vis de pression qui fixe le limbe à l'axe horizontal HH', et l'on vise un objet très-éloigné placé au point de croisement des fils.

On fait tourner tout le système de 180° autour de l'axe ; l'objectif de la lunette se trouve alors situé du côté de l'observateur. Pour pouvoir viser de nouveau à l'objet, on rend la lunette libre en desserrant la vis de pression du vernier du limbe, et on dirige l'axe optique de la lunette sur l'objet ; dans ce mouvement, cet axe décrit un plan ou une surface conique selon qu'il est ou non parallèle au plan du limbe; s'il décrit un plan, on aperçoit encore l'objet sur le point de croisement des fils eu égard à la grande distance à laquelle l'objet se trouve de l'instrument; s'il décrit une surface conique, on aperçoit l'objet à une distance du point d'intersection des fils égale au double de l'inclinaison de l'axe optique de la lunette sur le plan du limbe. Dans ce cas, on fait marcher le réticule de la lunette, à l'aide des vis dont il est muni, jusqu'à ce que le point de croisement des fils occupe le point situé *à égale distance* de ceux que ce point d'intersection a successivement recouverts; on note ce point.

On retourne de 180° tout le système, on ramène la lunette sur ce dernier objet, et l'on voit si le point de croisement des fils couvre bien le même point; dans le cas contraire, on fait encore marcher dans le sens convenable les fils du réticule, et ainsi de suite.

Détermination de la distance angulaire de deux objets à l'aide d'un théodolite répétiteur.

34. L'instrument est placé sur son support S de manière que les extrémités des vis V, V', V'' soient placés dans les rainures r, r', r'' de ce support. Toutes les rectifications que nous venons d'indiquer ont été effectuées.

1° On place l'index d'un des deux verniers du cercle azimutal sur le zéro du limbe de ce cercle, et l'on serre la vis de pression qui lie le cercle vernier au cercle azimutal;

2° On vise un objet éloigné avec la lunette L'L' en plaçant cet objet au point d'intersection des fils. Pendant toute l'opération de la détermination de la distance angulaire, cet objet doit être couvert par le point d'intersection des fils; autrement il y aurait eu un dérangement dans la position rectifiée de l'instrument;

3° Si le cercle azimutal est gradué dans le sens de la flèche (f), on desserre la vis de pression de la pince q et l'on fait tourner tout le système de manière que le plan du limbe vertical soit dirigé sur l'objet de droite: on desserre la vis de pression de la pince p et l'on amène la lunette sur l'objet. A l'aide de la vis de rappel de la pince q et de celle de la pince p, on amène le point de croisement des fils de la lunette juste sur cet objet de droite.

On desserre la vis de pression de la pince q' et l'on fait tourner tout le système, excepté le cercle azimutal, de manière à amener l'axe optique de la lunette vers le second objet, c'est-à-dire vers l'objet de gauche ; à l'aide des deux vis de rappel des pinces p et q', on amène le point d'intersection des fils exactement sur le second objet. Il est évident que l'arc parcouru par le zéro du vernier du cercle azimutal est égal à la distance angulaire cherchée.

On lit habituellement les deux indications fournies par les deux verniers et l'on en prend la moyenne.

Si, au lieu de lire immédiatement la distance cherchée, on veut obtenir deux fois cette distance, on desserre la vis de pression de la pince q et l'on ramène l'axe optique de la lunette exactement sur l'objet de droite au moyen de la vis de rappel de cette pince. Puis on desserre la vis de pression de la pince q' et l'on amène l'axe optique de la lunette sur l'objet de gauche en se servant de la vis de rappel de cette pince q'; l'arc parcouru par le zéro du vernier du cercle azimutal est encore égal à la distance cherchée; et par suite l'arc lu sur le limbe représente deux fois cette distance. En continuant à opérer de la sorte, on peut l'obtenir trois fois, quatre fois, etc.

De cette manière, quand à la fin de l'opération on lit l'arc total parcouru par le zéro du vernier, on divise cet arc par le nombre n de fois qu'on a visé sur l'objet de gauche, et l'on a la distance demandée qui n'est affectée que de la $n^{ème}$ partie de l'erreur de lecture.

Détermination de la distance zénitale d'un objet ou d'un astre.

35. L'instrument bien rectifié étant placé sur son support ainsi que nous l'avons indiqué, on vise un objet éloigné avec la lunette de rectification L'L', puis on opère de la manière suivante :

(Fig. 19)

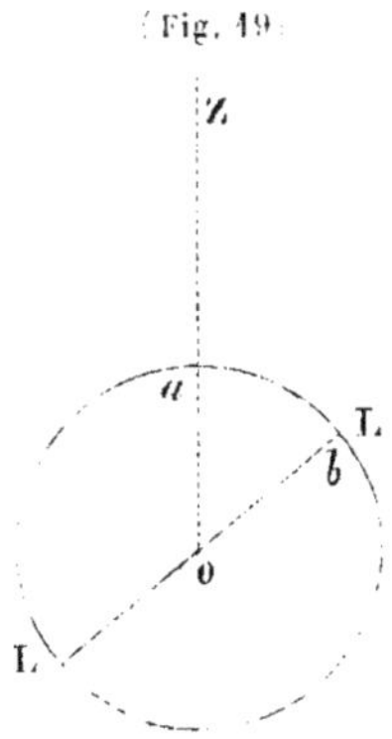

Après avoir desserré la vis de pression de la pince p, on place le zéro d'un des verniers du limbe vertical sur le zéro de ce limbe, on serre ensuite cette vis de pression.

On desserre la vis de pression de la pince p' et en faisant tourner tout le limbe autour de son axe, on vise à l'objet ou à l'astre avec la lunette LL (fig. 19) ; au moyen de la vis de rappel de la pince p' on amène exactement le point d'intersection des fils sur l'objet ou sur le centre de l'astre; le limbe a la position LaL, LL étant la direction de la lunette; ab est la

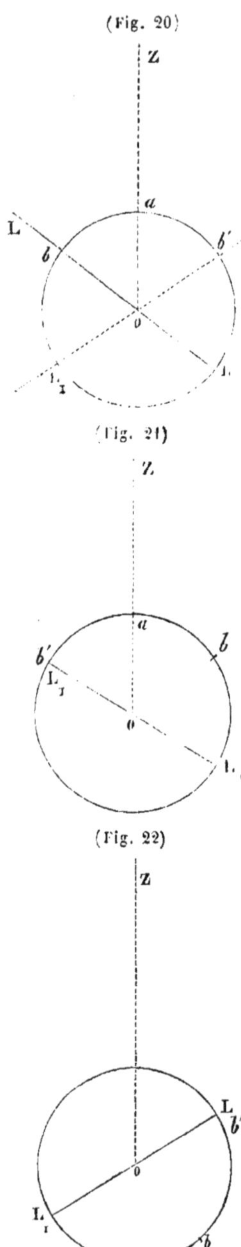

distance zénitale cherchée; seulement on ne connaît pas le point *a*.

On desserre la vis de pression de la pince *q'* du cercle azimutal, et l'on fait tourner tout le système du cercle limbe de 180°; le cercle et la lunette prennent la position indiquée (fig. 20); pour pouvoir, dans cette position du limbe, viser à l'astre avec la lunette, il faut, après avoir desserré la vis de pression de la pince *p*, amener la lunette dans la position L_1L_1 et par suite, faire parcourir au vernier du limbe un arc égal à *bb'*, c'est-à-dire à deux fois la distance zénitale cherchée. C'est ce que nous nommerons *une première opération.*

Pour obtenir quatre fois la distance, on fait tourner de 180° tout le système de manière que le limbe et la lunette prennent la position indiquée (fig. 21); on desserre alors la vis de pression de la pince *p'* et l'on fait tourner *tout le limbe* autour de son axe de manière à amener l'axe optique de la lunette sur l'objet, en se servant pour cela de la vis de rappel de la pince *p'*; on se trouve alors dans une position semblable à celle indiquée (fig. 22), seulement le zéro du vernier au lieu de se trouver sur le zéro du limbe comme sur la (fig. 20) a parcouru un arc *bb'* égal à deux fois la distance cherchée. En opérant donc maintenant, comme on l'a fait précédemment, on fait encore parcourir au zéro du vernier un arc égal au double de la distance, et par suite, l'arc total parcouru par ce zéro est égal à quatre fois la distance cherchée. En divisant donc l'arc lu sur le limbe par le double du nombre de fois qu'on a fait *l'opération* que nous venons d'indiquer, on aura la distance cherchée qui ne sera affectée que de la $n^{ième}$ partie de l'erreur de lecture, si n est le nombre *d'opérations faites.* On prend généralement pour arc parcouru par le zéro du vernier la moyenne des quatre indications fournies par les quatre verniers.

Corrections à faire subir aux angles observés.

36. Les corrections que peuvent avoir à subir les angles observés au théodolite, avant d'être employés dans les calculs, sont les suivantes :

1° *Relativement à l'excentricité de la lunette du limbe ;*

2° *Relativement à la position de l'axe du théodolite par rapport au centre de la station ;*

3° *Relativement à la position des signaux par rapport au centre de l'édifice sur lequel ils sont placés.*

1° Correction relative à l'excentricité des lunettes.

37. Considérons la projection du théodolite sur le plan horizontal ; $a'aa''$ (fig. 23) est la projection du cercle azimutal ;

(Fig. 23)

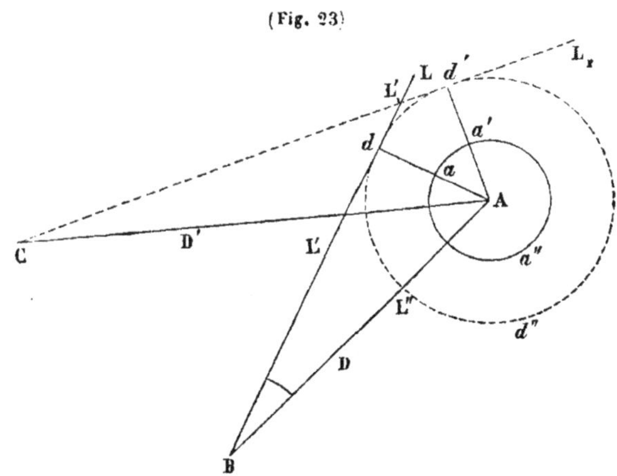

A la projection de l'axe de l'instrument ;

LL' celle du limbe ;

Ad celle de la projection de l'axe du limbe.

Enfin le cercle $dd'd''$ est la projection du cercle décrit par le centre limbe.

Soient B et C les deux points dont on veut avoir la distance angulaire CAB. Appelons D et D' les distances AB et AC que l'on connaît d'une manière approchée.

La première position du limbe est en LL', la lunette est pointée sur B.

La seconde position du limbe est en $L_1L'_1$, la lunette est pointée sur C.

L'arc parcouru par le cercle concentrique au cercle azimutal est $dAd' = \delta$.

En appelant Δ la distance cherchée CAB, α et α' les angles parallactiques dBA et d'CA, on a

$$\Delta + \alpha = \delta + \alpha$$

d'où

$$\Delta = \delta + (\alpha' - \alpha);$$

mais en représentant par e la distance Ad, on a

$$\sin \alpha = \frac{e}{D} \quad \text{et} \quad \sin \alpha' = \frac{e}{D'}.$$

On a donc, en remarquant que α et α' sont généralement très-petits,

$$\Delta = \delta + \frac{e}{\sin 1''} \left(\frac{1}{D} - \frac{1}{D'}\right).$$

L'on voit que si les distances D et D' sont grandes et sensiblement égales, il n'est pas besoin d'avoir égard à cette correction.

2° *Relativement à la position du théodolite par rapport au centre de la station.*

38. Il n'est pas toujours possible de se placer au centre d'une station pour observer; ainsi, quand cette station est une tour, un clocher, un phare, etc., il faut se tenir en dehors du centre du signal; les angles que l'on détermine ont alors besoin de subir une correction pour être ramenés à ce qu'ils seraient observés du centre du signal; cette correction s'appelle *réduction au centre de la station.*

Soient S (fig. 24), le centre d'un signal, A et B deux autres signaux; on veut déterminer l'angle ASB.

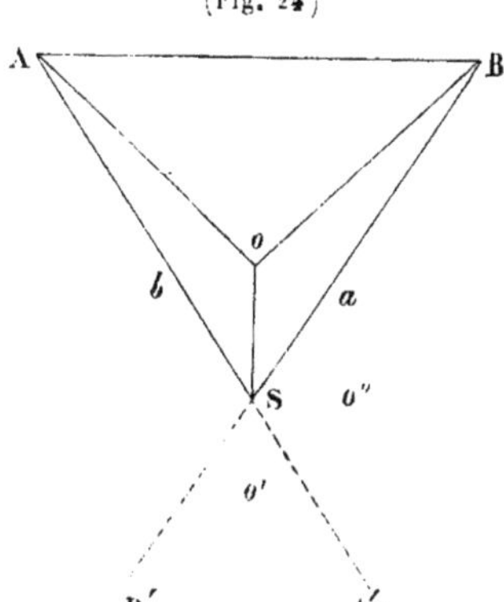

(Fig. 24)

L'observateur peut occuper trois positions par rapport au point S :

1° En o dans l'angle ASB;

2° En o' dans l'angle B'SA';

3° En o'' dans l'angle BSA'.

Appelons, dans ces trois cas, d la distance du point S à l'un des points O, O' ou O''; b la distance AS, a la distance SB, S l'angle ASB que l'on cherche et D l'angle observé.

Dès que l'on a déterminé l'angle D, on mesure la distance angulaire du signal S à chaque point A et B; appelons ces angles α et α'.

On a, dans le premier cas,

$$S = D - (oBS + oAS);$$

mais les triangles oAS et oBS donnent :

$$\sin OAS = \frac{d \sin \alpha}{b} \qquad \sin oBS = \frac{d \sin \alpha}{a}$$

ou, remarquant que oAS et oBS sont très-petits

$$oAS = \frac{d \sin \alpha}{b \sin 1''} \qquad oBS = \frac{d \sin \alpha'}{a \sin 1''}$$

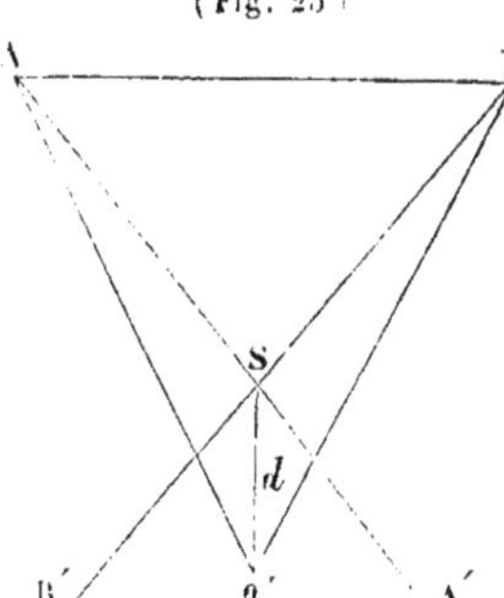

(Fig. 25)

il vient donc,

$$S = D - \frac{d}{\sin 1''}\left(\frac{\sin \alpha}{b} + \frac{\sin \alpha'}{a}\right).$$

Si l'observateur est situé en o' (fig. 25), dans l'angle A'SB', on a évidemment,

$$S = D + \frac{d}{\sin 1''}\left(\frac{\sin \alpha}{b} + \frac{\sin \alpha'}{a}\right).$$

Enfin, si l'observateur est situé en o'' (fig. 26), on a

(Fig. 26)

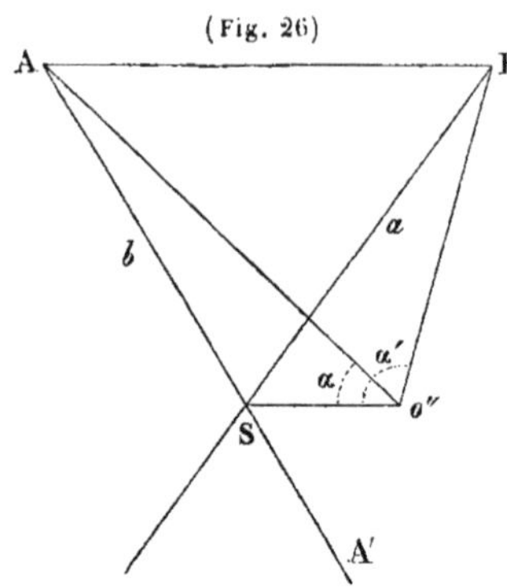

$$S = D + o''BS - o''AS.$$

d'où,

$$S = D + \frac{d}{\sin 1''}\left(\frac{\sin \alpha'}{a} - \frac{\sin \alpha}{b}\right).$$

On voit, d'après cela, que lorsque l'on ne peut pas se placer au centre du signal, il vaut mieux se placer *dans l'angle adjacent*, puisque, dans ce cas, la correction à faire subir à l'angle observé dépend de la différence des deux quantités $\frac{\sin \alpha'}{a}$ et $\frac{\sin \alpha}{b}$ au lieu de dépendre de leur somme, comme dans les autres cas.

Si l'on est placé en o'' (fig. 26), la correction est nulle lorsque l'on a

$$\frac{\sin \alpha'}{\sin \alpha} = \frac{a}{b};$$

mais

$$\frac{a}{b} = \frac{\sin A}{\sin B},$$

donc, on a, dans ce cas,

$$\frac{\sin \alpha'}{\sin \alpha} = \frac{\sin A}{\sin B}.$$

Or, $\alpha' = \alpha + Ao''B = \alpha + D$ et $A = 180 - (B + S)$.

On a donc en remarquant que dans sin A nous pouvons remplacer S par D, sans erreur sensible,

$$\frac{\sin(\alpha + D)}{\sin \alpha} = \frac{\sin(B + D)}{\sin B},$$

d'où

$$B = \alpha \quad \text{ou} \quad 180 + \alpha.$$

Ainsi, si l'angle B a déjà été observé, il suffira, pour obtenir ce point o'', de chercher, dans l'angle BSA', un point d'où la distance AS soit vue sous le même angle.

Les longueurs a et b qui entrent dans les corrections sont déterminées, approximativement, en se servant des angles observés en dehors du centre des signaux ; cette détermination de a et de b peut se faire une seconde fois, lorsque les angles ont subi les corrections approchées déduites de ces premières valeurs de a et de b.

On peut rendre logarithmiques les formules de corrections

$$\mp \frac{d}{\sin 1''}\left(\frac{\sin \alpha'}{a} + \frac{\sin \alpha}{b}\right)$$

dans les deux premiers cas, et

$$+ \frac{d}{\sin 1''}\left(\frac{\sin \alpha'}{a} - \frac{\sin \alpha}{b}\right)$$

dans le troisième cas.

On a en effet,

$$\frac{d}{\sin 1''}\left(\frac{\sin \alpha'}{a} + \frac{\sin \alpha}{b}\right) = \frac{d}{\sin 1''}\left(\frac{\sin \alpha' + \frac{a}{b}\sin \alpha}{a}\right);$$

mais $\frac{a}{b} = \frac{\sin A}{\sin B} = \frac{\sin (S + B)}{\sin B}$ ou, sensiblement,

$$\frac{a}{b} = \frac{\sin (D + B)}{\sin B}.$$

Or, on a aussi,

$$\alpha' + \alpha + D = 360^\circ$$

d'où $\alpha' = 360^\circ - (\alpha + D)$,

et par suite, $\sin \alpha' = - \sin (\alpha + D)$;

il vient donc; en appelant e la correction,

$$e = \frac{d}{\sin 1''}\left(\frac{\sin \alpha \sin (D + B) - \sin B \sin (\alpha + D)}{a \sin B}\right)$$

ou $$e = \frac{d}{\sin 1''} \cdot \frac{\sin D \sin (\alpha - B)}{a \sin B}.$$

Dans le second cas, on a aussi,

$$\alpha' = D - \alpha.$$

Donc $\sin \alpha' = \sin (D - \alpha)$.

La correction est alors,

$$e = \frac{d}{\sin 1''} \cdot \frac{\sin D \sin (B + \alpha)}{a \sin B}.$$

Enfin, dans le troisième cas, on a

$$\alpha' = D + \alpha,$$

et la correction devient

$$e = \frac{d}{\sin 1''} \cdot \frac{\sin D \sin (B - \alpha)}{a \sin B}.$$

39. Dans la détermination de cette correction, nous avons admis que l'on pouvait mesurer la distance d et observer exactement les distances angulaires du centre du signal aux points A et B; or, quand le signal est un édifice, tel qu'une tour, un clocher, etc., les quantités α, α' et d ne se déterminent qu'indirectement; voici comment :

Cas où le signal est un phare cylindrique.

Soient C*nm* (fig. 27), la circonférence représentant la projection du phare, S le centre.

(Fig. 27)

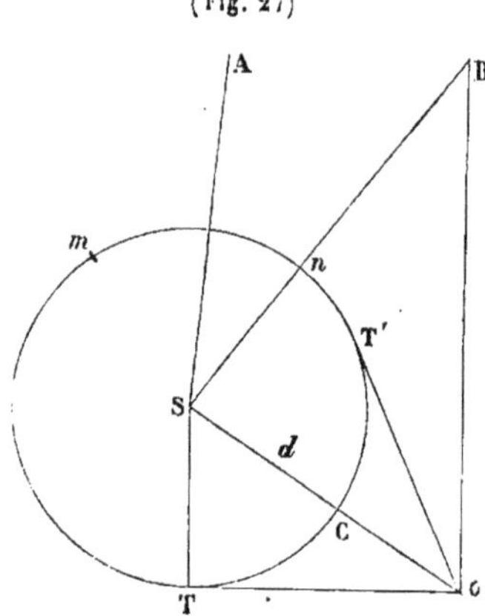

Soient aussi o la position de l'observateur, A et B celle des deux points dont on veut avoir la distance angulaire.

Menons du point o les tangentes oT, oT'.

Pour avoir l'angle $BoS = \alpha'$, on prend les angles BoT et BoT'; on voit alors que

$$BoS = \alpha' = \frac{BoT + BoT'}{2}$$

Pour avoir $oS = d$, on mesure la longueur oT, et en remarquant que l'on a

$$SoT = \frac{T'oT}{2} = \frac{BoT - BoT'}{2},$$

on déduit, du triangle STo, $d = \dfrac{oT}{\cos SoT}$.

On agirait de même pour l'angle α.

Cas où le signal est la flèche d'un clocher.

Pour observer l'angle ASB, on se place généralement sur la galerie du clocher, de manière à pouvoir apercevoir facilement les points A et B.

Deux cas peuvent se présenter : 1° ou l'on peut placer le *théodolite* sur *la balustrade ;* 2° ou l'on ne peut l'installer que sur *la plate-forme de la galerie.*

Premier cas.

Ne considérons que le point B.

Soit S (fig. 28) le centre du signal ; admettons que la partie ex-

(Fig. 28)

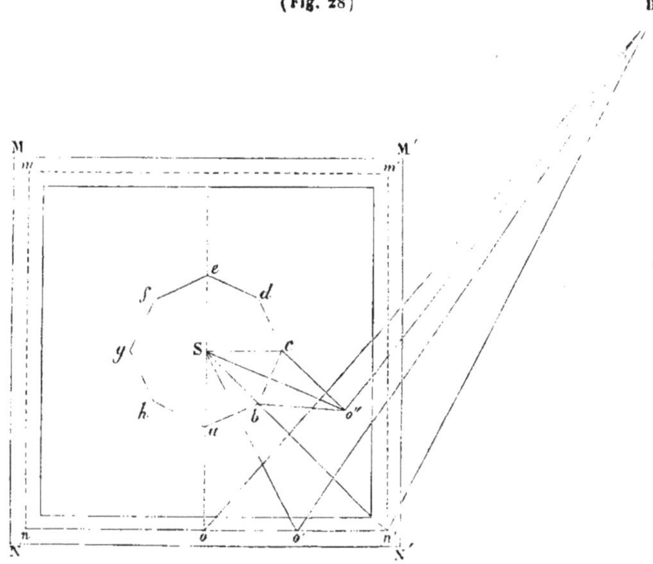

térieure de la galerie du clocher se projette suivant le carré MM'N'N, et que le clocher, que nous supposerons *octogonal*, se projette suivant l'octogone *abcdefgh.*

Si l'on place le *théodolite* sur la balustrade en n' extrémité de nn', on a

$$Sn'B = \alpha' = 45° + Bn'm';$$

on mesure l'angle $Bn'm'$.

On a aussi $$Sn' = d = \frac{m'n'}{2}\sqrt{2};$$
on mesure $m'n'$.

Si le *théodolite* est placé en o, milieu de nn', on a

$$BoS = \alpha' = 90° - Bon';$$

on mesure Bon',

et $$So = d = \frac{m'n'}{2}.$$

Si l'instrument est placé en un point quelconque o' de la balustrade, on mesure l'angle $Bo'n$; on calcule l'angle $So'n$ au moyen de la relation

$$\operatorname{tg} So'n = \frac{\frac{m'n'}{2}}{o'n - \frac{m'n}{2}},$$

déduite du triangle Soo'; on mesure $o'n$; on a alors,

$$Bo'S = \alpha = Bo'n - So'n;$$

l'on obtient aussi,

$$So' = d = \frac{\frac{m'n'}{2}}{\sin So'n}.$$

Deuxième cas.

Lorsque le *théodolite* est placé sur la galerie en o'', il faut déterminer l'angle $So''B = \alpha'$, et la distance $So'' = d$.

On mesure les angles $Bo''b$, $Bo''c$; et les trois côtés $o''b$, $o''c$ et bc du triangle boc.

A l'aide de ces trois côtés on calcule les trois angles de ce petit triangle.

Dans le triangle Sbo'' on connaît donc : bo'' que l'on a mesuré;

$$Sb = \frac{\frac{bc}{2}}{\sin 22°30'};$$

et l'angle $Sbo'' = 67°30' + cbo''$ angle que l'on a calculé.

On peut donc, dans ce triangle, calculer l'angle $So''b$ et la distance $So'' = d$.

En considérant le triangle $So''c$, on détermine de même l'angle $So''c$ et la distance $So'' = d$.

On prend la moyenne des deux valeurs de d que l'on trouve ainsi ; et la moyenne des deux valeurs de α' que donnent les relations

$$\alpha' = Bo''b - So''b,$$
$$\alpha' = Bo''c + So''c.$$

Les méthodes que nous venons d'indiquer montrent suffisamment la marche à suivre dans les cas analogues.

3° *Correction relative à la position des signaux par rapport au centre de l'édifice sur lequel ils sont placés.*

40. Soient A et B (fig. 29), les centres de deux stations, S une troisième station de laquelle on veut prendre l'angle ASB. Si le signal de B ne peut pas être placé exactement en B mais en B′, on mesure l'angle ASB′ qui diffère de l'angle cherché ASD de l'angle BSB′ qu'il faut déterminer.

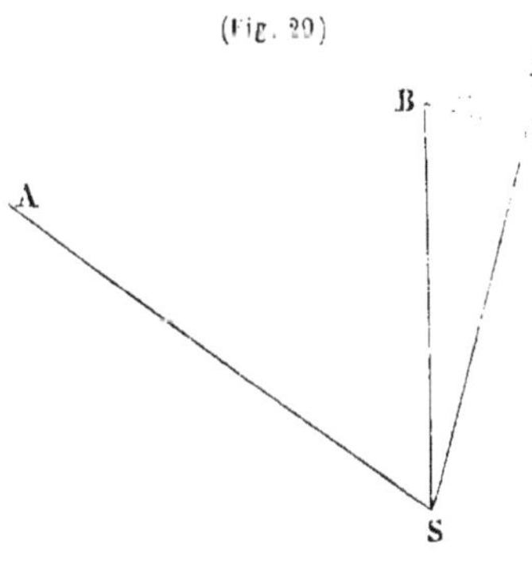

On mesure pour cela la distance BB′, la distance B′S et l'angle BB′S ; et, alors, si du point B nous abaissons BD perpendiculaire sur B′S, on a l'angle BSB′ par la relation

$$\text{tg BSB}' = \frac{\text{BD}}{\text{DS}} = \frac{\text{BB}' \sin \text{BB}'\text{S}}{\text{SB}' - \text{BB}' \cos \text{BB}'\text{S}}.$$

4° *Observation relative à la phase des signaux.*

41. Lorsque l'objet qui sert de signal n'est pas terminé par un *sommet aigu*, la manière dont il est éclairé peut faire que l'on prenne un angle *trop petit* ou *trop grand*.

Dans ce cas, il faut faire plusieurs observations dans des circonstances favorables et à des heures différentes.

La moyenne de toutes ces observations donne la distance angulaire cherchée, d'une manière suffisamment exacte.

Les angles ainsi mesurés à l'aide d'un *théodolite* sont ces angles *réduits à l'horizon*, ainsi que nous l'avons déjà dit.

CALCUL DES CÔTÉS DU CANEVAS.

42. On connaît donc maintenant, dans la série de triangles sphériques tracés sur le *sphéroïde imaginaire* dont la surface est le *niveau moyen* des mers, *tous les angles* de ces triangles et, au moins, *un côté de l'un d'eux* (la base mesurée).

On peut donc calculer les éléments de tous les triangles de premier ordre en commençant par ceux qui s'appuient sur la base. On connaît, en effet, dans ces triangles, *un côté* et *deux angles adjacents.*

Ces triangles sphériques étant très-peu courbes peuvent être traités comme des triangles rectilignes, lorsque l'on a fait subir à leurs angles la correction *du tiers de l'excès sphérique.*

On se sert ensuite des côtés de ces triangles comme d'autant de bases pour calculer les triangles de second ordre, et ainsi de suite.

Dans ces triangles on n'observe généralement que les angles adjacents à la base, et on en conclut le troisième; mais chaque côté doit être calculé deux fois au moins avec *deux triangles adjacents*, et c'est la *moyenne des deux valeurs trouvées que l'on prend pour longueur du côté.*

La somme des trois angles de chaque triangle du premier ordre est évidemment égale à

$$180° + \textit{Excès sphérique} + \textit{Erreur des observations}.$$

Or, en calculant les côtés à l'aide des formules ordinaires de *trigonométrie rectiligne*, il faut répartir sur chaque angle l'*excès sphérique et l'erreur des observations;* il faut donc simplement *ajouter ou retrancher à chacun d'eux le tiers de l'excès en plus ou en moins de leur somme sur* 180°.

Afin de connaître la somme des erreurs commises dans la mesure des trois angles de chaque triangle, ainsi que les angles sphériques *moyens* dont on a besoin pour calculer *les positions géographiques des sommets principaux du réseau*, on calcule *l'excès sphérique* au moyen de la formule

$$E = \frac{ab \sin C}{2R^2 \sin 1''},$$

déduite de ce que nous avons donné dans le *Cours d'astronomie* (Trigonométrie sphérique, p. IX).

dans laquelle : R *est le rayon de la Terre;*
a *et* b *deux des côtés du triangle;*
et C *l'angle compris.*

COORDONNÉES AUXQUELLES ON RAPPORTE LES SOMMETS DES TRIANGLES.

43. La position des sommets des triangles calculés ainsi que nous venons de le dire, est rapportée à deux axes de coordonnées considérées sur le globe.

Ces deux axes sont : *la méridienne et la perpendiculaire.*

De la méridienne et de la perpendiculaire.

Si par la verticale d'un lieu on conçoit deux plans perpendiculaires entre eux et dont l'un passe par les pôles du monde, ces deux plans déterminent *sur la sphère céleste* deux grands cercles.

Si par tous les points de ces grands cercles on imagine des *normales à la surface de notre globe, considéré comme un ellipsoïde de révolution*, les pieds de ces normales déterminent sur le globe deux courbes, dont l'une, située dans le plan méridien, est *plane et* s'appelle *la méridienne*, et dont *l'autre, à double courbure, s'appelle la perpendiculaire.*

(Fig. 30)

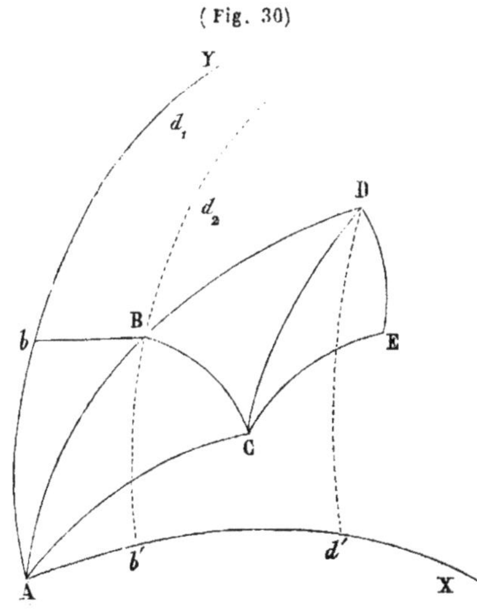

Cette seconde courbe, bien qu'à double courbure, peut être considérée, dans une petite étendue, comme se confondant avec la courbe plane, intersection de la surface du globe par le plan mené perpendiculairement au méridien suivant la verticale du lieu.

On a, dans ce cas, sur la surface du sphéroïde terrestre, deux arcs de grands cercles AY et AX (fig. 30) qui représentent la méridienne et la perpendiculaire.

On peut rapporter à ces

deux coordonnées sphériques les différents sommets A, B, C, D, E de la *triangulation*.

Les coordonnées sphériques du point B par exemple, sont alors les arcs de grand cercle Bb perpendiculaire sur AY, et Bb' perpendiculaire sur AX.

Or la méridienne AY et la section AX se projettent sur l'horizon apparent suivant deux droites rectangulaires AY' et AX (fig. 31). C'est à ces deux axes que l'on rapporte ordinairement les différents sommets de la triangulation.

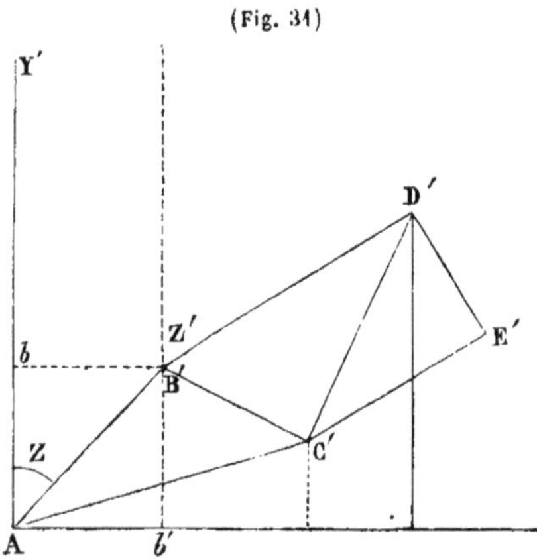

Pour cela, on suppose les divers triangles du réseau sphérique successivement projetés sur l'*horizon du lieu* où l'on a placé l'origine des coordonnées; origine qui doit être parfaitement déterminée.

On admet aussi que les coordonnées des différents points B, C, D, E se projettent suivant des parallèles aux coordonnées rectilignes AY', AX'; ce qui est d'autant plus vrai que l'on considère des points plus rapprochés du point A.

Les côtés des *triangles du canevas* deviennent alors les hypoténuses de triangles *rectilignes rectangles* dont on calcule les côtés de l'angle droit en fonction du gisement des côtés; gisement observé à l'origine des coordonnées.

Les côtés de ces triangles se calculent, au moyen de formules connues, en fonction des hypoténuses et des azimuts Z, Z'........ etc. Ces côtés prennent le nom de *distances à la perpendiculaire et à la méridienne*.

44. Nous voyons toutefois que les coordonnées rectilignes ainsi déterminées s'éloignent d'autant plus des coordonnées sphériques correspondantes, que l'on considère *des points plus éloignés de l'origine*.

Pour ne pas laisser les erreurs s'accumuler, on *change l'origine des coordonnées* dès que la distance entre le points que l'on considère et le point de départ dépasse 70000 à 80000 mètres.

Si l'on a déjà calculé *les distances à la perpendiculaire et à la méridienne* de points trop éloignés, on peut arriver facilement, au moyen de ces distances, à la connaissance de celles qui conviennent à de *nouveaux axes* plus rapprochés des points considérés.

Soient, en effet, AY et AX (fig. 32), deux axes de coordonnées par rapport auxquels on a déterminé les distances $Cc = x$ et $Cc' = y$.

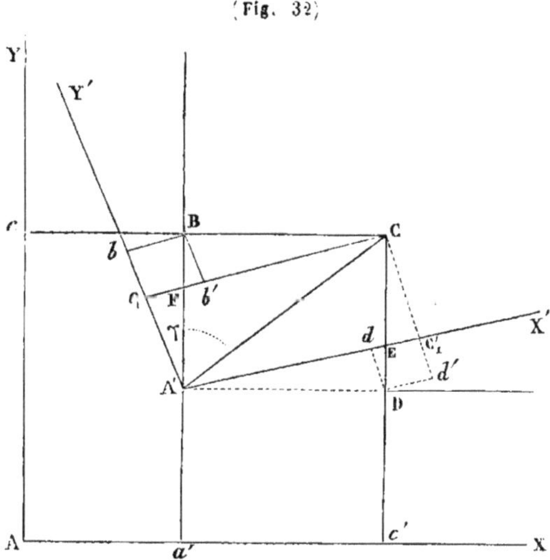

Soit A' une nouvelle origine dont les coordonnées sont $A'a' = \beta$ et $Aa' = \alpha$; et supposons que AY' et AX' soient les nouveaux axes.

La méridienne A'Y' fait un angle avec la méridienne AY; on nomme cet angle *convergence des méridiens;* représentons-le par γ.

Les coordonnées du point C rapportées aux nouveaux axes sont $Cc_1 = x'$ et $Cc'_1 = y'$.

Par le point A' menons A'B parallèle à AY et A'D parallèle à A'X.

Nous avons, en menant du point D, Dd perpendiculaire sur A'X', et Dd' perpendiculaire sur Cc'_1,

$$x' = A'c'_1 = A'd + dc'_1 = A'd + Dd' = (x-\alpha)\cos\gamma + (y-\beta)\sin\gamma. \quad (1)$$

En menant du point B, Bb perpendiculaire sur A'Y' et Bb' perpendiculaire sur Cc_1, nous avons aussi,

$$y' = A'c_1 = A'b - bc_1 = A'b - Bb' = (y-\beta)\cos\gamma - (x-\alpha)\sin\gamma. \quad (2)$$

Les relations (1) et (2) nous permettront d'obtenir les nouvelles coordonnées y' et x' du point A rapporté aux nouveaux axes A'Y' et A'X', lorsque γ sera connu.

45. *De la convergence des méridiens.* — La quantité γ peut se déter-

miner facilement lorsque l'on connaît les *latitudes* et *longitudes* des points A et A'.

Soient, en effet, a et a' (fig. 33), les deux points A et A' de la figure 32 considérés sur le globe; appelons L et G, L' et G' les latitudes et longitudes des points a et a'.

(Fig. 33)

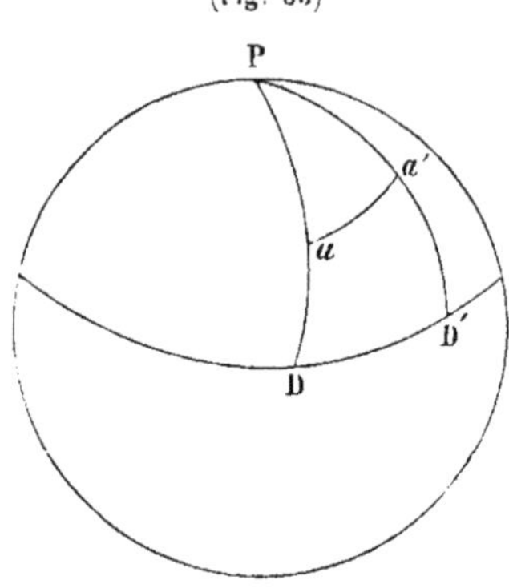

Si l'on considère en a et a' les *tangentes aux méridiens* Pa et Pa', et à l'arc aa', la convergence des méridiens γ est sensiblement égale à la quantité dont la somme des angles P$a'a$ et Paa' diffère de 180.

On a donc la relation

$$Paa' + Pa'a = 180^\circ - \gamma.$$

Les analogies de Néper donnent dans le triangle sphérique Paa',

$$\operatorname{tg} \frac{1}{2}(Paa' + Pa'a) = \frac{\cos \frac{1}{2}(Pa' - Pa)}{\cos \frac{1}{2}(Pa' + Pa)} \cot \frac{1}{2} aPa'$$

ou

$$\operatorname{cotg} \frac{\gamma}{2} = \frac{\cos\left(\frac{L - L'}{2}\right)}{\sin\left(\frac{L + L'}{2}\right)} \operatorname{cotg}\left(\frac{G - G'}{2}\right),$$

ou, autrement,

$$\operatorname{tg} \frac{\gamma}{2} = \operatorname{tg}\left(\frac{G - G'}{2}\right) \frac{\sin\left(\frac{L + L'}{2}\right)}{\cos\left(\frac{L - L'}{2}\right)};$$

mais γ, $G - G'$, $L - L'$ sont assez petits; on a donc finalement,

$$\gamma = (G - G') \sin\left(\frac{L + L'}{2}\right).$$

Ainsi, *la convergence des méridiens de deux lieux est égale à la différence des longitudes de ces deux lieux multipliée par le sinus de la demi-somme de leurs latitudes.*

DÉTERMINATION DES POSITIONS GÉOGRAPHIQUES DES SOMMETS PRINCIPAUX DU CANEVAS GÉODÉSIQUE.

46. Nous avons dit (10) que les points principaux d'un pays se placent sur la carte au moyen *de leur latitude et de leur longitude.*

La détermination de *la latitude* d'un premier point s'obtient d'une manière suffisamment exacte en employant les moyens que nous avons indiqués en navigation, et en se servant surtout du *théodolite* dans les observations de hauteurs *méridiennes* ou *circumméridiennes* des étoiles.

La détermination de *la longitude* n'offre pas la même facilité, en raison de l'exactitude que réclame la détermination géographique des points principaux d'un *canevas géodésique* ou *hydrographique.*

Lorsqu'un des observatoires peu nombreux répandus sur le globe se trouve au sommet d'un des triangles géodésiques, les moyens ne manquent pas pour déterminer, d'une manière très-exacte, *la position de ce point principal*, et *les latitudes et longitudes* des autres sommets s'en déduisent facilement, ainsi que nous le dirons.

Quand un réseau *de lignes télégraphiques enveloppera le globe*, les observatoires qui s'y trouvent actuellement, en tant que l'on considère *la détermination de la position géographique rigoureuse de certains points*, seront en nombre suffisant ; mais actuellement, certaines parties du globe sont encore tellement éloignées de points *exactement déterminés*, que les navigateurs qui veulent faire, dans ces régions, un *levé géodésique* ou *hydrographique*, sont réduits à leurs propres moyens pour obtenir la longitude exacte de quelques sommets de leur canevas géodésique.

Ces moyens sont les suivants :

1° *Les chronomètres ;*
2° *Les distances lunaires ;*
3° *L'heure du passage de la Lune au méridien ;*
4° *La méthode de MM. Nicolaï et Baily ;*
5° *L'observation des éclipses des satellites de Jupiter ;*
6° *L'observation de l'une des phases d'une éclipse de Soleil ;*
7° *Enfin, l'observation des occultations d'étoile par la Lune.*

Nous savons que la détermination de la longitude par les chronomètres ne peut donner un résultat suffisamment exact qu'autant que le lieu où l'on a réglé le chronomètre se trouve *peu éloigné* du point dont on veut déterminer la longitude ; et cela à cause de la variation de la marche. Il faut aussi que ce premier lieu soit *exactement* connu de position. Comme, généralement, il n'en est pas ainsi, on comprend que les chronomètres, dont nous avons reconnu l'incontestable utilité dans les voyages sur mer, ne peuvent pas donner une exactitude suffisante quand on prétend déterminer la position géographique d'un point terrestre devant servir à un travail géodésique. Il en est de même de la longitude déterminée par les distances lunaires.

Les chronomètres pourraient servir pour cette détermination si, sur le globe, se trouvaient, de distance en distance, des *lieux exactement connus de position*. C'est pour arriver à la détermination de *ces lieux principaux* que plusieurs des méthodes que nous venons d'énumérer doivent être employées en se servant d'un théodolite, ou mieux, d'un instrument nommé *lunette méridienne portative*, et dont l'établissement temporaire, sur un point, constitue, en ce lieu, *un petit observatoire mobile* pouvant servir au but que l'on se propose.

Donnons donc d'abord la description de cet instrument, construit par *M. Brunner, membre adjoint du bureau des longitudes.*

DE LA LUNETTE MÉRIDIENNE PORTATIVE.

47. *Description.* — La lunette méridienne portative (fig. 34) a sur-

(Fig. 34)

tout pour but de déterminer les longitudes terrestres, à 6 ou 8 secondes de temps près, à l'aide des passages de la Lune au *méridien;* elle sert aussi à obtenir l'état absolu d'un *chronomètre sur le temps sidéral ou sur le temps moyen d'un lieu*, ainsi que la *latitude de ce lieu.*

L'instrument représente, en petit, sauf des modifications de rectifications, les lunettes méridiennes des observatoires telles qu'elles étaient autrefois quand le *cercle mural* n'était pas, comme cela a lieu actuellement, ainsi que nous l'avons décrit dans le *Cours d'Astronomie*, page 51, indépendant de la lunette méridienne.

Les pièces principales de la *lunette méridienne portative*, sont :

Le pied;

La lunette;

Le cercle méridien.

Du pied. — Le pied de l'instrument, disposé pour faire les rectifications que l'on fait subir aux lunettes méridiennes des observatoires fixes à l'aide des moyens indiqués dans le *Cours d'Astronomie*, se compose de deux semelles *de fonte mobiles*, reposant sur une troisième *servant de base fixe.*

Cette première semelle a repose sur un terrain solide au moyen de trois vis en acier v, v', v''. Elle est garnie sur deux faces opposées de deux petites ailes b, b' servant à recevoir un *niveau* pour rendre son plan horizontal, en faisant mouvoir convenablement les vis v, v' et v''.

La seconde semelle a' est réunie à la première au moyen d'un axe en acier, de manière à pouvoir décrire, autour de cet axe et parallèlement au plan de la première semelle, un arc de quelques degrés, lorsque l'on agit sur une *vis d* qui s'appuie intérieurement contre un *ressort.* Cette seconde semelle porte, en outre, à l'une de ses extrémités, deux petites pièces c', c' destinées à recevoir deux pivots c dont on ne voit qu'un sur la figure, servant d'axe de rotation à la troisième semelle a'', laquelle repose sur la deuxième au moyen de la vis nommée *vis de rectification.*

Cette troisième semelle a'' fait corps avec deux montants en fonte g, g portant les coussinets h, h.

De la lunette. — La lunette de l'instrument est une *lunette astronomique*, fixée perpendiculairement à l'axe de rotation oo'. Cet axe de rotation est terminé par deux tourillons parfaitement cylindriques et identiques.

Le porte-oculaire de la lunette peut être maintenu dans la position convenable pour l'observateur au moyen d'un *collier* serré par une *vis*.

Les fils du réticule ont à peu près la même disposition que celle que nous avons décrite pour ceux de la lunette méridienne (*Cours d'Astronomie*, page 48).

Un prisme p que l'on peut placer à volonté contre l'oculaire de la lunette, en renvoyant à l'œil de l'observateur les rayons perpendiculaires à l'axe de la lunette, rend très-facile l'observation des astres, quelle que soit leur hauteur.

Du cercle méridien. — Le cercle méridien de la lunette méridienne portative est disposé de la même manière que *les cercles de théodolite;* c'est-à-dire qu'il se compose de deux parties : du *cercle limbe* et du *cercle alidade.*

Le *cercle limbe i* est fixé sur l'axe qui supporte la *lunette*, et de telle sorte que son plan soit perpendiculaire à cet axe ; de manière que lorsque l'on imprime à la lunette un mouvement de rotation autour de l'axe des tourillons, le cercle limbe suit le mouvement de la lunette et décrit des arcs identiques à ceux décrits par l'axe optique de cette lunette.

Le *cercle alidade m*, concentrique au cercle limbe, peut tourner d'une manière indépendante autour de l'axe de rotation o. Une pince p, avec vis de pression q et vis de rappel q', permet de fixer le *cercle alidade* au *cercle limbe i.* Un diamètre du cercle alidade supporte un niveau rr ayant pour but de rendre *vertical* ce diamètre qui est perpendiculaire *aux zéros des verniers k et k'* dont les loupes n et n' permettent de lire les indications.

Le diamètre vertical du cercle alidade porte à son extrémité un plan d'*acier poli t* qui s'appuie contre un *buttoir u* (fig. 35) lié au montant g près duquel se trouve le cercle f. Au même montant, et en face du buttoir u, est fixée une pièce x, mobile autour d'un axe, et portant une vis à écrou u', u', de telle sorte que lorsque la pièce x est relevée horizontalement, la pièce t du diamètre vertical est saisie entre la vis à écrou u' et le buttoir u, et, par suite, donne au cercle alidade une fixité absolue; la pièce x s'applique sur le côté du montant g au moyen d'un petit ressort en acier, de manière à pouvoir se mouvoir parallèlement au méridien sans cesser de presser la pièce t.

(Fig. 35)

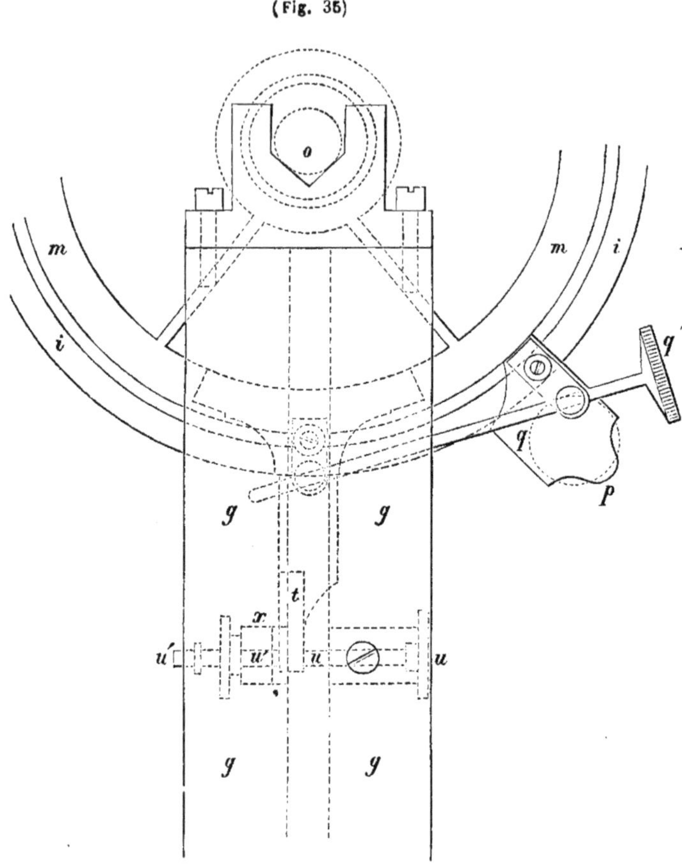

Rectifications de l'instrument.

48. Les rectifications à faire subir à la *lunette méridienne portative* sont analogues à celles que nous avons indiquées (*Cours d'Astronomie*, page 45) pour la *lunette méridienne des observatoires;* seulement pour l'instrument dont nous nous occupons actuellement il y a à déterminer en outre *le point terrestre où l'on doit placer la lunette.* Ainsi les principales rectifications de l'instrument, sont :

1° *Le choix de l'emplacement;*

2° *La détermination de l'horizontalité de l'axe de rotation ;*

3° *La perpendiculaire de l'axe optique de la lunette sur l'axe des tourillons;*

4° *La coïncidence du plan vertical décrit par l'axe optique de la lunette avec le plan méridien.*

1° *Choix de l'emplacement.* — Il y a deux conditions essentielles à remplir dans le placement de la lunette en un point : 1° que le sol sur lequel on pose la lunette soit excessivement *solide* et à peu près *horizontal;* 2° que de ce point on aperçoive les portions du ciel que traverse le plan méridien, au moins à partir de 10° au-dessus de l'horizon, tant du côté du pôle élevé que du côté opposé. On peut disposer un petit pilier soit en pierres, soit fait avec des gueuses, mais après *avoir sondé le terrain*, afin de s'assurer que le sous-sol est bien solide, ou après avoir fait *de petites fondations à ce pilier* autour duquel l'observateur doit pouvoir tourner facilement. La surface supérieure du pilier doit être assez grande pour recevoir un *chronomètre* et un *fanal* pour les observations de nuit.

2° *Détermination de l'horizontalité de l'axe de rotation.* — Au moyen d'observations d'azimut on peut déterminer, à l'aide d'une boussole placée sur le pilier, la déclinaison de l'aiguille, et tracer, par suite, d'une MANIÈRE APPROCHÉE, la direction du méridien.

On place l'instrument sur le pilier de manière que le plan du cercle méridien soit à peu près parallèle à cette direction approchée du méridien. Au moyen d'un niveau, et à l'aide des vis du pied, on rend à peu près horizontale la première semelle *a*. On place le niveau NN' sur les tourillons de l'axe de rotation, puis on amène la bulle de ce niveau dans ses repères, moitié en agissant sur la vis *f de rectification*, moitié en agissant sur la vis N_1 du niveau.

En se servant ensuite d'un chronomètre dont on a déterminé la marche et l'heure que devra marquer la montre *quand il sera midi vrai dans le lieu*, on peut fixer l'instrument *sur le pilier.* Pour cela, quelques minutes avant midi, la lunette est dirigée sur le Soleil de manière que cet astre soit à peu près au milieu du champ de la lunette. On fait alors mouvoir d'une manière convenable le pied de l'instrument, de manière à maintenir le Soleil *juste au milieu du champ* de la lunette jusqu'au moment où le chronomètre indique l'heure correspondante au midi vrai du lieu. On ne touche plus au pied de l'instrument, et l'on garnit de plâtre les trois pattes de la semelle *a* qui portent les vis v, v', v''.

Une fois l'instrument fixé solidement de cette manière sur le pilier, on reprend la détermination de l'horizontalité de l'axe des tourillons, et, en agissant sur les vis f et N_1, alternativement, on fait en sorte que, *dans le retournement du niveau*, la bulle soit comprise entre les mêmes divisions.

3° *Détermination de la perpendicularité de l'axe optique de la lunette sur l'axe des tourillons.* — Pour rendre l'axe optique de la lunette perpendiculaire à l'axe des tourillons, on choisit un objet terrestre éloigné pouvant servir de point de *mire*. Ayant mis exactement les fils du réticule au foyer commun de l'objectif et de l'oculaire, et la lunette au point, on commence par rendre *les fils horaires du réticule perpendiculaires à l'axe de rotation.* Pour y arriver, on dirige *la croisée des fils* sur la mire de manière que le fil méridien coupe en deux cette mire, en agissant sur la vis azimutal d, si cela est nécessaire; on fait ensuite mouvoir la lunette autour de son axe, et l'on voit si, pendant ce mouvement, le fil méridien *divise exactement en deux la mire;* si cette condition n'est pas remplie, on desserre les vis qui fixent le réticule à la lunette, et on lui donne un mouvement circulaire convenable pour lui faire remplir cette condition.

Une fois cette verticalité des fils obtenue, on rend l'axe optique de la lunette perpendiculaire à l'axe de rotation; pour cela on retourne tout le système; c'est-à-dire que l'on met le tourillon de droite dans le coussinet de gauche, et réciproquement. Puis on regarde à la lunette si la même *mire* est toujours coupée en deux par le fil *méridien;* si elle ne l'est pas, on donne à l'instrument, à l'aide de la vis d, un mouvement azimutal tel que la déviation apparente de la mire soit diminuée de moitié, et, au moyen de la vis de rappel du réticule, on amène le fil méridien exactement sur le milieu de la mire. Un second retournement suffit pour s'assurer que l'axe optique est bien perpendiculaire à l'axe de rotation.

4° *Faire coïncider exactement le plan vertical décrit par la lunette avec le plan méridien.* — On peut se servir de la méthode que nous avons indiquée dans le *Cours d'astronomie*, page 46, pour faire remplir à la *lunette méridienne* des observatoires la même condition; ou on détermine, comme l'indique M. Laugier, l'heure que doit marquer un chronomètre au moment où *une étoile circompolaire passe au méridien;* comme un peu avant cet instant, l'observateur trouve évidemment l'étoile dans le champ de la *lunette*, il peut, au moyen de la vis *azimutale* d, maintenir l'étoile sous le fil méridien jusqu'au moment précis où le chronomètre indique l'heure t; on serre alors un peu la vis de la semelle a' qui est directement opposée à la vis *azimutale* d.

USAGE DE LA LUNETTE MÉRIDIENNE PORTATIVE.

49. L'usage de la lunette méridienne portative comporte deux questions principales :

1° *La détermination exacte de l'heure du passage d'une* ÉTOILE *ou d'un autre astre* DERRIÈRE UN FIL VERTICAL ;

2° *La détermination de la distance zénithale d'un astre.*

1° La détermination de l'heure du passage d'une étoile derrière un fil vertical se fait de la manière que nous l'avons indiquée dans le *Cours d'astronomie*, page 48 ; toutefois, voici les indications pratiques données à ce sujet par M. Laugier dans son « *Usage du cercle méridien portatif :* »

« Supposons qu'on se serve d'un chronomètre battant la demi-se- » conde ; lorsque l'étoile s'approchera du premier fil, l'observateur » prendra la seconde au chronomètre, comptera les battements de » deux en deux en marquant la demi-seconde par un mouvement » imperceptible, et il notera, comme il suit, les passages aux fils » horaires. Si l'occultation, derrière un fil, correspond au batte- » ment de la 10me seconde par exemple, il notera $10^s,0$. Si elle » arrive sensiblement après la seconde, il notera $10^s,2$ ou $10^s,3$; il » notera $10^s,5$ au demi-battement ; enfin, $10^s,7$ ou $10^s,8$ si l'étoile » disparaît sensiblement après le demi-battement. Plus tard, l'ob- » servateur parviendra à apprécier les dixièmes intermédiaires. Le » chemin parcouru par l'étoile dans une seconde de temps peut aussi » aider à apprécier la fraction, si l'on conserve le sentiment de sa » grandeur apparente ; en effet, au moment où l'on entend le bat- » tement de la seconde qui doit précéder immédiatement la dispa- » rition, on remarque la distance de l'étoile au fil, et, en la com- » parant mentalement au chemin parcouru en une seconde entière, » on parvient à évaluer la fraction ; on peut vérifier cette première » évaluation en comparant de même l'espace compris entre le fil et » l'étoile au moment où l'on entend le battement de la seconde qui » suit immédiatement la bissection.

» Quand le chronomètre bat les $\frac{1}{3}$ ou les $\frac{2}{5}$ de seconde, les moyens

» précédents doivent être modifiés; on pourra employer avec succès » le procédé suivant : quelques secondes avant le passage de l'étoile » derrière un fil, l'observateur écrit la minute et un nombre rond de » secondes. Il compte ensuite le nombre de battements écoulés de» puis le moment où l'aiguille atteint la seconde inscrite jusqu'à » celui de la disparition de l'étoile derrière le fil, en s'aidant de ses » doigts pour retenir les dizaines si le nombre à compter est trop » grand. Convertissant alors ces battements en secondes, et ajou» tant le résultat au nombre inscrit d'avance, il obtiendra ainsi » l'heure marquée par le chronomètre au moment de la bissection. »

2° Pour déterminer la *distance zénithale méridienne* d'un astre, nous ferons d'abord remarquer que le cercle méridien pouvant avoir dans l'instrument deux positions relativement au méridien, nous adopterons, d'après M. Laugier, les conventions suivantes :

Lorsque l'observateur, ayant l'œil à la lunette et tournant le dos au pôle élevé, a le cercle méridien à sa droite, on dit que la lunette est dans la *position directe;* si, au contraire, le cercle méridien est à *sa gauche*, la lunette est dans la *position inverse.*

La chiffraison du limbe est disposée de telle sorte que dans la *position directe*, l'arc lu sur le cercle limbe exprime les hauteurs au-dessus de l'horizon opposé au pôle élevé; par conséquent, *dans la position inverse*, cet arc représente le *supplément de ces hauteurs.*

Ceci posé : La première chose à faire est de rendre vertical le diamètre du cercle alidade qui porte le niveau rr'.

On met la lunette dans la *position directe*, et au moyen de la vis u du buttoir (fig. 35), on amène dans ses repères la bulle du niveau rr'.

On place la lunette dans la *position inverse*, et si la bulle ne reste pas dans ses repères, on diminue la moitié de la différence avec la vis du *buttoir inverse*, et l'autre moitié avec la vis α du niveau. On remet la lunette *dans la position directe*, et en agissant sur la vis du buttoir direct et sur celle du niveau, on corrige le déplacement de la bulle, s'il y en a; et ainsi de suite.

Si, le diamètre du cercle alidade étant ainsi rendu vertical, le zéro du vernier correspond avec celui du limbe, il n'y a pas d'erreur de *collimation*, et les arcs parcourus par la ligne de foi du cercle limbe indiquent bien les hauteurs des astres.

Soit maintenant A (fig. 36) un astre dont on veut avoir la distance zénithale. On pointe la lunette sur l'astre, et si la lunette est dans la position *directe*, oL donne la hauteur de l'astre.

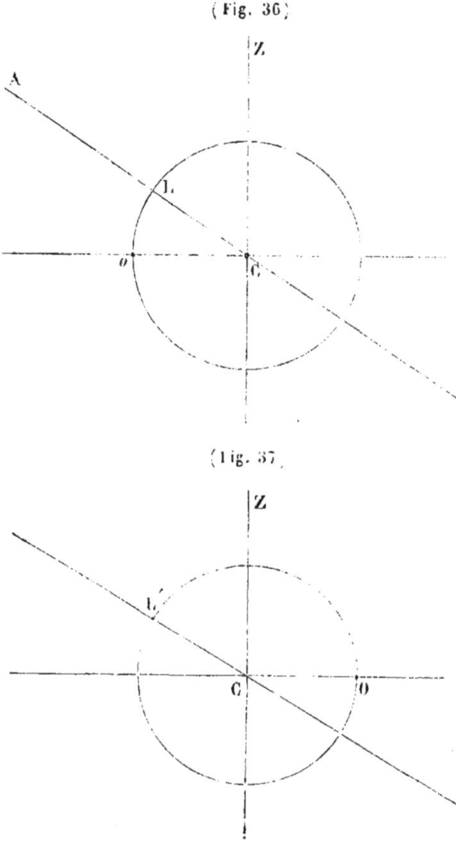

(Fig. 36)

(Fig. 37)

Si la lunette est dans la position inverse (fig. 37) l'arc oL' donne le supplément de la hauteur.

Lorsqu'il y a une erreur de collimation, on agit de la manière suivante :

On pointe la *lunette dans la position directe* sur l'étoile; soit L l'arc de lecture, on a évidemment

$$L = H + E,$$

E étant l'*erreur de collimation positive ou négative*, et H la hauteur apparente. On met immédiatement la lunette dans la *position inverse*, et on la pointe sur l'astre; on détermine l'arc de lecture L' et l'on a

$$L' = 180^\circ - H + E;$$

de ces deux relations on déduit

$$\frac{L' - L}{2} = 90 - H,$$

c'est-à-dire la *distance zénithale*.

On peut, si l'on veut, corriger l'*erreur de collimation*. Pour cela, on détermine, ainsi que nous venons le dire, par deux pointages *direct* et *inverse*, la distance zénithale $\frac{L'-L}{2}$ *d'un objet pris à terre* et servant de *mire*.

On a évidemment, H étant la hauteur apparente de l'objet,

$$H = 90 - \left(\frac{L'-L}{2}\right);$$

si l'on n'a pas

$$H = L,$$

c'est-à-dire,

$$L = 90 - \left(\frac{L'-L}{2}\right) \quad \text{ou} \quad L = 180^\circ - L',$$

c'est qu'il y a une erreur de *collimation*, dont la valeur est

$$H - L.$$

Pour corriger cette erreur, on remet la lunette dans la position directe et l'on fait marquer au vernier la hauteur apparente

$$90 - \left(\frac{L'-L}{2}\right).$$

En visant alors à l'objet dans cette position de la lunette, cet objet n'est plus couvert par le fil horizontal; on rétablit la coïncidence en *agissant sur la vis du buttoir*. Ce mouvement déplace nécessairement la bulle du niveau; on la ramène dans ses repères à l'aide de la vis de la monture. Mettant ensuite la lunette dans la position *inverse*, on agit sur la vis du buttoir inverse pour ramener la bulle du niveau entre les repères de la position précédente si ce changement de position de la lunette a déterminé un déplacement dans la position de la bulle.

50. Nous ne nous étendrons pas davantage sur la description et l'usage de la lunette méridienne portative.

Pour ne pas sortir du cadre restreint que nous nous sommes imposé, nous ne nous occuperons pas de la détermination des erreurs instrumentales qui peuvent influencer les résultats d'observations, quand l'instrument est soumis à des *variations de température*, des *chocs accidentels*, etc... Nous renvoyons, pour la théorie complète de l'instrument que nous venons d'esquisser, au mémoire de M. Laugier sur l'*usage du cercle méridien portatif pour la détermination des positions géographiques*.

Pour pouvoir obtenir, avec un instrument de ce genre, des

observations *extra-méridiennes*, qui permettraient de donner plus d'extension à certaines méthodes de détermination d'*ascension droite de la lune*, méthodes dont nous parlerons plus loin, M. *Mouchez* a eu l'idée de donner à la lunette méridienne portative un mouvement azimutal sur un cercle horizontal divisé comme le cercle de déclinaison et pouvant donner les 3″ d'arc; modification qui permettrait d'observer les *éclipses* et les *occultations*. Voici, d'après M. Mouchez, quelques dispositions de cet instrument ainsi modifié, instrument construit par M. *Brunner* :

« L'axe de rotation de la lunette porte *deux cercles de déclinaison* » au lieu d'*un* et quatre micromètres permettent d'évaluer facile- » ment chaque lecture à 1″ près. La lunette a 60 centimètres de dis- » tance focale ; elle porte à l'oculaire un réticule de cinq fils fixes, » auquel on a ajouté un fil mobile dont le mouvement est mesuré » par une vis micrométrique. L'addition de ce fil mobile permettra » de multiplier les observations, de mesurer les petits angles avec » une grande exactitude et de compléter enfin, dans de certaines cir- » constances, les observations de culmination quand le passage d'un » nuage fait manquer un ou deux fils.

» Un oculaire collimateur et un bain de mercure servent à » donner le *nadir* avec une extrême précision, et on pourra aussi à » l'aide de cet appareil combiné avec le mouvement azimutal, cor- » riger l'axe optique et l'horizontalité. Des ressorts habilement » placés servent de contre-poids, et rendent les mouvements plus » doux en diminuant les frottements. »

DÉTERMINATION DE LA LONGITUDE D'UN LIEU AU MOYEN DE L'HEURE SIDÉRALE DU PASSAGE DU BORD ÉCLAIRÉ DE LA LUNE AU MÉRIDIEN.

51. Ayant installé la *lunette méridienne portative*, ainsi que nous l'avons indiqué, dans un lieu dont on veut connaître la *longitude*, on se propose d'obtenir cette longitude au moyen de l'heure du *passage de la Lune au méridien*.

On place près de la *lunette* un *chronomètre* reconnu bon et dont on a déterminé, la veille ou les jours précédents, *l'état absolu* sur le méridien inconnu du lieu où l'on se trouve, ainsi que sa marche diurne pour laquelle on tiendra compte de la *température*.

On calcule préalablement, à la minute, l'heure approchée du

passage de la Lune au méridien. On met exactement la lunette au point, de manière que les taches de la Lune soient parfaitement distinctes. Dès qu'elle est dans le champ de la lunette, on note exactement au chronomètre l'heure à laquelle *le bord éclairé de la Lune* passe derrière le fil méridien ; soit C cette heure du chronomètre.

Au moyen de *l'état absolu* et de la *marche* de la montre on détermine l'heure Temps Moyen *T* du lieu qui correspond à l'heure C.

On a donc, ainsi, *l'heure T. M. du lieu* au moment du passage d'un bord de la Lune au méridien. Voyons, maintenant, comment cette heure T va nous permettre d'obtenir, avec exactitude, la *longitude* du lieu.

On commence par déterminer, pour le jour proposé, l'heure T. M. du passage du même bord de la Lune au méridien de Paris. Pour cela on prend d'abord dans la *Connaissance des Temps*, l'heure temps moyen T' du *passage de la Lune au méridien de Paris*; avec cette heure et en employant les formules que nous avons données (*Cours de navigation*, 64), on peut avoir l'heure du passage d'une manière exacte.

On détermine ensuite le Temps Moyen que le demi-diamètre de la Lune met à traverser le Méridien.

Soient, à cet effet, δ le *demi-diamètre horizontal de la Lune* le jour proposé et D sa déclinaison. Il est évident que l'arc de l'équateur, projection du demi-diamètre horizontal, est $\frac{\delta}{\cos D}$; cet arc est la mesure de l'angle au pôle formé par le *cercle de déclinaison* du centre de la Lune et le *cercle de déclinaison* du bord.

Le temps moyen que le méridien mettrait à passer de l'un à l'autre serait donc

$$\frac{\delta}{15 . \cos D}$$

si la Lune n'avait pas de mouvement *en ascension droite*; mais, comme pendant cet intervalle la Lune a un mouvement en ascension droite, on a, pour cet intervalle,

$$\frac{\delta}{(15^\circ - d) \cos D},$$

d étant le mouvement en ascension droite de la Lune en une heure moyenne; puisque le mouvement de notre méridien, *en supposant la Lune immobile*, peut être considéré comme étant de $15^\circ - d$ en une heure moyenne.

Ainsi l'heure moyenne du passage *du bord éclairé de la Lune au méridien de Paris* est donc

$$T' \pm \frac{\delta}{(15-d)\cos D},$$

en prenant le signe $+$ si le bord passe après le centre ou le signe $-$ dans le cas contraire.

Nous connaissons donc, maintenant, les heures moyennes T et T' du passage *du même bord de la Lune aux méridiens* des deux lieux.

Connaissant les heures moyennes de ces deux lieux nous pouvons en conclure les heures sidérales, car on connaît toujours la longitude du lieu où l'on se trouve d'une manière approchée.

Or, en désignant ces heures sidérales par h_s et h'_s, on a, ainsi qu'on l'a vu en *Astronomie*,

$$h_s = Æ☾$$
$$h'_s = Æ'☾;$$

donc $h'_s - h_s$ est le *mouvement en ascension droite du même bord de la Lune* dans l'intervalle sidéral écoulé entre les deux passages; nous pouvons admettre sans erreur sensible, que ce mouvement en ascension droite du bord est égal au mouvement en ascension droite du centre.

Mais, l étant la longitude (que nous supposerons occidentale) du lieu où l'on se trouve, il est évident que le temps sidéral écoulé entre les deux passages est

$$l + (h'_s - h_s);$$

Si nous cherchons maintenant, au moyen de la *Connaissance des temps*, le mouvement propre d en ascension droite de la Lune dans une heure moyenne et en remarquant que l'on a la relation (*Cours d'astronomie*, 145),

$$1^{\text{h. moy.}} = 1^{\text{h. sidér.}},002738,$$

on pourra établir l'équation

$$(\alpha) \qquad \frac{l + (h'_s - h_s)}{(h'_s - h_s)} = \frac{1,002738}{d},$$

c'est-à-dire : *si dans l'intervalle sidéral* $[l + (h'_s - h_s)]$ *l'ascension droite de la Lune varie de* $(h'_s - h_s)$, elle variera de d dans l'intervalle sidéral $1^h,002738$.

De la relation (α) on déduit

$$l = (h'_s - h_s)\left(\frac{1,002738}{d}\right) - (h'_s - h_s) = \frac{h'_s - h_s}{d}(1^h,002738 - d),$$

d doit être converti en temps.

Le mouvement en ascension droite d s'obtient en déterminant, au moyen des différences secondes, l'ascension droite de la Lune pour *la demi-heure qui précède l'heure de Paris intermédiaire aux deux passages* et pour la *demi-heure qui suit cette même heure*. La différence des deux ascensions droites, ainsi obtenues, donne le *mouvement horaire* en ascension droite.

Exemple.

Le 18 mai 1858, avec la *lunette méridienne portative*, on a obtenu à l'île de *Poulo-Condor* l'heure moyenne du passage du *bord occidental* de la Lune derrière le fil méridien de la lunette ; cette heure moyenne, déduite de l'heure notée au chronomètre au moment de l'observation, était $4^h\ 59^m\ 35^s,8$. On demande la longitude exacte de *Poulo-Condor* dont la longitude approchée est $6^h\ 54^m\ 54^s$ E^t.

1° Détermination de l'heure T. M. exacte du passage du bord éclairé de la Lune au méridien de Paris.

L'heure approchée donnée dans la connaissance des temps est $5^h\ 16^m$.

En calculant, pour cette heure, l'ascension droite de la Lune et le temps sidéral, on trouve

$$\text{Æ}☾ = 9^h00^m50^s,6$$
$$\text{Æ}\odot_m = 3^h44^m21^s,32$$

H^{re} du passage plus approchée. . . . = $5^h16^m29^s,28$

Prenant la variation d'ascension droite de la Lune pour $29^s,28$ on trouve, en temps

$1^s,12$

d'où h^{re} T. M. du passage exacte = $5^h16^m30^s,4$.

Il faut trouver, maintenant, le nombre de secondes moyennes t que le demi-diamètre de la Lune met à traverser le méridien.

Nous avons $$t = \frac{3600^s,\delta}{(15^\circ - d)\cos D.}$$

Il faut donc calculer, pour l'heure $5^h\,16^m\,30^s,4$:

1° Le demi-diamètre de la Lune δ,
2° La déclinaison . . . . D,
3° Le mouvement horaire . . . d.

Nous trouvons, au moyen de la connaissance des temps,

$$\begin{array}{lrl}
 & \log 3600^s & = 3,5563025 \\
\delta = 16'\,2'' & \log \delta & = 2,9831751 \\
D = 19^\circ 48' 23'',3 & C^t \lg \cos & = 0,0264829 \\
d = 34' 36'',1 & & \\
\text{d'où} \quad 15^\circ - d = 14^\circ 25' 23'',9 & C^t \lg & = 5,2843326 \\
\hline
 & \lg t & = 1,8502931 \\
 & t & = -\ 1^m 10^s,84 \\
 & \text{Heure du passage du centre} & = 5^h 16^m 30^s,4 \\
\hline
 & T' = \text{heure du passage du bord} & = 5^h 15^m 19^s,56
\end{array}$$

En convertissant maintenant les deux heures moyennes T' et T en heures sidérales au moyen de la longitude estimée de Poulo-Condor, nous trouvons

h_s = h^re sidérale du passage du bord de la Lune à Poulo = $8^h 42^m 45^s,73$
h'_s = Id. Id. à Paris = $8^h 59^m 40^s,77$

d'où $h'_s - h_s$. . . . = $16^m 55^s,04$

2° *Calcul de la longitude de Poulo-Condor au moyen de la formule*

$$l = \frac{(h'_s - h_s)}{d}(1^h,002738 - d)$$

Détermination de d.

Cherchons, en nous servant de la longitude approchée du lieu, l'*instant moyen* de Paris entre les deux observations.

Hre du passage ☽| à Poulo . . . = $4^h59^m33^s,3$
Longitude approchée. . . . . . = $6^h54^m54^s$

Hre de Paris correspondante le 17 = $22^h\ 4^m39^s,3$
Hre du passage à Paris le 17 à. . = $29^h15^m19^s,5$

Somme. . = $51^h19^m58^s,8$
$\frac{1}{2}$ somme. . = $25^h39^m59^s,4$
Hre moyenne de Paris, le 18. . . = $1^h39^m59^s,4$
en calculant Æ☾ pour $1^h9^m59^s,4$ on trouve = $132°48'38'',9$
Id. pour $2^h9^m59^s,4$ *Id.* = $133°23'48'',4$

Différence ou d = $35'\ 9'',5$
en temps = $2^m20^s,6$
ou, en fraction décimale d'heure, = $0^h,039055$

Facteur $(1^h,002738 - d)$ = $0,963683$ log = $\bar{1},9839342$
$h'_s - h_s$ = $16^m55^s,04$ log = $3,0064869$
d = $2^m20^s,6$ c^{t}log = $7,8520147$

log l = $0,8424358$
d'où $l = 6^h,95722 = 6^h57^m26^s$

52. *Remarque.* Le calcul que nous venons de faire est considérablement abrégé si, au lieu de *calculer* l'heure du passage du bord éclairé de la Lune au méridien de Paris, un autre observateur *observe ce passage* dans un des observatoires du globe.

Dans ce cas, l'observateur du passage de la Lune dans le lieu dont on veut obtenir la longitude n'a qu'à consulter le recueil où sont insérées les observations de ce genre faites dans les différents lieux du globe.

53. On peut, du reste, employer la méthode suivante, qui n'exige pas l'*heure temps moyen du passage du bord éclairé de la Lune au méridien de Paris ou d'un autre lieu connu de position.*

Puisque l'on a observé l'heure moyenne T du passage d'un bord de la *Lune au méridien du lieu*, en convertissant cette *heure moyenne* en heure sidérale, en se servant pour cela de la longitude *approchée* du lieu, on aura évidemment, pour cet instant, l'*ascension droite du bord éclairé de la Lune ;* car on sait que lorsqu'un astre passe au méridien, on a

$$h_s = Æ*.$$

Pour avoir l'*ascension droite du centre*, il faut ajouter à h_s la quantité

$$\pm \frac{\delta}{15 \cos D}.$$

Ainsi, l'ascension droite du *centre de la Lune* pour l'heure moyenne T du lieu déduite de l'heure C indiquée par le chronomètre au moment du passage, est

$$h_s \pm \frac{\delta}{15 . \cos D};$$

δ étant le demi-diamètre de la Lune et D sa déclinaison calculés au moyen de la longitude approchée.

Si, maintenant, on cherche dans la Connaissance des Temps l'heure Temps moyen de Paris T' qui correspond à cette ascension droite $h_s \pm \frac{\delta}{15 . \cos D}$; on connaîtra deux heures simultanées T et T' du lieu et de Paris, on pourra donc en conclure *la longitude.*

La valeur de T' que l'on obtient de cette manière ne donne généralement qu'une valeur approchée de l'heure de Paris T M qui correspond à l'*ascension droite* de la Lune déterminée; pour avoir cette heure d'une manière exacte on calcule, à l'aide des tables d'interpolation et en se servant des différences 2mes, 3mes et 4mes, *une ascension* droite Æ☾ de la *Lune* pour une époque θ (ayant un nombre rond de dizaines de minutes et zéro secondes) *voisine de la valeur approchée* T', *mais plus grande que* T'; on calcule de la même manière une seconde ascension droite Æ'☾ pour l'époque (θ—10'), *qui est plus petite que* T'; la différence

$$Æ'☾ - Æ☾$$

donne le *mouvement en ascension droite de la Lune* dans 10 minutes de temps. On peut, dans ce petit intervalle, établir la relation

$$\frac{x'}{10} = \frac{\left(h_{\bullet} \pm \frac{\delta}{15 \cdot \cos D}\right) - Æ☾}{Æ'☾ - Æ☾},$$

qui suppose que l'ascension droite de la Lune varie proportionnellement au temps; c'est-à-dire, que si dans 10 minutes l'ascension droite de la Lune varie de $(Æ'☾ - Æ☾)$, elle varie de $\left(h_{\bullet} \pm \frac{\delta}{15 \cos D}\right) - Æ☾$ dans x minutes.

Le temps moyen de Paris, qui correspond donc à l'*ascension droite* $\left(h_{\bullet} \pm \frac{\delta}{15 \cos D}\right)$ est

$$0 + x = T''$$

La différence entre T et T'' donne la longitude d'une manière suffisamment exacte.

2° DÉTERMINATION DE LA LONGITUDE D'UN LIEU TERRESTRE PAR LA COMPARAISON DES HEURES T. M. DU PASSAGE MÉRIDIEN DU BORD ÉCLAIRÉ DE LA LUNE ET D'UNE ÉTOILE VOISINE (Méthode de MM. Nicolaï et Baily.)

54. Les méthodes que nous venons de donner pour obtenir la longitude d'un lieu au moyen des heures moyennes du passage du bord éclairé de la Lune au méridien du lieu et à celui de Paris ou d'un autre lieu, exigent que les heures $h_{\bullet}$ et $h'_{\bullet}$ soient exactement connues ; c'est-à-dire que la *lunette méridienne portative* soit rigoureusement installée dans le plan du méridien, et que l'on ne fasse pas d'erreur sur l'instant du passage. La méthode suivante, qui consiste à rapporter la position de la Lune à celle d'astres voisins, permet de ne mesurer que *des différences de positions* et non *des positions absolues ;* et une petite erreur dans la position de l'axe optique de la lunette par rapport au plan méridien, et dans l'état absolu du chronomètre, n'exercent qu'une influence secondaire sur la précision du résultat.

Supposons qu'en un lieu dont on veut déterminer la longitude *on observe à l'aide d'un chronomètre réglé :*

1° *L'heure* T *du passage méridien d'un bord de la Lune ;*

2° *L'heure* T' *du passage méridien d'une étoile ayant une déclinaison à peu près égale à celle de la Lune*, afin de ne pas être obligé, pour apercevoir les deux astres, de changer la direction de la lunette.

T′ — T, converti en temps sidéral, donne l'intervalle de temps sidéral qui sépare les deux observations ; représentons cet intervalle par θ.

Admettons maintenant qu'*à Paris*, ou *dans un autre lieu dont la longitude est bien connue*, un second observateur fasse les mêmes observations de passage au méridien du même bord éclairé de la *Lune* et de *la même étoile;* on aura alors, dans ce lieu, l'intervalle de temps sidéral θ' qui sépare les deux observations. Il est évident que si *la Lune* n'avait pas de mouvement en ascension droite, et si sa distance à la Terre restait constante, θ serait égal à θ', puisque l'un et l'autre devraient exprimer une différence d'ascension droite constante. Mais, en raison du mouvement de la *Lune*, il est clair que θ et θ' seront différents, et que $\theta'-\theta$ représentera le changement en ascension droite du bord de la Lune pour passer d'un méridien à l'autre.

En admettant donc que *le méridien de chaque lieu mette le même temps sidéral à passer sur le demi-diamètre* de la Lune, $\theta'-\theta$ remplacera la quantité que nous avons désignée par $h'_s - h_s$ dans la formule (α) de la première méthode (51), et l'on obtiendra la longitude par la relation

$$l = \frac{\theta'-\theta}{d}(1{,}002738 - d).$$

On voit bien maintenant, ainsi que nous l'avons dit, que l'avantage de cette méthode est de faire entrer, dans la relation qui donne l, *la différence* des heures sidérales des passages méridiens de l'étoile et du bord éclairé de la Lune dans chaque lieu, au lieu de faire entrer directement, dans cette relation, les heures sidérales du passage méridien de la Lune. Nous pouvons voir facilement qu'en agissant de cette manière le résultat n'est nullement affecté de l'erreur que l'on peut commettre dans les heures des passages ; erreur provenant soit d'un *mauvais état absolu* du chronomètre, soit d'une *déviation de l'axe* optique de la lunette par rapport au plan méridien ; nous allons, en même temps, considérer la variation du demi-diamètre de la Lune dans l'intervalle des observations des deux lieux.

Désignons par T_s l'heure sidérale *erronée* du passage du bord de la Lune au méridien d'un des lieux, et par ε l'erreur commise sur cette heure, par suite des deux causes d'inexactitude que nous venons d'indiquer. Appelons aussi Æ☾ l'heure sidérale exacte du passage *du centre* de la Lune au méridien, nous avons évidemment,

$$T_s = Æ☾ + \varepsilon \pm \frac{\delta}{15 \, . \cos D}.$$

Pour l'étoile, on a aussi, en remarquant que l'erreur ε est la même,

$$T'_s = Æ\star + \varepsilon$$

d'où
$$T_s - T'_s = Æ☾ - Æ\star \pm \frac{\delta}{15 \, . \cos D} = \theta. \qquad (\gamma)$$

A l'autre station on a de même, en remarquant que le mouvement en ascension droite de l'étoile est excessivement petit,

$$\theta' = Æ'☾ - Æ\star \pm \frac{\delta'}{15 \, . \cos D'}, \qquad (\gamma')$$

des deux relations (γ) et (γ') nous déduisons

$$\theta' - \theta = Æ'☾ - Æ☾ \pm \frac{1}{15}\left(\frac{\delta'}{\cos D'} - \frac{\delta}{\cos D}\right).$$

On a donc enfin, pour mouvement en ascension droite *du centre de la Lune* dans l'intervalle des passages aux méridiens des deux stations,

$$Æ'☾ - Æ☾ = \theta' - \theta \pm \frac{1}{15}\left(\frac{\delta}{\cos D} - \frac{\delta'}{\cos D'}\right).$$

La formule suffisamment exacte qui donne la longitude l est donc

$$(\tau) \quad l = \frac{\theta' - \theta}{d}(1{,}002738 - d) \pm \frac{1}{15 \, . d}\left(\frac{\delta}{\cos D} - \frac{\delta'}{\cos D'}\right)(1{,}002738 - d),$$

formule dans laquelle n'entre nullement l'erreur ε.

Nous remarquerons que pour obtenir le second terme de cette équation, il faut connaître les heures moyennes de Paris au moment des deux passages de la *Lune* aux méridiens des deux lieux, afin de calculer δ, δ', D et D'.

On se sert pour cela de la *longitude approchée* du lieu dont on cherche la longitude exacte.

Il faut avoir égard aux signes des quantités θ et θ' qui entrent dans la formule (τ) et prendre convenablement celui des deux signes $\pm$, du second terme, qui convient au bord éclairé de la *Lune*. Du reste, on prend le signe $+$ depuis la *nouvelle* jusqu'à la *pleine Lune*, et le signe $-$ depuis la *pleine Lune* jusqu'à la *nouvelle*.

Pour obtenir le mouvement horaire d en ascension droite de la Lune, nous pouvons employer le même moyen que celui dont nous nous sommes servis dans l'exemple précédent. Toutefois ce moyen n'est pas complétement rigoureux, et si l'on veut plus de précision il ne faut pas se servir de la formule (η) mais agir de la manière suivante :

Désignons par α la quantité

$$\theta - \theta' \pm \frac{1}{15}\left(\frac{\delta}{\cos D} - \frac{\delta'}{\cos D'}\right)$$

que nous venons de trouver et qui représente le mouvement en ascension droite du centre de la Lune pendant l'intervalle de ses deux passages méridiens.

Déterminons les heures moyennes H et H′ de Paris au moment des deux passages méridiens du centre de la *Lune* dans les deux stations. Si λ est la différence en longitude de ces deux stations, il est évident que

$$\lambda + \alpha$$

est l'intervalle de temps sidéral écoulé entre les deux passages; cet intervalle, exprimé en *temps moyen*, est (*Cours d'astronomie*, 145) :

$$(\lambda + \alpha)\,(1 - 0{,}002730433).$$

Par conséquent, si H′ représente l'heure moyenne de Paris au moment du passage de la Lune au méridien oriental, on a pour l'heure H de Paris au moment du passage de la Lune au méridien occidental

$$H = H' + (\lambda + \alpha)\,(1 - 0{,}002730433).$$

Si au lieu de λ que nous ne connaissons pas exactement, nous prenons la différence en *longitude approchée* l des deux méridiens, nous aurons H en fonction de H′ ou H′ en fonction de H. Or, nous connaîtrons toujours l'une ou l'autre de ces deux heures de Paris puisque la longitude de l'un des deux lieux est exactement connue. Supposons que ce soit celle du méridien oriental.

Pour les deux heures H et H′, nous pouvons maintenant calculer les ascensions droites Æ☾ et Æ′☾ du *centre de la Lune*, en employant les différences 2mes et même 3mes.

Il est alors évident que Æ☾ — Æ′☾ doit être égal à α, à très-peu près, en raison des petites causes d'erreur que nous avons indiquées.

Par conséquent, si nous trouvons une différence entre α et $(Æ☾ - Æ'☾)$, cela provient de ce que nous avons pris la différence en longitude approchée l au lieu de λ.

Posons

$$\lambda = l + x.$$

Il est évident que si d est le mouvement en ascension droite de la Lune dans 12 heures moyennes, il est $2d$ dans 24 heures moyennes ou dans 24 heures sidérales augmentées de $3^m56^s,55$ de temps sidéral ; et en supposant le mouvement de la Lune à peu près uniforme, il doit être $(\alpha - (Æ☾ - Æ'☾))$ pour l'erreur x commise sur la longitude. On peut donc établir la relation

$$x = [\alpha - (Æ☾ - Æ'☾)] \frac{24 + 3^m56^s,55}{\frac{1}{15} d},$$

x étant exprimé en temps.

On a, par suite, pour la différence en longitude exacte des deux lieux,

$$\lambda = l + [\alpha - (Æ☾ - Æ'☾)] \frac{24 + 3^m56^s,55}{\frac{1}{15} d},$$

55. Nous voyons que cette méthode exige que la différence

$$\alpha - (Æ☾ - Æ'☾)$$

soit connue avec une exactitude rigoureuse, ce qui dépend surtout de l'exactitude de α.

On comprend en effet qu'une erreur e, commise sur α, donne sur λ une erreur qui est à peu près

$$e \frac{24 + 3^m56^s,55}{\frac{1}{15} d},$$

quantité qui peut être très-grande, puisque le facteur $\frac{24 + 3^m56^s,55}{\frac{1}{15} d}$ a une assez grande valeur ; la circonstance favorable se présente évidemment quand le mouvement en ascension droite de la Lune est le plus rapide.

Aussi, pour que cette méthode donne de bons résultats, il faut observer plusieurs valeurs de α au moyen de plusieurs culminations d'étoiles comparées au même passage de la Lune au méridien, et prendre pour valeur de α la moyenne des quantités α', α'', α''', généralement différentes, qui sont fournies par l'observation.

Faisons un exemple de la méthode de MM. Nicolaï et Baily; ne considérons qu'une seule culmination d'étoiles.

Exemple.

Le 27 avril 1858, à *Macassar* (fort), dont on veut obtenir la longitude exacte, on a observé, à l'aide d'une *lunette méridienne portative* :

1° Heure M. du passage de δ du *Corbeau* au fil méridien à $10^h\ 1^m30^s,24$;
2° Heure M. du passage du bord occidental de la *Lune* à $11^h30^m35^s,02$.

Le même jour, un autre observateur a déterminé à l'île de *la Réunion* (*Saint-Denis*), dont on connaît la longitude exacte :

1° Heure T. M. du passage de δ du *Corbeau* au fil méridien à $10^h\ 0^m48^s,3$
2° Heure T. M. du passage du bord occidental de la *Lune* à $11^h38^m24^s,75$

Les heures que nous venons de donner sont déduites des heures notées au chronomètre *réglé* avec une exactitude rigoureuse.

La longitude approchée de Macassar est. . . . . . . $7^h47^m30^s$Est.
La longitude exacte de Saint-Denis est. . . . . . . $3^h32^m39^s$ *Id.*

Nous avons T_1 =	$10^h\ 0^m48^s,3$	T_2 =	$10^h\ 1^m30^s,24$
T'_1 =	$11^h38^m24^s,75$	T'_2 =	$11^h30^m35^s,02$
θ en temps moy. =	$1^h37^m36^s,45$	θ' en T. M. =	$1^h29^m04^s,78$
θ'. . . . . =	$1^h29^m04^s,78$		
$(\theta-\theta')$ en temps moy. =	$8^m31^s,67$		
Correction table IX			
pour 8^m.	$1^s,314$		
31^s.	$0^s,085$		
0,67	$0^s,002$		
$\theta-\theta'$. . . . . . =	$8^m33^s,07$		

Pour avoir la quantité $\alpha = (\theta - \theta') + \frac{1}{15}\left(\frac{\delta}{\cos D} - \frac{\delta'}{\cos D'}\right)$, nous allons calculer δ et D, δ' et D' pour les heures de Paris, T. M. qui correspondent au passage du bord de la Lune à Saint-Denis et à Macassar, en employant la longitude approchée de ce dernier lieu.

H^re du passage ☽ à St-Denis	$= 11^h38^m24^s,7$	H^re du passage à Macassar	$= 11^h30^m35^s,02$
Longitude exacte	$= 3^h32^m39^s$	Longitude approchée	$= 7^h47^m30^s$
H^re de Paris T. M.	$= 8^h\ 5^m45^s,7$	H^re de Paris T. M.	$= 3^h43^m05^s,02$

Pour ces heures nous trouvons :

½ diam. ☾ = 14'58"	log = 2,9532763	δ' = 14'59"	log = 2,9537597
D^on ☾ = 16°20'45"	c^t log cos = 0,0179186	D' = 15°38'44"	c^t log cos = 0,0163977
	c^t log 15 = 8,8239087		c^t log 15 = 8,8239087
	$\log \frac{1}{15}\frac{\delta}{\cos D} = 1,7951036$		$\log \frac{1}{15}\frac{\delta'}{\cos D'} = 1,7940661$
	$\frac{\delta}{15 . \cos D} = 1^m\ 2^s,38$		$\frac{1}{15}\frac{\delta'}{\cos D'} = 1^m 2^s,34$
	$\frac{\delta'}{15 \cos D'} = 1^m\ 2^s,34$		
	différence = $0^s,04$		
	on a $\alpha = 8^m33^s,07$		

on a donc
$$\alpha = (\theta - \theta') + \frac{1}{15}\left(\frac{\delta}{\cos D} - \frac{\delta'}{\cos D'}\right) = 8^m33^s11.$$

Calculons, maintenant, ainsi que nous l'avons dit les heures moyennes H et H' de Paris au moment des passages du *centre de la Lune* aux méridiens des deux stations.

Nous avons la relation

$$H = H' - (\lambda + \alpha)\,(1 - 0,00270433),$$

λ étant la différence exacte en longitude des deux lieux ; comme nous ne connaissons pas λ nous prendrons l.

Or la *Connaissance des temps* nous permet d'obtenir avec assez d'exactitude l'heure du passage du centre de la Lune au méridien de Saint-Denis ; nous trouvons pour cette heure $11^h\ 39^m\ 28^s,6$.

On a donc

$$
\begin{array}{rcl}
\text{H}^{\text{re}} \text{ du passage } \text{☽} | \text{ à S}^{\text{t}}\text{-Denis} & = & 11^h 39^m 28^s,6 \\
\text{Longitude} \quad \textit{Id.} & = & 3^h 32^m 39^s \\
\hline
H' & = & 8^h \ 6^m 49^s,6 \\
l & = & 4^h 14^m 51^s \\
\alpha & = & 8^m 33^s,11 \\
\hline
l + \alpha & = & 4^h 23^m 24^s,11
\end{array}
$$

Correction table VIII

$$
\left.\begin{array}{ll}
\text{pour } 4^h \ldots & 39^s,318 \\
23^m \ldots & 3^s,768 \\
24^s \ldots & 0^s,066
\end{array}\right\} \qquad - \ 43^s,15
$$

$$
\begin{array}{rcl}
(l + \alpha) \text{ en temps moyen} & = & 4^h 22^m 40^s,96
\end{array}
$$

retranchant ce nombre de H′

$$
\text{on trouve} \ldots\ldots\ldots \ H = 3^h 44^m \ 8^s,64
$$

Pour les heures H et H′ que nous venons de trouver, calculons les ascensions droites de la *Lune* en employant les différences troisièmes; nous trouvons

$$
\begin{array}{l}
Æ'☾ = 210°22'35'',6 \\
Æ☾ = 208°14'45'',8
\end{array}
$$

La différence $(Æ'☾ - Æ☾) = \ 2°\ 7'49'',8 = 2°7',83 = 8^m 31^s,32$ en temps.

Calcul de x.

Le mouvement en ascension droite de la Lune $2d$ est, en temps, $46^m\ 44^s,2$; on a

$$
\begin{array}{rcl}
Æ'☾ - Æ☾ & = & 8^m 31^s,32 \\
\alpha & = & 8^m 33^s,11 \\
\hline
\alpha - (Æ'☾ - Æ☾) = \ 1^s,79 \quad \log & = & 0,2528530 \\
\log (24 + 3^m 56^s,55) & = & 4,9376983 \\
\text{c}^{\text{t}} \log 46^m 44^s,2 & = & 6,5521910 \\
\hline
\log x & = & 1,7427423 \\
x & = & 55^s,3 \\
\text{nous avons pris} \quad l & = & 4^h 14^m 51^s \\
\hline
\text{d'où} \quad \lambda & = & 4^m 15^m 46^s,3 \\
\textit{Longitude de St-Denis} & = & 3^h 32^m 39^s \\
\hline
\textit{Longitude de Macassar} & = & 7^h 48^m 25^s,3
\end{array}
$$

56. Les méthodes que nous venons de donner, étant basées sur le passage méridien d'un bord de la Lune peuvent être employées fréquemment, et par conséquent la moyenne d'un certain nombre de longitudes d'un même lieu déterminées par l'une de ces méthodes doit donner une *longitude exacte du lieu.*

Bien que ces différents moyens nous semblent suffisants pour rectifier les longitudes de plusieurs points du globe, nous allons donner quelques courtes notions des méthodes, basées sur les *éclipses* ou *occultations*, pouvant permettre d'obtenir aussi, avec exactitude, la longitude d'un lieu.

1° DÉTERMINATION DE LA LONGITUDE D'UN LIEU PAR L'OBSERVATION DE L'UNE DES PHASES D'UNE ÉCLIPSE DE SOLEIL.

57. Nous avons vu dans le *Cours d'Astronomie* (249) comment sachant que dans un lieu dont on voudrait avoir la longitude exacte, il y aura éclipse de Soleil un certain jour, on peut calculer d'une manière approchée les heures T. M. du lieu auxquelles auront lieu telles phases du phénomène. Supposons donc qu'ayant fait ce calcul préparatoire on se soit disposé à observer l'une des phases de l'éclipse afin d'obtenir, au moyen d'un chronomètre parfaitement réglé, l'heure *précise* T *du lieu* à laquelle on a observé telle phase; le premier *contact extérieur*, par exemple.

De cette heure T on pourra conclure, ainsi que nous allons le dire l'heure T_m du lieu au moment où *les centres du Soleil et de la Lune* sont en *conjonction vraie*, c'est-à-dire sont sur un même arc *perpendiculaire à l'écliptique.* Au moyen de la longitude estimée G et de l'heure T, on peut, en effet, connaître l'heure moyenne approchée de Paris T + G à l'instant du premier contact extérieur.

Pour cette heure T + G on calculera à l'aide de la *Connaissance des temps* :

Les longitudes vraies du Soleil et de la Lune;
Les latitudes vraies du Soleil et de la Lune ;
Les mouvements horaires m *et* M;
La parallaxe horizontale équatoriale de la Lune;
Les 1/2 *diamètres vrais des deux astres ;*
Le temps sidéral ;
L'obliquité de l'écliptique.

Au moyen de la latitude du lieu et de l'*aplatissement* du globe, on obtiendra la *latitude géocentrique* qui permettra de calculer la *différence des parallaxes horizontales* et la position du *nonagésime* (*Cours d'Astronomie*, page 321).

Cette position du nonagésime servira à calculer les *longitudes* et *latitudes apparentes* des centres des deux astres, de la manière que nous l'avons indiqué (*Cours d'Astronomie*, page 322).

Ainsi que nous l'avons fait voir (*Cours d'Astronomie*, pages 323 et suivantes), nous pourrons obtenir les *demi-diamètres apparents des deux astres*, dont la somme nous donnera la *distance apparente des centres* Δ.

Soient, maintenant, P le pôle de l'écliptique SB (fig. 38), S le centre apparent du Soleil et L celui de la Lune au *moment du contact extérieur*. Si nous menons l'arc de grand cercle SL, nous pourrons considérer comme *rectiligne* le petit triangle sphérique SBL, dans lequel SB = β est la différence des longitudes apparentes des deux astres, BL est la différence de leurs latitudes apparentes et SL la distance apparente des centres. Nous aurons alors, en appelant Δ la distance apparente des deux astres, L_1 la latitude apparente du *Soleil*, et L'_1 celle de la *Lune*,

(Fig. 38)

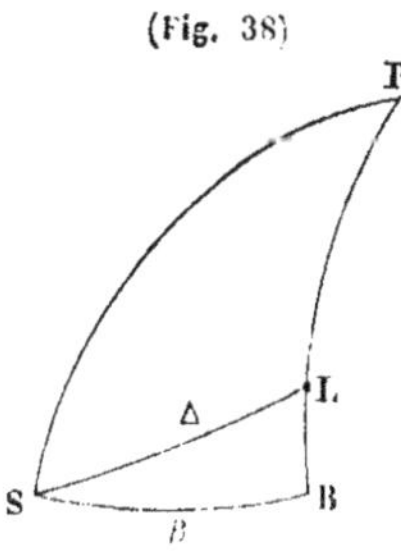

$$\beta = \sqrt{[\Delta + (L'_1 - L_1)][(\Delta - (L'_1 - L_1)]}$$

ce qui fera obtenir la différence entre les longitudes apparentes λ_1 et λ'_1 des deux astres.

Comme en *Astronomie*, page 322, nous avons trouvé entre les longitudes vraie et apparente et la parallaxe les relations

$$\lambda'_1 = \lambda' + P'_l \quad \text{et} \quad \lambda_1 = \lambda + P'_s,$$

on obtiendra,

$$\lambda'_1 - \lambda_1 = \beta = (\lambda' - \lambda) + (P'_l - P'_s),$$

d'où l'on déduira la différence des longitude vraies

$$(\lambda' - \lambda) = \beta - (P'_l - P'_s).$$

Connaissant la différence des longitudes vraies des deux astres, au moment du premier contact extérieur, et en supposant le *Soleil fixe* et la Lune animé d'un *mouvement horaire* en longitude représenté *par* M—*m*, on aura pour intervalle de temps θ qui s'écoulera entre l'instant T du premier *contact apparent extérieur* et le moment de la *conjonction vraie*

$$\theta = \frac{3600^s}{M - m}(\lambda' - \lambda),$$

d'où l'on conclura $T_m = T + \theta$.

Si l'on avait considéré le second contact extérieur on eût obtenu

$$\lambda' - \lambda = \beta + (P'_l - P'_s) \quad \text{et} \quad T_m = T - \theta.$$

De cette manière on peut donc connaître l'heure temps moyen T_m du lieu au moment *où les centres du Soleil et de la Lune sont en conjonction vraie.*

Si maintenant l'on détermine, ainsi que nous l'avons fait pour l'*oppositio* (*Cours d'Astronomie*, page 269), l'heure T. M. de Paris T'_m qui correspond à la même conjonction, la comparaison des deux heures T_m et T'_m *donnera la longitude* du lieu.

Au lieu de déterminer T'_m à l'aide des éléments fournis dans la *Connaissance des temps* au bas des pages 38, 39..., 43, il est préférable qu'un autre observateur observe la même phase d'éclipse, si c'est possible, dans *un lieu dont la longitude est bien déterminée*, de manière à pouvoir conclure, par un calcul semblable à celui que nous venons d'indiquer, l'heure T. M. T''_m qui correspond à la *conjonction vraie;* la comparaison des deux heures T_m et T''_m donne la différence en longitude, qui, combinée avec la longitude du second lieu donne la *longitude cherchée.*

En déterminant, ainsi que nous venons de le dire, la longitude d'un lieu, au moyen des *différentes phases* du phénomène d'éclipse de Soleil, on peut obtenir plusieurs longitudes du même lieu dont la *moyenne* fournit une longitude suffisamment *exacte.*

DÉTERMINATION DE LA LONGITUDE AU MOYEN DES OCCULTATIONS D'ÉTOILES PAR LA LUNE.

58. La détermination de la longitude d'un lieu au moyen de l'occultation d'une *étoile* par la *Lune*, n'est pour ainsi dire qu'un cas particulier de la détermination de la longitude par l'observation d'une phase

d'éclipse de Soleil. Si, en effet, dans le calcul dont nous venons d'indiquer la marche, nous supposons la latitude vraie du Soleil égale à sa latitude apparente, sa longitude vraie égale à sa longitude apparente, *sa parallaxe nulle*, *son diamètre nul* et son *mouvement horaire nul;* nous aurons, par le fait, substitué *au Soleil une étoile.*

Pour obtenir, maintenant, la différence en longitude vraie de l'étoile et du centre de la Lune, désignons par P (*fig.* 39), le pôle de l'écliptique DB, par L le centre de la Lune au moment de l'occultation, et par F la position de l'étoile. Soit DB $= \beta$ l'arc de l'écliptique compris entre les deux cercles de latitude des deux astres; β est la différence des longitudes apparentes des deux astres. Menons l'arc LC parallèle à DB; le petit triangle LC considéré comme rectiligne, rectangle, donne

(Fig. 39)

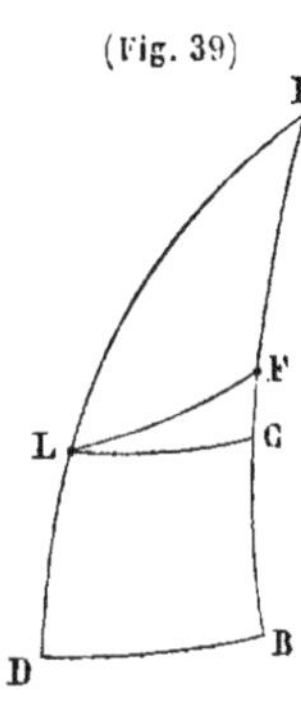

$$LC = \sqrt{LF^2 - FC^2}$$

Or, LF $= \Delta$ est le *demi-diamètre apparent de la Lune ;*

FC est la différence des latitudes apparentes des deux astres $= L'_1 - L$; on a donc,

$$LC = \sqrt{[\Delta + (L'_1 - L)]\,[\Delta - (L'_1 - L)]};$$

Mais on a

$$LC = DB \cos DL = \beta \cos L'_1,$$

il vient donc

$$\beta = \frac{\sqrt{[\Delta + (L'_1 - L)]\,[\Delta - (L'_1 - L)]}}{\cos L'_1}.$$

La différence des longitudes vraies sera donc

$$\lambda' - \lambda = \beta \pm P'_l,$$

puisque P'_l pour l'étoile, est égal à zéro; + se rapporte à l'immersion et — à l'émersion. On aura donc θ par la formule

$$\theta = \frac{3600^s}{M}(\lambda' - \lambda); \text{ d'où l'on conclura } \quad T_m = T + \theta.$$

Le même calcul ayant été fait dans un autre lieu dont la longitude est bien connue et où l'observation de l'occultation de la même étoile aura pu être faite, on aura une seconde heure T'_m qui, comparée à T_m, donnera la différence des méridiens.

DÉTERMINATION DE LA LONGITUDE PAR L'OBSERVATION DES ÉCLIPSES DES SATELLITES DE JUPITER.

59. L'observation de l'*immersion* ou de l'*émersion* d'un *satellite de Jupiter*, permet d'obtenir la longitude d'un lieu presque sans calcul.

Nous savons, en effet, que de la page 112 à la page 116 la connaissance des temps donne, à une seconde près, les époques temps moyen *de Paris* qui correspondent aux immersions et émersions des *différents satellites de Jupiter.*

De la page 117 à la page 128, la configuration des satellites pour les différents jours du mois permet de reconnaître, un certain jour, quel est celui de ces satellites qui devra s'éclipser. Supposons donc que nous sachions, d'après la connaissance des temps, que tel jour il y aura éclipse du 2me satellite de Jupiter, par exemple, à l'heure T *de Paris.* Au moyen de la longitude approchée g, nous aurons l'heure approchée $T+g$ du lieu au moment *de l'éclipse.* Si, à ce moment, nous savons que *Jupiter* sera sur l'horizon, nous nous disposerons à l'observation. Dans ce but, ayant *bien réglé un chronomètre*, nous déterminerons l'heure C' qu'il devra marquer quand il sera $T+g$ dans le lieu où nous sommes. Après avoir disposé une bonne lunette de 8 à 10 décimètres de foyer, nous nous mettrons en observation 10 à 15 minutes avant l'heure fixée. Ayant bien reconnu, d'après les configurations, la position du 2me satellite, nous ne perdrons pas de vue ce *point brillant* et nous noterons exactement l'heure C″ que marquera le *chronomètre* au moment où le point brillant que nous suivrons *disparaîtra;* nous déduirons de l'heure C″ l'heure T' correspondante du lieu, et la comparaison des deux heures T de Paris et T' du lieu nous donnera la longitude.

Lorsque l'on observe une *émersion*, il faut bien s'assurer de quel côté de Jupiter le cône d'ombre est situé, pour pouvoir diriger la lunette vers le lieu où le point brillant apparaîtra et noter exactement l'heure du chronomètre à ce moment. On comprend que l'observation *des émersions* est plus délicate que celle *des immersions.*

60. Voyons, enfin, comment les côtés des triangles du canevas géodésique étant connus, ainsi que l'*azimut* d'un côté dont l'extrémité est un lieu dont *la latitude et la longitude sont astronomiquement déterminées, on peut connaître les latitude et longitude de l'autre sommet.*

DÉTERMINATION DE LA LATITUDE.

Considérons le globe comme un *ellipsoïde de révolution.*

Soit A (*fig.* 40) un point dont la *latitude* et la *longitude ont été astronomiquement déterminées.*

(Fig. 40)

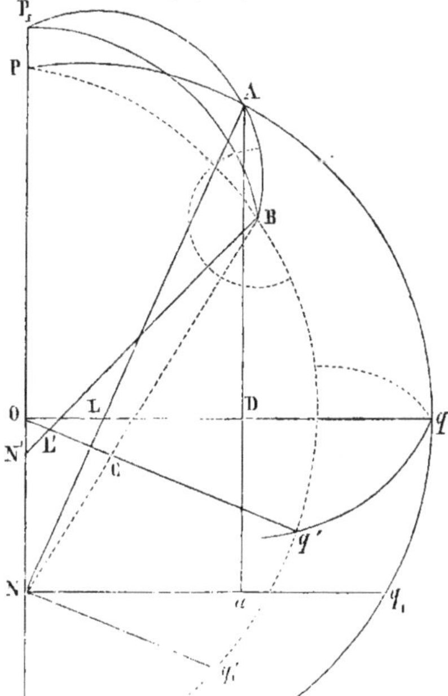

PAqP′ est le méridien elliptique du point A;

O$q'q$ représente une portion de l'équateur.

Considérons un second point B dont le méridien elliptique est Pq'P′.

On connaît la distance AB des deux points A et B, ainsi que l'angle P′AB = Z, azimut de AB, en supposant que le pôle P′ représente le pôle Sud et que l'on *compte les azimuts du Sud vers l'Ouest* de 0° à 360°.

Les normales menées aux points A et B rencontreront le petit axe de l'ellipsoïde terrestre aux points N et N′, et les rayons oq et oq' de l'équateur aux points L et L′.

On a alors, ALq = L *latitude géographique du point* A, BL′q' = L′, *latitude géographique du point* B.

Joignons BN, qui coupe oq' en C.

On a

$$L' = BCq' - N'BN.$$

Posons
$$BCq' = C \quad \text{et} \quad N'BN = B,$$

il vient
$$L' = C - B.$$

Mais, en menant Nq'_1, parallèle à oq', on a

$$BCq' = BNq'_1.$$

Les deux droites AN et BN peuvent être considérées comme égales eu égard aux grandes dimensions du globe par rapport à la longueur AB.

On peut donc supposer que la longueur AB appartient à un triangle sphérique tracé sur une sphère dont N est le centre et AN le rayon; les deux autres côtés de ce triangle sphérique sont les intersections P_1A et P_1B de la sphère avec les plans méridiens PAq et PBq'.

Dans le triangle P_1AB, on a

$$P_1A = 90 - L$$

$$P_1B = 90 - C$$

$$\text{arc } AB = \frac{M}{R \sin 1''}$$

M étant la longueur mesurée ou calculée, exprimée en mètres, et R le rayon AN exprimé aussi en mètres, quantité que nous déterminerons plus loin;

et enfin, $$P_1AB = 180° - Z.$$

Le triangle P_1AB donne

$$\sin C = \sin L \cos \frac{M}{R \sin 1''} - \cos L \sin \frac{M}{R \sin 1''} \cos Z.$$

Développons C suivant les puissances croissantes de $\frac{M}{R \sin 1''}$, que, pour plus de facilités, nous représenterons par M'; on a, d'après le théorème de Maclaurin,

$$C = C_0 + \left(\frac{dC}{dM'}\right)_0 M' + \left(\frac{d^2C}{dM'^2}\right)_0 \frac{M'^2}{1.2} + \ldots\ldots$$

Si, dans l'équation

$$(\alpha) \qquad \sin C = \sin L \cos M' - \cos L \sin M' \cos Z,$$

nous faisons $M' = 0$, nous en déduisons d'abord $C_0 = L$. Différentions deux fois (α); il vient

$$(\beta) \qquad \cos C \frac{dC}{dM'} = -\sin L \sin M' - \cos L \cos M' \cos Z,$$

$$(\delta) \quad -\sin C \left(\frac{dC}{dM'}\right)^2 + \cos C \frac{d^2C}{dM'^2} = -\sin L \cos M' + \cos L \sin M' \cos Z;$$

faisons $M'=0$ dans (β) et (δ), il vient, en remarquant que $C_0 = L$,

$$\left(\frac{dC}{dM'}\right)_0 = -\cos Z,$$

$$\left(\frac{d^2C}{dM'^2}\right)_0 = -\operatorname{Tg} L \,.\, \sin^2 Z.$$

La série demandée est donc, en s'arrêtant au second terme,

$$(\varepsilon) \qquad C = L - \left(\frac{M}{R \sin 1''}\right) \cos Z - \frac{1}{2}\left(\frac{M}{R \sin 1''}\right)^2 \operatorname{Tg} L \sin^2 Z \ldots.$$

Cherchons maintenant N'BN ou B.

Le triangle N'BN donne

$$\frac{\sin B}{\sin BN'N} = \frac{NN'}{BN},$$

ou, comme l'angle B est petit,

$$B = \frac{(ON - ON') \cos L'}{R \sin 1''}.$$

Le triangle rectangle OLN donne

$$ON = OL \operatorname{Tg} L.$$

Mais OL est la distance entre le point où la normale rencontre oq ou l'axe des x et l'origine.

En appelant x', y' les coordonnées du point A, a le demi-grand axe oq et e l'excentricité astronomique, l'équation de la normale est

$$y - y' = \frac{y'}{(1-e^2)x'}(x - x'),$$

d'où, faisant $y = 0$, on tire

$$-(1-e^2)x' = x - x',$$

ou

$$x = e^2 x' = OL.$$

En menant AD perpendiculaire sur oq et le prolongeant jusqu'à la parallèle Nq_1, on forme le triangle ANa, dans lequel on a

$$Na = x' = R \cos L;$$

donc

$$OL = e^2 . R \cos L,$$

et par suite,

$$ON = e^2 . R \sin L.$$

On déduirait, de même,

$$ON' = e^2 . R \sin L'.$$

On a donc

$$B = \frac{e^2 (\sin L - \sin L') \cos L'}{\sin 1''}.$$

Mais, dans cette formule, nous n'altérerons pas sensiblement la valeur de B, qui est très-petit, en remplaçant $L' = C - B$ par C; on a alors,

$$B = \frac{e^2 (\sin L - \sin C) \cos C}{\sin 1''},$$

ou

$$B = \frac{e^2}{\sin 1''}\, 2 \sin \frac{1}{2} (L - C) \cos \frac{1}{2} (L + C) \cos C.$$

L'angle C diffère peu de L; on ne change donc pas encore sensiblement la valeur de B en supposant, dans $\cos \frac{1}{2} (L + C) \cos C$, $C = L$, et en posant $\sin \frac{1}{2} (L - C) = \frac{1}{2} (L - C) \sin 1''$; il vient, par suite,

$$B = e^2 (L - C) \cos^2 L.$$

Mettant dans cette expression la valeur de $(L - C)$ déduite de l'équation (ε), on trouve

$$(\mu) \qquad B = e^2 \cos^2 L \left[\frac{M}{R \sin 1''} \cos Z + \frac{1}{2} \left(\frac{M}{R \sin 1''} \right)^2 \operatorname{tg} L \sin^2 Z \ldots\ldots \right]$$

On a donc enfin,

$$(\varphi) \quad L' = L - (1 + e^2 \cos^2 L) \left[\left(\frac{M}{R \sin 1''} \right) \cos Z + \frac{1}{2} \left(\frac{M}{R \sin 1''} \right)^2 \operatorname{tg} L \sin^2 Z \ldots\ldots \right]$$

Dans cette formule, il n'y a que R d'inconnu.

Pour le déterminer, nous remarquons que le triangle rectiligne rectangle NAa (*fig.* 40) donne

$$R = \frac{x'}{\cos L}.$$

Mais, en *navigation* (page 25) nous avons trouvé

$$x' = \frac{a \cos L}{(1 - e^2 \sin^2 L)^{\frac{1}{2}}},$$

il vient donc,

$$(\varphi') \qquad R = \frac{a}{(1 - e^2 \sin^2 L)^{\frac{1}{2}}}.$$

Les formules (φ) et (φ') permettent évidemment de calculer L′ connaissant L, Z et M.

DÉTERMINATION DE LA LONGITUDE.

Soient G la longitude du lieu A (*fig.* 40), G′ la longitude du lieu B; le pôle P′ étant le Sud, le lieu B est supposé à l'Ouest du lieu A.

Admettons que les longitudes se comptent de l'Est vers l'Ouest.

Le triangle AP_1B donne

$$\frac{\sin AP_1B}{\sin P_1AB} = \frac{\sin AB}{\sin P_1B},$$

ou

$$\frac{\sin (G' - G)}{\sin Z} = \frac{AB \sin 1''}{\cos L'}.$$

En remarquant que (G′ — G) est assez petit, et substituant à AB sa valeur $\frac{M}{R \sin 1''}$, cette relation devient

$$(G' - G) = \frac{\frac{M}{R \sin 1''} \sin Z}{\cos L'},$$

d'où

$$G' = G + \frac{\frac{M}{R \sin 1''} \sin Z}{\cos L'}.$$

Ce qui donne la *longitude* du point B.

Détermination de l'azimut du point B.

L'azimut du point B est l'angle $P'BA = Z' = 180 + P_1BA$.

Les analogies de Néper donnent

$$\operatorname{tg}\frac{1}{2}(P_1BA + P_1AB) = \frac{\cos\frac{1}{2}(P_1A - P_1B)}{\cos\frac{1}{2}(P_1A + P_1B)}\cot\frac{1}{2}AP_1B,$$

c'est-à-dire $$\operatorname{tg}\frac{1}{2}(Z' - Z) = \frac{\cos\frac{1}{2}(L - L')}{\sin\frac{1}{2}(L + L')}\operatorname{cotg}\frac{1}{2}(G' - G),$$

ou bien, $$\operatorname{tg}\left(90^\circ - \frac{1}{2}(Z' - Z)\right) = \frac{\sin\frac{1}{2}(L + L')}{\cos\frac{1}{2}(L - L')}\operatorname{tg}\frac{1}{2}(G' - G).$$

Mais $Z' - Z$ différant peu de 180°, et les angles $(L - L')$ et $(G - G')$ étant très-petits, on peut écrire

$$90^\circ - \frac{1}{2}(Z' - Z) = \frac{1}{2}(G' - G)\sin\frac{1}{2}(L + L'),$$

d'où (ψ) $$Z' = 180 + Z - (G' - G)\sin\frac{1}{2}(L + L');$$

mais nous venons de trouver

$$G' - G = \frac{\frac{M}{R\sin 1''}\cos Z}{\cos L'};$$

on a donc,

$$Z' = 180 + Z - \frac{\frac{M}{R\sin 1''}\cos Z}{\cos L'}\sin\frac{1}{2}(L + L').$$

La formule (ψ) nous donne la valeur γ de la convergence des méridiens (45), trouvée précédemment; on voit en effet, que les méridiens seraient parallèles si l'on avait $Z' = 180 + Z$.

La convergence des deux méridiens est donc

$$(G' - G) \sin \frac{1}{2} (L + L').$$

DÉTERMINATION DES LATITUDES ET LONGITUDES DES SOMMETS SECONDAIRES DU CANEVAS.

61. Pour la détermination d'un sommet secondaire B' du canevas, on se sert de *ses distances à la perpendiculaire et à la méridienne* d'un lieu A dont la position géographique est déterminée soit *astronomiquement*, soit par la *méthode que nous venons d'indiquer*.

(Fig. 41)

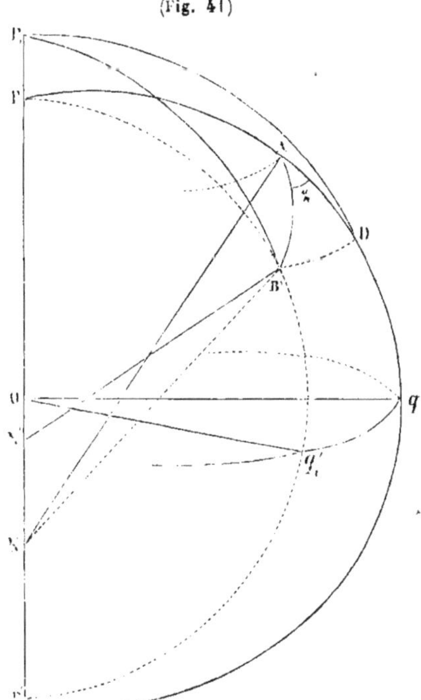

Soient $Pq'P'$ (*fig.* 41) le méridien du point A, $PB'q'_1P'$ le méridien du point B'.

Au moyen de l'azimut z et de la distance AB' mesurée, nous avons déterminé (43) la distance B'D du point B à la *méridienne* et la distance AD du point B' à la *perpendiculaire*.

Appelons x et y ces distances déterminées à l'aide des triangles rectangles dont nous avons parlé.

Si nous considérons la sphère dont le point N serait le centre, nous aurons un triangle $P_1B'D$ analogue au triangle P_1AB (*fig.* 40), dans lequel on aura, seulement, $Z = 90°$, $L - AD$ au lieu de L, et B'D au lieu de AB.

Mais AD et B'D appartiennent à des courbes dont nous pouvons représenter par r et r' les rayons de courbure en ces points. En appelant donc y et x les distances à la *perpendiculaire* et à la *méridienne* déterminées par les formules de trigonométrie rectiligne en fonction de AB et de z, on aura

$$AD = \frac{y}{r \sin 1''}; \quad BD = \frac{x}{r' \sin 1''};$$

et par suite, les formules qui servent à la détermination de la *position géographique du point* B′, s'obtiennent en remplaçant dans les relations données précédemment (60)

$$L \text{ par } L - \frac{y}{r.\sin 1''}; \quad \frac{M}{R \sin 1''} \text{ par } \frac{x}{r' \sin 1''}, \text{ et } Z \text{ par } 90^\circ.$$

DÉTERMINATION DES RAYONS DE COURBURE.

62. Considérons d'abord le rayon de courbure du méridien elliptique PAq′B en A (fig. 41).

En analyse, on a trouvé pour expression du rayon de courbure,

$$r = \frac{\left(1 + \left(\frac{dy}{dx}\right)^2\right)^{\frac{3}{2}}}{\frac{d^2y}{dx^2}}.$$

En différentiant l'équation de l'ellipse $a^2y^2 + b^2x^2 = a^2b^2$, on trouve

$$r = \frac{(a^4 - a^2x^2 + b^2x^2)^{\frac{3}{2}}}{a^4b},$$

ou bien

$$r = \frac{(a^4 - a^2x^2e^2)^{\frac{3}{2}}}{a^4b}$$

en se rappelant que $a^2 - b^2 = a^2e^2$;

d'où
$$r = \frac{(a^2 - e^2x^2)^{\frac{3}{2}}}{a^2(1-e^2)^{\frac{1}{2}}}.$$

Or nous avons trouvé *en Navigation* (p. 25),

$$x = \frac{a \cos L}{(1 - e^2 \sin^2 L)^{\frac{1}{2}}}$$

il vient donc

$$r = \frac{\left(a^2 - \frac{a^2 e^2 \cos^2 L}{1 - e^2 \sin^2 L}\right)^{\frac{3}{2}}}{a^2 (1 - e^2)^{\frac{1}{2}}},$$

ou, en réduisant,

$$r = \frac{a(1 - e^2)}{(1 - e^2 \sin^2 L)^{\frac{3}{2}}}. \qquad (m)$$

Il faudrait maintenant déterminer la valeur r' du rayon de courbure en A de la courbe d'intersection du globe par le plan mené par la normale AN perpendiculairement au méridien PAP′ ; les considérations analytiques au moyen desquelles on arrive à la valeur de r', dépassant les limites du cadre que nous nous sommes imposé, nous dirons simplement que cette valeur de r' est précisément égale à la longueur AN (fig. 40) de la normale terminée au petit axe.

Or nous avons représenté cette longueur par R, et nous avons trouvé (page 590) la relation

$$R = \frac{a}{(1 - e^2 \sin^2 L)^{\frac{1}{2}}}.$$

On a donc aussi

$$r' = \frac{a}{(1 - e^2 \sin L^2)^{\frac{1}{2}}}.$$

C'est cette valeur de r', déterminée pour la latitude du point milieu de la base, que l'on prend pour valeur du rayon R qui entre dans l'expression de la *base rapportée au niveau moyen des mers* (29).

DU NIVELLEMENT GÉODÉSIQUE.

63. *De la différence de niveau.* — On dit que deux points sont de même niveau lorsqu'ils se trouvent sur *une même surface concentrique* à celle des eaux tranquilles.

On entend par *différence de niveau* de deux points la différence des rayons des sphères concentriques au sphéroïde terrestre sur lesquelles ces deux points peuvent être considérés.

Pour compléter la connaissance des situations des différents points remarquables d'un pays, une fois que leurs positions relatives ont été déterminées sur la carte, il faut encore connaître leur *différence de niveau.*

Du niveau vrai. — Une ligne courbe est dite de *niveau vrai* quand on la suppose tracée sur la surface de la Terre considérée comme sphérique.

Du niveau apparent. — Toute droite perpendiculaire à la direction de la pesanteur est dite de *niveau apparent.*

On peut déterminer la hauteur d'un point B (*fig.* 42), au-dessus du niveau moyen des mers de trois manières :

1° *Au moyen de deux distances zénithales réciproques et simultanées prises du point* B *et d'un point* A *dont la hauteur est supposée connue ;*

2° *Au moyen d'une seule distance zénithale ;*

3° *Au moyen de la distance zénithale de l'horizon de la mer.*

1° *Au moyen de deux distances zénithales réciproques.*

64. Soient C (fig. 42), le centre de la Terre supposée sphérique; A et B les deux lieux; ZC et Z'C leurs verticales.

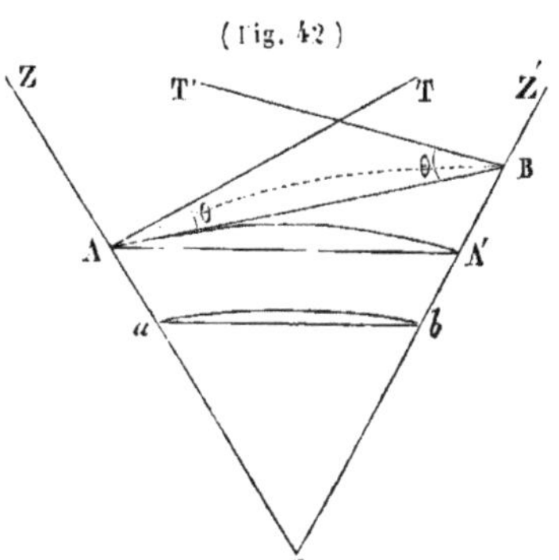

Soit aussi ab l'intersection du plan ZCZ' *avec le niveau moyen des mers;* nous supposons que l'on connaît $Aa = h$ et l'arc $ab = d$, il faut déterminer Bb.

Décrivons l'arc AA' concentrique à ab. Il nous suffit, pour connaître Bb, de déterminer BA'.

Appelons Z et Z' les distances zénithales ZAT et Z'BT', et θ la *réfraction terrestre* que nous supposerons la même en A et en B.

L'angle C se détermine au moyen de la relation

$$R\,.\,C \sin 1'' = d \quad \text{d'où} \quad C = \frac{d}{R \sin 1''}.$$

θ s'obtient à l'aide du triangle ABC, dans lequel on a

$$180° - (Z+\theta) + 180 - (Z'+\theta) + C = 180°,$$

d'où

$$\theta = 90° + \frac{1}{2}\left[C - (Z+Z')\right]. \qquad (a)$$

En appelant dh la différence de hauteur BA' des points A et B, on a, dans le triangle rectiligne ABA',

$$\frac{dh}{AA'} = \frac{\sin A'AB}{\sin ABA'}.$$

Mais

$$AA' = ab\frac{(R+h)}{R} = ab\left(1+\frac{h}{R}\right) = 2R\sin\frac{1}{2}C\left(1+\frac{h}{R}\right) = RC\sin 1''\left(1-\frac{C^2\sin^2 1''}{24}\right)\left(1+\frac{h}{R}\right)$$

$$A'AB = 180° - (Z+\theta) - \left(90 - \frac{C}{2}\right) = 90° - \left(Z + \theta - \frac{C}{2}\right)$$

et

$$ABA' = 180° - Z' - \theta.$$

Remplaçant θ par sa valeur, il vient

$$A'AB = \frac{1}{2}(Z' - Z),$$

et

$$ABA' = 90^\circ - \frac{1}{2}(Z' - Z + C).$$

On a donc

$$dh = \frac{R.C \sin 1'' \left(1 - \frac{C^2 \sin^2 1''}{24}\right)\left(1 + \frac{h}{R}\right) \sin \frac{1}{2}(Z' - Z)}{\cos \frac{1}{2}(Z' - Z + C)},$$

ou

$$dh = \frac{d.\left(1 - \frac{d^2}{24R^2}\right)\left(1 + \frac{h}{R}\right) \sin \frac{1}{2}(Z' - Z)}{\cos \frac{1}{2}\left(Z' - Z + \frac{d}{R \sin 1''}\right)}. \qquad (b)$$

65. *Correction à faire subir aux distances zénithales réciproques.* — Nous avons dit que le point observé dans les signaux était leur sommet. Ainsi, un observateur situé en B (fig. 43), prend la distance zénithale Z'BS du sommet S du signal.

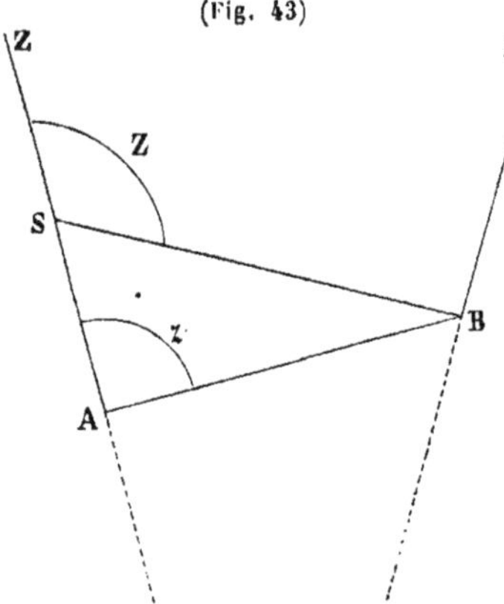

L'observateur situé en A devrait alors se mettre en S pour observer le signal situé en B, et il se place évidemment en A au pied du signal. Il mesure l'angle $ZAB = z$ au lieu de mesurer l'angle $ZSB = Z$.

Mais on a évidemment,

$$Z = z + B,$$

et le triangle SAB donne, en appelant h la hauteur du signal SA et D la distance SB, sensiblement égale à la distance des deux signaux,

$$\sin B = \frac{h \sin z}{D} \quad \text{ou} \quad B = \frac{h \cdot \sin z}{D \sin 1''};$$

il vient donc

$$Z = z + \frac{h \sin z}{D \sin 1''}.$$

Ayant mesuré z, h et D on pourra calculer Z.

2° *Au moyen d'une seule distance zénithale.*

66. Si l'on n'a pu observer qu'une seule distance zénithale, on peut, dans la formule (b), éliminer Z' au moyen de la relation (a), de laquelle on déduit

$$Z' = 180° + C - Z - 2\theta.$$

Cette valeur substituée dans (b) conduit à

$$dh = \frac{d\left(1 - \frac{d^2}{24R^2}\right)\left(1 + \frac{h}{R}\right)\cos\left(Z + \theta - \frac{C}{2}\right)}{\sin(Z + \theta - C)};$$

mais nous avons vu en *Astronomie* (51), que $\theta = \alpha c$; α étant le coefficient de réfraction relatif à l'état de l'atmosphère au moment de l'observation; on a donc,

$$dh = \frac{d\left(1 - \frac{d^2}{24R^2}\right)\left(1 + \frac{h}{R}\right)\cos\left[Z - C\left(\frac{1 - 2\alpha}{2}\right)\right]}{\sin[Z - C(1 - \alpha)]}.$$

Nous avons donné en *Astronomie* les valeurs minimum, moyenne et maximum de α.

3° *Au moyen de la distance zénithale de l'horizon de la mer.*

67. Supposons que du sommet A (fig. 44), nous prenions la distance zénithale ZAB' du point B, en représentant ZAB' par Z; on a, d'a-

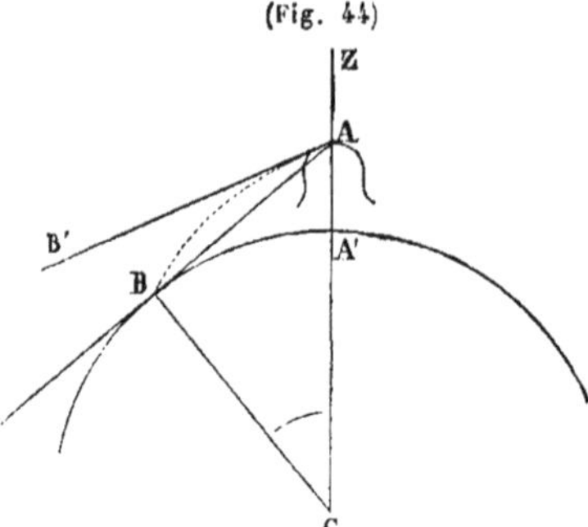

(Fig. 44)

près ce que nous avons vu en *Navigation* (96),

$$ZAB = Z + \alpha C.$$

Le triangle BAC donne, en appelant h l'élévation AA' et R le rayon du globe,

$$\frac{R+h}{R} = \frac{1}{\cos C},$$

d'où
$$\frac{h}{R} = \frac{2\sin^2\frac{1}{2}C}{\cos^2\frac{1}{2}C - \sin^2\frac{1}{2}C} = 2\,\text{tg}^2\frac{1}{2}C,$$

en négligeant le second terme du dénominateur. On en déduit

$$h = 2R\,\text{tg}^2\frac{1}{2}C;$$

mais on a
$$C = (Z + \theta) - 90^\circ,$$
et
$$\theta = \alpha C,$$
d'où
$$C = Z + \alpha C - 90^\circ,$$
et par suite
$$C = \frac{Z - 90^\circ}{1 - \alpha}.$$

On a donc, en négligeant les termes en α^2, α^3 ....., etc.

$$h = 2R\,\text{tg}^2\frac{(Z-90^\circ)}{2(1-\alpha)} = 2R\,\text{tg}^2\left((Z - 90^\circ)\,\frac{(1+\alpha)}{2}\right),$$

ou enfin, d'une manière approchée,

$$h = \frac{1}{2}(1+\alpha)^2 R\,\text{tg}^2(Z - 90^\circ).$$

Pour rapporter la distance zénithale Z au niveau moyen des mers, il faut en prendre deux : *l'une au moment d'une pleine mer, l'autre au moment de la basse mer suivante.* On fait le calcul de dh pour chacune de ces distances zénithales et la moyenne des hauteurs trouvées est l'élévation du point A *au-dessus du niveau moyen des mers.*

Réduction des distances zénithales au centre de la station.

68. Pour observer une distance zénithale $ZAB = Z$ (fig. 45), on ne peut pas toujours se placer au point A centre de la station.

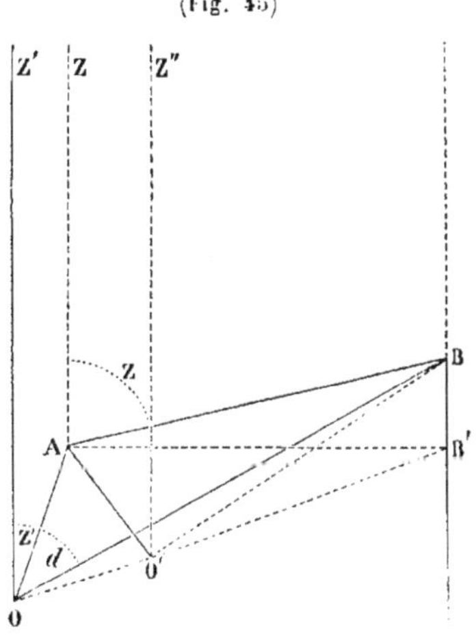

(Fig. 45)

On se place alors, en un point O et l'on prend la distance zénithale $Z'OB = Z'$ au lieu de Z ; il faut déterminer Z connaissant Z'.

Pour cela, on mesure la distance $AO = d$; on suppose le point B projeté en B' sur l'horizon passant par les points A et O; on peut avec un théodolite, en mesurant l'angle AOB, connaître l'angle $AOB' = O$.

Du point A, abaissons une perpendiculaire AO' sur B'O; joignons O'B et menons la verticale Z''O'.

Nous pourrons admettre que $ZAB = Z''O'B = Z$; or on a

$$Z'OB = Z''O'B + OBO',$$

ou

$$Z = Z' - OBO';$$

le triangle OBO' donne

$$OBO' = \frac{OO' \sin BOO'}{BO' \sin 1''} = \frac{OO' \cos Z'}{BO' \sin 1''},$$

ou, remarquant que dans le triangle AOO' on a $OO' = d \cos O$, et en représentant par D la distance BA qui diffère très-peu de BO',

$$OBO' = \frac{d \cos O \cos Z'}{D \sin 1''},$$

et par suite,

$$Z = Z' - \frac{d \cos O \cos Z'}{D \sin 1''}.$$

69. Pour obtenir la hauteur des sommets de tous les triangles d'un *canevas géodésique* au-dessus du niveau moyen des mers, on con-

duit la *chaîne de triangles* jusqu'au bord de la mer; on prend les distances zénithales réciproques et simultanées des *sommets deux à deux;* et enfin, on détermine la hauteur de la station *la plus voisine du rivage*, au dessus du niveau moyen des mers. De cette hauteur on déduit toutes les autres à l'aide des *différences de niveau déterminées.*

70. On peut obtenir plus d'exactitude en prenant une station tout à fait située *au bord de la mer*, de manière à pouvoir placer à cette station même, une *échelle de marée.*

Soit, en effet, une station S (fig. 46), située en un point A, d'où l'on peut apercevoir le signal S', placé en un point A' sur un rocher. Une échelle de marée S'E est disposée en A'.

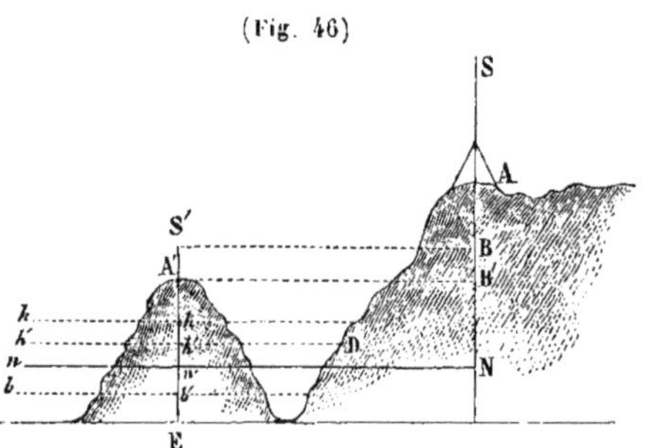

Au moyen de distances zénithales réciproques corrigées, on détermine la différence de niveau SB des points S et S'.

Puis, à l'aide de l'échelle de marée placée en A' on observe, *à l'époque des grandes marées*, les hauteurs $A'h$, $A'b'$, $A'h'$ du point A' au-dessus de deux hautes mers consécutives et de la basse mer intermédiaire.

La moyenne de ces observations détermine, ainsi que nous l'avons déjà vu, la hauteur $A'n'$ du point A' *au-dessus du niveau moyen* Nn.

Par suite, on a pour hauteur du point A au-dessus du même niveau,

$$AN = SB + A'n' + S'A' - SA.$$

SA et S'A' étant les hauteurs des signaux S et S'; hauteurs que l'on détermine d'une manière quelconque.

Nous verrons en *topographie*, comment on obtient les *différences de niveau des points qui ne sont pas très-éloignés*, *sans se servir de distances zénithales réciproques.*

Nivellement barométrique. — On donne dans les traités de physique et de mécanique, *le moyen d'avoir la différence de niveau de deux stations* au moyen du baromètre; aussi nous n'en parlerons pas.

HYDROGRAPHIE.

71. *Préliminaires.*—L'*hydrographie*, de ὕδωρ (eau) et γράφω (j'écris ou je décris), est cette partie de la géodésie qui traite de la représentation des *portions aqueuses du globe.*

Cette partie comprend, nécessairement, la représentation des côtes qui limitent ces *portions aqueuses;* des îles et roches qui sont situées dans ces grandes étendues d'eau; et enfin, *du nivellement sous marin*, c'est-à-dire, *du sondage des portions de mers qui sont voisines des terres.*

L'*hydrographie* se divise en deux parties :

1° *La représentation d'une grande étendue d'eau, c'est-à-dire la détermination d'une carte marine ;*

2° *La représentation d'une petite étendue d'eau telle qu'une baie, un port*, etc., *c'est-à-dire la détermination d'un plan.*

Comme nous l'avons déjà dit en géodésie, ces cartes ne devant servir qu'aux marins, le mode de représentation adopté est celui des *cartes réduites ou projections de Mercator* (*Cours de navigation*, 242).

LEVÉ D'UNE CARTE MARINE.

La détermination de la *configuration* de la côte d'une grande étendue, peut être soumise à trois hypothèses :

1° *Ou l'on peut aborder la côte et y faire toutes les opérations géodésiques que nécessite le levé de la carte;*

2° *Ou l'on ne peut aborder que quelques points de la côte;*

3° *Ou, enfin, l'on ne peut aborder aucun point de la côte.*

1° On peut aborder toute la côte.

72. Par les moyens que nous avons indiqués en géodésie et après avoir fait une *reconnaissance du pays*, *on détermine une grande triangulation*, à l'aide de laquelle on calcule, ainsi que nous l'avons dit, la position géographique des sommets de cette triangulation.

Puis, le travail de détail qui doit s'exécuter à la *mer* et le *long de la côte* est considéré comme *s'il était uniquement question de lever un grand nombre de plans particuliers;* ces plans sont seulement disposés de telle sorte qu'ils puissent être facilement *rattachés à la grande triangulation.*

Nous verrons, plus loin, comment se font ces *plans particuliers.*

2° On peut aborder quelques points de la côte.

73. *Manière d'opérer.* — Lorsque l'on peut faire des stations sur quelques points de la côte, on construit par *des moyens graphiques*, une figure *semblable* à celle du terrain, *en supposant que l'on agit sur un plan;* voici la marche que l'on peut suivre dans le travail du levé de la carte.

Si l'on a déjà une carte de la côte dont on veut faire la *reconnaissance hydrographique*, on s'assure bien des *cartes générales*, *des cartes particulières* et des *plans* que l'on aura à lever.

On note, *pour chacune de ces cartes*, les points de la côte dont on doit obtenir la position par des *observations astronomiques.*

Il faut toujours prendre au moins *deux points* pour les cartes particulières peu étendues, placés chacun vers les extrémités de la carte.

Pour les cartes plus étendues, on prend *un troisième point* placé vers le *milieu* de la carte.

Et enfin, un plus grand nombre de points pour les cartes générales.

En chacun de ces points, outre sa latitude et sa longitude, on détermine l'azimut d'un objet terrestre remarquable.

Triangulation. — Si les points, astronomiquement fixés, sont favorablement situés, et si l'on peut observer *pendant le jour*, on détermine, en chacun de ces points, à l'aide d'un *théodolite*, les angles de tous les *points remarquables de la côte à celui dont l'azimut est connu.*

On a, ainsi, les données nécessaires pour déterminer la position des points relevés.

Stations à l'ancre. — Si les points ne sont pas favorablement situés, on mouille le bâtiment dans une position convenable, on observe *l'azimut* de la ligne qui joint le navire à l'un des points déterminés et au moyen d'une *base mesurée* on calcule la distance du navire à ce point.

A l'aide du relèvement astronomique d'un objet éloigné, et de la distance angulaire de cet objet à d'autres points, on détermine, *du bord, l'azimut de tous les points remarquables de la côte.*

On obtient de la même manière les azimuts de ces points au point de la côte dont la position est *astronomiquement* fixée, ce qui permet de déterminer la position de ces points ou ces distances angulaires.

Cette première station doit être faite à 10 ou 15 milles du rivage si les terres sont hautes.

Pour déterminer les points secondaires plus rapprochés du rivage, on fait une deuxième station à environ *trois* ou *quatre milles* de la côte.

C'est sur ces points secondaires que s'appuient les *détails hydrographiques* dont nous parlerons plus loin.

Dans toutes les opérations graphiques que l'on a à exécuter, pour placer sur la carte les points remarquables, il faut faire en sorte que les points de station soient choisis de manière que les arcs de cercles et les relèvements se coupent autant que possible *à angle droit.*

Stations sous voiles ou sous vapeur. — Il n'est pas toujours possible de mouiller le navire pour faire les stations. Dans ce cas, on fait le levé *sous voiles ou sous vapeur.*

Le navire défile le long de la côte aussi près que possible, en conservant cependant *en vue les points déterminés*, ces points devant lui servir à constater, à chaque instant, sa position le long de la côte, c'est-à-dire *à faire son point.*

On observe les distances angulaires ou les relèvements astronomiques des points de *la côte les plus remarquables.* Puis marquant d'abord sur *la carte les points de stations du bâtiment*, on trace de ces points les angles ou les relèvements des points de la côte. *L'intersection de deux relèvements d'un même point pris de deux stations différentes*, dé-

termine la position de ce point sur le plan. Il ne faut pas oublier que les relèvements ou les angles observés avant d'être portés sur la carte, doivent subir une correction (*Navigation*, 258). Comme cette correction est fonction de la longitude du point de station du navire que l'on connaît et de la longitude du point relevé que l'on ne connaît qu'après la construction faite, *on détermine la correction par une construction de fausse position.*

Pour agir de manière à arriver à de bons résultats, on emploie plusieurs observateurs. Au point où doit avoir lieu la station, on met le navire en panne s'il est à voiles, ou l'on stope s'il est à vapeur; ce point est facilement déterminé sur la carte par le relèvement des points de la côte qui sont connus de position; on fait rapidement *un croquis* de toutes les parties visibles de la côte, en désignant par des lettres les *points remarquables.*

Pendant ce temps, *chaque observateur* dispose son sextant ou son cercle et *son cahier d'observations;* et s'assure, sur le croquis, *du point qui doit servir de point de départ à ceux* qu'il doit relever.

Il se place ensuite à l'endroit du pont le plus convenable pour voir ces points et se tient prêt à commencer à un signal convenu.

On dresse le *compas de variation* dont on dirige la *pinnule sur le point de départ des angles; on prépare la ligne de sonde.*

Tous les points à relever étant distribués, et tous les observateurs étant prêts, celui qui dirige l'opération donne le signal; *tous les angles sont pris et notés sur chaque cahier, et la sonde est lancée.*

On porte tous les angles sur le cahier de vue, chacun à côté du point auquel il correspond; on porte aussi, sur le croquis, *les angles de hauteur des sommets* dont on veut connaître la hauteur absolue; ainsi que l'élévation de l'œil de l'observateur au-dessus du niveau de la mer.

On note le relèvement du *point de départ* des angles, *le brassiage obtenu* et la *nature du fond.*

Pendant que le bâtiment se transporte d'un point à un autre, il faut suivre constamment des yeux les *objets relevés, afin de les reconnaître toujours malgré leur changement continuel d'aspect.*

Les détails hydrographiques de la côte se déterminent comme nous le disons plus loin.

3° On ne peut aborder aucun point de la côte.

74. *Levé sous voiles ou sous vapeur.* — Lorsque l'on ne peut aborder aucun point de la côte, on peut arriver à tracer la configuration de la côte en prenant de plusieurs stations à la mer (au moins trois) :

1° *Le relèvement astronomique d'un même point remarquable de la côte :*

2° *Les distances angulaires de tous les autres points à celui-là.*

Ces points remarquables sont déterminés par un premier croquis, et sont tous les objets de la côte qui peuvent, par leur permanence, être reconnus par d'autres navigateurs. Ce sont généralement *une roche, un arbre,* une *tache blanche* sur une roche, la *limite d'une plage de sable*, etc.

Soient S, S′, S″ (fig. 47), trois points du navire ou trois stations

(Fig. 47)

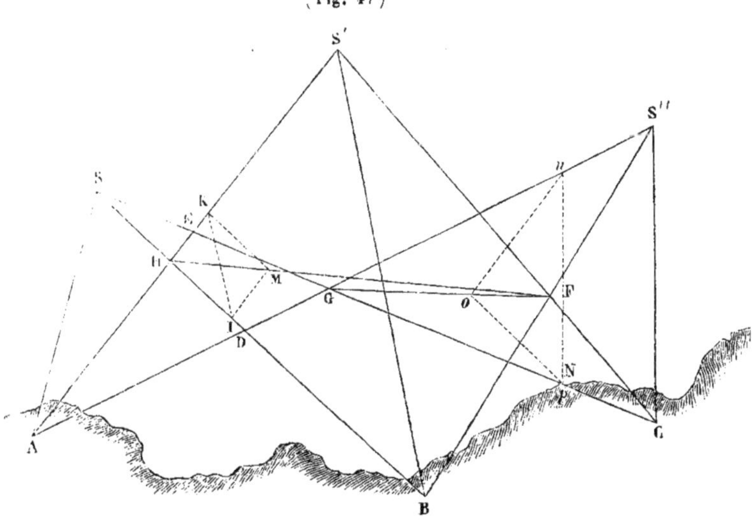

d'où l'on a déterminé le relèvement astronomique d'un point A de la côte, ainsi que les distances angulaires de ce point à deux autres remarquables B et C. La question à résoudre est celle-ci : *Construire sur le papier un polygone semblable au polygone* S S′ S″ CBA, dont les points S, S′, S″, C, B, A sont les sommets.

Nous connaissons, *par l'observation*, les angles suivants :

$$\begin{aligned} ASB &= \alpha, \\ ASC &= \beta, \\ AS'B &= \alpha', \\ AS'C &= \beta', \\ AS''B &= \alpha'', \\ AS''C &= \beta''. \end{aligned}$$

Appelons maintenant, R, R′, R″ les relèvements astronomiques du point A pris aux points S, S′, S″, ces relèvements étant supposés comptés de 0° à 360° à partir du Nord ou du Sud.

On a évidemment

$$\begin{aligned} SAS' &= R' - R, \\ SAS'' &= R'' - R. \end{aligned}$$

Mettons la lettre D au point où les deux lignes S B et A S″ se coupent; et la lettre E au point d'intersection des deux lignes S C et A S′.

Les triangles DSB″ et ASD donnent

$$SBS'' + \alpha'' = \alpha + (R'' - R),$$

d'où

$$SBS'' = (\alpha + R'') - (\alpha'' + R).$$

Les triangles SEA et S′EC donnent

$$\beta' + SCS' = \beta + (R' - R),$$

d'où

$$SCS' = (\beta + R') - (\beta' + R).$$

Puisque pour construire une figure semblable à une figure donnée, on peut toujours prendre *un côté arbitrairement*, nous pouvons placer *deux points à volonté* sur notre carte. Alors trois cas se présentent: *ou l'on prend une station et un point de la côte; ou l'on prend deux stations; ou enfin, deux points de la côte.*

Considérons le premier cas :

Soient donc s et a (fig. 48), les points de la carte qui représentent les points S et A du globe (fig. 47).

La ligne sa est déterminée en direction par le relèvement astronomique du point A.

Nous pouvons d'abord faire au point s les angles $asx = \alpha$, $asx' = \beta$; et au point a les angles $say = R' - R$, $say' = R'' - R$.

Il faut maintenant déterminer les sommets b, c, s'', s'.

Considérons la figure 47, les droites S′C et BS″ qui lient les quatre sommets inconnus se coupent en un certain point F.

Or l'on voit immédiatement que si ce point F était déterminé en f (fig. 48), pour obtenir les points S″ et B, S′ et C il suffirait de mener par ce point f deux droites faisant : l'une avec ay', un angle égal à α'', et l'autre avec ay un angle égal à β'.

Voyons donc comment nous pourrons déterminer ce point f.

Ce point est l'intersection des deux droites HF et GF (fig. 47) ; dont nous connaissons un point h et un point g (fig. 48).

(Fig. 48)

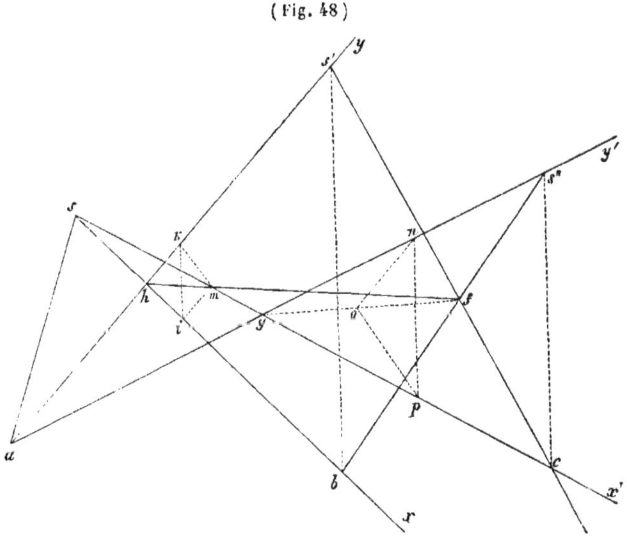

Il s'agit de déterminer un autre point de ces deux droites.

Pour cela, par un point quelconque K de AS' (fig. 47), menons KI parallèle à S'B, c'est-à-dire faisant avec AS' un angle égal à α' et KM parallèle à S'C, c'est-à-dire faisant avec AS' un angle égal à β'. Joignons IM ; les triangles HKI et HS'B donnent

$$\frac{HK}{HS'} = \frac{HI}{HB};$$

des triangles HKM et S'HF on déduit aussi

$$\frac{HK}{HS'} = \frac{HM}{HF},$$

donc

$$\frac{HI}{HB} = \frac{HM}{HF},$$

et par suite, IM est parallèle à BF.

Les deux triangles KIM et S'BF sont donc semblables ; par suite, une fois le triangle KMI construit en kmi (fig. 48), en faisant en un point quelconque k de ay, les angles $aki = \alpha'$, $akm = \beta'$ et $sim = SBS'' = (\alpha + R'') - (\alpha'' + R)$, on joindra hm et l'on aura une ligne contenant le point f.

En formant de la même manière en un point quelconque N de AS″, le triangle ONP de manière que l'on ait

$$ANP = AS''C = \beta'',$$
$$ANO = AS''B = \alpha'',$$

on conclura que OP est parallèle à FC, c'est-à-dire, que les deux triangles S″FC et NOP sont semblables; et par suite, une fois le triangle nop construit (fig. 48), en prenant le point n à volonté sur ay', et en faisant les angles $ano = \alpha''$, $anp = \beta''$ et $npo = S''CS' = (\beta' + R'') - (\beta'' + R')$ il suffira de joindre go pour avoir une autre ligne contenant le point f.

L'intersection des deux lignes go et hm déterminera le point f; par ce point menant $s'c$ parallèle à km et $s''b$ parallèle à no, on *obtiendra les quatre points* s', s'', b et c.

75. *Deuxième cas.* — Supposons maintenant, que les deux points que nous prenons arbitrairement sur la carte soient *deux points de la côte.* Remarquons, tout de suite, que le *deuxième* et le *troisième cas* rentrent l'un dans l'autre, puisque l'on connaît les angles sous lesquels *les stations sont vues deux à deux des points à terre*, et les angles sous lesquels les *points à terre sont vus deux à deux des stations.*

Soient a et c (fig. 49), la réprésentation arbitraire des points A et C (fig. 47), de la côte. Si nous décrivons sur ac, trois segments capables des angles

(Fig. 49)

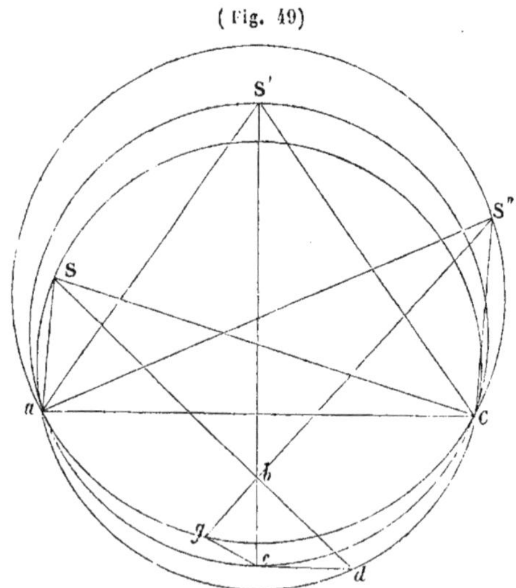

$$ASC = \beta,$$
$$AS'C = \beta',$$
$$AS''C = \beta'',$$

nous aurons des lieux géométriques des points S, S′, S″.

Supposons actuellement le problème résolu, et soient S, S′, S″ (fig. 49) les trois stations et b le troisième point à terre, joignons aS, aS′, aS″,

Sb, $S'b$, $S''b$. Les lignes Sb, $S'b$, $S''b$ coupent les circonférences auxquelles appartiennent les points S, S', S'' aux points d, e, g de telle sorte que l'on a

$$\text{arc } ad = 2\alpha, \quad \text{arc } ae = 2\alpha', \quad \text{arc } ag = 2\alpha''.$$

On peut donc déterminer les trois points d, e, g facilement.

Mais l'angle $gbe = S'bS'' = (\alpha' + R'') - (\alpha'' + R')$; l'angle $ebd = SbS' = (\alpha + R') - (\alpha' + R)$; donc, si sur les droites ge et ed on décrit les segments capables des angles $[(\alpha' + R'') - (\alpha'' + R')]$ et $[(\alpha + R') - (\alpha' + R)]$, l'intersection des deux segments donnera le point b; joignant le point b aux points g, e, d déterminés, les prolongements des lignes bd, be et bg détermineront les points S, S', S''.

Une fois tous les points de la côte déterminés de position, les uns par rapport aux autres, on orientera la carte, et on graduera les échelles des latitudes et des longitudes, ainsi que nous le dirons.

76. *Deuxième méthode. — Au moyen de relèvements astronomiques et de lieux géométriques.* (Méthode de feu M. Vincendon-Dumoulin.)

Soient trois points A, B, C (fig. 50), *à terre*, dont les relèvements astronomiques ont été déterminés des points S, S', S'' *à la mer.*

Nous pouvons, après avoir placé ce point S, tracer le relèvement de SA et placer arbitrairement le point A.

De la grandeur arbitraire SA *dépendra l'échelle de la carte.*

Nous pouvons maintenant mener au point S les lignes indéfinies SB et SC, faisant avec SA les angles ASB et ASC égaux aux angles mesurés du point A ; menons aussi les lignes indéfinies AS', AS'' représentant *les relèvements* du point A pris des *stations* S' et S''.

La question serait résolue si nous connaissions la position du point S' ; car en menant par ce point les relèvements S'B et S'C, nous déterminerions les points B et C, et, par l'un de ces points, menant le relèvement BS'', nous déterminerions le point S''.

Voyons donc comment nous obtiendrons le point S'. Ce point doit déjà se trouver sur la ligne AS' ; cherchons un *autre lieu géométrique.*

Pour cela, sur la ligne SC, prenons arbitrairement un point C' représentant le point inconnu C.

Par le point C' menons la ligne $C'S'_1$ parallèle au relèvement CS', dont nous connaissons la direction, et $C'S''_1$ parallèle au relèvement CS'' que l'observation nous a aussi donné. Et enfin, par le point S''_1, menons S''_1B' parallèle au relèvement S''B dont nous connaissons la direction.

(Fig. 50)

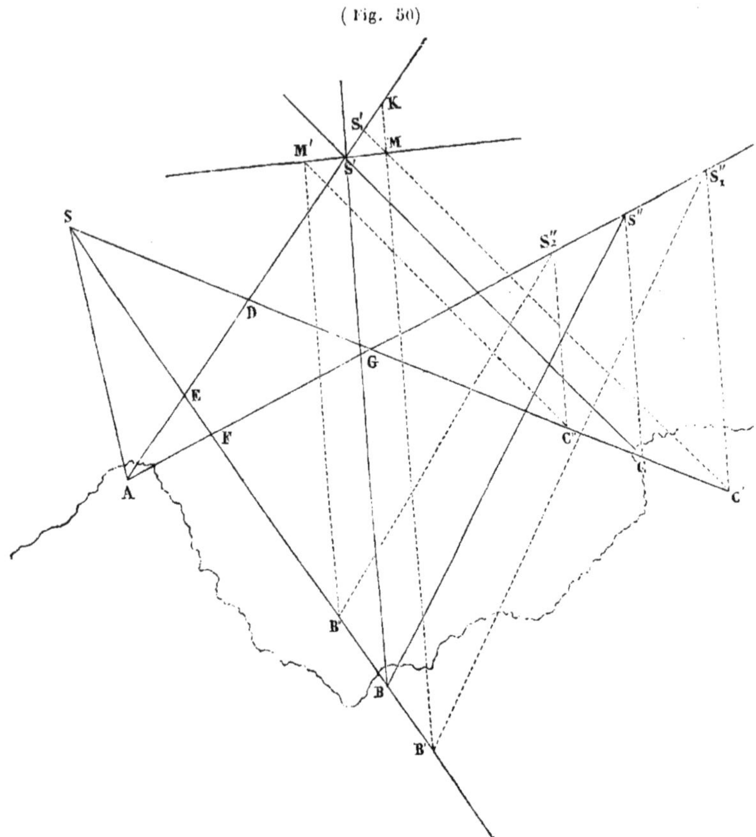

Nous déterminerons ainsi les points C', S'_1, S''_1 et B' au lieu d'obtenir les points C, S', S'' et B.

Si par le point B' nous menons $B'K$ parallèle à la direction du relèvement $S'B$, $B'K$ coupera *en un point* M la ligne S'_1C' et déterminera un point K sur la ligne $S'A$.

Nous allons démontrer que le lieu des points M est une ligne droite passant par le point S'.

Il suffit pour cela de faire voir que le rapport $\frac{S'S'_1}{MS'_1}$ est constant.

Or, on a dans le triangle DS'_1C',

$$S'S'_1 = CC' \frac{\sin SCS'}{\sin ASC}; \qquad (1)$$

dans le triangle S'_1KM, on a aussi

$$S'_1M = S'_1K \frac{\sin AS'B}{\sin BS'C}.$$

De plus $S'_1K = S'K - S'S'_1$, (2)

et l'on a successivement : dans le triangle EKB',

$$S'K = BB' \frac{\sin SBS'}{\sin AS'B};$$

dans le triangle FS''_1B',

$$BB' = S''_1S'' \frac{\sin AS''B}{\sin SBS''};$$

dans le triangle GS''_1C',

$$S''_1S'' = CC' \frac{\sin SCS''}{\sin AS''C}.$$

De ces trois dernières relations, on déduit

$$S'K = CC' \frac{\sin SBS' . \sin AS''B . \sin SCS''}{\sin AS'B . \sin SBS'' . \sin AS''C}. \quad (3)$$

La relation (2) devient alors

$$S'_1K = CC' \left(\frac{\sin SBS' . \sin AS''B . \sin SCS''}{\sin AS'B . \sin SBS'' . \sin AS''C} - \frac{\sin SCS'}{\sin AS'C}\right).$$

On a donc

$$S'_1M = CC' \left(\frac{\sin SBS' . \sin AS''B . \sin SCS''}{\sin AS'B . \sin SBS'' . \sin AS''C} - \frac{\sin SCS'}{\sin AS'C}\right); \quad (4)$$

divisant (1) par (4), CC' *disparait*, et l'on voit alors que le second *membre est une quantité constante*. Ainsi, le lieu du point M est une ligne droite passant par le point S'.

Si nous construisons ensuite un second point M', en prenant sur SC un nouveau point arbitraire C'', l'intersection de la ligne qui joint les deux points M et M' avec la ligne AK nous donnera le point S'.

On voit immédiatement que cette construction graphique ne pourrait s'effectuer si la ligne de construction MM' se confondait avec la ligne AK, ce qui arriverait si S'K était égal à $S'S'_1$, c'est-à-dire si entre les angles de relèvements on avait la relation

$$\frac{\sin SCS'}{\sin AS'C} = \frac{\sin SBS' \sin AS''B \sin SCS''}{\sin AS'B \sin SBS'' \sin AS''C}.$$

Dans ce cas, on fait de nouvelles stations S''', S^{IV}, etc., à la mer.

Les points principaux d'une côte étant établis d'après les méthodes que nous venons d'indiquer, on se servira de ces points pour fixer la position de nouvelles stations à la mer, desquelles on prendra les relèvements des *points secondaires* de la *côte dont on veut fixer la position.*

77. *Levé par alignements.* — Lorsqu'on fait un levé avec un *bâtiment à vapeur*, on peut déterminer assez simplement les positions relatives des différents points de la côte de la manière suivante :

(Fig. 51)

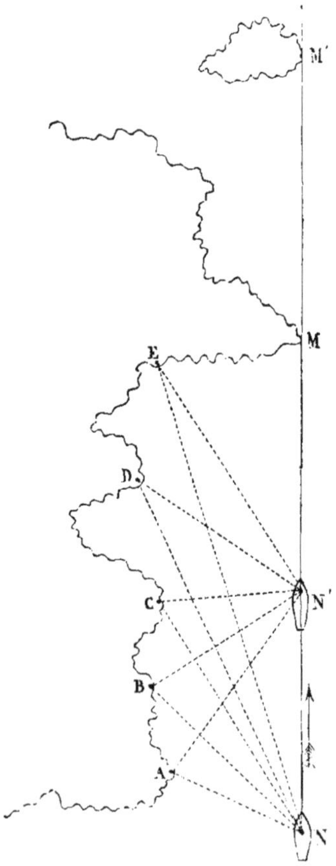

M'
M
E
D
C
N'
B
A
N

Si le navire peut se placer en N (fig. 51), sur l'alignement des deux pointes M et M', on prendra en ce point les *distances angulaires simultanées* MNA, MNB, MNC, MND, MNE du point M aux différents points remarquables de la côte. Le navire se mettant *en marche* devra se diriger sur le cap M en conservant toujours le point M sur le point M'; la route du bâtiment sera alors la ligne droite NN'M. Arrivé en un point N', on *stopera* et on prendra simultanément, si c'est possible, les angles MN'A, MN'B, MN'C, MN'D, MN'E.

Si l'on a pu obtenir, au moyen de relèvements astronomiques, l'azimut vrai du point M ou du point M', on connaîtra la direction de la ligne NN'M. Traçant sur le papier une ligne dans cette direction, prenant une longueur arbitraire sur cette ligne pour représenter le chemin NN', on fera au point N les angles MNA, MNB ....., etc., et au point N' les angles MN'A, MN'B ....., etc. L'intersection des lignes NA et N'A donnera le point A; l'intersection des lignes NB et N'B donnera le point B, et ainsi de suite.

En cherchant en N' un autre alignement, on pourra déterminer.

ainsi que nous venons de l'indiquer, d'autres points remarquables de la côte. Du reste, l'expérience et la sagacité guideront, dans cette méthode très-commode, plus sûrement que tout ce que nous pourrions dire. Il suffit que nous en ayons indiqué l'esprit.

ORIENTATION DU PLAN.

78. Une fois la figure semblable à celle du terrain déterminée *graphiquement*, il faut orienter le plan.

Pour cela, menons sur notre plan et par un des points à terre deux lignes perpendiculaires, l'une dirigée suivant la ligne *Nord* et *Sud;* l'autre suivant la ligne *Est* et *Ouest;* puisque nous connaissons les *gisements des stations*, ceci peut facilement s'exécuter.

La figure que nous avons faite étant semblable à celle du terrain, tous les points de notre plan sont bien placés relativement *en latitude et en longitude, les uns par rapport aux autres.*

Il faut maintenant connaître la grandeur de la distance de deux stations, c'est-à-dire déterminer une *base pour connaître l'échelle de la carte.*

MESURE D'UNE BASE A LA MER.

79. On peut se procurer une base à la mer de quatre manières :

1° *Par la mesure directe;*

2° *Par la hauteur de la mâture;*

3° *Par des observations astronomiques;*

4° *Par la vitesse de propagation du son.*

1° *Par la mesure directe.*

80. Ce moyen, qui est très-peu exact et qui ne peut guère s'employer que si la mer est belle et sans courant, consiste à mouiller *deux embarcations et à mesurer leur distance avec une forte ligne de sonde garnie de flotteurs.*

La longueur exacte de cette ligne est déterminée lorsqu'elle est bien imbibée d'eau. Deux canots la transportent le long de la direction à mesurer, et fixent chaque extrémité sur la surface de la mer au moyen d'un plomb très-lourd.

Ce moyen n'est, comme on le voit, jamais rigoureux, et ne peut servir que dans la mesure des petites bases ne dépassant pas 3 à 4,000 mètres, mais nullement pour le levé sous voiles d'une côte étendue.

Lorsque la base à mesurer est comprise entre 4,000 mètres et 30,000 mètres, on peut se servir de la route du navire estimée avec le loch; cette méthode donne assez d'exactitude *lorsque la vitesse du bâtiment dépasse 3 nœuds* et que la base n'est *pas soumise à l'influence de courants.*

2° *Par la hauteur de la mâture.*

81. Le navire étant en N (fig. 52), à une extrémité de la base, on place un canot en C à l'autre extrémité.

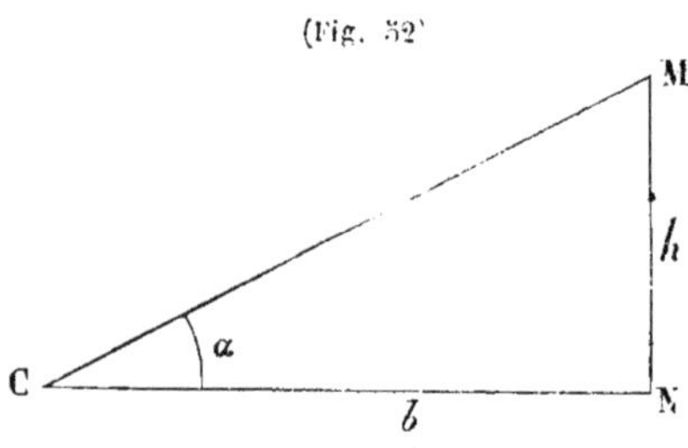

(Fig. 52)

Un observateur prend, avec un cercle, l'angle MCN $= \alpha$, sous lequel il voit la mâture dont la hauteur est h; comme on peut admettre que dans le canot l'œil est sensiblement à la hauteur de l'eau, le triangle MCN peut être considéré comme rectangle, et l'on a alors, en appelant b la base,

$$b = \frac{h}{\operatorname{tang} \alpha}.$$

Cette méthode ne peut évidemment servir *que pour les petites bases.*

3° *Par des observations astronomiques.*

82. Lorsque la côte dont on veut lever la carte a une grande étendue, on peut déterminer, par des observations astronomiques, *la latitude et la longitude des deux stations*, extrémités de la base. Ces lieux étant placés sur la carte, il est facile d'obtenir en milles la distance loxodromique des deux points à l'aide des relations $\operatorname{tg} V = \frac{g}{l_c}$ et $m = \frac{l}{\cos V}$; on a donc la grandeur m de cette base, et l'échelle de *la carte se trouve déterminée*, on peut alors graduer les échelles *de latitude et de longitude* ainsi que nous l'avons dit (*Cours de navigation*, 242).

Comme vérifications, il est bon de chercher, par des observations astronomiques, les positions des points intermédiaires à ceux qui *représentent les extrémités de la base.*

83. On peut évaluer plus rigoureusement en mètres la distance orthodromique de ces deux points, c'est-à-dire la longueur de la base une fois que l'on connaît *leur latitude et leur longitude.*

Soient A et B (fig. 53), les deux points considérés, $PAqP'$ le méridien elliptique du point A, $PBq'P'$ le méridien elliptique du point B.

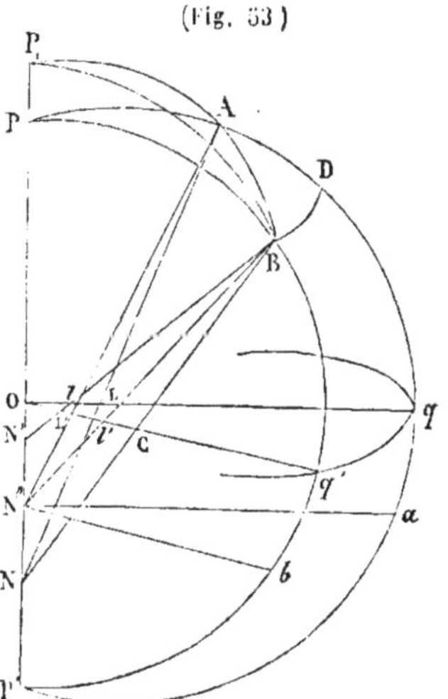

(Fig. 53)

Si aux points A et B nous menons les normales AN et BN', nous déterminerons sur le petit axe PP' du globe les deux points N et N'.

Le milieu N'' de NN' pourra être considéré comme le *centre de la sphère sur laquelle l'arc* AB *est situé.*

En représentant par R le rayon de cette sphère, qui sera alors égal à $AN'' = BN''$ et par conséquent, à fort peu près, à la grande normale qui passe par la latitude moyenne des deux points; et en appelant L et L' les latitudes géographiques des points A et B, on aura

$$(1) \qquad R = \frac{a}{\left(1 - e^2 \sin^2 \frac{(L + L')}{2}\right)^{\frac{1}{2}}}.$$

Appelons G et G' les longitudes des points A et B, en admettant que ces longitudes se comptent de l'Est vers l'Ouest de 0° à 360°.

Représentons par Z l'azimut P'AB du point B considéré du point A et par z l'azimut P'BA du point A considéré du point B.

Si nous imaginons la sphère décrite du point N'' comme centre avec R pour rayon, son intersection avec les méridiens $PAqP'$ et $PBq'p'$ déterminera un triangle sphérique P_1AB.

Abaissons du point B un arc BD perpendiculaire sur le méridien PA, et représentons par u'', x'', y'' les arcs AB, BD, AD évalués en secondes, et par M, x et y la longueur de ces mêmes arcs exprimés en mètres; les arcs BD et AD peuvent être considérés comme les coordonnées du point B rapporté *à la méridienne* du point A et à *sa perpendiculaire* et peuvent aussi être regardés comme appartenant à la sphère dont le rayon est R ; on a donc

$$M = u''R \sin 1'', \quad y = y''R \sin 1'', \quad x = x''R \sin 1''.$$

Déterminons u'', y'' et x''.

Nous pouvons considérer comme rectiligne le triangle ADB, puisque la distance AB ne dépasse jamais 1°, environ.

On a alors,

$$x'' = u'' \sin Z, \quad y'' = u'' \cos Z,$$

d'où

$$(2) \qquad \operatorname{tang} Z = \frac{x''}{y''}.$$

Le triangle AP_1B donne

$$(\alpha) \qquad \frac{\sin P_1AB}{\sin P_1B} = \frac{\sin AP_1B}{\sin AB} \text{ ou } \frac{\sin Z}{\sin P_1B} = \frac{\sin(G'-G)}{\sin u''} = \frac{G'-G}{u''}.$$

Si par le point N'' nous menons $N''b$ parallèle à oq' et $N''a$ parallèle à oq, nous déterminerons les angles $AN''b$ et $AN''a$ que nous représenterons par l et l'.

On voit que $P_1B = 90 - l'$ et $P_1A = 90 - l$.

La relation (α) devient donc

$$u'' \sin Z = (G'-G) \cos l',$$

donc

$$(3) \qquad x'' = (G'-G) \cos l'.$$

Le triangle P_1AB donne encore

$$\cos P_1B = \cos P_1A \cos AB + \sin P_1A \sin AB \cos P_1AB,$$

ou

$$\sin l' = \sin l \cos u'' - \cos l \sin u'' \cos Z.$$

En développant l' suivant les puissances croissantes de u'' au moyen du *Théorème de Maclaurin*, nous aurons, en remarquant que pour $u''=0$ on a $l'=l$,

$$l' = l - u'' \cos Z - \frac{1}{2} \operatorname{tg} l \, (u'' \sin Z)^2,$$

mais

$$u'' \cos Z = y'' \text{ et } u'' \sin Z = (G' - G) \cos l',$$

il vient donc

$$l' = l - y'' - \frac{1}{2} \operatorname{tg} l (G' - G)^2 \cos^2 l',$$

d'où l'on déduit

$$(4) \qquad y'' = l - l' - \frac{1}{2} (G' - G)^2 \operatorname{tg} l \cos^2 l'.$$

Déterminons l et l' en fonction des données de la question.

Les triangles AlL et Bl'L' donnent

$$l = L - N''AN \text{ et } l' = L' + N'BN''.$$

Or les angles N''AN et N'BN'' différant très-peu l'un de l'autre, nous pouvons poser

$$N''AN = N'BN'' = \frac{1}{2} NBN'.$$

Mais, en représentant l'angle NBN' par B, nous avons trouvé en géodésie (60)

$$B = \frac{e^2 (\sin L - \sin L') \cos L'}{\sin 1''}.$$

On déduit de cette relation, en remarquant que L — L' est assez petit et que l'on peut remplacer L' par $\frac{L + L'}{2}$:

$$\frac{1}{2} NBN' = \frac{1}{2} e^2 (L - L') \cos^2 \frac{1}{2} (L + L').$$

On a par suite

$$(5) \qquad l = L - \frac{1}{2} e^2 (L - L') \cos^2 \frac{1}{2} (L + L'),$$

$$(6) \qquad l' = L' + \frac{1}{2} e^2 (L - L') \cos^2 \frac{1}{2} (L + L').$$

La détermination *de la base* M et des coordonnées x et y du point B se fera donc au moyen des équations :

$$\left\{\begin{array}{l}
l = L - \frac{1}{2} e^2 (L - L') \cos^2 \frac{1}{2} (L + L'); \\
l' = L' + \frac{1}{2} e^2 (L - L') \cos^2 \frac{1}{2} (L + L'); \\
x'' = (G' - G) \cos l'; \\
y'' = l - l' - \frac{1}{2} (G' - G)^2 \operatorname{tg} l \cos^2 l'; \\
\operatorname{tang} Z = \frac{x''}{y''}; \\
u'' = \frac{x''}{\sin Z} \quad \text{ou} \quad u'' = \frac{y''}{\cos Z}; \\
R = \dfrac{a}{\left(1 - e^2 \sin^2 \frac{L + L'}{2}\right)^{\frac{1}{2}}}; \\
M = u'' R \sin 1'' \quad x = x'' R \sin 1'' \quad y = y'' R \sin 1''.
\end{array}\right.$$

4° *Par la vitesse de propagation du son.*

84. La loi de la vitesse de *propagation du son par temps calme étant connue*, on peut s'en servir pour *mesurer une base*. Seulement, comme l'air dans lequel on agit est généralement en mouvement, il faut opérer de manière à n'avoir pas égard à la vitesse du vent.

Voici la méthode proposée par M. *Chazallon*; d'après cette méthode il admet que *l'accélération* de la vitesse du *son* due au vent, pour celui qui est *sous le vent*, est égale au *retard* de la vitesse du *son* pour celui qui *est au vent.*

« Deux observateurs munis chacun d'un *thermomètre, d'un hygro-*
» *mètre* et *d'une montre*, se placent à chaque extrémité de la base;
» et là, font tirer à divers intervalles *plusieurs coups de canon. Cha-*
» *cun observe de son côté, l'état de l'hygromètre et du thermomètre,*
» *et note exactement à chaque coup que fait tirer l'autre observateur,*
» *le nombre de secondes écoulées entre l'instant où l'éclair frappe sa*
» *vue et celui où la première sensation du bruit parvient à son*
» *oreille.* »

Représentant par θ la moyenne des températures indiquées par le thermomètre de l'une des stations, par f la mesure de la tension de vapeur d'eau contenue dans l'air, nombre indiqué par l'hygromètre de cette même station, on sait que la vitesse du son est, pour cette station, donnée par la formule

$$V' = 341,09 + 0^m,59\,(\theta - 15^\circ) + 0,084\,f.$$

En représentant par θ' l'indication du thermomètre et par f' la tension qui résulte de l'indication de l'hygromètre de l'autre station; la vitesse du son correspondante est

$$V'' = 341,09 + 0,59\,(\theta' - 15^\circ) + 0,084\,f'.$$

La vitesse moyenne est donc

$$V = 341,09 + 0,59\left(\frac{\theta + \theta'}{2} - 15^\circ\right) + 0,084\left(\frac{f + f'}{2}\right).$$

Si maintenant, on représente par T et T' le nombre de secondes que le *son* a mis pour arriver à chaque observateur, *la mesure de la base* M sera égale à V.T pour la première station, et à VT' pour la seconde, et par suite, *d'après l'hypothèse de M. Chazallon*, on aura

$$M = V\left(\frac{T + T'}{2}\right).$$

Les nombres f et f' se déterminent au moyen de la table A si l'on se sert de l'hygromètre à condensation, et au moyen de la table B si l'on se sert de l'hygromètre à cheveu.

TABLE A.

TABLE POUR L'HYGROMÈTRE A CONDENSATION.			
Température du point de rosée en degrés centigrades.	Valeurs correspondantes de f en millimètres.	Température du point de rosée en degrés centigrades.	Valeurs correspondantes de f en millimètres.
— 20°	1,3	15°	13,0
— 10	2,6	20	17,3
— 5	3,7	25	23,0
0	5,0	30	30,6
+ 5	7,0	35	40,4
+ 10	9,5	40	53,0

Table B.

VALEUR POUR L'HYGROMÈTRE A CHEVEU.			
a		*b*	
Degrés de l'hygromètre.	Valeurs correspondantes de y.	Degrés du thermomètre centigrade.	Valeurs correspondantes de F.
10°	0,05	— 20°	1,3
20	0,12	— 10	2,6
30	0,20	— 5	3,7
40	0,26	0	5,0
50	0,35	+ 5	7,0
60	0,44	10	9,5
70	0,56	15	13,0
80	0,70	20	17,3
90	0,83	25	23,0
100	1,00	30	30,6
		35	40,4
		40	53,0

La table A fait immédiatement connaître la grandeur de f correspondante à un nombre de degrés donnés par cet hygromètre.

La table B qui se compose de deux petites tables a et b, cette dernière n'étant autre que la table A, fera connaître la valeur de f lorsque l'on se sera servi de l'hygromètre à cheveu ; on a, dans ce cas,

$$f = yF.$$

La partie a de la table B donne y et la partie b donne F.

(Nous extrayons les tables A et B de la *Géodésie* de M. Bégat.)

LEVÉ D'UN PLAN HYDROGRAPHIQUE.

85. Lever le plan d'une baie, c'est construire *une figure semblable à la projection* de tous les points remarquables de la côte et de la baie, *sur le plan tangent* à la surface terrestre mené par le *point milieu* de la localité.

Le levé d'un plan particulier *hydrographique* se divise en *six opérations* distinctes qui sont :

1° *L'observation de la marée;*

2° *Une triangulation générale destinée à lier entre eux les points principaux de la côte et la mesure des angles,*

3° *La mesure de la base,*

4° *Le sondage,*

5° *La construction du plan,*

6° *Les détails topographiques de la côte.*

1° Observation de la marée.

86. Les sondes marquées sur les cartes devant être rapportées au *niveau des plus basses mers*, il faut déterminer le mouvement des eaux dans la baie *dont on veut faire le plan*, afin de pouvoir réduire au niveau des plus basses mers les *sondes* faites à *toutes les heures du jour.*

On cherche donc, vers la *partie centrale* de la côte que l'on explore, un lieu où les mouvements de la mer sont *libres.*

Là, on place, solidement et verticalement, une *poutre divisée en centimètres et millimètres.*

Auprès de cette poutre, appelée *échelle de marée, on place un homme entendu, muni d'une montre de comparaison et d'un cahier.*

Cet homme observe de quart d'heure en quart d'heure, les numéros de l'échelle auxquels correspond *le niveau de la mer*.

Avant et après l'instant de la *marée haute* ou de *la basse mer*, l'observateur resserre l'intervalle des observations, et de cinq en cinq minutes il note sur un cahier, le *numéro de l'échelle auquel l'eau est arrivée, et l'heure que marque sa montre au même instant.*

Nous savons qu'on prend pour heure de la pleine mer, l'heure moyenne déduite des deux heures notées au moment où le niveau de l'eau est à la même hauteur très-près de sa hauteur maximum. L'observateur tiendra note de la direction et de la force du vent, et dressera un tableau de ses observations, semblable au suivant :

Observation de la Marée, le à

HEURES.	HAUTEURS DE LA MER.			VENTS.	OBSERVATIONS.
	Échelle A.	Échelle B.	Échelle C.		
9h	1m,20	»	»	S E	
9h15	1m,23	»	»	»	
9h20	1m,24	»	»	S E ¼ S	*Mer haute. Houle.*
9h25	1m,22	»	»	»	
9h30	1m,10	»	»	»	
9h45	1m,00	»	»	»	
10h	0m,91	»	»	»	
10h15	0m,78	»	»	»	
⋮					

Une des personnes faisant le levé de la baie ira fréquemment visiter l'observateur de la marée, afin de *régler sa montre* au moyen des comparaisons faites à bord.

A l'aide des heures notées par l'observateur de la marée, on pourra déterminer les heures correspondantes du bord où un observateur aura déterminé les *différentes hauteurs du baromètre;* à moins que l'on ne préfère munir d'un baromètre l'observateur *de la marée*, qui, dans ce cas, devra à chaque observation noter *l'état de son baromètre.*

Lorsque la côte dont on lève le plan *est une plage peu inclinée*, une seule échelle ne suffit pas pour déterminer le mouvement des eaux.

On place alors, *plusieurs échelles auxiliaires* pour arriver jusqu'à la basse mer. Dans l'observation de la marée on a soin de noter le numéro auquel correspond le niveau de la mer à l'échelle où l'on ne peut plus continuer à observer, et celui qu'elle atteint à celle située plus bas et où l'on *peut continuer* les observations.

Si la côte dont on lève le plan était très-étendue, on placerait plusieurs *échelles de marée*, parce que la marée ne se fait probablement pas sentir de la même manière sur tous les points de la côte.

Comme deux échelles voisines ne donneront pas, aux mêmes heures, les mêmes indications; il faudra pour réduire les sondes comprises dans la zone qui sépare les deux échelles, partager cet espace en trois parties à peu près égales.

On réduira, alors, ainsi que nous le verrons, les sondes déterminées dans chacune *des parties extrêmes*, en partant du zéro de l'échelle qui lui correspond; et les sondes qui correspondent à la partie du milieu, avec la *moyenne des* niveaux qu'indiquent les points zéros des deux échelles.

Deux échelles sont placées à une bonne distance l'une de l'autre, lorsqu'une sonde située vers la partie centrale de leur zone et réduite successivement avec l'une et l'autre échelle, ne donne pas de résultats différant de plus de 35 centimètres.

2° Triangulation générale.

87. La partie la plus importante du *travail hydrographique*, est la détermination des points principaux de *la triangulation*, puisque c'est sur ces points principaux que s'appuie tout le travail.

Une première reconnaissance de la côte permettra de faire un *croquis* sur lequel on représentera *par des lettres* les différents points de la côte que l'on devra considérer comme *points principaux.* Généralement, un petit nombre de points de cette espèce suffisent pour un plan.

Lorsque la baie dont on veut faire le levé est très-petite, il suffit de trois points bien déterminés pour pouvoir se placer à peu près dans toute son étendue.

Ces trois points devront alors être choisis de manière que le cercle auquel ils appartiennent ne *coupe nulle part l'espace dans lequel on doit opérer.*

En prenant un plus grand nombre de points principaux, on obtiendra des *vérifications*.

Une fois ces points principaux adoptés, on déterminera les points *secondaires* de la triangulation, en ayant soin de les choisir, autant que possible, de manière que les triangles du canevas approchent d'*être équilatéraux*.

En ces points, on placera des signaux formés avec des *espars* et des *planches*, en ayant soin de les peindre en blanc ou en noir ainsi que nous l'avons dit (16). Enfin, on agira comme nous l'avons indiqué en géodésie (15), dans la *disposition du travail géodésique sur le terrain*.

En chacun de ces points, sommets des triangles du canevas, on prendra, à l'aide d'un *théodolite*, les angles formés par les rayons visuels allant à toutes les autres stations, considérées deux à deux, ainsi que les *distances zénithales* correspondantes, afin de pouvoir déterminer la différence de niveau de ces lieux ; à moins qu'on ne préfère se servir des moyens *topographiques* dont nous parlerons plus loin. On fera subir aux angles et aux distances zénithales mesurés les corrections dont nous avons parlé (36), en géodésie.

Les personnes chargées de faire ces observations auront soin de les noter sur un cahier spécial, en mettant auprès de chaque angle, le nom ou la lettre appartenant à la station et aux points relevés.

3° Mesure de la base.

88. La mesure de la base peut s'obtenir de plusieurs manières. Dans le cas où l'on trouve un terrain uni et horizontal, cette mesure s'obtient *directement :*

1° *Ainsi qu'on l'a fait* en *géodésie* (17), avec les règles de bois ou de métal ;

2° *Avec la chaîne métrique ou le ruban métrique.*

Dans le cas où l'on ne trouve pas de terrain propre à mesurer la base, cette mesure peut s'obtenir *indirectement :*

1° *A l'aide de la hauteur de la mâture ;*

2° *Par la vitesse de propagation du son.*

La description et l'usage de *la chaîne d'arpenteur et du ruban métrique*, dans la mesure d'une base, préalablement jalonnée, sont trop connus du lecteur pour que nous les redonnions ici.

Lorsque le terrain est *en pente*, on ne peut pas tendre la chaîne

(Fig. 54)

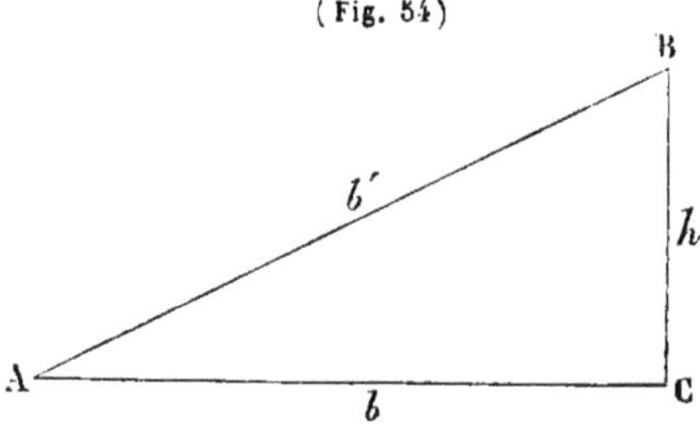

ou le ruban horizontalement ; on mesure alors la longueur $AB = b'$ (fig. 54), de la base inclinée et, par les moyens *topographiques* que nous indiquerons plus loin, la différence de niveau $BC = h$ des deux extrémités B et C de la base. On a alors, $AC = b$, c'est-à-dire la projection horizontale de la base mesurée, par la relation,

$$b = \sqrt{(b' + h)(b' - h)}.$$

Mesure indirecte de la base.

1° *Par la hauteur de la mâture.* — Dans le cas où l'on ne peut pas trouver pour base, un terrain uni et à peu près horizontal, tel qu'une plage de sable ou de galets, on prend pour base la distance du navire à un point du rivage situé au bord de l'eau.

On commence par *affourcher* le navire en un point *central N de* la baie (fig. 55) ; ce point sera une des extrémités de la base.

(Fig. 55)

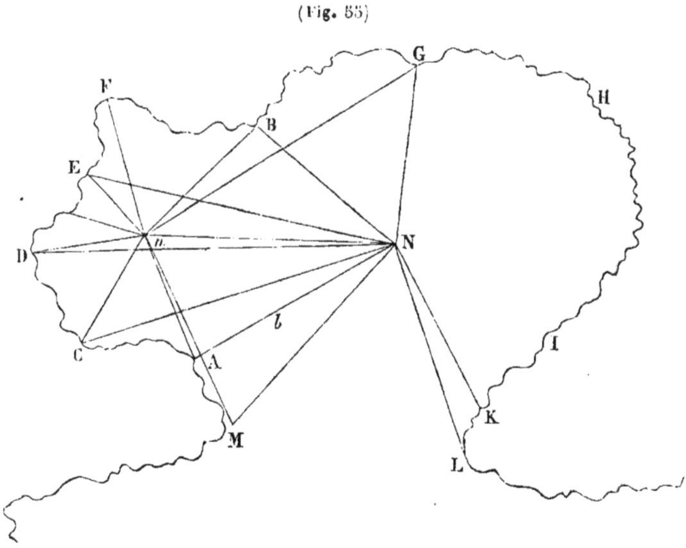

On choisit alors l'autre extrémité A de manière que de ce point on aperçoive le plus de points remarquables possible de la côte. Au point A on mesure la hauteur angulaire de la mâture du bâtiment.

Si nous représentons la base AN par b, la hauteur du navire par h, l'angle mesuré par α, on aura b par la relation

$$b = \frac{h}{\tang \alpha}.$$

Si l'on ne trouve pas à terre un point A favorablement situé, on prend sa base sur l'eau en Nn; et la triangulation se fait alors immédiatement des extrémités de cette base.

Pour cela, on détermine le relèvement *astronomique de l'objet le plus remarquable A*; et l'on prend du navire, les distances angulaires de ce point A à tous les autres points de la côte.

On mouille un canot en n, seconde extrémité de la base; on détermine, en ce point, le *relèvement astronomique* de A et l'on prend les angles AnM, CnA, DnA,..... etc.

On mesure aussi du point n la hauteur angulaire α de la mâture, et en faisant abstraction de la hauteur de l'œil au-dessus de l'eau, on a la base nN au moyen de la relation,

$$n\text{N} = \frac{h}{\tang \alpha}.$$

En même temps, on prend du navire l'angle nNA.

On peut alors sur le plan, *orienter la base* Nn par rapport au point A dont on a les *azimuts pris des points* N et n.

Les points N, n et A étant placés sur le plan de construction, on détermine *graphiquement* les positions des points M, C, D, E, F,..... etc., à l'aide des distances angulaires observées des points N et n, de chacun de ces points au point A.

2° Nous avons donné dans le levé sous voiles, *le moyen d'obtenir la mesure d'une base par la vitesse de propagation du son;* du reste ce moyen ne peut être employé que lorsque la base a de grandes dimensions.

4° Du sondage.

89. Pour faire le sondage d'une baie *dont les points principaux* sont déterminés de position sur un plan provisoire, on arme plusieurs

embarcations dans chacune desquelles se placent au moins *un observateur* et *un sondeur*. L'observateur est muni d'un *instrument à réflexion*, d'une *montre de comparaison* et d'un *cahier;* le sondeur est muni *de lignes et plombs de sonde*, *de suif* et *de lances de sondes*.

Dispositions préliminaires. Chaque observateur possède *un croquis* de la baie avec une désignation *par lettres*, de tous les points remarquables de la côte.

On partage le travail du sondage entre les différentes embarcations.

Pour cela, et dans le but de diriger le sondage avec ordre, on joint sur le croquis, tous les points remarquables et le navire par des lignes; les canots doivent suivre ces différentes lignes dans le sondage.

L'une des embarcations, doit sonder en parcourant la ligne N'ABCN' (fig. 56) ; une autre en parcourant la ligne N'DGHIN', et ainsi de suite.

Les courants de la baie font toujours un peu dévier les canots de la ligne suivant laquelle on veut sonder; toutefois, en se servant de la méthode des alignements (77), si la disposition de la localité le permet, on peut s'assurer que le canot marche bien suivant une ligne droite.

L'opération du sondage comporte deux parties :

1° *Le sondage proprement dit :*

2° *La mesure des angles pour déterminer la position du canot dans la baie.*

Du sondage proprement dit. Les lignes de sonde placées dans chaque canot, sont divisées en *brasses et en pieds ;* à l'une de leurs extrémités est attaché un *plomb conique*, dont le poids dépend de la profondeur de l'eau et dont la base est creusée, afin de pouvoir y placer le suif qui permet de reconnaître la nature du fond.

A l'endroit où l'on veut déterminer le fond, on lance la ligne de sonde de manière que si le canot a de l'erre, le plomb atteigne le fond avant que la ligne vienne à l'appel de l'homme qui la lance. Le suif en rapportant quelques fragments du fond, indique si ce fond est *rocheux*, *vaseux ou sablonneux*.

Cette qualité du fond doit *être marquée sur le cahier de sondage* à côté du nombre indiquant la profondeur de l'eau.

Lances de sondes. — Lorsque l'on veut connaître si le fond, quoiqu'en apparence *vaseux ou sablonneux*, ne recouvre pas un *fond de roches;* on se sert d'une *lance de sonde*, qui n'est autre chose qu'une barre de fer terminée en pointe, échancrée dans le sens de sa longueur et emboîtée, vers sa partie moyenne, dans une masse de plomb dont le poids s'élève jusqu'à 50 kilogrammes.

Lorsque l'on jette cette lance à l'eau, on la garnit de suif depuis la pointe jusqu'à la base du plomb; son poids lui fait pénétrer le sol, et elle rapporte certaines portions dans ses *échancures;* lorsqu'elle atteint des roches, elle revient *émoussée* et *rayée*.

En poussant du navire N′ (fig. 56), dont on a déterminé la position, on sonde immédiatement et l'on fait nager les hommes de manière à parcourir *lentement* la ligne AN′; le *sondeur sonde continuellement;* tant que le fond ne change *ni de profondeur ni de nature*, le canot marche toujours; dès qu'un changement de fond se fait sentir, l'observateur fait scier, de manière à arrêter l'erre du canot, ou fait *mouiller un grappin*.

(Fig. 56)

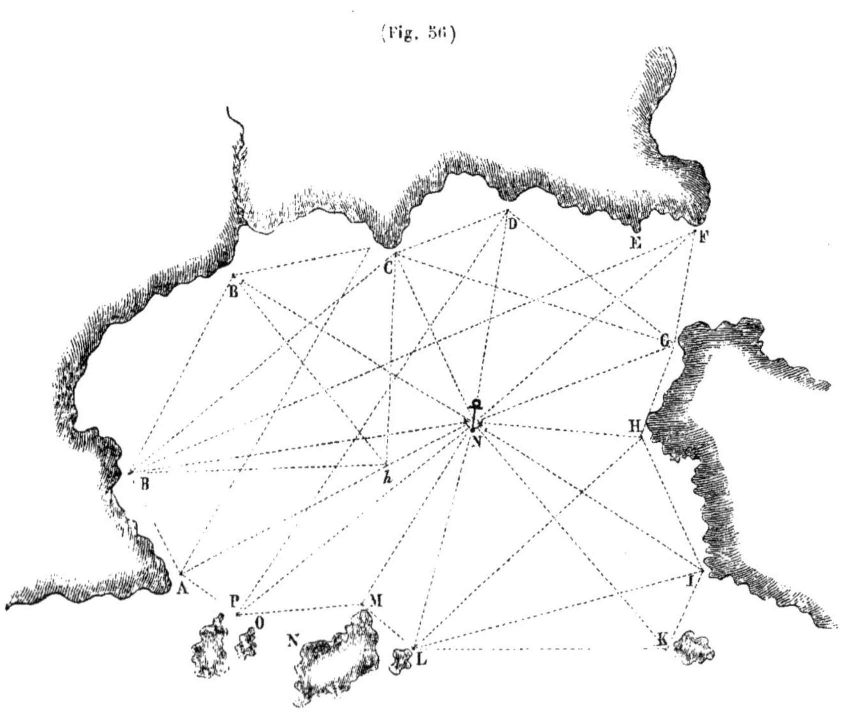

Mesure des angles. — Immédiatement, on prend la distance angulaire de deux points à terre à un troisième; ainsi, si par exemple, nous supposons le canot en *h* (fig. 56), on prend avec un sextant ou un cercle les angles B*h*B', B*h*C.

Nous verrons comment à l'aide de ces angles nous fixerons le plus rigoureusement possible, la position du point *h* sur le plan.

On peut prendre encore plusieurs distances angulaires qui servent *de vérifications* pour la position *h* du canot, déterminée par les deux premiers.

On note *ces angles sur le cahier* et, à côté, l'heure *que marque la montre au moment des contacts*, ainsi que le *brassiage* et *la nature du fond.*

Lorsqu'en sondant on reconnaît une tête de roche ou un danger particulier, il faut mouiller dessus, afin de déterminer la position du danger avec la *plus grande exactitude.*

90. *Reconnaissance des dangers.* — La détermination de la position exacte des dangers qui se trouvent sur une partie de côte quelconque est, dit *M. Beautemps-Beaupré*, l'opération la plus délicate que l'on ait à exécuter dans un *levé de plan.*

Lorsque l'on veut fixer la position d'un danger très-éloigné de la côte, un canot va mouiller sur le danger même, *si c'est possible*; on fait relever le canot d'un ou de plusieurs points *déterminés* à terre; la position du danger est ainsi déterminée.

Lorsque de dessus un danger éloigné de la côte, on n'aperçoit que deux points terrestres, on peut agir de la manière suivante :

On mouille un bateau auxiliaire entre le danger et la côte.

Un observateur placé sur ce *point auxiliaire* détermine sa position au moyen d'objets terrestres, et relève le bateau mouillé sur le danger. L'observateur placé sur le danger observe l'angle sous lequel il aperçoit les deux objets terrestres, ainsi que l'angle compris entre l'un de ces objets et le bateau auxiliaire. Ces angles permettent d'obtenir la position du danger.

Quand du danger on n'aperçoit aucune terre, on se sert de *plusieurs bateaux auxiliaires;* c'est ainsi que *M. Beautemps-Beaupré* a déterminé, en 1824, la position de la *roche orientale de Roche-bonne* (près de Rochefort) qui est hors de vue de toute terre.

Pour déterminer Roche-bonne, cet ingénieur plaça des observateurs sur la tour de *Saint-Sauveur de l'île d'Yeu, sur la tour des Sables d'Olonne, sur le phare des Baleines et sur le phare de Chassiron.*

Ces observateurs avaient ordre de relever de dix minutes en dix minutes ceux des bâtiments qui devaient se mettre en position de relever eux-mêmes, la *Gabare* l'*Infatigable*, mouillée sur la pointe S.E. *du danger* et qui resta *sept jours au mouillage.*

Après avoir fixé la position de l'*Infatigable*, M. Beautemps-Beaupré se porta sur *Roche-bonne* avec le brick l'*Alsacienne* et un grand nombre de bateaux-pilotes et pêcheurs, et dans l'espace de quelques heures, *la reconnaissance complète du danger fut effectuée.*

La position de la haute roche orientale du plateau de Roche-bonne fut déduite de celle de l'*Infatigable* au moyen de la distance comprise entre le mouillage de ce navire et celui de l'*Alsacienne.*

On prit pour base du calcul de cette distance, la mâture du premier bâtiment.

Un ingénieur fut mis au pied du mât de l'*Infatigable;* M. Beautemps-Beaupré se plaça au pied du mât de l'*Alsacienne*, et ces deux observateurs prirent simultanément les distances angulaires de l'un d'eux aux bateaux-sondeurs chaque fois que ces derniers firent des signaux.

Les ingénieurs et officiers qui sondaient, observaient aussi, chaque fois que l'on faisait des signaux, l'angle sous lequel ils apercevaient la distance comprise entre les deux grands mâts des navires d'où ils savaient qu'on relevait leurs bateaux.

91. Quand on voit briser la mer sur le même point, d'une manière qui annonce l'existence d'un danger, on relève le brisant de deux mouillages pris de manière à pouvoir déterminer sa position avec quelque exactitude.

Lorsque l'existence d'un danger est annoncé par un remous, on peut, si l'état de la mer le permet, déterminer le sommet et l'étendue du danger de la manière suivante :

On mouille une bouée où l'on suppose qu'existe le danger.

On détermine la position de cette bouée.

Puis, on sonde autour de cette bouée en s'éloignant progressivement, et en évaluant à chaque sonde, la direction dans laquelle on relève la bouée, ainsi que la distance du canot à cette bouée.

On peut encore mouiller le canot en tête du remous et filer lentement le câblot, de manière à pouvoir, en sciant à culer, sonder pied à pied dans une direction jusqu'à ce que le canot ait dépassé le point où doit se trouver le danger; on revient à la bouée en se halant sur ce câblot. On sonde dans une autre direction, et ainsi de suite.

Il faut prendre les plus grandes précautions, quand on va sur un danger situé au large et qui n'est pas bien connu des pêcheurs de la localité.

Lorsque le danger est trouvé, on mouille avec un seul grappin au vent et assez près du danger pour qu'en filant le câblot, le canot puisse arriver au point dont on veut obtenir la position, et l'on tient *une hache prête, pour couper le câblot au besoin.*

Le tact et l'expérience de ceux qui dirigent ces sortes d'opérations, guident plus que les idées générales que nous pourrions donner dans ce court exposé.

Réduction des sondes.

92. *Définition.* — *Réduire une sonde, c'est conclure de la profondeur de l'eau déterminée à une heure quelconque d'un jour donné*, la *profondeur de l'eau qui existe au point considéré* au *moment de la basse mer d'une marée syzygie équinoxiale.*

Soit S la sonde trouvée en un point, un certain jour, à une heure H.

Le *même jour* et à la *même heure* H, l'échelle de marée indiquait une élévation h du niveau de l'eau au-dessus du niveau moyen; cette élévation h est supposée corrigée de la pression atmosphérique.

$S - h$ est donc la profondeur de l'eau, au point où l'on a sondé, au-dessous *du niveau moyen.*

Maintenant, nous avons dit, en navigation (265), que u étant l'unité de hauteur et F le maximum de centièmes de marée, uF représentait le plus grand abaissement des eaux au-dessous du niveau moyen; donc *la sonde rapportée au niveau des plus basses mers* est $S - h - u\mathrm{F}$.

L'unité de hauteur u peut s'obtenir au moyen de la relation $e = uf$; en déterminant e par l'observation de la pleine mer et en calculant le centième de marée f par la formule de Laplace. Cette formule est

$$f = \mathrm{A}d^3 \cos^2 \mathrm{D} + \mathrm{B}d'^3 \cos^2 \mathrm{D}',$$

dans laquelle, d et d' sont les *demi-diamètres* du *Soleil* et de la *Lune*, D et D′ les déclinaisons de ces astres pour 36 heures avant l'époque considérée; A et B sont des constantes qui ont pour logarithmes

$$\log \mathrm{A} = \overline{10},44075 \quad \text{et} \quad \log \mathrm{B} = \overline{10},95665.$$

5° Construction du plan.

93. On commence par déterminer l'*échelle du plan*. Cette échelle permettra d'indiquer les détails utiles aux navigateurs, quand elle sera à $\frac{1}{1400}$ environ, c'est-à-dire, quand 2000 mètres seront représentés par 14 centimètres.

Tracé de la configuration de la côte. — On place convenablement, sur la feuille de papier, l'un des points dont la position est *astronomiquement déterminée;* l'échelle des latitudes et l'échelle des longitudes ont préalablement été tracées, ainsi que nous l'avons dit.

Par ce point on mène *deux droites perpendiculaires entre elles et parallèles au bord du papier*. Ces droites représentent la *méridienne* et la *perpendiculaire* du *point considéré*.

Au moyen de l'azimut des autres points, considérés de ce point, et de la grandeur calculée des côtés du triangle du canevas trigonométrique, on détermine la distance *à la perpendiculaire et à la méridienne* (43) de chacun des sommets, en ayant soin de changer de coordonnées s'il est nécessaire.

On a ainsi les coordonnées de chaque sommet par rapport à deux axes rectangulaires; il est donc facile de *placer ces points* sur la carte.

Dans les plans qui sont peu étendus, on peut construire *graphiquement* les triangles du canevas trigonométrique *en partant de la base convenablement placée sur le papier*.

On peut placer d'abord les points remarquables de la côte, on construit ensuite les triangles secondaires, tertiaires... et ainsi de suite. En joignant ces points par un trait continu, et en s'aidant du croquis que l'on a fait, on trace complétement sur le plan la *configuration de la côte, des îles, îlots*, etc.

94. *Placement des sondes.* — Pour placer sur le plan une sonde de laquelle on a mesuré les angles α, β, formés à l'œil de l'observateur

par trois point A, B et C de la côte (fig. 57), on joint les trois points A, B, C par les lignes AB et BC; sur ces deux lignes comme cordes, on décrit les segments AMB, BMC capables des angles α et β.

(Fig. 57)

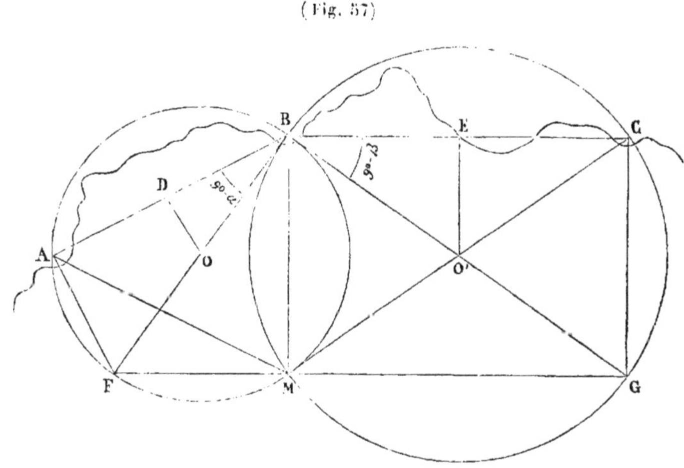

Pour cela, on élève aux points D et E, *milieux* de AB et de BC, les perpendiculaires DO et EO'; et au point B on fait, avec AB, un angle $ABO = 90 - \alpha$ et avec BE un angle $EBO' = 90 - \beta$, ce qui donne les centres O et O'; l'intersection des deux segments donne en M le point où l'on a sondé.

En ce point, on place le *brassiage ramené* au *niveau des plus basses mers* et le *signe indiquant la nature du fond.*

La détermination du point M est d'autant plus exacte que les circonférences se coupent plus perpendiculairement; c'est-à-dire que l'angle de leurs *tangentes au point considéré* ou de *leurs normales*, approche plus de 90°.

Cet angle est évidemment égal à OBO'.

Or on a

$$OBO' = ABC - (90 - \alpha + 90 - \beta) = B - 180 + \alpha + \beta.$$

Donc les points A, B et C auront été choisis convenablement quand on aura entre les angles B, α et β la relation $B + \alpha + \beta = 270°$; si l'on avait $B + \alpha + \beta = 180°$, le problème serait indéterminé.

C'est pour ces deux raisons que l'on doit, en sondant, mesurer les distances angulaires *de plus de trois objets*, afin de pouvoir choisir, dans le placement des sondes, les points terrestres qui donnent *une solution graphique plus rigoureuse.*

On peut, si l'on veut, ne pas décrire les segments AMB et BNC (fig. 57), en remarquant que le point M se détermine en abaissant BM perpendiculaire sur la ligne FG, que l'on obtient en joignant les sommets F et G des triangles ABF et BCG, dont on connaît un côté et les deux angles adjacents $90° - \alpha$ et $90°$ pour l'un, $90° - \beta$ et $90°$ pour l'autre.

On peut remplacer ces constructions par le calcul, en déterminant les angles BAM $= x$ et BCM $= y$ et en construisant ces angles sur le plan.

Représentons le côté AB par a et le côté BC par b.

Dans le quadrilatère ABCM, on a

$$x + y + B + \alpha + \beta = 360°,$$

d'où

$$\frac{x+y}{2} = 180 - \frac{1}{2}(B + \alpha + \beta).$$

Les triangles BAM et BCM donnent

$$BM = \frac{a \sin x}{\sin \alpha} = \frac{b \sin y}{\sin \beta},$$

d'où

$$\frac{\sin x}{\sin y} = \frac{b \sin \alpha}{a \sin \beta}.$$

Comme nous connaissons b, a, α et β, posons

$$\frac{b \sin \alpha}{a \sin \beta} = \operatorname{tg} \varphi.$$

On a alors,

$$\frac{\sin x}{\sin y} = \operatorname{tg} \varphi,$$

et par suite

$$\frac{\sin x - \sin y}{\sin x + \sin y} = \frac{\operatorname{tg} \varphi - 1}{\operatorname{tg} \varphi + 1} = \frac{\operatorname{tg} \varphi - \operatorname{tg} 45°}{1 + \operatorname{tg} \varphi \operatorname{tg} 45°} = \operatorname{tg}(\varphi - 45°),$$

d'où l'on déduit

$$\operatorname{tg} \frac{1}{2}(x - y) = \operatorname{tg} \frac{1}{2}(x + y) \operatorname{tg}(\varphi - 45°) = \operatorname{tg} \frac{1}{2}(B + \alpha + \beta) \operatorname{tg}(45° - \varphi),$$

ce qui donne $\frac{1}{2}(x-y)$. Connaissant $\frac{1}{2}(x+y)$, on obtient x et y en faisant successivement la somme et la différence des quantités représentant $\frac{1}{2}(x-y)$ et $\frac{1}{2}(x+y)$.

95. ***Plans de construction provisoires.*** — Lorsque l'on opère sur des côtes d'une grande étendue, il est utile de se servir de plans provisoires, afin de diriger les travaux et de vérifier les résultats.

Aussitôt que les opérations de la *triangulation sont assez avancées*, on place *graphiquement*, à une échelle quelconque, les positions terrestres les plus remarquables.

On fait en sorte de tracer, jour par jour, le *travail* fait à la mer par toutes les personnes qui s'occupent du *sondage* ou de *la reconnaissance des dangers*; ces plans provisoires permettent de reconnaître si l'on ne commet pas d'erreurs ou d'omissions que l'on ne pourrait plus rectifier lors *de la construction définitive du plan.*

Celui qui dirige le *levé hydrographique* peut avoir dans son canot un plan de construction provisoire sur lequel, à chaque mouillage, il place graphiquement les points de stations et le résultat des opérations partielles.

On doit noter, sur les *cahiers d'observations*, toutes les circonstances pouvant faire apprécier, lors de la construction définitive du plan, le degré d'exactitude que l'on a pu obtenir, soit en sondant, soit dans l'observation des angles; ainsi *que tous les renseignements utiles à la navigation.*

6° DÉTAILS TOPOGRAPHIQUES.

96. Il est quelquefois utile de représenter sur un plan de baie, les *détails topographiques* de la côte dont la sinuosité est déjà représentée sur le *plan de construction.*

Ces détails *topographiques* s'obtiennent au moyen des procédés donnés en topographie.

Rappelons d'une manière succincte *les différentes parties de cette branche de la géodésie.*

Définition. — La *topographie* a pour but de déterminer la projection d'une portion de terrain de peu d'étendue.

Quelles que soient les parties dont se compose un terrain, chacune de ces parties a un contour et une forme propres.

Il faut déterminer sur le plan la projection de ces contours, et représenter la forme du terrain au moyen de conventions.

De là *trois parties principales dans la topographie:*

1° *Le Levé des plans*, c'est-à-dire, détermination des contours des différentes parties du terrain;

2° *Le nivellement;*

3° *Le dessin des plans.*

1° DU LEVÉ DES PLANS.

97. Le levé d'un plan topographique peut s'effectuer de deux manières principales :

1° *En prenant sur le terrain les éléments propres à construire ensuite sur le papier une figure semblable à celle que l'on veut représenter;*

2° *En construisant immédiatement le plan sur le terrain même.*

Première manière. — Le contour de toute figure sur le terrain est une ligne courbe ou une ligne polygonale.

Si ce contour est une ligne courbe, on y choisit des points en nombre suffisant pour qu'en joignant ces points deux à deux par une ligne droite et en suivant les *sinuosités* de la courbe, on forme un *polygone* qui approche suffisamment de *la figure courbe.*

Tout se réduit donc à prendre les éléments nécessaires pour construire sur le papier un polygone semblable à celui du terrain.

On peut y arriver par trois méthodes :

1° *Au moyen de la mesure d'une ligne du polygone et des angles des triangles dont cette ligne est la base; cette méthode est connue sous le nom de méthode d'intersection ;*

2° *En mesurant les côtés et les angles du polygone; méthode appelée cheminement ;*

3° *En déterminant les coordonnées rectangulaires des sommets du polygone; détermination que nous nommerons méthode des coordonnées.*

98. 1° *Méthode d'intersection.* — Après avoir pris le croquis du polygone, on y cherche une ligne unie et horizontale des extrémités de laquelle on puisse apercevoir le plus de sommets possible du polygone.

(Fig. 58)

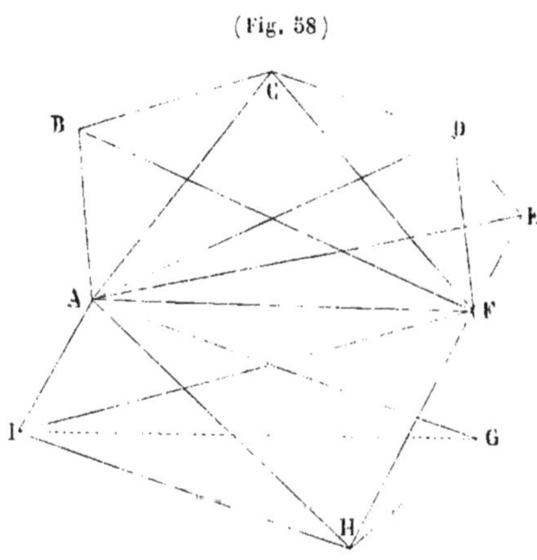

Soit AF (fig. 58), cette ligne; on la mesure plusieurs fois ainsi que nous l'avons dit, et on prend pour longueur de cette ligne la moyenne de toutes les mesures trouvées. A l'aide d'un compas on détermine l'azimut de AF.

On place *des jalons* à tous les sommets du polygone.

On se met ensuite au point A et l'on mesure les distances angulaires du point F à tous les sommets du polygone. On se sert pour cela généralement *d'un théodolite simple.*

99. *Du théodolite simple.* — Cet instrument, qui est le *théodolite composé simplifié*, ne sert qu'à mesurer la distance angulaire d'objets peu élevés au-dessus de l'horizon. Il contient *un cercle azimutal* $C_1C'_1$ (fig. 59), monté sur un *pied* P, analogue à celui du *théodolite composé* (32).

Une pièce *ee'fg* placée juste au-dessus du centre de ce cercle azimutal supporte une *lunette* LL qui se meut comme le cercle vernier du cercle $C_1C'_1$.

Cette lunette peut aussi se mouvoir dans un plan vertical, mais seulement de quelques degrés.

Dans ce mouvement vertical, elle entraîne avec elle les axes gradués *mm'*, *nn'*, qui peuvent être arrêtés, ainsi que la lunette, au moyen de la pièce KK' fixée au support *ee'gf* et qui porte une pince *p* avec vis de *pression*, *vis de rappel et verniers.*

Une lunette L'L' placée sous le cercle azimutal est reliée au pied P par la pièce *o* supportant une pince *h* avec vis de pression et vi de rappel.

Rectifications du théodolite simple. — Ayant placé l'instrument su son support horizontal S, on commence par rendre horizon

(Fig. 59)

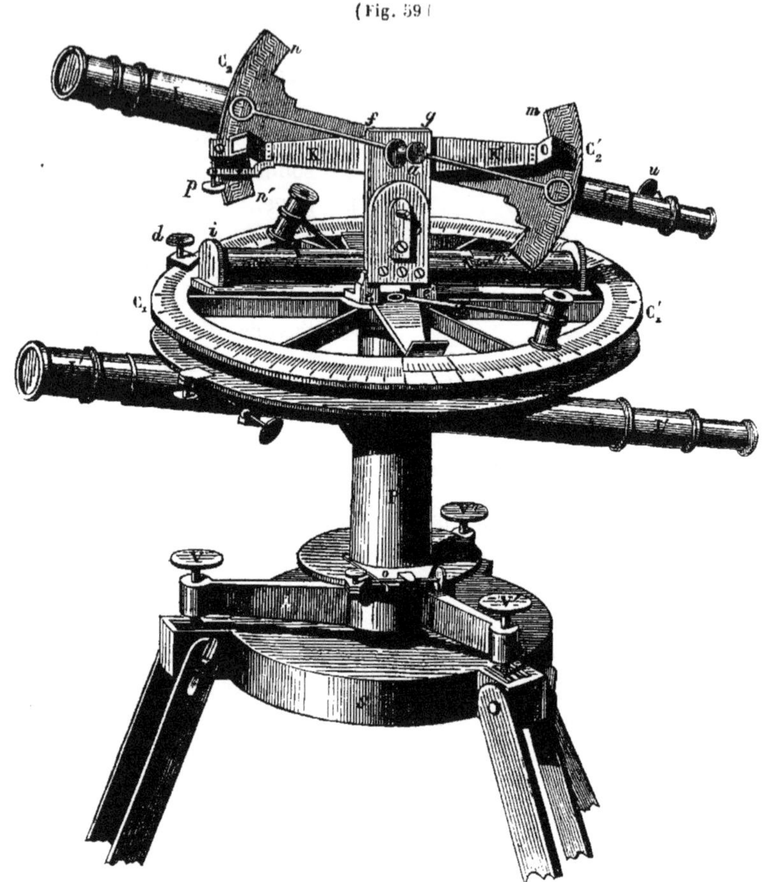

cercle azimutal au moyen du niveau NN′, en agissant comme pour le *théodolite répétiteur* (33).

On s'assure ensuite que les axes de rotation des *lunettes sont horizontaux et que le fil vertical du réticule de chaque lunette est bien vertical.*

Pour cela, on place à une certaine distance de l'instrument *un fil à plomb;* on choisit un endroit à l'abri du vent, et pour que le fil conserve plus d'*immobilité*, on place le plomb dans une verre d'eau.

On desserre la petite vis qui sert à donner au réticule un mouvement de rotation; puis après avoir attiré à soi le *porte-oculaire* jusqu'à ce qu'on aperçoive très-nettement les fils du réticule, et enfin mis la lunette à son point, on vise au fil à plomb.

On fait tourner le tube auxiliaire qui porte le réticule jusqu'à ce que le fil vertical recouvre le fil à plomb. On fait ensuite mouvoir la lunette dans le plan vertical ; si le fil vertical couvre toujours, dans ce mouvement, exactement le fil à plomb, l'axe de rotation de la lunette est rigoureusement horizontal et le fil du réticule rigoureusement vertical ; dans le cas contraire, on corrige et l'*horizontalité de l'axe* de rotation et la *verticalité du fil*, *moitié* avec la vis à tête carrée *b*, *moitié* avec la *vis du réticule.*

Il faut ensuite s'assurer si le *zéro du vernier du cercle concentrique au cercle azimutal et le zéro du limbe de ce cercle sont* en coïncidence lorsque, ayant visé un objet très-éloigné avec le fil vertical de la lunette *inférieure*, on recouvre le même objet avec le fil *vertical de la lunette supérieure.*

Quand cette coïncidence n'a pas lieu, on place exactement le zéro du vernier sur le zéro du limbe, on serre la vis de pression, et l'on agit sur une vis en acier *placée au-dessous du limbe* et qui permet de faire mouvoir lentement la lunette supérieure, indépendamment de ce limbe ; on fait alors en sorte de recouvrir exactement l'objet vu dans la lunette inférieure par le fil vertical de la lunette supérieure.

On peut, si l'on veut, pour amener ce contact, agir sur le réticule même de la lunette supérieure au moyen des vis qui permettent de lui donner un mouvement latéral.

L'observation des distances angulaires se fait comme avec le théodolite composé (34).

Au lieu de mesurer les distances angulaires du point F à tous les sommets du polygone avec un *théodolite*, on peut se servir d'un *graphomètre* ou d'un *instrument à réflexion.*

On se transporte ensuite au point F (fig. 58), avec le même instrument, et l'on mesure les distances angulaires du point A à tous les sommets du polygone.

On connaît ainsi, dans les triangles AFB, ACF, ADF, AEF, AGF, ..., etc., un côté AF et les deux angles adjacents ; on peut donc sur le papier construire des triangles semblables et semblablement placés à ceux du terrain. En joignant tous les sommets de ces triangles opposés à la base commune par des lignes, *on obtient le polygone semblable au polygone du terrain.*

Si de la base AF on n'aperçoit pas tous les sommets, par exemple les sommets I et H, on cherche deux sommets A et G, desquels on aperçoit les deux premiers, et mesurant les angles GAI, GAH, AGI, AGH, on peut placer les points I et H sur le plan.

100. 2° *Méthode de cheminement.* — On mesure tous les côtés du polygone, et, en se transportant successivement à tous les sommets du polygone, on mesure les angles ABC, BCD, CDE, ... (fig. 58).

Cette mesure peut se faire avec l'un des instruments qui servent dans la méthode d'intersection, ou avec *la boussole d'arpenteur.*

Description. — La boussole d'arpenteur est une boîte plate et carrée, en bois ou en cuivre rouge (fig. 60), contenant un cercle de cuivre *cc'* argenté, gradué en demi-degrés. Au centre *o* est une aiguille aimantée soutenue sur un pivot placé perpendiculaire au limbe et au fond de la boîte.

(Fig. 60)

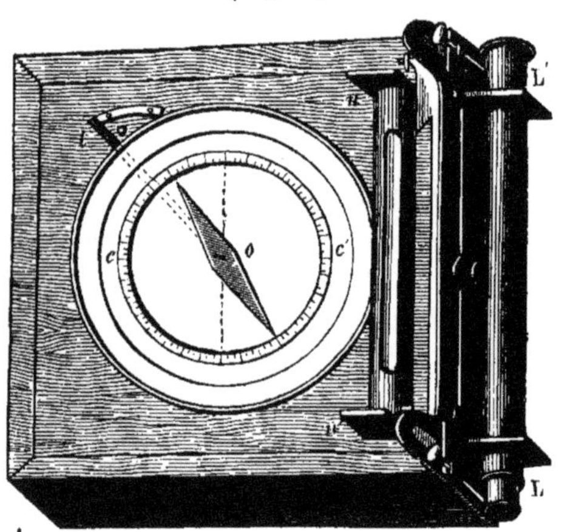

Cette aiguille tourne librement de manière que ses extrémités rasent le cercle gradué et qu'on peut lire facilement à quelles graduations les pointes répondent.

Le fer a été soigneusement écarté dans la construction de la boîte, et l'observateur ne doit point en porter sur lui.

Pour mettre l'aiguille aimantée à l'abri du vent, le cercle gradué et l'aiguille sont recouverts d'un verre retenu dans une gorge par un cercle de cuivre en *fil élastique;* ce verre, sans toucher à l'aiguille, en est cependant assez rapproché pour qu'en renversant la boussole l'*aiguille n'échappe pas de son pivot.*

Sur l'un des côtés de la boîte est une *alidade* ou une lunette mobile LL' dont l'axe est exactement parallèle au diamètre du cercle qui répond aux degrés 0 et 180°.

Un axe de rotation adapté au milieu de la lunette lui permet de décrire un plan perpendiculaire à celui du cercle gradué.

Un niveau à bulle d'air *nn'*, mobile ou fixe, permet d'obtenir l'horizontalité de la boussole.

Lorsqu'on n'observe pas, on soulage le pivot de l'aiguille en *soulevant l'aiguille* contre le verre à l'aide d'un petit *levier ol.*

101. Pour pouvoir disposer la boussole horizontalement, on la place sur un *support* garni d'un mode d'articulation appelé *genou*, et au moyen duquel on peut donner à la face supérieure du support la position convenable.

En général, on se sert de deux espèces de genoux :

1° *Le genou à coquilles ;*

2° *Le genou de Cugnot.*

(Fig. 61)

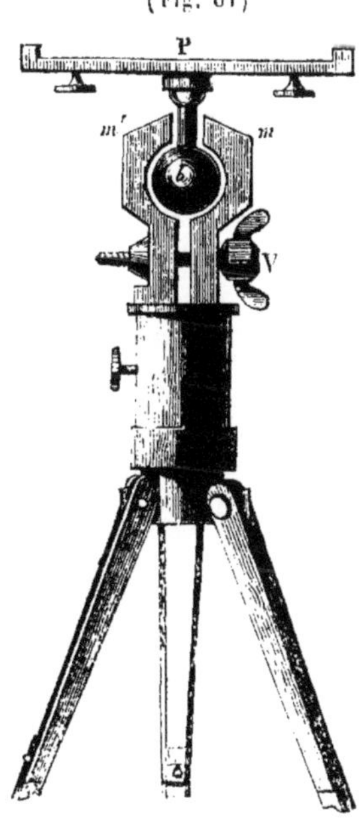

1° Le genou à coquilles (fig. 61) se compose de deux *mâchoires m* et *m'*, dont l'une *m* est fixée au pied, et dont l'autre *m'* peut être rapprochée ou écartée de la première au moyen de la vis V.

Au plateau P qui supporte l'instrument est adaptée une boule *b* que l'on peut engager entre les deux *mâchoires;* lorsque le plateau P a la position voulue, on le fixe au support en serrant fortement la vis V.

2° Le genou de Cugnot (fig. 62) se compose d'une *noix* N contenant deux cylindres ayant leurs axes B'B' et B perpendiculaires.

Ces cylindres sont placés l'un au-dessous de l'autre, mais ne se touchent pas; on peut, d'après cela, donner au plateau que supporte le genou et dont les languettes L et L' s'engagent dans la noix N, un mouvement de rotation dans *deux sens perpendiculaires.*

Cheminement avec la boussole. — On place la boussole sur le plateau que supporte un des genoux que nous venons de considérer, de manière que le pivot de l'aiguille se trouve au-dessus du sommet du polygone; au moyen du niveau, on rend le plan de la boussole horizontal et on détermine l'azimut magnétique d'un côté; on mesure ce côté et l'on transporte la boussole à l'autre extrémité; on détermine l'azimut du côté suivant, et ainsi de suite. Toutes ces

(Fig. 62)

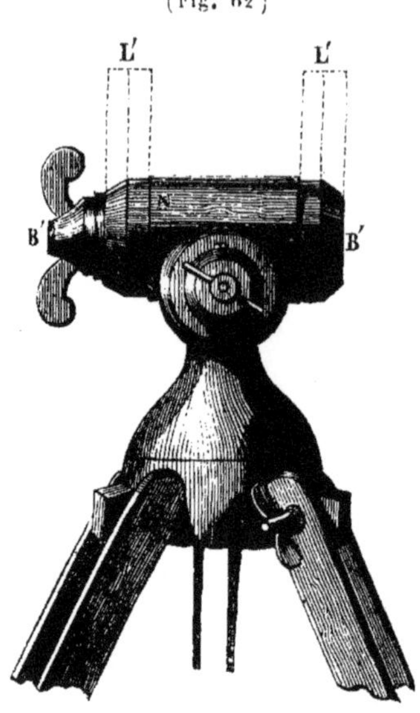

longueurs et tous ces relèvements sont portés sur un cahier et servent ensuite à construire sur le papier la figure semblable à la figure du terrain.

Cette manière de lever un plan est, comme on le voit, peu exacte ; aussi ne sert-elle que dans le levé d'*un sentier*, du *cours d'un ruisseau*, etc.

102. *Méthode des coordonnées.* — On rapporte les sommets du polygone à *deux axes de coordonnées rectangulaires* dont on a déterminé le gisement, et l'on mesure sur le terrain les coordonnées de chaque sommet ; on rapporte ensuite ces coordonnées sur le papier, en ayant soin d'orienter convenablement l'un des axes.

Soit ABCDEF (fig. 63), le polygone à lever. On cherche sur le terrain une ligne Ax *unie et horizontale*, coupant ou ne coupant pas le polygone ; cette ligne représente l'axe des x.

(Fig. 63)

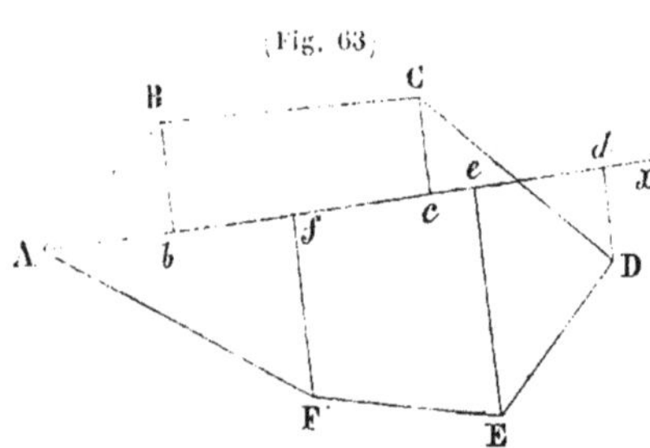

On la jalonne.

Si nous supposons maintenant que l'on mène des points B, C, D ....., etc., des perpendiculaires sur Ax, en admettant l'origine des coordonnées au point A, on aura

Ab, bB pour coordonnées du point B,
Af, fF pour coordonnées du point F,
⋮ ⋮ ⋮

et ainsi de suite.

Pour mesurer ces longueurs, il faut déterminer sur le terrain les points b, f, c, e, d.....

On se sert pour cela, soit du *cercle à réflexion*, soit de l'*équerre d'arpenteur*, soit du *pantomètre de Fouquier*, qui n'est autre chose qu'une équerre d'arpenteur perfectionnée.

Pour déterminer le point *b*, par exemple, avec le *cercle à réflexion*, on détermine d'abord le parallélisme des deux miroirs, et l'on fait ensuite parcourir à l'alidade du grand miroir 90° ; on la fixe en ce point. On se place au point A (fig. 63), et marchant sur la ligne A*x*, on cherche le point duquel on aperçoit l'image du point B; on se trouve alors au point *b*, on y place un jalon ; on fait de même pour les autres points. On peut alors mesurer les distances A*b*, *b*B, A*c*....., etc.

(Fig. 64)

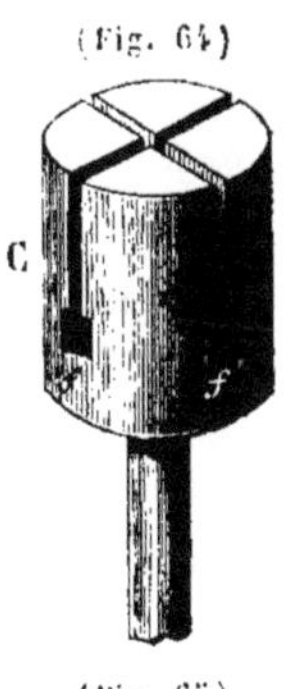

L'équerre d'arpenteur est tout simplement un petit cylindre C (fig. 64), dans lequel on a déterminé deux sections suivant les génératrices et dont les plans sont perpendiculaires entre eux.

Ces sections déterminent quatre fentes verticales sur la surface du cylindre.

Les extrémités inférieures *ff'* de ces fentes ont la forme rectangulaire et portent un fil vertical dans leur milieu.

(Fig. 65)

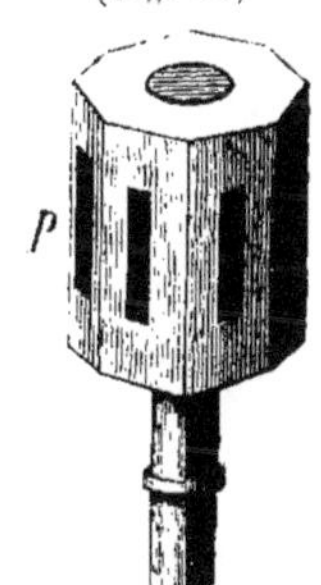

On remplace quelquefois le petit cylindre C par le prisme octogonal *p* (fig. 65), dont chaque face est coupée par une fente verticale.

Enfin, on se sert aussi d'un cercle (fig. 66), armé de quatre pinnules placées aux extrémités de deux diamètres perpendiculaires.

Ces trois instruments peuvent être placés dans une position verticale au moyen d'un pied sur lequel ils sont placés.

(Fig. 66)

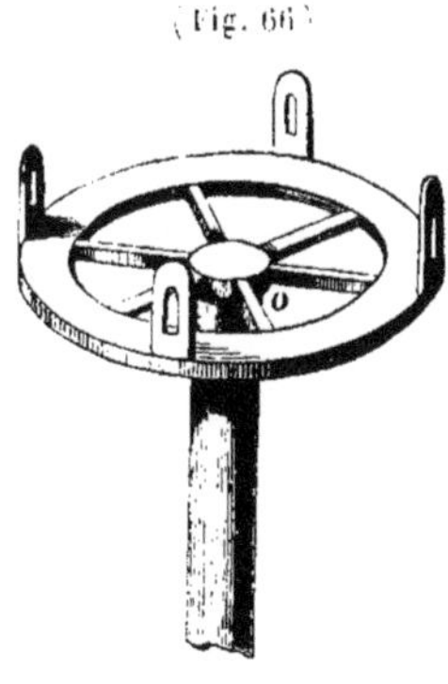

On comprend immédiatement comment, étant sur la ligne A*x* (fig. 63) avec l'un de ces instruments et visant le point A par deux fenêtres ou pinnules diamétralement opposées, on peut trouver le point B en cherchant le point de A*x*, duquel on aperçoit le point B par les deux autres fenêtres diamétralement opposées et dont le plan est perpendiculaire à celles dirigées vers le point A.

Pantomètre de Fouquier. — Le pantomètre de Fouquier, qui peut aussi servir à la détermination des points *b*, *f*, *c* ....., etc., se compose de deux cylindres droits superposés ; l'un est fixe, l'autre mobile autour de leur axe commun.

Le cylindre fixe se place sur ce support S (fig. 67), au moyen d'*une douille*, et peut y être maintenu à l'aide d'une *vis* V. Le cercle supérieur de ce cylindre est divisé en degrés et demi-degrés.

(Fig. 67)

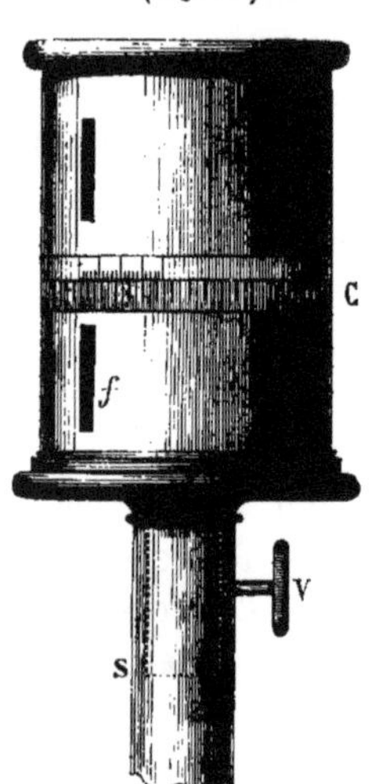

Deux fentes diamétralement opposées, faites dans ce *cylindre fixe*, correspondent aux divisions 0 et 180°.

Le cylindre supérieur est coupé suivant deux fentes diamétralement opposées et dont le fil de l'une d'elles correspond à l'index d'un vernier tracé sur le cercle inférieur de ce cylindre, dont la face supérieure est généralement armée d'une boussole.

On comprend, d'après cela, comment, avec un pareil instrument, on peut obtenir la distance angulaire de deux objets, et, par suite, comment cet instrument devient une simple équerre d'arpenteur quand on a mis l'index du vernier sur la division 90° du limbe.

Une fois les points *b*, *f*, *c*, *e* ..., etc., déterminés, ***on mesure, à l'aide de la chaîne d'arpenteur ou du ruban métrique***, les coordonnées de chaque sommet du polygone ABCDEF (fig. 63). Il est ensuite facile de construire sur le papier un polygone semblable au polygone ABCDEF.

2° ***Manière. — En construisant le plan sur le terrain même.***

Pour construire le plan sur le terrain, on se sert d'un instrument appelé *planchette.*

103. *De la planchette.* — Cet instrument se compose d'une tablette rectangulaire *pp'* (fig. 68), en bois *très-sec* et ayant 60 à 80 centimètres de côtés.

Sur cette tablette, on colle une feuille de papier bien tendue, ou bien, si le plan du terrain que l'on veut représenter dépasse les dimensions de la planchette, on enroule les extrémités de la feuille sur les petits cylindres *a* et *a'* que supporte la planchette le long de deux côtés parallèles. Au moyen de vis, on peut faire tourner ces petits

(Fig. 68)

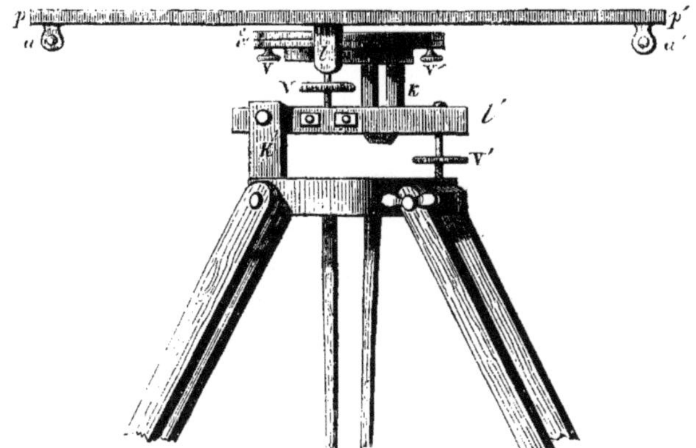

cylindres autour de leur axe, et, par suite, dérouler sur l'un et enrouler sur l'autre la feuille de papier.

Cette tablette est munie, en dessous, d'un petit cercle *c* en cuivre, recevant les extrémités des deux vis v, v'; ce petit cercle s'emboîte avec le cercle *c'* qui tient au pied.

Ce pied supporte deux leviers *l* et *l'* à angles droits que l'on peut faire mouvoir autour des supports K et K' à l'aide des vis V et V'; de cette manière, on peut rendre la tablette horizontale.

La planchette est munie d'*un fil à plomb*, d'*une alidade* et d'*un* ou *deux niveaux à bulle d'air*.

104. *Lever un plan à la planchette.* — On peut lever un plan à la planchette de plusieurs manières; parmi les différentes méthodes employées, nous ne considérerons que les suivantes :

1° *La méthode d'intersection ;*
2° *La méthode de cheminement ;*
3° *La méthode centrale.*

1° *Méthode d'intersection.*

Soit ABCDEF (fig. 69) le polygone à représenter.

On cherche d'abord une ligne AC devant servir de base ; on la mesure.

On place la *planchette* au point A, et à l'aide d'un *fil à plomb* on s'assure que la projection du point A sur le papier se trouve placée convenablement pour pouvoir représenter tout le polygone. On oriente

(Fig. 69)

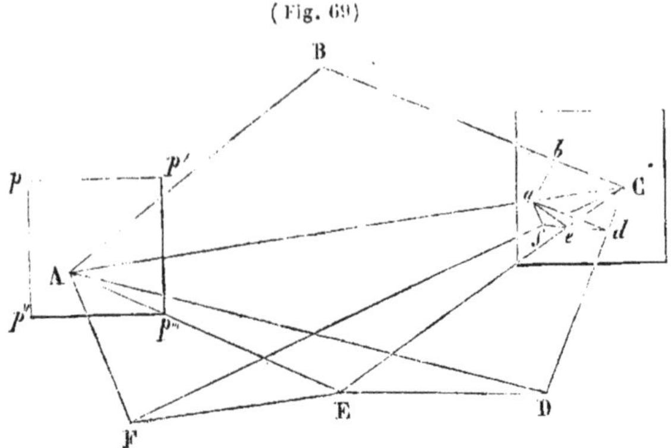

même la planchette, si l'on peut, de manière que l'un des bords du papier soit parallèle à la ligne nord et sud. Ceci se fait au moyen d'un instrument appelé *déclinatoire*, qui n'est autre chose qu'une petite boussole (fig. 70), fixée dans une boîte rectangulaire dont le bord extérieur sert de règle et dont l'aiguille ne *parcourt qu'environ 40 degrés.*

(Fig. 70)

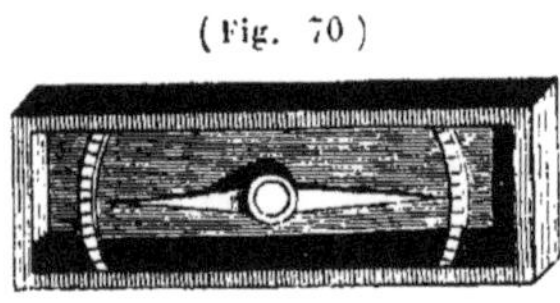

Une fois la planchette disposée en A, extrémité de la base AC (fig. 69), on trace sur le papier et à l'aide d'une alidade représentée (fig. 71), les directions AB, AC, AD, AE, AF, que l'on obtient en plaçant le point *m* de l'alidade en A et visant par la fenêtre *f*, de manière que le fil de la fenêtre *f'* couvre successivement les points B, C, D, E, F,....

(Fig. 71)

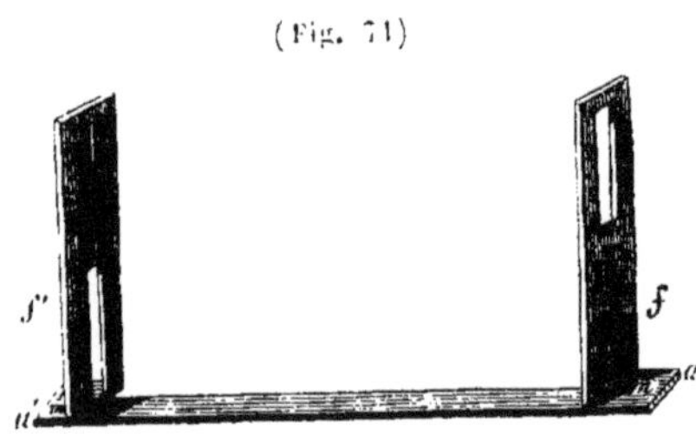

Le bord intérieur *mm'* de la base *aa'* de l'alidade qui sert de règle se trouve dans le plan vertical qui passe par la fente *f* et le *fil* de *f'*.

Quand la direction des lignes AB, AC, AD, AE, AF ....., etc., a ainsi été déterminée sur le plan, on mesure la longueur AC, et au moyen de l'échelle, on porte cette longueur sur le papier.

On transporte ensuite la *planchette* au point C, et à l'aide d'un fil à plomb, on s'assure que le point C du plan correspond bien au point C du sol.

Au moyen de l'*alidade*, et en visant le point A, on place la planchette en C dans une position parallèle à celle qu'elle avait en A ; on peut obtenir cette position à l'aide du *déclinatoire*.

A cet effet, quand la planchette est à la station A on place le déclinatoire sur le plan, en le disposant de manière que l'aiguille soit parallèle au bord de la boîte ; on trace un trait au crayon le long de ce bord. Lorsque la planchette est en C, on remet le déclinatoire contre le trait au crayon et l'on dispose la planchette de manière que l'aiguille soit encore parallèle au bord.

La planchette étant située au point C (fig. 69), et ayant été rendue horizontale, on trace, à l'aide de l'alidade, les directions CB, CF, CE, CD, dont les intersections avec les premières lignes tracées sur le plan déterminent les sommets *a*, *b*, *c*, *d*, *e*, *f* du polygone *abcdef*, qui est évidemment semblable au polygone ABCDEF.

2° *Méthode de cheminement.*

105. En se transportant avec la planchette successivement aux *sommets du polygone*, en mesurant les côtés de ce polygone et en obtenant sur le plan la direction de ces côtés au moyen de l'alidade, on peut construire le polygone *abcdef* semblable au polygone ABCDEF.

3° *Méthode centrale.*

106. On place la planchette en un point *o* intérieur au polygone ABCDEF (fig. 72), et duquel on puisse apercevoir tous les sommets ; on détermine sur le plan au moyen de l'alidade les directions *o*A, *o*B, *o*C, *o*D, *o*E,..... etc.

(Fig. 72.)

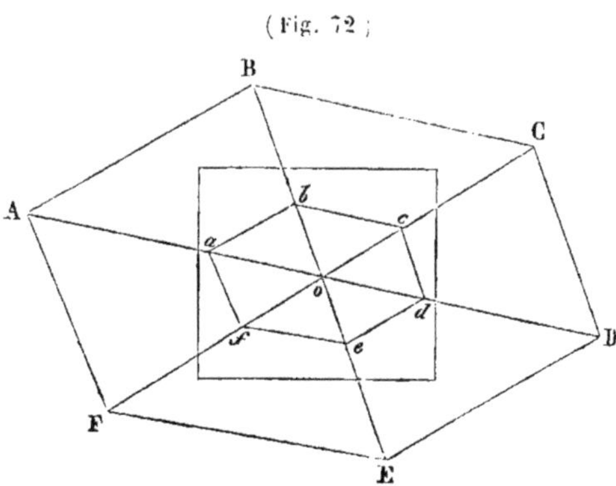

On mesure les longueurs *o*A, *o*B, *o*C..., etc., et, au moyen de l'échelle, on les porte sur le plan ; on obtient ainsi les points *a*, *b*, *c*, *d*,..... sommet du polygone *abcdef* semblable au polygone ABCDEF.

DU NIVELLEMENT TOPOGRAPHIQUE.

107. Nous avons déjà dit, en géodésie, ce que l'on entendait par nivellement.

En topographie, la différence de niveau de deux points s'obtient au moyen de lignes de *niveau apparent*. Ces lignes de niveau apparent se déterminent à l'aide d'instruments appelés *niveaux*.

Nous ne donnerons pas ici la description de tous les niveaux dont on peut se servir, nous indiquerons seulement ceux qui sont le plus en usage dans le nivellement topographique.

108. *Niveau d'eau.*— Cet instrument se compose d'un cylindre en fer-blanc AA′ (fig. 73), de 0,05 de diamètre et de $1^m,30$ ou $1^m,40$ de longueur ; ce cylindre est relevé à angle droit, à ses extrémités, à la hauteur $Aa = A'b$ de $0^m,1$ environ.

(Fig. 73)

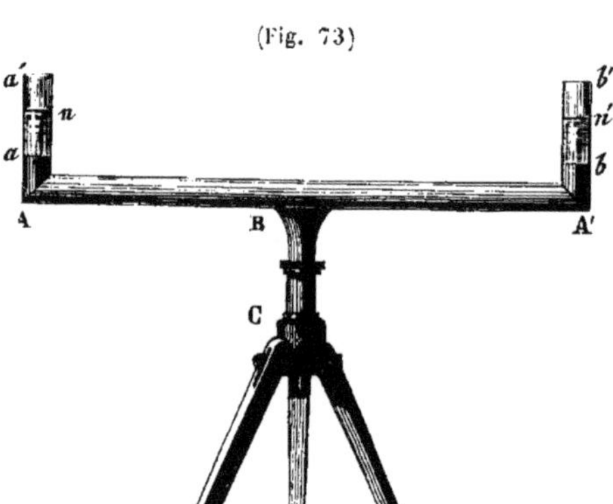

Deux fioles en *verre* aa' et bb' sont fixées à ce cylindre. La douille B fixée au milieu de la branche AA′ s'engage sur le trépied C qui permet de placer l'instrument sur le terrain à une hauteur convenable pour opérer.

Le niveau étant sur son pied, le cylindre AA' sensiblement horizontal, on verse de l'eau dans une de ses branches, d'où elle passe dans l'autre; on remplit ainsi les deux fioles, environ à la moitié de leur hauteur en *n* et *n'*.

En considérant les deux surfaces de l'eau *n* et *n'* comme étant dans le même plan horizontal, le rayon visuel dirigé suivant ces surfaces est, par conséquent, *horizontal.*

2° *Niveau à bulle d'air de Chézi.*

109. Le niveau à bulle d'air de Chézi se compose d'une règle AA' (fig. 74), au milieu de laquelle est fixé un niveau à bulle d'air N.

(Fig. 74)

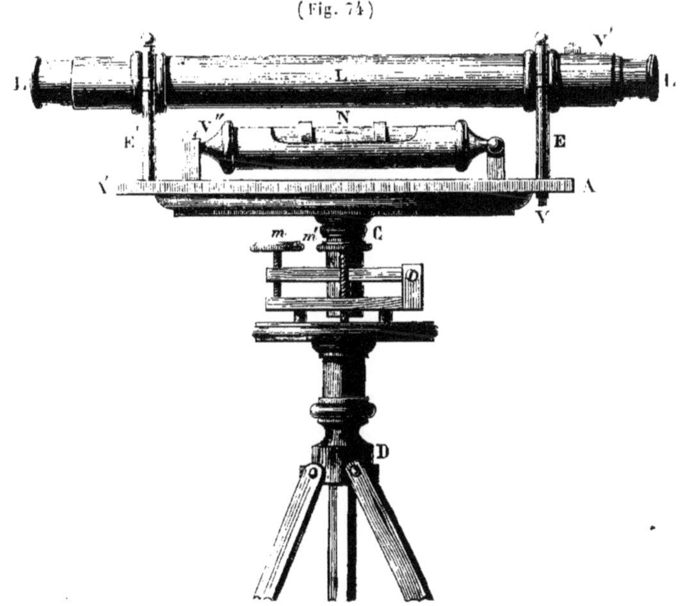

La règle AA' est supportée par une articulation à angles droits C, dont la douille se place sur la tige d'un trépied D.

Une lunette L est placée au-dessus du niveau sur deux supports E et E' demi-circulaires, fixés aux deux extrémités de la règle et perpendiculairement à cette règle.

Un de ces supports est mobile à l'aide de la vis V.

La vis V′ permet de faire mouvoir verticalement les fils du réticule de la lunette.

La vis V″ permet de rendre le niveau N parallèle à la règle AA′.

Cette règle a un mouvement de rotation sur le genou C, qui lui-même a deux mouvements verticaux suivant deux plans perpendiculaires entre eux, au moyen des vis boutantes *m* et *m′*.

110. Le niveau de Chézi doit subir trois vérifications :

1° ***Que la lunette est bien centrée ;***

2° ***Que la règle est parallèle à l'horizontale du niveau ;***

3° ***Que les axes du niveau et de la lunette sont rigoureusement parallèles.***

1° Pour faire la première vérification, on observe un voyant A (fig. 75), placé à une distance de 40 ou 50 mètres ; le rayon visuel qui passe par le point de croisement des fils du réticule rencontre la mire en un point *m*.

(Fig. 75)

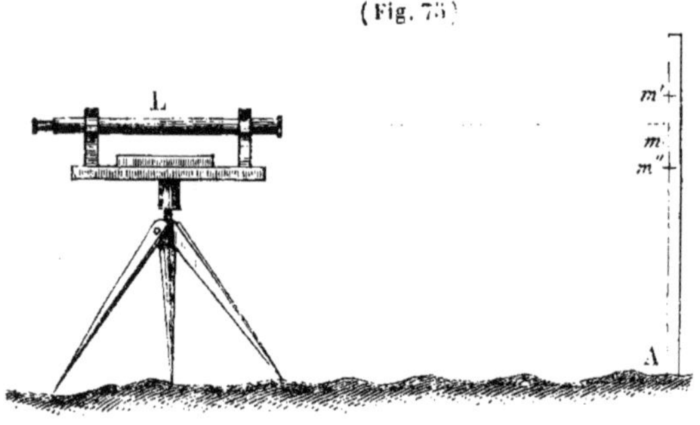

On fait faire à la lunette une *demi-révolution* sur ces supports et on observe le voyant.

Si le rayon visuel ne passe pas par ce point *m*, le fil horizontal du réticule devra être élevé ou abaissé au moyen de la vis V′ (fig. 74), jusqu'à ce que *cette condition* soit remplie.

2° Pour vérifier le parallélisme *de l'horizontalité du niveau et de la règle* AA′, on amène la bulle entre ses repères au moyen de la vis V″ du niveau. On fait faire à la règle AA′ une demi-révolution horizontale sur le genou C ; si la bulle reste dans ses repères, la règle et l'axe du *niveau sont parallèles ;* dans le cas contraire on ramène la bulle dans ses repères, moitié avec les vis *boutantes m* et *m′* moitié avec la vis V″.

3° *Pour s'assurer que les axes du niveau et de la lunette sont rigoureusement parallèles*, on vise avec la lunette une mire *m*, puis on enlève la lunette et on la place sur ses supports en la retournant bout pour bout : on fait faire à la règle AA′ une demi-révolution et l'on

(Fig. 76)

vise de nouveau la mire *m*. Si l'axe optique de la lunette n'est plus dirigé sur le même point, on fait parcourir à l'axe de la lunette, et au moyen de la vis V (fig. 74), la moitié de la distance des deux points de la mire auxquels répondait l'axe optique dans les deux positions de la lunette.

111. *De la mire.* — Il y a plusieurs sortes de *mires employées* dans les *nivellements topographiques ;* celle le plus généralement employée se compose d'une règle verticale AB (fig. 76), et d'une tige *ab*, divisée en centimètres, qui peut glisser à frottement dans une rainure pratiquée dans la règle ; un voyant V est fixé à l'extrémité de la tige, et une vis *v* permet de placer ce voyant à une hauteur quelconque. Quand cette hauteur doit être inférieure à AB, on renverse la tige dans la *rainure*, de manière que le voyant *peut venir jusqu'au point* A.

On peut obtenir la différence de niveau de deux points, au moyen d'une *seule station* du niveau ou de *plusieurs stations ;* dans le premier cas, on dit que la différence de niveau est obtenue à l'aide d'un *nivellement simple*, et dans le second, à l'aide *d'un nivellement composé*.

NIVELLEMENT SIMPLE.

112. Soient A et A' (fig. 77), deux points dont on veut déterminer la différence du niveau AB.

(Fig. 77)

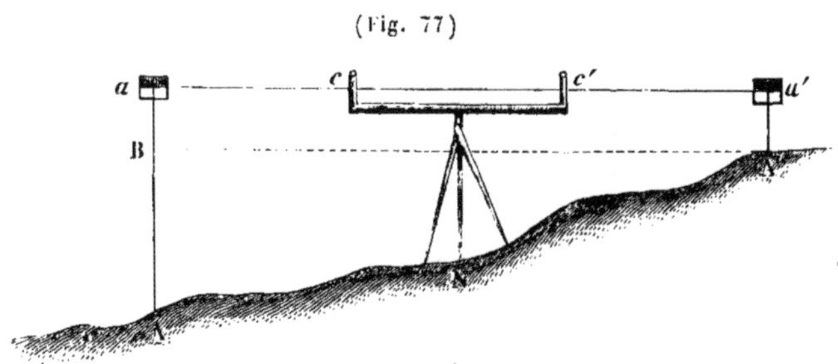

Si la différence de niveau des deux points A et A' ne dépasse pas *quatre mètres*, on pourra placer le niveau d'eau ou de Chézi en un point N, à peu près milieu entre A et A', de manière que la ligne du niveau soit au-dessus des points B et A ; on n'aura qu'un nivellement simple à effectuer.

Le niveau étant en N, on placera une mire en A et on amènera le voyant a sur la ligne aa' du niveau de l'eau des fioles ; l'observateur placera, pour cela, son œil en c', et donnera ce que l'on appelle *un coup de niveau arrière.*

On notera la hauteur $Aa = a$ de la mire, puis, on transportera cette mire en A'; l'observateur mettra l'œil en c et donnera *un coup de niveau avant.*

On notera la hauteur $A'a' = a'$ de la mire.

La différence $a - a'$ des deux coups de niveau donnera évidemment la différence de niveau des deux points A et A'.

NIVELLEMENT COMPOSÉ.

113. Lorsqu'une seule position du niveau ne suffit pas pour déterminer la différence du niveau des deux points A et A', on choisit plusieurs points intermédiaires C, D,..... en nombre suffisant pour

(Fig. 78)

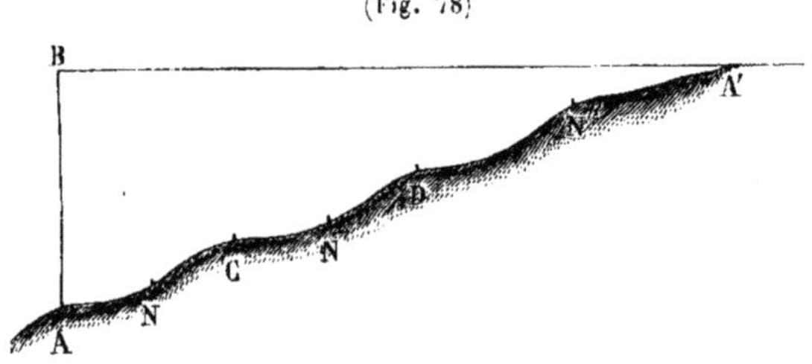

que la différence de niveau de deux points consécutifs puisse être déterminée à l'aide d'une seule position du niveau.

On détermine alors, ainsi que nous venons de le dire, la différence de niveau des deux points A et C, en plaçant le niveau en N.

On détermine ensuite la différence de niveau des deux points C et D en plaçant le niveau en N', et ainsi de suite.

En ayant soin de noter, à chaque coup de niveau, l'élévation du voyant au dessus du sol, en représentant par a, b, c, d,..... ces élévations pour les coups de niveau arrière, et par a', b', c', d',.... etc., les élévations pour les coups de niveau avant, il est évident que la différence de niveau AB des deux points A et A′ sera donnée par la relation

$$AB = (a + b + c + d \ldots) - (a' + b' + c' + d' \ldots).$$

114. A l'aide des moyens que nous venons d'indiquer, on n'obtient que la différence de niveau apparent; quand les points sont rapprochés, ces différences de niveau donnent sensiblement les différences de niveau vrai; mais il n'en est pas ainsi lorsque l'on veut déterminer la différence de niveau vrai de deux points éloignés visibles l'un de l'autre et à l'aide *d'une seule position de niveau;* on doit, dans ce cas, faire subir une correction aux hauteurs du voyant.

Soient en effet, $A'b'$ (fig. 79), la mire placée en A′; a, le niveau placé en A.

Fig. 79

La ligne de niveau apparent ab' détermine le point b sur la mire, en raison de *la réfraction terrestre.*

La ligne de niveau vrai est aa'; donc, on doit diminuer la hauteur de la mire $A'b$ de $a'b = a'b' - bb'$.

Appelons R le rayon ca et D la distance des points A et A′.

La tangente ab' donne la relation

$$ab'^2 = (2R + a'b')a'b'$$

ou sensiblement

$$D^2 = 2Ra'b',$$

d'où

$$a'b' = \frac{D^2}{2R},$$

Les points A et A′ étant éloignés, on peut considérer le point a comme le centre de l'arc qui passerait par les points b', a' et un point voisin du point b; on a alors, en se rappelant que nous avons trouvé en navigation, $b'ab = \alpha C$,

$$\frac{b'b}{b'a'} = \frac{b'ab}{b'aa'} = \frac{\alpha C}{\frac{C}{2}} = 2\alpha,$$

d'où

$$b'b = 2\alpha a'b' = \frac{\alpha D^2}{R},$$

donc, la quantité dont il faut diminuer $A'b$ est

$$a'b = \frac{D^2}{R}\left(\frac{1-2\alpha}{2}\right).$$

Coupe verticale ou profil d'un terrain.

115. Lorsque l'on veut représenter la forme accidentée d'un terrain, on détermine le profil de ce terrain, c'est-à-dire que l'on cherche les différences de niveau des divers points de l'intersection de ce terrain avec une surface cylindrique à génératrices verticales et à base quelconque.

En général, c'est l'intersection du terrain avec le plan vertical que l'on détermine.

Aux points A, B, C, D, E, F (fig. 80), qui sont les plus propres à faire sentir les sinuosités du terrain, on place des jalons.

(Fig. 80)

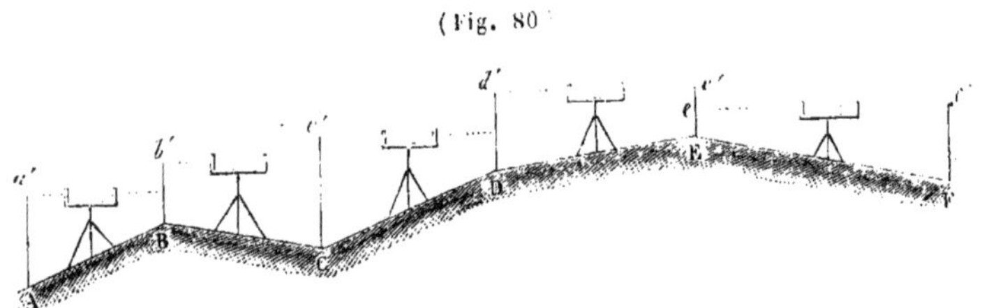

On détermine les différences de niveau des points A et B, B et C, C et D..... etc.

Ces différences de niveau obtenues font connaître la distance des points A, B, C, D,..... etc., à la ligne de niveau $e'd'$ la plus élevée.

On trace cette ligne sur le papier, et on porte les distances $a_1\,b_1$, $b_1\,c_1$, $c_1\,d_1$, $d_1\,e_1$, $e_1\,f_1$ (fig. 81), égales aux distances des points A, B, C, D,..... etc., considérées horizontalement.

(Fig. 81)

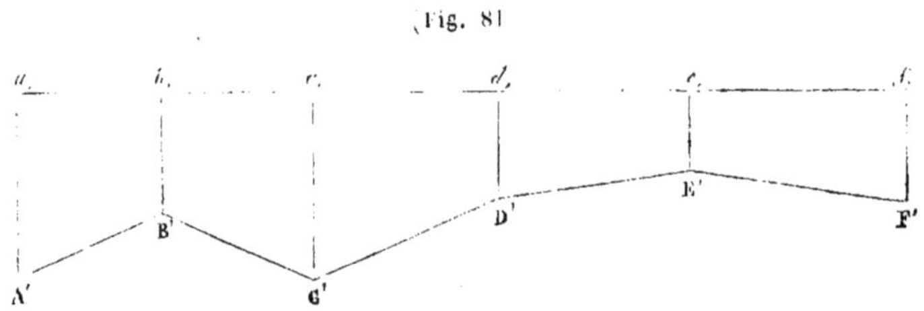

Aux points a_1, b_1, c_1,..... etc., on élève les perpendiculaires $A'a_1$, $B'b_1$, ... etc., que l'on prend égales aux distances des points A, B, C..... à la ligne $e'd'$, on joint les points A', B', C'...., et l'on a le profil cherché.

Figuré du terrain. — Pour représenter *sur le plan* les mouvements du terrain, on conçoit le sol coupé par une série de plans horizontaux équidistants et assez rapprochés pour que, d'une tranche à l'autre, la surface du terrain puisse être considérée comme conique.

La distance de *deux sections sur le plan et leur équidistance* permettront de connaître la pente du terrain d'une tranche à l'autre et la hauteur d'un point intermédiaire au-dessus du plan de la section inférieure.

Détermination des courbes de section.

116. On peut agir de la manière suivante pour déterminer la projection des sections horizontales.

En partant d'un point A (fig. 82), on détermine le profil du ter-

(Fig. 82)

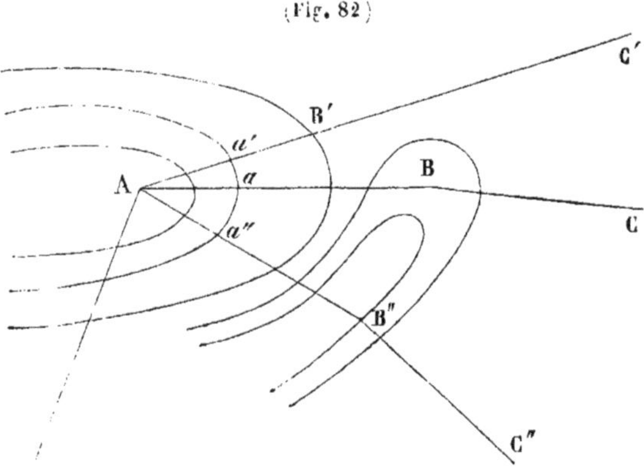

rain suivant les longueurs AB, BC,..... etc., AB', B'C',..... etc, AB'', B''C''....., etc. ; on marque sur les directions ABC, AB'C'..... les *cotes* des différents points du profil et on joint par un trait continu les points *a' a a''*,..... *qui ont la même cote assignée d'avance d'après l'équidistance* des courbes ; ou bien on mesure les angles de pente suivant AB, AB',....; on multiplie les cotangentes de ces angles par l'équidistance adoptée, et l'on obtient les distances horizontales des projections horizontales.

On simplifie cette méthode en ne déterminant les côtes que des points les plus importants au point de vue de la forme du terrain. On réunit tous les points qui ont même cote et l'on intercale, entre deux points nivelés, le nombre de tranches indiquées par leur différence de niveau.

Les inflexions de ces courbes et leur degré de rapprochement entre les points déterminés se déduisent du *figuré à vue* du terrain.

Une fois les *courbes de sections horizontales* placées sur le plan, il faut y marquer les lignes qui servent à figurer la forme du terrain ; les seules que l'on puisse lever géométriquement sont :

1° *Les lignes de faîte ou de partage ;*
2° *Les thalweys ou lignes de réunion des eaux.*

1° La ligne de faîte est celle qui, de toutes les directions partant d'un point, a le moins de pente, quand on considère le terrain de *haut en bas.*

Pour la trouver, on place l'*éclimètre* ou *niveau à perpendicule* en un point, on mesure l'inclinaison suivant plusieurs directions; la plus petite indique la ligne de faîte. Ce serait le contraire si l'on était au bas de la pente.

Marchant et mesurant cette ligne jusqu'au moment où elle change de direction, une opération analogue en indique le prolongement, et ainsi de suite.

2° *Les thalwegs,* qui sont le plus généralement indiqués par des *rivières*, des *ruisseaux*, des *fossés*, dans lesquels se réunissent les eaux qui descendent des deux versants, se déterminent d'une manière analogue, en ayant soin d'exprimer *dans quel sens* on les considère, si c'est de haut en bas ou de bas en haut.

3° *Du dessin des plans.*

117. Pour donner plus d'effet au plan et faire mieux juger de suite le relief du terrain, on emploie la *ligne de plus grande pente*, que l'on sait être celle qui, de toutes *les lignes partant d'un même point, fait le plus grand angle avec l'horizon.*

La ligne de plus grande pente est évidemment perpendiculaire aux intersections de la surface du terrain par les plans horizontaux pas-

sant par les extrémités; et par suite, sa projection sur le plan est perpendiculaire à celle des intersections.

La projection de la ligne de plus grande pente sur le plan est une ligne droite ou une ligne courbe, selon que les courbes de sections sont parallèles ou ne le sont pas.

Des hachures. — Ces lignes de plus grandes pentes sont représentées sur le plan au moyen de *hachures.*

Mais au lieu de tracer ces hachures d'une manière continue, on est convenu de les interrompre à la rencontre des projections des sections horizontales; sections qui ne se trouvent alors indiquées que par ces interruptions, en ayant toutefois le soin de ne pas reprendre les hachures précisément sur le prolongement de celles de la tranche précédente.

Intervalle des hachures. — Pour rendre les différences de pente plus facilement appréciables par les nuances que produisent les hachures, on est convenu de les écarter *du quart de leur longueur.*

Longueur des hachures. — La longueur des hachures dépend de l'écartement des plans coupants; mais afin que les courbes ne soient pas trop espacées dans les plans à grande échelle ou trop serrées dans le cas contraire, on est convenu de conserver le même rapport entre *l'équidistance et l'échelle.* Si *l'échelle est double, l'équidistance est double.*

On a adopté un demi-millimètre pour l'équidistance réduite.

De cette manière, les hachures de même longueur sur différentes cartes indiquent *des pentes égales.*

D'après ce qui précède, la longueur des hachures sur le plan dépend de l'inclinaison de la ligne de plus grande pente et de l'équidistance.

Donc, si $BC = E$ (fig. 83), représente l'équidistance, la longueur AC des hachures sera donnée par la relation

$$AC = E \operatorname{cotg} A.$$

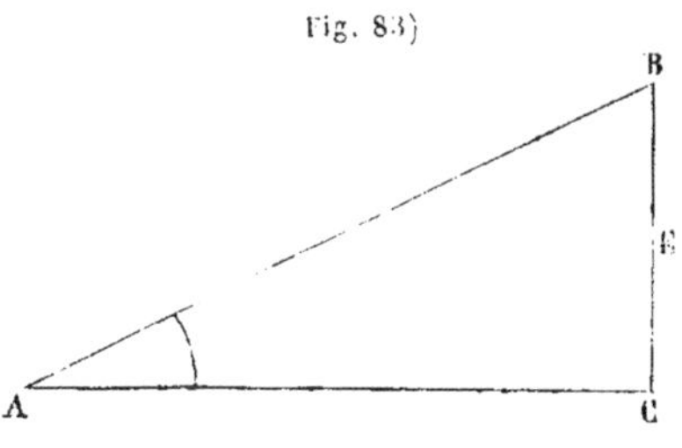

Lorsque l'angle A sera très-petit, les hachures seront très-longues.

Lorsque $A = 45°$, les hachures seront égales à 0,0005, équidistance réduite.

Il est impossible de tracer des hachures plus courtes qu'un

demi-millimètre; aussi les pentes plus rapides que 45° peuvent être considérées comme escarpements et représentées comme telles.

Grosseur des hachures. — Pour rendre encore plus frappant *le figuré du terrain*, on grossit les *hachures proportionnellement aux pentes*, de manière que les nuances soient plus sensibles pour les pentes douces que pour les grandes pentes, et qu'il existe une relation entre la nuance et la pente.

On compare, dans ce but, le blanc du papier au sinus de 0°, et le noir au sinus de 90°, et l'on établit le principe que pour une *inclinaison quelconque, le rapport du plein des hachures au vide qui les sépare est représenté par le sinus de l'angle double de la pente du terrain diminué de* $\frac{1}{15}$, afin que l'inclinaison de 45° ne se trouve pas représentée par le *noir absolu*.

Les hachures extrêmes, supérieures ou inférieures, d'un mouvement de terrain, doivent se terminer aussi fines que possible, pour rendre moins dur à la vue le passage de la teinte qu'elles produisent au *blanc du papier*.

La fig. 84 représente les hachures d'un mamelon; la cote du sommet S s'inscrit en chiffres, et l'on ne trace pas les hachures qui pourraient indiquer ce sommet, parce que ces hachures partant toutes du point S formeraient autour de ce sommet une teinte trop forte.

(Fig. 84)

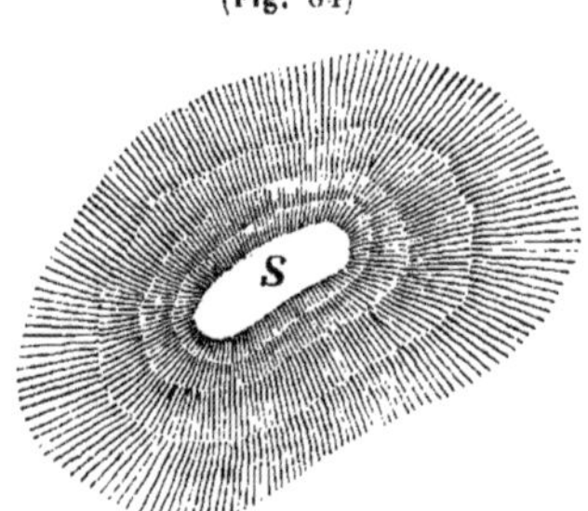

Les *escarpements*, les *ravins* et les *rochers* sont représentés par des traits dont les contours expriment les différentes masses irrégulières projetées horizontalement.

Ces traits sont plus ou moins multipliés selon que les rochers sont plus ou moins divisés.

Pour distinguer la nature et l'importance des chemins, on a établi les conventions suivantes :

1° Les *routes nationales* se tracent au moyen de *deux traits pleins avec fossés ;*

2° Les *routes départementales*, au moyen de *deux traits pleins sans fossés ;*

3° Les *chemins vicinaux*, au moyen d'un *trait plein* et d'un *autre ponctué;*

4° Les *sentiers*, par un *trait ponctué.*

Lavis du plans. — Pour achever complétement le figuré du terrain, on peut colorier son plan au moyen de *teintes plates*, de la manière suivante :

1° *Les bâtiments en construction, par une teinte peu intense de carmin;*

2° *Les prés, pâturages et vergers, par des verts plus ou moins bleus;*

3° *Les bois, par du jaune légèrement modifié par de l'indigo;*

4° *Les vignes, par une teinte vio'ette composée avec de l'indigo, du carmin et un peu de gomme-gutte;*

5° *Les broussailles les bruyères et les friches, par du vert peu intense panaché avec de la teinte de bois, du rose ou de la teinte nankin;*

6° *Les eaux douces, par une faible teinte de bleu indigo;*

7° *Les eaux de mer, par la même teinte modifiée avec un peu de gomme-gutte;*

8° *Enfin, les sables, par une teinte de jaune et de carmin.*

Vues de côtes et vues prises sur les dangers.

118. Pour compléter le travail d'un *levé hydrogaphique*, il faudra faire accompagner le plan *des vues de côtes*, relatives aux atterrages, à l'entrée des ports, havres, etc., et *des vues prises sur les dangers*, en ajoutant à ces vues les relèvements des points principaux de la côte.

Nous engageons le lecteur à consulter, à ce sujet, le recueil de vues qui fait partie du *Pilote français.*

FIN DU COURS D'HYDROGRAPHIE.

TABLE DES MATIÈRES

DU

COURS DE NAVIGATION ET HYDROGRAPHIE.

PRÉLIMINAIRES.

Numéros.		Pages.
1.	But du cours de navigation.	1

NAVIGATION PAR ESTIME.

2.	Définition	2

DE LA BOUSSOLE.

3.	De l'aiguille aimantée.	3
4.	Définition	4
5.	Du méridien magnétique.	4
6.	De l'angle de route	4
7.	De la rose des vents.	4
8.	Du rhumb de vent.	5
9.	Disposition et placement de la boussole à bord des navires.	6
10.	Du cap du navire.	9
11.	De l'angle de route au compas.	10
12.	CORRIGER UNE ROUTE DE LA VARIATION	10
13.	Réciproque.	12
14.	DE LA DÉRIVE	12
15.	Correction de la dérive dans la détermination de l'angle de route réel	14
16.	De la mesure du chemin à la mer	15
17.	DU LOCH.	17
18.	De la manière de se servir du loch et du sablier	19
19.	Des erreurs qui peuvent altérer la longueur du chemin pendant l'expérience.	20
20.	Du quart à la mer.	21

Numéros. Pages.

21. De la loxodromie. — Définition 23
22. Coordonnées qui déterminent la position d'un point sur le globe. 23
23. Équation de la loxodromie sur la sphère. 27
24. Table de latitudes croissantes. 30
25. Correction quand on a égard à l'ellipticité de la terre . . . 31
26. Des relations qui servent à la détermination de la longitude et de la latitude 32
27. Premier principe $l = M \cos V$. 33
28. Deuxième principe $E = M \sin V$. 34
29. Troisième principe $E = l \operatorname{tang} V$. 35
30. Quatrième principe $g = l_o \operatorname{tg} N$. 35
31. Cinquième principe $g = \dfrac{E}{\cos L_m}$. 35
32. Ce qu'on entend par point de départ. — Détermination du premier problème. 39
33. Cas particuliers dans l'application des principes 43
34. Résolution graphique du premier problème de la navigation. 45
35. Du quartier de réduction. 47
36. Des tables de point. — Leur usage 48
37. Des différents problèmes que l'on peut poser sur les quantités L, G, M, V, L' et G' 49
38. Du problème inverse, c'est-à-dire connaissant L, G, L' et G', trouver M et V. 49
39. Cas particuliers de ce problème 50
40. Remarque sur la distance de deux points sur le globe . . . 51
41. Résolution du problème inverse par les tables ou par une construction graphique. 52
42. Du problème composé 53
Exemples de calculs de navigation par estime à effectuer. . . 58

NAVIGATION ASTRONOMIQUE.

43. Ce qu'on entend par navigation astronomique. 61

DE LA CONNAISSANCE DES TEMPS.

44. Définition de l'ouvrage. 61
45. Explication des quantités et éléments que contiennent les différentes pages de la connaissance des temps. 62

*

USAGE DE LA CONNAISSANCE DES TEMPS.

Numéros. Pages.

46. Quels sont les deux problèmes que comporte l'usage de la connaissance des temps 70
47. Application de la formule d'interpolation de Newton à la recherche d'un élément. 71
48. Usage de la formule. 74
49. Dans quel cas l'on peut prendre la moyenne des différences 3mes, 4mes, etc. 76
50. Tables tenant compte des différences 2mes, 3mes, etc. — *Exemples numériques*. 81
51. Pour tous les éléments relatifs au Soleil on peut, en navigation, négliger les différences secondes. — *Exemples numériques* 84
52. Détermination de la parallaxe horizontale du soleil et de son demi-diamètre. — *Exemples numériques*. 87
53. Observation sur les éléments relatifs aux planètes. — *Exemples numériques*. 88
54. Observation sur le calcul des éléments lunaires. — *Exemples numériques*. 89
55. Détermination de la parallaxe horizontale équatoriale de la Lune et de son demi-diamètre horizontal. — *Exemples numériques*. 92
Exemples de calculs d'éléments d'astres à effectuer. . . . 93
56. Du problème inverse. — *Exemples numériques* 95
Énoncés de calculs du problème inverse à effectuer. . . . 97

QUESTIONS RÉSOLUES A L'AIDE DE LA CONNAISSANCE DES TEMPS.

57. Connaissant l'heure vraie d'un lieu, trouver l'heure moyenne. 97
58. Réciproque 99
59. Connaissant l'heure solaire vraie ou moyenne d'un lieu trouver l'heure sidérale 100
60. Réciproque. — Connaissant l'heure sidérale trouver l'heure vraie ou moyenne. 100
61. Connaissant l'heure solaire vraie ou moyenne d'un lieu, déterminer l'angle horaire astronomique correspondant d'un astre. 101
Énoncés de calculs à effectuer. 105
Réciproque. — Connaissant l'angle horaire d'un astre, trouver l'heure solaire vraie ou moyenne correspondante : 1° l'astre considéré est une étoile 106

Numéros. Pages.

62. 2° L'astre considéré est le Soleil. 107
63. 3° L'astre considéré est la Lune ou une planète 108
64. Détermination de l'heure moyenne ou vraie du passage de la Lune au méridien. — *Exemples numériques.* 108
65. Calcul de l'heure T. M. du passage d'une planète au méridien du lieu. — *Exemples numériques.* 114
66. Connaissant l'angle horaire de la Lune trouver l'heure solaire moyenne 116
67. Cas où l'on considère une planète. — *Exemples numériques.* . 117
Énoncés de calculs à effectuer. 122

INSTRUMENTS SERVANT A MESURER LES ANGLES.

68. Instruments qui servent en navigation 124
69. Principe fondamental 124
70. Mesure des angles avec un système de deux miroirs plans sans épaisseur. 124
71. Position de parallélisme des deux miroirs 127
72. Observation sur l'emploi de miroirs sans épaisseur et sur la marche des rayons lumineux dans ceux généralement adoptés 128
73. Cas où les faces du grand miroir sont parallèles 128
74. Miroir prismatique 130
75. Influence d'un grand miroir prismatique dans la mesure des angles. 132
76. Tables de *Borda* donnant les corrections précédentes . . . 137
77. Petit miroir prismatique. 138
78. Lecture des arcs parcourus sur le limbe. 139
79. Du vernier. 139

DU CERCLE A RÉFLEXION.

80. Description 141
81. Objets accessoires du cercle à réflexion. 146
82. *Usage du cercle à réflexion.* 147
83. Mesure des distances angulaires avec le cercle à réflexion. — Droite et gauche de l'instrument. 148
84. Observation de droite. 149
85. Observation de gauche. 151
86. Observations croisées. 152

Numéros. Pages.

87. Remarque à l'occasion de la table de Borda relative à l'inclinaison des faces du grand miroir. 156
88. Rectification du cercle à réflexion 156
89. Observation sur l'emploi des verres colorés 161
90. *Vérification de la bonté d'un cercle à réflexion.* 161

DU SEXTANT ET DE L'OCTANT.

91. Définition et leur usage. 165
92. Erreur de parallélisme 166
93. Remarque à l'occasion de l'abandon dans lequel paraît tomber, dans la marine, le cercle à réflexion. 167

DES ERREURS D'OBSERVATIONS.

94. Les erreurs d'observations proviennent de trois causes. Examen de ces différentes causes 170
95. Sur quoi reposent en général les calculs de navigation. . . 173
96. De la dépression. — Définition. — Sa détermination. . . . 174
97. Distance de l'horizon visible 176
98. Dépression près d'une côte. 177
99. Des horizons artificiels. 179
100. Du niveau à bulle d'air. 181
101. S'assurer si un plan est horizontal.—Méthode de retournement. 181
102. Caler un horizon. 182
103. Observations des hauteurs à l'aide d'un horizon artificiel. . . 183
104. Corrections des hauteurs prises a l'horizon de la mer. — Hauteur de Lune. 184
105. Règle pratique. — *Exemples numériques.* 187
106. Hauteurs de Soleil. — *Exemples numériques.* 192
107. Hauteurs des planètes. — *Exemples numériques* 194
108. Hauteurs des étoiles. — *Exemples numériques.* 195
109. Remarque à l'occasion des hauteurs prises à l'horizon artificiel. 196
110. Réciproque.—Connaissant la hauteur vraie du centre d'un astre, trouver la hauteur observée de l'un de ses bords 196
Énoncés de calculs à effectuer. 199

INSTRUMENT SERVANT A MESURER LE TEMPS ET A PRÉCISER LES INSTANTS.

DES CHRONOMÈTRES. — DESCRIPTION.

Numéros. Pages.

111. Rappel des organes principaux d'un chronomètre. 201
112. Du moteur. — De la fusée. 201
113. Du rouage. 204
114. Du remontage. 204
115. Du régulateur. 205
116. Influence de la température sur le régulateur. — Du balancier compensateur. 209
117. Du ressort spiral dans les chronomètres. 210
118. De l'échappement. 211
119. Intérieur d'un chronomètre. 215
120. Installation des chronomètres à bord des navires. 216

USAGE DES CHRONOMÈTRES.

121. Montres de comparaison ou compteur 218
122. Déterminer l'heure que marque le chronomètre à l'instant d'un contact pris sur le pont. 219
123. État absolu d'un chronomètre. 220
124. De la marche diurne. 221
125. Détermination de l'heure T. M. de Paris, à l'aide d'un chronomètre réglé. 221

DÉTERMINATION DE L'HEURE VRAIE OU MOYENNE D'UN LIEU A L'AIDE D'UNE HAUTEUR DE SOLEIL OU D'UN AUTRE ASTRE.

126. Développement théorique et pratique de ce calcul. — *Exemples numériques*. 224
127. Cas particuliers 230
128. Des séries. 230
129. Circonstances favorables pour prendre des séries. 231
130. Circonstances favorables au calcul d'heure d'un lieu. . . . 235
131. Détermination de l'instant des circonstances favorables. — *Exemples numériques* 242

Numéros. Pages.

132. Détermination *pratique* des erreurs commises sur l'heure d'un lieu, par suite d'une erreur faite sur la hauteur, sur la latitude ou sur la distance polaire. — *Exemples numériques*. . 246
133. Détermination de l'heure du lever ou du coucher vrais d'un astre. — *Exemples numériques*. 253
134. Pourquoi dans le mois de janvier les jours paraissent allonger moins le matin que le soir. 256
135. Détermination de l'heure du lever ou du coucher apparents d'un astre. 258
Exemples de calculs d'heures à effectuer 261

CALCUL DE LA HAUTEUR D'UN ASTRE OU RÉCIPROQUE DU CALCUL D'HEURE DU LIEU.

136. Développement théorique et pratique de ce calcul. — *Exemples numériques*. 265
137. Circonstances favorables au calcul de hauteur. 270
Exemples de calculs de hauteurs à effectuer. 271

RÉGLER LES CHRONOMÈTRES

138. Comment se règlent les chronomètres. 273

1° DÉTERMINATION DE L'ÉTAT ABSOLU.

139. Par les hauteurs simples. — *Exemple numérique*. 273
140. Par le passage d'un astre au méridien. — Des hauteurs correspondantes. — *Exemple numérique*. 275
141. Par la comparaison à une pendule ou à un chronomètre réglé. 280

2° DÉTERMINATION DE LA MARCHE DIURNE.

142. Méthodes à l'aide desquelles on peut l'obtenir. 281
143. Par la comparaison de plusieurs états absolus. — *Exemple numérique*. 281
144. Méthode des moindres carrés. 283
145. Application aux chronomètres. 285
Exemple numérique. 288
146. Par deux passages d'un astre au même vertical. — *Exemple numérique*. 288

Numéros. Pages.

147. Cas où l'on possède une lunette méridienne. — *Exemple numérique*. 290
148. Par la comparaison à un chronomètre réglé. — *Exemple numérique*. 291
149. Rapporter l'état absolu au 1er méridien. 292
Exemple numérique. 293
150. Détermination de la marche d'un chronomètre. 294
Exemple numérique. 295
Exemples de calculs de chronomètre à effectuer 296

ÉTUDE DES MARCHES CHRONOMÉTRIQUES.

151. La marche d'un chronomètre n'est pas constante. 299
152. Causes de la variation des marches chronométriques. . . . 299
153. Construction graphiques. 302
154. Courbe des états absolus. 302
155. Comparaisons journalières. 303
156. Courbes des températures. 304
157. Feuilles annuelles, courbes des marches isothermes. . . . 304
158. Utilité des courbes dans la correction des marches. 305
159. Comment on peut agir pour déterminer l'influence de la température sur la marche d'une montre. 306
160. Note de MM. Delamarche et Ploix. 308
161. Formule de M. Lieussou. 308
162. Détermination des constantes. 310
163. Usage de la formule de M. Lieussou. 314
164. Causes secondaires de la variation des marches chronométriques. 315

DÉTERMINATION DE LA LATITUDE.

165. Méthode que l'on peut employer. 319

PAR LA HAUTEUR MÉRIDIENNE.

166. Par la hauteur méridienne d'un astre. 319
Exemple numérique pour le Soleil. 321
167. Exemple numérique relatif à une hauteur méridienne d'étoile. 322
168. Remarque à l'occasion des hauteurs méridiennes d'étoiles . . 323

Numéros. Pages.

169. Observation au sujet des hauteurs méridiennes des planètes pour avoir la latitude. — *Exemple numérique*. 324
170. Par la hauteur méridienne *de la Lune*. 325
Exemple numérique. 329

PAR LES HAUTEURS CIRCUMMÉRIDIENNES.

171. Développement théorique et pratique de la méthode. . . . 330
172. Comment on doit agir quand on considère la Lune. . . . 335
Tables servant à déterminer la correction x pour le Soleil et les étoiles. — Comment on peut s'en servir pour la Lune. . . 336
173. Cas où l'on observe l'astre à son passage au méridien inférieur. 337
174. Discussion de la méthode. — Formules. 338
Tables servant à trouver le temps pendant lequel on peut prendre des circumméridiennes. 345
175. Des séries de hauteurs circumméridiennes. 346
176. Nouvelles considérations quand on a égard à l'influence du mouvement du navire et de l'astre. 349
177. Simplification de la méthode. 353

A L'AIDE DE DEUX HAUTEURS HORAIRES ET DE L'INTERVALLE CHRONOMÉTRIQUE ÉCOULÉ ENTRE LES OBSERVATIONS.

178. Première méthode, au moyen de la latitude estimée. . . . 355
179. Remarque sur la méthode indiquée par M. Louis Pagel (132). . 358
180. Discussion de la méthode 362
181. Résumé pratique. 365
Exemple numérique. 367
182. Deuxième méthode, ou méthode trigonométrique. 370
183. Simplification. 372
184. Cas où l'on change de zénith 372
185. Discussion de la méthode 375
186. Résumé pratique. 376
Exemple numérique 377

PAR LES HAUTEURS SIMULTANÉES OU NON SIMULTANÉES DE DEUX ÉTOILES QUELCONQUES.

187. Hauteurs simultanées. — Hauteurs non simultanées. . . . 380

PAR LA HAUTEUR D'UN ASTRE OBSERVÉ A UNE HEURE CONNUE.

Numéros. Pages.
188. Développement de la méthode. 380
189. Cas particulier. — Latitude par la Polaire 381
Exemple numérique. 383
Exemples de calculs de latitude à effectuer. 385

DÉTERMINATION DE LA LONGITUDE.

190. En quoi consiste le problème des longitudes 388
191. A l'aide d'un chronomètre. 389
192. Comment on peut avoir latitude et longitude à la fois . . . 393
193. A l'aide des distances lunaires. 393
194. On peut calculer les hauteurs au lieu de les observer. . . . 396
195. Calcul de la distance vraie. 396
196. La différence entre les distance vraie et apparente ne peut pas surpasser la quantité $(R - p) + (P - R')$. 400
197. Cas particuliers 401
198. Influence, sur la distance vraie, des erreurs commises dans les hauteurs observées. 403
199. Erreur commise dans la distance observée. 405
200. Méthode abréviative de Borda. 406
201. Simplification de Burckhardt. 406
202. Tables de Dunthorne. 410
203. Méthode et tables de Mendoza. 411
204. Calcul de l'heure T. M. de Paris. 412
205. Calcul de la longitude 413
206. Influence, sur la longitude, d'une erreur commise dans la distance. 413
207. On peut s'affranchir d'une erreur constante commise dans la distance. 414
Exemples numériques 415
Type d'un calcul complet de longitude en se servant de la méthode et des tables de Mendoza. 417
208. L'observation des distances lunaires peut donner *longitude et latitude*. 419
209. Des séries de distances lunaires 424

Numéros. Pages.
210. Comment on doit observer les séries. 425
Exemples de calculs de longitude à effectuer. 426

DÉTERMINATION DE LA VARIATION DU COMPAS.

211. Exposition succincte des recherches et observations faites sur la variation du compas à bord. 429
212. Comment agissent les matières ferrugineuses du navire sur l'aiguille aimantée. 431
213. Des différentes méthodes employées pour annuler l'effet des matières ferrugineuses du bord sur l'aiguille aimantée. . 433
214. Du plateau correcteur de M. Barlow. 433
215. Formules analytiques de Poisson. 435
216. Compensateurs de M. Airy. 436

DES AZIMUTS.

217. De l'azimut vrai. — De l'azimut magnétique, sa détermination. 439
218. Déterminer l'azimut vrai. — *Exemple numérique*. 440
219. Circonstances favorables. 441
220. Azimut d'un astre au moment de son lever ou de son coucher vrais. — *Exemple numérique* 443
221. Azimut d'un astre au moment de son lever et de son coucher apparents 444
Exemple numérique. 445
222. Azimut au moment où l'astre passe au 1er vertical. 446
223. Azimut au moment où l'astre passe au méridien. 446
224. Résumé des méthodes que l'on peut employer. 446
225. Comment on doit agir pour déterminer la variation. . . . 446
226. Règle pour obtenir la variation. — *Exemple numérique*. . . 447
227. Nécessité de déterminer la variation du compas pour chaque cap du navire. 449
228. Des tables de déviations.— Construction d'une table de déviations dans le port. 450
229. Construction d'une table de variations dans une rade. . . . 452
230. Construction d'une table de variations à la mer. 453

DES RELÈVEMENTS ASTRONOMIQUES.

231. Développement théorique et pratique de la méthode. — *Exemple numérique*. 454

Numéros. Pages.

232. Circonstances favorables au calcul de la variation par les relèvements astronomiques. 458
Énoncés de calculs à effectuer. 458

DES COURANTS.

233. Définitions. 461
234. Connaissant la vitesse et la direction d'un courant, déterminer son influence sur les routes suivies par le navire 462
235. Réciproque. 463
236. Remarque sur les courants. 464
237. Cartes de M. Maury. 464
238. Journal nautique adopté par la conférence de Bruxelles. . . 466

SECOND PROBLÈME OU PROBLÈME FINAL DE LA NAVIGATION.

239. Insuffisance d'un globe terrestre pour naviguer et connaître sa position. 470

DES CARTES MARINES

240. Des cartes réduites. — Définition. 471
241. Construction d'une carte réduite générale 473
242. Construction d'une carte réduite particulière. 475
243. Double problème concernant les cartes marines 476
244. Usage des cartes marines 478
245. Méthode loxodromique. 478
246. Méthode orthodromique. 479
247. Équation du grand cercle sur la sphère. 480
248. Détermination de la position des différents points de l'arc de grand cercle passant par Valparaiso et la presqu'île de Banks. 482
249. Observations sur la longueur apparente de ce calcul. . . . 485
250. Tracé du grand cercle sur la carte réduite 485
251. Comment on doit naviguer par arc de grand cercle quand on ne veut pas dépasser un certain parallèle. 486
252. Comment on peut obtenir graphiquement l'angle de route initial, c'est-à-dire les éléments loxodromiques 487
253. Nouvelle construction graphique. 488

Numeros. Pages.
254. Équation du grand cercle sur la carte réduite. 490
255. Équation d'un grand cercle en fonction de l'angle azimutal que fait ce cercle en un de ses points. 491

PROPRIÉTÉ REMARQUABLE DES CARTES RÉDUITES.

256. L'angle que fait un grand cercle avec un méridien est le même sur le globe et sur la carte. 491
257. Différence entre l'azimut vrai et l'azimut loxodromique d'un même point. 493
258. Cas où l'on prend la distance angulaire de deux points. . . 495

RÉSUMÉ GÉNÉRAL DU COURS DE NAVIGATION.

259. Rappel de l'énoncé du problème général de la navigation. . 496
260. Opérations du départ. 496
261. Point de départ 497
262. Opérations de la traversée 500
263. Opérations de l'atterrage. 502
264. Opérations de l'entrée et du mouillage. 503
265. Calcul pratique des Marées. 504
266. Annuaires des Marées 505
267. Résumé succinct des opérations du mouillage. 507

COURS D'HYDROGRAPHIE.

NOTIONS DE GÉODÉSIE.

1. Définition. 509
2. Des cartes en général. 509
3. Des projections 510
4. La projection stéréographique d'un cercle est un cercle. . . 511
5. Le centre de la projection d'un cercle est la projection du sommet du cône circonscrit à la sphère suivant ce cercle. . 512

Numéros. Pages.

6. Les projections de deux cercles de la sphère se coupent sur le plan sous un angle égal à celui de ces deux cercles dans l'espace. 513
7. Construire la projection stéréographique méridienne d'un hémisphère du globe terrestre. 514
8. Remarque à ce sujet. 516
9. Des *développements*. 516
10. A quoi se réduit le levé de la carte d'un pays. 518
11. La surface de projection est, en géodésie, le niveau moyen des mers. 518
12. Du canevas trigonométrique. 518
13. Méthode employée dans la disposition du canevas trigonométrique. 519
14. Forme à donner aux triangles du canevas. 519
15. Disposition du travail géodésique sur le terrain. 520
16. Des stations. 521

MESURE DE LA BASE.

17. Ce que comporte la détermination d'une base. 522
18. Choix de la base. 522
19. Mesure de la base. 523
20. Règles en bois. 523
21. Règles en métal.. 523
22. Pose des règles.. 524
23. Horizontalité des règles. 525
24. Mesure de l'inclinaison des règles. 525
25. Projection horizontale de la règle. 526
26. Détermination de l'intervalle qui sépare les règles. 526
27. Base brisée. 527
28. Théorème de Legendre. 527
29. Réduction de la base mesurée au niveau moyen des mers . . 532
30. Observation sur la mesure des bases. 532

MESURE DES ANGLES.

31. Angles que l'on observe. 533
32. *Du théodolite répétiteur.* — Description. 533
33. Rectifications de l'instrument. 535
34. Détermination de la distance angulaire de deux objets . . . 537
35. Détermination de la distance zénithale d'un objet ou d'un astre. 538
36. Énumération des corrections à faire subir aux angles observés. 540

Numéros. Pages.
37. Correction relative à l'excentricité des lunettes. 540
38. Correction relative à la position du théodolite par rapport au centre de la station. 541
39. Comment on peut obtenir, indirectement, la distance d et les angles α et α' 545
40. Correction relative à la position des signaux par rapport au centre de l'édifice sur lequel ils sont placés. 548
41. Observation relative à la phase des signaux. 548

CALCUL DES CÔTÉS DU CANEVAS.

42. Comment on peut calculer les éléments de tous les triangles. 549
43. Coordonnées auxquelles on rapporte les sommets des triangles. 550
44. Du changement d'origine. 551
45. De la convergence des méridiens. 552

DÉTERMINATION DES POSITIONS GÉOGRAPHIQUES DES SOMMETS PRINCIPAUX DU CANEVAS GÉODÉSIQUE.

46. Énumération des moyens que possède le marin pour obtenir avec exactitude la longitude d'un point terrestre 555
47. De la lunette méridienne portative (description) 556
48. Rectifications de l'instrument. 559
49. Usage de la lunette méridienne portative. 562
50. Remarque relative à cette lunette. 565
51. Détermination de la longitude d'un lieu au moyen de l'heure sidérale du passage du bord éclairé de la Lune au méridien. 566
Exemple numérique. 569
52. Remarque. 571
53. Seconde méthode qui n'exige pas l'heure temps moyen du passage du bord éclairé de la Lune au méridien de Paris . . 571
54. Détermination de la longitude d'un lieu par la comparaison des heures T. M. du passage méridien au bord éclairé de la Lune et d'une étoile voisine. 573
55. Observations sur cette méthode 577
Exemple numérique. 578
56. Remarques. 581
57. Détermination de la longitude d'un lieu par l'observation de l'une des phases d'une éclipse de Soleil. 581

Numéros. Pages.

58. Détermination de la longitude au moyen des occultations d'étoiles par la Lune. 583
59. Détermination de la longitude par l'observation des éclipses des satellites de Jupiter 585
60. Détermination de la latitude et de la longitude d'un sommet du canevas, connaissant la longueur d'un côté adjacent d'un triangle du canevas géodésique, l'azimut de ce côté et les latitude et longitude de l'autre extrémité. 586
61. Détermination des latitudes et longitudes des sommets secondaires du canevas. 592
62. Détermination des rayons de courbure 593

DU NIVELLEMENT GÉODÉSIQUE.

63. De la différence de niveau 595
64. Sa détermination au moyen de deux distances zénithales réciproques et simultanées 596
65. Correction à faire subir aux distances zénithales réciproques. . 597
66. 1° Au moyen d'une seule distance zénithale 598
67. 2° Au moyen de l'horizon de la mer. 598
68. Réduction des distances zénithales au centre de la station. . . 600
69. Comment on doit conduire la chaîne de triangles. 601
70. Station tout à fait située au bord de la mer. 601

HYDROGRAPHIE PROPREMENT DITE.

71. Préliminaires. 603

LEVÉ D'UNE CARTE MARINE.

72. On peut aborder toute la côte. 603
73. On peut aborder quelques points de la côte. 603
74. On ne peut aborder aucun point de la côte. (Levé sous voiles ou sous vapeur). 606
75. Deuxième cas. 609
76. Méthode de M. Vincendon-Dumoulin. 610
77. Levé par alignements. 613
78. Orientation du plan 614
79. Moyens pour obtenir une base à la mer 614
80. Par la mesure directe. 614

Numéros. Pages.
81. Par la hauteur de la mâture. 615
82. Par des observations astronomiques. 615
83. Évaluation en mètres de la distance orthodromique de deux points dont on a obtenu la latitude et la longitude. . . . 616
84. Par la vitesse de propagation du son. 619

LEVÉ D'UN PLAN HYDROGRAPHIQUE.

85. Classification des opérations à l'aide desquelles on peut lever le plan d'une baie. 622
86. Observation de la marée. 622
87. Triangulation générale. 624
88. Mesure de la base. 625
89. Du sondage. 627
90. Reconnaissance des dangers. 630
91. Comment on doit agir quand on voit briser la mer sur un point. 631
92. Réduction des sondes. 632
93. Construction du plan. 633
94. Placement des sondes sur la carte. 633
95. Plans de constructions provisoires. 636

DÉTAILS TOPOGRAPHIQUES.

96. Définition et but de la topographie 636
97. Du levé des plans. 637
98. Méthode d'intersection. 638
99. Du théodolite simple. 638
100. Méthode de cheminement. — Boussole d'arpenteur. — Description. 641
101. Du genou à coquilles et du genou de Cugnot. 642
102. Méthode des coordonnées. — Équerre d'arpenteur. — Pantomètre de Fouquier. 643
103. De la planchette. — Description. 645
104. Lever un plan à la planchette, — du déclinatoire, — de l'alidade. 646
Méthode d'intersection. 646
105. Méthode de cheminement. 648
106. Méthode centrale. 648

DU NIVELLEMENT TOPOGRAPHIQUE.

107. Ce qu'on entend par différence de niveau en topographie. . . 649

Numéros. Pages.
108. Du niveau d'eau. 649
109. Niveau à bulle d'air de Chézi. 650
110. Vérifications que doit subir le niveau de Chézi. 651
111. De la mire. 652
112. Du nivellement simple. 652
113. Du nivellement composé. 653
114. Correction que doivent subir les hauteurs du voyant quand les deux points sont à une certaine distance. 654
115. Coupe verticale ou profil du terrain. 655
116. Détermination des courbes de section. 656
117. Du dessin des plans. 657
118. Vues de côtes et vues prises sur les dangers. 660

FIN DE LA TABLE DES MATIÈRES.

Paris — Imprimé par E. Thunot et Cᵉ, rue Racine, 26, près de l'Odéon.

ERRATA DU COURS DE NAVIGATION ET HYDROGRAPHIE.

Page	Ligne	Au lieu de	Lisez
18	23	une longueur égale à celle du navire.	une longueur égale à une fois ou deux fois celle du navire.
36	2	$l_c = \frac{1}{\cos L} + \ldots\ldots$	$l_c = \frac{l}{\cos L} + \ldots\ldots$
64	27	359me olympiade	659me olympiade.
64	31	$659 \times 4 = 1658 + 776 + 2$	$659 \times 4 = 1858 + 776 + 2$.
74	24	Le paragraphe doit être numéroté 48 au lieu de 46	» » »
97	2	$9^h55^m25^s,95$	$9^h55^m26^s,85$.
192	10	H_{app} ☾ $= 55^\circ48'47''$,	$H^r{}_{app}$ ☾ $= 55^\circ48'57''$.
195	26, 27 et 28	Table VIII, 1′21″,9 Table VIII *bis*. corr. therm. + 2″,1 ; corr. baro. — 3″,5 } 1′21″ Haut. vraie de la polaire = 35°25′13″	Table VIII, 1′21″,9 Table VIII *bis*. corr. therm. — 2″,1 ; corr. baro. + 3″,5 } 1′23″,3 Haut. vraie de la polaire = 35°25′11″
257	17	Temps et e et e sa variation	Temps, e et e' sa variation.
356	12	p et p étant	p et p' étant.
361	3	M. Ducum	M. Ducom.
389	29	35°25′30″	35°25′50″.
390	8 et suivantes.	H^r inst. ☉ . . . . = 35°25′30″ Erreur instrumentale . . . = + 2′30″ H^r obs. ☉ . . . . = 35°26′00″ Dépress. . . . . = — 3′38″	H^r inst. ☉ . . . . = 35°25′50″ Erreur instrumentale . . . = + 2′30″ H^r obs. ☉ . . . . = 35°28′20″ Dépress. . . . . = — 3′58″
401	»	Mettez sur la figure (96) L′ à la place de L et réciproquement.	» » »
532	19	$b = \left(1 - \frac{h}{R}\right)$	$b = B\left(1 - \frac{h}{R}\right)$.

SUPPLÉMENT AUX ERRATA DU COURS D'ASTRONOMIE.

Page	Ligne	Au lieu de	Lisez
134	37	les axes	les demi-axes.
135	18 et 20	PA	TA.
196	27	$\frac{e^2}{1 \cdot 2} \sin^2 nt$	$\frac{e^2}{1 \cdot 2} \sin 2nt$.
424	sur la fig. 168	Au lieu de p sur l'axe oX, mettez p', et au lieu de OP diagonale du parallélogramme aPAO, il faut P′O	» »
428	3	$\sin \alpha$	$\sin \theta$.
431	dernière	Projection apparente	Position apparente.
435	7	0′,3	0″,3
446	13	$\frac{f \cdot m}{R'}$	$\frac{f \cdot m}{R'^2}$.

www.ingramcontent.com/pod-product-compliance
Ingram Content Group UK Ltd.
Pitfield, Milton Keynes, MK11 3LW, UK
UKHW020543180726
13838UKWH00001B/10

9 782329 4007